污染土壤修复原理与方法

周启星　宋玉芳　等著

科学出版社

北京

内 容 简 介

本书系统地论述了污染土壤修复的基本原理与基础理论，全面地介绍了污染土壤修复的各种方法与技术及其进展，比较详细地分析了现有方法所存在的技术问题与局限性，并对今后解决问题的办法与发展前景进行了展望。主要内容包括：污染土壤诊断及其方法，土壤污染风险评价与管理，污染土壤的植物修复、生物修复、化学修复、物理修复，污染土壤修复标准，污染土壤修复的技术再造与展望等。

本书可供环境科学与工程科研工作者、环保管理人员和技术人员参考，也可作为大专院校环境科学、环境工程、生态学、土地管理、水文学、土壤学、微生物学和植物学等专业师生的教材与参考书。

图书在版编目(CIP)数据

污染土壤修复原理与方法/周启星，宋玉芳等著．—北京：科学出版社，2004

ISBN 978-7-03-012517-0

Ⅰ．污… Ⅱ．①周… ②宋… Ⅲ．污染土壤-修复 Ⅳ．X53

中国版本图书馆 CIP 数据核字(2003)第 117559 号

策划编辑：李 锋 朱 丽/文案编辑：吴伶伶 王国华
责任校对：柏连海/责任印制：赵 博/封面设计：王 浩

科学出版社出版
北京东黄城根北街 16 号
邮政编码：100717
http://www.sciencep.com
北京凌奇印刷有限责任公司印刷
科学出版社发行 各地新华书店经销
*
2004 年 2 月第 一 版 开本：B5(720×1000)
2025 年 1 月第八次印刷 印张：37 1/4
字数：716 000

定价：145.00 元

(如有印装质量问题，我社负责调换)

Remediation of Contaminated Soils: Principles and Methods

By

Qixing Zhou and Yufang Song et al.

Science Press

Beijing, China

序

污染土壤修复是当前环境科学新的学科生长点。在西方发达国家，随着点源污染逐渐得到有效的治理，面源污染的控制成为环境保护迫切的和首要的工作，而污染的土壤是最为重要的环境面污染源。为了根治这一面污染源，污染土壤修复技术在近十年内得到了迅速发展。可以说，污染土壤修复的研究，已经成为当前环境科学与工程研究领域最为重要的研究方向之一。

污染土壤修复的研究还是土壤科学由以研究土壤肥力为主的农业土壤学阶段进入到全面研究土壤环境问题的环境土壤学阶段并走向成熟的重要标志。由于农业生产力的迅速提高，许多国家粮食的数量安全得到了有效保证，而粮食的质量安全则逐渐出现了问题。特别是农业土壤环境不仅受到工业的污染，还受到农业自身的污染。在这种形势下，土壤科学家会同地质科学、海洋科学、大气科学和水科学等领域的广大科技工作者，从土壤化学、土壤物理、土壤地理和土壤生物学等各个方面对土壤环境问题进行了研究，近年来尤其重视污染土壤的修复，开展了许多相关的研究，使污染土壤修复的研究成为环境土壤学的热点问题之一。

在中国，随着乡镇企业和农村城镇化的迅速发展，农业环境污染特别是土壤环境污染问题已越来越突出！为了解决中国的土壤污染与农产品安全这一实际问题，大量污染土壤需要修复与治理。然而，与污水的处理和污染水体的修复相比，污染土壤的修复由于土壤的不均一性和介质的多样性等特点更具有挑战性和不定性，其治理的难度也相应加大。因此，污染土壤修复迫切需要一本从理论与方法上具有指导意义的著作出版，来推动中国该领域研究的不断深入与向前发展。

中国科学院沈阳应用生态研究所暨中国科学院陆地生态过程重点实验室在土壤一植物系统污染生态学研究方面具有三十多年的学科积累。在近十年里，一批年轻科技工作者，结合国家科技攻关项目、国家自然科学基金项目、中国科学院知识创新工程和“百人计划”项目以及中英、中德、中美等国际合作项目，在污染土壤的植物修复、微生物修复以及物理、化学修复原理与方法等方面，取得了一系列研究进展。为了促进该领域的研究工作进一步深入开展，他们决定出版两部承上启下的著作。该部著作强调、突出原理与方法以及国内外最新研究进展与动态，另一部著作将突出这些方法的实际应用与在中国的实践。两者相互补充，既具有一定的相关性又各自有侧重点及特色，以供读者鉴识与择用。

中国工程院院士　孙铁珩

2003年8月16日于沈阳

前　　言

在中国，随着工农业生产的发展，农业环境污染特别是土壤环境污染问题已越来越突出。全国受重金属污染的耕地多达 2000 万 hm^2，受各种有机污染物或化学品污染的农田总计 6000 多万 hm^2。土壤环境质量直接关系到农产品的安全。由于土壤大面积污染，中国每年出产重金属污染的粮食多达 1200 万 t；全国出产的主要农产品中，农药残留超标率高达 16%～20%，问题非常严重，中国农产品已经缺乏安全保障。在许多重点地区，土壤及地下水污染已经导致癌症等疾病的发病率和死亡率明显高于没有污染的对照区数倍到十多倍。进入 WTO 后，土壤污染已成为限制中国农产品国际贸易和社会经济可持续发展的重大障碍之一，污染土壤迫切需要修复、治理。

污染土壤的修复是当今环境科学的热点领域，也是最具挑战性的研究方向之一。可以预见，中国今后将开展大量相关研究，以解决土壤污染与农产品安全这一实际问题。为了促进该领域研究工作的深入开展，作者根据近 5 年来已有的工作基础，特别是结合中国科学院知识创新工程重要方向项目（KZCX2－SW－416)、中国科学院“引进国外杰出人才”百人计划项目（污染生态化学）、国家 973 项目（G1999011808）和中国科学院沈阳应用生态研究所创新重大项目（污染土壤复合污染的生态过程研究）等资助下的项目以及以中国科学院陆地生态过程重点实验室、中国科学院沈阳应用生态研究所与沈阳大学联合环境工程重点实验室（沈阳环境工程辽宁省重点实验室）为依托的项目所取得的研究进展，并融合查阅到的大量国外资料，历经 4 年的时间，终于完成了本书的写作。

本书共分 10 章。第一、十章从理论上论述了污染土壤修复的必要性及相关的基本原理与基础理论，指出了现有方法存在的问题与技术局限性，从技术再造的角度对今后的污染土壤修复工作进行了展望；第二、三和九章为污染土壤修复前或修复后所需要的方法与标准体系，包括污染土壤诊断及其方法、土壤污染风险评价与管理和污染土壤修复标准；第四至八章为污染土壤修复过程中涉及的各种先进方法或技术，包括污染土壤的植物修复、生物修复、化学修复和物理修复以及污染土壤修复生态工程。

本书各章分工为：周启星，第一、八至十章；宋玉芳，第二章；王美娥、周启星，第三章；魏树和、周启星、宋玉芳，第四章；宋玉芳、周启星，第五章；于颖、周启星，第六章；华涛、周启星、于颖，第七章。除此之外，主编周启星同志还在本书的统一编排、文字校对、图表设计、内容增删以及最后定稿等方面做了大量工作。孙铁珩院士、王文兴院士对本书有关章节提出了一些宝贵意见，未参与具体写作的几位编委则从不同学科角度对本书相关章节提出了一些建议，在此一并深表谢意。

我们殷切希望广大读者和有关专家对本书提出批评指正，愿本书成为读者的良师益友，从而共同推动污染土壤修复研究领域向前发展。

目　　录

CONTENTS

第一章　绪　　论

一般性的土壤污染，不像大气和水的污染那样可以直接用肉眼观察出来。这时，对它进行耗资治理不太容易被人接受，但当污染很容易用肉眼观察出来时，其污染的程度已经到了不可收拾的地步，所以采取必要的措施对污染土壤进行修复往往是必要的。

第一节　土地与土壤环境

一、土地及其可持续利用

土地，就是权力、金钱、财富和利益的象征，也是维系人类生命和繁衍后代的物质基础。一个国土面积较大的国家，其综合实力也往往较强。历史多次见证，一些国家为了争得一寸土地，甚至不惜牺牲大批生命。可见，土地是多么珍贵！

1. 土地利用类型与环境保护

陆地系统中的土壤、生物、水、大气和岩石等是土地的组成要素，这也是对“土地”进行的广义意义上的科学定义，即土地是指地球表面某一地段内包括土壤、母岩、植被、地貌、水文及近地大气等多种因素在内的自然综合实体，而土壤及其地下水则是其物质核心部分。因此，土地狭义上的定义，一般只指土壤和地下水两部分。

土地利用是指人类根据自身的需要和土地的特性，使土地的某一功能得到体现的经济活动。一般地说，土地利用类型可以大致划分为耕地、园地、林地、牧草地、城乡居民点、工矿用地、交通用地、水域用地和未利用土地或荒地等。其中，耕地、牧草地和水域用地是这些不同土地利用类型中较为敏感的一类，由于对人体健康的影响最为直接，需要首先得到保护。

中国国土面积较大，但耕地面积较少，人均占有只有 1 亩①多，远远低于世界人均水平，是世界人均耕地面积比较少的国家之一。据统计，从 20 世纪 50 年

① 亩为非法定单位，1 亩≈666.67m^2，为了遵从读者的阅读习惯，本书仍沿用这种用法。

代到80年代，中国耕地减少了14 339万亩，尤其是近年来，由于城镇迅速发展，耕地尤其是良田被占用数量迅速增加。与此同时，由于各种原因，尤其是环境污染的影响，中国耕地质量也呈迅速下降趋势。可见，对耕地资源的保护，是中国今后相当长历史时期环境保护最为迫切的工作，任重而道远！

中国草原总面积约52亿亩（可利用的约46亿亩）占全国国土面积的40%以上。近年来，由于草地不合理开垦，超载放牧以及草原工作中出现的低投入、轻管理等问题，草地植被被破坏，退化严重，产草量降低，并在局部地区出现了环境污染现象。多方面的资料表明，当今世界，尤其是中国，加强草地资源的保护和合理利用，防止其沙漠化，是今后该领域非常重要的研究课题。

水域用地一般包括湖泊、水库和河流生态系统。近50年来，中国建立了许多水库，甚至在河流中上游层层建水库，造成河水流量不稳，改变了土壤的理化性质和区域气候条件。不仅如此，还由于旅游事业的发展，在水库附近建立旅游区，生活污水不可避免地流入水库及周围湿地，如不注意环境保护，这些水域的污染将带来严重后果。

未利用土地或荒地，也是一类重要的土地利用类型。中国荒漠面积很大，分布在北部，尤其在西北部。资料表明，中国脆弱生态系统如沙漠、干旱半干旱地区、山地、沼泽地和某些沿海地区，已经占据越来越大的国土面积，以工农业生产为主的开发性活动使其环境不断恶化，影响到局部气候变化，生物多样性下降。改善目前脆弱生态系统保护上的薄弱状况，是全面加强环境保护的需要。

2. 土地资源的可持续利用

根据人类对土地资源的依赖性，以及为在实现人类物质和精神享受方面获得最大的需求，达到对土地资源的可持续充分利用是关键。为此，有必要做好以下几方面的具体工作：

1）合理规划，多层面协调，实施土地用途管制制度；

2）切实保护耕地资源数量和质量，防止耕地面积的进一步减少和持续退化，实现耕地总量动态平衡，使耕地质量有所改善，确保粮棉油基本生产用地；

3）严格控制建设用地，尽量少占耕地，不在重要农区发展乡镇企业，防止耕地污染的发生；

4）继续增加园地、林地和牧业用地，不断提高水果商品率和森林覆盖率，进一步改善当地气候与生态条件，防止水土流失或土地沙漠化；

5）因地制宜，合理开发，强调经济、社会和生态效益并重的原则，加大土地开发复垦整理力度；

6）对一些本身质量较差的土地资源，采取农业、生物、工程和高技术措施进行综合治理，以全面改善土地资源的质量。

二、土壤环境及其保护

土壤是土地资源的核心，是介于生物界和非生物界（主要是岩石圈）之间一个复杂的开放性的物质体系，是可支持植物、动物和微生物生长与繁殖的疏松地表，其厚度一般在2m左右。

土体包括固、液、气三相物质，除了矿物质（包括原生和次生矿物）和可溶性无机物之外，土壤中还存在着生物残体、腐殖质、活的动物和微生物种群。土壤不但为植物生长提供机械支撑能力，而且能为植物生长发育提供所需要的水、肥、气、热等肥力要素，自古以来就是农业生产的基础所在。

土壤环境是一个复杂多变、常常带有人类活动痕迹的自然历史综合体，它具有以下基本特点：

1）首先它是人类环境要素的组成之一，是环境系统的重要组成部分，而且是最复杂的环境系统组分；

2）土壤环境中存在着各种胶体体系和多孔体系，通过吸附/解吸、溶解/沉淀、络合/螯合、老化、离子交换以及过滤等过程，对营养物质或污染物质产生重要作用，从而起到营养支持作用或产生污染毒害/解毒效应；

3）土壤环境是绿色植物的生长基地，通过植物的吸收、积累作用，一方面使土壤环境中的污染物质得以下降，另一方面使污染物质转移到植物体内，然后可能再以食物链的形式进入人体，从而危及人体健康；

4）土壤环境中生活着的各种微生物和动物，对进入其中的污染物可以进行分解、解毒和转化，因而具备同化、净化污染物的功能，这对自然界的物质循环和人类社会可持续发展具有重要意义；

5）土壤环境的自净、解毒能力是有限度的，它不能完全抵抗外来因素的干扰，在一定条件下，土壤也是极其脆弱、易被人类活动损害的环境要素；

6）土壤污染对人类的危害极大，它不仅直接导致粮食、作物的减产，而且还通过地下水途径对清洁的水资源构成污染威胁；

7）土壤一旦被外来污染物所污染便很难彻底治理，应防患于未然。

鉴于土壤环境具有以上基本特点，中国需要制定更为严格的法规与章程，加大对土壤环境保护的力度。

第二节　土地污染及其来源

一、土地污染的定义

什么是污染的土地？土地污染如何定义？这关系到一个国家关于土地保护和土壤环境污染防治的技术法规的制订和执行，尤其对于农业土地来说，这是十分必要又非常迫切的工作。过于严格的定义，将会导致事实上不会引起真实危害出现的、不必要的耗资去修复它；过于宽松的定义，将会导致污染土地带来的各种危害“泛滥”，会失去其科学性、严肃性，等于没有下定义。

一般地说，只要土壤环境受到外来有害物质或能量的侵害，就表明该土地受到了污染。依据受到侵害的程度，分为轻微污染、轻度污染、中度污染、严重污染和极度污染等多个范畴。

在英国，皇家环境污染委员会(RCEP)认为：污染土地是指人类活动引起的物质和能量输入土地，并引起结构或“和谐”受到损害，人体健康受到伤害，资源和生态系统受到破坏，对环境的合理使用受到干扰。RCEP 指出：输入环境的物质成为污染物，只是指当其分布、浓度和物理行为能导致令人不快的或有害的后果。严格地说，这一定义对于具体的法规操作或必要的修复行动似乎过于理想。

根据美国国家环境保护局 20 世纪 90 年代关于“污染土地”的定义，我们认为以下五点是有益于对土地污染进行认识和鉴别的。

1) 人体健康效应：正在对人体健康产生显著危害或引起这种危害的可能性很大，其中这里的显著“危害”主要是指死亡、疾病、严重伤害、基因突变、先天性致残或对人的生殖功能造成损害等不良健康效应，如致癌、肝脏功能紊乱和皮肤病等，甚至包括污染导致的精神紊乱或分裂症。

2) 动物或作物效应：正在对动植物生长发育和繁殖产生显著危害或引起这种危害的可能性很大，包括导致家畜、野生动物、作物或其他生命体的死亡、疾病或其他物理损害。

3) 水污染效应：正在导致主要水体受到污染或可能受污染，也就是说，只要存在与该土壤接壤的各种水体(包括地表水和地下水)受到污染的风险。

4) 生态系统效应：正在显著地影响或危害生态系统其他重要组分，而且这种危害使生态系统功能产生不可逆转的不良变化，涉及对特有或珍稀生物物种的不良效应。

5)“财产损失”效应：主要是指对人类拥有的各种财产的损害作用，这种损害作用不再用于原计划的使用目的，如对建筑物结构的损害、对房产占有权的干扰等。

当然，值得一提的是，美国国家环境保护局认为，尽管土壤中存在有害物质，如果不产生危害，或者通过适当控制不产生危害，该土地就可以认为没有受到污染。可见，美国国家环境保护局的定义也是有些理想化的，因为有些危害是潜在的，至少在一定的时间和空间范围内不容易察觉这些潜在的危害。

因此，准确地说，在给污染土地下定义时，应该考虑土地的使用功能、使用状态、地理位置、社会属性和污染历史等(表 1-1)。只有充分考虑这些因素，才会下一个正确的定义。

表 1-1 污染土地定义应考虑的几个方面

项目	主要指标	基本内涵
使用功能	使用价值及其正常功能丧失的程度	农业、工业、居住、娱乐
使用状态	由使用造成的相应危害的概率大小	充分使用、半使用、休闲地、荒地、遗弃地或抛荒
地理位置	对生态系统结构和功能及其重要性的影响和损害	海岸线、沼泽地、平原、丘陵、高山
社会属性	对人的危害及对财产的损害程度	大城市、大城市周围、小城镇、乡村、偏远地带
污染历史	危害作用的时间长短	污染 10 年以上的土地、污染 50 年以上的土地、新被污染的土地、污染后遗弃的土地

二、土地污染的基本方式

土地污染的方式多种多样，有些是直接污染，有些是间接污染。除了一些蓄意或常规进行的污染方式(如夜间污水偷排)外，大多是突发性事件。以下举例说明化学品土地污染的一些方式：

1) 为了提高作物产量，大量含有重金属的化肥和农药施入农田，造成农业土地硝酸盐、重金属和农药的污染；

2) 存储化学品容器外溢或容器设计失误造成泄漏，如前几年，首钢集团某储苯罐液面高位计失灵，泵工下班未交待，大量苯外溢，并发生火灾，救火过程污染大面积土地；

3) 铁路和公路运输化学品发生交通事故，工厂发生泄漏事故，化学品被事故性排放，造成土地污染；

4) 化学品储罐和地下管线长时期未加检测和修理发生破裂，逸出化学品，这种事故多发生在输油和输天然气管道上，造成周围土地污染；

5）露天堆放煤、矿石或矿渣，垃圾、废弃物掩埋处理可产生明显的土地污染，城市污水灌溉或任意排放也能污染农业土地；

6）油田、金属矿采掘明显污染周围土地和流域下游土壤。

三、土地污染物及污染源

污染的土地，论及范围，既有点、线，又有面、片。论及时间，既有历史遗留问题，又有新发生的污染，还有潜在的污染。

论及污染物种类，则是包括了自然界几乎所有存在的物质，其中以重金属、石油烃、持久性有机污染物(POPs)、其他工业化学品、富营养的废弃物、放射性核素和致病生物等危害较大，出现概率也较多。

论及污染源，主要涉及工业污染源、农业污染源、生活污染源、商业污染源以及其他污染源(表 1-2)，如废弃物处置点，包括垃圾的土地填埋场、污水处理厂等。例如，在垃圾填埋场，当垃圾渗滤液产生时，污染物随着渗滤液进入土壤，就导致了土地污染的发生。

表 1-2　土地(包括土壤和地下水)污染的分类

化合物类型	典型地区或产生方式	移动能力	毒性效应
农业化学物质	制造厂、储运、农场、作物喷洒	低	神经系统受损、致癌
汽油和柴油	加油站、军事基地、提炼厂	低到中	致癌
颜料	城市垃圾填埋场	中到高	重金属中毒、神经系统受损、致癌
溶剂	电子厂、汽车修理厂、军事基地	中到高	致癌、神经系统受损、中毒
多环芳烃(PAHs)	煤气制造	低到中	致癌
多氯联苯(PCBs)		低	致癌
二噁英	化学制造、车辆和飞机的排放、废物燃烧	低	诱发肿瘤、氯痤疮(chloracne)

1. 重金属

重金属是指密度大于 6g/cm^3、原子序数大于 20 的金属元素。它们天然存在于自然界的岩石与土壤中，随着污染的发生，其浓度不断上升。在环境科学中，确切地说，重金属这一术语并不准确，但已经被广泛使用，尽管有时也称为“有毒金属”、“潜在有毒元素”和“微量元素”等。在地球化学研究中，重金属由于在地壳岩石中含量不到1%，属于“微量元素”的范畴。这些微量元素，当它们的浓度过高时，均存在毒性。其中有一些元素，当它们浓度较低或没有超过临界水平时，对动植物的正常健康生长和繁殖都是必需的，这些元素称为“必需微量元素”或“微量营养物质”。当缺乏它们时，往往会导致动植物的疾病甚至死亡。这些必需微量元素包括：钴（细菌和动物必需）、铬（动物必需）、铜（植物和动物必需）、锰（植物和动物必需）、钼（植物必需）、镍（植物必需）、硒（动物必需）、锌（植物和动物必需）。此外，硼（植物必需）、氯（植物必需）、铁（植物和动物必需）、碘（动物必需）、硅（可能植物和动物必需）也是必需微量元素，尽管从其密度上尚不能归为重金属。银、砷、钡、镉、汞、铊、铅和锑等元素，尚不能确定是否具有必需功能，当土壤中的浓度超过其耐受水平，就会使动植物受到毒害。其中，最为重要的土壤重金属污染物为砷、镉、铜、铬、汞、铅和锌等。

土壤重金属污染的来源主要包括以下九个方面：

1）金属采矿，尤其是砷、镉、铜、镍、铅、锌等重金属，矿体不仅含有各种具有经济开发价值的金属（矿石），也可能有相当数量的不具经济价值的元素（以脉石形式）存在。绝大多数矿区经常被若干重金属和一些伴生元素（如硫）所污染。风刮起的尾砂（一些含金属的细颗粒矿石）经沉降以及这些尾砂经雨水冲洗、风化淋溶以离子的形式进入土壤，成为金属矿区土壤污染的主要来源。

2）金属冶炼，这是从矿物中分离金属的过程，因而是许多金属的污染源，一般以细矿石颗粒、氧化物气溶胶颗粒形式通过大气的迁移、沉降进入土壤，造成土地污染。在冶炼厂下风向 40km 以内，这种形式的土地污染都会发生。

3）金属工业，包括金属及其固体废物热处理过程中产生的气溶胶颗粒，经大气沉降进入土壤；金属经过酸性物质处理后流出的污水以及电镀工业使用的金属盐溶液等的排放。此外，电子工业因为金属用于半导体、导线、开关、焊料和电池的原料和生产，电镀工业（镉、镍、铅、汞、硒和锑等），颜料和油漆工业（涉及的重金属有铅、铬、砷、锑、硒、钼、镉、钴、钡和锌等），塑料工业（聚合体稳定剂如镉、锌、锡和铅等），以及化工工业常常用一些金属作为催化剂和电极（如汞、铂、钌、钼、镍、钐、锑、钯和锇等）也造成金属工业污染。

4）金属的腐蚀，例如，屋顶和水管上的铜、铅，不锈钢中的铬、镍、钴，钢表面防止生锈覆盖层中的镉、锌，铜制配件中的铜、锌，以及喷漆表面退化释放的铬、铅等都会造成土壤污染。

5）废物处置，包括城市生活垃圾、工业固体废物、特殊废物和有害废物，常常含有各种金属，增加了土壤重金属污染的可能。

6）农业污染源，包括以添加剂形式加入到猪和家禽饲料中的砷、铜和锌等重金属，某些磷肥中可能含有镉、铀等污染物，以及某些含有金属（如砷、铜、锰、铅和锌等）的农药的使用，经若干转移过程最终会导致重金属污染的发生。

7）森林与木材工业，一些含有砷、铬和铜的木材防腐剂被广泛和长期使用，导致了木材厂附近土壤和地下水的污染。一些有机化学品、焦油派生物（木馏油）和五氯酚也被用于木材防腐，导致对土壤及地下水的污染。

8）化石燃料的燃烧，存在于煤和石油中的一些微量元素，如镉、锌、砷、锑、硒、钡、铜、锰和钒等，经过工业或家庭燃烧，以飘尘、灰、颗粒物或气体形式释放。此外，一些金属，如硒、碲、铅、钼和锂等，被加入到燃料或润滑剂中以改善其性质，都是加剧土壤重金属污染的因素。

9）运动与休闲活动，比赛和陶土飞靶射击场含有铅、锑和砷等金属小球的使用导致铅、锑和砷的污染，但如果用其他金属如钢作为其替代物，也会导致钼和铋的土壤污染。

2. 石油烃污染物

石油烃污染物主要是一系列直链和支链饱和烷烃，包括甲烷(CH_4)、乙烷(C_2H_6)、丙烷(C_3H_8)直至$C_{76}H_{154}$。芳香烃和含有氮、硫的有机组分，也是石油烃的重要组成部分。起源于煤和石油的烃类化合物，构成了土壤及地下水中最为重要的有机污染物的一个类型。

商业起源的一类芳香分子烃污染物是BTEX化合物，如苯、甲苯、乙基苯和二甲苯等，经常以斑块状存在于工业区的土壤和地下水中。有机溶剂如丁烷、*n*—乙烷、苯、甲苯以及乙烯氯、氯仿、四氯化碳和三氯乙烷等有机氯化物，由于在工业上广泛应用，也经常是工业区土壤中重要的有机污染物。除了摄取和吸入导致的毒性危害外，这些烃类有机污染物还存在较高的起火与爆炸的风险。基于其在土壤和地下水中的行为，一些憎水有机液相污染物，如有机溶剂，常常又被称为非水溶性液体(NAPLs)；根据其密度，可以再分为轻非水溶性液体(LNAPLs)和稠非水溶性液体(DNAPLs)。

烃类污染物的污染源主要包括以下四个方面：

1）燃料储藏、运输过程以及交通事故造成的渗漏，导致土壤污染。有时，地下油库的渗漏，引起亚表土层的污染。鉴于石油燃料用量不断增大，由这种污染源导致的土壤烃类污染比例日益增加。尽管如此，土壤中该类污染物与有机痕量污染物如PAHs、PCBs、二噁英以及农药派生物相比，还是较为容易被降解，而且生态毒理学风险也较小。不过，含铅石油仍然构成铅的长期污染危害。

2）使用过剩的润滑油的土地处置，常常导致土壤污染。在这些润滑油中，不仅含有各种烃类和粉末状金属，还含有PAHs。在英、美等国家，由于家家户户都有车，其中很大一部分人“自己动手”修车，他们常常把用过的机油倒入自己家门口的花园土壤中。不难想像，汽车修理厂、汽车间周围的土地、农场以及垃圾场都可能受到石油烃的污染。

3）煤的不适当储藏导致土壤污染。主要是因为煤是烃类化合物的固体形式，主要危害往往与火相联系。煤矿、工厂曾经堆过煤的场所、火车站以及其他可能与煤相混合的土壤，都有燃烧的危险。某些煤中还含有一定数量的黄铁矿，当它们暴露于大气，经受氧化过程，会导致铁氢氧化物和硫酸根阴离子的形成。这些阴离子对土壤具有酸化效应，促使土壤中重金属污染物迁移转化而成为生物有效形态。如果酸化非常突出，土壤 pH 达到 4 以下，黏土矿物受到降解性破坏，会导致 Al^{3+}、$Al(OH)_2^+$ 游离离子的形成，这对大多数植物都具有毒性效应。

4）工业场所有机溶剂的排放或泄露，导致土壤污染。主要是因为工业上广泛应用烃类溶剂，除了这些有机溶剂在专门制备和运输过程中的泄露外，半导体制造以及其他电子器件生产过程中用这些有机溶剂作为除油污的物质，都是重要的污染源。DNAPLs 尽管水溶性很低，但能引起严重的地下水污染问题。

3. 有毒痕量有机污染物(TOMPs)

有毒痕量有机污染物也称持久性有机污染物(POPs)。最为常见的有毒痕量有机污染物包括：多环芳烃(PAHs)、多杂环烃(PHHs)、多氯联苯(PCBs)、多氯二苯二噁英(PCDDs)、多氯二苯呋喃(PCDFs)以及农药残体及其代谢产物。

农药是存在于土壤环境中一类重要的有机污染物(表 1-3)。农药的作用是对付、杀死自然界中各种昆虫、线虫、螨、杂草、真菌病原体，在农药生产过程和农业生产使用过程中可能导致土壤污染。目前，农业上农药的使用量一般达到

表 1-3　土壤环境中常见的农药类污染物

农药	亚类	举例	半减期/a
杀虫剂	有机氯	DDT、BHC	2～4
	有机磷	马拉松、对硫磷	0.02～0.2
	氨基甲酸酯	氨基甲酸盐	0.02～0.1
除草剂	苯氧基乙酸	2，4-D、2，4，5-T	0.1～0.4
	甲苯胺	氟乐灵	
	三氮杂苯类(triazine)	阿特拉津、西玛津	<1～2
	苯基脲类	非草隆	
	二氮苯基化合物	敌草快、百草枯	
	氨基乙酸类	草甘膦	
	苯氧基丙酸酯	*Z* -［4-氯-邻用苯基氧］丙酸	
	氢氧基腈	4-羟基-3，5-二碘苯甲腈、溴苯甲腈	
杀真菌剂	无机与重金属化合物	波尔多液	10～20
	二硫代氨基甲酸盐	代森锰、代森锌	
	酞亚胺	克菌丹	
	抗生素	放线酮	
	苯并咪唑	苯菌灵、涕必灵	

0.2～5.0kg/hm^2，而非农业目的的应用，其用量往往更高。例如，在英国，使用大量除草剂用于铁路或城市道路上清除杂草，其用量近年来不断增加，增长率达到9%。一般地说，只有小于10%的农药到达设想的目标，其余则残留在土壤中。进入土壤中的农药，部分挥发进入大气，部分经淋溶过程进入地下水，或经排水进入水体或河流。大部分农药的水溶性大于10mg/L，因而在土壤中有淋溶的倾向。在肥沃的土壤中，许多农药的半减期为10d～10a。因此，在许多场合足以被淋溶。如阿特拉津的半减期为50～100d，能够引起广泛的地下水污染问题。

由于涉及的化合物种类很多，这种类型的污染物在土壤环境中的生态行为及其对植物、动物、土壤微生物甚至人类的毒性差异很大。许多农药还有可能降解为毒性更大的衍生物，导致敏感作物的植物毒性问题。与土壤的农药污染有关的最为严重的问题是进一步导致地表水、地下水的污染以及通过作物或农业动物进入食物链。

4. 其他工业化学品

据估计，目前有6万～9万种化学品已经进入商业使用阶段，并且以每年上千种新化学品进入日常生活的速度加快。据经济合作与发展组织(OECD)1991年的报道，1990年全球有害与特殊废物总产量达到3.38×10^{8}t。尽管并不是所有的化学品都存在潜在毒性危害，但是有许多化学品，尤其是优先有害化学品(表1-4)，由于储藏过程的泄露、废物处理以及在应用过程中进入环境，可导致土壤的污染问题。

表1-4 各国、各国际组织规定的一些优先有害化学品

化学品	DS(I类污染物)	UK	IPPC	OSPAR	WFD
DDT和代谢产物(DDD、DDE)	√	√		√	
艾氏剂(aldrin)	√	√		√	
狄氏剂(dieldrin)	√	√			
异狄氏剂(endrin)	√	√			
异艾氏剂(isodrin)	√				
六六六	√	√		√	√
多氯联苯(PCBs)				√	
阿特拉津		√		√	√
硫丹		√		√	√
西玛津		√		√	√
氟乐灵		√		√	
壬基苯酚(nonylphenol)				√	√

续表

化学品	DS(I类污染物)	UK	IPPC	OSPAR	WFD
辛基苯酚					√
谷硫磷		√			
1，1，3，3-四甲基-4-丁基酚					√
二(2-乙基己基)酞酸酯(DEHP)					√
丁基苯酞酸酯				√	
二乙基己基酞酸酯				√	
二-正-辛基酞酸酯				√	
1，2-二氯乙烷(EDC)	√	√		√	√
苯				√	√
溴化联苯醚					√
联苯醚、五溴衍生物					√
2，2′，4，4′-四溴联苯醚					√
双-(五氯溴苯)-醚					√
氯烷(C10～13)					√
毒死蜱(chlorpyrifos)				√	√
二氯甲烷				√	√
敌草隆				√	√
敌敌畏		√			
马拉松		√			
七氯				√	√
六氯苯(HCB)	√	√			√
六氯丁二烯(HCBD)	√	√		√	√
一氯硝基苯					√
硝基苯				√	√
多环芳烃					√
茚并［1，2，3-*cd*］芘					√
苯并［*a*］蒽					√
苯并［*g*，*h*，*i*］芘(二萘嵌苯)					√
苯并［*b*］荧蒽					√
苯并［*k*］荧蒽					√
苯并［*a*］芘					√
萘					√

续表

化学品	DS(I类污染物)	UK	IPPC	OSPAR	WFD
蒽				√	√
荧蒽					√
芴(fluorene)					√
苊				√	√
菲					√
五氯酚	√	√		√	√
三氯苯(TCB)	√	√			√
三氯甲烷(氯仿)	√			√	√
砷			√	√	√
镉	√	√		√	√
铜				√	√
铅				√	√
镍				√	√
汞	√	√			
金属及其化合物			√		
1，1，3，3-四甲基-4-丁基酚				√	
1，2，3-三氯苯				√	
1，2，4，5-四氯苯				√	
1，2，4-三氯苯				√	
1，3，5-三氯苯				√	
1，3-二氯苯				√	
2，4-二硝基甲苯				√	
3-氯硝基苯				√	
对二氨基联苯				√	
1，1′-(2，2，2-三氯乙缩醛)双［4-氯苯］				√	
2，4-二氯-1-(4-硝基酚)-苯				√	
六氯苯				√	
五溴甲基苯				√	
甲基酯					
杀生剂和植物健康产品			√		
氯苯				√	
氰化物			√		

续表

化学品	DS(I类污染物)	UK	IPPC	OSPAR	WFD
环己胺				√	
联苯醚				√	
联苯甲烷				√	
杀螟松		√		√	
六氯乙烷				√	
六氯萘				√	
甲氧滴滴涕			√		
有机卤化合物			√		
有机磷化合物			√		
有机锡化合物			√		
全氯乙烯(PER)	√				
持久性烃类物质及生物可积累有机有毒物质			√		
具有致癌、致突变的物质			√		
PCDD、TCDD、PCDF				√	
四乙基铅				√	
磷酸三丁酯化合物		√			
三苯基锡化合物		√			
毒杀酚				√	
三氯乙烯(TRI)	√				
三氯酚(所有异构体)				√	
磷酸三邻甲苯酯				√	

注：DS指欧洲共同体为了减少和消除内陆水体尤其是特别危险物质的污染而于1976年颁布并采用的《危险物质指南》(76/464/EEC)；UK指英国政府制订的优先污染物；IPPC指欧洲共同体1996年颁布的《污染综合防止与控制指南》(96/61/EEC)；OSPAR指北海会议上签订的奥斯陆一巴黎协议所指定的污染物；WFD指欧洲委员会2000年颁布的《水框架指南》(2000/60/EC)。

5. 富营养废弃物

污泥(也称生物固体)是世界性的土壤污染源。1990年，美国的污泥产量就达5.4×10^6 t干固体，欧盟原来12个国家为6.3×10^6 t干固体。随着污水处理事业的发展，中国也将产生越来越多的污泥。目前，污泥的处理方式主要有：农业利用(美国占22%，英国占43%)、抛海(英国占30%)、土地填埋和焚烧等。1998年12月，欧盟已经禁止污泥抛海。

污泥是有价值的植物营养物质的来源，尤其是氮、磷，还是有机质的重要来源，对土壤整体稳定性具有有益的影响。然而，它的价值有时因为含有一些潜在的有毒物质(如镉、铜、镍、铅和锌等重金属和有机污染物)而抵消。在污泥中，最为重要的 POPs 有：①含卤素芳香化合物，如 PCBs、PCTs(多氯三联苯)、PCNs(多氯萘)、多氯苯、PCDDs(多氯二苯二噁英)；②含卤素脂肪族化合物；③PAHs；④农药；⑤芳香胺和亚硝胺；⑥酞酸酯。污泥中还含有一些在污水处理尚没有杀死的致病生物，可能会通过食用作物进入人体而危害健康。

厩肥及动物养殖废弃物含有大量氮、磷、钾等营养物质，它们对于作物的生长具有营养价值。但与此同时，因为含有食品添加剂、饲料添加剂以及兽药，常常会导致土壤的砷、铜、锌和病菌污染。

6. 放射性核素

核事故、核试验和核电站的运行，都会导致土壤的放射性核素污染。最长期的污染问题被认为是由半衰期为 30a 的^{137}Cs引起的，在土壤和生态系统中其化学行为基本上与钾接近。核武器的大气试验，导致大量半衰期为 29a 的^{90}Sr扩散，其行为类似于生命系统中的钙，由于储藏于骨中，对人体健康构成严重危害。

7. 致病生物

土壤还常常被诸如细菌、病毒、寄生虫等致病生物所污染，其污染源包括动物或病人尸体的埋葬、废物和污泥的处置与处理等。土壤被认为是这些致病生物的“仓库”，能够进一步构成对地表水和地下水的污染，通过土壤颗粒的传播(如被孩子误食、用脏手直接拿食物以及黏附于植物上)，牲口和人感染疾病，植物受到危害。

第三节　土壤环境污染及中国所面临的问题

一、土壤环境污染的特点

土壤环境的多介质、多界面、多组分以及非均一性和复杂多变的特点，决定了土壤环境污染具有区别于大气环境和水环境污染的不同特点。

1. 隐蔽性与滞后性

水体污染或江河湖海的污染，常常用肉眼就能容易辨识；水泥厂的滚滚浓烟给四周大气造成的污染，在达到一定程度时通过感官就能发现。废弃物的污染问题就更加直观了。但是，土壤环境污染却往往要通过对土壤样品进行分析化验和农作物的残留检测情况，甚至通过粮食、蔬菜和水果等农作物以及摄食的人或动物的健康状况才能反映出来，从遭受污染到产生“恶果”往往需要一个相当长的过程。也就是说，土壤环境污染从产生污染到出现问题通常会滞后较长的时间，如日本的“骨痛病”经过了10～20a之后才被人们所认识。

2. 累积性与地域性

污染物在大气和水体中，一般都比在土壤环境中更容易迁移，而且一般是随着气流和水流进行长距离迁移。污染物在土壤环境中并不像在大气和水体中那样容易扩散和稀释，因此容易在土壤环境中不断积累而达到很高的浓度，与此同时，也使土壤环境污染具有很强的地域性特点。

3. 不可逆转性

如果大气和水体受到污染，切断污染源之后通过稀释作用和自净作用也有可能使污染问题不断逆转，但是积累在污染土壤环境中的难降解污染物则很难靠稀释作用和自净作用来消除。

重金属污染物对土壤环境的污染基本上是一个不可逆转的过程，主要表现为两个方面：①进入土壤环境后，很难通过自然过程得以从土壤环境中消失或稀释；②对生物体的危害和对土壤生态系统结构与功能的影响不容易恢复。例如，被某些重金属污染的农田生态系统可能需要100～200a才得以恢复。

同样，许多有机化合物的土壤环境污染也需要较长的时间才能降解，尤其是那些持久性有机污染物，在土壤环境中基本上很难降解，甚至产生毒性较大的中间产物。例如，六六六和DDT在中国已禁用20多年，但由于有机氯农药非常难于降解，至今经常能从土壤环境中得以检出。下面是浙江省宁波地区禁用有机氯农药后10a(1993～1994年)的调查与取样监测数据(表1-5)。

表1-5 不同农田土壤中六六六和DDT农药残留

土壤名	六六六		DDT	
	含量/(mg/kg)	检出率/%	含量/(mg/kg)	检出率/%
菜地土壤	0.0064	100	0.2654	100
果园土壤	0.0150	100	0.7282	100
茶园土壤	0.0113	100	0.0019	83.3
旱粮土壤	0.0019	42.1	0.3089	100
水稻土	0.0003	21.1	0.0677	100

4. 治理难而周期长

土壤环境污染一旦发生，仅仅依靠切断污染源的方法往往很难自我恢复，必须采用各种有效的治理技术才能解决现实污染问题。但是，从目前现有的治理方法来看，仍然存在成本较高和治理周期较长的问题。因此，需要有更大的投入，来探索、研究、发展更为先进、更为有效和更为经济的污染土壤修复、治理的各项技术与方法。

二、土壤环境污染的危害

土壤环境污染正在剥夺大片肥田沃土的生产力和相关生态系统的健康。严重的土壤污染可以导致农作物生长发育的抑制甚至枯萎死亡，这些污染后果是可以及时发现的。更多的土壤污染并无明显表现，如破坏土壤的理化性质，使土壤板结，降低农产品的质量，特别是通过农作物对有害物的富集作用，暗地里危害牲畜和人体健康，必须引起高度警惕。

1. 导致严重的经济损失

对于各种土壤环境污染造成的直接或间接经济损失，目前尚缺乏系统的调查资料。仅以土壤环境的重金属污染为例，根据有关资料的计算表明，由农产品的重金属污染导致的经济损失在逐年增加(图 1-1)，2000 年已达到 320 亿元人民币。

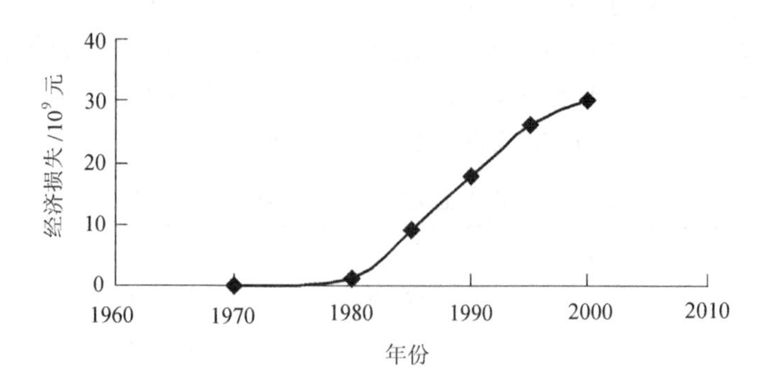

图 1-1　农产品重金属污染导致的经济损失上升趋势

据估计，全国近年受乡镇工业污染造成的农业经济损失在 100 亿以上。全国每年发生污染渔业事故造成经济损失为 3 亿多元，并呈明显上升趋势。水污染直接造成水资源短缺，直接损害饮水安全和人体健康，其中影响农作物安全及农业生产，最终导致其经济损失占 GDP 的 0.5%～1.3%。

对于农药和有机物污染、放射性污染、病原菌污染等其他类型的土壤污染所导致的经济损失，目前尚难以估计。但是，这些类型的污染问题在国内确实存在，而且日益严重。

2. 导致农产品污染超标、品质不断下降

中国大多数城市近郊土壤都受到了不同程度的污染，许多地方粮食、蔬菜和水果等食物中镉、铬、砷、铅等重金属含量超标或接近临界值。据报道，1992 年全国有不少地区已经发展到生产“镉米”的程度，每年生产的“镉米”多达数亿 kg。仅沈阳某污灌区被污染的耕地已达 2500 多 hm^2，致使粮食遭受严重的镉污染，稻米中含镉浓度高达 0.4～1.0mg/kg(这已经达到或超过诱发“骨痛病”的平均含镉浓度)。江西省某县多达 44%的耕地遭到污染，并形成 670hm^2 的“镉米”区。2000 年全国 2.2 亿 kg 粮食调查发现，粮食中重金属铅、镉、汞、砷超标率达 10%。广东省 9 个商品粮基地 10 种农产品调查，发现农产品有 5 种重金属超标，超标率均在 67.2%以上。

1999 年，北京市对部分蔬菜市场检测表明，蔬菜有机磷农药残留量京郊自产蔬菜中超标为 17%，外埠进京蔬菜达 69%。2000 年春节期间，农业部组织广东、北京等 11 省、自治区和直辖市的农业环境监测站，对其所在城市市场的 30 多种蔬菜、17 种水果中的农药残留污染状况进行了抽样检测，发现被抽查的蔬菜、水果中农药总检出率达 32.3%，总超标率达 25.3%，其中北京、天津、上海、广州、南宁、昆明 6 城市蔬菜中农药残留超标率超过 50%。

土壤环境污染除影响农产品的卫生品质外，也明显地影响农作物的其他品质。有些地区污灌已经使得蔬菜的味道变差，不容易储藏，易腐烂，甚至出现难闻的异味，农产品的储藏品质和加工品质也不能满足深加工的要求。

3. 导致大气环境的次生污染

土壤环境受到污染后，含重金属浓度较高的污染表土容易在风力的作用下进入到大气环境中，导致大气污染及生态系统退化等其他次生生态环境问题。例如，北京市的大气扬尘中，有一半来源于地表。表土的污染物质可能在风的作用下，作为扬尘进入大气环境中，而汞等重金属则直接以气态或甲基化形式进入大气环境，并进一步通过呼吸作用进入人体。这一过程对人体健康的影响可能有些类似于食用受污染的食物。因此，美国、英国、德国、澳大利亚、瑞典和荷兰等国家的科学家已注意到，城市的土壤污染对人体健康也有直接影响。由于城市人口密度大，而城市的土壤污染问题又比较普遍，因此，国际上对城市土壤污染问题开始予以高度重视。

4. 导致水体富营养化并成为水体污染的祸患

资料表明，中国化肥年生产量已达3000万t，1999年化肥使用量4124万t，平均268 kg/hm^2，是世界平均水平的2.5倍。其中淮河流域平均415 kg/hm^2，太湖流域600 kg/hm^2，蔬菜基地2000 kg/hm^2。农田生态系统中仅化肥氮的淋洗和径流损失量每年就约174万t，长江、黄河和珠江每年输出的溶解态无机氮达97.5万t，是造成近海赤潮的主要污染源。

土壤环境受到污染后，重金属浓度较高的污染表土还容易在水力的作用下，重金属进入到水环境中，导致地表水和地下水的重金属污染。例如，任意堆放的含毒废渣以及被农药等有毒化学物质污染的土壤，通过雨水的冲刷、携带和下渗，会污染水源。人、畜通过饮水和食物可引起中毒。

5. 成为农业生态安全的克星

目前，中国农药产量居世界前列，1999年中国的农药总产量66.6万t，总施用量132.2万t，平均每亩施用农药927.7g，单位面积施用量比发达国家高约1倍，利用率不足30%。农药长期大量使用，造成农药对土壤环境的大面积污染，土壤害虫抗药性不断增加，同时也杀死了大量害虫天敌和土壤有益动物，进而使农业生态安全失去基本保障。

三、土壤环境污染与新型疾病的发生

病原体是一大类重要的土壤污染物，包括肠道致病菌、肠道寄生虫(蠕虫卵)、钩端螺旋体、炭疽杆菌、破伤风杆菌、肉毒杆菌、霉菌和病毒等，主要来自人畜粪便、垃圾、生活污水和医院污水等。用未经无害化处理的人畜粪便、垃圾作为肥料，或直接用生活污水灌溉农田，都会使土壤环境受到病原体的污染。这些病原体能在土壤环境中生存较长时间，如痢疾杆菌能在土壤环境中生存22～142d，结核杆菌能生存1a左右，蛔虫卵能生存315～420d，沙门氏菌能生存35～70d。

被病原体污染的土壤能传播痢疾、伤寒、副伤寒、病毒性肝炎和SARS等传染病。这些传染病的病原体随病人和带菌者的粪便以及他们的衣物、器皿的洗涤污水污染土壤环境。通过雨水对土壤的冲刷和渗透，病原体又被带进地面水或地下水中，进而引起这些疾病的暴发流行。因土壤环境污染而传播的寄生虫病(蠕虫病)有蛔虫病和钩虫病等。人与土壤直接接触，或生吃被污染的蔬菜、瓜果，就容易感染这些蠕虫病。土壤环境对传播这些蠕虫病起着特殊的作用，因为在这些蠕虫的生活史中，有一个阶段必须在土壤环境中度过。例如，蛔虫卵一定要在土壤环境中发育成熟，钩虫卵一定要在土壤环境中孵出钩蚴才有感染性。

结核病人的痰液含有大量结核杆菌，如果随地吐痰，就会污染土壤环境，水分蒸发后，结核杆菌在干燥而细小的土壤颗粒上还能生存很长时间。这些带菌的土壤颗粒随风进入空气，人通过呼吸，就会感染结核病。有些人畜共患的传染病或与动物有关的疾病，也可通过土壤进而传染给人。例如，患钩端螺旋体病的牛、羊、猪、马等，可通过粪尿中的病原体污染土壤环境，这些钩端螺旋体在中性或弱碱性的土壤中能存活几个星期，并通过黏膜、伤口或被浸软的皮肤侵入人体，使人致病。炭疽杆菌芽孢在土壤环境中能存活几年甚至几十年；破伤风杆菌、气性坏疽杆菌和肉毒杆菌等病原体，也能形成芽孢，长期在土壤环境中生存。破伤风杆菌、气性坏疽杆菌来自感染的动物粪便，特别是马粪。人们受外伤后，伤口被泥土污染，特别是深的穿刺伤口，很容易感染破伤风或气性坏疽病。此外，被有机废弃物污染的土壤，是蚊蝇孳生和鼠类繁殖的场所，而蚊、蝇和鼠类又是许多传染病的媒介。因此，被有机废弃物污染的土壤，在流行病学上被视为特别危险的物质。

有毒化学物质如镉、铅等重金属以及有机氯农药等，主要来自工业生产过程中排放的废水、废气、废渣以及农业上大量施用的农药和化肥。进入土壤环境的有毒化学物质，对人体健康的影响大多是间接的，主要是通过农作物、地面水或地下水对人体产生影响，即首先在作物体内积累，并通过食物链富集到人体和动物体中，危害人畜健康，引发癌症和其他疾病等(表 1-6)。目前，中国对这方面的情况仍缺乏全面的调查和研究，对土壤环境污染导致污染疾病的总体情况并不清楚。但是，从个别城市的重点调查结果来看，情况并不乐观。中国的研究表明，一些地区居民的皮肤病、肝大和癌症等疾病与土壤、粮食的化学污染之间有明显的正相关关系。

表 1-6　土壤化学品污染的人体健康效应

化学品	人体健康效应
铬	皮肤病
苯	对血造成不良影响，白血病
二溴氯丙烷	精子数量减少，不育症
铅	不育，流产，死产，神经错乱
氯乙烯	血管肉瘤，肝癌
石棉	肺癌
多氯联苯	氯痤疮

放射性物质也是一类重要的土壤污染物，主要来自核爆炸的大气散落物，工

业、科研和医疗机构产生的液体或固体放射性废弃物。高浓度的放射性^{137}Cs，能随植物的摄取通过食物链进入人体。当土壤被放射性物质污染后，可通过放射性衰变，能产生 α 射线、β 射线、γ 射线。这些射线能穿透人体组织，使机体的一些组织细胞受伤害或死亡。这些射线对机体既可造成外照射损伤，又可通过饮食或呼吸进入人体，造成内照射损伤，使受害者头昏、疲乏无力、脱发、白细胞减少或增多，发生癌变等疾病。

四、中国土壤环境污染现状与趋势

中国土壤污染问题已十分严重。据我们初步调查，全国受有机污染物(农药、石油烃和 PAHs)污染农田达 3600 万 hm^2，其中农药污染面积约 1600 万 hm^2，主要农产品的农药残留超标率高达 16%～20%，特别是一些高产地区每年施农药次数在 10 次以上，每亩用量常常高达 1.2kg 以上，农药中毒事故和农药污染纠纷每时每刻都在发生。

中国因农田施用化肥氮每年转化成污染物而进入环境的氮素达 1000 万 t 之多，农产品的硝酸盐和亚硝酸盐污染十分严重。2000 年对沈阳市售的 24 种蔬菜调查表明，硝酸盐含量超过 750mg/kg 的有 10 种，其中小白菜、芹菜、油菜、韭菜和生菜的硝酸盐含量高达 3000mg/kg 以上，茼蒿中的含量更是高达 6688mg/kg，超标近 9 倍。另据上海、南京等大城市的调查，由于氮肥的不合理使用，常年食用的蔬菜硝酸盐含量多数属于 3 级和 4 级，也已达到或超过临界水平。

中国农膜污染土壤面积超过 780 万 hm^2，这些残存的农膜对土壤毛细管水起阻流作用，恶化土壤物理性状，影响农业产量和农产品品质的问题已日益暴露出来。

调查还初步表明，全国受重金属污染的农业土地约 2500 万 hm^2，尤其是每年被重金属污染的粮食多达 1200 万 t。农业部环保监测系统曾对全国 24 省、市 320 个严重污染区 8223 万亩土壤调查发现，大田类农产品污染超标面积占污染区农田面积的 20%，其中重金属超标占污染土壤和农作物的 80%，问题非常突出！在沈阳、广州、天津、兰州和上海等许多重点地区，土壤及地下水污染已经导致癌症等疾病的发病率和死亡率明显高于没有污染的对照区数倍到十多倍。

畜禽养殖对土壤环境的污染已成新的农业污染源。目前，全国生猪存栏达 42 256万头，出栏 20 125 万头，年产粪便量 17.3 亿 t，是全国工业固体垃圾的 2.7 倍。畜禽养殖厂的恶臭污染非常突出，臭气成分主要由氨、硫化氢、甲基硫醇、三甲基氨等多种气体组成，对人体健康的危害十分明显。不仅如此，畜禽养殖污水排放已成大问题。例如，辽宁省机械化养殖场排放的污水中 BOD_5 超出上海标准的 1 倍以上，超出德国标准近 10 倍；总氮超出地表水环境标准的 266～

427 倍(标准为 1mg/L)，COD 也明显超标。

最近，对中国东北北部黑土各种重金属污染进行调查表明，发现重金属镉的污染较为普遍。从表 1-7 中可以看出，黑土土壤样品中镉的含量范围在 0.013～2.31mg/kg 之间，污染指数 *Pi* 在 0.06～4.87 之间。调查的样点中，有 42.5%的样品受到不同程度的镉污染，在污染样品中轻度污染占 33.3%，中度和重度污染占 66.7%。两个污染最严重的点分别在哈尔滨市工业区附近的保护地以及绥棱市郊的蔬菜大棚地。

表 1-7 土壤样点重金属污染趋势(n=105)

元素	检出范围/(mg/kg)	污染指数水平	无污染样数 $Pi \leqslant 1$	轻污染样数 $1 < Pi \leqslant 2$	中污染样数 $2 < Pi \leqslant 3$	重污染样数 $Pi > 3$
镉	0.013～2.31	0.06～4.87	60	15	28	2
铅	10.52～57.48	0.30～1.08	104	1	0	0
锌	42.13～227.10	0.42～1.83	82	23	0	0
铜	9.95～46.18	0.28～1.17	104	1	0	0

从黑土污染的区位来说，镉元素污染的样点主要集中在市区和城乡结合部(表 1-8)，如哈尔滨、海伦、北安等市的市内和市郊，有 86.7%的土壤镉污染样点分布在这些区域中，这也是工业污染和农业污染的集中地域，大量的工业废弃物随着空气、水和固体垃圾进入土壤环境，同时城乡结合部的保护地中是农药、化肥的集中施用点，这些是造成土壤环境中镉污染的主要原因。镉元素重度污染的点分布在市区的化工厂旁和城乡结合部的大棚中。

表 1-8 不同空间样点镉的污染趋势(n=105)

样点类型	总样数	无污染样数 $Pi \leqslant 1$	轻污染样数 $1 < Pi \leqslant 2$	中污染样数 $2 < Pi \leqslant 3$	重污染样数 $Pi > 3$
市区样	31	18	5	7	1
城乡结合部样	39	13	5	20	1
农场区样	35	29	5	1	0

在不同的黑土农业用地中，镉元素污染的情况也有所不同。大豆地和玉米地的镉污染要相对轻一些(表 1-9)，这主要是因为其中大部分的大豆地和玉米地主要分布在人口较为稀疏的北部农场，这些农场远离城市和工业区，农业活动中使用的农药量较少，肥料品种也较为单一，自然和人为因素带来的污染较少；白菜地和其他一些以西瓜、西红柿、黄瓜和茄子等为主要作物类型的蔬菜用地中镉污染要严重一些，这些白菜地和其他一些农业用地主要分布在市区农用地以及城乡

结合部的保护地中，这些地方的土地利用率高，单位面积内施肥和施药的频率和量很高，由农药和肥料杂质中带入的污染物较多，同时这些地方也存在工业污染和污水灌溉的污染，因此生长这些类型作物的土壤环境中镉的污染较为严重。玉米地中出现的重度污染样点位于市区内化工路化工厂旁；另一重度污染样点是在市郊的温室黄瓜地中，有资料显示，温室中施用如代森锌、金柯拉等农药和化肥较多。

表 1-9　不同土地利用类型土壤镉的污染趋势($n=105$)

农业用地类型	总样数	无污染样数($Pi \leqslant 1$)	轻度污染样数 $1 < Pi \leqslant 2$	中度污染样数 $2 < Pi \leqslant 3$	重度污染样数 $Pi > 3$
大豆地	25	14	5	6	0
玉米地	30	25	3	1	1
白菜地	20	6	4	10	0
其他类型	30	15	3	11	1

第四节　污染土壤修复的意义及技术的发展

一、土壤环境污染控制措施

为了控制和消除土壤环境的污染，首先要控制和消除土壤污染源，加强对工业“三废”的治理，合理施用化肥和农药；与此同时，还要积极采取各种防治措施与修复手段，才能达到解决土壤环境污染问题的目的。具体地说，应该全面实施控制土壤环境污染的各项措施：

1) 促进土壤污染防治各种法规、准则和标准的制定与修改；

2) 建立土壤环境污染、土壤质量变化监测与预警系统，制定土壤污染预防规划，识别、确定污染控制的具体区域；

3) 强化污水、固体废弃物和其他有毒物质排放的控制，改善煤气站、管道和储藏设施的安全，采取污染预防与控制各项有效措施；

4) 实施污染土地休闲制度，当土壤污染发生时，就暂停、终止该污染土地的农业利用，与此同时给这些休闲地提供相应的国家或政府补助，在污染土壤得以修复前不改变土地利用原有方式；

5) 修复污染土壤，清洁灌溉系统，使之农业生产性能及其他功能得以复原，如针对土壤污染物的种类，种植有较强吸收力的植物(如超积累植物等)降低有毒物质的含量，或通过生物降解净化土壤(如生物修复等)，或施加抑制剂改变污染物质在土壤中的迁移转化方向以减少作物的吸收，或通过提高土壤 pH 促使镉、汞、铜、锌等形成氢氧化物沉淀，或通过增施有机肥、改变耕作制度、换土、深翻等手段，治理土壤环境污染；

6）政府帮助有关企业、公司培训土壤污染控制专家，帮助私人企业增强其在土壤污染预防与控制方面的能力。

二、污染土壤修复的意义

目前，理论和技术上可行的修复技术主要有植物修复、微生物修复、化学修复、物理修复和综合修复等几大类，有些修复技术已经进入现场应用阶段并取得了较好的治理效果。对污染土壤实施修复，对于阻断污染物进入食物链，防止对人体健康造成损害，促进土地资源的保护与可持续发展具有重要现实意义。

根据处理土壤的位置是否改变，污染土壤修复技术可以分为原位修复和异位修复两种。原位修复较土壤挖出后再进行修复更为经济有效：对污染物就地处置，使之得以降解和减毒，不需要建设昂贵的地面环境工程基础设施和远程运输，操作维护起来比较简单，还有一个优点就是可以对深层次污染的土壤进行修复。与原位修复技术相比，异位修复技术的环境风险较低，系统处理的预测性高于原位修复。

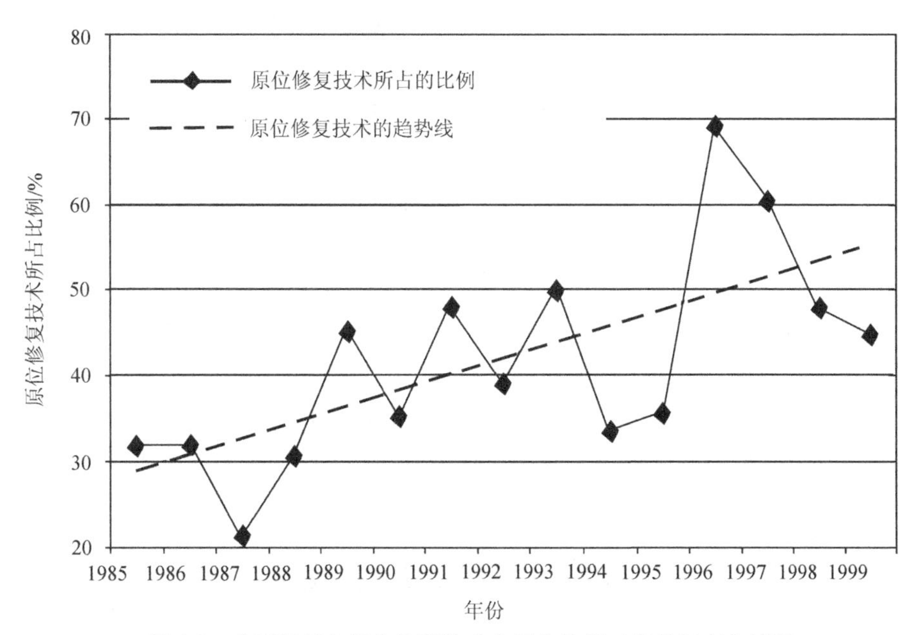

图 1-2 美国超基金源头控制技术中原位修复工程各年变化情况

过去几十年来，与传统的泵处理方式相比，原位修复越来越显示出旺盛的生命力。在美国超基金支持的修复计划中，原位修复技术所占的比例呈现上升的趋势(图 1-2)，其平均百分比从 1985～1988 年的 28%上升到 1995～1999 年的 51%。原位修复技术之所以被更多地采用，其原因与环境工程技术人员和当地政府对这些新兴技术信赖度的提高不无关系。另外，对于较大面积的污染土壤，异位修复不得不大量挖掘土壤并进行处理，工程造价太高，此时更适合采用原位土壤修复技术。

美国超基金修复计划 17 年中所选择的各种原位和异位土壤修复技术的总览如图 1-3 所示。平均来看，土壤原位蒸气浸提、原位固化/稳定化技术和原位生物修复是最常用到的原位土壤修复技术，应用频数较高的异位土壤修复技术是异位固化/稳定化技术、异位热解吸技术以及异位生物修复技术。随着这些新方法与改进的技术在实践中的应用，污染土壤得到了更为有效的修复和治理。

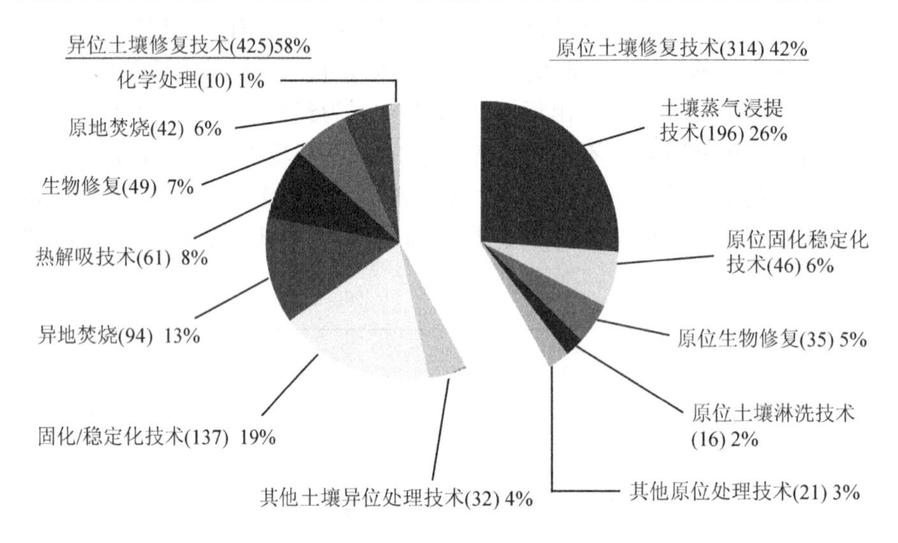

图 1-3 美国超基金修复计划(源头控制技术，1982～1999 年)

当然，污染土壤修复新方法的研究与现有技术的改进，需要诸如生物学、植物学、化学、物理、土壤学和地质学等各基础学科的知识，并加以融会贯通。由此，也促进了这些学科的进一步交叉，有利于新的学科生长点的形成，从而在一定程度上能够推进我国环境科学与工程技术研究进入到一个新的水平和新的发展阶段。

三、污染土壤修复技术的发展

近年来，污染土壤修复技术与工程发展很快。特别在欧美等发达国家，随着点源污染逐渐被控制，污染土壤及地下水的修复已提到议事日程上来，他们非常重视研制、发展土壤及地下水污染治理、修复的技术，尤其是进行污染土壤修复的技术创新与方法改进。下面简要介绍这方面的有关技术与方法及其最近研究进展的一些实例。

1. 物理修复及蒸气浸提技术

污染土壤的物理修复过程主要利用污染物与土壤颗粒之间、污染土壤颗粒与非污染土壤颗粒之间各种物理特性的差异，达到污染物从土壤中去除、分离的目的，主要的技术包括基本物理分离、电磁分离和蒸气浸提(vapour extraction)。

土壤蒸气浸提为典型的原位物理修复过程，如表 1-10 所述，是一类通过降低土壤孔隙内的蒸气压把土壤环境中的污染物转化为气态形式而加以去除的方法。一方面，清洁空气被通入土壤；另一方面，土壤中的污染物随之被排出。该过程主要通过固态、水溶态和非水溶性液态之间的浓度差以及通过土壤真空浸提过程引入的清洁空气进行驱动，因此，也称“土壤真空浸提技术”。一般地说，该技术最适用于汽油及有机溶剂(如全氯乙烯、三氯乙烯、二氯乙烯、三氯乙烷、苯、甲苯、乙基苯和二甲苯)等高挥发性化合物污染土壤的修复。

表 1-10 污染土壤的物理修复

基本类型	一般原理	技术描述
基本物理分离技术	颗粒大小	由于污染物有时与一定大小的颗粒物(如砂砾、沙、淤泥和黏土等)结合，可以通过对一定大小颗粒物进行分离
	密度大小	污染物可与一定密度的颗粒(如土壤有机质、石英和铁铝氧化物)相结合。根据土壤颗粒的密度不同，或者污染物与土壤颗粒的密度差异，可达到分离污染物的目的
	表面特性	黏土、铁氧化物和含碳物质的表面特性差异很大。可以利用其表面特性达到分离污染物的目的
电磁分离技术	磁特性	根据土壤颗粒的磁化系数不同，分离污染物，如铁氧化物和黏土的磁化系数不同
	电动力学特性	利用带电颗粒或污染物分别向阳极和阴极迁移的特性分离污染物
蒸气浸提技术	污染物的挥发特性	应用负气压和一定程度的加热，促使污染物挥发可达到与土壤颗粒相分离的目的

为了评估某特定污染点使用该技术是否可行，首先应对该污染点的土壤特性进行测定，包括控制污染土壤空气流速率的物理因子和决定污染物在土壤与空气之间分配数量的化学因子，例如容重(体积重)、总孔隙率(土壤颗粒之间的空

隙)、充气孔隙率(由空气所占的那部分土壤孔隙)、挥发性污染物的扩散率(在一定时间内通过单位面积的挥发性污染物的数量)、土壤湿度(由水填充的那部分空间所占百分比)、气态渗透率(空气穿过土壤的容易程度)、质地、结构、矿物含量、表面积、温度、有机碳含量、均一性、空气可渗入区的深度和地下水埋深等。采用原位土壤蒸气浸提进行修复的污染土壤应该是均一的，具有高渗透能力、大孔隙度以及不均匀的颗粒大小分布。对于那些容重大、土壤含水量大、孔隙度低或渗透速率小的土壤，土壤蒸气迁移受到很大限制。

影响原位土壤蒸气浸提技术应用的污染物特性主要有污染的程度与范围、蒸气压、亨氏定律常量、水溶解度、扩散速率和分配系数等。由于许多有机污染物在非水溶态液体中高的溶解性，亚表层土壤系统中非水溶态液体物质的存在会大大影响到污染物的归宿及其形态分布。表 1-11 概述了影响原位土壤蒸气浸提技术的条件。

表 1-11　影响原位土壤蒸气浸提技术应用的条件

条件	有利的	不利的
污染物		
主要形态	气态或蒸发态	固态或强烈吸附于土壤
蒸气压	> 13 332.2Pa	<1333.22Pa
水中溶解度	<100 mg/L	>1000 mg/L
亨氏定律常量	>0.01(无量纲)	<0.01(无量纲)
土壤		
温度	>20℃(通常需要额外加热)	<10℃(通常在北方气候条件下)
湿度	<10%(体积)	>10%(体积)
空气传导率	$>10^{-4}$ cm/s	$<10^{-6}$ cm/s
组成	均匀	不均一
土壤表面积	<0.1 m^2/g 土壤	>1.0 m^2/g 土壤
地下水深度	>20 m	<1 m

一些研究者还通过在污染土壤周边地区安装空气注入井系统，以提高原位土壤蒸气浸提技术修复污染土壤的效率。实践表明，随着空气注入井系统的应用，由于提高了土壤空气流的速率，扩大了清洁空气穿过土壤的范围，这一技术在实际应用中的效率大大提高了。如果地下水处于或靠近污染土壤的区域，由于浸提井附近的空气压降低，会导致地下水位的抬升。这时，就应该采用抽取地下水的方法解决地下水位的抬升。对于处于地下较深部位的土壤污染，水平浸提井的应用具有特别重要的意义。或许，这是减少污染土壤修复费用的一个重要手段，因

为在靠近污染的区域只需要开挖一个洞，就可以代替建若干垂直井所起的作用。

在广义上，原位土壤蒸气浸提技术还包括原位生物促进土壤蒸气浸提技术(*in-situ* bio-enhanced SVE)和原位喷气修复技术(*in-situ* air-sparging remediation)等。有时，原位生物促进土壤蒸气浸提技术划归生物修复，作为生物修复的重要方法之一。

2. 化学修复及可渗化学活性栅技术

化学修复从总体上可以分为原位化学修复和异位化学修复。原位化学修复(*in-situ* chemical remediation)是指在污染土地的现场加入化学修复剂与土壤或地下水中的污染物发生各种化学反应，从而使污染物得以降解或通过化学转化机制去除污染物的毒性以及对污染物进行化学固定，使其活性或生物有效性下降的方法。一般地，原位化学修复不需抽提含有污染物的土壤溶液或地下水到污水处理厂或其他特定的处理场所进行再处理这样一个代价昂贵的环节。根据化学修复剂投递系统的不同，可以进一步细分为：①农耕法，通过农业耕种把固体化学修复剂混合并加入污染土壤；②中耕法，在中耕/耘田的时候把化学修复剂混合并加入污染土壤；③螺钻法，用市政工程设备把化学修复剂混合并加入污染土壤；④灌溉法，把化学修复剂溶解于水中，然后通过农业灌溉的形式使其渗入污染土壤中；⑤喷雾法，用喷雾器把液状化学修复剂撒入污染土壤，有时与农药一起使用。

相反，异位化学修复(*on-site* chemical remediation)主要是把土壤或地下水中的污染物通过一系列化学过程，甚至通过富集途径转化为液体形式，然后把这些含有污染物的液状物质输送到污水处理厂或专门的处理场所加以处理的方法，该方法因此通常依赖诸如化学反应器甚至化工厂来最终解决问题。有时，这些经过化学转化的含有污染物的液状物质被堆置到安全的地方进行封存。

表 1-12 列举了污染土壤化学修复的一些较为典型的方法。其中，土壤性能改良的作用在于减少、降低土壤环境中污染物的生物有效性和迁移性能，包括各种酸碱反应。氧化一还原反应应用于污染土壤的修复，主要是通过氧化剂或还原剂的使用产生电子的转移，从而使污染物的毒性或溶解度大大降低。一般地，有效的氧化剂有氧气、臭氧、臭氧＋紫外线、过氧化氢、氯气以及各种氯化物，主要的还原剂包括铝、钠和锌等金属、碱性聚乙烯甘醇和一些特定的含铁化合物。聚合作用也在污染土地修复中得到了一些应用，尤其对那些具有潜在聚合作用的污染物来说，这一化学过程不仅容易进行，而且聚合作用的发生使其毒性或生物有效性大大降低。化学脱氯过程通常为异位化学修复过程，完成这一过程需要进行以下既相互区别又相互联系的 7 个步骤：

1) 挖出污染土壤并进行过筛，去除石块和粗颗粒物质；

2）在化学反应器中使待修复的土壤颗粒与化学修复剂完全混合、充分接触，在混合过程中温度被加热到100～180℃并至少持续1～5h；

3）使土壤颗粒与化学修复剂相分开，其中的化学修复剂再循环使用；

4）反应过程中蒸发出的水分收集于冷凝管并被清除和再循环；

5）在上述步骤中不能被冷凝的挥发性有机污染物，用炭过滤器进行吸收；

表 1-12　污染土壤化学修复的一些较为典型的方法

方法	使用的化学修复剂	适用性	过程描述
土壤性能改良（一般为原位修复）	石灰、厩肥或其他有机质、污泥、活性炭、离子交换树脂等	主要是无机污染物，包括重金属（如镉、铜、镍、锌）、阳离子和非金属及腐蚀性物质	石灰作为粉状或以溶液的形式加入土壤，使土壤pH升高，可促使土壤颗粒对重金属的吸附量增加，使许多重金属的生物有效性降低；有机质的作用在于对污染物有强烈的吸附、固定作用；对于酸性土壤来说，施石灰还包括酸碱反应等，其过程为：$H^+ + OH^- \longrightarrow H_2O$
氧化作用过程	氧化剂	氰化物、有机污染物	失去电子的过程，这时原子、离子或分子的化合价增加；对于有机污染物来说，氧化过程通常是分子中加入氧，最终结果是产生二氧化碳和水
燃烧过程（高温氧化）		有机污染物	有机污染物在高温作用下分子中加入氧，最终产生二氧化碳和水
催化氧化过程	催化剂	酯类、酰胺、氨基甲酸酯、磷酸酯和农药等	在催化剂的作用下失去电子的过程
还原作用过程	还原剂（如多硫碳酸钠、多硫代碳酸宜乙酯（polythiocarbonate）、硫酸铁和有机物质等）	六价铬、六价硒、含氯有机污染物、非饱和芳香烃、多氯联苯、卤化物和脂肪族有机污染物等	得到电子的过程，这时原子、离子或分子的化合价下降，如 $Cr^{6+} \longrightarrow Cr^{3+}$ 对于有机污染物来说，这通常是分子中加入氢的过程
水解作用过程	水或盐溶液	有机污染物	有机污染物与水的反应使其有机分子功能团(X)被羟基(—OH)所取代 $RX + H_2O \longrightarrow ROH + HX$ 环境pH、温度、表面化学以及催化物质的存在，对该过程发生影响
降解作用过程		易降解有机污染物	通过化学降解，污染物最终转化为二氧化碳和水

续表

方法	使用的化学修复剂	适用性	过程描述
聚合作用过程	聚合剂	脂肪化合物、含氧有机物	几个小分子的结合形成更为复杂大分子的过程，即所谓聚合作用；不同分子的联合，为共聚合作用
质子传递过程	质子供体	TCDD、酮类、PCBs等	通过质子传递改变污染物的毒性或生物有效性
脱氯反应	碱金属氢氧化物(如氢氧化钾)等	PCBs，二噁英/呋喃，含卤有机污染物，挥发性/半挥发性有机污染物	主要涉及含卤有机污染物的还原，如PCBs被还原为甲烷和氯化氢，往往通过升高温度(有时达到850°C以上)、使用特定化学修复剂、热还原过程实现
其他	挥发促进剂	专性有机污染物	促进有机污染物的挥发作用以达到修复的目的

6）土壤中带走的化学修复剂用酸进行中和处理；

7）对经过处理的土壤进行脱水，准备再用或处置。

可渗化学活性栅(PRB)技术是原位化学修复的一种特殊技术类型，主要由注入井、浸提井和监测井三部分所组成。这种类型的技术在构造上大致分为两种：一种为垂直型注入井和垂直型浸提井(抽取污染的地下水)相结合的结构；另一种为单一的水平型结构。其中，垂直井或水平井的安装，即填入用来处理污染物的化学活性物质，目前主要采用挖一填技术和工程螺钻技术。不过，挖一填技术只局限于在含水量较高、地下水埋深不超过20m的污染现场进行，并且“污染斑块”及其污染扩散流不能过大。无论采用哪种结构，水文地质学研究都是这一技术得以实施的关键。具体地说，就是要根据地下水流的走向，把具有较低渗透性的化学活性物质形成的活性栅处理装置安置在“污染斑块”的地下水走向的下游地带的含水层内。它要求“污染斑块”的地下水走向的下游地带的土壤具有相对良好的水力学传导性，在该渗透能力较好的土体下埋有弱透水性的岩体。尤其重要的是，要根据水文地质学知识，捕捉污染斑块内污染物的“走向”，使其顺利通过“漏斗/阀门”装置并进入污染物处理区。这些具有较低渗透性的化学活性物质，需要根据所要处理的污染物的种类进行选择。也就是说，不同的污染物所选的化学活性物质有所不同。当然，这些化学活性物质与其处理的污染物之间的反应也是可预知的，即不会产生毒性更强、危害更大的副产物。有资料表明，胶态Fe^0、某些微生物、沸石、泥炭、活性炭、膨润土、石灰石和锯屑等，或许是这样一类用于污染土壤修复的化学活性物质。

PRB 技术系统的安装，还存在化学活性物质填埋的位置、加入的浓度和速率及其均匀分布问题。首先，是关于在何点挖一口注入井的问题。一般地说，当确定污染斑块及扩散流后，把多孔的透水性良好的位点作为注入井开挖的地方，并且该位点污染物质的扩散流要细，因为细的扩散流容易拦截，而且加入起拦截作用所需的化学活性物质也较少，这样还可使该处理系统的建设耗资大大减少。其次，就是化学活性物质的注入速率和浓度的问题。注入速率较大而注入的浓度相对较低时，注入井中化学活性物质的分布就较均匀。随着注入井设定数量的增加，注入的化学活性物质的浓度分布就更加均匀。污染物质的扩散流越细，化学活性物质的注入速率也容许越小。当化学活性物质容许注入的速率越小，化学活性栅处理区域内所需开挖的注入井的数量也越少，这可以减少 PRB 技术的安装费用，同时大大提高污染土壤及地下水修复的效率。为了检验该污染土壤及地下水修复系统的效果和可靠性，还必须在浸提井的下方位置安装一个监测系统，即监测井。

图 1-4 为典型的胶态 Fe^0-PRB 技术系统。通过注入井，胶态状零价铁粉被注入污染地区水流走向的下方。然后，在注入井的水流下方，开挖第二个井，用以抽取污染的地下水。通过污染地下水的处理，可以达到污染土壤及地下水的修复。目前，各种类型 PRB 技术仍处于试验完善和发展阶段，前景看好。

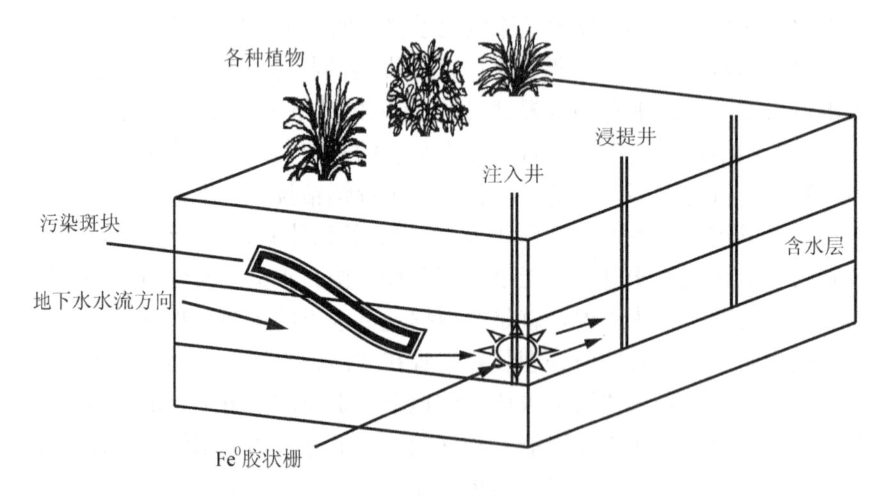

图 1-4　典型的胶态 Fe-PRB 技术系统

3. 淋洗修复技术

实际上，污染土壤的淋洗修复是化学修复的一种形式。或者更为确切地说，是物理化学修复。土壤淋洗修复包括原位土壤淋洗（*in-situ* soil leaching/washing/flushing）和溶剂浸提（solvent extraction）两种方式。原位土壤淋洗是指在污染现场用物理化学过程去除非饱和区或近地表饱和区土壤中污染物的方法，详细地说，就是在污染现场先把水或含有某些能促进土壤环境中污染物溶解或迁移的化合物(即冲洗助剂)的水溶液渗入或注入到污染的土壤中，然后再把这些含有污染物的水溶液从土壤中抽提出来并送到传统的污水处理厂进行再处理的过程。溶剂浸提方法则是典型的异位物理化学修复过程，其原理是把土壤污染物从土壤中转移到有机溶剂或超临界流体中，然后进行进一步处理，具体涉及把污染土壤从污染现场挖出来、去掉石块，运送到专门的处理场所，(分批)投入大型浸提器或特定容器中使污染土壤与溶剂完全混合、充分接触，通过一定的方法使加入的有机溶剂与土壤分离，分离后的有机溶剂由于含有污染物需进一步处理进行再循环。

原位土壤淋洗因污染介质所处的深度不同而在技术环节上有所不同。对于处于地表或较浅埋深的污染土壤，一般通过向土壤表面缓慢洒入冲洗助剂(例如，采用机械喷洒是常用的方法，其他方法还包括各种泵技术、滴灌、沟引、地下渗滤床或地下“走廊”等)进行向下不断渗透，在污染土壤区域周围挖一壕沟收集渗出液，然后送到污水处理厂进行处理；当污染介质处于较深处时，则主要通过注入井把冲洗助剂投递到污染的介质(如含水的沉积物)中，然后在其地下水走向的下游方向把含有污染物的溶液抽提到地上(有时用地下水浸提系统“捕获”淋洗过后的溶液及其缔合的污染物)进行再处理。而周围设置泥浆墙或水泥墙，主要用于防止污染物从污染场地向外扩散。

由于水只适用于排除溶解性大的污染物，因此高效的冲洗助剂的筛选和研制对于该技术的成功运用就显得尤其重要。例如，1993 年 Urlings 等使用 10^{-3} MHCl 溶液作为冲洗助剂应用于镉污染土壤的修复，结果在 2 年的时间内，就使 30 000m^3的土壤得到了治理，其土壤镉的含量从 20mg/kg 以上降到 2.5mg/kg 以下。又如，1985 年 Ellis 等采用表面活性剂作为冲洗助剂对多氯联苯、氯酚和石油烃污染土壤的修复进行了研究，结果表明其治理率达 90%。各方面的资料表明：对于镉、铜等重金属污染土壤以及胺、醚和苯胺等碱性有机污染物污染土壤，酸溶液是高效的冲洗助剂；对于锌、铅和锡等重金属污染的土壤以及氰化物和酚类物质污染的土壤，碱溶液是良好的冲洗助剂；对于某些非水溶性液体污染物(如矿物油、石油烃)污染的土壤，表面活性剂或许是很好的冲洗助剂；一些络合剂(如 EDTA 等)对于金属污染土壤的冲洗效果较好。其他适用的冲洗助剂还包括各种氧化剂和还原剂。值得注意的是，由于这些冲洗助剂的应用，可能会改变土壤环境的物理和化学特性，并进而影响生物修复的潜力，在使用前必须慎重考虑，在使用冲洗助剂淋洗过后还应该考虑这些冲洗助剂应当经过适当处理予以再循环，即重新用于污染土壤的修复。

溶剂浸提方法中使用的有机溶剂，与原位淋洗修复中的冲洗助剂有所不同，目前比较常见、也比较典型的有机溶剂有三乙胺等，都在市场有售。丙烷、丁烷和 CO_2 等液状气体作为超临界流体，在温度和压力能够达到其临界点的前提下，也得到了实际应用。这些物质容易获取，问题是：由于其黏性和扩散性处于气体和液体之间，在浸提过程中必须使其与污染土壤充分混合、紧密接触。

当污染土壤处于原位淋洗过程中，伴随非饱和土壤含水量的增加，其水力学传导速率也随之增加。不过，当通过非饱和土壤的水流或淋洗液流量太低时，采用传统的抽提技术来修复污染土壤就不太可能。土壤渗透能力的不均一性，也会影响污染物的去除。目前，采用原位土壤淋洗技术治理可溶性有机和无机污染物已进入实地应用阶段。不过，对非水溶性液体污染物污染土壤的修复，其实地应用还比较有限。对于水力学传导性差的土壤(例如＜0.3048m/d)或强烈吸附于土壤的污染物(如 PCBs 和二噁英等)，土壤原位淋洗技术则不适用。早在 1990 年，美国国家环境保护局就把该方法列为一项可用的先进技术，用于污染土壤的修复。不过，这种方法真正在生产实际中应用较多的，恐怕要数德国和荷兰了。

4. 生物修复技术

生物修复(bioremediation)主要依靠生物(特别是微生物)的活动使土壤或地下水中的污染物得以降解或转化为无毒或低毒物质的过程。在大多数场合，这一过程更多地涉及生物对污染物的降解作用，包括特定的好氧和厌氧降解过程。目前，比较成熟的生物修复技术包括：①异位生物修复，主要有生物处理床技术(如生物农耕法、堆积翻耕法和生物堆腐法等)和生物反应器法(如泥浆生物反应器)两大类型。表 1-13 现有成熟的异位生物修复实例。②原位生物修复，一般主要集中于对亚表层土壤生态条件进行优化，尤其是通过调节加入的无机营养或可能限制其反应速率的氧气(或诸如过氧化氢等电子受体)的供给，以促进土著微生物或外加的特异微生物对污染物质进行最大程度的生物降解(表 1-14)。当挖取污染土壤不可能时以及泥浆生物反应器法的费用太昂贵时，原位生物修复方法的魅力是可想而知的。

从表 1-14 可以看出，原位生物修复是否成功，主要取决于是否存在激发污染物降解的合适的微生物种类，以及是否对污染点生态条件进行改善或加以有效的管理。大量资料表明，土壤水分是调控微生物活性的首要因子之一，因为它是许多营养物质和有机组分扩散进入微生物细胞的介质，也是代谢废物排出微生物机体的介质，并对土壤通透性能、可溶性物质的特性和数量、渗透压、土壤溶液 pH 和土壤非饱和水力学传导率发生重要影响。生物降解的速率还常常取决于终端电子受体供给的速率。在土壤微生物种群中，很大一部分是把氧气作为终端电子受体的，而且由于植物根的呼吸作用，在亚表层土壤中，氧气也易于消耗。因

表 1-13 现有成熟的异位生物修复实例

类型	实例	技术描述	适用性
处理床技术	生物农耕法(biological land-farming)	污染土壤常常被撒于地表成一薄层，其厚度大约为 0.5 m。定期通过农业耕作措施翻动土壤以改善土壤结构和氧气供给，供给水分以校正土壤湿度，并提供给该系统一定的无机营养物质	除二噁英/呋喃和 PCBs 外，其余有机污染物(如杀虫剂/除草剂，挥发性、半挥发性、含卤、非卤有机污染物及 PAHs 等)均适用；无机污染物(包括重金属、非金属、氰化物和石棉等)以及爆炸性污染物不适用；黏土和泥炭土不适用
	堆积翻耕法(windrow turning)	该方法类似于生物农耕法，但污染土壤被成堆堆积，即使不成堆堆积，其覆盖层厚度往往比生物农耕法厚得多。为了改善土壤结构，还需施加一定数量的稻草、麦秸、碎木片、树皮及其堆肥于土壤中；为了增加土壤透气性，定期翻耕也是需要的	适用于对挥发性、半挥发性、含卤、非卤有机污染物及 PAHs 进行处理，二噁英/呋喃、杀虫剂/除草剂和 PCBs 等有机污染物不适用；无机污染物(包括重金属、非金属、氰化物和石棉等)以及腐蚀性污染物不适用，但适用于爆炸性污染物污染土地的修复；泥炭土和黏土不适用
	生物堆腐法/工程土壤库(bioplie/engineered soil bank)	与上述堆积翻耕法所不同的是，挖出的污染土壤被堆成一静置的土堆，不需机械翻耕	适用于对挥发性、半挥发性和非卤有机污染物及 PAHs 等进行修复，但不适用于二噁英/呋喃、杀虫剂/除草剂及含卤有机污染物的修复；无机污染物(包括重金属、非金属、氰化物和石棉等)以及腐蚀性、爆炸性污染物均不适用；黏土和泥炭土不适用
生物反应器	泥浆生物反应器(slurry-phase bioreactor)	预处理土壤(通常去除粒径＞4～5 mm 的土壤颗粒)加入一带有机械搅动装置的目标反应器，加入水使之成为泥浆状。在反应器内，主要靠调节温度、pH、营养物质和供氧等促进专性微生物(或事先筛选加入)达到对污染物的最大降解能力	适用于对挥发性、半挥发性、含卤、非卤、PAHs、二噁英/呋喃、杀虫剂/除草剂等有机污染物进行修复，但不适用于 PCBs；无机污染物(包括重金属、非金属、氰化物和石棉等)以及腐蚀性污染物不适用，但适用于爆炸性污染物污染土地的修复；除泥炭土外，其余土壤类型均适用

表 1-14 原位生物修复举例

方法	技术描述	适用性
生物泵吸处理法(biological pump-and-treatment)	通过提取地下水然后把这些地下水再灌入污染土壤，即通过污染土地区域内地下水的再循环，达到调节供氧和无机营养，对污染物进行最大程度的降解，最后把含有没被处理掉的污染物的地下水送到地面上的污水处理厂进行处理	适用于对有机污染物(包括挥发性、半挥发性、含卤、非卤、PAHs、PCBs、二噁英/呋喃、杀虫剂/除草剂等有机污染物)进行修复；重金属、非金属和石棉以及爆炸性和腐蚀性污染物不适用，但适用于氰化物污染土地的修复；处理适用的土壤类型一般为沙土、壤土和沉积物等，但黏土和泥炭土不适用
慢速渗滤法(slow infiltration)	通过在污染土壤区内布设垂直井网络系统，使无机营养和氧(或过氧化氢)缓慢渗入表层土壤，使微生物体系达到对污染物进行最大程度的降解作用	与泵吸处理法相同。在修复期间，为了防止污染物扩散或加入的无机营养和表面活化剂等修复剂的迁移，污染区应该用水泥或水力隔栅与非污染区相隔开
工程螺钻法(engineered auger system)	用工程螺钻系统使表层的污染土壤得以混合，并注入含有无机营养和氧气的溶液，使微生物体系达到对污染物进行最大程度的降解作用	与泵吸处理法相一致
生物通气法(bioventing)	这一方法是蒸气浸提法与生物修复的结合，其氧气的供给主要包括以下情形：①该污染区具有向井走向的真空抽提梯度，通过在污染区外钻井达到向污染区注入空气的目标；②该污染区外亚表层具有向井走向的真空抽提梯度，在污染区内钻井达到向污染区以外亚表层注入空气的目标；③通过在污染区内或污染区外钻井进行空气的真空抽提。可溶性营养物质和水从表层土壤或通过垂直井渗入。生物降解过程与蒸发过程最优化平衡主要取决于污染物的类型、点上的生态条件和修复时间的长短	适用于对挥发性、半挥发性、含卤、非卤和PAHs等有机污染物进行修复，而对PCBs、二噁英/呋喃、杀虫剂/除草剂等有机污染物不适用；无机污染物(包括重金属、非金属、氰化物、石棉等)以及爆炸性和腐蚀性污染物不适用；处理适用的土壤类型一般为沙土、壤土和沉积物等，但黏土和泥炭土不适用。通过人工降低地下水位，该方法可以应用到超过 30 m 深度的土层或地下水的修复

此，充分的氧气供给是污染土壤生物修复重要的一环。氧化一还原电位也对亚表层土壤中微生物种群的代谢过程发生影响。表 1-15 概述了微生物活动适用的临界生态因子与环境条件。

污染地下水的原位生物修复与生物降解，需要向污染区加入氧气和营养物质，有时还需要加入一些特定的细菌。目前主要有 3 种方法：①穿流法；②泵、治理和再注入法；③空气喷雾法。在穿流法中，生物降解所需要的营养物质以溶液的形式加到土壤表面，使其穿过渗流(vadose)区到达污染的地下水顶部(图 1-

5)。通过渗透加入营养的方法，只局限于较浅的污染地下水的治理。但是，氧气却不能通过渗透的方法来加入，因为有限的氧气会溶解于水中。特定的细菌能够通过渗透的方法加入，可是在迁移过程中大量损失，致使这种加入方法并不可行。图 1-6 为泵、治理和再注入方法操作示意图。

表 1-15 微生物活动适用的临界生态因子与环境条件

生态因子	最适水平
土壤水分有效性	25%～85%持水容量，−0.01 MPa
氧气	需氧代谢：溶解氧>0.2 mg/L，最低空气填充孔隙空间 10%； 厌氧代谢：O_2 浓度<1%
氧化−还原电位	需氧与兼性厌氧生物，>50mV；厌氧生物，<50mV
pH	5.5～8.5
营养物质	氮、磷和其他营养物质充足，微生物生长不会因为营养缺乏而受限制，建议的 C∶N∶P 为 100∶10∶1
温度	15～45℃

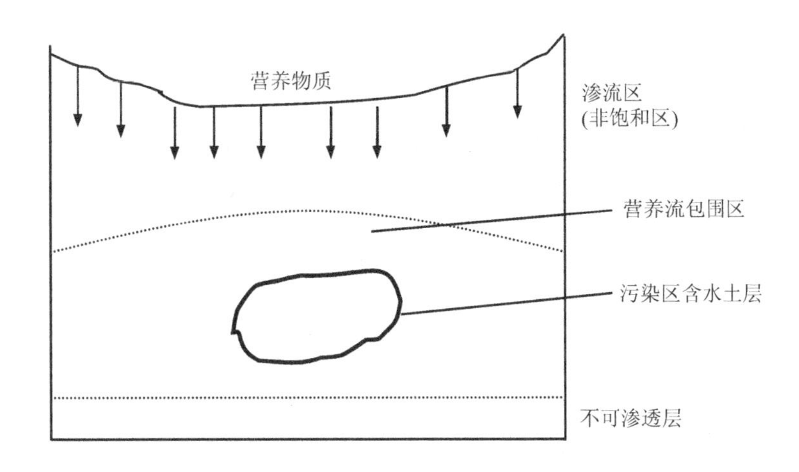

图 1-5 营养在污染地下水中的穿流过程

污染土壤及地下水生物修复的主要限制因子在于所需要的营养物质、共氧化基质、电子受体和其他促进微生物生长的各种物质的投加(包括投加方法、投加时间和投加剂量等)。因此，研制加入所需要的物质进入亚表层环境的技术是污染土壤及地下水生物修复的重要组成部分，图 1-7 为用于投加营养物质进入亚表层污染土壤的喷洒系统示意图。目前，通常使用的投加系统有重力或水力投加装置以及孔状投加系统，而循环泵、半径钻孔器和低渗透区水力学破碎系统仍处于研制之中。

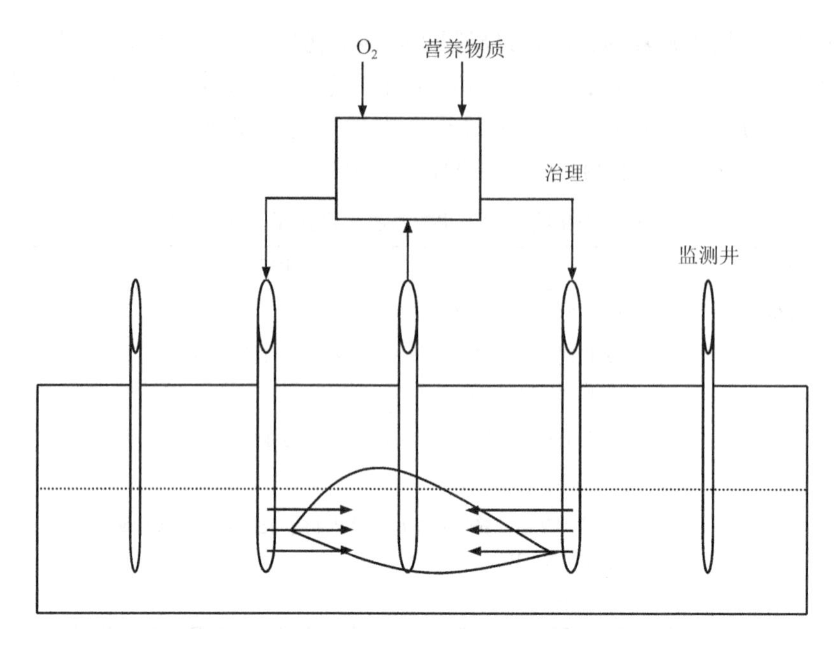

图 1-6　泵、治理和再注入方法操作示意图

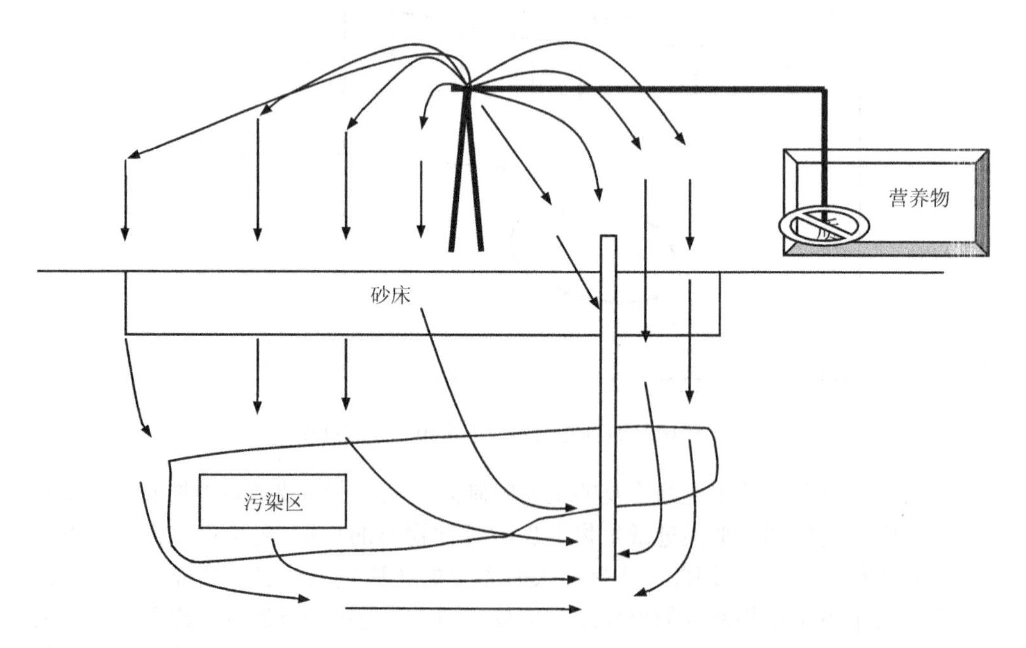

图 1-7　用于投加营养物质进入亚表层污染土壤的喷洒系统示意图

5. 植物修复技术

污染土壤的植物修复是指利用植物本身特有的吸收富集污染物、转化固定污染物以及通过氧化一还原或水解反应等生态化学过程，使土壤环境中的有机污染物得以降解，使重金属等无机污染物被固定脱毒；与此同时，还利用植物根际圈特殊的生态条件加速土壤微生物生长，显著提高根际微环境中微生物的生物量和潜能，从而提高对土壤有机污染物的分解作用的能力，以及利用某些植物特殊的积累与固定能力去除土壤中某些无机污染物的能力。

许多研究者把植物修复划归生物修复技术的一种。近 20 年的研究证明，环境污染可部分通过植物修复技术解决，这是因为一些植物具有很强的积累和转化毒性物质的能力。植物修复在对重金属和有机污染物的处理上，已显示出其较为明显的有效性。作为创造现代生物技术的基础，它尚有广阔的发掘空间。精心制作“绿色过滤膜”，可以安全、有效地保护环境，清洁污染土壤及地下水。

有报道指出，植物用于矿山复垦虽然已有多年，但是用于污染土壤的植物修复始于 20 世纪 90 年代。Licht 曾认为，植物修复是一种既经济，又高效的污染处理方法。这是因为，植物能提供促进根际微生物生长的碳源，增加土壤微生物的种群量。土壤微生物通过在根圈内吸收、累积、代谢和生物迁移等作用可加速污染物的降解过程。如果植物品种选择适宜，再加以科学的管理，污染土壤的植物生物修复将会获得成功。为此，Schnoor 和 Licht 等曾进行了试验研究，他们发现，土壤环境受植物根际作用的影响很大，根际土壤的物理化学性质与无根际土壤的物理化学性质很不同。在根际土壤中，植物根系能与土壤直接接触，与土壤微生物群落相连，根圈内的有机碳、pH、生物活性和无机可溶性组分都有很大变化，植物渗出的可溶性有机和无机物质为微生物生长提供了良好的基质，根际作用的结果使根际微生物的数量和活性明显高于非根际带。植物与微生物的这种相互作用对难降解有机污染物的生物降解尤为重要。近年来，污染土壤的植物-微生物联合修复得到了各国科学家较为广泛的重视。

在植物修复过程中，植物根际圈的化学和物理因素对污染物去除起着十分重要的作用。植物根际圈的化学作用主要来自根际圈内某些化学物质的释放。根际圈可释放出多种有利于有机污染物降解的有机化学物质，其中包括低分子化合物单糖、氨基酸、脂肪酸、维生素、酮酸，以及高分子化合物多糖、聚乳酸和黏液等。植物通过分泌和死亡细胞的脱落可向土壤释放光合产物，由此增加了土壤有机质含量，从而改变有机污染物的吸附，促进有机污染物与腐殖酸的共聚作用。另外，土壤有机质也可增加污染物的生物可利用性，减少污染物向地下水的迁移和淋溶性。

6. 水泥/石灰固化修复技术

采用固定/固化过程来消除有害物质或污染土壤中的污染物是一类基于经验的方法，其是否成功，通常取决于是否选择了与污染物进行特定混合作用的束缚剂以及土壤类型。水泥作为束缚剂使用，已有若干年的实践，其基本原理是土壤中的污染物与水泥中的硅酸钙或羟基硅铝酸钙等固定而形成低溶解度的化合物，使污染物得以固定。这一过程可以经受多种化学作用如 pH 变化以及硝酸等强氧化剂的存在。但是，如果存在硼酸盐和硫酸盐等无机污染物以及大量有机污染物，污染物的固定时间和强度会受到不良影响。

有效的束缚剂还包括石灰、飞灰(飘尘)和可溶性硅酸盐等。特别是石灰，有研究表明，可以利用其中所含的氧化钙有效地固定矿物油污染的土壤。其基本过程是，氧化钙与水之间的放热反应形成氢氧化钙

$$CaO + H_2O \longrightarrow Ca(OH)_2 + 热 \tag{1-1}$$

该反应热使反应物产生热膨胀导致反应物的表面积增大，致使污染物被束缚到固态的氢氧化钙“矩阵”中。有时，上述这几种束缚剂成一定比例进行混合，再用于污染土壤修复。火山灰也是一种有效的束缚剂，这些物质含有活性硅或铝，在水作用下与石灰反应形成稳定的化合物，从而对土壤中的污染物起到束缚作用。

一般地说，异位固化修复比较简单，容易操作，主要是挖出污染的土壤，要么送到工厂与水泥等固化剂或稳定剂相混合，并制成一定的产品(如混凝土)；要么铺洒到地面或公路加入固化剂，用一定的机械设备混合并压实。原位固化修复则涉及土壤混合设备的使用和研制，这是一套复杂的设备，因此具有一定的操作难度。

7. 玻璃化修复技术

污染土壤的玻璃化(vitrification)修复通常为异位修复过程，是指利用热能或高温使污染土壤融化而形成玻璃产品或玻璃状的物质。在这一过程中，当给予污染土壤固体组分 1400～2100℃ 的高温大约 10h 的处理后，其中的有机污染物被燃烧降解或挥发，一些无机化合物(如硝酸盐、碳酸盐和硫酸盐)也通过挥发或通过热解而消失于土壤中，重金属等无机污染物则被永久性地固定于玻璃状的土壤固体成分中。

异位玻璃化修复基本上适合于所有污染物的处理，对各种类型的污染土壤进行修复处理都适用。其装置由融化器、热恢复系统、气体释放控制系统以及原料等储藏支撑体系 4 个相互联系的部分组成，也可以用制造玻璃的设备进行改装而成。例如，在英国已运行的“最热化”玻璃制造改装炉系统中，投入的材料主要

有污染土壤(达到50%质量)和石灰、氧化铝与沙等玻璃制造添加材料以及碎玻璃(再循环的废弃玻璃)等，在温度为1500°C的加热过程中，运转10h，熔融的玻璃沿着传送带被送出制造炉而迅速冷却，排出的气体物质则经过一系列的热转换器其温度也从1500°C下降到770°C，去除颗粒物质、挥发性有机物和酸性气体，最后排放到大气中。在美国，采用弓形等离子体加热污染土壤进行玻璃化，其温度为1540～1650°C，排出的气体被送入温度为1370°C的二级燃烧系统以摧毁残留的有机污染物。

原位玻璃化修复也在开展、研制和发展之中。这一工作最早是美国能源部于1980年开始的，到1992年底，已进行了160次试验，包括25个示范工程。1993年6月以来，已有许多产品投入市场，其中较为成功的实例要数在美国密歇根处理汞和农药污染的土壤了。这一技术的关键在于加热所需的能量要通过插入土壤的一排电极来提供，而且通过的电流要大。其原理是应用土壤固有的电阻产生热来达到熔融土壤，在玻璃化过程中产生的气体(包括挥发性有机污染物和挥发性金属)则被收集于专门的气体释放系统进行处理后排放到大气中。

8. 电动力学修复技术

原位电修复(*in-situ* electro-remediation)是指使用低能级的直流电流(每平方米几安培)穿过污染的土壤，通过电化学和电动力学的复合作用而去除土壤中污染物的过程。它一般由电源、AC/DC转换器和插入污染土壤中的两个电极所组成。

田间和实验室研究均表明，这一技术对大部分无机污染物污染土壤的修复是适用的。对低浓度的酚、乙酸、苯、甲苯、二甲苯污染土壤的治理，这一技术或许也是适用的。这一技术与表面活性剂配合使用，对于去除不溶混性、非极性有机污染物的污染，有良好的效果。不仅如此，在荷兰对电修复技术的研究还进入了现场示范阶段。

四、技术创新评估及经济考虑

1. 污染土壤修复技术创新评估

污染土壤修复仍是发展中的技术，对这些技术的创新性如何评估，是这些技术能否走向市场、运用到实际中的关键。

无论如何，对于某一项所谓创新的技术，评估的基线必须是比传统技术在性能上取得一定的优势。从总体上来说，创新的技术在达成其修复目标的过程中，比起传统方法来，应该更好、更快、更为便宜和更为安全，尤其是更为便宜对创新技术的生命力来说是至关重要的。

表1-16概述了对污染土壤修复技术创新性评估的各种信息。或许最为重要

的一步，也是最好的方法，是对有关技术创新的真实价值进行现场测试，即通过现场的实际论证，也就是体育比赛中所谓的“验证运动场上表现”的方法。其次，要对创新技术进行多目标评价，虽然这些目标常常是相互矛盾的，但期望能够尽可能多地达到有关目标。

表 1-16　对污染土壤修复技术创新性评估的各种信息

实施步骤	评估体系	评估内容
1	现场实际验证	①有效性
		②经济性
		③安全性
2	多目标评价	①风险降低的程度
		②技术有效性提高的程度
		③费用与时间节省的程度
		④法规遵从程度
		⑤公众可接受程度
3	技术实施有效性评价(基于必需的关键信息)	①性能
		②应用范畴与发展阶段
		③费用估计可靠性
		●成本
		● 运行与维护费
		● 单位面积修复费用
4	工程有效性比较评价(基于各种资料数据来源)	①其他用户/案例研究
		②开发商
		③本次测试
		● 特定变量
		● 性能评估
		● 费用预测

对于某一特定污染点创新技术实际应用进行的专门评估，是一个非常复杂的过程，需要获得更多的信息。这一评估过程要求首先是确定用户的需求，然后对采用的修复系统进行详细论证，评估所采用新技术的性能，包括其优缺点以及不确定性(例如敏感性分析和风险分析)，并确定非发展费用(表 1-17)。

表 1-17 某污染点应用创新技术的专门评估

用户需求 ● 特定时间、费用、法规要求 ● 基线修复参数	识别环境、安全与健康因子 ● 风险 vs. 效益 ● 不可预测的结果 ● 法规/公众可接受水平
修复系统的详细说明	实行总费用分析 ● 确定对费用的估计 ● 法规约束与长期义务可能导致的附加费用 ● 调整到费用与时间的标准基线值
技术性能描述 ● 优点/缺点 ● 不定性(敏感性分析、风险分析)	比较“相对”费用分析 ● 总系统费用有效性测度 ● 导致高费用的症结因素
确定非发展费用 ● 成本、运转与维护费、使用寿命费 ● 残余处理 ● 收支平衡点 vs. 基线值	最终使用寿命费用与推荐

2. 经济考虑

要使新技术得到广泛的认可和较为普遍的应用，经济上的可接受程度是至关重要的。下面以美国某地实施植物修复这一革新替代技术为例，说明这种方法与传统方法相比在经济上显示的优势(表 1-18)。

表 1-18 点去污与点稳定技术的经济比较

技术分类	替代技术	描述	净支出(万美元/hm^2)
点去污	挖一填	挖掘土壤至 30cm，用水泥加以稳定，置于工业垃圾填埋场	160
	通过颗粒分离的土壤淋洗	挖掘土壤至 30cm，采用土壤淋洗设施淋洗、分离细颗粒(约占土壤总量 20%)，细颗粒用水泥加以稳定，置于有害废物填埋场	79
	植物浸提	EDTA(使用量 7400kg/hm^2，大致为 1mol EDTA：1mol 铅)、石灰与肥料一起施用，植物年收获量 40t/hm^2(含 Pb 达到 1%)，10 年内土壤铅浓度从 0.14%下降至 0.04%	27.9
点稳定	沥青覆盖	用于停车场的沥青覆盖层，组成：20cm 基极层、25cm 路基层、4cm 顶层，包括排水与路边	16

续表

技术分类	替代技术	描述	净支出（万美元/hm^2）
	土壤覆盖	在污染土壤上构造一个厚度为60cm的非污染土层，并在该覆盖层上种植各种植被	13
	植物稳定	施用石灰、氮钾肥以改善土壤肥力，三过磷酸钙使用量90t/hm^2，富铁矿渣400t/hm^2，种植草坪，每年割4次，达到30a	6

从表1-18可以看出，铅污染土壤采用植物浸提进行修复，10年内使土壤铅浓度从0.14%下降至0.04%，共投入27.9万美元；而采用其他方法，则要昂贵得多，如采用挖一填方法和通过颗粒分离的土壤淋洗技术的投入分别是植物浸提的5.7倍和2.8倍。点稳定技术包括沥青覆盖、土壤覆盖和植物稳定，其经济上的可接受次序为植物稳定＞土壤覆盖＞沥青覆盖。可见，就新技术的经济性能考虑，植物修复是一项具有生命力的技术。

主要参考文献

沈德中．2002．污染环境的生物修复．北京：化学工业出版社

周启星．1995．复合污染生态学．北京：中国环境科学出版社

周启星．1998．污染土地就地修复技术研究进展及展望．污染防治技术，11(4)：207～211

Alexander M. 1999. Biodegradation and bioremediation. London：Academic Press

Henry S M, Warner S D, Baer J D. 2003. Chlorinated solvent and dnapl remediation：innovative strategies for subsurface cleanup (Acs symposium series, 837). Washington, D. C：American Chemical Society

Martin I, Bardos P. 1996. A Review of Full Scale Treatment Technologies for the Remediation of Contaminated Soil. Surrey：EPP Publications

Hickey R F, Smith G. 1996. Biotechnology in industrial waste treatment and bioremediation. London：CRC Press

Raskin I, Ensley B D. 2000. Phytoremediation of toxic metals：using plants to clean up the environment. New York：John Wiley and Sons, Inc

Riser-Roberts E. 1998. Remediation of petroleum contaminated soils：biological, physical, and chemical processes. Boca Raton：Lewis Publishers, Inc

Zhou Qixing. 1996. Soil-quality guidelines related to combined pollution of chromium and phenol in agricultural environments. Human and Ecological Risk Assessment, 2(3)：591～607

Zhou Qixing, Rainbow P S, Smith B D. 2003. Comparative study of the tolerance and accumulation of the trace metals zinc, copper and cadmium in three populations of the polychaete Nereis diversicolor. Journal of the Marine Biological Association of the United Kingdom, 83(1)：65～72

第二章　污染土壤诊断及其方法

土壤环境是否受到了人为污染，其污染程度如何，需要采用灵敏的和有效的方法予以诊断。在确定土壤环境确实已经受到了污染后，要判断是否立即需要进行修复以及采用何种方法进行修复，也需要通过对污染土壤进行诊断来回答。污染土壤经过修复后，是否达到预定的目标或修复的标准，仍然需要通过修复现场的土壤诊断加以判断。

第一节　污染土壤诊断及其意义

一、污染土壤诊断的概念

生态系统的结构是该系统功能存在的前提和物质基础，因此，生态系统中一定的生物组分的损伤会影响该系统的功能，同时也影响该系统的结构。生态系统在功能上和在结构上的任何损伤(图 2-1)，特别是发生在群落水平上的损伤，都应被认为是不良的生态效应，这些效应在很大程度上应是外来化学品的污染造成的。显然，持久的和不可逆的生态不良效应在生态毒理学上具有重要意义。生态毒理诊断是利用生态系统中不同物种的有机组合定性或定量地判断那些主要由外来污染物所造成的生态系统不良反应，对保护和预警生态系统的安全性提供重要信息。

在一个水生生态系统中，可观测到的自然循环中重要的生物要素中，初级生产者、次级生产者、消费者和分解者在生态功能上的差异具有重要的诊断意义。在陆地生态系统中，高等植物、土壤动物和土壤微生物等在诊断陆地生态系统的损伤和功能影响方面也同样具有重要意义。生态系统不论是水生生态系统还是陆地生态系统，其破坏的一般表现为系统的生命要素的相对数量、生物量或质量的改变，或二者同时发生。生物抑制作用(发育过程的延迟、繁衍过程障碍和生物量减少等)和生物刺激作用(生物量异常增加、生长速度加快和富营养化等)都是在生态毒理诊断意义上的生态系统某些功能受到损害的表现特征。土壤污染生态毒理诊断同样遵循这些基本的原则，在试验研究的基础上，发现和确定最具有代表性的生物指示物，快速、准确、有效地使生态系统受害的现状得到充分的表达。

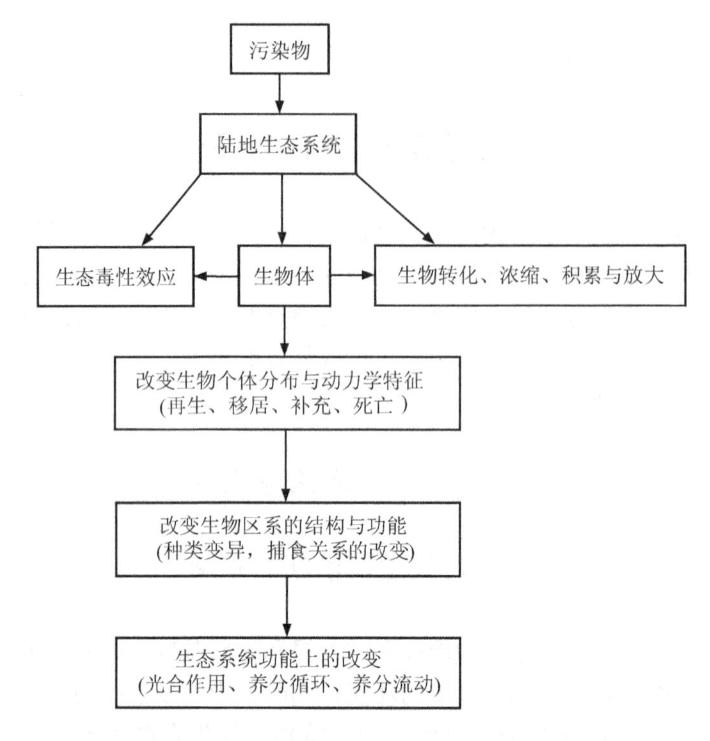

图 2-1　污染物对土壤生态系统组成和功能的影响或损害

二、污染土壤诊断

1. 实验室诊断

生态毒理学中，实验室结果主要涉及化学品对生物生命历程产生的重要作用。然而，在一个群落或种群水平上，实验室研究必须考虑生物之间和营养水平之间相互作用产生的次级效应——种内和种间的竞争、捕食、抑制等影响，非生物因素的作用，正面和负面干扰，以及掠夺者一被捕食的动物之间的竞争等。竞争将加剧不利因素的影响，化学品对系统的影响更加复杂。为了克服实验室研究方法的局限性，研究者采用了一种新的试验方法，即微宇宙法(microcosm)，它是研究化学品或污染物对生态系统影响以及毒作用的有效方法。Leffler 将微宇宙定义为与生态系统过程相似的小模型，微宇宙法是对实验室研究方法的一种有效补充和扩展。Giesy 将微宇宙定义为人为限定的、可重复的自然环境子集(subset)。生物学家认为，微宇宙是生态系统有规律的、逻辑的简化并同时保持了数学模型不能保持的复杂性实验研究系统，具备生态系统结构与功能。微宇宙主要用于生态系统水平上毒物效应机理的研究，其最重要的用途是研究有毒物质在生态系统的归宿与生态毒性效应，微宇宙在功能上的完整性是重要的。中宇宙(mesocosm)是规模较大的模型生态系统，它既可以被看成是一种试验室方式的研究，也可看成是自然生态系统的一个缩影。中宇宙规模试验系统的类型有几种，包括海上或湖泊中的围隔实验，陆地的各种池塘、湖泊、河流、海洋以及陆生模型生态系统。Heath 提出用系统论的观点分析生态系统，他认为仅仅同构(isomorphism)系统可用于预测(表 2-1)。一种生物在微宇宙中的行为未必与其在自然生态系统中的行为相同。从某种意义上讲，中宇宙是联系实验室研究结果与自然生态系统中所发生的生态过程的一座桥梁。

表 2-1　不同相似度系统的用途

相似程度	状态空间的相似性质	用　途	
		预测	启发
同构	定量的一一对应	精确	强
同形	定量的多对对应	有条件	可能
同功	定性	无	或许
不相似	无	无	无

2. 田间诊断

场地试验是一种适合的方法，通过这种试验可以发现场地条件或接近场地条件下污染物对各种土壤生物的毒害作用。例如，在进行污染物对陆生动物的生态毒性效应研究时，研究者就利用了这种试验方法，其中一个典型的例子是杀虫剂对土壤生物的毒性效应。正如所知，蚯蚓在改善和保持土壤结构、降解有机物过程中起重要作用，但杀虫剂施入土壤中后对非靶生物可引起毒害作用。为此，一些发达国家政府有关授权部门特别提出要求杀虫剂生产厂商，在生产杀虫剂时，要给出关于杀虫剂对蚯蚓影响的数据，以证明新生产的杀虫剂具有的生态毒性效应。这个试验不仅需要实验室研究的结果，也需要田间试验的结果。首先，为了评价杀虫剂对蚯蚓的毒害作用，研究人员分别采集了 2.5 cm 以上的表土层和植被层，并对农药的分布、年使用次数以及农药在土壤中的年持久性做了记录，并将其作为暴露试验结果评价考虑的内容。研究者通过系列试验方法评价杀虫剂对蚯蚓的毒害作用，使所有的杀虫剂都能与蚯蚓接触。首先采用 OECD 试验指南方法，以人造土壤为介质，进行实验室内的急性毒性试验，其次进行亚急性、慢性毒性试验或再生毒性试验。杀虫剂被均匀地混合在人造土壤中，试验周期为 14d，试验的目的是得到杀虫剂对蚯蚓毒性的亚致死效应，如杀虫剂对蚯蚓的再生繁殖能力的影响、杀虫剂对蚯蚓体重的影响等。如果急性毒性试验结果与环境浓度比较超出某一限定值，则进行下一步试验研究。如果实验室的结果显示杀虫剂对蚯蚓有负效应，就应进行野外试验。研究人员通常是将杀虫剂均匀地撒洒到土壤中，经过 6 周试验，活着的蚯蚓被取走后称量(表 2-2)。孵化出的小蚯蚓继续留在土壤中，再进行 4 周试验，然后进行必要的分类。根据不同的目的，该项研究将蚯蚓试验周期分别定为 2 周、4 周、10 周和 1 年，以预测杀虫剂对蚯蚓的毒害作用。Kekta 等的研究表明，草地中各种蚯蚓的数量通常都很大，草地是比较理想的试验场所。在耕作或植物处于低生长期间、较低的生物量时，旱蚯蚓的数量很少。

表 2-2　杀虫剂对蚯蚓的毒害效应试验

项目	急性毒性	亚致死效应	场地试验
品种	赤子爱胜(*E. fetide*)	赤子爱胜(*E. fetide*)	旱地种
试验方法/试验点	人造土壤	人造土壤	草地
杀虫剂的施用	混入土壤中	根据现场条件	根据现场条件
使用量	≈1000 mg/kg	推荐值，5 倍使用量	推荐值，4 倍使用量
试验周期	2 周	10 周	1 年
试验终点	致死，体重	成功再生，体重	丰度，生物量，成蚯蚓与幼蚓比

试验表明，如果整体试验显示杀虫剂对蚯蚓有毒害效应，就说明杀虫剂可能会减少蚯蚓的种群数量。这时，就要考虑杀虫剂的使用量和使用方法，并将杀虫剂的使用量限制在既有杀虫作用，同时又保证不造成对蚯蚓伤害的范围内。如前所述，蚯蚓既是一种有益动物，也是一种污染指示动物，所以理应受到保护。例如，为了实施这一保护性措施，德国的有关立法条款中明确规定，在杀虫剂使用说明书上标出杀虫剂毒害作用的试验结果。杀虫剂对蚯蚓的毒性效应仅代表一部分次级分解者的反应，对其他分解者的影响如何，还不能用蚯蚓这一种土壤动物试验来代替。为此，生态毒理学家在进行一项新的称之为“枯枝落叶包试验”(litter-bag-test)的试验，以进一步检验杀虫剂对土壤动物的毒害作用，以及杀虫剂对土壤有机体的生态毒理危害。显然，田间试验在评价或诊断污染物对土壤生物的生态毒性效应方面具有十分重要的作用。

有关蚯蚓的生态毒性效应，国内外也有一些类似的研究。主要采用实验室方法，侧重于重金属农药及杀虫剂等对蚯蚓的毒性。如蔡道基等曾采用 OECD 试验指南方法，以农药 γ-六六六、涕灭威、甲基对硫磷、杀虫双和氰戊菊酯久效磷为供试物，进行了不同施肥条件、不同含水量条件下，农药施入土壤后对蚯蚓的急性毒性作用，对蚯蚓毒性与危害性进行评价。研究结果表明，蚯蚓对上述农药类有机污染物毒性的敏感度居中。孔志明等曾采用 3 种方法(滤纸法、溶液法和人工土壤法)进行两种农药毒性的比较分析。结果表明，这 3 种方法对两种农药毒性的比较规律一致，土壤法最接近自然状况下农药对蚯蚓的毒性效应。Spurgeon 等研究了不同生态系统(未受污染的和已受金属污染的生态系统)中，蚯蚓对锌污染毒害的耐受性。为了比较不同蚯蚓种群对锌毒害的生态敏感性，进行了实验室内的暴露试验研究，分别测定了蚯蚓的体重、存活率、产茧率等指标。试验假设金属污染点采集的蚯蚓对锌有更强的耐受性，但试验结果表明，这种假设并非完全正确，试验所得结果有时与此相悖。但研究表明，锌污染并不是污染区内影响蚯蚓分布的主要因素。Chang 等以蚯蚓为土壤动物进行了铅污染土壤修复前、后毒性评价研究，将土壤清洗/土壤淋溶修复前、后的土壤取样，然后再用水洗处理，进行蚯蚓急性毒性试验。结果表明，若将修复前、后的土壤用水洗处理，土壤对蚯蚓无任何毒性反应，若不用水洗处理，修复后的土壤仍对蚯蚓有明显毒性效应。进一步调查表明，处理后的土壤之所以对蚯蚓有毒害，主要是土壤的含盐量过高。Puurtine 等进行了不同土壤湿度条件下，两种杀虫剂对蚯蚓(*Enchytraeus* sp.)的毒性效应研究。结果表明，土壤湿度对两种杀虫剂的毒性影响不同。在湿土中乐果对蚯蚓的毒性比干土中高，而苯菌灵对蚯蚓的毒性反而比干土中低，这可能与两种农药的水溶性以及生物可利用性有关。

三、快速诊断与长期诊断

1. 急性毒性试验

快速诊断的实现一般通过急性毒性试验来实现。急性毒性试验可以用于受试污染物对生物短期暴露的初评，估计受试物对生物的急性效应，确定和判断适合繁殖试验的浓度值，为进一步的生态毒理试验研究提供依据。例如，在蚤类急性活动抑制试验中，在其他条件相同的情况下，随受试物浓度的不同蚤类的游泳能力产生不同程度的抑制效应，24h 后在每一个浓度都有一定数量的幼蚤失去游泳能力。试验中可以直接观察到导致 0%和 100%幼蚤活动抑制浓度，并通过计算获得 50%幼蚤活动抑制浓度(EC_{50}值)。如有必要，试验可延长至 48h。藻类生长抑制试验同样也是用于受试物对有机体短期暴露效应的试验，也属急性毒性试验。通过该试验可估计或确定营养植物初级生产力的受试物浓度，并指示受试物对藻类的群体毒性效应。即使是同一种污染物，它对不同的生物体所造成的毒害作用也不同，这主要与生物本身的耐受能力有关。为此，急性毒性试验选择了不同营养级的代表性生物为试验生物，鱼类急性毒性试验是在规定的条件下，使鱼接触含不同浓度受试物的水溶液，在 24h、48h、72h 和 96h 时记录试验鱼的死亡率，确定鱼类死亡 50%时的受试物浓度，半致死浓度用 24h LC_{50}、48h LC_{50}、

72h LC_{50}和 96h LC_{50}表示，并记录无死亡的最大浓度和导致鱼类全部死亡的最小试验浓度。

2. 慢性毒性试验

生态毒理试验的意义就是判定受试物对生态系统功能的影响，组成一个系统的物种的相对生物量是判定系统功能是否正常的基本参量。死亡率、繁殖、吸收和发育等参数是重要的参量，是目前常用的方法能测定出来的，同时能对其结果做出解释的仅有几个。在生态毒理学试验中短期与急性、长期与慢性是相对应的，而以短期代替急性、长期代替慢性是被提倡的。生态毒理学试验中最困难的是预测浓度低、维持时间长的化学物质的毒害效应。这些物质对生物群个体发生影响，产生非致死性和中间差异的效应。理想的试验方法是采用系列生物组合系统进行慢性毒性试验。

在慢性毒性试验中需要注意实验环境中受试物的浓度问题，由于慢性试验的周期较长，受试物的浓度会因受试物的性质，环境条件等发生变化。为了保证试验的准确性，应每隔一段时间测定受试物的浓度，或进行定期的检测。

四、土壤污染诊断的意义与作用

土壤污染诊断的意义与作用，取决于土壤污染研究过程中对土壤质量科学评价的客观需求，可以说是土壤污染生态学研究深入发展的必然。正如所知，随着土壤污染的产生、土壤污染治理研究的广泛开展、民众对土壤生态安全性的切实关注，以及生态毒理学家对评价体系具体存在问题的认识，陆地生态系统或土壤生态毒理学的研究开始成为生态毒理学研究新的热点。许多研究都已清楚地表明，无论是对污染土壤，还是自然土壤，以及污染土壤修复的评价，都需要生态毒理学的方法，这主要与土壤本身的特性、土壤质量评价过程的复杂性有关。污染物在土壤中发生的变化或降解过程与其他环境介质不同，对于土壤这样一个特殊的生态系统，污染物的清洁需要经历一个复杂而漫长的过程。在这一过程中，污染物的去除受土壤中多种生物、物理和化学因素的干扰，从而会发生许多不利于污染物被彻底清除的负反应，目标污染物的减少并不意味着土壤在生态学意义上就是清洁的或是安全的。这一点在土壤有机污染的修复中反映得最为明显。因为有机污染物复杂，若使土壤中的有机污染物最终彻底降解为二氧化碳和水，需要一个过程。在此过程中，次生污染物或其他中间产物的生成是必然的，目前还没有有效的方法可以确定不同土壤修复技术的终点，也无法检测土壤修复后是否完全不存在有毒的次生污染物。因此，这就给被清洁土壤的生态安全性画上了一个问号。如何来解决这一问题，显然仅以化学法，以检测目标污染物的方式，既不全面也不安全，甚至会得出完全错误的结论。因此，土壤污染或土壤清洁的安全性评价，需要生态毒理学的方法。这一现实问题的产生，带动了土壤污染生态毒理效应研究尤其是土壤污染生态毒理诊断研究的迅速发展。

第二节 土壤污染生态毒理学诊断

一、概 述

自20世纪90年代美国开始超基金计划以来，加拿大、德国联邦科学部、瑞典皇家科学院、瑞士和荷兰政府研究机构，先后开始了陆地生态系统污染的生态效应、土壤污染的生态毒理诊断、生态毒理方法与指标体系建立等项目研究。近十年，是土壤污染生态毒理研究发展最快，成果最多的时期。实际上，土壤污染生态毒理学研究的发展来自于全球对土壤污染治理问题的关注，以及解决这一问题的客观需要。例如，德国已初步建立了土壤污染生态毒理诊断系列方法，并正在为使这些方法在欧洲统一而继续研究，目的是使生态毒理诊断方法最终列入国际标准化组织(ISO)的方法指南成为国际标准。可以说，土壤生态毒理学研究，是继水生生态系统生态毒理研究后，当今国际又一活跃的研究领域。土壤污染的生态毒理诊断研究为土壤环境质量评价提供了重要参数，现已成为全球生态环境问题研究的重要组成部分。

1. 任务

自20世纪60年代环境问题开始引起科学家及民众的普遍关注以来，生态毒理学研究一直与之相伴逐渐发展。生态毒理学是一门应用科学，生态毒理学的研究在很大程度上取决于生态毒理学研究方法和手段的提高，以及所提供结果的有效性。从科学的观点看，如下准则是生态毒理学研究的基础：

1）发展科学准则，鉴别不同生态系统、不同种群、群体和个体的状态与相互之间的作用关系；

2）通过生态系统、种群、群体、个体从一个状态改变为另一个状态的过程，认识引起状态发生变化的机理；

3）确定引起干扰(disturbance)的相关因素及因果机制；

4）提出一个良好生态系统应具有的条件与目标准则；

5）利用上述所有的信息，诊断、预测污染对不同气候带的不同生态系统所产生的各种负面影响。

多年来，人们在考虑用各种新方法检验污染物的生态效应，并相继建立了多种试验方法以满足生态毒理学研究的客观需求。例如，基于实验室条件下试验方法的建立，主要测定纯化学品的致死浓度，纯化学品在土壤介质中对某些生物(高等植物、土壤藻类和土壤动物等)的致死浓度、抑制浓度和无响应浓度及特殊毒性，以及纯化学品在土壤介质中对微生物的毒性等。

基于某些生物检测项目，测定土壤环境中污染物的生物可利用性浓度、污染物沿营养水平的迁移。基于某些污染生态学研究项目，利用一系列经验指标(如物种多样性、再生性)，比较污染物被输入土壤生态系统(或微宇宙)前、后的不同特点。

无可争辩的是，利用实验室条件下的标准指标进行的各种毒理试验、生物检测以及生态变化的调查，不能提供超出实验界定范围以外的信息。从以往的研究以及当前学科发展的需要来看，土壤污染生态毒理学的研究任务应在以下 4 个方面得到更好的发展：

1) 研究污染物对土壤生态系统带来可能危害的剂量—反应关系，进行污染物毒性和土壤生态安全性评价；

2) 阐明污染物在土壤介质中的毒性作用机理及影响其毒性作用的相关因素，进行污染物对土壤生态系统危害的早期诊断与预防，为生态风险与安全评价、污染清洁标准的确定提供科学依据；

3) 研究土壤中有毒污染物的生态化学行为，包括污染物在陆地生态系统中的分布、迁移、转化及归宿，模拟条件下的水解、光解以及微生物降解等；

4) 研究土壤有毒污染物的生态毒理诊断指标体系，包括延续使用水生毒性试验(例如，藻类的毒性、鱼类的毒性，直至整体动物试验、结构与性能关系等)对土壤淋溶过程可能产生的毒性的诊断，陆生毒性试验(如高等植物毒性试验、蚯蚓毒性试验、微生物毒性试验，直至整体动物试验、结构与性能关系等)，遗传毒性试验(如微核试验研究、致突变性研究、代谢研究和 DNA 加合物研究)及生物标记物诊断试验等。

2. 发展历程

生态毒理学始于 20 世纪 70 年代，主要是基于当时化学品的大量生产和使用产生了一系列环境和健康安全问题。据世界卫生组织当时的估计，60%～90%的癌症是由环境中的化学因素造成。从此，世界上许多国家与国际组织开始建立相应的法规和标准对化学品的使用进行有效的控制。同时，一些发达国家开始对化学品，尤其是新开发生产的化学品进行毒理试验检验和风险评价研究，在此研究基础上筛选并最终确定化学品禁用或慎用的优先污染物名单，生态毒理试验也为事故预测、化学品溢漏等制定应急措施等方面做了大量工作。在优先污染物名单筛选方面，日本、前苏联、德国、瑞典、美国和荷兰等国家先后开展了有关化学品生态毒理学研究。美国制定了以优先监测 129 种污染物为基础的清洁水法，毒理学规划署(NTP)组织进行了毒理学研究。德国(自 1969 年起)对 200 多种化学品进行了生态毒理剖面分析。一些国际相关组织联合制定了一套化学品潜在危害性研究法。在这一时期，生态毒理学研究主要对纯化学品的安全、控制和管理问题开展了富有成效的工作。

进入 20 世纪 90 年代，化学品的生态毒理学研究再次被提高到更高的程度来认识。世界卫生组织等机构再次将生态毒理学研究列入重要的研究计划之中，并将生态毒理学研究与“可持续经济发展”计划直接联系在一起，并将其纳入国际“人与生物圈”计划，使之成为其中的重要组成部分。对生态毒理学研究而言，方法的研究与建立至关重要，是推动该学科发展的重要环节。但对于采取什么样的试验生物进行生态毒理试验研究，专家们曾展开过一些专门讨论。例如：

1）采用非人类物种进行生态毒理试验是否属于正当行为；

2）使用急性毒性、亚急性毒性和慢性毒性试验方法(如细菌、藻类、鱼类或小型啮齿动物)进行的生态毒理试验是否与环境科学的特点相吻合；

3）立法所用的标准试验方法是否能真实地反映污染物的生态毒理学行为；

4）生态毒理标准试验只能评价一种化学品或多种化学品混合物以及复合污染对环境的潜在危害效应；

5）如何来预测化学品的真实生态效应。

上述这些问题以及关于这一学科发展的思考，大体上代表了当今生态毒理学研究的现状，反映了生态毒理学家们对学科发展方向的意见，以及对以生态毒理学方法解决实际问题的关注。与 20 世纪 70 年代相比，今天的土壤生态毒理学研究不论从内容上，还是从方法上，都比以往向前迈进了一大步。生态系统毒理学研究在国际上受到了更多的重视，但在对土壤生态系统中污染物的毒理效应、土壤质量的风险评价及其敏感、快速的诊断指标建立等方面仍缺乏足够的方法，研究经费的投入和具有的研究基础仍然不很雄厚。相比之下，水生生态毒理学的研究做得更好。为此，不妨回顾一下具有代表性的，主要以水生生态毒理试验为主要内容的 OECD 指南及其产生过程。

3. OECD 指南

OECD 组织对化学品安全性研究的活动始于 20 世纪 70 年代初期，最先制定并通过了“化学品使用前最低安全标准评价项目”。1977 年，在 OECD 第 447 次会议上，OECD 委员会推荐了起草建立试验指南的决议，其目的是为满足预测化学品对人类和生态效应的危害的需要。OECD 指南的意义不仅仅是建立一种试验方法指南，更重要的是应用指南的试验方法得出有用的结果，来评价化学品的环境危害。OECD 指南的建立带动了生态毒理学科领域研究的发展，它的影响之深，应用的范围之广，恐怕是任何其他方法或指南所不能比拟的。几乎全世界多数国家的生态毒理学者都使用或熟悉 OECD 指南，用于进行该领域的相关研究。

OECD 指南建立委员会是由不同的分支组成。其中主要有：①化学组；②步骤一系统组；③管理委员会。化学组负责发展或改进指南的试验方法。因此，它是 OECD 指南建立委员会的核心力量，所承担的任务在 3 个组中最重。为此，化学组成立了若干的专家组，其中包括：物理化学组、长期健康影响组、短期健康影响组、生态毒理组和积累与降解组。另一个专家组为步骤一系统组，他们的任务是根据小批试验结果在化学品进入市场前对化学品的危害进行初始评价。管理委员会则主要负责 OECD 指南方法的实验室实践、信息交流、数据置信度确认，以及国际学术交流。

1978～1979 年一年间，各专家组举行了大小会议 50 次之多，对方法建立过程中的问题进行反复的讨论，确定指南草案。然后，将指南草案正式提交给专家评审委员会。指南草案经历了一年的修改讨论。最后，在 1981 年，OECD 指南委员会正式采纳了 51 个试验方法，将其列入 OECD 指南(表 2-3)。

表 2-3 试验指南及应用领域

章节	内容	试验方法	编号
第一章	物理化学性质	16 种	101～116
第二章	生态系统效应	3 种	201～203
第三章	降解与积累	15 种	301A ～ 301E，302A ～ 302C，303A，304A，305A～305E
第四章	健康效应	17 种	401～414，451～453

从表 2-3 可以看出，1981 年建立的 OECD 试验指南方法主要是物理化学方法，与生态系统效应有关的仅有 3 种。显然，这些方法满足不了科学与知识发展水平的需要，尤其随着大量新化学品的问世，需要有更多、更有效的方法对污染生态行为与作用过程进行评价。为了保证 OECD 试验指南与科学知识发展水平保持一致，OECD 试验指南委员会在首轮试验方法公布之前，就已经决定对现有的试验方法进行更新，并建立新的试验方法。

1980 年，管理委员会与化学组举行了联合会议，决定成立 OECD 试验指南升级领导小组。该小组由 5 人组成：1 名永久顾问，来自美国国家环境保护局，1 名欧洲委员会委员，1 名负责行政事务的 OECD 秘书，其余 2 人是根据会议内容临时被邀请的专家。1983 年 OECD 试验指南增补了 6 项新的试验，1984 年增补 13 项试验，1986 年再次增补了 7 项试验，1989 年再次将 2 项试验列入指南中，从而大大丰富了 OECD 试验指南的内容，使指南中的试验项目由最初的 51 项增加至 79 项，其中新增补的试验主要是生态毒理试验。

1987 年，OECD 试验指南召开了第 3 次 OECD 试验指南升级高级会议，其内容包括扩大升级小组的任务。此外，由于动物保护主义者的呼吁，以及专家们对采用非人类物种进行生态毒理学试验是否属正当行为的考虑等原因，升级会议提出，减少 OECD 试验指南中试验动物的使用数量。1988 年，OECD 试验指南升级委员会定期会议讨论决定，所有的指南试验中均不使用试验动物。1990 年，OECD 试验指南升级小组改为升级委员会，其任务明确规定如下：①促进方法的建立，以获得必要的试验数据；②验证试验方法的可行性；③周期性评审试验方法，并进行必要的修改；④有关采纳试验指南的安全协议；⑤讨论使用该指南出现的有关问题。

同年，OECD 试验指南升级委员会再次对以下试验进行了修改，它们是：①草案 203 的升级，鱼类急性毒性试验；②草案 301 的升级，生物可降解试验；③增加新的试验内容，污染物在海水中的生物可降解性试验；④增加新的试验内容，鱼类早期生长毒性试验；⑤有关鸟类繁殖试验(206)及鸟类急性毒性试验，该试验属 OECD 试验指南陆地生态毒理试验部分内容。

1991 年，OECD 试验指南秘书处起草了一份拟在下一轮会议进行专题讨论的报告。这一年，在英国举行了一次会议，主要是关于增补蚯蚓毒性试验的内容，会议结果在 OECD 成员国间进行了广泛的交流，丹麦和荷兰的专家对有关节肢动物试验研究方面，提供了有关信息。

OECD 试验指南方法是在实验室基础上建立起来的，而实验室内建立起来的生态毒理学试验方法是根据立法草案确立的。因此，从立法者的观点看是非常必要的，这是因为它可以为大量化学品的生态安全排放限定值确立提供依据，是主要考虑到西方国家工业化学品的生态安全问题所拟订的化学品检验的基础试验方法。但它适用于化学品对生态系统影响的生态安全评价，尤其是后来增补的有关生态毒理学试验方法，为化学品单一和复合污染，甚至污染物对整个生态系统的生态毒性作用的评价都提供了方法。可以说 OECD 试验指南的建立，进一步推动了水生生态系统生态毒理研究的发展。

4. 其他生态毒理诊断试验研究

除了 OECD 试验指南外，其他发达国家也研究了许多适合本国本地区的相应的单种生物急性、慢性毒性试验方法，如美国的模糊网纹蚤(*Ceriodaphnia dubia*)、黑头呆鱼(*Pimephales promelas*)短期毒性试验，通过借鉴上述试验方法，中国在生态毒理学研究方面也广泛开展，尤其是针对国内的较为突出的污染问题，进行了大量试验研究，为这一学科的积累和中国生态毒理学研究的发展做出积极贡献(表 2-4)。

表 2-4　中国的化学品检验生态毒理试验研究

试验方法类型	化学品
罗非鱼(*Tilapia*)微核试验，诱发染色体畸变和姐妹染色体单体交换；小鼠骨髓细胞染色体，ICR 小鼠致癌性；金鱼的毒性试验，草鱼不同发育阶段；单细胞绿藻毒性	溴氰菊酯，农药(有机磷一甲胺磷)，乙酰甲胺磷，甲基对硫磷，马拉硫磷，呋喃丹，敌菌丹，灭诱灵，菌核净，敌枯双，异丙威，涕灭威，γ-六六六
大鼠肝匀浆试验，Ames 试验	硝基多环芳烃
藻类毒性，甲单胞菌致突变，软体动物和蚤类的毒性，小鼠骨髓细胞染色体，斜生栅藻呼吸活性/鱼类毒性效应	选矿剂/浮选剂/工业黑炭
蝌蚪红细胞微核试验	洗涤剂
诱变性；致突变性	大气漂尘
金鱼和草鱼的急性毒性试验；紫贻贝小鼠骨髓细胞染色体畸变及刺参毒性；淡水鱼类的毒性试验；诱发小鼠肝、骨髓和精原细胞染色体畸变试验	对苯二甲酸；烷基苯/二硝基重氮酚/苯
甲单胞菌和斜生栅藻呼吸活性；鱼类污染毒性	石油/矿物油
发光菌试验蚕豆根尖微核试验	土地处理系统
细胞遗传学	环境致癌剂和诱变剂
小鼠骨髓细胞染色体畸变	氟化钠和乙酰胺
诱发小鼠肝、骨髓和精原细胞染色体畸变试验	环磷酰胺
鱼类毒性效应，对叉尾斗鱼致死效应	丁基黄原酸钠
草鱼不同发育阶段毒性	金属
鱼、虾的毒性	城市污水

二、生态毒理学诊断原理

生态毒理学诊断原理主要是依据生物在毒物作用条件下的不良生理、生化反应，所进行的生物学系列试验。生物对毒物毒性响应的大小，依据在一定时间内某一污染物的剂量一生物响应关系决定。

1. 生态毒理监测与检测

大量研究表明，生态系统中不同生物体对污染物响应的敏感程度不同。因此，任何一种毒性物质进入某一生态系统时，它将从大量生物中有选择地除去那些敏感物种，导致现存生物物种多样性的减少及区系结构上的改变。Depledge

指出，生理检测还不能明确确定污染物长期作用引起生态变化的重要性。因此，研究者不得不考虑，究竟哪些因素是引起生态变化的基础，这一问题曾引起了研究者的许多思考。当生物在个体、种群和群落水平上被污染物所扰乱时，应当说，在每一个水平上的组织都会在一定程度上对此做出反应。这种响应的可变性通常以剂量一响应关系表示。每一种群被污染物影响的程度都由组成种群中个体的贡献所决定，试验结果往往是，一些个体对污染的耐受能力较强，而其他的个体对污染的耐受能力较弱。于是，当条件变化时，只有那些耐受能力差的个体不再是种群中最适合的代表。这一讨论强调了一个事实，即污染诱导的生态变化影响外部物种之间的相互作用关系。同时，也影响内部物种间相互作用关系。更重要的是，污染物对群落中的不同种中个体影响的效应不同，导致了生态结构与功能的改变。然而，对这样一种诊断不可能从目前通常使用的生态毒理方法中得出任何结论，因为目前使用的生态毒理学方法忽略了以表现型的可变性来调查污染物的生态效应，在这一点上，生理检测可以做出补充。

污染物的环境归宿及生物可利用性，对评价污染物环境影响的重要性已得到广泛共识。最能证明这一点的是自 20 世纪 80 年代以来，越来越多的研究项目得到包括政府和国际环境组织的经费资助。遗憾的是，即使我们知道污染物在整个器官的浓度水平，也不能或很少能提供污染物在这些水平上的生态学意义。污染物含量水平的提高或降低可以很容易地被检测，但是，若要成功建立污染物在生物组织内的浓度与其产生的生理、生态后果的因果关系，就要困难得多，目前这方面的研究仍很少。

生态监测主要依据水生生物种群结构变化情况，评价水域环境质量、污水排放影响、污水净化与修复效果等。主要包括：野外现场生态调查、生态试验及室内毒性试验，也检测现场鱼、贝类样品的残毒水平。

2. 生理监测与监测技术

生理监测是生态毒理诊断研究的重要工具。对生态毒理试验的局限性，早在 1980 年研究者就有了相当清楚的认识，尤其认识到那些在实验室建立起来的生态毒理试验方法的局限性。这一原因启发了人们进行污染物在生理、细胞水平的亚致死(sublethal)效应试验的想法。很多研究者指出，污染物是否产生生态毒性效应，不一定非要以杀死机体的方法来证明，还可以通过其他的方法和手段表明这一点。的确，导致生物生长速度的减缓、导致代谢过程障碍、产生行为改变等生理过程效应，都可以被看成是污染物作用于生物体后生物体所产生的严重后果，由此引发了研究者采用了生理监测的方法研究污染物生态效应的实践。例如：对有机体暴露于污染物前、后的两个阶段，进行一系列生理过程监测是其中一种较为常用的方法。

Thurberg 通过监测暴露于银污染水体中的双壳类动物氧消耗量，监测污染物的生态效应。他还通过测定暴露于亚致死浓度镉和汞污染介质中龙虾的呼吸强度、酶活性和渗透调节功能等手段，监测重金属污染的生态效应。Anderson 则通过暴露于石油烃污染介质中鱼的心率状况及孵化成功率来监测有机污染的生态效应。Depledge 将螃蟹暴露于不同环境条件下亚致死浓度的烃类、油分散剂、铜和汞污染的水体中，通过监测生物心脏活动及呼吸活动的方法，监测有机污染的生态效应，这类研究一般称为生理监测。

确定由污染诱导的生理响应需要有试验动物生理过程的详细、全面的资料。然而，由于在研究的开始阶段，缺少进行长时间(数周或数月)连续记录的仪器，实际上无法得到这样的完整信息。但这种状况后来得到了改善，20 世纪 90 年代，Depledge 和 Anderson 开发研制了一种远红外发射器/检测器/计算机辅助系统，专门用于定期记录动物的心脏活动，并对数据自动记录整理。他们用这种仪器同时监测和自动记录 8 个十足甲壳类动物各自每一分钟的心脏活动、呼吸活动及移动活动，对确定污染是否可诱导动物的生理响应提供了基础数据。

3. 生理测定与生态毒理评价的关系

生理试验经常受到批评，主要是因为生理试验主要是在实验室条件下进行，在很多情况下并不能给出相关的信息。例如，在实验室内进行的短期试验结果表明，引起显著性生理反应的污染物浓度通常比自然状态下污染点中所测出的浓度高出几个数量级。实验室内进行的生理试验，通常不考虑机体对污染物吸收与污染负荷量，而以实验室条件为基础，无法得知污染物对生物体作用的长期生态意义。通常，生理试验所用动物都是成熟的成年动物。因此，有关污染物对动物幼年早期脆弱阶段的影响状况不清楚。生理试验以整体动物为指标，因此对污染物引起动物生理效应作用的因果关系机理提供的信息很少。尽管生理试验存在这样或那样的不足和缺陷，但生理条件评价仍然可以为生态毒理学研究提供相关的信息。例如，Depledge 发现将在不同营养状态中生活的海蟹同时暴露于 0.75mg/L 的铜和铁溶液中，其生理参数与吸收率、组织内分布和组织内的金属负荷量显著相关。

表现型是遗传型与环境因素相互作用的结果。过去倾向于对表现型在形态上、生物化学上、生理上和行为特征的特殊部位的研究，缺少对表现型特征产生的生态效应进行认真分析。Depledge 认为，为了理解污染物对个体产生的选择性压力机理，从残存者享有权的角度，对特殊表现型特征的相对重要性进行排序十分重要。进行这项工作，必须要有足够的资料；否则，在测定暴露于污染物中机体的生存潜力时，就对形态学或行为学上产生的微小差异是否与生态变化之间存在必然的联系这一问题无法判断或难以评价，因此也就很难说明这些微小差异是否属于因污染物暴露所引起的显著性差异。

在生理特征与生态变化之间关系研究中所遇到的另一个问题是，多数研究者在进行污染物暴露研究时只注意生理特征与生态变化之间的平均趋势。但是，平均趋势可能并不是测定过程中出现的最相关变化。于是，Bennett 指出，在生物研究考虑可变性时，应引用标准误差和标准偏差的概念，其目的是为了证明平均趋势的置信度。但这样做的结果经常给人们这样一种暗示，即远离平均值的数据是不典型的或者是异常的，进而得出的一个结论通常是，远离平均值的数据不能真正代表种群对污染的真实反映。然而，生态学研究表明，那些所谓的非典型个体在生态学角度上是一个非常清楚的概念。以这样的个体进行试验，所得出的被称为不典型的或者是异常的数据也可以说明，它们对污染的忍受能力也是异常的。作为研究者自然会提出如下问题：①这些异常忍受的个体在数量上有多少；②它们忍受污染的机理是什么。换句话说，以数理统计的方法，在证明平均趋势的置信度前提下得出的结果，只能描述并解释种群中多数机体的响应，但忽略了对少数个体响应的必要的和科学的描述。从生态学的观点看，这样的描述是不充分的。对种群中少数个体响应的描述，也应是生物对污染响应过程中，生理特征与生态变化关系中必不可少的部分。基于以上问题，Depledge 在实验室进行了新的生理监测研究，研究内容包括鉴定自然型。如果每一个自然型都与机体忍受特殊污染物胁迫的能力联系起来，且每一个自然型在种群中的相对比例可测，他认为这种研究就能产生重要的生态毒理学信息。正如所知，正常的种群中含有不同比例、不同生理状态的动物，可以分别将它们称为自然型 A、B、C、D。一般来说，自然型的相对比例反映了这些自然型在正常环境下的适应性。当污染物暴露后，各种自然型都在不同程度上受到影响。其结果是，一部分自然型动物的耐性比另一部分自然型动物要强。评价自然型在暴露于污染物之后的分配比，将揭示个体在自然型中分布的变化。例如，如果自然型 A 在原来自然环境中是最适合的个体，那么它在新的污染条件下，也可能不再是最适合的个体，并展示出补偿的生理响应。此外，污染物暴露将删除自然型 C 中的个体，使其数量减少，使自然型 D 的比例相对增加。这种因污染所引起的种群结构变化，就是一种重要的生态毒理学信息。当然，在这类试验研究中，也存在许多问题。研究表明，生理监测与生态毒理学研究相关，方法可行。许多生态毒理学试验和监测过程可对此做出最好的证明。资料表明，污染确实给自然群落带来实际或潜在的影响。而生理监测可利用种群中个体可变性的特点，阐明污染诱导的生态变化机理。这种研究将预测污染物在引起大的生态变化之前对群落结构所带来的早期影响。

4. 内分泌干扰素的生态毒理

近年来，许多生态学家、流行病学家、内分泌学家和毒理学家都已经注意到，雌性激素类和抗雄性激素类化学物质的潜在生态危害效应，以及某些其他环境化学品对人类和生态健康的毒性效应。有一种假设认为，某些化学品可能会干扰内分泌系统。这些化学品被称为内分泌干扰素，即内分泌干扰素是那些能干扰合成、分泌、迁移、键合、活动或消除体内荷尔蒙的外来物质。恰恰是这些合成、分泌、迁移、键合、活动或消除体内荷尔蒙的作用，有助于保持体内平衡以及生长、生殖与发育行为，因为它们被称为能模拟自然的荷尔蒙(荷尔蒙是一种天然内分泌腺的分泌产物)。它以极小的浓度在血液中迁移，并键合到靶组织和器官接受点的特殊细胞点上。在那里，荷尔蒙除了具有其他的身体功能外，还执行它们在发育、生长、生殖方面的功能。抑制荷尔蒙的活动，能改变免疫系统、神经系统和内分泌系统正常的调节功能。因此，被这些化学品影响后可能产生的后果是，妇女患乳腺癌和子宫癌，男性患睾丸癌和前列腺癌。此外，还会导致异常的性发育、男性生育能力退化、大脑垂体和甲状腺的功能被改变，产生免疫抑制效应和神经行为效应等。

除了对人类健康的潜在毒性效应外，许多释放到环境中的具有内分泌干扰作用的化学品，还能扰乱许多水生生物和野生动物的正常内分泌功能。研究表明，动物体内观察到的有害效应来自于持久性有机化学品，如多氯联苯、DDT(二氯联苯一三氯乙烷)、二噁英和一些杀虫剂。这些化学品产生的生态毒性效应包括以下方面：甲状腺功能异常，鱼和鸟类的发育异常，甲壳动物、鱼、鸟、哺乳动物的生育功能减退，鱼、鸟、爬虫类动物的孵化成功率降低等。据报道，上述生态毒理效应的产生主要是由于内分泌机制被干扰破坏。美国国家环境保护局科技政策委员会对此十分重视，1997 年科技政策委员会专门组织召开了有关内分泌干扰化学品研究与风险评价论坛，组织各方面专家全面论述有关内分泌干扰作用的科学研究现状，并为今后的研究拟订了具体的计划。

美国国家环境保护局十分关注由内分泌干扰素暴露所引起的人类健康和生态效应问题。但就目前而言，人们对此所知很少。对问题所涉及的影响范围到底有多大，还没有达到共识。但可以说，就已有的知识而言，目前已知的内分泌干扰作用并非生态毒性效应的最终表达形式。相反，内分泌干扰作用只是导致其他不良效应的一种机制或一种模式。例如，在制定规则或条款时通常都会将化学品的致癌、生殖效应和发育效应加以考虑。而单纯的内分泌干扰作用，不会引起立法的重视。如果将内分泌干扰素的健康与生态效应提高到立法的高度去考虑，则需要进一步的试验支持。如果试验结果表明，内分泌干扰素有不利的毒害效应，那么，将有可能制订相应的规则限制或禁止使用和生产内分泌干扰物质。

美国国家环境保护局认为，确定哪些环境化学品是引起内分泌干扰作用的物质是十分重要的问题。它将有助于改善美国国家环境保护局的判断能力，进而减少或防止生态风险的发生，尤其是对儿童和脆弱的生态系统。因此，需要在这方面进行科学研究。通过大量数据和研究结果来阐述内分泌干扰素的作用机制，将会改变内分泌干扰作用的研究状况。可以说，这方面的研究目前仍十分迫切，而且其重要性越来越突出。因为，现今所进行的生态风险评价已扩展到生态系统中。风险暴露的对象是一个复杂的、多样性的个体、种群、群落组成的整体生态系统，而且，化学品的暴露也是多途径的，复合污染生态效应也使生态风险评价更为复杂。

显然，对内分泌干扰作用的进一步研究，将弥补目前人类在这方面知识的欠缺。这方面知识的增加将会大大减少在生态危害评价、化学品毒性暴露效应和生态风险评价方面的不确定性。目前有关研究正在进行之中，研究较多的是美国国家环境保护局。研究所涉及的内容，主要包括以下 4 个方面：

1）对内分泌干扰作用研究文献的详细综述；

2）起草一份内分泌干扰作用研究的多年战略草案；

3）美国国家环境保护局负责进行的美国国内范围内的上述研究，并以此作为国际合作研究的基础；

4）在食品质量保护和安全饮用水命令下，美国国家环境保护局建立了一个咨询委员会，协助发展一项筛选和试验计划，评价化学品潜在的内分泌干扰作用。

5. 内分泌干扰污染物的生态毒性效应

许多实验室和野外调查研究，都提供了关于某些化学品对无脊椎动物、爬行类动物和哺乳动物正常的内分泌功能具有潜在影响的报道。根据这些研究可以确认，某些合成的和天然的化学品具有干扰生殖和发育功能的作用。在某种情况下，为了达到某种特殊的目的，研究者专门合成一些具有破坏内分泌系统的化学物质。例如，在开发和研制某种类型的杀虫剂时，就是专门选择性地破坏靶昆虫的内分泌系统，以达到杀虫的目的，而不因对靶昆虫直接的毒性效应对非靶脊椎动物造成伤害。然而，在多数情况下，人们怀疑具有内分泌干扰作用的那些合成化学品，并非在研制阶段有意地要使其产生内分泌干扰作用。这方面的例子不胜枚举，例如，研究者对很多实验室和现场调查的大量结果表明，船体保护油漆中的主要组分在亚致死浓度下能对某类蜗牛的荷尔蒙产生明显内分泌干扰效应，通过剂量－反应试验研究表明，这些化合物可使雄性蜗牛的性特征被不可逆地雌性化(imposex)，从而导致不孕症或生殖功能方面的某种障碍。从世界各地收集的许多调查报告表明，由于这些化学物质，全世界范围内出现了某种蜗牛产量的大幅度减产。另一些调查表明，牡蛎对这类化合物也很敏感，由此，也带来了生态风险。除此之外，由于食物链传导和生物体的生物累积等作用，化学品对蜗牛和牡蛎的内分泌干扰效应也导致了对鱼类、野生动物和人类可能危害的一连串生态学问题。许多化合物都对鱼类的繁殖和动物的发育具有潜在影响，然而，有关这方面的影响如何，这些影响与种群动态变化之间的关系，以及产生干扰的主要原因等，目前尚不清楚。

实验室内的控制研究提供的相关数据表明，一些化学品已经被确认为属于内分泌干扰物质，如烷基酚乙氧基化合物和它的降解产物、氯代联苯、二噁英、二呋喃、多氯联苯等，它们可对人或动物体产生内分泌干扰作用。

有关化学品对温血野生动物内分泌系统影响的研究也有报道。例如，许多有机氯杀虫剂会使雄性海鸥的胎儿雌性化。由此研究者得出这样一个推论，即有机氯杀虫剂与加利福尼亚海岸的西海鸥种群和大湖中鲱鱼鸥数量的下降和性比例失调有关。关于化学品对哺乳动物的内分泌干扰作用，曾有人进行了实验室控制研究。结果表明，虽然水貂、海豹和其他一些动物物种对 TCDD 和 PCBs 的毒性效应非常敏感，但到目前为止，还没有关于化学品对哺乳动物内分泌干扰作用因果关系的文献报道。总之，对内分泌干扰素的生态风险评价研究仍存在许多尚不清楚的问题，其中最重要的有待研究的问题应包括：①建立化学品毒性效应与相关水生和野生动物种群与群落逆效应的相关关系；②阐述现场观察到的内分泌干扰作用的因果关系。

到目前为止，大量事例已证明显著的种群数量下降是由内分泌干扰化学物质的暴露所致。由于内分泌干扰化学品可以引起各种荷尔蒙响应，并在有机体的生殖和发育方面产生逆效应。所以有理由假设，这些化合物将会在种群水平上对其他物种或其他生态系统造成较大影响。

三、生态毒理诊断对生物修复的意义

1. 土壤污染生物修复的生态毒理诊断

土壤污染是世界性环境问题之一。从保护环境与人类健康目的出发，污染土壤清洁与利用是一项重要任务，土壤污染诊断是其中一个重要环节。但单纯依靠化学方法进行土壤污染诊断，不能全面、科学地表征土壤的整体质量特征，所以需要其他的方法对此做出补充，土壤污染生态毒理诊断研究顺应这一客观要求，由此也得到迅速发展。

20 世纪 80 年代以来，生态毒理实验方法研究得到广泛开展，最具代表性研究成果是 OECD 试验指南的制定与其后的不断完善。该指南不但成了欧洲国家的联合行动，而且被其他地区和国家参照(如中国国家环境保护总局)。但 OECD 指南及其相关的一些标准更多侧重对纯化学品毒性的检验以及对水生系统生态毒理诊断标准的建立与完善。这方面研究由于起步早、投入量大，经过近 30 年的努力后，如今诊断标准已基本成熟。对土壤污染生态毒理诊断方法研究，虽然

OECD试验指南中也涉及一些，但相关的研究开展较少，投入量小，深入不够，目前国际上还没有完整的、相对统一的土壤污染诊断标准方法系列。

可以说，土壤污染生态毒理诊断研究始于20世纪90年代美国的超基金计划，以及此后加拿大、德国联邦科学部、瑞典皇家科学院、瑞士和荷兰政府研究机构先后开展的这方面的研究。德国也在联邦科技部的资助下，开始了一项“土壤生态毒理诊断系列研究”的国家级项目，并旨在此研究基础上，建立欧洲统一的土壤生态毒理学诊断指标体系。显然，土壤污染生态毒理诊断研究得到了国际上广泛的重视。1998年10月在马德里召开的“国际危害鉴定系统与陆生环境分类标准”会议上，与会者对陆生环境，尤其是土壤生态系统毒理研究需求达成一致共识，该研究成为生态环境领域国际新的热点。以下将以土壤污染生态毒理诊断研究为主线，对土壤污染生态毒理诊断的特殊性和客观需求以及国内外研究现状进行综述与展望。

2. 土壤污染生态毒理诊断的特殊性

单纯沿袭水生生态毒理学的方法显然不能完全解决土壤污染生态毒理诊断的问题。因为土壤生态系统的结构与功能不同于水生系统，它比水体更复杂，干扰因素更多。其特殊性主要表现在两方面，即土壤本身的特殊性和土壤生态系统的特殊性。

从土壤本身特殊性来说，土壤是完全不同于水体的环境介质。不同地域土壤的理化性质差异很大，这一点决定了不同土壤中物质毒性响应值的极大差别。研究表明，土壤养分含量、土壤矿物含量、土壤有机质含量、土壤酸碱度及土壤黏粒含量等，都会对物质的毒性行为产生干扰，进而影响其毒性效应的表达及毒理诊断指标的敏感度。从土壤生态系统的特殊性来看，土壤具有自身独特的生态结构体系。土壤动物和土壤微生物是土壤生态系统的重要组成成分，土壤是提供植物生长的物质基础。因此，土壤污染与否需要由土壤生态系统中不同营养级，不同食物链结构中生物有机体的敏感代表者来判定。它们(如土壤微生物，暴露在土壤中的陆生植物，通过与土壤、母岩或直接暴露的化学品直接接触的无脊椎动物，暴露在土壤或从土壤中吸收污染物的脊椎动物等)是诊断土壤污染与否，污染的轻与重的可靠生态毒理指标。将多个代表不同营养级上的敏感生物所判定的土壤诊断结果(如LC_{50}、EC_{50}或NOEC)进行综合，从而完成土壤污染生态毒理诊断的目标。

正如所知，化学方法一般只在严格限制条件下，根据纯化学标准检测一定浓度范围的某化学物质量。因此，以化学法诊断土壤污染具有4个方面局限性：第一，化学方法难以对土壤中各种物质的混合物一一进行全面测定，不可能鉴定土壤中所有潜在毒性物质的毒性效应，也不可能测出污染物的复合污染效应；第二，化学法难以区别和提取出不同暴露路径中(如空隙水中、土壤空气中、食物的吸收中、不可提取性残渣中或键合到某些物质中)污染物质的浓度，因此，污染物的有效毒性往往被低估；第三，化学方法无法以量化方式对所有产物的毒性做出准确评价，因为对有些物质来说，量的大小与其毒性的大小不成正比；第四，化学法无法对污染物的代谢毒性进行追踪，检测上也存在困难。因此，化学方法难以对污染物的效应浓度与暴露关系做出正确表述，方法本身的局限性可能会导致对土壤污染的程度无法给出完整的、精确的诊断，有时甚至会产生明显的错误。

土壤污染生态毒理诊断对土壤质量评价具有重要的，不可替代的作用。这是因为土壤污染生态毒理诊断试验中生物选自土壤生态系统，集合了土壤中不同食物链生物对所有化学品的整体毒性效应，提供土壤污染与否的全部信息。因此，通过选择土壤不同生态位中生命有机体作为对污染物实际毒性诊断的指标，完成系列生态毒理试验所构成的污染毒理诊断多指标系统可对化学分析的局限性做出重要补充。

3. 土壤污染生态毒理诊断的客观需求

正如所知，土壤污染的诊断远比水体复杂。当土壤被污染后，污染物在土壤中的迁移、转化及降解过程经历一系列物理、化学和生物学变化。在这些变化中，其中一部分污染物被降解后，从系统中去除，但也有一部分污染物降解不完全，导致一些新的中间产物生成。此外，在降解过程中某些物质的形态和性质也可能发生变化。因此，单纯依靠对目标污染物的定性和定量分析不能对土壤是否清洁做出准确判断。这方面已有很多研究实例，如 Knoke 和 Wilke 等进行的土壤清洁研究发现，清洁修复后的有机污染土壤中，目标污染物虽然明显减少，但通过毒性试验检验表明土壤的毒性反而增强。Lewis 等在研究多环芳烃降解时发现，目标污染物被降解的过程中，也伴有新的高环(4～6 环)芳烃的增加。孙铁珩等在研究石油污染土壤生物修复时发现，土壤中矿物油含量明显减少，但荧蒽和其他高环多环芳烃的数量和质量有明显增加。这说明目标污染物的减少并不总是意味土壤清洁度的提高，不完全降解产生的中间污染物往往会给系统带来更大的安全隐患。因此，在土壤清洁技术研究与应用过程中，需要生态毒理方法对土壤的清洁终点进行诊断。土壤污染的生态毒理诊断是土壤清洁技术发展过程中的重要环节，也是土壤质量评价的客观需求。为此，许多发达国家在土壤清洁技术项目建议书中，明确地将生态毒理诊断列为重要研究内容。

生态毒理诊断作为生态毒理学研究的重要内容之一，可以表达一个生态系统中所有污染物对生态系统产生的整体效应。作为污染生态系统修复的重要指标，它提供了以下方面的信息：①非目标污染物的潜在毒性负效应；②生态修复、土壤利用的生态风险与安全性评价；③土壤清洁与修复的效果和质量。因此，生态毒理诊断是污染生态系统修复的重要检测指标。

生态毒理试验集合了污染物的整体效应及化学品代谢物质产生的效应，它可提供土壤中所有污染物对土壤质量影响的全部信息。因此，生态毒理试验不仅是对化学分析评价土壤生态安全的重要补充，也是对土壤环境状态进行时期预测、分析，以评价土壤质量变化趋势、速度及达到某种变化限度等重要而有效的方法。通过一系列生态毒理试验，构成对土壤污染进行诊断的多指标系统。由此，可按需要适时地给出土壤质量变化的信息。土壤污染诊断指标系统可因土壤利用目的不同，采用不同的诊断方式。

然而，现有生态毒理学方法大多用于描述供试化学品对土壤或土壤介质的生态毒性潜势及生态效应。这些方法只能部分地用于土壤污染或土壤清洁的生态毒理特性的检测。针对土壤的不同功能和不同使用需要为目的的检验，需要建立新的生态毒理诊断方法。为此，相关研究近年来得到广泛开展，西方发达国家再次走在了前列，德国在这方面做出了积极的努力。

第三节 污染生态毒理诊断方法

在生态系统中，土壤环境中的生物与生物、生物与非生物的相互作用，给出了生态系统内明确的食物链与物质循环关系。而在生态毒理试验中，采用易受影响的生物作为土壤污染指示生物，对于这些相互关联的生物种群因化学物质影响所受的损伤程度进行评价，并对生态系统组成要素的生物种的生态毒理进行诊断，其试验方法是有效的。从陆地生态系统的特点分析，对这一系统进行生态毒理诊断试验主要应考虑以下几点：①陆地生态系统的生物条件；②敏感物种的种类差别，成长阶段的差别；③陆地生态系统的理化条件(pH、有机质、养分、阳离子交换量、土壤的黏土组成)；④陆地生态系统的生物种间的食物链关系；⑤生态系统的恢复过程。把握这些因素，对建立土壤污染生态毒理诊断指标体系十分重要。

为此，德国科学技术部(BMBF)资助进行了土壤生态毒理试验系列(eco-toxicological test batteries)研究项目。该研究的最终目标是给政府部门和修复公司提供一整套标准的土壤生态毒理诊断方法，作为进行生态风险评价和修复控制的标准，这组试验方法也将成为 BMBF 指南中“土壤生物修复过程”的一部分。该诊断试验系列的建立以土壤或土壤介质的不同功能和特殊用途为出发点，为此，研究者假定一种健康的土壤应具有如下的功能：①可提供植物生长；②具有栖息功能(动物、微生物)；③土壤或土壤介质具有吸收、净化污染物的能力；④土壤淋溶液具有栖息功能；⑤污染物在土壤中积累将影响其栖息功能。从以上诸多角度考虑，发展生态毒理诊断试验方法，并确认其有效性，BMBF资助项目分成若干个研究组，分别进行了多种研究试验，如植物的栖息功能是通过植物生长抑制试验来验证，所采用的植物有燕麦、萝卜、水芹，有时也用谷物(millet)。微生物的栖息功能是通过潜在的氨化作用试验和呼吸作用强度试验。遗传细菌、真菌试验是考察土壤对微生物的影响。陆生挖掘动物、无脊椎动物、原生动物毒理学试验方法用来检验土壤及土壤淋溶液的动物栖息功能。此外，还有一种快速检验土壤毒性的方法，被称为 toxi chromopad-test。由此构成了一个土壤污染生态毒理诊断的试验方法系列。

研究者发现，在检测土壤是否有毒时，需要有一种清洁土壤作为对照。因此，对照土壤的使用完全必要。按照试验的要求，对照土壤的物理、化学性质应与污染土壤相同。但实际上，由于污染土壤的来源、类型、污染程度及其他原因，很难找到一种与污染土壤性质完全相同的对照土壤，也就是说对照土壤是不存在的。因此，必须采用另一种方法来解决这个问题。幸运的是，研究者在进行植物生长抑制试验和氨化试验中发现，将污染土壤与质量非常好的未污染土壤混合，可以代替对照土壤。适当的混合程序使得对所有污染土壤生态毒性的测定成为可能。除此之外，研究者还遇到另一个问题，即对土壤呼吸作用曲线的解释问题。研究表明，土壤的呼吸作用曲线结构有时非常复杂，由此产生的问题是对得到的信息解释上的不确定性。然而，通过引用呼吸商(初始呼吸强度/潜在呼吸强度)和滞后项两个指标来决定土壤的生态毒性，再结合最大生长率和曲线的形态，进行综合评价，研究者发现，将数据进行了这些处理之后，就可以通过土壤呼吸作用曲线发现一些明显的规律性，用于解释土壤的生态毒性。toxi chromopad-test 法，可以用来评价土壤的生态毒性，但所得结果的标准偏差一般较大，而且费用也较为昂贵。这一方法目前还不是很成熟。

一、高等植物毒性试验与特殊毒性试验法

高等植物是生态系统中的基本组成部分。一个平衡、稳定的生态系统生产健康、优良的高等植物；反之，一个不稳定或受到外来污染的生态系统，对高等植物的生长可能带来不利影响。因此，利用高等植物的生长状况监测土壤污染，是从生态学角度诊断土壤质量的重要方法之一。随着对土壤污染生态毒理评价的需求，高等植物毒性试验方法的应用范围已扩展到废物倾倒点、土壤污染现场以及土壤生物修复过程中。有关此方面的研究已有较多报道。

1. 症状法

进入土壤一植物系统的污染物超过一定浓度就会对该系统产生危害影响，这

种影响可以直接通过植物生长的状态得到表达。我们可以将这种通过植物生长出现某些障碍来预测土壤污染的现象称为症状法。以植物生长过程中出现的某些不良症状进行的有关研究，在一开始并非与土壤的生态毒理有关。它的主要研究目的是用来确定土壤的自净能力及某些污染物的最大允许环境容量。张学询等在研究土壤重金属的环境容量时，按作物危害程度，以大豆为敏感植物，通过不同浓度的重金属对大豆危害，确定重金属的土壤临界值。

生长正常：作物生长及产量不受影响。

轻度危害：作物生长期出现轻微受害迹象，植物生物量及产量下降。

严重危害：作物生长期出现明显受害迹象，植物生物量及产量下降10%以上。

致死效应：作物苗期出现显著受害症状，作物生物量明显下降，甚至死亡。

但以植物在污染受害的状况下研究或确定土壤自净能力或某些污染物的环境容量的同时，也就对土壤的环境状况做了一个较为粗略的评价，但这种评价的结果是间接的，然而，此研究也提示人们当某些植物发生生长抑制或生物量减少，死亡或形态变异的症状时，是对土壤生态系统出现损伤的一个预报。

2. 生长量法

除了利用植物生长过程中的某些不良症状来研究和确定土壤的自净作用和环境容量外，研究者还选择了另外一个指标，即植物生长或生物量来进行上述目的为主的环境问题研究。

刘均祐等在研究土壤矿物油环境容量时，以小麦的株高、植物的籽实重等指标等症状变化进行判别。这一方法也可以称为生长量法，它是通过一定量污染物对应的植物生物量或植物生长变化的关系，确定土壤被污染的程度。例如，刘均祐发现，当土壤中矿物油含量达到5000mg/kg时，小麦的株高由对照的54.3cm减少至48.9cm，矿物油含量达到10 000mg/kg时，植物株高下降至36.5cm，土壤矿物油的含量继续增加时，植物出现死亡。类似的试验研究还很多，供试污染物的类型包括农药、杀虫剂、除草剂、洗涤剂及其他有机污染物。与症状法一样，通过植物的生物量状况研究土壤环境问题的同时，也为土壤污染的诊断提供了一个生物量判断方法。综上所述，利用植物在污染状态下的受害程度，可以有效地对污染的程度以及产生的生态危害做出响应判别。

3. 高等植物毒性诊断试验方法

高等植物毒性试验方法可用于评价污染土壤，修复土壤及化学品对高等植物的慢性抑制作用及其生态毒性。在德国的研究项目中，所选植物分别为单子叶植物(燕麦，*Avena sativa* var. *lutz*)和双子叶植物(萝卜，*Brassia rapa* CrGc 1-33)。除了种子发芽与14d生物量的测定外，还测定了其他的相关参数。如49d后燕麦的生物量和燕麦的开花期，35d后萝卜种子荚的产量等。

上述试验是在实验室控制条件下进行。首先进行对照试验，对照试验是以人为投加污染物方式，用标准土壤进行(德国用LUFA土壤或OECD指南推荐用人造土壤)。此后，用污染土壤或修复土壤进行高等植物毒性试验。试验将污染土壤与标准土壤(或人造土壤)按一定比例稀释混合，进行种子发芽与14d生物量的测定。试验结束后可得到污染土壤与标准土壤混合后的污染物剂量一响应曲线。根据不同稀释混合土壤中的种子发芽与14d生物量测定结果，可定量、定性评价土壤污染程度，或土壤清洁的程度。从而对污染土壤或修复土壤的生态毒性或生态安全性做出相关评价。

BMBF项目研究中，根据试验期间所进行的各种试验现象和结果的观察，对试验使用的容器、种子预发芽、种子栽培的深度、播种密度等条件都做出了统一的限定。此外，对植物生长期浇水方式对植物生长的影响做了比较，并提出最佳的浇水方式。在此基础上，他们先后分别以纯化学品TNT (2，4，6一三硝基苯)和TNT污染土壤进行了试验，得出了化学品TNT与植物毒性关系的剂量一反应曲线、TNT污染土壤 (不同稀释比)与植物毒性关系的混合污染一反应曲线、多环芳烃和矿物油污染土壤(不同稀释比)与植物慢性毒性关系的混合污染一反应曲线。宋玉芳等测定了草甸棕壤条件下，菲、芘对小麦、白菜、西红柿3种植物根伸长抑制率(图2-2)，以及复合污染毒性效应(表2-5、表2-6、表2-7)。结果表明，菲、芘浓度与植物根伸长抑制率呈显著线性或对数相关($p=0.05$)。有机物对植物根伸长抑制强度为菲>芘，这与菲、芘的水中溶解度明显相关。有机复合污染产生明显协同作用。

表2-5　菲、芘复合污染对草甸棕壤中小麦根伸长抑制率

PHE[1)]/(mg/kg)	抑制率(PHE)/%	PY[2)]/(mg/kg)	抑制率(PY)/%	抑制率(PHE+PY)/%
2.5	−4.6±3.4	6.3	−14±5.8	−5.7±2.1
5.0	−3.1±4.9	12.5	1.7±1.7	19.5±8.0
10.0	1.1±4.6	25.0	4.4±6.0	24.9±0.3
20.0	9.2±1.5	50.0	11.2±1.1	24.7±8.6

1) PHE表示菲。

2) PY表示芘。

表 2-6　菲、芘复合污染对草甸棕壤中白菜根伸长抑制率

PHE[1]/(mg/kg)	抑制率(PHE)/%	PY[2]/(mg/kg)	抑制率(PY)/%	抑制率(PHE+PY)/%
12.5	−7.5±1.1	12.5	−3.0±2.0	3.3±2.1
25.0	0.6±1.6	25.0	1.1±1.6	11.5±2.7
50.0	10.0±4.6	50.0	4.3±0.9	24.3±4.4
100.0	12.0±1.3	100.0	10.3±1.5	33.3±5.9

1) PHE 表示菲。

2) PY 表示芘。

表 2-7　菲、芘复合污染对草甸棕壤中西红柿根伸长抑制率

PHE[1]/(mg/kg)	抑制率(PHE)/%	PY[2]/(mg/kg)	抑制率(PY)/%	抑制率(PHE+PY)/%
6.25	−1.3±1.6	200	−4.1±2.2	−3.3±2.0
12.5	7.3±2.2	100	5.8±0.0	10.2±3.2
25.0	8.7±2.9	50	9.1±2.7	13.1±0.3
50.0	13.0±5.5	25	17.9±3.6	15.0±2.1

1) PHE 表示菲。

2)PY 表示芘。

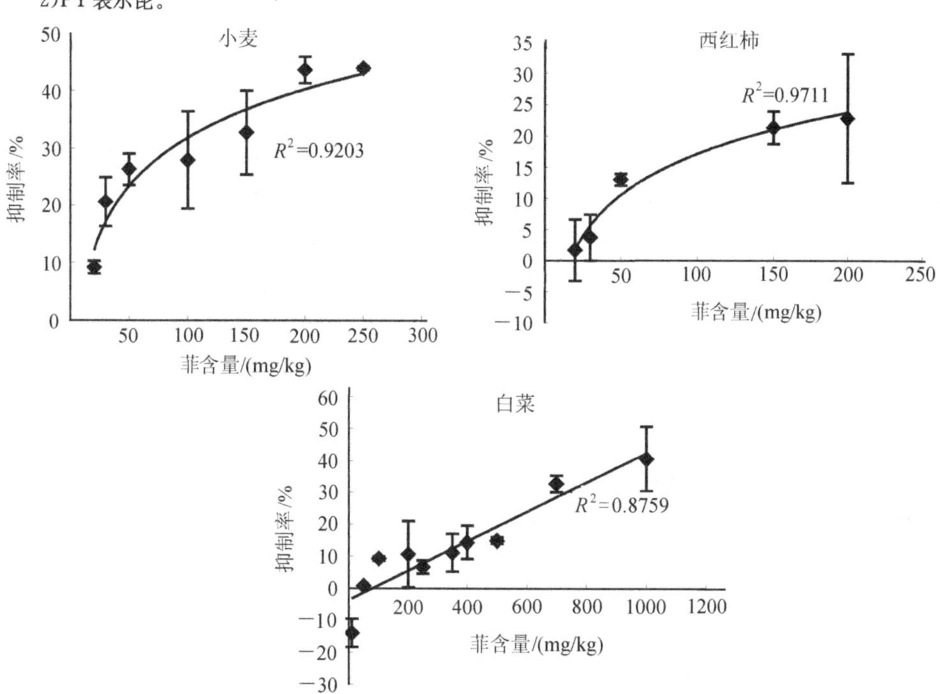

图 2-2　菲对草甸棕壤中植物根伸长抑制率

4. 种子发芽与根伸长抑制法

种子发芽与根伸长抑制法最初出现在OECD实验指南中。美国国家环境保护局也早就将该方法作为土壤毒性诊断的方法而广泛应用。

Chang等以植物种子发芽、根伸长抑制率和植物遗传毒性试验等方法分别对三种土壤(污染土壤、清洗处理后土壤、清洗+加水洗处理后土壤)进行毒性检验表明，清洗处理后土壤对植物的毒性作用比处理前还强，主要原因是土壤的高盐含量产生明显的植物毒性。将清洗处理的土壤水洗后减少了土壤的含盐量，从而降低了对植物的毒害作用。

研究表明，剂量—反应曲线或混合污染物的剂量—反应曲线图形与斜率的关系不仅受污染物量和土壤中营养物质浓度水平的影响，也受土壤pH和土壤水传输容量的影响。因此，研究者认为，在进行高等植物毒性试验时，应充分考虑上述因素的作用。

5. 藻类毒性试验法

藻类作为水生生态系统的初级生产者对生态系统的平衡和稳定起着重要作用。单细胞藻类个体小，世代时间以小时计算，因此，是一种理想的试验材料。藻类对许多毒素的响应也较敏感，利用藻类进行污染物的毒性检验，可以在短时间内得到污染物对藻类许多世代及在种群水平上的影响评价，也可以诊断生态系统由于污染所造成的毒性危害。藻类作为水生生态系统污染诊断的指标已有多年的历史。近年来，研究者发现，藻类不但适合水生生态系统的污染诊断，通过适当的改进，也可以用于土壤污染的诊断。如通过适当的方法制备的土壤淋溶液，以藻类为试验材料可以反映土壤中可溶性污染组分的污染毒性与暴露效应。这方面的研究已有一些，羊角月牙藻(*Selenastrum capricornutum*)、斜生栅藻(*Scenedesumus obliquus*)、四尾栅藻(*Scenedesmus quadricauda*)、普通小球藻(*Chlorella valgaris*)、蛋白核小球藻(*Chlorella pyrenoidosa*)等就是藻类试验研究中常用的代表性材料。

将不同浓度的受试物加到处于对数生长期的藻培养物中，在规定的试验条件下进行培养，每隔24h测定藻类种群的浓度或生物量，这是藻类生长抑制试验的一般方法。

6. 蚕豆根尖微核技术

有关研究认为，微核形成有两种途径：一是诱变剂打断DNA分子形成断片，该断片由于没有纺锤丝连接，在随后的细胞分裂过程中无法移向两极而随机分配到子细胞中，不参与形成子核而凝缩成独立于主核之外的微核；二是由纺锤丝毒剂或非整倍体毒剂造成细胞纺锤体功能紊乱和结构伤害，由此产生滞留染色体，在有丝分裂后期不能结合进子核而形成微核。一般认为，染色体畸变是微核产生的主要途径，而染色体畸变是有毒物质在细胞分裂期间影响 DNA 及染色体的合成与复制所造成的。这样，微核的产生同细胞分裂、染色体畸变之间就有一定联系。

蚕豆是进行遗传毒理研究的试验材料。它的染色体数少，形态大，细胞周期中大部分时间处于诱变剂敏感期间，便于进行遗传技术毒性检测试验。蚕豆根尖细胞微核技术（vicia-micronucleus test-vicia-MCN）自 1982 年由 Te-Hsiu Ma 和 Francesca 建立以来，以其稳定、简便、可看的特点在环境污染监测研究中广泛应用，如危险化学品毒性检测、水污染监测、环境污染检测、香烟致突变性检验、化妆品致突变性检验等。近年来，有研究者将这一技术用于土壤污染的检测。如杨辉等利用蚕豆根尖进行了徐州地区农田、城区、工业区、采矿区和林区等不同地区的土壤污染生态毒理检测，通过不同地区土壤微核率与污染的程度相关分析，揭示了土壤污染的生态毒性效应关系。

但作为一项国际通用的生态毒理诊断指标，该方法仍存在一些问题尚未完全解决。如一些研究报道，蚕豆根尖微核率（MCNF）和染色体畸变率（CAF）与农药、抗菌素、生物碱、辐射的毒性具有较好的相关性。但是，与重金属毒性的相关性研究报道较少，有限的研究表明蚕豆根尖微核率和染色体畸变率与土壤重金属毒性的相关性较差，但与水浸液重金属浓度具有某些相关性。段昌群等研究了水浸液中重金属浓度与蚕豆根尖微核率的相关性，结果表明，在水浸条件下，重金属 Pb^{2+}、Cd^{2+}、Hg^{2+} 能显著地缩短蚕豆根尖细胞分裂的持续时间，延长细胞间期的时间间隔，总体上延长了细胞分裂周期。

宋玉芳等对长期污灌土壤（沈阳浑蒲灌区和德国柏林污灌区）进行的蚕豆根尖微核试验结果（表 2-8）表明，污染物在土壤一植物系统中经历了一系列自然净化过程后，土壤中代表性污染物的浓度虽然没有明显增多，但产生的有毒害作用的代谢产物使土壤的毒性总体上增强。这些代谢污染物使土壤微核数明显高于其他土壤，由此指示了污灌区土壤的生态安全隐患。

表 2-8　污灌土壤提取液法蚕豆根尖微核计数结果（$n=5$）

样品	PAHs/(mg/kg)	MCNF/1000 平均值	污染指数 Pi	评价
浑蒲渠首 1	2.0	66.2	36.2	重污染
浑蒲渠中 3	0.7	5.3	2.9	中污染
东柏林渠首	5.2	76.4	41.7	重污染
东柏林渠中	2.6	6.3	3.5	中污染

7. 紫露草微核技术

在致突变试验方法中，以微生物为试验材料的方法较多。但以植物为试验材料的方法很少。1978 年美国西伊里大学的 Te-Hsiu Ma 博士建立了紫露草微核技术(tradescantia-micronucleu-test)试验方法。从此，在土壤或固体污染物的生态毒理诊断中增加了一项新的试验手段。

紫露草为多年陆生草本植物，属鸭草科紫露草属。它适合在温暖、湿润、肥沃、有机质丰富的土壤中生长。紫露草微核技术的作用原理是：紫露草花粉母细胞在减数分裂的早期，若受到致突变剂等有害因素的作用，染色体可能因被损伤而断裂。因断片无着丝点，在细胞分裂时不能移向两极并汇入新的细胞核，从而形成游离于细胞质中的小圆球体，即主核周围的微核。随着损伤作用的增强，受损细胞数和染色体断片增多，微核数也随之增加，微核率与损伤作用之间有相关性。

龚瑞忠等曾利用紫露草微核技术测定了三种常见农药(甲基对硫磷、呋喃丹和 γ-六六六)对土壤的生态毒性。他的研究表明，当甲基对硫磷浓度大于 400mg/kg 时，紫露草微核率急剧上升；当甲基对硫磷的浓度大于 500mg/kg 时，则出现超剂量效应，紫露草微核率反而降低。龚瑞忠认为，紫露草微核技术可以反映污染物的毒性作用，但不能代替其他毒性试验的结果。他尤其指出的是紫露草微核试验对污染物毒性检验存在某些限制。凡是不溶于水的污染物，不宜进行紫露草微核试验。但总体说，紫露草微核技术能为理化测定结果做必要的辅助，但若对土壤污染的生物危害性做出更完全、更合理的评价，需要通过多种生态毒理诊断方法进行综合检验。

二、敏感动物指示法

1. 陆生无脊椎动物试验方法

土壤修复的目的是恢复土壤的栖息地(对植物和土壤动物)功能。以不同陆生无脊椎动物毒理试验评价土壤修复状况，是将那些对土壤污染具有敏感指示作用的物种作为指示动物，将它们暴露于土壤中的污染物中，以适当的试验系统准确地、精确地记录污染土壤对栖息动物的危害与风险，从而达到对土壤修复状况(污染或清洁)的指示作用。德国 BMBF 资助项目所进行的急性和亚急性动物试验，选用的指示物种是 *Enchytraeus crypicus* (一种微小的土壤环节动物)和 *Folsomia candida* (弹尾类动物)。试验选择的毒性终点为 1～7d 后的致死率及暴露 28d 后的繁殖状况。繁殖试验相当于生命周期试验，因为两个物种的世代期都是 14d。毒性终点展示了生态系统的结构参数，如丰度和种群结构特征等。

这两组试验都可以在自然土壤中进行。环境化学品效应记录的可靠性基础是：①提高两种土壤动物在未污染土壤中全年时间内的存活数目；②产生同步试验种群的可能性；③在亚致死试验中产生大量的后代。考虑到方法的实际应用，重复试验所用的土壤尽可能地少。一般在急性毒性试验中选用 15g 土壤，在繁殖试验中使用 25～30g 土壤。

剂量一反应关系提供了评价环境化学品风险和毒害作用的基础。到目前为止，研究者使用了各种污染土壤进行上述两类试验。例如，矿物油类污染土壤、多环芳烃污染土壤、TNT 污染土壤及重金属污染土壤。试验获得的结果表明，动物繁殖试验对土壤毒性的检验优于急性毒性试验。

生态系统的功能，如腐食动物的活动可以通过 VON TORNE 的薄层诱饵试验记录下来。这个试验既快速又简便，它表明环境化学品对土壤有机质的分解效应。它是一类野外试验方法，对这种方法的实验室标准化与可行性研究正在进行之中。

2. 蚯蚓急性、亚急性和再生毒性试验

蚯蚓是生态系统中的一个重要组成部分。一方面，它作为陆生土壤生物，能改善土壤的通气性，增进土壤肥力；另一方面，在食物链中，蚯蚓是陆生生物与土壤生物传递的桥梁。当土壤被各类化学品污染后，污染的土壤必将对蚯蚓的生存、生长、繁殖产生不同的不利影响，甚至死亡。因此，利用蚯蚓指示土壤污染的状况，评价土壤质量，已被作为土壤污染生态毒理诊断的一项重要指标。蚯蚓被污染物影响的途径有两种：①蚯蚓的身体表面可以直接与处理的土壤接触，由此引起毒性效应；②蚯蚓可以消化被污染的食物，从而“毒从口入”。研究使用了三种类型的蚯蚓，分别是矿物土壤蚯蚓、小蚯蚓，挖掘类蚯蚓。从试验结果看，杀虫剂对每一个种蚯蚓所带来的风险都不同。矿物土壤的居住者(如 *Aporrectodea caliqinosa*)，主要栖身于土壤中，因此，最易受土壤污染的影响。小的居住者(如 *Lumbricus rubellus*)，可能易受喷洒在植物叶片上的杀虫剂影响。土壤深层的挖掘类蚯蚓(如 *Lumbricus terrestris*)，从土壤表面摄取食物，因此主要被喷洒沉积在土壤表面和食物表面的杀虫剂影响。蚯蚓急性毒性试验方法被列入 OECD 指南。此后，经过研究试验，蚯蚓的急性，亚急性和再生试验方法分别被列入国际标准组织(ISO)的方法草案中。德国 BMBF 的污染土壤生态毒理诊断项目组也对此试验做了大量研究，主要目的是诊断污染土壤、生物修复土壤或其他技术处理土壤的生态毒性。赤子爱胜(*Esisenia foelide*)是进行生态毒理试验常用的蚯蚓，赤子爱胜已被公认为是进行生态毒理试验用物种，在国内外普遍使用。这方面的研究实例较多，以其他蚯蚓为试验动物，研究其对土壤中污染物的毒性效应也有报道。宋玉芳等测定了草甸棕壤条件下，铜、锌、铅、镉单一/复合污

染对蚯蚓的急性致死及亚致死效应(图 2-3)。结果表明，铜、铅浓度与蚯蚓死亡率显著相关($\alpha=0.05$，$R_{Cu}=0.86$，$R_{Pb}=0.87$)，铜浓度与生长抑制率显著相关($\alpha=0.05$，$R_{Cu}=0.84$)，其他供试重金属浓度与蚯蚓死亡率和生长抑制率相关性不显著。蚯蚓个体对重金属毒性的耐受程度差别较大，其毒性阈值（引起个体蚯蚓死亡浓度)分别为：铜 300 mg/kg，锌 1300 mg/kg，铅 1700 mg/kg，镉 300 mg/kg 。LC_{50}分别为：铜 400～450 mg/kg，锌 1500～1900 mg/kg，铅 2350～2400 mg/kg，镉 900 mg/kg。在以上土壤条件下进行菲对蚯蚓的急性毒性效应(图 2-4)，结果表明了菲(PHE) 浓度为 10 mg/kg 时，对蚯蚓不产生任何毒性效应。蚯蚓死亡率，体重增长率均与对照无显著差别。菲浓度为 20mg/kg 时，出现个别蚯蚓死亡和平均体重下降，说明在这一浓度下菲对蚯蚓产生了毒性作用。菲浓度在 80～100mg/kg 的较小浓度范围时，产生由 6.7%～96.6%的死亡率越迁式变化特征。可见，菲对蚯蚓毒性作用过程具有蓄积性特征。菲浓度与蚯蚓平均体重增长率显著负相关，与蚯蚓死亡率正相关($\alpha=0.05$，$R_{致死}=0.87$，$R_{亚致死}=0.75$)。不同污染物对蚯蚓的毒性存在差异，与菲相比，芘的毒性明显减少(图 2-5)。芘浓度在 500 mg/kg 以下时，蚯蚓死亡率、体重增长率均与对照无显著差别。芘为 1000 mg/kg 时，开始对蚯蚓产生明显毒性增强效应，体重平均增长率下降为 12%。芘浓度在 1500 mg/kg 时，体重增长率为 3.6%，比对照低 15.8%，在这一浓度范围内，未发现蚯蚓死亡。显然说明蚯蚓的亚致死效应比致死效应对芘毒性更敏感，由此表明芘对蚯蚓的毒性与其低水溶性(水溶解度 0.012 mg/L)有关。由于芘的低溶解度和低毒性，试验在 2000 mg/kg 时终止。蚯蚓体重增长率与芘浓度具有显著相关性($\alpha=0.05$，$R_{亚致死}=0.86$)。宋玉芳等以 1，2，4－三氯苯(TCB)进行蚯蚓毒性试验的结果表明，1，2，4－三氯苯(TCB)对蚯蚓的急性致死效应大于亚急性致死效应。这一结果与菲、芘的毒性效应恰恰相反。例如，当 1，2，4－三氯苯浓度为 20 mg/kg 时，出现急性致死效应(图 2－6)，蚯蚓死亡率 6.7%。然而，1，2，4－三氯苯浓度为 200 mg/kg 时，对蚯蚓生长产生刺激作用。以蚯蚓体重增长率、死亡率对 1，2，4－三氯苯浓度进行相关性分析，其具有显著相关性($\alpha=0.05$，$R_{致死}=0.95$，$R_{亚致死}=0.85$)。

试验以引起多于 10%蚯蚓死亡的重金属浓度(铜 400 mg/kg，锌 1400 mg/kg，铅 2300 mg/kg，镉 700 mg/kg)为起点，进行 4 种重金属复合污染对蚯蚓的急性毒性试验，供试蚯蚓 100%死亡。分别将上述土壤按比例稀释，使土壤中 4 种重金属浓度分别为原土浓度的 1/2、1/3 和 1/4，蚯蚓死亡率分别为 25%、8.3%和 3.3%，抑制率分别为 18.4%、6.4%和 2.5%。显然，复合污染产生明显的协同作用，明显降低了蚯蚓急性致死浓度。亚致死效应是蚯蚓受害过程和受害程度的体现，是蚯蚓对污染条件的一种本能生理反应。它与个体蚯蚓因对污染环境敏感而导致死亡的结果比较，同样是反映蚯蚓群体对土壤整体质量的一种识别与判断方式。亚致死效应与重金属浓度也具有明显剂量一效应关系。

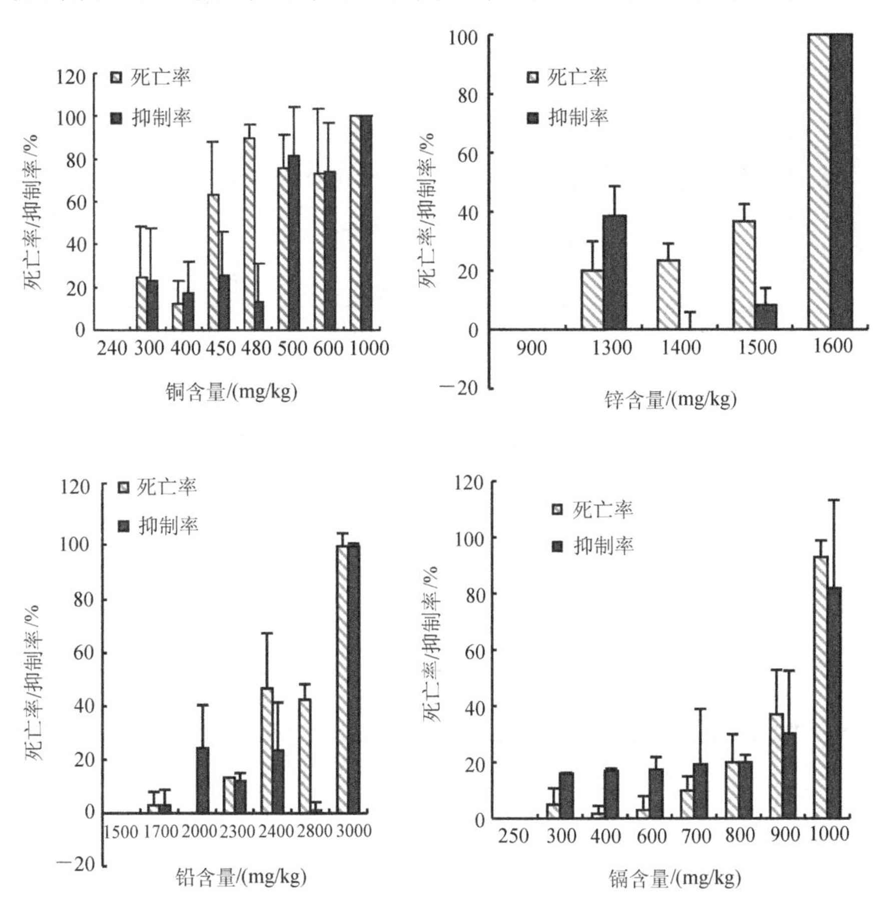

图 2-3　重金属污染与蚯蚓急性毒性的剂量一效应关系

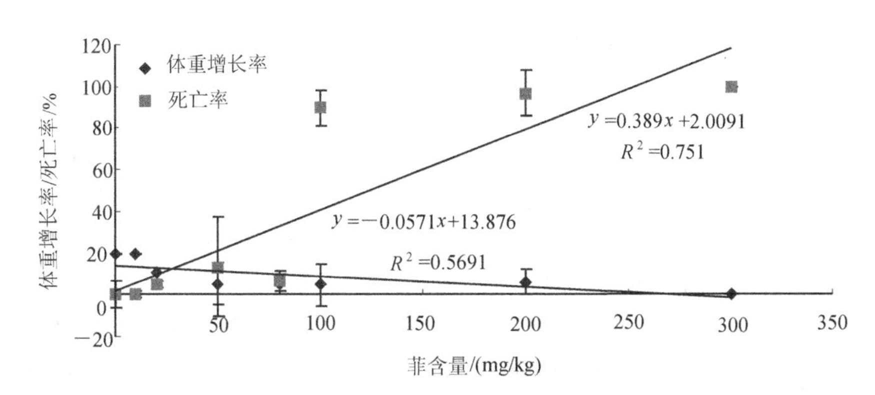

图 2-4　土壤中菲与蚯蚓急性毒性的剂量一响应关系

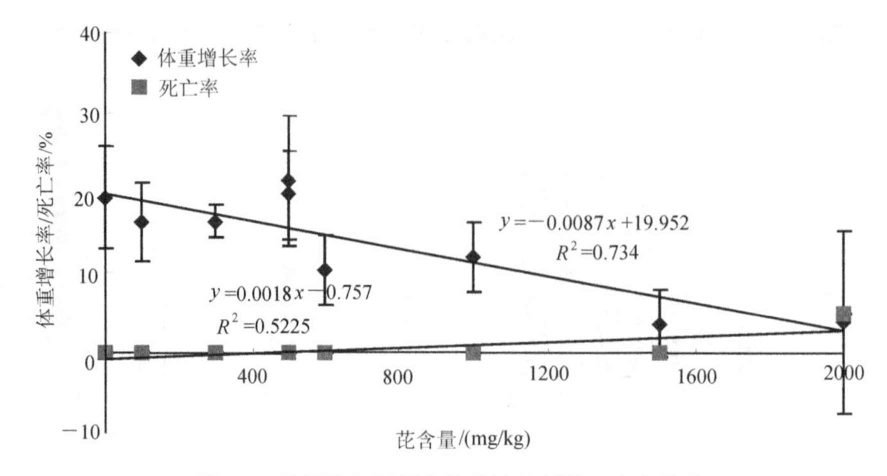

图 2-5 芘污染与蚯蚓急性毒性的剂量一响应关系

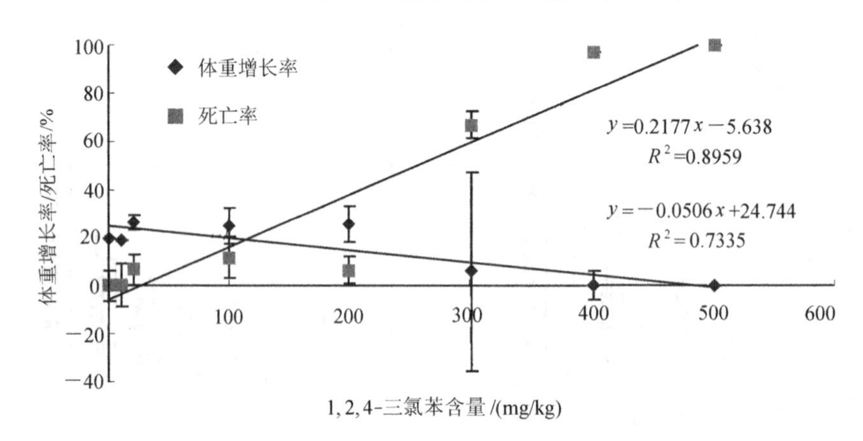

图 2-6 1，2，4—三氯苯与蚯蚓急性毒性的剂量一响应关系

3. 土壤原生动物毒性试验

原生动物代表了微小圈层中的一个基本组分，它们是与细菌之间连接的重要链条，原生动物栖息在土壤颗粒上的水膜中。土壤动物区系中 2/3 以上的代谢活动(呼吸作用)可以归属于这些单细胞有机体，这使得原生动物成为物质循环和土壤矿化过程的基础。尽管原生动物在生态系统中占据重要位置，但是以往从未有人以原生动物作为指示生物，进行生态毒理诊断试验。

原生动物有两个基本特征：①个体很小，为单细胞结构，而且没有保护性细胞壁，这使得这些赤裸裸的原生动物直接暴露在水膜中的污染物中间；②原生动物具有的复杂生理特征和真核生物细胞结构，一般只有在高等动物身上才被发现。这两个基本特征使得研究者能够有理由利用它们来监测多种毒性伤害效应。

为此，BMBF 项目开始在这方面进行有益的尝试。将原生动物试验作为土壤修复评价试验指标体系中的一个，并将其作为评价污染点整体生态质量的一个重要组成部分，其目的是利用分布广泛的土壤原生动物建立一个定向的多样化试验体系。原生动物被称为“R”战略家，它们的世代时间仅有几个小时，多代监测可以记录污染物在短期内产生的慢性毒性效应。纤毛虫 ciliate(*Colpoda*)就是土壤原生动物中的主要代表。因此，从生态毒理的角度，可以认为纤毛虫是很有希望的试验生物，能满足生态毒理研究目标的需要。

4. 鱼类毒性试验

环境中的化学物质通过水、土壤被传运到生物系统中，传运介质包括鱼类在内的食物链生物。因此，以鱼类作为环境功能的代表，采用一定的试验方法就可以通过受试物质与生物之间的浓度一效应关系或响应一效应关系，说明物质可能的生态效应或反应系统受损的状况。鱼类被认为是在生态功能上重要的生物，因此这类试验被称为基础水平阶段的试验，

鱼类毒性试验可分为若干种，其中常见的包括鱼类急性毒性试验、鱼类 14d 毒性试验、鱼类静态毒性试验、鱼类半静态毒性试验、流水式鱼类试验和鱼类生物富集试验等。

急性毒性试验用于评价受试物对水生生态系统的影响，对土壤生态系统而言，可以通过鱼类试验对土壤淋溶液进行毒性检验，畸形毒性试验的周期一般为 96h。在这一期间，进行 24h、48h、72h 和 96h 的鱼类死亡试验记录，来确定鱼类死亡 50%时的受试物浓度，半致死浓度用 24h LC_{50}、48h LC_{50}、72h LC_{50} 和 96h LC_{50} 表示。如果将该方法应用到土壤生态系统中，检测土壤淋溶液的生态毒性时，可反映土壤污染物，尤其是可溶性组分的整体剂量一效应关系。

急性毒性试验只能对那些毒性极强的受试物或污染介质做出明显的毒性反应，而实际上很多受试物的毒性不可能仅仅通过急性毒性实验得到检验，因此，可以通过不断延长毒性试验时间的方法进一步对受试物或受试的环境介质进行毒性诊断，鱼类 14d 毒性试验就是其中的一个过程。这组试验一般需要 14d 时间，如果必要还可延长到 28d。原始的试验目的是测定鱼类致死和确定产生其他可观察效应的受试物浓度，以及确定无毒性效应的剂量浓度。将该方法移植到对土壤生态系统毒性效应的诊断时，同样适用于对土壤中生物可利用组分的生态毒理诊断分析，通过该试验可以确定这一试验期间鱼类对受试物或受试环境介质中的毒性响应值。

水生生物对化学物质的富集能力可以通过测试生物富集系数来确定，生物富集系数是稳态下试验生物体内受试物浓度与水中浓度的比值。利用连续鱼类静态试验或静态、半静态试验，流水式鱼类试验等方法可以测定鱼类对受试物或受试

环境介质中污染物整体的生物富集能力和净化速度。当将鱼类暴露在土壤淋溶液中时，它能反映鱼类对土壤中所有可溶性组分的生物富集能力，若详细了解具体的化学组分需要进行进一步的化学分析。

三、敏感微生物诊断法

1. 土壤微生物法

土壤微生物是土壤生态系统中的主要组成部分。它不但是土壤肥力的重要标志，也可对土壤的生态毒性做出指示。当土壤污染后，可对土壤微生物产生不同影响，如有一些污染物能抑制反硝化细菌的活动，减少土壤氮素的损失；另一些则影响土壤微生物的正常活动，甚至危及固氮菌、根瘤菌等有益微生物的生存，从而影响土壤正常的功能。测定土壤微生物的方法很多，如土壤呼吸强度测定，以研究土壤微生物总的活性强度，土壤的氨化作用和硝化作用；土壤中各种单一酶活性的测定等。这些方法都从不同的角度出发检验土壤污染所导致的生态危害效应。硝化细菌对多种毒性物质反应都较为敏感，在检测环境污染物综合毒性方面已得到一定的应用。张兴等以硝化细菌的硝化强度测定煤矿废物中可提取成分的生态毒性，得到了有益的结果。

2. 细菌诊断法

发光菌毒性试验方法是一种快速、简便的方法。其作用原理为：明亮发光细菌(*Photobacterium phosphoreum*)在正常的生活状态下，体内荧光素在有氧参与时，经荧光酶的作用会释放出肉眼可见的蓝绿色荧光。当受到外界因素的影响时，如受到化合物的毒性作用时，发光过程受到干扰阻碍，引起发光菌的发光强度减弱，发光强度减弱的程度与污染物浓度或毒性作用强度之间呈剂量一反应线性相关。发光菌法已列入中国的国家标准方法。研究表明，以发光菌法所得试验结果与用其他水生生物进行的毒性试验所得数据之间具有一定相关性。该方法对有毒化学品的筛选和评价具有重要意义，可作为评价环境污染物毒性的指标。杨桂芬等利用发光细菌(T3)检测沈阳市污水土地处理系统进、出水毒性的结果表明，发光菌毒性试验方法可明显指示不同样品的生物毒性强度。

发光菌毒性测试中应用最广泛的是海洋发光细菌。成套方法一般称为 Microtox 检验。但是在利用海洋发光菌进行环境样品的生物毒性测试时，由于其生存环境中需要大量的 Cl^-，因此，在检测中需要人为地加入一定量的氯化钠(2%～3%)，这对测试淡水体系或土壤淋溶液中的污染物毒性显然存在一定的局限性。1985 年，中国学者从青海湟鱼体表分离出了一种淡水型发光菌，并定名为青海弧菌(*Vibrio qinghaiensis* sp. Nov)。该菌具有在淡水体系中正常发光的特点，可以取代传统海洋发光菌用于淡水环境样品生物毒性的测试。马梅等利用青海弧菌(*Vibrio qinghaiensis* sp. Nov)的一个变种 Q67 研究了多种重金属污染物和实际样品的毒性测试。研究发现，青海弧菌比以往的 T3 发光菌具有更高的灵敏度。

3. 遗传工程指示微生物

该项研究属于 BMBF 研究项目的一部分，它涉及遗传工程微生物的开发与应用。将转基因工程微生物作为一种新型生物指示物，检测土壤毒性作用或土壤中存在的致突变化合物。其方法原理为，通过利用基因密码来表达自然土壤细菌群落中不存在的细菌和容易检测到的信息。如生物发光，检测对毒性物质或致突变物质的暴露效应。被选择的细菌基质一般是通过遗传工程的方法插入表达基因，这些基因或是连续的表达，或是通过不同的胁迫暴露而被诱导。然后，将幸存于土壤中的表达细菌引入到土壤样品中，对培养的细胞再提取后，表达细菌的活动将立即被检测出来。检测可以用培养(克隆)的细胞完成，或直接测定发光细胞活性。除了使用遗传工程微生物外，研究者还进行了微滴定平板试验，直接检测土壤异养内源好氧细菌降解 95 种碳源的瞬时代谢响应。但由于污染土壤中生物量减少，缺乏微生物群落多样性，被利用的基质也相对地少。其他方法是采用直接从土壤中提取的方法，检测 DNA 异质(heterogeneity)水平上土壤微生物群落生物多样性。

4. 遗传工程土壤细菌

该项目主要是以遗传工程土壤细菌作为生物指示物，检测污染土壤中具有遗传毒性的化合物。该项研究也属于德国 BMBF 研究项目的一部分，试验选择了三种类型的指示物，分别被称为类型 1、类型 2 和类型 3。

类型 1 指示物不能完成 RecA 传递的同系物重组 RecA，结果显示出对 DNA 损伤剂的敏感性增强作用。

类型 2 指示物携带聚集在 RecA 基因上的无促进作用的指示基因，诱导那些具有致突变作用的化合物通过指示基因来表达。

类型 3 携带两个非活性抗生物质抵抗性基因的复制品。任何对 RecA 传递同系物重组的刺激，都通过由两个非活性抗生物质抵抗性基因复制品转换成一个活性复制品的频度而得到指示。

研究人员用同基因生物发光菌(*Rhizobium meliloti*)基质(strain) L1(RecA)和 L33 (RecA)作为类型 1 的指示物。首先评价它们在不同非污染土壤中的存活状况，然后评价它们在投加模式污染物土壤中的存活状况。分析结果表明，与 L33 相比，基质 L1 的生存能力只有微弱的减少。因此，试验选用同基因基质 L1

与 L33 检测具有遗传毒性的化合物，并试图通过基质 L1 生存能力的明显减少对遗传毒性的化合物的毒性进行表达。试验选择投加污染物的方式进行这项研究，将模式化合物(nalidixic acid)投加到土壤中进行灭菌处理，检测两种基质的生存情况。其检测结果再次表明，同基因基质(strain)L1 显示了生存能力减少趋势。研究者将这一结果解释为可能是由于模式化合物在土壤中的生物可利用性减少所致。此外，研究者以遗传毒性化合物(mitomycin C)进行基因诱导分析。结果表明，RecA 基因是以剂量一响应模式被诱导。

5. 细菌致突变物质阳性传酶试验

本试验是检验遗传改性指示细菌，检测土壤中多种污染物的毒性。这一试验系统主要用那些能在土壤中幸存并繁衍的土壤细菌来完成。采用这种方法检测土壤中污染物的毒性，能直接测定污染物的生物可利用性，其优点是试验不需要进行任何土壤提取过程。

采用遗传改性指示细菌检测土壤污染物这一概念，是基于对寄主传病媒介和指示基因的利用。试验由两个系统组成：①G^+ 细菌；②G^- 细菌。选用 rpsL-gene (致突变后，表现型抗链霉素)为 G^- 试验细菌；选用 sacB gene(致突变后，表现型耐受高浓度蔗糖)为 G^+ 试验细菌。

试验研究包括以下方面：

1) 引入试验，用不同的传病媒介将表达细菌引入到已经用适当的染色致突变剂改性的土壤细菌群中；

2) 稳定性试验，进行传病媒介的稳定性试验；

3) 表达试验，进行表达基因在不同实验室条件下的表达试验；

4) 行为试验，进行表达基因在土壤微生物中的行为(存活、繁殖、回收率)分析试验；

5) 比较试验，通过各种试验方法，比较并验证新的生物指示剂的毒性指示作用及有效性。

四、生物标记法

生物标记物是通过测量体液、组织或整体生物体，能够表征对一种或多种化学污染物的暴露和(或)其效应的生化、细胞、生理、行为或能量上的变化，是衡量环境污染物暴露及效应的生物反应。从功能上看，生物标记物可分为两大类。一类生物标记物是指示生物对污染的暴露反应，即由污染物引发的生物体反应，如指示对重金属暴露的键联金属蛋白质(金属硫蛋白，metallothioneins，MT)。虽然此类标记物不能指示污染物的毒性效应，但有助于研究生物对化学分析方法难以检测到的环境不稳定化合物的暴露。另一类生物标记物是指示污染物对生物体的健康状况的损害效应，如 DNA 损伤。在生态毒理学研究中，第二类生物标记物具有重要作用，它们可以解释污染物毒性效应的分子反应机理。

生物标记物的特征表现在三个方面：特异性、广泛性、预警性。特异性是指对特定的有机污染物或重金属的暴露，有特定的生物标记物。广泛性是指从微观分子到宏观生态系统，生物标记物在各个不同生物组织上体现着污染物和生物之间的因果作用关系。许多分子生物标记物，如 MT 和 DNA 加合物可以广泛应用于各类生物。生物标记物既可用于实验室研究，也可用于现场实际检测。预警性是指污染物与生物体之间所有的相互作用都始于分子水平。生物标记物的产生是对污染物暴露的早期反应，因此这类标记物成了污染物暴露和毒性效应早期预报的指示物。

生物标记物测定的是污染物的亚致死效应。与其他方法相比具有以下优点：①了解污染物的生物有效性在时间与空间的积累效应；②确定污染物与暴露风险的对应关系，从机理上了解生物体的危害；③可应用与不同生境或不同营养级的生物物种，揭示不同的污染途径；④可以部分避免实验室数据外推至野外条件引起的毒性波动与变化；⑤能同时指示母体污染物与代谢产物的暴露与毒性效应；⑥表现混合污染的毒性相互作用关系；⑦若将不同层次生物(个体、种群、群落)的系列测定综合，通过生物标记物的短期变化可能预测污染物长期的生态效应。

目前常见的典型的生物标记物有 3 种：细胞色素 P450、金属硫蛋白(MT)、DNA 加合物。细胞色素 P450 是一种微粒体单加氧酶，在多种外源有机污染物的生物转化第一阶段起重要作用。在哺乳动物体内，P450 是由外源污染物键联芳烃受体诱导而来，鱼体内的细胞色素 P450 的诱导方式与哺乳动物相似，这种产生机制是使细胞色素 P450 成为有机污染生物标记物的依据。金属硫蛋白是相对分子质量较低，富含半胱氨酸的蛋白质。绝大多数动物体内都有金属硫蛋白，金属硫蛋白可作为金属暴露的生物标记物。不同水生无脊椎动物当暴露于重金属污染环境中，都能明显检测到金属硫蛋白的明显变化。某些有机污染物经代谢产生亲电子产物，与核酸和蛋白质结合，形成共价加合物。DNA 加合物的形成是生物体对异质生物质的吸收、代谢和大分子修复等诸多过程作用的综合结果。它的产生常导致突变和肿瘤形成，是化学癌变的初级阶段。DNA 加合物适合作为有机污染物暴露和损伤效应的生物标记物。

尽管生物标记物在污染物生态毒性研究中作用重大，但存在很多缺陷和不足。主要表现在三方面：①生物标记物的测定比较困难，费用较高；②有些生物标记物的特性不够明显；③部分生物标记物在指示实际环境条件下的暴露和效应时，灵敏度不够高。因此，生物标记物不是一种万能的方法，它只是污染物毒性综合诊断的一个有效组分。

五、其他诊断方法

1. 土壤酶学诊断法

许多外来污染物包括常见的一些药物、杀虫剂、多环芳烃和许多其他化合物，可以是毒性代谢酶的抑制剂或诱导剂，它们对酶的活性产生抑制或诱导。诱导作用的结果是使酶的合成速率增加，或使酶蛋白的分解速率降低。生物有机体内酶活性的这种变化可以从一个侧面反映污染物的毒性。根据污染物浓度与酶活性的定量关系，可以预测环境污染物的毒性，或通过将生物有机体暴露在污染的土壤介质中，然后测定某些酶活性，也可以得出有利于土壤污染诊断的信息。目前已有的可以测定的外来污染物代谢的酶很多，常见的有多功能氧化酶、环氧化物水化酶、谷胱甘肽－S－转移酶、UDP 葡萄糖醛酸苷基转移酶和尿酶等。细胞色素 P450 是多功能氧化酶的重要组分，细胞色素 P450 的测定是根据还原型 P450 与一氧化碳的结合物，在 450nm 附近具有特征性吸收带的特征完成的。

对土壤中污染物整体毒性的鉴定，除了母体化合物外，还包括很多在污染物降解过程中的中间代谢产物，其中包括那些本身无毒，但在代谢过程中活化的高毒性代谢产物，这使土壤污染的危害性评价更加复杂。土壤酶学诊断研究，不仅是对那些已知的污染组分进行识别，也要求对代谢产物所产生的毒性效应给予充分的表达，这方面的研究是土壤污染诊断的特殊需求和任务。

2. 土壤栖息功能评价的生态毒理试验

有关土壤滞留功能的水生生态风险暴露研究表明，现有的用于水和废水生态毒理检验的标准试验方法(如鱼类试验、大型蚤试验、藻类试验和 Ames 试验等)均适合于污染土壤生物可利用污染组分特征的评价。这些方法在对特殊复杂土壤条件下的生态毒理检测中已被采纳。根据预先对各类生物修复前、后土壤的调查(多环芳烃污染土壤、矿物油污染土壤和军工化学品污染土壤)结果表明，鱼类试验、大型蚤试验、藻类试验和 Ames 试验等方法对土壤滞留功能或土壤中可移动组分的检验也是有效的。

3. 腐殖质化脱毒及生态毒性评价

从污染土壤清洁的角度，有两种方法可使污染土壤得到有效治理：一是将土壤中的污染物去除；二是将土壤中的污染物固定。通常情况下，这两种方法是被结合在一起使用，即土壤经生物修复后，残渣污染物长期固定使之不发生迁移。从而将土壤中残留污染物可能带来的生态风险程度大大降低。这项研究是德国 BMBF 的污染土壤生态毒理诊断项目研究的内容之一。

将土壤中的污染物固定下来以达到脱污的目的。该研究基于以下假设来实现这一目标，即某些污染物可以通过腐质化作用被固定在土壤中，使其行为与自然土壤中键合的其他物质相同，并成为土壤有机质中稳定而不可分割的一部分。研究表明，有机污染物如多环芳烃，TNT 等可以被键合到土壤有机质中，形成不可提取性残渣，这一过程被称为“控制腐殖质化”过程。通过这种腐殖质化作用，键合到腐殖质上的污染物将不会对环境产生任何的危害。这不仅为土壤的修复提供了新的方法，同时也使污染土壤的生态毒性大大降低。然而，在进行这项研究之前，必须要证明两点：①键合残渣是否稳定地保持在土壤之中；②在最坏情况下，这些被固定的部分也不会被重新释放出来。为此，BMBF 项目组的研究者依据以下内容进行了腐殖质化作用研究：

1）通过试验的方法阐述污染物与腐殖质之间的化学键合(部分被降解)作用；

2）通过模拟试验方法，研究各种最坏条件下，污染物腐殖质化作用后的长期稳定性和污染固定作用；

3）通过中式规模放大试验手段，模拟现场条件污染物腐殖质化作用后的长期稳定性和污染固定作用，并比较其与室内试验结果的吻合度；

4）以生态毒理诊断方法，检验腐殖质化过程修复土壤的潜在生态风险。

试验以腐殖质土壤为供试土壤，分别调查了土壤碳含量、黏土含量对 PAHs 腐殖质化作用的影响，调查了土壤动物区系对不可提取性残渣的固定的影响。因为土壤动物区系中的生物对有机质分解和降解都起重要作用，同样，它们对不可提取性残渣的固定也可能具有破坏作用。研究表明，PAHs 可以与土壤有机质形成稳定的不可提取性残渣。但是，生态毒理试验证明，不可提取性残渣所带来的长期生态风险依然存在。为此，这方面的研究需进一步进行。

总之，毒理学是一门古老的学科，而生态毒理学作为毒理学中的一个分支，是顺应生态系统保护日益增长需求而在近年迅速发展起来的新兴学科。从以上对生态毒理学发展历史、研究过程以及研究方面的简要综述可以看出，生态毒理学研究对生态系统乃至整个生物圈保护的重要性。生态毒理学研究的内容十分丰富。污染物对生物从个体、种群、群落乃至整个生态系统的影响研究需要从不同的层次，使用不同的方法进行多方面的探索和研究。因此，尽管在过去几十年内，生态毒理学研究取得了令人满意的进展，但是从达到完全了解、掌握和控制污染对生态系统的危害角度出发，生态毒理学的任务还十分艰巨。

就目前的研究水平而言，生态毒理学在对单一物质的生态毒性诊断，在用供试化学品进行实验室研究的理想条件下，可以说方法是基本成熟的。复合污染的生态毒理学研究也有了相当的技术储备和知识积累。对化学品在实验室条件下与现场条件下的毒性效应差别也有了足够的认识，并对水生生态系统污染物的生态毒理效应与基本特征诊断也形成了国际上普遍公认的检验标准。但是陆地生态系统污染物的生态毒理效应与土壤污染的生态毒理诊断研究仍处在研究和完善之中。应当说，与单一污染、复合污染，甚至与水生生态系统相比，陆地生态系统污染物的生态毒理学研究涉及污染物的生物可利用性浓度、污染物的代谢与转化、污染物与土壤介质的相互作用等诸多因素，由此使污染物的毒性效应发生明显的变化，在研究的内容上也更加丰富，面临的难题也会更多，而且随着新的生态问题的出现，如内分泌干扰素的出现等，仅仅通过借鉴已有的方法是远远不够的。

因此可以说，内分泌干扰作用研究、陆地生态系统生态毒理学或土壤污染生态毒理学研究将是今后这一学科需要加强研究的重要领域。从土壤污染生态毒理学研究角度来看，它不仅可提供污染物的生态效应信息，更重要的是为污染土壤或土壤介质的生态毒理诊断提供可行的方法论。通过研究者的共同努力，将极大促进生态毒理学研究的发展，并丰富学科研究的内涵。

主要参考文献

蔡道基．1999. 农药环境毒理学研究．北京：中国环境科学出版社．168～174

段昌群，王焕校．1995. 重金属对蚕豆的细胞遗传学毒理作用和对蚕豆根尖微核技术的探讨．植物学报，37（1）：14～21

段昌群，王焕校，姜汉侨．1997. 蚕豆在重金属污染条件下数量性状的分化研究．生态学报，17（2）：134～144

国家环境保护局有毒化学品管理办公室．1992. 有毒化学品研究与管理技术．上海：上海科学普及出版社

纪云晶．1993. 实用毒理学手册．北京：中国环境科学出版社．68～126

孔志明，藏宇，崔玉霞．1999. 两种新型杀虫剂在不同暴露系统中对蚯蚓的急性毒性．生态学杂志，18（6）：20～23

马梅，童中华，王子健．1998. 新型淡水发光菌应用于环境样品毒性测试的初步研究．环境科学学报，18（1）：86～90

聂海燕．1998. 有毒物质对水生生态系统效应研究进展．环境科学技术，6（1）：63～70

青山勋．1988. 生态系统中有毒物质的评价模式．国外环境科学技术，1：10～14

宋玉芳，许华夏，任丽萍．2001. 土壤重金属对小麦种子发芽与根伸长抑制生态毒性．应用生态学报，12（3）：350～355

宋玉芳，许华夏，任丽萍等．2001. 重金属对土壤中萝卜种子发芽与根伸长抑制的生态毒性．生态学杂志，20（3）：4～8

宋玉芳，许华夏，任丽萍等．2002. 土壤重金属对白菜种子发芽与根伸长抑制的生态毒性效应．环境科学，23（1）：103～107

孙铁珩，宋玉芳．1999. 土壤 PAHs 和矿物油植物修复调控研究．应用生态学报，10（2）：225～229

孙铁珩，周启星，李培军．2001. 污染生态学. 北京：科学出版社

唐运平．1989. 毒性试验分析方法在环境危险品评价中的应用．国外环境科学技术，16～21

王海黎，陶澍．1999. 生物标记物在水环境研究中的应用．中国环境科学，19（5）：42～46

王宏镔，王映雪，盟珍贵．1998. 利用紫露草微核技术检测滇池水质研究．城市环境与城市生态，11（3）：12～15

徐晓白，戴树桂，黄玉遥．1998. 典型化学污染物在环境中的变化及生态效应．北京：科学出版社．8～16

杨辉，嵇庆．1997．蚕豆根尖微核试验法检测土壤污染的研究．农村环境保护，18（1）：20～23
张壬午．1986．化学农药对生态环境评价研究．农村生态环境，（2）：14～18
张兴，郑宏伟，李飞．1998．利用硝化细菌对煤矿固体废物生态毒性的检测．环境科学学报，18（1）：92～95
朱文杰，汪杰．1994．发光细菌——新种-青海弧菌．海洋与湖泊，25（3）：273～279
庄德辉．1983．水污染对甲壳动物生态毒理影响研究概况．国外环境科学技术，3：57～64
Alexander M. 1995. How toxic are toxic chemicals in soil? Environ Sci Technol，29：2713～2717
Arulgnanendran V R J，Nirmalakhandan N. 1998. Microbial toxicity in soil medium. Ecotoxicol Environ Saf，39：48～56
Battersby N S. 1997. Estimation of hazard of landfill through toxicity test. Chemosphere，35（11）：2783～2796
Belser L W，Mays E L. 1980. Special inhibition of nitrite oxidation by chlorate and its use in assessing nitrification in soils and sediments. Appl Environ. Microbiol，38（9）：505～510
Berkovits L A，Helguero F P. 1998. Copper toxicity and copper-zinc interaction. The Science of the Total Environment，221（1）：1～10
Berthelet L G. 1997. Comparison of the relative toxicity relationships. Chemosphere，35（9）：1959～1965
Birch R R. 1997. Progress in an eco-toxicological standard protocol with protozoa：results from a pilot ring test. Chemosphere，35（5）：1023～1041
Brussaard D F. 1997. Toxicological comparisons of tetrohymenia species，endpoints and growth media. Chemosphere，35（5）：1043～1052
Bubus R，Hund K. 1997. Development of analytical methods for the assessment of ecotoxicological relevant soil contamination. Part B：Eco-toxicological analysis in soil and soil extracts. Chemosphere，35（2）：237～261
Bulich A，Isenberg D L. 1981. Use of the luminescent bacteria system for the rapid assessment of aquatic toxicity. ISA Transactions，20（1）：29～32
Campbell C D，Warren A，Cameron C M. 1997. Direct toxicity assessment of two soils amended with sewage sludge contaminated with heavy metals using protozoan（*colpada steinii*）bioassay. Chemosphere，34（3）：501～514
Chaman P M. 1995. Extrapolating laboratory toxicity results to the field. Environ Toxicol Chem，14：927～930
Chang L W，Meier J R，Smith M K. 1997. Application of plant and earthworm bioassays to evaluate remediation of a lead-contaminated soil. Arch Environ Toxicol，32：166～171
Chapin F. 1997 Behavior and eco-toxicology of AL in soil and water—A review of the scientific literatures. Chemosphere，35（1～2）：353～363
Crow M E，Taub F B. 1979. Designing a microcosm bioassay to detect ecosystem level effects. J Environ Studies，13：141～147
Depledge M H. 1989. The rational basis for detection of the early effects of marine pollution using physiological indicators. Ambio，18：301～302
Depledge M H. 1990. New approaches in ecotoxicology：Can inter-individual physiological variability be used as a tool to investigate pollution effects? Ambio，19：251～252
Edwards C A. 1992. The effects of toxic chemicals on the earthworms. Rev Environ Contam Toxicol，125：23～99
Fletcher J. 1991. A brief overview of plant toxicity testing. In：Gorsuch JW（eds）Plants for toxicity assessment，2nd Vol. ASTM STP 1115，American Society for Testing and Materials，Philadelphia，PA1，5～11
Foetide E. 1999. Toxicological study of two novel pesticides on earthworm. Chemosphere，39（13）：301～308
Foulkes M. 1997. Toxicity of Copper in plants germination test with contaminated soils. Chemosphere，35（7）：1567～1597
Garbonell G，Pablos M V. 2000. Rapid and cost-effective multi-parameter toxicity tests for soil microorganisms.

The Science of the Total Environment, 247 (2～3): 143～150

Gong P, Gasparrini P. 2000. An *in-situ* respirometric technique to measure pollution-induced microbial community tolerance in soils contaminated with 2, 4, 6-trinitrotoluene. Ecotoxicology and Environmental Safety, 47: 96～103

Gong P, Wilke B-M, Fleischmann S. 1999. Soil-based phytotoxicity of 2, 4, 6-trinitrotoluene(TNT) to terrestrial higher plants. Arch Environ Contam Toxicol, 36: 152～157

Greene J C, Bartels C L, Perterson S A. 1988. Protocols for short-term toxicity screening of hazardous waste sites. US Environmental Protection Agency, EPA/6003～88/029

Griller K E, Witter E, McGrath S P. 1998. Toxicity of heavy metals to microorganisms and microbial processes in agricultural soils: A review. Soil Biol Technol, 30: 1389～1414

International Organizations for Standardization (ISO). 1993. Soil quality-determination of the effects of pollutants on soil flora. Part 1: Method for the measurement of inhabitation of root growth. ISO 11269-1

International Organizations for Standardization (ISO). 1995. Soil quality-determination of the effects of pollutants on soil flora. Part 2: Effects of chemicals on the emergence and growth of higher plants. ISO 11269-2

Kelley G R. 1989. Ecotoxicology beyond sensitivity, a case study involving "unreasonableness" of environmental change. In: Ecotoxicology: problems and approaches, Levin, SA. Harwell MA (eds). Springer-Verlag. New York, Berlin, Heidelberg, London, Paris, Tokio. 473～496

Kipopoulou A M. 1999. Bioconcentration of polycyclic aromatic hydrocarbons in vegetables grown in an industrial area. Environmental pollution, 106: 369～380

Knoke K L, Marwood T M. 1999. A comparison of five bioassays to monitor toxicity during bioremediation of pentachlorophenol-contaminated soil. Water Air Soil Pollution, 110: 157～169

Konke K. 1999. A comparison of five bioassays to monitor toxicity during bioremediation of soil. Water, Air, and Soil Pollution, 110: 157～169

Laesen D P, Dennoyelles F S T. 1986. Comparison of single-species microcosm and experimental pond responses to atrazine exposure. Environ Toxicol Chem, 5: 179～190

Mary J, Incorvia M. 1999. Impact of long-term weathering, mobility, and land use on chlordane residues in soil. Environ Sci Technol, 33: 2426～2431

Matthies M, Altschut R, Bruggemann R. 1992. Data needs, data availability and data estimation for environmental exposure and hazard assessment. In: Steinberg C and Kettrup A (eds), 1992 Proceedings international Symposium on Ecotoxicology-Ecotoxicological relevance of test methods. GSF- Bericht. 303～318

Nendza M J, Kllein W. 1992. Models and QSARS in: risk assessment. In: Steinberg C and Kettrup A (eds), 1992 Proceedings international Symposium on Ecotoxicology-Ecotoxicological relevance of test methods. GSF-Bericht. 281～298

Neugerbaur K E, Zieris F J. 1990. Ecological effects of atrazine on two outdoor artificial freshwater ecosystems. Z. Wasser-abwasser-forsch, 23: 11～17

Palazzo A J, Legett D C. 1986. Effect and disposition of TNT in a terrestrial plant. J Environ Qual, 15: 49～52

Peakall D B. 1994. Biomarkers: the way forward in environmental assessment. J Toxicol Ecotoxicol News, 1: 55～60

Peterson M M, Hotst G L. 1996. TNT and 4-amino-2, 6-dinitrotoluene influence on the germination and early seeding development of tall fescue. Environ Pollut, 93: 57～62

Price C E. 1984. Higher plant test guideline ring test. EEC final report. Contract XI AL (83) 647 N (290), AER Consultants, Mud Lane, Eversley, Hants, UK

Ronald F L. 1993. Site demonstration of slurry-phase biodegradation of PAH contaminated soil. Air & Waste, 43:

503～508

Ronco A E. 1992. Development of a bioassay regent using photobacterium phosphreum as a test for the detection of aquatic toxicants. World Journal of microbiology and Biotechnology，8：316～318

Rossel D，Tarradellas J，Bitton T H. 1983. An ecological concept for assessment of side-effect of agrochemicals on soil microorganisms. Residue Rev，86：65～105

Rutgers M. 1998. Rapid method for assessment pollution -induced community tolerance in contaminated soil. Environ Toxicol Chem，17：2210～2213

Salanitro J P，Doen P B. 1997. Crude oil hydrocarbon bioremediation and soil eco-toxicity assessment. Environ Sci Technol，31：1769～1776

Siciliano S D，Gong P，Sunahara G I. 2000. Assessment of 2，4，6-trinitrotoluene toxicity in field soils by pollution -induced community tolerance denaturing gradient gel electrophoresis and seed germination assay. Environ Toxicol Chem，19：2154～2160

Slooff W，Meent D. 1990. Reviews on test methods of eco-toxicology. In：Steinberg C and Kettrup A (eds)，1992 Proceedings international symposium on ecotoxicology-ecotoxicological relevance of test methods. GSF-Bericht. 341～349

Spurgeon D J，Hopkin S P. 1999. Tolerance to Zinc in populations of the earthworm Lumbricus rubellus from uncontaminated and metal-contaminated ecosystems. Arch Environ Contam Toxicol，37：332～337

Steinberg C，Kettrup A. 1992. Proceedings international Symposium on Ecotoxicology-Ecotoxicological relevance of test methods. GSF-Bericht

Steven D S，Gong P. 2000. Assessment of 2，4，6- trinitrotoluene toxicity in field soils by pollution -induced community tolerance，denaturing gradient gel electrophoresis，and seed germination assay. Environmental toxicology and Chemistry，19 (8)：2154～2160

Sunahara G I，Dodard S，Sarrazin M. 1998. Development of soil extraction procedure for ecotoxicity characterization of energetic compounds. Ecotoxical Environ Saf，39：185～194

Swanwick J D. 1999. Monitoring the toxicity of phenolic chemical in soils. Chemosphere，39 (9)：1421～1432

Taub F B. 1976. Demonstration of pollution effects in aquatic microcosms. Intern J Environ Studies，10：23～33

Thoma M C. 1997. Special report on environmental endocrine disruption：An effects assessment and analysis. USEPA Risk assessment forum

Walker C H. 1995. Biomarkers in ecotoxicology-some recent developments. J Sci Total Environ，171：189～195

Walker C H. 1998. The use of biomarkers to measure the interactive effects of chemicals. J Ecotoxicol Environ Saf，40：65～70

Wilfried H. 1998. Comparative sensitivity of 20 bioassays for soil quality. Chemosphere，37 (14～15)：2935～2961

Wilke B-M. 1997. Project organization waster management and contaminated site reclamation，federal ministry for education，science，research and technology，Germany，353～354

Wilson V. 2000. Growing snails to evaluate terrestrial contamination. Chemosphere，40 (3)：275～284

Windeatt Aj，Tapp J F，Stanley R D. 1991. The use of soil -based plant tests based on OECD guidelines. In：Grrsuch J W (eds) Plants for toxicity assessment，2nd Vol. ASTM STP 1115，American Society for Testing and Materials，Philadelphia，PA，29～40

Van Beelen P，Doelman P. 1997. Significance and application of microbial in soil and sediment. Chemosphere，34：455～499

Verweij R A. 1996. PAHs in earthworms and isopods from contaminated forest soils. Chemosphere，32 (2)：315～341

第三章　土壤污染风险评价与管理

对污染土壤进行修复前，需要对其危害性即所谓的健康风险和生态风险进行全面评价。然后根据其对环境和人体危害的轻重、缓急程度，对污染土壤采用不同的方法与手段进行修复与治理，以及对污染土壤实施科学管理，防治污染导致的各种健康影响与不良生态效应的产生和扩散。

第一节　生态风险评价与管理

一、概　　述

风险评价已应用于很多方面，如自然灾害、资源利用、气候变化、产业经营、交通事故和人寿保险等。在环境保护领域，风险评价方法已用于有毒有害化学品的风险管理，最近还应用于污染土壤的修复及风险管理。一般地，风险评价可分为生态风险评价和健康风险评价两大类。生态风险评价的主要对象是环境介质、生物种群和生态系统，通过科学的、可靠的对人类活动产生的生态效应评估而达到保护和科学地管理生态系统的目的，因而在生态风险评估研究中，往往选择一些替代物种进行试验，用以保护存在于复杂的生态系统中的广泛的物种和野生动物；健康风险评价主要侧重于人体(包括个体和人群)的健康风险，往往选择一些与人类类似的动物进行实验室试验，以保护一种物种，即人类本身。

风险评价的目的是为制定公正合理的法规和规章制度提供科学的依据，用来设定危险品的标准，如 OSPAR 或 POPs 的管理条例，是管理危险化学品如农药和工业有毒化学物质等的基础。迄今为止，有关污染风险的管理条例只局限于水生生态系统包括淡水和海水以及全球大气状况如臭氧耗竭、温室气体等。欧洲联盟已制定了有关陆地生物的分类条例，但是有关的分类标准还在制定之中，其中有些建议已经发表，欧洲毒理学、生态毒理学及环境科学委员会(CSTEE)最近申明目前已有足够的科学依据用来完成、设定完整的分类标准。这是因为根据统计学分析提供的化学物质急性毒性的日常分布曲线，分类标准可以与曲线下面某些特殊区域相对应，而以前也有研究结果表明以统计学分析得到的标准与实地试验得出的标准具有一致性。陆地生态系统中的生物体可通过多个环境介质如土壤、水、大气及食物等暴露于污染物，陆地脊椎动物、植物、土壤动物和微生物是陆地生态系统的关键生态受体。污染物的内在特性如持久性、可溶性、$K_{o/w}$正辛醇/水分配系数及挥发性等可以体现其相关的暴露途径。然而，有些暴露途径由于特殊的污染物释放形式及利用条件(如大气污染物在植物叶片表面的沉积或叶片喷施农药等)而与污染物的内在特性相关性不大。因此，对于高毒性化学物质在分类时，需要考虑其特殊的毒性；对于毒性较小的物质，只需结合其毒性及其他一些性质。其实这也是水生生态系统风险评价的分类基础。

一般来说，生态风险评价可以定义为对暴露于一种或几种污染物而可能产生或已经产生不良生态效应的评估过程。它是建立在生态学、生态毒理学、数学和计算机技术等学科最新研究成果基础上的一门综合分支学科，其中生态毒理学在健康风险评价及生态风险评价中十分重要。如表 3-1 所示，对于生态风险评价，生态毒理学的主要研究对象是鸟类、水生生物、陆地无脊椎动物和植物等。生态毒理学试验所得出的污染物毒性数据通常具有局限性，因为试验的污染物只有一种或有限的两三种，然而实际上，环境中的污染物是以复杂的混合物或复合污染物形式存在的。由于生态系统的复杂性，终点生态毒理学试验逐渐发展起来，以补充化学物质的起点评价，用来设定危害物质的生态安全临界值。生态毒理学终点在特殊物种的生态风险评价中已有应用，尽管与此相对应的以多学科技术优化整合为基础的具有较高水平费用一效益的风险管理还未发展起来。

表 3-1　毒理学试验在生态风险评价及健康风险评价中的应用

生态风险评价	健康风险评价
陆地生态毒理学	①遗传毒性
①脊椎动物	②急性毒性
●蚯蚓死亡率、生长和生殖率	●口服、皮肤接触、吸入
●跳虫急性和慢性毒性	●眼部发炎
②有益昆虫	●皮肤发炎
●蜜蜂接触毒性	●皮肤过敏
③鸟类	③代谢和毒性动力学
●急性毒性	④亚慢性和慢性多剂量研究
●多剂量毒性	⑤生殖和发育研究
④植物	⑥致癌性研究——长期研究
●发芽和幼苗生长毒性	⑦机理研究、比较毒性动力学(以 mg/kg 表示的曲线以下面积)和代谢以提高预测性
水生生态毒理学	
●无脊椎急性和慢性毒性	
●藻类急性毒性	
●鱼类一静态、脉冲、回流毒性试验	

就评价技术而言，健康风险评价技术已发展得较为成熟，而生态风险评价技术则是从 20 世纪 80 年代末、90 年代初才开始发展起来的，起初生态风险评价工作主要集中在对水生生态系统的风险评价，而对陆地生态系统的概念性模型主

要针对特殊污染物，如农药的不良生态效应的评价，直到最近才对陆地生态系统风险评价给予较多关注。同样，由于最近 20 年对生态风险评价的关注显著增加，完整的评估规则也逐渐建立起来。风险评价的基本形式是：风险＝危害×暴露，危害指的是污染物潜在的危害性，而暴露指的是生物体所面临的可能会导致危害发生的污染物的水平及一些内在特性。因此生态风险评价包括 4 个主要步骤：不良生态效应识别、剂量一效应分析、生态暴露评估及风险表征。第一步不良生态效应识别是通过了解污染物质的内在特性来确定其可能出现的不良生态效应，从危害扩展到风险意味着包含了污染物潜在暴露量估计。剂量一效应分析及生态暴露评估都从不良生态效应识别开始，剂量一效应分析及生态暴露评估都可以使用确定性和不确定性分析方法。风险表征是对可能产生的每一种暴露和效应进行定性和定量的比较。生态风险评价可以根据以下 3 个原则简化复杂的生态系统。

1）以生物种群单元为基础计算暴露量，这些单元由水、土壤、大气、沉积物及生物体等环境要素组成。对每个环境要素具体的尺度和性质加以详细分析，根据污染物的释放和作用方式及其理化性质（如可溶性、挥发性 $K_{o/c}$、$K_{o/w}$等）选择首先接受污染物的环境要素和污染物在单元里的扩散分布情况，然后计算每个环境要素中的环境浓度预测值（PEC）和持续时间。

2）根据已有资料评估可能效应，第一步工作是选择几种生物作为关键性评价终点进行毒性数据分析，在代表其中一种环境要素的介质（如使污染物质与土壤、水或食物等混合）中进行毒性试验。

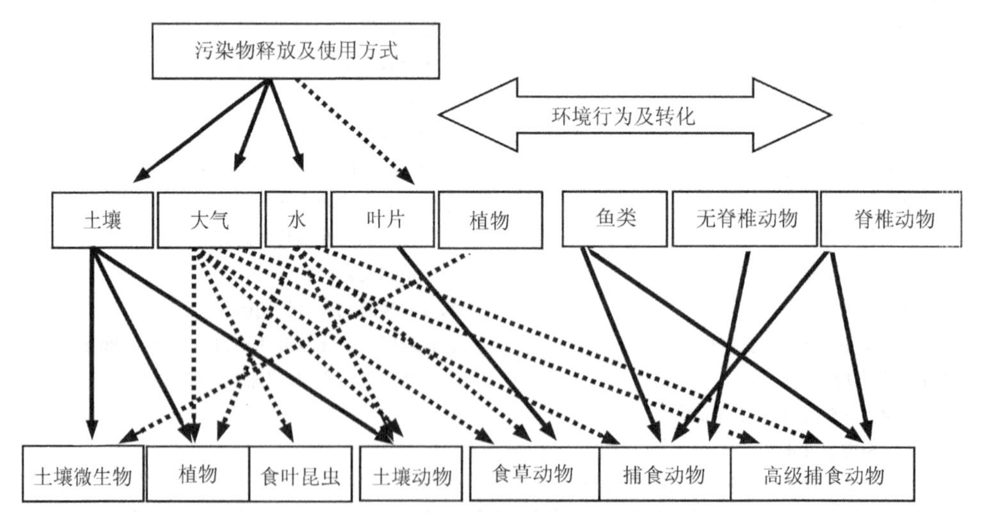

图 3-1　污染土壤的生态风险评价概念性模型

实线表示直接关系，虚线表示间接关系

3）最后，对每一环境要素进行风险表征。其中简单的方式是把特定环境要素的 PEC 值与相关的生物体的毒性数据相比较。

需要指出的是，食物链途径是陆生生物暴露污染物的主要途径，然而与水和土壤暴露不同，很难估算食物中的 PEC 值，因为甚至假设为最严重的情况下，每一次评估都要求被评价的生物体处于取食被污染食物的高风险条件下。

生态风险评价的方法之一是根据环境要素和受体的相互关系建立一个整体的概念性模型，每一种受体可以同时通过几种途径暴露于污染物，每一种暴露途径之间的相关性与污染物在环境中的释放方式及环境行为有关，而污染物的环境行为与其内在性质有关。评价污染土壤生态系统的一般模型如图 3-1 所示，上面一行表示暴露，下面一行表示受体，通过食物链的暴露也包含在其中。

二、不良生态效应识别

不良生态效应的识别是污染土壤生态风险评价的第一步，是对人类活动产生的生态效应提出假设及进行评估的过程，是生态风险评价的基础。这一步工作的主要目的是结合所有理论上的可能性对污染土壤确定潜在的暴露终点及关键暴露途径，识别的主要对象如表 3-2 所示，其内容包括以下 3 个方面：

表 3-2　污染土壤不良生态效应识别的对象

对象	关键信息
污染的第一环境要素	污染源是否继续存在，以及污染方式
污染的第二环境要素	有关环境迁移行为及形态转化的内在性质
识别相关的生态终点	对不同物种的毒性以及对地下水污染的潜在威胁

1）评价终点的选择。评价终点的选择基于对土壤中潜在污染物的生态相关性和生态敏感性的了解，并且与生态风险的管理目标有关。相关的生态评价终点能够反映该污染土壤生态系统的重要特征，与其他终点在功能上具有相关性，并且这些终点可以在任何生态系统水平上得以明确(如个体、种群、群落、生态系统及景观等)。其内容包括生态系统有关资料收集如地理位置、地形地貌、水文、气象、土壤类型、地质及土壤母质、水、矿产、植被覆盖等资源分布及开发利用情况、环境质量状况、人群分布、社会经济等方面内容。污染物行为模式分析：包括来源、种类、数量、主要污染物半衰期、排放方式、去向、排放强度等。生态系统敏感性分析：包括对生态系统中生物的死亡率和不良生殖效应的分析。综合分析：对上述调查和分析的资料进行综合，找出可以作为评价终点的符合必要的科学要求的生态函数，并对这些函数进行现场调查，以确定其作为潜在评价终点的有效性。

2）概念性模型的建立。概念性模型是有关生态实体与污染物之间相关性的书面描述和报告，所描述的内容包括一次、二次、三次暴露途径及其生态效应与受体。概念性模型的复杂程度取决于土壤中污染物种类及数量、评价终点的数目、生态效应的性质及生态系统的特征等方面。概念性模型为将来风险评价工作提供参考和方法。

3）分析计划的制定。分析计划的制定是不良生态效应识别的最后一步，根据所得到的数据对不良生态效应进行评估，以确定该如何对生态风险进行评价。随着风险评价的独特性及复杂性的增加，分析计划的重要性也随之得到提升。

三、剂量—效应分析

污染物对生物体及其整个生态系统影响的确定(即生态毒理学评价)，习惯上以剂量—效应关系来表达。剂量—效应关系的利用与不良生态效应评价中所确定的生态风险评价范围和性质有关，剂量的概念较为广泛，可以是暴露的强度、时间和空间等。一般地，化学物质强度(如浓度)比较常用，暴露时间在化学污染物的剂量—效应关系中也常用，而暴露的空间尺度通常用在物理性污染的情况下。

实验数据组成剂量—效应曲线可以用来表达剂量—效应关系，剂量—效应曲线形状有利于在评估风险时识别效应的存在。典型的剂量—效应关系如图 3-2 所示，其效应变量由死亡率表示，用 LC_{50} 的污染物剂量来表示污染物的毒性强度。如果总效应由多个不同的效应变量组成，那么需要进行多元分析。

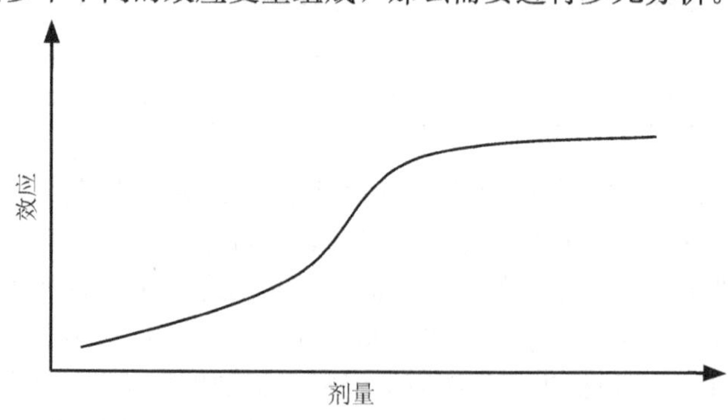

图 3-2　典型剂量—效应关系曲线

在复合污染的情况下，首先逐个建立剂量—效应关系，然后再进行综合。剂量—效应分析是对有害因子暴露水平与暴露生物种群中不良生态效应发生率之间关系进行定量估算的过程，是生态风险评估的定量依据。剂量—效应分析是根据不良生态效应识别确定的主要有害物质、受体及有关的评价终点，研究在不同的剂量水平下，受体呈现的危害效应。实验室分析剂量—效应关系比较简要，其内容有：①试验方案设计，即根据确定的指标体系设计试验方案，试验内容可能是剂量一效应、浓度一效应、效应一时间的关系等，也可能是非生物的其他影响等；②试验方案实施，即按照设计方案进行试验；③结果分析，即对试验结果进行分析，根据试验数据选择适当的统计模型，根据模型提出某种可接受的生态效应相应的有害物质的剂量或浓度阈值，如 LC_{50}、LD_{50} 等，或提供剂量一效应、浓度一效应、时间一剂量一效应，或时间一浓度一效应等相应关系；④外推分析，即把实验室分析建立的关系外推到自然环境或生态系统中去，或由一类终点的分析结果外推到另一类终点，例如用生物个体的毒性试验结果，外推到种群大小的变化等。在污染土壤中污染物与生物的剂量一效应分析包括下面 3 个方面：

1）资料调研。调查、收集与所研究内容有关的剂量一效应方面的资料，了解是否有现成的可利用的资料或数据。

2）根据模型计算。由于缺乏数据，通常使用的模型有多阶段模型(multi-stage)、多击模型(multi-hit)和威尔布(Weibull)模型等，其中单击(one-hit)模型由于比较简单而在生态风险评价中广泛被使用。该模型的表达式为

$$P(c) = 1 - e^{\beta c} \tag{3-1}$$

式中：$P(c)$为土壤中 c 水平污染物对生物产生的效应；β 是模型参数。例如，应用方程(3-1)评价稻田养蟹生态系统中镍和铬与评价终点幼鱼和蟹卵的剂量一效应关系，设 $P(c)$为评价终点的死亡率，c 为两种污染物的浓度。根据图 3-2 所示，LC_{50} 相对应的死亡率为 50%，如果镍对甲壳类幼体的 LC_{50} 为 4.4mg/L，那么 $P(c)=0.5$，$c=4.4$mg/L，根据式(3-1)，可求得 β 值为 0.158 $(\mathrm{L/mg})^{-1}$。镍和铬与幼鱼和蟹卵的剂量一效应关系的 值如表 3-3 所示。

表 3-3　根据单击模型获得的幼鱼和甲壳类幼体剂量一效应关系的 β 值

污染物质	终点	LC_{50}/(mg/L)	$\beta/(\mathrm{L/mg})^{-1}$
镍	幼鱼	350	0.002
	甲壳类幼体	4.4	0.158
铬	幼鱼	53	0.013
	甲壳类幼体	45	0.015
	甲壳类成体	5.6	0.124

3）外推分析。根据同类有害物质已有的试验资料和已经建立的外推关系进行分析，例如结构一活性关系外推，不再进行分析试验，或根据模型计算结果直接得出结论。

四、生态暴露评估

生态暴露评估是描述土壤中污染物与终点的潜在和实际的接触，以暴露方式、生态系统及终点特征为基础，分析污染源、污染物分布以及污染物与终点的接触模式。生态效应分析可以分为物种组、生物种群、生物群落及生态系统的生态效应分析，具体内容及分析方法见图 3-3。如图 3-3 所示，低水平试验通常涉及单一明确的暴露途径(水、食物)或不同的途径，但发生在同一个环境要素(土壤或沉积物)中，较高级的试验尤其是中试和田间试验，如恰当设计可以覆盖所有潜在的对生物受体的暴露途径。对通过食物链暴露的生物群体做暴露分析时，需要计算污染物的生物富集量，生物富集量的计算公式如下

$$\mathrm{BFAC} = aF/k_{\mathrm{d}} \tag{3-2}$$

式中：BFAC 表示生物食物富集因子；a 表示吸收率；F 表示消化率；k_{d} 表示排泄率。式(3-2)也可以预测生物放大作用。

水平 1：危害识别
方法：标准化单物种生物鉴定
效应评价：识别方法以及应用因子　　暴露途径：土壤、水、大气、食物
水平 2：物种组生态效应
方法：每组单物种生物鉴定
效应评价：物种敏感性分布　　暴露途径：土壤、水、大气、食物
水平 3：种群效应
方法：长期单物种试验包括生态恢复和模型建立
效应评价：可预测的种群动态　　暴露途径：土壤、水、大气或食物
水平 4：群落效应
方法：实验室多物种试验
效应评价：实际种群动态　　暴露途径：起始暴露+生物积累
水平 5：生态系统效应
方法：中试及田间鉴定
效应评价：生态系统的相关效应　　暴露途径：所有相关的途径

图 3-3　土壤污染的生态效应分析具体内容及方法

生态暴露评估包括两方面的内容：①分析土壤环境存在的有害化学物质的迁移转化过程，以及污染源是否继续存在以及是否作为污染源对其他环境产生次生污染；②污染土壤对受体的暴露途径、暴露方式和暴露量的计算。生态暴露评估的主要工作包括土壤污染源分析、污染物在时间和空间上的强度和分布的分析及

暴露途径分析等。

土壤污染源分析是生态暴露评估首要的也是最重要的组成部分，污染源可以分为两类：一类是产生污染物地点；另一类为当前受污染的土壤或地区。在暴露评估时首先要对土壤环境中某一污染物的背景值进行分析，这样才能评估某一污染源产生的效应。对于具有污染源的地区和第一时间接触污染物的土壤环境介质也需要特别注意。在土壤污染源分析时，要注意是否该污染源同时排放其他能影响主要土壤污染物转移、转化或生物可利用性的物质。例如，在一个以煤为燃料的饲料厂，饲料中氯化物的存在影响着土壤汞是否以二价或单价的形式挥发释放。

生态暴露评估的第 2 个目标是分析污染物在土壤环境中的时间和空间分布，通过分析污染源的污染途径，以及二次污染的形成和分布来达到以上目标。化学污染物在土壤环境中的分布与其在不同介质中的分配有关，污染物的物理学分布与其颗粒大小有关，对于污染物的生物学效应，其存活及繁殖等因素也需要考虑。生态系统特征影响着所有类型污染物的转移，因此明确生态系统的特征十分重要，利用专业性判断对当前生态系统和原始生态系统特征进行比较。分析污染物在土壤环境中的分布通常使用监测技术、模型计算或两者的结合，模型在定量分析土壤污染源和污染物的关系上十分重要。这项工作内容包括污染物的土壤环境过程分析：①分析污染物在土壤环境介质之间分配的机制，在土壤中迁移的路线与方式，伴随迁移发生的转化作用，了解化学物质在土壤环境中迁移、转化和归宿的主要过程和机制；②模型建立，即选择建立模拟土壤污染物环境转归过程的数学模型或其他物理模型；③参数估算，即确定模型参数的种类，确定参数估算方法，包括经验公式法、野外现场试验法、实验室试验法和系统分析法等，进行参数估算；④计算方法确定，即根据所确定的数学模型，研究模型方程的计算方法，一般可借助计算机进行计算；⑤模型校验，即对模型进行调试，选择独立于模型参数估算使用过的资料和其他实例资料对模型进行验证，如计算结果与实测值相差甚远，则对模型进行修正，或对模型参数进行调整，直到满意为止；⑥转归分析，即利用计算机数学模型和有关资料，分析土壤污染物的环境转归过程和时空分布结果。

生态暴露评估的第 3 项工作是分析污染物与受体间的接触。对于土壤污染物，接触被定量为通过化学物质的取食摄入、呼吸吸入或皮肤直接接触的量，有些污染物的接触必须要有体内吸收，在这种情况下，吸收量被认为是在体内某个器官所吸收的污染物的量。这项工作内容有：①暴露途径分析，分析有害物质与受体接触和进入受体的途径，如土壤、地下水和食物等；②暴露方式分析，分析可能的暴露方式，如呼吸吸入、皮肤接触、经口摄入等；③暴露量计算，确定暴露量计算方法，计算暴露量，有时根据需要，不但要计算进入受体的有害物质的数量，而且要计算进入受体有害物质的数量，以及被受体吸收并发生作用的那部分污染物质的数量。

五、风险表征及一般方法

风险表征是污染土壤生态风险评价的最后一步，是不良生态效应识别、剂量—效应分析及生态暴露评估这3项评价结果的综合分析，风险表征的目的是通过阐述土壤污染物与污染生态效应之间的关系得出结论，评估土壤污染物对目标生态终点产生的危害。风险表征是指风险评价者利用剂量—效应分析及生态暴露分析的结果，对土壤有毒物质的生态效应包括生态评价终点的组成部分是否存在不利影响(危害)，或某种不利影响(危害)出现可能性大小的判断和表达并且指出风险评价中的不确定因素及涉及的假设条件。风险表征的结论可以给污染土壤的生态风险管理提供必要的信息。

风险表征的内容有确定性分析和可能性分析。确定性生态评价是指把所有参数当成常量，并且大多数参数的值通过估计其平均值、最大及最小值来确定。但是，土壤中污染物的行为及生态系统的组成具有高度的可变性，污染物的转化和转移以及对生物的剂量—效应关系的不确定性和可变性使不确定性分析在生态风险评价中十分重要。不确定性与缺乏相关的知识有关，但是可变性往往与时间和空间的异质性相关。因此，可能性分析对于检查和解释与参数估计相关的不确定性的程度十分重要。在不确定性分析中通常使用 Monte Carlos 模拟法(MCS)。MCS 模拟法是指通过试验利用已知的或假定的随机参数值的分布，来模拟真实情况。在 MCS 模拟法中，首先需要设计出一套与参数的预先确定的可能性密度功能相一致的随机数据，对于每一个模拟试验，利用输入参数的大约值计算出执行功能。如在以上的例子中，利用以下输入参数，如暴露浓度、LC_{50}或β值的可能分布而得出风险评价的分布。并且在真实情况下，估计暴露浓度也需要一些具有不同可能性分布的参数。

根据以上的例子，导致不确定性的来源有两类：暴露的特征和效应的特征。如果利用化学物质的长期转化模型计算出的化学污染物暴露浓度来描述稻田生态系统中幼鱼和甲壳类幼体的污染物暴露，那么在计算浓度时就应该在长期转化模型中增加不确定因素的估计。由于有关暴露浓度范围的信息较少，该研究假定浓度统一分布在最大浓度与最小浓度之间，而许多研究证明在缺乏相关领域信息的情况下，这种假定是合理的。第2类特定生态效应特征产生的不确定性以及特殊暴露浓度及接触模式产生的不确定生态效应，在评价镍和铬对幼鱼和甲壳类幼体的风险评价研究中，对LC_{50}的变异就需要做不确定性估计，事实上LC_{50}的变化范围可达几个数量级，但是可以假定其平均值为长期的正常的分布。例如，假定决定标准差的变异系数为0.5，利用MCS模拟法进行了25 000个模拟试验，结果如表3-3所示，根据试验结果，甲壳类幼体暴露于镍和铬的风险评价分布分别如图3-3所示。研究表明，可能性分析有助于更好地了解风险评价，它提供了可能性的风险范围。可能性分析还有助于详细了解与风险评价有关的不确定性，并且有助于增加风险评价的可信度。但是需要指出的是，在可能性分析中存在许多假设条件和简化过程，因此它并不代表真实情况，因此不确定性分析应该与确定性分析结合起来。

除了确定性和不确定性分析外，风险表征的内容还包括：①确定表征方法，即根据评价项目的性质和目的及要求，确定风险表征的方法，定量的还是定性的，哪种定量的或定性的方法等；②综合分析，主要比较暴露与剂量一效应、浓度一效应关系，分析暴露量相应的生态效应，即风险的大小；③风险评价结果描述，即对评价结果进行文字、图表或其他类型的陈述，对需要说明的问题加以描述。风险表征的表达方法有多种多样，一般随所评价的对象、评价的目标和评价的性质而有所不同。

风险表征的方法主要有两类：一类是定性风险表征；一类是定量风险表征。定性风险表征要回答的问题是有无不可接受的风险，以及风险属于什么性质。定量风险表征，不但要说明有无不可接受的风险及风险的性质，而且要从定量角度给出结论。总的来说，定量的风险表征需要大量的暴露评价和危害评价的信息，而且取决于这些信息的量化程度和可靠程度，需要进行大量的复杂的计算。

1. 定量风险表征

从原理上讲，定量的风险表征一般要给出不利影响的概率，它是受体暴露于污染土壤环境，造成不利后果的可能性的度量，常常用不利事件出现的后果的数学期望值来估算，风险(R)等于事件出现的概率(P)和事件的后果或严重性(S)的乘积

$$R = P \cdot S \tag{3-3}$$

在实际评价时，由于研究的对象不同，问题的性质不同，定量的内容和量化的程度不同，表征的方法也有很大的区别，常用的方法有：商值法、连续法、外推误差法、错误树法、层次分析法和系统不确定性分析等。下面介绍其中最普遍、最广泛应用的风险表征方法——商值法。

商值法实际上是一种半定量的风险表征方法，基本做法是把实际监测或由模型估算出的土壤污染物浓度与表征该物质危害的阈值相比较，即

$$Q = \frac{\mathrm{EEC}}{\mathrm{TOX_h}} \tag{3-4}$$

式中：EEC为土壤中有害物质暴露浓度；TOX_h为有害物质毒性参数或造成危害的临界值；Q为商值或风险表征系数。如果$Q<1$，为无风险；$Q>1$，为有风险。因此，它只能回答人们有无风险的存在。

为了保护一特定的受体或未知的受体，往往引进一个安全因子，例如把毒性值如LD_{50}、LC_{50}除以一个安全系数，作为风险表征的参考标准，即

$$Q = \frac{\mathrm{EEC}}{\mathrm{LC_{50}}} \cdot \mathrm{SF} \tag{3-5}$$

式中，SF为安全因子。有的学者在一般商值法的基础上，根据Q值大小反映风险表征由“有无风险”进一步分为“无风险”、“有潜在风险”、“有可能有风险”，即$Q<0.1$，无风险；$0.1 \leqslant Q \leqslant 10$，潜在风险；$Q>10$，有可能有风险。

2. 定性的风险表征

在一些情况下，风险只是进行定性地描述，用“高”、“中等”、“低”等描述性语言表达，说明有无不可接受的风险，或说明风险可不可以接受等。

(1) 专家判断法

专家判断法常常用于进行定性的风险表征。具体做法是找一些不同行业、不同层次的专家对所讨论的问题从不同的角度进行分析，做出风险高低或有无不可接受的风险等的判断，然后把这些判断进行综合，做出相应的结论；另一种做法是把所讨论的问题按专业、学科分解成一系列专门问题，分别咨询有关专家，然后综合所有专家的判断，做出最后的评价。

(2) 风险分级法

风险分级法是欧洲共同体(EEC)提出的关于有毒有害物质生态风险评价的表征方法。在制定分级标准时，考虑了有害物质如农药在土壤中的残留性，在水和作物中的最高允许浓度，对土壤中微生物以及植物和动物的毒性、蓄积性等因素，依据该标准，对污染物引起的潜在生态风险进行比较完整的、直观的评价。

(3) 敏感环境距离法

敏感环境距离法是美国国家环境保护局推荐的一种生态风险评价定性表征方法。这种方法最适宜于风险评价的初步分析。所谓“敏感环境”主要指有生态危机的惟一的或脆弱的环境，或是有特别文化意义的环境，或是重要的、需要保护的装置附近的环境。在这种情况下，一种污染源的风险度可以用受体与“敏感环

境”之间的空间距离关系来定性地评价，对环境危害的潜在影响或风险度随与敏感环境的距离的减少而增加。

（4）比较评价法

比较评价法是美国国家环境保护局提出的一种定性的生态风险表征方法，目的是比较一系列有环境问题的风险相对大小，由专家完成判断，最后给出总的排序结论。

六、生态风险管理

生态风险管理是指根据污染土壤的生态风险评价的结果，按照恰当的法规条例，选用有效的控制技术，进行削减风险的费用和效益分析，确定可接受风险度和可接受的损害水平；并进行政策分析及考虑社会、经济和政治因素，决定适当的管理措施并付诸实施，以降低或消除该风险度，保护生态系统的安全。生态风险管理的任务是通过各种手段(包括法律、行政等手段)控制或消除进入土壤中的有害因素，将这些因素导致的生态风险减小到目前公认的可接受水平。生态风险管理的具体目标，是做出相应的管理决策。生态风险管理是一种社会性行为，所做出的管理决策涉及各种社会资源的分配并且必须使之在社会环境中得到实施。

生态风险评价为生态风险管理服务，它的 4 个主要步骤均与生态风险管理紧密联系。生态风险评价是对污染土壤中有害因素进行管理的重要依据。生态风险评价与管理的关系如图 3-4 所示。

生态风险管理应包括以下几方面内容：①制定土壤有毒物质的环境管理条例和标准；②提高土壤污染风险评价的质量，强化土壤环境管理；③加强对土壤污染源的控制，包括了解污染源的存在分布与现时状态、污染源控制管理计划、潜在风险预报、风险控制人员的培训与配备；④风险的应急管理及其恢复技术。生态风险管理中的一系列决策过程是潜在风险与下列各因素之间取得的平衡：①社会期望；②控制和减轻生态风险的技术上可能性；③建设者所付出的代价；④采用危险性较小的替代方案的可行性；⑤有关政策、法规的弹性和周旋余地。

生态风险管理的方法包括以下 4 个方面：

1）政府的职责和方法。风险管理是建立在风险评价的基础上。风险管理是政府的职责，是实施预防性政策的基础性工作。风险分析和评价为风险管理在两个主要方面创造了条件：①告诉决策者应如何计算风险，并将可能的代价和减小风险的效益在制订政策时考虑进去，与此相关联的是确定“可接受风险”；②使社会公众接受风险。

2）建设单位的职责和方法。在政府环保和有关职能部门监督指导下，建设

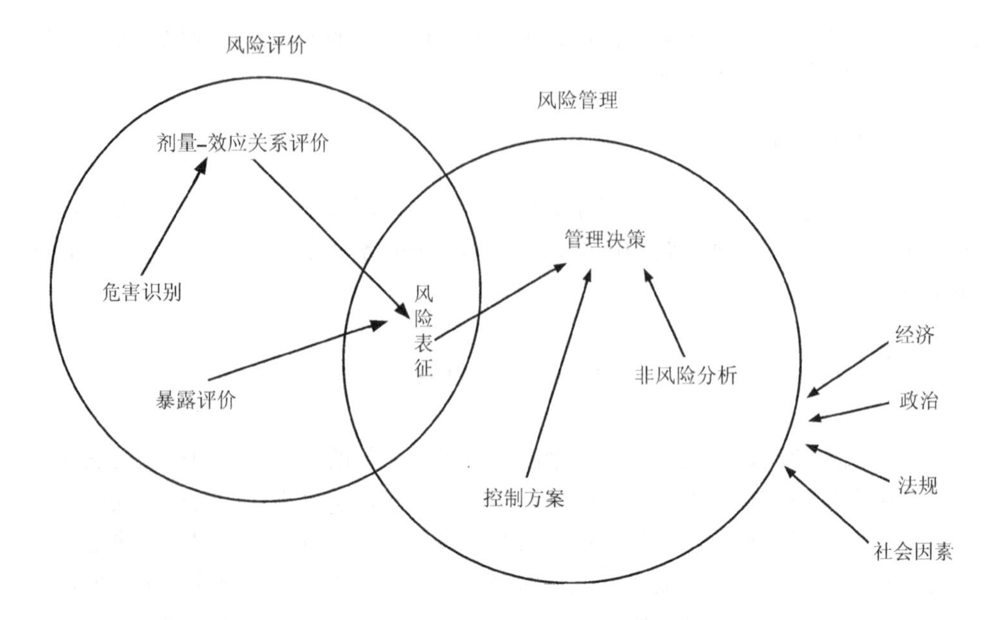

图 3-4　污染土壤的生态风险评价与管理之间的关系

和运行单位应承担风险管理的职责，包括：①拟定风险管理计划和方法，内容涉及操作对象、计划目标、管理方法；②拟定并具体落实防范措施。

3）加强防范措施。

4）强化关于风险分析、评价和管理的科研。

最根本的生态风险管理措施是将风险管理与全局管理相结合，实现生态系统“整体安全”。

第二节　健康风险评价与管理

一、概　　述

土壤污染会使污染物在植(作)物中积累，并通过食物链富集到人体和动物体中，危害人畜健康。土壤污染造成人体危害的典型例子是早年在日本发生的慢性镉中毒(骨痛病)。这种骨痛病是当在居民长期食用被镉污染的大米——镉米所致。在中国，据报道，一些地区居民的肝大、癌症等疾病的发生与土壤、粮食污染之间有明显的正相关关系。由于大量污染物含有致突变、致畸与致癌性，土壤污染后又很难去除，长期危害人体健康并造成人类自身质量下降。

健康风险评价是收集、整理和解释各种相关资料的过程。这些资料包括毒理学资料、人群流行病学资料、环境和暴露的因素等。评价的目的在于估计土壤中特定剂量的化学或物理因子对人体、动植物和生态系统造成损害的可能性及其程度大小。

二、健康危害判定

土壤污染危害判定是根据土壤污染物的生物学和化学资料，判定土壤中某种特定污染物是否产生危害。如果判定某种污染物对人类或生物健康产生危害，必须要进一步确定其危害的后果，如是否致癌、致畸和致突变性等。通常对污染物的以下一些情况进行评价：理化性质和暴露途径及方式、结构一活性关系、代谢动力学资料、其他毒理学效应的影响、动植物试验和人类研究等。对以上资料进行评估后，按毒性程度进行分组。在诱变风险评价中，目的是评价某一特定化学诱导 DNA 的遗传改变，以及化学物质与生物包括人类生殖细胞相互作用的概率。对人类来说，某种化学物质诱导遗传突变的证据，主要来自流行病学资料，它可以表明土壤化学物质暴露与遗传效应之间的联系。然而，这种资料十分有限并且可靠性较低，因为任何特定的突变都是稀有事件，并且目前仅有少部分人类基因在估算突变时被作为标记。但是动植物的资料就容易得到，并且还可以利用动物模拟人类，尽管不同物种之间对土壤有毒物质的反应存在一定差异，但是 DNA 作为遗传物质的普遍性以及发生突变与诱导癌症之间可能具有因果关系，所以可进行大量的体外和体内试验评估化学物质的“三致”特性。

在土壤污染危害判定中，对证据权重确定的评价包括以下一些方面：资料的质量；研究的分辨力，即考虑研究的重要性与动物或试验对象数量的关系；暴露途径和时间；剂量选择的准确性等。对一系列污染物终点资料评价包括：①发育中的动物，死亡、功能不正常、生长改变、发育器官衰退；②成熟动物，繁殖力、体重变化、毒性反应症状、特定靶器官的病理学和组织病理学；③其他生物，生长抑制、死亡、生理生化变化。

三、剂量一健康危害分析

剂量一健康危害分析是对土壤污染物暴露水平与暴露人群或生物种群中不良健康反应发生率之间的关系进行定量估算的过程，是风险评价的定量依据。剂量的概念较为广泛，可指机体暴露的剂量(外环境中的含量和暴露时间)或摄入量、外来化学物质被机体吸收的剂量及其在靶器官中的剂量等。非致癌物和非致突变物的剂量反应评价，一般采用 NOAEL 法推导出参考剂量或可接受的日摄入量，而致癌物的剂量反应评价的关键是通过一数学模型外推低剂量范围内的剂量一反应关系，并由此推算出终生暴露于一个单位剂量的化学物质导致的超额危害程度。

1. 非致癌物的剂量—健康危害分析

非致癌物的剂量—健康危害分析，一般采用不确定系数法推导出可接受的安全水平(acceptable safety level，ASL)。因管理目的和内容的不同，ASL在不同的管理部门被称为参考剂量(reference dose，RfD)、实际的安全剂量(virtually safe dose，VSD)、可接受的日摄入量(acceptable daily intake，ADI)、最大容许浓度(maximum allowable concentration，MAC)或估计的人群健康效应阈值(estimated population threshold for human，EPT-H)等。

美国国家环境保护局将RfD定义为：人群(包括敏感亚群)终生暴露后不会产生可预测的有害效应的日平均暴露无害水平估计值。RfD推导过程如下：通过文献确定关键毒性效应，从中确定效应不发生的最高剂量(NOAEL)或观察到有害效应的最低剂量水平(LOAEL)。计算公式如下

$$\mathrm{RfD} = \frac{\mathrm{NOAEL(LOAEL)}}{\mathrm{UF_s} \cdot \mathrm{MF}} \tag{3-6}$$

式中：UF_s为总的不确定系数，无纲量，种间不确定性系数为1～10，种内不确定系数为1～10，毒性性质不确定性系数为1～100；MF为资料库完整性的不确定性系数。计算RfD对大多数被认为有阈值的污染物是最普通的计算。RfD作为一个参考点去估计土壤污染物在其他剂量时可能产生的效应时，低于RfD的暴露剂量产生有害效应的可能性很小，而当暴露剂量超过RfD时，产生有害效应的概率就会增加。但是不应绝对地认为低于RfD的剂量就是可接受的或无危险的。相反，高于RfD的剂量也不一定是不可接受的或一定会产生有害效应。

在复合污染的情况下，还需要考虑污染物的复合效应，假如复合效应为协同效应，则可应用所谓的剂量或效应相加，并进行适当修正。对于大多数毒理学相似的有阈值的污染物，使用严格的剂量相加，这包括对每一估算的摄入水平与其RfD相比，然后比值相加计算危害指数。当危害指数远小于1时，期望此混合物无危害；当危害指数远大于1时，期望有显著危害；当危害指数接近1时，视情况而定。此外，对生殖和发育有毒害作用的污染物，健康危害评价进一步定量还需做许多工作。

美国国家环境保护局最近提出了一种应用于急性吸入性暴露引起的非致癌性风险评估的方法，即急性参考暴露(AREs)。对于慢性非致癌性暴露，化学物质专性的AREs类似于RfCs，而且可以与化学物质专性资料相结合。AREs广泛应用于事故性及日常性化学物质的急性释放而造成的潜在健康风险评估。AREs的优点是可以根据可获得资料的类型和数量选择一个最优的方法，如NOAEL、BMC(基准浓度)或经验回归方程等来获得AREs。

2. 致癌物的剂量一健康危害分析

致癌物的剂量一健康危害分析是在无阈效应情况下，利用高剂量外推模式评价人群暴露水平上所致毒的危险概率。分析过程一般包括：①选取合适的数据资料；②利用高剂量外推模型推导出低剂量暴露下可能的危害程度；③将由动物试验数据得出的危害度估计值转换为人的相应值。

一般认为，致癌物在低剂量范围内的剂量一危害反应关系曲线可能有 3 种类型，即线形、超线形和次线形。由高剂量向低剂量外推的模型很多，常用模型如表 3-4 所示。除此之外，还新发展了一些模型，如肿瘤出现时间模型、生理药代动力学模型、生物学为基础的剂量一反应关系模型等。上述模型大多对同一试验所得的数据组的拟合度较好，但在外推低剂量时所得到的值有时差别很大，有时可达几个数量级如表 3-5 所示。因此，在选择外推模型时，应依据致癌机理等生物学证据和统计学方面的证据，而不是根据模型对试验剂量-危害数据的拟合程度。如有致癌机理等方面的生物学证据，则应选用与该证据一致的模型。如果机理不明且有现存的数据类型适合时，可首选多阶段模型。如有纵向研究肿瘤的数据时，可选用肿瘤出现时间模型。

表 3-4　常用的致癌物低剂量外推模型

模型	类别	表达式	模型在低剂量范围的曲线特征
对数模型	耐受分布模型	$R(D)=\frac{1}{\sigma\sqrt{2\pi}}\int_{\infty}^{Z}\exp(Z^2/2)\mathrm{d}Z$ $Z=\frac{\lg D-U}{\sigma}$	次线性
威尔布模型	耐受分布模型	$R(D)=1-\exp(-\alpha+bD^n)$	若 $n>1$ 为次线性，若 $n<1$ 为超线性
单击模型	机理性模型	$R(D)=1-\exp(-k_0+k_1D)$	线性
多阶段模型	机理性模型	$R(D)=1-\exp(-\sum_{i=0}^{n}k_iD^i)$	若 $k_i>0$ 为线性，若 $k_i=0$ 为超线性
线形多阶段模型	机理性模型	$R(D)=1-\exp(-\sum_{i=0}^{n}k_iD^i)$（取 $k_i>0$）	线性

表 3-5　利用不同模型从一组假定的数据估计的危害度比较

模型	估计的危害度
单击模型	6×10^{-5}(1/17 000)
多阶段模型	6×10^{-6}(1/167 000)
威尔布模型	1.7×10^{-8} [1/(59×106)]

致癌物的危害度估计值可以单位危害度、相对应于某一危害度的土壤环境浓度值、个体危害以及群体危害度等方式表示。美国国家环境保护局的致癌物剂量一危害关系评价过程中的一个重要参数是斜率系数。它是指一个个体终生(70年)暴露于某一致癌物后发生癌症的致癌概率的95%上限估计值，其单位为mg/(L·kg·d)。此值越大，则单位剂量致癌物的致癌概率越高，故又称为致癌强度系数。

3. 突变物的剂量一健康危害分析

对于突变的剂量一健康分析，目前仅能进行有关整体哺乳类诱导的胚胎突变资料的剂量一危害分析。形态特定的位点和系列化特定位点检测能提供有关急性突变频率的资料，由遗传易位试验可得到有关遗传性染色体损伤的资料。正如致癌物风险评价一样，应力求使用最适当的外推模型进行风险评价，同时在选择模型时应根据现有的数据和机理加以考虑。在进行生殖细胞试验时，所能利用的剂量点很有限，此时可利用分子剂量学导出有用的外推模型。

四、暴露评估

暴露被定义为生物与某一化学物质或物理因子的暴露。暴露评估是定性或定量地估算土壤污染暴露量大小、暴露频度、暴露持续时间和暴露途径。在土壤污染暴露评估中，了解暴露的开始时间和持续时间十分重要，它们与毒性效应的诱发时间和潜伏期有很大的关系，因此暴露评价应考虑到过去、当前和将来的暴露情况，对每一时期应用不同的评估方法。一般可通过测定土壤环境中有害物质的水平即外暴露量初步了解人群的暴露情况，但由于往往对以往土壤环境中化学物质水平、实际暴露情况变异的了解有困难，使得暴露评价中的不确定因素影响到整个健康危害评价。为降低评价中的不确定因素，较准确地对暴露水平做出判断，暴露量大小可通过测定或估算某一特定时期交换界面(即肺、胃肠、皮肤)的某种化学物质的暴露及生物有效量，这些指标的最大优点是可减少在估计不同暴露途径暴露时的许多假定因素，消除不同介质对生物利用度的影响。在暴露评价中还常常使用一些参数估算人体对各种介质的摄入量，美国国家环境保护局就推荐了一些在健康危害评价中用于人体暴露评价的标准化参考值，如表3-6所示。

表3-6 美国国家环境保护局推荐的健康危害评价中常用的人体暴露参考值

项目	参考值
体重	
2～5岁儿童	13.2 kg

续表

项目	参考值
6 岁儿童	20.8 kg
成人	70 kg
寿命	75 a
外露体表面积(成人)	
一般情况	0.20 m^3
外露较多时	0.53 m^3
游泳时	M：1.94 m^3；F：1.69 m^3
呼吸量	
8h 工作	10 m^3/d
成人平均	20 m^3/d
特殊情况	30 m^3/d
饮水量	
成人平均	1.4 L/d
特殊情况	2.0 L/d
婴儿(≤10kg)	1.0 L/d
食物摄入量(成人)	
总摄入量	2000 g/d
牛肉	100 g/d
牛奶、奶制品	400 g/d
鱼类(中位数)	30 g/d
水果	140 g/d
蔬菜	200 g/d
土壤摄入量	
7 岁以下儿童	0.2 g/d
淋浴(每 5min 约使用 150L 水)	7min

1. 不同交换界面的污染物暴露量估算

(1) 经呼吸道进入人体的量估算

首先要了解该土壤污染物在空气中的浓度。一般是实际测定，但有时也通过估算。如果来源于土壤的污染物本身是相对易挥发的物质，如氯仿、氯乙烷等氯代烃时，可通过它们在土壤中的浓度、挥发速率、被大气混合的程度以及实际的暴露位置等来推算它们在大气中的浓度。土壤中的一些非挥发性污染物如重金属、二噁英等主要通过附着在颗粒物上进入大气，一般情况下，粒径≤10μm的颗粒物可进入呼吸道，而不同粒径的颗粒物滞留在呼吸道的部位不同，因此有必要了解空气中不同粒径颗粒物的分布以及各种颗粒物上所吸附的污染物的浓度。其次，是呼吸率的估算，这是一个重要参数，据估计，体重为70kg的成人在休息时呼吸率为$5m^3/8h$，在中等体力劳动时呼吸率为$10m^3/8h$。污染物在肺泡的吸收程度显著影响实际吸入暴露量。土壤挥发性污染物在大气中的浓度很低，几乎可以100%被肺泡吸收，而附着在颗粒物上的污染物的吸收则取决于污染物和颗粒物的理化性质及在呼吸道的滞留部位。

(2) 经消化道进入人体的暴露量估算

应考虑土壤污染物在各介质中的含量，每日食品、水的摄入量以及消化道实际的吸收系数。特别是，应注意儿童通过手—口方式摄入污染的土壤。据估计，一个7岁以下的儿童每天平均的土壤摄入量为0.2g。

(3) 经皮肤吸收进入人体的暴露量估算

为了估计土壤污染物经皮肤的暴露量，需要了解污染物在土壤或灰尘中的浓度、暴露皮肤的面积、皮肤的吸收系数以及暴露的时间等。挥发性的溶剂从皮肤吸收量很小，一般小于呼吸道吸收的1%。对于吸附于土壤颗粒的污染物，影响其吸收的重要参数是生物利用性，包括污染物以及土壤的理化性质、人体与土壤污染物接触时间的长短以及被污染的土壤与皮肤的接触时间等。

2. 暴露评估的内容

包括土壤污染源分析、暴露途径分析、污染物在时间和空间上的强度和分布分析、暴露人群和环境受体的分析、计算暴露水平和评估不确定性因素等。

3. 暴露评价的步骤

暴露评价一般包括三个步骤：①表征暴露的土壤环境，即对普通的土壤环境物理特点和人群特点进行表征；②确定暴露途径，即依据对土壤污染源、类型、土壤污染物的迁移转化特性及潜在暴露人群的位置和活动情况，确定暴露点和暴露方式(如摄入、吸入)；③定量暴露，包括估算暴露浓度及摄入量。

五、健康风险表征

健康风险表征是健康风险评价的最后一步，通过综合分析暴露评价和剂量—

危害关系评价的结果，分析判断某种危害发生的可能性大小，并对其可信度或不确定性加以阐述，最终以正规文件形式提供给风险管理人员，作为进行管理决策的依据。风险表征包括3个基本步骤：污染土壤危害判定、剂量—危害评估及暴露评价结果的综合分析、风险度分析、书面总结风险表征结果。

1. 综合分析

在土壤污染危害判定、剂量—危害评估及暴露评价结果的综合分析阶段，风险评价者应判断各环节所获数据资料是否充足、可信，各阶段之间是否协调一致，对整个危害评价过程中的不确定因素如剂量分析和暴露评价得出的许多估计值的假设进行总结和讨论。

2. 风险度分析

风险度分析包括：对土壤中每一种污染物暴露途径的风险进行定量并估算；综合不同污染物同时对相同个体的风险，计算总风险指数；评估并给出不确定性；比较分析风险评价结果；将基准风险评价结果相加等。在致癌物的风险度分析中，通常将不同长短的暴露期间转换为终生暴露时间后再进行评估，应用风险表示；在非致癌物短期暴露的风险度分析中，可采用将短期暴露量与RfD进行比较的方法，通常以风险指数(HI)表示。在多种污染物暴露风险度分析时，一般采用每种污染物风险度相加的简单方法，致癌物的作用被认为是相互独立的，因此只把每个致癌物的风险度简单相加就可以；对于非致癌物，计算方法如下

$$\mathrm{HI} = E_1/\mathrm{RfD}_1 + E_2/\mathrm{RfD}_2 + \cdots \tag{3-7}$$

式中：E为土壤中各种污染物的暴露量。

当HI大于1时，可认为有一定危害性。不过，这种方法有一定的局限性，如危害性不随接近或超过参考剂量线性增加；各个RfD的精确度不同，而且可能基于不同的毒性效应，因而剂量相加得出的HI也许反映的是不同毒性机理的效应之和。不过，剂量相加可以应用于某一作用机理并诱导相同效应的污染物。风险度分析的另一重要方面是分析并给出不确定性，不确定性的来源有两类：①暴露的不确定性；②效应的不确定性。在风险评价中不确定性很大，因此要确定对不确定性贡献最大的变量和假设。

3. 书面总结风险表征结果

土壤污染的健康危害评价结果最终以书面形式交给风险管理者。在书面报告中，特别要对做出估计的依据进行详细的分析。风险表征结果的内容应包括以下几方面：①有关土壤污染源的可信度及土壤污染物的浓度包括土壤环境背景值；

②描述目的场所的健康风险类型，区分人类已知风险及根据试验预计要发生的风险；③土壤污染物的定量和定性数据资料；④土壤关键污染物的暴露途径、暴露量估算及有关暴露参数的假设；⑤癌症风险及非癌症风险指数相对于补救措施目标的数值大小；⑥风险产生的因素及不确定性产生的原因及降低不确定性的意义；⑦土壤污染暴露对象的特征。

六、健康风险管理

污染土壤的健康风险管理是指根据风险评价的结果，按照适当的法规条例，选用有效的控制技术，进行削减风险的费用一效益分析，确定可接受风险度和可接受的损害水平，并进行政策分析及考虑社会、经济和政治因素，决定适当的管理措施并付诸实施，以降低或消除该风险度，保护人群健康。与生态风险管理类似，健康风险管理的任务也是通过各种手段(包括法律、行政等手段)控制或消除进入土壤环境的污染物及有害因素，将这些因素导致的健康风险降低到目前公认的可接受水平。

健康风险管理的内容大致包括以下几个方面：①根据土壤污染危害判定结果，确定采用何种风险评价；②筛选出需要做风险评价的项目，特别是有重大危害的项目；③确定土壤污染物的排放标准和土壤环境质量标准；④制定风险的应急措施及补救措施。

健康风险管理的方法也可以从政府及建设单位两方面来考虑。首先，健康风险管理作为政府行为，可以要求建设单位修改或采用与提高安全性有关的规程和技术措施；要求管理部门制定相应的管理制度、形成良好的工作方式；制订和修改法规，提高公众的环境安全意识。其次，健康风险管理作为建设单位的职能，必须制定健康风险管理的计划和方法，并且具体落实防范措施。

总之，通过风险管理手段，以最小的代价减少人群的健康风险，提高环境安全性。

第三节　重金属污染土壤的风险评价与管理

一、风险评价基本框架

1. 评价指标

根据土壤重金属污染的危害性，以及人们所关注的主要生态环境问题，评价指标选择应考虑以下几个方面：①对土壤质量的影响，如对土壤生产力质量的影响；②对陆生生物的胁迫，如对植物/作物、土壤动物和土壤微生物等的毒害作用；③对地下水的不良效应，如水质下降、使用价值降低、不能饮用等；④进入食物链对人体健康产生重要影响。

2. 评价系统

土壤重金属污染的生态风险评价系统由4部分组成：①重金属在土壤中的迁移以及生物对重金属暴露浓度的计算；②重金属进入土壤环境的源计算；③土壤重金属污染的危害性评价；④风险表征。建立风险评价系统的基本思想，是根据源排放与效应之间的因果关系，即释放⟶分布⟶浓度⟶暴露⟶效应。

3. 评价工作内容

重金属以不同方式进入土壤环境，通过在土壤环境中的迁移、转化，在不同环境介质中进行分布，生物通过不同暴露途径接触到重金属，产生某种危害及后果。在进行重金属对土壤环境影响的风险评价时，涉及的基本内容包括：①污染源分析，包括大气重金属沉降，农用化学品施用、污水灌溉和污泥使用带入重金属，因侵蚀径流而使重金属进入地面水以及通过淋溶重金属进入地下水；②生物对重金属的暴露分析与估算，如与土壤动物蚯蚓的接触暴露、土壤动物通过食用土壤吸收重金属、植物或作物通过根系吸收重金属、土壤微生物对重金属的吸收作用；③风险表征，包括对地面水的影响、对浅层地下水的影响、对土壤微生物的影响、对土壤动物的影响以及对水生生物的影响。

二、土壤重金属污染途径与暴露分析

1. 大气沉降

大气中污染物通过干、湿沉降造成土壤表面重金属污染的总沉积量 $A_s(t_e)$ (g/m^2)计算公式为

$$\begin{aligned} A_s(t_e) &= A_d(t_e) + A_w(t_e) \\ &= cV_{d,max} \times \left(1 - f_d \frac{LAI_j}{LAI_{j,max}}\right)\Delta t + (1 - f_w)\sum_k \left(\frac{8\Lambda_k Q}{\pi u x}\Delta t_k\right) \end{aligned} \tag{3-8}$$

式中：$A_s(t_e)$、$A_d(t_e)$、$A_w(t_e)$分别为沉降结束时(t_e)土壤表面重金属的总沉积量、通过干沉降、湿沉降到达土壤表面的沉积量(g/m^2)；c为大气中重金属的浓度(g/m^3)；$V_{d,max}$为干沉降速率(m/s，见表3-7)；f_d为通过干沉降被植物叶面截获而到达土壤的重金属份额；f_w为通过湿沉降被植物截获的份额；Δt为含污染物的降尘飘过的时间(s)；Q为污染源强(g/s)；x为受污染的区域离污染源的距离(m)；Λ_k为降尘飘过期间发生第k次降水过程所对应的重金属的冲洗系数

(L/s，见表 3-8)；Δt_k为降尘飘过期间发生的第 k 次降水过程的持续时间(s)。

表 3-7　推荐干沉降速率(单位：m/s)

表面类型	沉降速率 $V_{d,max}$		
	粒子态元素	元素碘	有机碘
土壤	0.5	3	0.05
牧草	1.5	1.5	0.15
树	5	50	0.5
其他植物	2	20	0.2

表 3-8　粒子态元素和碘的冲洗系数

降水强度 I/(mm/h)	冲洗系数 Λ/s^{-1}	
	碘	其他粒子态元素
<1	3.7×10^{-5}	2.9×10^{-5}
1~3	$1.1\cdot10^{-4}$	1.22×10^{-4}
>3	2.37×10^{-4}	2.9×10^{-4}

因干湿沉降过程沉积于土壤表层的重金属，其浓度因污染物向土壤深部的迁移而减少。这种导致元素从 0~0.1cm 土壤表层向下部运动的现象称为入渗。其入渗常数 λ_{per}为 1.98×10^{-2}/d。对于有植物生长的土壤表层，t 时刻土壤表层重金属元素的浓度相应由式(3-9)计算

$$A_s(t) = A_s(t_e)\cdot\exp[-(\lambda_{per})(t-t_e)] \tag{3-9}$$

2. 农业施肥

农业施肥是向土壤输入重金属的重要途径之一，通过某种重金属在土壤中的质量与相似海平面的该元素的土壤背景值之差可以用来计算施肥引起的土壤中重金属变化，计算方法如下

$$\delta_{j,c} = c_{j,c}\,\rho_c(\varepsilon_{j,c}+1) - c_{j,c}\cdot\rho_r \tag{3-10}$$

式中：$\delta_{j,c}$为单位体积的j重金属变化变量；ρ_r为同类土壤的背景密度；ρ_c为土壤密度；$c_{j,c}$为该j重金属在土壤中的背景浓度；$\varepsilon_{j,c}$为土壤的理化性质参数。$\varepsilon_{j,c}$的计算如下

$$\varepsilon_{j,c}=\left(\frac{\rho_r c_{i,r}}{\rho_c c_{i,c}}\right)-1 \tag{3-11}$$

式中：$c_{i,r}$为土壤中稳定元素i的背景浓度；$c_{i,c}$为土壤中稳定元素i的浓度。当$\varepsilon_{j,c}$为负值时表示农业活动导致土壤板结；当$\varepsilon_{j,c}$为正值时表示农业活动导致土壤疏松。由于土壤是个开放系统，稳定元素i的选择要慎重，一般选镍元素。

3. 污水灌溉

工业和生活污水灌溉是重金属污染土壤的途径之一，土壤中重金属浓度与重金属及土壤的理化性质有关，计算过程如表3-9所示。

表3-9　污水灌溉带入土壤中重金属的计算

步骤	参数及公式
①确定重金属的理化性质	土壤颗粒中的分配系数(K_π)，悬浮粒中的分配系数(K_σ)
②确定土壤介质的理化性质	灌溉面积(S)、灌溉层厚度体积及密度、土壤水含量
③计算土壤水及土壤颗粒的重金属水合平衡参数Z'(设Z'_2、Z'_4和Z'_5分别为水、悬浮颗粒和土壤颗粒的水合平衡参数)	$Z'_2=1$ $Z'_4=Z'_2\cdot K_\sigma$ $Z_5=Z_2\cdot K_\pi$
④计算重金属在土壤水及土壤颗粒中交换系数D(设D为从水到土壤中的转移系数，D_S为从土壤颗粒到土壤水的转移系数)	$D=S(U_{MTC}Z'_2+U_{SS}Z'_4)$ $D_S=S(U_{MTC}Z'_2+U_{RS}Z'_5)$ 式中：U_{MTC}为质量转移系数；U_{SS}为悬浮颗粒沉积系数；U_{RS}为土壤颗粒的悬浮系数
⑤重金属在土壤中的沉积系数A	$A=\frac{E_W+E_S}{D\cdot D_S}$ 式中：E_W、E_S分别为重金属在土壤水及土壤颗粒中的沉积速率
⑥计算土壤溶液中的重金属浓度c(mg/m^3)	$c_W=MW\cdot Z'_2\cdot A$

4. 污泥应用

污泥施用造成重金属的土壤污染，一直是西方发达国家所面临的重要环境问题。中国近年来污水处理事业发展的势头，势必带来更多的污泥。

通过污泥作为肥料施入到土壤中，土壤中重金属的浓度是由一定量污泥与表层土壤混合而决定的。计算参数及含义如表 3-10，计算式如下

$$c = c_0 + XK \cdot \frac{1-K^n}{1-K} \tag{3-12}$$

$$X = Q \cdot c \tag{3-13}$$

表 3-10　污泥施入土壤中的重金属计算参数

参数	符号
土壤中重金属的浓度/(mg/hm²)	c
污泥使用前重金属在土壤中的背景值/(mg/hm²)	c_0
单位面积土壤每年接纳重金属的量/ [mg/(hm² · a)]	x
重金属在土壤中的年残留率	k
污泥使用年限/a	n
污泥使用量/ [kg/(hm² · a)]	q
污泥中重金属浓度/(mg/kg)	c

5. 对地下水的污染

有关的农业管理措施如无机肥的施用、施用有机废弃物及污水灌溉等是造成土壤重金属污染的关键因素，在酸性土壤条件下，重金属元素具有可溶性，易于迁移，这样导致地下水及食物链的重金属污染。重金属在土壤中的垂直分布的研究有助于阐明地下水的重金属污染，重金属在土壤中的垂直分布呈残积一淀积形分布。

重金属在土壤中的吸附可以由以下的 Freundlich 等温方程计算

$$S = K_f c^n \tag{3-14}$$

式中：S 为土壤层中的重金属浓度(mg/kg)；c 为重金属在溶液中的饱和浓度

(μg/L)；K_f 为 Freundlich 吸收系数；n 为 Freundlich 指数。吸附率的计算公式为

$$R_S = \frac{HM_{st}}{HM_{mt}} \tag{3-15}$$

式中：HM_{st} 为总吸附量(μg)；HM_{mt} 为总施用量（mg)；R_S 为吸附率。

有研究表明，在 0～3cm 土层中，重金属铬的 K_f 值与土壤中有机碳含量相关性较大，在 10～25cm 土层中与 CEC 及 pH 的相关性较大，与有机碳的相关性较小。对铬和镍的研究发现，0～20cm 土层中的重金属含量较小，20～40cm 土层中的含量增大，重金属的主要吸附积累层在 60cm 以上部分，60cm 以下大致处于背景值。土壤对重金属的吸附作用与土壤的黏性、有机质含量及铁、铝、锰等水化氧化物的含量有关，含量越高吸附越大，对地下水的污染就越少。

三、生态风险评价

1. 对土壤动物危害影响的风险评价

土壤动物对改良土壤性状，增进土壤肥力具有重要作用。由于它与土壤污染物接触十分紧密，同时又对重金属具有富集作用，并且是许多哺乳动物和鸟类的食物，因此，重金属对土壤动物的危害影响是评价重金属对陆地生态系统健康风险的一个重要内容。据研究，土壤动物中等足类动物对重金属的富集较高而鞘翅类动物的富集较低，蚯蚓居中，因此评价以土壤动物为食的动物生态风险时，应考虑该动物的具体食性。图 3-5 描述了重金属对土壤动物危害影响的风险评价决策树。Heikens（2001）提出土壤重金属污染物在土壤无脊髓动物体内的积累符合方程（3-16）

$$\lg c_0 = \lg a + b\lg c_s \tag{3-16}$$

式中：c_0 为土壤无脊髓动物体内重金属浓度；c_s 为土壤中重金属浓度；a、b 分别为与具体动物有关的常量。

2. 对作物危害影响的风险评价

作物是陆地生态系统食链中的重要环节。作物作为一种评价终点具有多种暴露途径，即土壤、水和大气都是作物暴露于重金属的环境介质。因此，对作物的重金属危害影响评价较复杂，对作物的危害评价指标有：①生物个体指标，其中生物个体形态指标包括植物株高、根长生物量等，生理生化指标包括发芽率、光合作用及反应酶活性等；②生物种群指标，包括种群密度和大小、种群结构及数

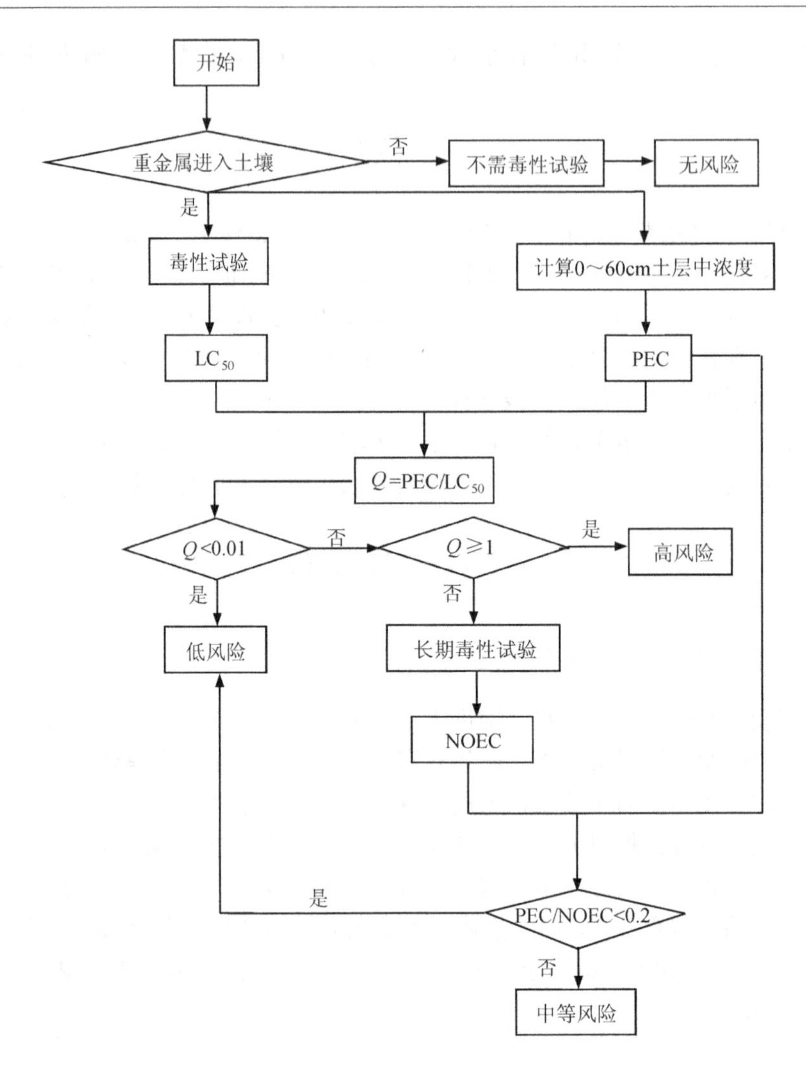

图 3-5　重金属对土壤动物危害影响的风险评价决策树

量等；③生物群落指标，包括群落结构、功能、动态及分布等。具体评价程序如图 3-6 所示。

3. 对有益微生物危害影响的风险评价

重金属对土壤微生物的影响的评价指标可由这样几种方法获取：①细菌平板计算法；②CLPP(community level physiological profiling)法；③C-FAMEP(community fatty acid methyl ester profile)法；④脱氢酶活性测定；⑤线虫群落的多样性。其危害影响的风险评价过程如图 3-7 所示。

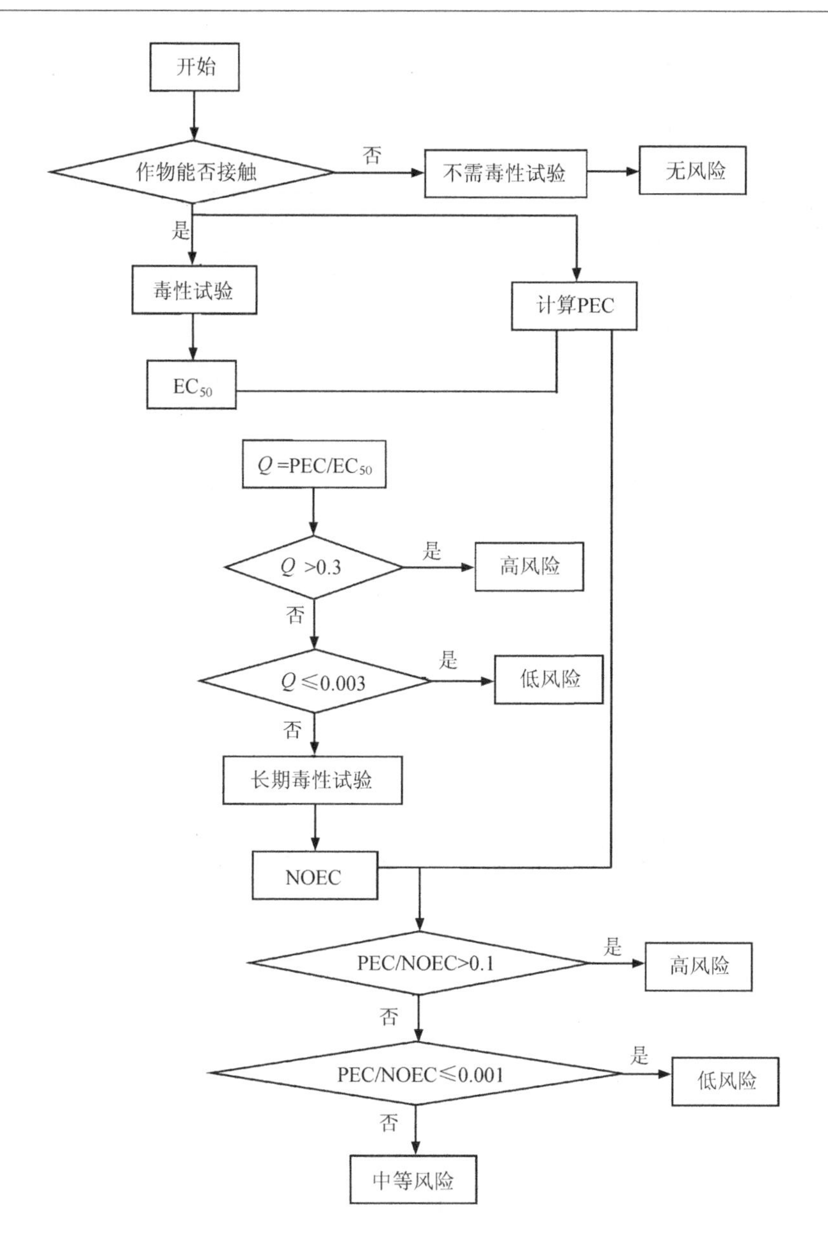

图 3-6　重金属对作物危害影响的风险评价决策树

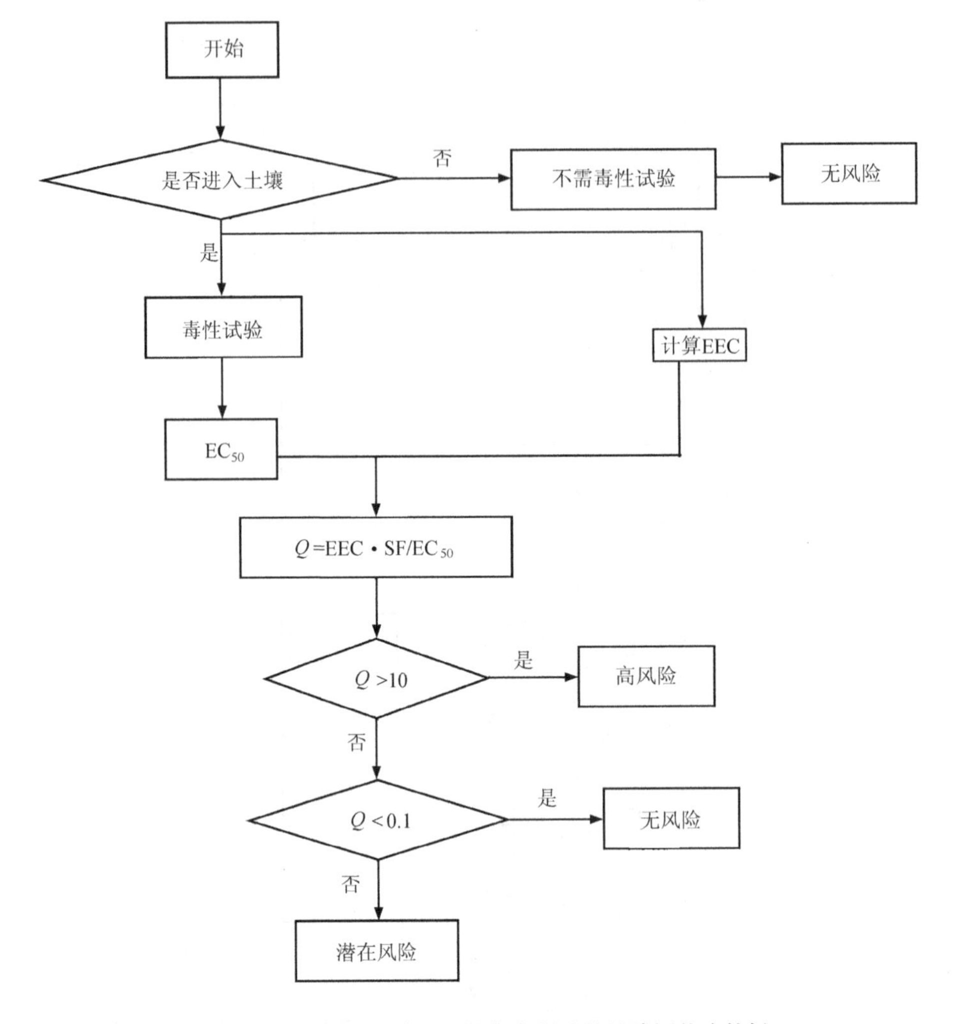

图 3-7　重金属对土壤微生物危害影响的风险评价决策树

四、人体健康风险评价

重金属污染土壤对人体健康的风险，主要可通过食物链传递暴露，虽然近年来通过呼吸吸入含重金属的污染土壤扬尘的可能性增加，但诸如汞及一些有机金属化合物(如甲基汞)等通过蒸气形式毒害人体的方式还是比较少。也就是说，在重金属向人体转移的各种途径中，人们食用农业生态系统的植物性食物甚至动物性食物所占比例较高。

重金属对人体健康风险评价的程序如下面 4 个方面：

1）土壤污染源强的计算。

2）重金属在土壤剖面及大气、地下水中的浓度分布。

3）对人体健康危害的风险度计算，其中致癌性风险度计算为

$$R_{ij}=[1.0-\exp(-D_{ij}Q_{ij})]/70 \tag{3-17}$$

式中：R_{ij} 为暴露途径 j，致癌性重金属 i 所引起的健康风险（a^{-1}）；D_{ij} 为暴露途径 j，致癌重金属 i 的日平均摄入量 [mg/(kg·d)]；Q_{ij} 为重金属 i 的致癌因子 (kg·d/mg)；70 为人类平均寿命(a)。非致癌性风险度计算为

$$R_{ij}=1\times10^{6}\times D_{ij}/\mathrm{RfD}_{ij}\times70 \tag{3-18}$$

式中：R_{ij} 为暴露途径 j，非致癌性重金属 i 所引起的健康风险（a^{-1}）；1×10^{6} 为非致癌性重金属 i 的可接受风险水平；D_{ij} 为暴露途径 j，非致癌重金属 i 的日平均摄入量 [mg/(kg·d)]；RfD_{ij} 为暴露途径 j，非致癌性重金属 i 的参考剂量 [mg/(kg·d)]；70 为人类平均寿命(a)。

4）总年危险计算。按式(3-17)和式(3-18)计算出来的重金属所致健康危害的风险在含义上是有差别的，严格来讲不能直接相加，不过从危害管理的角度出发，可从偏保守的方面考虑，将后两种健康危害都视为与癌症死亡一样严重，使以上二者有可加性，以计算个人总年危害。

第四节　农药污染土壤的风险评价与管理

一、风险评价基本框架

1. 评价指标

根据土壤农药污染的危害性，以及人们所关注的由农药引起的一些生态环境问题，评价指标选择主要考虑以下几个方面：

1）在土壤中的持久性及对土壤质量的影响，包括对土壤环境质量、土壤肥力质量和土壤健康质量的影响；

2）对陆地生态系统健康的影响，包括陆生生物的保护，如鸟及其他哺乳动物、土壤蚯蚓、蜜蜂及其他有益昆虫；

3）通过地表径流的迁移及进入地表水的可能性，对地表水中水生生物及水生生态系统健康的影响，包括对鱼、藻、贝类等的毒害效应评估；

4）通过淋溶或其他迁移方式进入地下水的可能性，对地下水资源使用功能

的影响；

5）挥发进入大气对大气污染的贡献；

6）通过陆生食物链对人体健康产生的直接、间接影响，以及潜在效应。

2. 评价系统

农药生态风险评价系统由 4 个部分组成：①污染土壤中农药的形态转化与迁移能力以及各种生物对农药暴露浓度的计算；②如果还存在污染源，对进入土壤环境的农药污染源进行计算；③危害评价，包括直接的和间接的危害；④风险表征。建立风险评价系统的基本思想是根据污染土壤(作为污染源)与效应之间的因果关系，即形态转化⟶迁移⟶有效浓度⟶暴露⟶效应(图 3-8)。

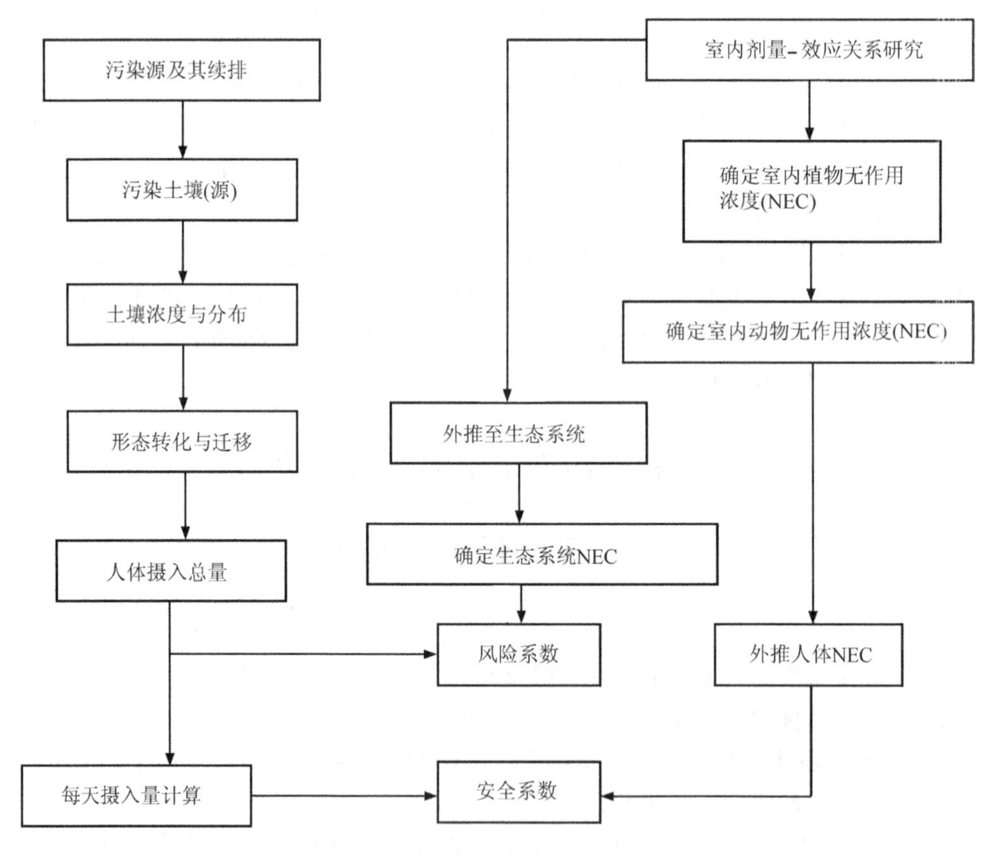

图 3-8　农药污染土壤风险评价系统中源与效应间因果关系链

3. 评价工作内容

农药污染土壤，也就是进入土壤中的农药，会通过各种方式在土壤环境中发生迁移转化，在土壤不同介质中进行重新分配，生物体(包括植物、土壤动物和土壤微生物等)通过不同暴露途径接触到农药，产生某种危害及后果。在进行农药污染土壤的生态风险评价时，涉及的基本内容包括以下四个方面：

1) 污染土壤中农药的浓度与存在形态。

2) 污染源的继续输入或部分输出。颗粒剂施入土壤、种子处理剂进入土壤、喷施散落在土壤、喷施被作物截获、污泥施入到土壤、自土壤中挥发、气相沉积到土壤、侵蚀径流进入地面水、淋溶进入地下水。

3) 生物体对农药的暴露分析与估算。主要包括鸟和哺乳动物通过食用土壤吸收农药、鸟和哺乳动物通过食用生长于农药污染土壤的作物吸收农药、土壤动物(蚯蚓)对农药的吸收、鸟和哺乳动物通过食用农药污染土壤中土壤动物吸收农药、鸟和哺乳动物通过食用暴露于农药污染土壤的昆虫吸收农药等。

4) 风险表征。农药污染土壤对地面水的影响、对浅层地下水的影响、对鸟和哺乳动物的影响、对土壤动物的影响、对植物或作物的影响、对周围生态系统健康的影响。

二、土壤农药污染途径与暴露分析

1. 种子处理剂污染土壤

种子处理剂是被农药处理过的种子带入土壤的，它们与土壤混合或保留在土壤表面。混合时，假设1%的农药留在土壤表面，反之则为100%。与土壤混合时，表面土层中农药量，计算方法为

$$Dos_{suf} = F_{mix} \cdot Dos_{max} \tag{3-19}$$

不与土壤混合时，计算方法为

$$Dos_{suf} = F_{not\ mix} \cdot Dos_{max} \tag{3-20}$$

式中：Dos_{max}为农药最大施用量(kg/hm^2)；F_{mix}为土壤混合因子(F_{mix}=0.01)；$F_{not\ mix}$为不与土壤混合因子($F_{not\ mix}$=1.0)；Dos_{suf}为土壤表面农药量(kg/hm^2)。

如果与土壤混合，假设农药在0～20cm表层中均匀分布；如果不与土壤混合，假设农药在0～5cm中分布，则可以计算农药在土壤中的起始浓度(PIEC)，也可作为0d时的浓度(c_0或$c_{soil,\ tol}$)。计算公式如下

$$\mathrm{PIEC} = \frac{Dos_{max} \times 10^6}{H_{soil} \cdot B_d \times 10^4} \tag{3-21}$$

式中：PIEC 为农药在土壤中的起始浓度(mg/kg)；Dos_{max}为农药最大施用量(mg/kg)；H_{soil}为土壤深度(m，混合为 0.2m，不混合为 0.05m)；B_d 为土壤容重(kg/m^3,一般取 $1400kg/m^3$)。因为在一个季节中不可能重复播种，所以最大施用量 Dos_{max}就等于施用量 Dos。

土壤中农药总量包括在固相上(c_{soil})和土壤水中农药的量($c_{soil\ w}$)，即

$$\text{PIEC} = c_t = c_{soil} + c_{soil\ w} \tag{3-22}$$

其中，c_{soil}和 $c_{soil\ w}$的值大小与农药的分配系数有关，计算方法如下

$$c_{soil\ w} = \frac{c_t}{1 + K_{s/l}} \tag{3-23}$$

$$c_{soil} = c_t \cdot \frac{K_{s/l}}{1 + K_{s/l}} \tag{3-24}$$

式中：$K_{s/l}$ 为分配系数(dm^3/kg)；c_t 为土壤中农药总量，即 PIEC(mg/kg)；$c_{soil\ w}$为土壤水中农药的量(mg/L)；c_{soil}为土壤固相上的农药量(mg/kg)。

2. 农药颗粒剂污染土壤

农药以颗粒剂形式施入土壤，在土壤中的农药浓度可根据其农药施用量直接进行计算。如果在一个季节中重复多次施用颗粒剂农药，需计算其最大浓度。最大浓度与农药生物降解半衰期 $t_{1/2}$、施用频率以及两次使用间隔时间有关，有关计算方法与种子处理剂相同，计算时所需的参数见表 3-11。

表 3-11　多次施用时最大浓度的计算参数

参数	单位	符号	C/R/E/O
输入			
单次用量 a. i.[1]	kg/L	Dos	R
生物降解 $t_{1/2}$	d	DT_{50}	R
施用频率		n	R
施用间隔	d	I	R
输出			
表观最大量 a. i.	kg/hm^2	Dos_{max}	

1) a. i. 表示有效成分，下同。

3. 农药喷施污染土壤

在一个季度中，农药喷施可以进行多次，因此，最大剂量为多次施用后的农药量，计算方法同前。农药喷施后，一部分被作物表面截获，另一部分则散落到土壤、地面水或飘逸到空气中。假设一般情况下，10%留在空气中，到达土壤和作物上的比例为 90%。则 90%部分的农药在作物上和散落在土壤中的比例根据不同的作物和生长阶段面有所不同，见表 3-12。

表 3-12　一些作物喷施农药时在作物上和在土壤中的农药分配比例

作物	生长期	作物上 P_{crop}/%	土壤中 P_{soil}/%
土豆、甜菜	发芽后 2～4 周	20	70
土豆、甜菜	成熟	80	10
苹果树	春天	40	50
苹果树	成熟	70	20
梨	发芽后	10	80
梨	全开花	70	20
玉米	发芽 1 个月	10	80
玉米	全长出	70	20
草地		40	50
汤菜	全长出	70	20
洋葱	全株	50	40
一般情况		10	80

散落到土壤的量，也就是土壤污染的暴露剂量，其计算如下

$$Dos_{soil} = Dos_{max} \times \frac{P_{soil}}{100} \tag{3-25}$$

土壤表层中农药的分布

$$\mathrm{PIEC} = \frac{Dos_{soil} \times 10^6}{H_{soil} \cdot B_d \times 10^4} \tag{3-26}$$

式中：Dos_{max}为表观最大剂量(kg/hm²)；P_{soil}为落入土壤中的农药比例(%)；H_{soil}为土壤深度(m，取 0.05)；B_d 为土壤容重(kg/m³，一般取 1400kg/m³)。

4. 污泥施用造成农药的土壤污染

除了将农药直接施入土壤，还可以通过污水处理厂的污泥作为肥料施入到土

壤中，土壤中的浓度是由一定量污泥与表层土壤混合而决定的。计算参数包括干污泥中农药浓度、土壤稀释因子和土壤中农药浓度等，如表3-13所示，其土壤污染浓度计算如下

$$c_{soil,a}=c_{sludg}\cdot F_{mix,a} \tag{3-27}$$

$$c_{soil,g}=c_{sludg}\cdot F_{mix,g} \tag{3-28}$$

表3-13 污泥施入土壤中的农药浓度计算参数

参数	单位	符号	C/R/E/O
输入			
干污泥中农药浓度 a. i.	kg/hm^2	c_{sludg}	*O*
农田土壤稀释因子		$F_{mix,a}=0.2$	*C*
草地土壤稀释因子		$F_{mix,g}=0.05$	*C*
输出			
农田土壤中农药浓度 a. i.	kg/hm^2	$c_{soil,a}$	
草地土壤中农药浓度 a. i.	kg/hm^2	$c_{soil,g}$	

5. 污染土壤中农药的挥发

农药污染土壤，随着当地气候条件的变化，一部分将从土壤中挥发掉。表3-14为土壤中农药挥发计算所需的参数。其传输速率常数计算如下

表3-14 土壤中农药挥发计算所需的参数

参数	单位	符号	C/R/E/O
输入			
土壤深度	m	H_{soil}(0.05/0.20m)	*C*
正辛醇/水分配系数		$K_{o/w}$	*R*
蒸气压	Pa	V_p	*R*
水中溶解度	mol/L	S_w	*R*
时间	d	t	C
土壤中农药起始浓度 a. i.	mg/kg	PIEC	*O*
输出			
挥发作用一级传输速率常数		$K_{vol,soil}$	
t 天时土壤中农药浓度 a. i.	mg/kg	$c_{soil,t}$	
半衰期	d	DT_{50}	

$$K_{vol,soil} = \frac{1}{H_{soil}} \times \left(1.9 \times 10^4 + 2.6 \times 10^4 \times \frac{K_{o/w}}{V_p/S_w}\right) \tag{3-29}$$

一级反应速率浓度计算如下

$$c_{soil,t} = \text{PIEC} \cdot e^{-K}_{vol,soil} \cdot t \tag{3-30}$$

$$\text{DT}_{50} = \left[H_{soil} \times \left(1.9 \times 10^4 + 2.6 \times 10^4 \times \frac{K_{o/w}}{V_p/S_w}\right)\right] \times \ln 2 \tag{3-31}$$

6. 对地下水的污染

假如有水排放，只有40%的降雨通过淋溶进入地下水；若没有排水，则100%降雨全部进入地下水。然而，地下水中的农药浓度与浅层地下水中保持一致。计算方法如下

$$c_{gw,t} = c_{gw,0} \cdot e^{-K_{ts}} \tag{3-32}$$

式中：$c_{gw,t}$为t时间地下水中农药浓度(mg/m)；$c_{gw,0}$为地下水中农药的起始浓度(mg/m)；K_{ts}为农药转化系数。

三、生态风险评价

1. 对鸟类危害影响的风险评价

鸟类是陆生生态系统中的重要成员，鸟类的多少与健康状况是对陆生生态系统健康的表征。农药污染土壤对鸟类的危害影响很大，常常作为生态风险的重要指标。

首先，鸟类通过食用昆虫或作物而吸收农药。该暴露途径评价时所需的数据(a.i. 表示有效成分；BW 表示体重；feed 表示喂食)见表 3-15。其中，$\text{LD}_{50目标生物}$为等于平均体重时的LD_{50}值，校正方法为

$$\text{LD}_{50目标生物} = \text{LD}_{50} \times 目标生物平均体重 \tag{3-33}$$

通过鸟、哺乳动物 DFI 和环境剂量预测值 PED_{DFI}，可计算鸟和哺乳动物每天摄入的作物或昆虫上农药的量。DFI 与鸟和哺乳动物体重的关系如下

$$\lg\text{DFI} = -0.188 + 0.651\lg\text{BW}\ (\text{g/d})\quad(所有鸟类) \tag{3-34}$$

$$\lg DFI = -0.4 + 0.85\lg BW \ (g/d) \quad (雀类) \tag{3-35}$$

$$\lg DFI = -0.521 + 0.751\lg BW \ (g/d) \quad (非雀类) \tag{3-36}$$

$$\lg DFI = -0.629 + 0.822\lg BW \ (g/d) \quad (所有哺乳动物) \tag{3-37}$$

PED_{DFI}用式(3-38)计算

$$PED_{DFI} = PEC_{feed} \cdot DFI(kg/d) \tag{3-38}$$

表 3-15　评价鸟类通过食用昆虫或作物而吸收农药的数据

数据符号	单位	*C/R/E/O*
LD_{50BW}	a. i. mg/kg BW	*R*
$LD_{50目标生物}$	a. i. mg/目标生物	*R*
LC_{50feed}	a. i. mg/kg feed	*R*
$NOEC_{bird}$	a. i. mg/kg feed	*R*
$PEC_{feed\ short/long}$	a. i. mg/kg feed	*O*
DFI(每日摄入食物量)	a. i. g/d	*C*

在生态风险评价过程中，也要推导出通过喂食暴露途径的预测值 PEC_{feed}：短期喂食暴露的预测值 $PEC_{feed\ short}$(5d 平均浓度 mg/kg)和长期喂食暴露的预测值 $PEC_{feed\ long}$(更长时间内的平均浓度；毒性试验期)。如果已知农药 $t_{1/2}$，就可以确定 $PEC_{feed\ long}$。$t_{1/2}$最好由作物或昆虫中的残留数据计算得到，若有 3 个或更多的有效测定值，DT_{50}能通过线性回归来确定。若有 2 个有效测定值，DT_{50}则采用下列方法计算

$$DT_{50} = \frac{\ln 2 \times t}{\ln c_t - \ln c_0} \tag{3-39}$$

式中：c_0 为 0 天的食物中的浓度；c_t 为 t 天食物中的浓度；t 为时间。

PEC 的计算则为

$$PEC_{feed\ short/long} = c_0(1 - e^{-kt})/kt \tag{3-40}$$

式中：$PEC_{feed\ short/long}$为短期/长期喂食暴露的预测值；$k=\ln 2/DT_{50}$。对于短期暴露，若 PED 与 LD_{50}的比值>1 为高风险；若该值≤0.001 为低风险，或者 PEC 与 LC_{50}的比值>0.1 为高风险；该值≤0.01 为低风险。

其次，鸟类食用土壤中颗料剂或处理过的种子而吸收农药。该暴露途径的评价所需的数据见表 3-16。其中，$LD_{50颗粒}$是对$LD_{50目标生物}$根据每个颗粒或种子上农药量的校正而得到的，即

$$LD_{50颗粒} = LD_{50目标生物} / 每颗粒上农药含量 \tag{3-41}$$

表 3-16　农药污染土壤暴露途径所需数据

暴露途径	内容	所需数据
食用土壤中颗粒剂或处理过的种子		●$LD_{50目标生物}$ a. i(mg)(*R*) ●$LD_{50颗粒}$ (*R*) ●每平方米颗粒剂或种子的数目，校正到用土混合的程度(k/m^2)(*C*) ●PEC_{feed} a. i. (mg/d)(*O*) ●DFI(g/d)(*C*)
通过饮用水而暴露农药		● $LD_{50目标生物}$ a. i(mg)(*R*) ● $PEC_{喷施液}$ a. i. (mg/L)(*O*) ● $PEC_{水,0\sim5d}$ a. i. (mg/L)(*O*) ● 每天摄水量(DWI)(g/d)(*C*)
食用陆生生物		● 生物降解 $t_{1/2}$(DT$_{50}$，d)(*R*) ● LC$_{50}$(mg/kg)(*R*) ● NOEC(mg/kg)(*R*) ● PIEC(mg/kg)(*O*) ● PEC_{soil}(mg/kg)(*O*)
食用水生生物	21/28d 后水中浓度计算	输入 ● T_0 时浓度($c_{w,0}$)a. i. (mg/kg)(*O*) ● DT$_{50}$(d) (*R*) ● T=21d 或 28d(d)(*C*) 输出 ● $c_{w,mean}$ a. i. (mg/kg)
	水生生物吸收农药	输入 ● 水生生物富集系数(BFC)(*R*/*C*) ● 环境浓度(PEC_w)(*O*) 输出 ● 水生生物中的浓度($c_{w,org}$)

PEC_{feed}定义为

$$PEC_{feed} = Dos_{suf} \times 10^6 / (H_{soil} \times B_d) \tag{3-42}$$

若 PEC·DFI 与 LD_{50} 的比值>1 为高风险；比值≤0.001 为低风险。

其三，鸟类通过农药污染土壤影响的饮水而吸收农药。鸟类通过饮用水(包括地表水、叶子和作物中的水)而暴露农药，该暴露途径评价时需要的数据见表 3-16。其中，$PEC_{喷施液}$ 采用公式(13-43)计算

$$PEC_{喷施液} = 用量(kg/hm^2) / 喷液量(L/hm^2) \tag{3-43}$$

假定鸟的平均体重为 100g，每天摄入水量至少占体重的 30%，若鸟的体重大于 100g，至少为 10%。除非农药降解非常快(DT_{50}<1d)，计算时不考虑生物降解作用，这时

$$PEC_{水,0\sim5d} = PEC_{short\ term} + c_{w,r/e} \tag{3-44}$$

若 PEC·DWI 与 LD_{50} 的比值>0.1 为高风险，比值≤0.001 为低风险。

其四，鸟通过食用农药污染土壤暴露的陆生生物(如蚯蚓)而吸收农药。该暴露途径的评价所需数据见表 3-16。其中，PEC_{soil} 为 4 个星期内的平均浓度，假设生物降解服从一级动力学规律(除了生物降解，其他如挥发、生物吸收、沉积的影响未加考虑)。蚯蚓对土壤中农药的吸收可通过生物富集因子(BCF)来计算，而 BCF 最好由试验求得，如果没有试验数据结果，可采用定量结构－活性关系($QSAR_s$)来估算

$$BCF = (0.01/0.66F_{oc}) \times K_{o/w}^{0.07} \tag{3-45}$$

式中：F_{oc} 为有机质组分数；$K_{o/w}$ 为正辛醇/水分配系数。蚯蚓体内农药浓度的计算公式

$$c_{worm} = BCF \cdot PEC \tag{3-46}$$

若 BCF·PEC 与 NOEC 的比值>1 为高风险，比值≤0.01 为低风险。

其五，鸟类通过食用水生生物对农药的吸收，21d 和 28d 水中农药的浓度计算方法与 28d 土壤的浓度相同，所需数据见表 3-16。其中，在时间间隔内的平均浓度($c_{w,mean}$)计算如下

$$c_{w,mean} = c_{w,0} \cdot (1 - e^{-kt}) / kt \tag{3-47}$$

式中：$k = \ln2/DT_{50}$。由于地下水排泄是一个长期过程，因此要加上飘逸过程，得到 21d 或 28d 后的水中农药浓度

$$c_{w}=c_{w,mean}+c_{w,drainage}\quad (mg/L) \tag{3-48}$$

水生生物吸收农药通过 BCF 来计算，如果没有 BCF，就采用 $QSAR_s$ 来计算

$$BCF=0.048\cdot K_{o/w} \tag{3-49}$$

该暴露途径所需参数也见表 3-16。其中，水生生物中的浓度计算公式如下

$$c=BCF\cdot PEC_{wat} \tag{3-50}$$

若 BCF · PEC 与 NOEC 的比值>1 为高风险，比值≤0.01 为低风险。

2. 对蚯蚓危害影响的风险评价

蚯蚓是土壤生态系统中一个重要的组成部分，它对改良土壤性状，增进土壤肥力具有重要作用。同时，蚯蚓能促进土壤中有机物的分解，对有机污染物具有降解净化作用，在净化土壤环境、消除土壤污染方面具有重要实际意义。因此，农药对蚯蚓的危害影响是农药污染土壤生态风险评价的一个重要内容。评价程序如下面 9 个方面：

1）判断农药污染土壤周围是否还存在污染源并有农药等污染物直接进入土壤。如果没有，说明无风险，不需做毒性试验；如果有，进入下一步，做毒性试验。

2）计算 PIEC。与土壤不混合时，计算 0～5cm 土层中浓度；与土壤混合时，计算 0～20cm 土层农药浓度。

3）计算 Q。$Q=PIEC/LC_{50}$。

4）判断 Q 值大小。$Q<0.01$ 为低风险；$Q\geqslant 1$ 为高风险；如果 $0.01\leqslant Q<1$，做进一步分析。

5）当 $0.01\leqslant Q<0.1$ 时，并且 $DT_{50}\leqslant 60$ 或施用次数≤3 次/季度，可以认为低风险；当 $0.1\leqslant Q<1$ 时，而且 $DT_{50}\leqslant 60$ 或施用次数>3 次/季度，可以认为高风险。

6）当 $0.01\leqslant Q<0.1$ 时，并且 $DT_{50}>60$ 或施用次数>3 次/季度，或当 $0.1\leqslant Q<1$ 时，而且 $DT_{50}>60$，或施用次数≤3 次/季度，做进一步分析。

7）进行亚急性试验得出 $NOEC_{0\sim 28d}$，并且计算土壤中慢性暴露浓度 $PEC_{0\sim 28}$。

8）计算 $PEC_{0\sim 28}/NOEC_{0\sim 28d}$ 比值。如果 $PEC_{0\sim 28}/NOEC_{0\sim 28d}<0.2$，可以认为是低风险；如果 $PEC_{0\sim 28}/NOEC_{0\sim 28d}\geqslant 0.2$，可以认为中等风险。

9）用于蚯蚓评价所需的参数，如 NOEC、DT_{50}，a. i.（接触 mg/kg，经口试验 μg）等可从有关资料查得。

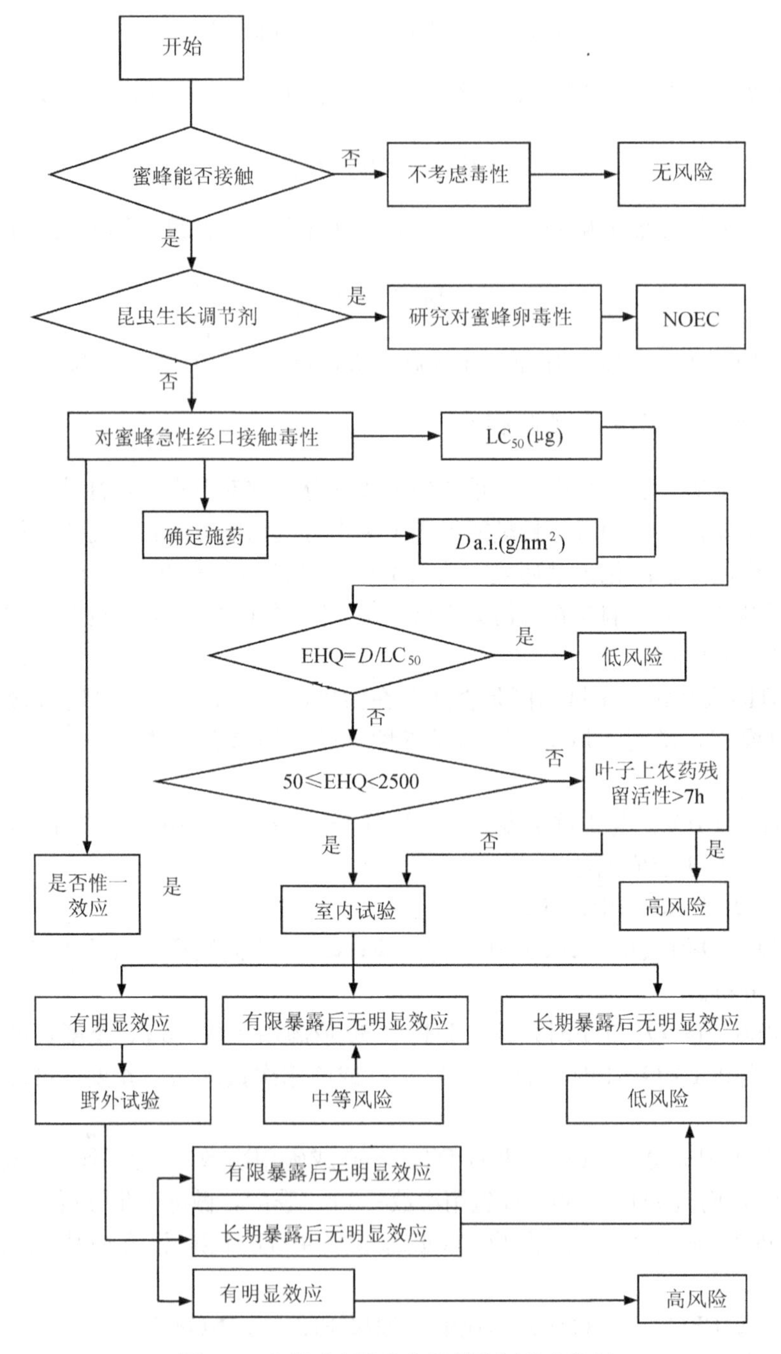

图 3-9　农药对蜜蜂危害的风险评价决策树

3. 对蜜蜂危害影响的风险评价

农药使用对蜜蜂的危害影响是衡量农药对生态环境安全的重要内容，在风险评价中，评价农药对蜜蜂影响的程序如图 3-9。蜜蜂是一种群居性昆虫，对于此类社会性昆虫的风险评价还可采用农药生态风险评估中的一种——基于群体水平效应的灭绝风险评估。这种评估方法的前提是假设农药的不良效应为降低生物群体内在的自然增长率(r)，而其他参数不变。

$$\Delta p = p_0(10^{-\Delta \lg T} - 1) \tag{3-51}$$

$$\Delta \lg T = -(x/\alpha)^{\beta}(2r_{max}/V_e)\lg N \tag{3-52}$$

$$p_0 = 10^{-(2r_{max}/V_e)\lg N} \tag{3-53}$$

式中：Δp 为农药污染下的蜜蜂灭绝可能性；p_0 为背景灭绝可能性；T 为平均灭绝时间；x 为对应于r 为 0 的农药浓度时的参数；α 为与毒性数量级有关的参数；β为r 与暴露浓度之间关系的曲率；V_e 为 r 的环境变异系数；r_{max}为没有污染情况下的最大值 r；N 为蜜蜂群体大小。

可以通过急性－慢性毒性试验来估计各个参数值。

四、人体健康风险评价

土壤受到化学合成农药的污染，可通过各种途径对人体健康产生较大的危害，大体可以分为急性中毒和长期临床效应两方面，后者根据其调查结果的可靠程度而划分为确实的和可能的长期效应两种类型。

1）急性农药中毒包括误食农药污染的土壤颗粒及污染土壤影响的地下水或地表水。引起急性中毒的农药常见为有机磷杀虫剂，其次为氨基甲酸酯类、有机氯和有机汞类。

2）长期的临床效应，根据大量的流行病学调查研究的结果表明，农药所致的长期临床效应主要有如下几类：①烷基汞(杀真菌剂)引起运动、感觉与中枢神经系统损害；②铵盐(杀鼠剂)引起多种神经病与中枢神经系统的损害；③含砷农药(除草剂)可引起皮炎；④二溴丙烷(土壤薰蒸剂和杀线虫剂)引起男性不育；⑤开蓬(杀虫剂)引起脑及末梢神经和肌肉的综合症；⑥某些有机磷杀虫剂可引起迟发性神经毒；⑦2，3，7，8－四氯二苯－P－二氯苎(TCDD)引起氯痤疮；⑧对草快(除草剂)引起肺纤维化；⑨六氯苯(杀真菌剂)可引起卟啉症等。此外，还有引发肿瘤、再生障碍性贫血、影响生育机能以及多种器官组织效应等方面的报道。农药污染土壤还可通过其中间体、转化产物对人体产生健康危害和生理学不适。对农药污染土壤的健康评价过程如图 3-10 所示。

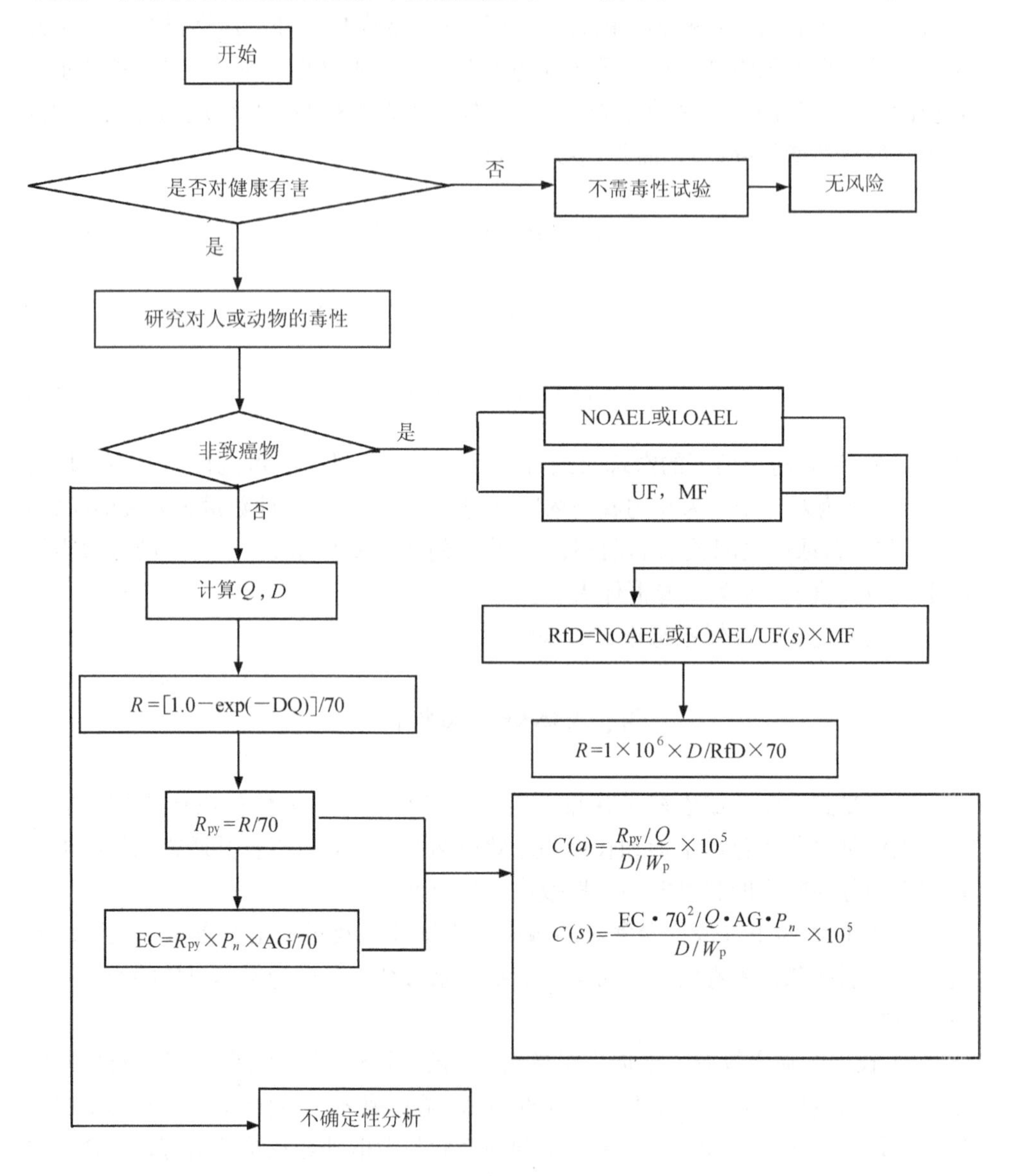

图 3-10　农药对人体健康危害评价过程

第五节　减少危害的防范措施与应急计划

一、重要性与必要性

防范措施的目的是为了保证当事故性污染发生时人类及其他生命的安全性，特别是通过一系列措施防止污染的发生。一旦污染发生时，有充分的应急能力，以防止和控制危害的扩大，尽可能地减少对生态系统和人体健康带来的负面影响。防范措施与具体的人类活动有关，不同的活动采取相应的措施。防范措施包括编制风险影响报告书及制定减少危害的防范措施，通常以后者为主。

应急计划是在贯彻预防为主的前提下，对人类活动可能出现的事故，及时控制危害源，减少危害的发生，消除危害后果的预想方案。

当前，土壤污染的形式日趋复杂化，土壤污染及其造成的危害程度与风险日益增加。在土壤污染到具体的污染土壤修复实施，往往存在一个时间差。为了尽可能减少、防止在这个时间差中出现的对生态系统和对人体的危害性，必须采取相应的防范措施，或可以实施的应急计划。

另外，有效的防范措施或应急计划的实施，有利于控制土壤污染面积的进一步扩大，抑制土壤污染造成危害的进一步蔓延，防止污染事故的进一步引发。

二、减少危害的防范措施

1. 风险影响报告书

风险影响报告书是评价工作的总结，是提供风险决策的依据。报告书应全面概括地反映生态风险和健康风险评价的全部工作，具有系统性；数据处理具有规范性，数据的引用要注明出处，原始数据、数据的计算处理过程必要时可编制附录，不需在报告中列出；文字力求简洁、准确、通俗；图表齐全；评价结论要科学公正；提出的措施要具体，具有可操作性和实用性。风险影响报告书的内容及格式如下，根据具体的评价项目和评价工作等级，可选取以下全部或部分内容进行编制。

(1) 总则

1) 风险评价目的：结合土壤污染的特点，阐述编制风险影响报告书的目的。

2) 编制依据：项目建议书、评价大纲及其审查意见、评价委托书(合同)或任务书、项目可行性研究报告等。

3) 风险评价标准：包括国家标准、地方标准或拟参照的国外有关标准(参照国外标准应报国家有关部门批准)。

4) 控制污染和保护目标:根据土壤污染具体情况,确定风险评价的重点保护目标。

5) 风险评价工作等级及评价范围:根据项目特点和风险评价工作等级划分方法,确定风险评价工作的等级并以此为根据划出评价范围。

(2) 评价项目的概况

1) 概况:包括该项目的名称、性质及规模等。

2) 项目程序:包括材料与方法、结果等。

(3) 项目周围地区环境状况

1) 地理位置;

2) 地形地貌及水文;

3) 气候与气象;

4) 生态状况;

5) 社会经济情况;

6) 人群健康和地方病情况;

7) 环境质量情况。

(4) 风险识别及分析

1) 项目物质说明:土壤污染物的理化性质及有关危害性和毒性参数。

2) 项目装置设备说明。

3) 危害因素及事故预测分析。

4) 最大可信危害及其污染源。

(5) 后果预测

1) 污染源的形式及转移途径:分析最大危害污染物的污染形式、在土壤环境中的转移途径及其特征。

2) 环境危害预测:根据土壤污染物的类别、性质、可能危害及转移特征,选择相应的预测模式,预测最大可信危害带来的后果或土壤污染事故的隐患。

3) 后果综述及风险计算:对多种危害后果进行综述,计算总的危害。设最大可信危害发生的概率为 P,产生的危害后果为 C,则其风险值 $R=P \cdot C$。

4) 风险可接受分析:列出同类项目的可接受风险值、与同类项目比较,提出本项目风险的可接受分析结果。

(6) 风险管理及减少风险措施

风险管理是当风险评价结果表明风险值 R 不能达到可接受水平时，为减轻危害后果所采取的减少风险措施及费用一效益分析。

减少风险措施：当风险分析结果表明超过可接受水平，则需要采取进一步降低风险措施，提出具体减少风险的措施，并重新进行修正分析，计算风险值，以期达到可接受的水平。

费用一效益分析：对采取的减少风险措施所付出的代价及由此而取得的效益和减少的危害损失作费用一效益分析，以期做到可以合理达到的最小危害。

(7) 风险评价结论

给出最终风险评价结论，包括风险水平及项目的可行性分析结论。风险结论应包括以下内容：

1) 给出评价对象涉及的有毒有害物质以及有关的评价终点；

2) 指明土壤污染物的污染途径及传播途径；

3) 最大可信危害发生的风险值；

4) 风险可接受水平及其费用一效益分析结论。

2. 减少危害的防范措施

减少土壤污染及其危害的防范措施主要针对污染源的管理及污染途径的控制，具体内容如下：

1) 减少“三废”的排放量，在生产中不使用或少使用在土壤中易积累的化合物；

2) 采取排污管终端治理方法，控制废水、废气中污染物的浓度，避免造成土壤中重金属和持久性有机污染物的积累；

3) 减少垃圾填埋场发生渗漏，防止土壤污染；

4) 提出针对受污染的土壤的监测方案，作为风险管理的依据。

三、应急措施预案

一些农业措施使用不当或有毒化学物质在运输和储存时发生意外事故，必然会导致土壤的污染并造成相应的危害，包括各种伴随的潜在危害。如果安全措施水平高，事故发生概率会降低，但不会为零。一旦发生事故，需要采取相应的工程应急措施，控制和减少事故危害。同时，一旦污染行为发生传播，需要实施社会救援，因此要求制定相应的应急措施预案。

1. 项目应急措施

针对所建设的项目进行科学规划、合理布置、严格执行环境安全规程，保证项目质量、严格管理、提高操作人员的素质和水平，以减少事故发生。一旦发生事故，则要根据具体情况采取应急措施，控制污染传播或扩散途径。

2. 现场管理应急措施

对土壤污染现场进行严格管理，包括污染现场的封锁、隔离，被危害人员的撤离以及被危害生物的保护或迁移。特别要明确应急处理要求，指挥到位，责任到人，防止污染的转移和污染事态的扩大。

3. 现场监测措施

为确保有效抑制污染灾害，有效救灾，需对土壤污染现场进行监测，查明土壤及其周围环境污染的程度，预测污染发展趋势，从而采取进一步的防范措施。

4. 社会求援应急措施

根据国家有关规定要求，通过对污染事故的紧急风险评价，各有关建设单位应制定防止重大污染事故进一步发生的工作计划、消除潜在事故发生的措施及突发性事故的应急处理办法。

主要参考文献

高拯民. 1986. 土壤一植物系统污染生态研究. 北京：中国科学技术出版社

何振立，周启星，谢正苗. 1998. 污染及有益元素的土壤化学平衡. 北京：中国环境科学出版社

胡二邦. 2000. 环境风险评价使用技术和方法. 北京：中国环境科学出版社

陆雍森. 1999. 环境评价. 上海：同济大学出版社

孟紫强. 2002. 环境毒理学. 北京：中国环境科学出版社

万本太. 1996. 突发性环境污染事故应急监测与处理处置技术. 北京：中国环境科学出版社

王俊. 1993. 环境影响评价原理与方法. 长春：东北师范大学出版社

周启星，王如松. 1998. 城镇化生态风险评价案例研究. 生态学报，18(4)：337～342

Eason C, O'Halloran K. 2002. Biomarkers in toxicology versus ecological risk assessment. Toxicology, 181～182：517～521

Glicken J. 2000. Getting stakeholder participation "right": a discussion of participatory processes and possible pitfalls. Environmental Science & Policy, 3：305～310

Heikens A, Peijnenburg W J G M, Hendriks A J. 2002. Bioaccumulation of heavy metals in terrestrial invertebrates. Environmental Pollution, 113：385～393

Mukhtasor S R, Husain T. 2001. Acute ecological risk associated with soot deposition: a Persian Gulf case study. Ocean Engineering, 28：1295～1308

Sanchez-Bayo F, Baskaran S, Kennedy I R. 2002. Ecological relative risk (EcoRR): another approach for risk assessment of pesticides in agriculture. Agriculture, Ecosystems and Environment, 91: 37～57

Solomon K R, Sibley P. 2002. New concepts in ecological risk assessment: where do we go from here? Marine Pollution Bulletin, 44: 279～285

Strickland J A, Foureman G L. 2002. US EPA's acute reference exposure methodology for acute inhalation exposures. The Science of the Total Environment, 288: 51～63

Suter Ⅱ G W. 2001. Applicability of indicator monitoring to ecological risk assessment. Ecological Indicators, 1: 101～112

Tanaka Y. 2003. Ecological risk assessment of pollutant chemicals: extinction risk based on population-level effects. Chemosphere, in press

Tarazona J V, Vega M M. 2002. Hazard and risk assessment of chemicals for terrestrial. Toxicology, 181～182: 187～191

Zhou Qixing. 1996. Soil-quality guidelines related to combined pollution of chromium and phenol in agricultural environments. Human and Ecological Risk Assessment, 2(3): 591～607

第四章　污染土壤的植物修复

植物修复是近20年来发展起来的环境污染治理技术，它广泛利用绿色植物的新陈代谢活动来固定、降解、提取和挥发污染环境中的污染物质，就像一座“绿色清洁工厂”一样将污染物质加工成可直接去除的物质形态或转化为毒性小甚至无毒的物质，从而对污染环境进行彻底的治理。由于它具有不引起地下水二次污染，使污染土壤与水体可持续利用和美化环境等特点，这种修复技术常常被称为绿色修复。由于这一技术的核心是绿色植物的“超常”作用，因而有时也称之为绿色植物修复技术。绿色植物修复技术的应用范围相当广泛，几乎涉及环境污染治理的方方面面，既可以净化空气和水体，又可以清除土壤中的污染物质。本章着重介绍污染土壤的植物修复。

第一节　概　　述

一、植物修复的基本概念

植物修复的基本概念源于它对生物修复过程的重要贡献，一是植物自身对污染物的吸收、固定、转化与积累功能；二是为生物修复提供有利于修复完全进行的条件，从而促进了土壤微生物对污染物的生物降解与无害化。研究表明，植物直接或间接地对污染物的去除起重要作用。通过吸附、吸收转入植物组织的途径，植物可以从土壤中带走一部分污染物。植物代谢过程也能起到转化和矿化污染物的作用。植物根际圈与细菌、真菌的共生联系，可以增加微生物的活性，从而加速土壤污染物的降解速度。植物生物修复研究被专家们普遍认为是一项十分有发展前途的生物修复新技术。1993年8月22～27日，美国化学学会在芝加哥召开了第一届“根际圈及其在生物修复技术中的应用”会议。如今，这一技术研究已在欧洲和美国等发达地区蓬勃展开，在我国开展这项研究的课题也在逐年增加，植物修复研究出现了良好的发展势头。

概括地说，植物修复就是利用绿色植物的“超常”作用来治理污染了的环境，其中环境主要包括大气环境、水环境和土壤环境。污染土壤的植物修复是通过绿色植物的新陈代谢活动来实现的，因此，植物能够在污染土壤上正常生长就显得尤为重要。由于土壤为植物生存提供必不可少的水分和营养物质，其物理、化学性质乃至生物(主要是微生物)环境对植物吸收、转化污染物都有极其重要的影响，从这种意义上讲，污染土壤的植物修复离不开土壤－植物－微生物这一系统的共同作用。

事实上，人类一直在有意无意地利用这一系统来处理污染物质。正如孙铁珩院士等（1997）指出的，早在原始社会时代，人类便无意识地利用土壤－植物系统的生态循环作用来处理排泄物，而有意识地大规模利用土壤－微生物－植物系统处理废弃物则源于污水灌溉。当时(时间可追溯到 1920 年以前)的目的在于利用土壤的吸附、过滤及微生物、植物的降解和吸收等作用使污水无害化、资源化，并在此基础上于 20 世纪 70 年代成功地发展了污水土地处理系统，后经过几十年的研究提高，现已成为城市生活污水处理的一项十分成熟的技术。之后废弃矿山(包括金属矿、煤矿等)的复垦，以及污泥的农业利用便主要是通过植物的生长来重建退化或被破坏的生态系统和降解污染物质，植物的耐性机理研究成为当时(20 世纪 50～70 年代)的研究热点，但这仍不是普遍意义上的植物修复。直到 20 世纪 80 年代前期，Chaney 提出利用重金属超积累植物(hyperaccumulator)的提取作用清除土壤重金属污染这一思想后，经过人们不断地实践、总结和归纳才形成了植物修复的概念。

二、植物修复的定义

植物修复是利用植物及其根际圈微生物体系的吸收、挥发和转化、降解的作用机制来清除环境中污染物质的一项新兴的污染环境治理技术。具体地说，利用植物本身特有的利用污染物、转化污染物，通过氧化－还原或水解作用，使污染物得以降解和脱毒的能力，利用植物根际圈特殊的生态条件加速土壤微生物的生长，显著提高根际圈微环境中微生物的生物量和潜能，从而提高对土壤有机污染物的分解作用的能力，以及利用某些植物特殊的积累与固定能力去除土壤中某些无机和有机污染物的能力，被称为植物修复。它属于广义生物修复的范畴，是继生物修复提出后的又一项新技术，使在此之前单一指利用微生物降解与转化机制来治理有机污染物的生物修复丰富为包括微生物修复和植物修复在内的广义生物修复(图 4-1)。

广义的植物修复包括利用植物净化空气(如室内空气污染和城市烟雾控制等)，利用植物及其根际圈微生物体系净化污水(如污水的湿地处理系统等)和治理污染土壤(包括重金属及有机污染物质等)。狭义的植物修复主要指利用植物及其根际圈微生物体系清洁污染土壤，而通常所说的植物修复主要是指利用重金属超积累植物的提取作用去除污染土壤中的重金属。那些能够达到污染环境治理要求的特殊植物统称为修复植物，如对空气净化效果好的绿化树木和花卉等，能直接吸收、转化有机污染物质的降解植物，利用根际圈生物降解有机污染物质的根际

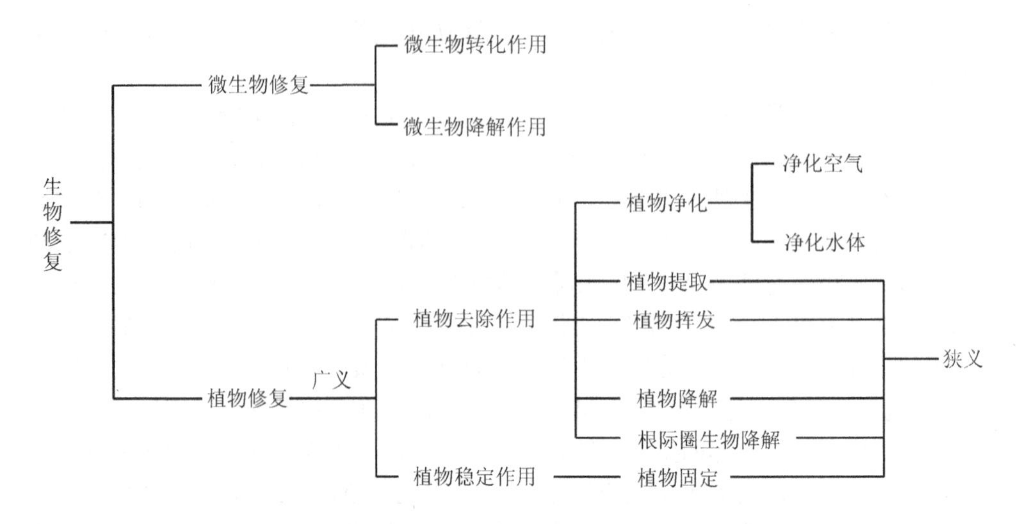

图 4-1　植物修复与生物修复的关系及主要修复方式

圈降解植物，以及提取重金属的超积累植物、挥发植物和用于污染现场稳定的固化植物等。

三、吸收、排泄与积累的关系

修复植物对污染土壤的治理是通过其自身的新陈代谢活动来实现的。植物为了维持正常的生命活动，必须不断地从周围环境中吸收水分和营养物质。植物体的各个部位都具有一定的吸收水分和营养物质的能力，只是能力大小不同，其中根是最主要的器官，这是因为植物器官的结构是与功能相适应的，还因为水分和矿质元素等物质主要来源于土壤。例如，叶片虽也能吸收水分和矿质元素，但只有当叶片的角质层被水湿润时才能进行，而且数量有限。

植物对土壤中污染物质的吸收具有广泛性，这是因为植物在吸收营养物质的过程中，除对少数几种元素表现出选择性吸收外，对大多数物质并没有绝对严格的选择作用，对不同的元素来说只是吸收能力大小不同而已，有的在植物体内含量属于大量元素，而有的则是痕量级的，有的以目前分析测试手段可能还无法定量。

植物对污染物质的吸收能力除受本身的遗传机制影响外，还与土壤理化性质、根际圈微生物区系组成、污染物质在土壤溶液中浓度大小等因素有关，其吸收机理是主动吸收还是被动吸收尚不清楚，我们认为，其情形可能有 3 种情况。一是植物通过适应性调节后，对污染物质产生耐性，吸收污染物质。植物虽也能生长但根、茎、叶等器官以及各种细胞器受到不同程度的伤害，生物量下降，这种情形可能是植物对污染物被动吸收的结果。二是完全的“避”作用，这可能是当根际圈内污染物质浓度低时，根依靠自身的调节功能完成自我保护，也可能无论根际圈内污染物质浓度有多高，植物本身就具有这种“避”机制，可以免受污染物质的伤害，但这种情形可能很少。第三种情形是植物能够在土壤污染物质含量很高的情况下正常生长，完成生活史，而且生物量不下降，如重金属超积累植物、某些耐性植物等。

林昌善等(1986)认为，植物也像动物一样需要不断地向外排泄体内多余的物质和代谢废物，这些物质的排泄常常是以分泌物或挥发的形式进行的，所以在植物界，排泄与分泌、挥发的界限一般很难分清楚。分泌是细胞将某些物质从原生质体分离或将原生质体的一部分分开的现象。分泌的器官主要是植物的根系，其他的还有茎、叶表面的分泌腺。分泌的物质主要有无机离子、糖类、植物碱、单宁、萜类、树脂、酶和激素等生理上有用或无用的有机化合物，以及一些不再参加细胞代谢活动而去除的物质，即排泄物。挥发性物质除随分泌器官的分泌活动排出体外外，主要是随水分的蒸腾作用从气孔和角质层中间的孔隙扩散到大气中。植物排泄的途径通常有两条。一条途径是经根吸收后，再经过叶片或茎等地上器官排出去，如某些植物将羟基卤素、汞、硒从土壤溶液中吸收后，将其从叶片中挥发出去。高粱叶鞘可以分泌一些类似蜡质物质，将毒素排泄出体外。周启星等(2001)指出，另一条途径是经叶片吸收后，通过根分泌排泄，如 1，2—二溴乙烷通过烟草和萝卜叶片吸收，然后迅速将其从根排泄。其他的如酚类污染物、苯氧基乙酸、2，4—D 和 2，4，5—三氯苯氧基乙酸也都是从叶片吸收后再通过根分泌排泄。植物根从土壤中吸收污染物后，经体内运输会转移到各个器官中去，当这些污染物质含量超过一定临界值后，就会对植物组织、器官产生毒害作用，进而抑制植物生长甚至导致其死亡。在这种情况下，植物为了生存，也常会分泌一些激素(如脱落酸)来促使积累高含量污染物质的器官如老叶加快衰老速度而脱落，重新长出新叶用以生长，进而排出体内有害物质，这种“去旧生新”方式也是植物排泄污染物质的一条途径。

进入植物体内的污染物质虽可经生物转化过程成为代谢产物经排泄途径排出体外，但大部分污染物质与蛋白质或多肽等物质具有较高的亲和性而长期存留在植物的组织或器官中，在一定的时期内不断积累增多而形成富集现象，还可在某些植物体内形成超富集(hyperaccumulation)，这是植物修复的理论基础之一。超富集植物在超量积累重金属的同时还能够正常生长，Chaney 等(1997)、Kramer 等(1996)和 Ortiz 等(1995)一致认为，可能是液泡的区室化作用和植物体内某些有机酸对重金属螯合作用起到解毒的结果。通常用富集系数(bioaccumulation factor，BCF)来表征植物对某种元素或化合物的积累能力，即

$$富集系数 = \frac{植物体内某种元素含量}{土壤中该种元素浓度} \tag{4-1}$$

用位移系数(translocation factor，TF)来表征某种重金属元素或化合物从植物根部到植物地上部的转移能力，即

$$位移系数 = \frac{植物地上部某种元素含量}{植物根部该种元素含量} \tag{4-2}$$

富集系数越大，表示植物积累该种元素的能力越强。同样，位移系数越大，说明植物由根部向地上部运输重金属元素或化合物的能力越强，对某种重金属元素或化合物位移系数大的植物显然利于植物提取修复。不同植物对同一种污染物质积累能力不同；同一种植物对不同污染物质及同一种植物的不同器官对同一种污染物质的积累能力也不同，而且积累部位表现出不均一性。富集系数可以是几倍乃至几万倍，但富集系数并非可以无限地增大。当植物吸收和排泄的过程呈动态平衡时，植物虽然仍以某种微弱的速度在吸收污染物质，但在体内的积累量已不再增加，而是达到了一个极限值，也叫临界含量，此时的富集系数称为平衡富集系数。

植物对污染物质的吸收、排泄和积累的过程始终是一个动态过程(图 4-2)，在植物生长的某个时期可能会达到某种平衡状态，随后因一些影响条件的改变而打破，并随植物生育时期的进展再不断建立新的平衡，直到植物体内污染物质含量达到最大量即最大临界含量亦即吸收达饱和状态时，植物对污染物质的积累才基本不再增加。

影响植物吸收、排泄和积累的因素很多，如土壤因素、水分因素、光照因素以及植物本身的因素等。其中植物根系与根际圈污染物质间的相互作用是较重要的影响因素。这是因为植物根系只能吸收根际圈内溶解于水溶液中的元素，这些元素既包括碳、氢、氧、氮、磷、钾、钙、镁、硫、铁、锰、硼、锌、铜、钴、氯等必需元素，也包括镉、汞、铅、铬等有害重金属元素。它们以有机化合物、无机化合物或有机金属化合物的形式存在于土壤中。根据植物根对土壤中污染物质吸收的难易程度，可将土壤中污染物大致分为可吸收态、交换态和难吸收态 3 种状态，其中土壤溶液中的污染物如游离离子及螯合离子易为植物根所吸收，残渣态等难为植物所吸收，而介于两者之间的便是交换态，交换态主要包括被黏土和腐殖质吸附的污染物。可吸收态、交换态和难吸收态污染物之间经常处于动态平衡状态，可溶态部分的重金属一旦被植物吸收而减少时，便主要从交换态部分来补充，而当可吸收态部分因外界输入而增多时，则促使交换态向难吸收态部分转化，这三种形态在某一时刻可达到某种平衡状态，但随着环境条件(如植物吸收、螯合作用及温度、水分变化等)的改变而不断地发生变化，其复杂情形见图 4-2。

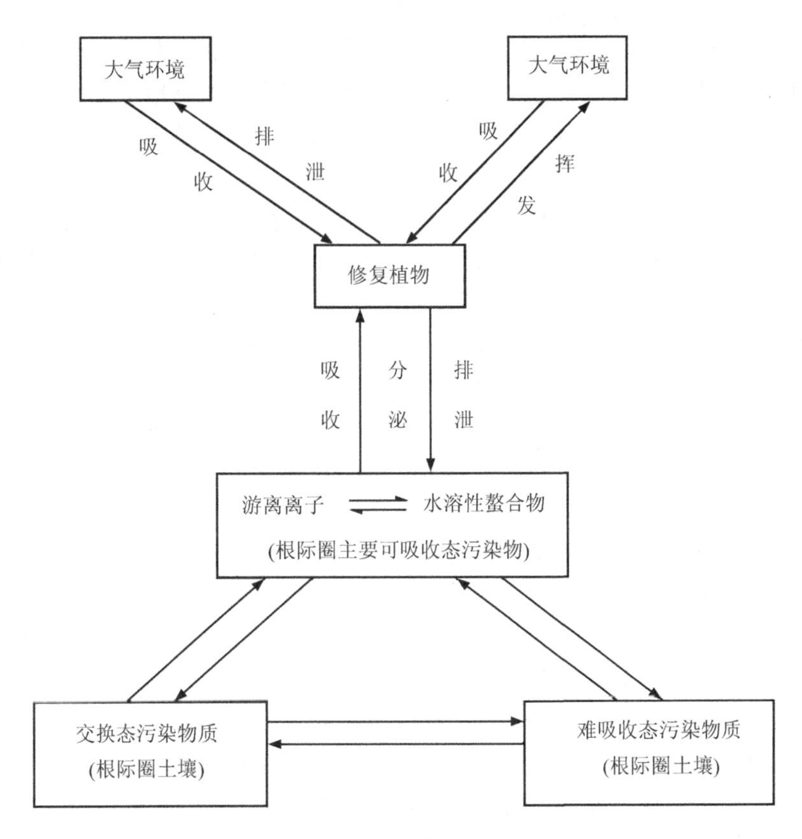

图 4-2　植物对根际圈污染物质吸收、排泄与积累的关系

四、超积累植物

超积累植物(hyperaccumulator，国内大多称为超富集植物)一词最初是由Brooks 等(1977)提出的，当时用以命名茎中镍含量(干重)大于 1000mg/kg 的植物。现在超积累植物的概念已扩大到植物对所有重金属元素的超量积累现象，即是指能超量积累 1 种或同时积累几种重金属元素的植物。根据 Chaney 等(1997)、Salt 等(1995)和 Brooks 等(1998)的论述，我们知道，超积累植物应同时具备以下 3 个基本特征：

1) 植物地上部(茎或叶)重金属含量是普通植物在同一生长条件下的 100 倍，其临界含量分别为锌 10 000mg/kg、镉 100 mg/kg、金 1mg/kg，铅、铜、镍、钴均为 1000mg/kg；

2) 植物地上部重金属含量大于根部该种重金属含量；

3）植物的生长没有出现明显的毒害症状。

当然，理想的超富集植物还应具有生长期短、抗病虫能力强、地上部生物量大、能同时富集两种或两种以上重金属的特点。其实，植物地上部生物量没有明显下降(与生长在未污染土壤同种植物生物量相比)，同时植物地上部富集系数大于1也是必不可少的特征。

生活在重金属污染程度较高土壤上植物地上部生物量没有显著减少是超富集植物区别于普通植物的一个重要特征。Chaney等(1997)、Kramer等(1996)和Ortiz等(1995)认为，超富集植物能够超量积累重金属而生物量又没有明显下降的可能机理是液泡的区室化作用和植物体内某些有机酸对重金属的螯合作用消除了重金属对植物生长的抑制，这是超富集植物所具有的区别于普通植物的超强忍耐性的表现特征之一。对于普通植物而言，虽有些植物在这种情况下也能生存下来并完成生活史，但其地上部生物量往往会明显降低，通常表现为植株矮小，有的生物学特性还会改变如叶子、花色变色等。植物地上部富集系数大于1，意味着植物地上部某种重金属含量大于所生长土壤中该种重金属的浓度，这是区别于普通植物对重金属积累的又一个重要特征。因为当土壤中重金属浓度高到超过超富集植物应达到的临界含量标准时，甚至高出几倍的情况下，因植物对重金属的积累有随土壤中重金属浓度升高而升高的特点，植物对重金属的积累量虽达到了公认的临界含量标准，但当土壤中重金属浓度略低于超富集植物所应达到的含量标准时，植物对重金属的积累量可能就难以达到超富集植物应达到的临界含量标准而表现出与普通植物相同的特征，同时由于土壤pH等因素对污染土壤中重金属可吸收态的影响，在土壤中重金属浓度较高的情况下，普通植物也可能正常生长，因此，那些植物所表现出的较强耐性的表面特征也可能是一种假象。因此，植物地上部生物量没有明显减少同时地上部富集系数大于1也应是超富集植物区别于普通植物的必不可少的特征。其中，植物地上部富集系数至少应当在土壤中重金属浓度与超富集植物应达到的临界含量标准相当时大于1。

事实上，植物体对重金属的绝对积累量即一株植物累积重金属元素的总量也是一个很重要的指标。因为即使植物体内重金属含量没有达到上述临界含量标准，但因该植物生物量远远大于上述超积累植物的生物量，此时所积累的绝对量反而比超积量植物积累的绝对量大，在这种情况下，对污染土壤中重金属的提取作用更大。

回顾人类对超积累植物认识的历史，超积累的发现可能源于植物地球化学找矿中的指示植物。1583年Cesalpino发现在意大利托斯卡的“黑色岩石”上能够生长一种植物，1814年Desvaux将其命名为*Alyssum bertolonni*(一种庭荠属植物)，1848年Minguzzi和Vergnano首次测定该植物叶片中(干重)含镍达7900mg/kg。以后证明，这些植物是一些地方性物种，其地域分布与土壤中某些重金属含量呈明显相关性，类似的一些指示植物在矿藏勘探中发挥了一定的作用。在中国，利用指示植物找矿的工作开展的也较早，如在长江下游安徽、湖北的一些铜矿区域分布的海州香薷，俗称铜草（*Elsholtzia harchowensis* Sun）在铜矿勘探中发挥了重要作用。重金属污染土壤上大量地方植物物种的发现，促进了耐重金属植物的研究，同时某些能够超量积累重金属的植物也相继被发现。

目前，世界上已发现超积累植物 400 多种，其中镍的超积累植物占 70%左右。这些植物涵盖了 20 多个科，其中十字花科植物较多。由于这些超积累植物多数是在矿山区、成矿作用带或由富含某种或某些化学元素的岩石风化而成的地表土壤上发现的，因而常表现出较窄的生态适应性和特有的生态型。但是，超积累植物积累重金属的机理仍不十分清楚，人们对超积累是否存在遗传机制，超积累究竟与植物体哪些遗传基因有关的研究还处于初始阶段，虽然利用转基因技术制造特定目标植物已有许多成功例子，但在转基因超积累植物研究方面进展还不是很大。因此，超积累植物的利用既要考虑相对积累量如临界含量，也不应忽视绝对积累量这一指标。

五、植物修复基本类型

一般来说，植物对土壤中的无机污染物和有机污染物都有不同程度的吸收、挥发和降解等修复作用，有的植物甚至同时具有上述几种作用。但修复植物不同于普通植物的特殊之处在于其在某一方面表现出超强的修复功能，如超积累植物等。根据修复植物在某一方面的修复功能和特点可将植物修复分为以下 5 种基本类型：

1. 植物提取修复

利用重金属超积累植物从污染土壤中超量吸收、积累一种或几种重金属元素，之后将植物整体(包括部分根)收获并集中处理，然后再继续种植超积累植物以使土壤中重金属含量降低到可接受的水平。植物提取修复是目前研究最多且最有发展前途的一种植物修复技术。

2. 植物挥发修复

利用植物将土壤中的一些挥发性污染物吸收到植物体内，然后将其转化为气态物质释放到大气中，从而对污染土壤起到治理作用。这方面的研究主要集中在易挥发性的重金属如汞等方面，对有机污染物质植物挥发的研究不多，但还有发展前景。

3. 植物稳定修复

通过耐性植物根系分泌物质来积累和沉淀根际圈污染物质，使其失去生物有效性，以减少污染物质的毒害作用。但更重要的是利用耐性植物在污染土壤上的生长来减少污染土壤的风蚀和水蚀，防止污染物质向下淋移而污染地下水或向四周扩散进一步污染周围环境。能起到上述两种作用或两种作用之一的植物通常称为固化植物，这一类植物尽管对污染物质吸收积累量并不是很高，但它们可以在污染物质含量很高的土壤上正常生长。这方面的研究也是偏重于重金属污染土壤的稳定修复，如废弃矿山的复垦工程，铅、锌尾矿库的植被重建等。

4. 植物降解修复

利用修复植物的转化和降解作用去除土壤中有机污染物质的一种方式，其修复途径主要有两个方面。一条途径是污染物质被吸收到体内后，植物将这些化合物及分解的碎片通过木质化作用储藏在新的植物组织中，或者使化合物完全挥发，或矿质化为二氧化碳和水，从而将污染物转化为毒性小或无毒的物质。如植物体内的硝基还原酶和树胶氧化酶可以将弹药废物如 TNT 分解，并把断掉的环形结构加入到新的植物组织或有机物碎片中，成为沉积有机物质的组成部分。另一条途径是植物根分泌物质直接降解根际圈内有机污染物，如漆酶对 TNT 的降解，脱卤酶对含氯溶剂如 TCE 的降解等。植物降解一般对某些结构比较简单的有机污染物质去除效率很高，这可能与降解植物能够针对某一种污染物质分泌专一性降解酶有关，但对结构复杂得多的污染物质来说则无能为力。

5. 根际圈生物降解修复

利用植物根际圈菌根真菌、专性或非专性细菌等微生物的降解作用来转化有机污染物，降低或彻底消除其生物毒性，从而达到有机污染土壤修复的目的。其中，植物为其共存微生物体系如菌根真菌、根瘤细菌及根面细菌等提供水分和养料，并通过根分泌物为其他非共存微生物体系提供营养物质，对根际圈降解微生物起到活化的作用，此外，根分泌的一些有机物质也是细菌通过共代谢降解有机污染物质的原料。这种修复方式实际上是微生物与植物的联合作用过程，只不过微生物在降解过程中起主导作用。实践证明，根际圈生物降解有机污染物质的效率明显高于单一利用微生物降解有机污染物质的效率，这是因为植物能为根际圈微生物持续提供营养物质和为其生长创造良好的环境。根际圈生物修复已成为原位生物修复有机污染物的一个新热点。

六、植物修复的优势与特点

污染土壤的修复方法大体上可分为异位修复和原位修复。植物修复属于原位修复的范畴，因此具有原位修复的许多优点。具体表现在以下几个方面：

1）利用修复植物的提取、挥发、降解作用可以永久性地解决土壤污染问题；

2）修复植物的稳定作用可以绿化污染土壤，使地表稳定，防止污染土壤因风蚀或水土流失而带来的污染扩散问题；

3）修复植物的蒸腾作用可以防止污染物质对地下水的二次污染；

4）可以尽可能少地减少由于土壤清洁造成的场地破坏，对环境扰动少，减少来自公众的关注和担心；

5）经植物修复过的土壤，其有机质含量和土壤肥力都会增加，一般适于农作物种植，符合可持续发展战略；

6）重金属超积累植物所积累的重金属在技术成熟时可进行回收，从而也能创造一些经济效益；

7）植物修复的过程也是绿化环境的过程，易于为社会所接受；

8）植物修复成本低，可以在大面积污染土壤上使用；

9）从技术应用过程来看，植物修复是可靠的、环境相对安全的技术；

10）植物修复依靠修复植物的新陈代谢活动来治理污染土壤，技术操作比较简单，容易在大范围内实施。

从世界范围来看，植物资源相当丰富，筛选修复植物潜力巨大，这就使植物修复技术有了较坚实的基础；人类在长期的农业生产中，积累了丰富的作物栽培与耕作、品种选育与改良以及病、虫害防治等经验，再加上日益成熟的生物技术的应用和微生物研究的不断深入，使得植物修复在实践应用中有了技术保障。与物理修复方法和化学修复方法相比，植物修复具有如下特点：

1）植物修复以太阳能作为驱动力，能耗较低；

2）植物修复实际上是修复植物与土壤及土壤中微生物共同作用的结果，因而具有土壤－植物－微生物系统所具有的一般特征；

3）植物修复利用修复植物的新陈代谢活动来提取、挥发、降解、固定污染物质，使土壤中十分复杂的修复情形简化成以植物为载体的处理过程，从形式上看修复工艺比较简单；

4）修复植物的正常生长需要光、温、水、气、热等适宜的环境因素，同时也会受病、虫、草害的影响，这就决定植物修复的影响因素很多，且具有极大的不确定性；

5）植物修复必须通过修复植物的正常生长来实现修复目的，因而，传统的农作经验以及现代化的栽培措施可能会发挥重要作用，从而也就具有了作物栽培学与耕作学的特点；

6）植物以及微生物的生命活动十分复杂，要使植物修复达到比较理想的效果，就要运用植物学、微生物学、植物生理学、植物病理学、植物毒理学、作物栽培学与耕作学、作物育种学、植物保护学、基因工程和生物技术等方方面面的科学技术来不断地强化和改进，因而也有多学科交叉的特点；

7）修复植物单季生物量积累有限，往往要经过几个生长季甚至几年的种植才能达到修复要求，因而修复时间一般较长；

8）植物修复是一门新兴的污染土壤治理技术，可资借鉴的经验很少，且植物一个生长周期往往需要几周、几个月甚至几年才能完成，因而研究周期也比较长。

总之，植物修复技术之所以受到如此高度的重视，最为主要的原因，在于它是一项利用太阳能动力的处理系统，能够大大减少土壤清洁所需的费用。据估算，采用生物技术清洁土壤，每立方米的费用为 75～200 美元，而传统的焚烧和土壤填埋处理技术，每处理 $1m^3$ 土壤需要 200～800 美元。尽管如此，土壤的植物修复技术仍然是一个十分新的研究领域。不论在理论上，还是在应用技术上仍很不成熟。用植物清洁污染土壤的潜力尚未得到充分开发。人们希望通过植物修复技术解决大量有机毒物的处理问题，但是，它们在根际圈作用下的降解率如何尚待研究。研究的结果可能因植物不同，土壤类型不同，实验室不同而异，对有些结果甚至缺少满意的、科学合理的解释。有一点不容置疑，即根际圈作用能加速土壤中污染物的生物降解。但是，利用这一方法或技术进行污染物的生物修复确实面临许多严峻考验。通过详细调查植物－微生物－污染物之间的联系，将会使污染土壤的植物修复取得更好的结果，达到恢复生态系统的平衡之目的。

七、植物修复局限性及尚待解决的问题

植物修复是近年来世界公认的非常理想的污染土壤原位治理技术，它具有物理修复和化学修复所无法比拟的优势，但作为一项技术总有它的局限性，尤其对尚未成熟的植物修复技术来说更是如此，主要表现在以下几个方面：

1）修复植物对污染物质的耐性是有限的，超过其忍耐程度的污染土壤并不适合于植物修复；

2）污染土壤往往是有机、无机污染物共同作用的复合污染，一种修复植物或几种修复植物相结合往往也难以满足修复要求；

3）虽然有的植物根系最深处可达地面以下几米深，但大多数植物根系的大部分集中在土壤表层，如草本植物多数集中在 0～50cm（一般为 0～30cm）范围

内，对于超过修复植物根系作用范围的污染土壤或不利于修复植物生长的土层，如山区碎石较多的污染土壤，修复则比较难以奏效；

4）植物生长需要适宜的环境条件，在温度过低或其他生长条件难以满足的地区就难以生存，因而植物修复受季节变化等环境因素的限制，尤其在北方地区更是如此；

5）多数植物具有光周期反应或对生长环境有特殊要求，在世界范围内引种修复植物可能比较困难；

6）修复植物生长周期一般较长，难以满足快速修复污染土壤的需求；

7）修复植物多数为野生植物，野生植物普遍具有种子小、落粒性强和即熟即落的特点，因而种子采集比较困难，且不利于大面积播种，而且由于野生植物的落粒性问题，在污染土壤达到修复标准之后，修复植物的自发生长会像杂草一样影响作物生产；

8）缺乏行之有效的用于筛选修复植物的手段，同时对已筛选出来的修复植物的生活习性也了解很少，这也部分地限制了植物修复技术的应用。

以上列举了植物修复的一些限制因素，应该说还很不全面，还需要在实践中不断发现，以便进一步完善和改进这项技术。这就是说，植物修复研究还刚刚起步，还有许多尚待解决的问题，例如

1）植物(也包括一些微生物)难以吸收的重金属的活化和次生污染问题；

2）提取植物生物量如何处理才更经济的问题；

3）挥发植物对大气的安全性问题；

4）动物如鸟类对修复植物的取食等行为对植物－动物－人等食物链会产生什么影响等问题；

5）在从小试到中试，再到实用型处理系统的放大过程中，制定什么样的运行机制与实际管理问题；

6）针对于植物修复这项技术，应制定什么样的规章制度与条例等，存在着较大的障碍。

7）对达不到处理的法定目标要求方面，存在责任处罚的量化问题；

8）存在开发时间的确定和运行费用的标准问题。

综上所述，植物修复技术具有十分明显的优势和美好的应用前景，同时也存在着一些缺点和不足，有必要因地制宜地加以使用和利用多学科合作的优势不断地完善和提高。

第二节　技术可行性

植物修复在技术上是否可行，首先在于土壤中污染物质与修复植物之间的相

互作用是否有效，其先决条件是污染物质必须具有生物可利用性，这主要包括无机污染物的水溶性和有机污染物的可生物降解性；其次，要有足够的植物、微生物资源以保证修复植物的多样性。有了众多符合修复要求的修复植物之后，还要有行之有效的栽培技术和其他辅助措施加以实施和强化，以及技术实施后生物量的妥善处理等。

一、一般性分析

1. 土壤中重金属的水溶性与生物有效性

重金属是污染土壤中最难修复的一类无机污染物质，利用修复植物的提取和挥发作用可以永久性地将其从土壤中去除，其中利用重金属超积累植物去除土壤重金属污染被认为是最理想的修复技术，但通过超积累植物提取重金属的前提条件是重金属具有水溶性。

重金属在土壤溶液中溶解度的大小首先受进入土壤前重金属的形态影响，如离子态、大多数硫酸盐、硝酸盐、氯化物及部分有机重金属化合物等都易溶于水而被植物吸收。其次当重金属进入土壤后，经过与土壤发生溶解一沉淀、吸附一解吸、络合一解离和氧化一还原等物理、化学一系列反应后，在某一时刻将达到一种平衡状态，最终以水溶态、交换态、碳酸盐态、铁锰氧化物态和有机化合态等形态存在，这些反应和平衡状态达成时间的长短、程度大小受土壤理化性质、重金属种类、土壤温度、通气情况和水分状况等因素影响，其中水溶态、交换态和部分有机结合态重金属可以被超积累植物吸收而去除，当然也就是这部分重金属对作物造成污染。难溶态重金属如碳酸盐态、铁锰氧化物态等经过许多复杂的途径后也可以转化为可溶态重金属而被超积累植物吸收。难溶态转化为水溶态最普遍的方式是当水溶态重金属因植物吸收而减少时，水溶态与难溶态之间的平衡被打破，使平衡向着水溶态方向移动，从而促进植物吸收。只有那些被土壤晶格结构牢固束缚住的重金属才暂时不能被超积累植物吸收，但一旦土壤条件发生某些变化时，这部分重金属就有可能被释放出来，这也是制定污染土壤修复标准时，通常要以土壤中重金属总量如总镉、总锌含量降低到一定值时，才达到修复标准的主要原因。此外，也可以通过向土壤中施加有机酸或金属螯合剂等方法促进难溶态重金属的溶解，也可以通过生物技术手段使超积累植物释放专一性活化重金属的物质，促进难溶态重金属的溶解。

2. 土壤中有机污染物的可生物降解性

植物也可以吸收和挥发土壤中的有机污染物质，这是因为绝对不溶于水的有机化合物是不存在的，只不过是水溶性大小差别很大，如乙醇可以与水以任何比例混溶，而石油溶解度就较低。植物根也可以分解许多结构简单的有机污染物质，但对于那些结构复杂的有机分子则在大多数情况下可能无能为力。因此，植物修复难降解的有机污染物质主要是依靠根际圈真菌及细菌等微生物的降解作用。

有机污染物质不同于重金属等无机污染物质，它们有着多条降解途径，如光分解、热分解、化学分解和生物降解等。一般来说，有机污染物质从进入土壤的那一刻起，就经历着光分解、热分解、化学分解和生物降解等复杂而又交织发生的过程，其中生物降解往往是最彻底的一步。

生物降解是指通过生物的新陈代谢活动将污染物质分解成简单化合物的过程。这些生物虽然也包括动物和植物，但通常是指微生物。因为微生物具有很强的化学作用能力，如氧化－还原作用、脱羧作用、脱氨作用、脱水作用、水解作用等，同时本身繁殖速度快，遗传变异性强，其酶系能以较快的速度适应变化了的环境条件，而且其对能量利用的效率更高，因而具有将大多数污染物质降解为无机物质(如二氧化碳和水)的能力，在有机污染物质降解过程中起到了重要的作用。

微生物具有降解有机污染物的潜力，但有机污染物质能否被微生物降解还要看这种有机污染物质是否具有可生物降解性。可生物降解性是指有机化合物在微生物作用下转变为简单小分子化合物的可能性。有机化合物包括天然的有机物质和人工合成的有机化学物质，天然形成的有机物质几乎可以完全被微生物彻底分解掉，而人工合成的有机化学物质的降解则很复杂。有机污染物质是有机化合物中的一大类。林昌善等(1986)根据微生物对有机污染物质降解的难易程度，将其大致分为以下 3 种情况：①较容易降解物质，如醇、酚类化合物；②较难降解物质，这类物质虽能被微生物降解，但需要经过较长的时间，如一些农药和石油烃类化合物；③不可降解物质，如一些高分子合成化合物(尼龙、不可降解塑料等)。微生物对有机污染物质的降解程度受许多因素的影响，这些因素包括污染物质的化学结构、土壤的理化性质、环境湿度、温度、供氧情况以及微生物之间的协同、拮抗乃至捕食关系等。其中，有机污染物的化学结构对可生物降解性影响最大，其结构的微小变化都会影响某一微生物代谢的敏感性。夏北成(2002)指出，如某一苯环上的取代基是一个卤族元素或多于一个卤族元素在苯环上以相邻、相间或相对的位置存在，则该化合物可生物降解性难度加大；相反，取代基为羟基或羧基，则可生物降解性会提高。

微生物对某种有机污染物的降解往往表现出较强的专一性(具有这一特性的微生物叫特定降解微生物)，且经常是几种微生物联合起来的共同作用。不过，微生物对难降解有机物要经过一个驯化期才能起到降解作用，如微生物对苯、甲苯、二甲苯等的降解就需要一个驯化期。在这一时期中，特定降解微生物通过对污染物质的适应后合成出相应诱导酶及必需的辅酶和中间代谢产物，然后再将污染物分解掉。而对于含氮或被硝基所取代的污染物，微生物可以利用共代谢机制将其分解。

多年来的研究表明，在数以百万甚至上千万计的有机污染物质中，绝大多数都具有可生物降解性，有些专性或非专性降解生物的降解能力及降解机理已十分清楚，但也有许多有机污染物是难降解或根本不能降解的，这就要求一方面加深对微生物降解机理的了解，以利于提高微生物的降解潜力；另一方面也要求在新的化学品合成之后，进行可生物降解性试验，对于那些不能生物降解的化学品应当禁止生产和使用，只有这样才能有利于人类的可持续发展。

3. 植物与微生物的资源潜力

世界上植物多种多样，已知植物种的总数就有约 50 多万种，其中种子植物约有 20 多万种。它们从水生到陆生、由低等到高等、由简单到复杂，形成了丰富多彩的植物资源库，其中藻类植物绝大多数生活在淡水中，少数生活在潮湿的地面。地衣是一些真菌与藻类结合在一起共同生活的特殊植物，喜欢生长在潮湿的环境。苔藓生活在阴湿地方，蕨类植物也是喜荫植物，裸子植物和被子植物分布则相当广泛。从目前已报道的修复植物来看，涉及藻类植物、蕨类植物、裸子植物和被子植物，既有草本植物，也有木本植物，其中来自种子植物的修复植物因生活适应性方面的优势而容易直接被利用，蕨类植物因生殖条件要求很高，对环境的适应性较差，在有的地区难以直接利用。

细菌、真菌等微生物资源也十分丰富，据估计其种类约有 100 多万种，而且人们对微生物的研究历史也很悠久，已经分离出许多可降解、转化有机污染物质的菌株，这为植物根际圈生物降解修复的应用提供了广阔的前景。

植物与微生物共生关系的研究也比较深入，在根瘤细菌和菌根真菌等方面也都取得了长足的进展，现已探明共生体吸收、降解以及屏障污染物质的一些机理，发现了许多可用于污染土壤修复的共生关系，所有这些都为植物修复的性能强化提供了坚实的基础。此外，在植物生理学、作物栽培学与育种学、植物保护学、分子生物学和转基因技术等方面的进步，也为植物修复的实施提供了技术保障和学科储备。

二、生物量处理

植物修复是以植物为载体的修复过程，不论修复植物是一年生草本植物还是多年生草本或木本植物，最终都需要将修复植物积累的干物质(即生物量)从修复过的污染土壤上移走。移走这些生物量的方法很多，可以是人工移走也可以是利用机械移走，问题在于移走后的生物量如何处理。

从世界范围来看，植物修复技术仍处于起步阶段，许多技术还不成熟，其中生物量处理就是十分棘手的问题，几乎没有什么经验可谈，通常采用的办法是将植物生物量焚烧，然后再将植物灰堆放存积或者直接利用堆肥技术通过微生物的新陈代谢作用来降解生物量。总的来看，生物量处理应遵循以下指导思想，即因地制宜、扩大联合、协同作战的处理方式，以及区别对待、综合利用和可持续发展的处理方向。要做到这几点，除了各部门的大力配合外，技术上加强对修复植物的监测是必不可少的，因为这是决定修复植物生物量能否用于综合利用和是否符合可持续发展的先决条件。

用于有机污染土壤修复的生物量，经监测后如果对环境没有危害，或者说植物体内有机污染物含量与未修复时含量相当，这样的生物量就可以考虑通过综合利用的方式走可持续发展的道路。

1）对于草本植物来说，可以将生物量粉碎还田或部分过腹还田以增加土壤肥力，而对于某些木本植物来说可以作为建材，利用优质材料制造缓冲包装材料和轻型建材，如发泡包装、复合板、纤维板、空白板等。

2）用于工业造纸，因为植物纤维是造纸的基本原料，据世界统计资料，木材是造纸的主要原材料，但非木材原料也占很大比重。中国造纸原料中，木材原料所占比重就较少，草本等非木本原料所占比重十分突出，是世界上最大的草浆生产国。中国造纸工业用来造纸的草类非木材原料主要有芦苇、芒秆、竹子、甘蔗渣、秸秆、麻和棉等，其中芦苇就是人工湿地处理石油采出水污染的常用修复植物。

3）作为薪材解决农村能源问题。

以上这些利用途径是符合可持续发展要求的，但在利用之前要经过严格的论证，必须确保对环境没有危害，哪怕是潜在的危害。

如果经系统论证后，认为用于有机污染修复的生物量对环境有害或存在潜在的危害，就不应用于综合利用，或者说在目前的技术条件下还不能进行综合利用。较稳妥的办法是与城市垃圾综合处理一并进行考虑。城市垃圾处理的方式主要有以下三种：①危险废物综合储存，其目的主要是将不可降解的毒性较大的危险物(如无机物)暂时存放，在不使其向环境扩散的情况下，采取一些特殊方法逐渐进行处理，对于不能处理的待日后利用更先进的技术加以治理；②生活垃圾填埋，主要是将可降解的有机和无机废弃物填埋起来，利用物理、化学及生物降解的方式自然或辅加一些人工措施将其降解掉以完成物质循环；③有机危险废物焚烧，即采取焚烧的方式将有机废物灰化，同时利用除尘及回收装置净化烟尘和回收一些有机化合物。因此，那些对环境有危害或有潜在危害的修复植物生物量，可以运至城市有机危险废物焚烧厂进行灰化处理，这样做虽然会增加运输、焚烧等处理费用，但却是比较稳妥的办法，当然这需要环保和卫生部门的统筹安排和相互协作。

重金属污染土壤植物修复后的生物量的处理始终是植物修复难以解决的问题，常用的方法是将生物量灰化，再从中回收重金属，但这种技术成本太高，通常是将灰分填埋。1986年陈涛等的研究认为，从对重金属污染土壤的利用来看，生物量的处理主要有以下几种处理方式：①繁殖作物良种，种子作为良种用于生产，秸秆作为薪材利用；②种植能源作物，提取酒精、油脂等工业原料，秸秆压制成纤维板，或进行沼气发酵；③种植木本植物如杨树，所得木材用于造纸和建材等。然而，这些处理方式都存在不同的潜在风险，在应用过程中可能会造成重金属在某一局部的重新积累，从而引起二次污染。同时，随着人们环保意识的不断提高，这些处理方式也难以让人们接受。因此，需要有更为稳妥的办法来处理这些生物量，以便利于植物修复技术的平稳发展。其实，可以考虑先将生物量储存于金属矿区尾矿库中，待技术成熟时再将尾矿库中的重金属加以回收。尾矿库是金属采矿和选矿过程中废液、废渣的暂时储存库。金属矿品位虽可达70%～80%，有的甚至更高，但百分之百地将其提炼出来是不可能的，在采矿和选矿过程中总会产生大量的废液、废渣。这些废弃物中也含有大量的重金属，一般浓度可达零点几克每千克，有的甚至高达几克每千克。如此高浓度的重金属若释放到环境中去，无疑会造成严重污染，但将其提取出来，在目前的技术条件下还难以完成或费用上难以承担，所以只好将其暂时放置在一些储存库(即尾矿库)中保存起来，待时机成熟了再将其开采出来创造经济效益。由于在采矿、选矿过程中使用了大量的酸性物质，使得尾矿库pH非常低，为防止这些废液引起地下水等环境的二次污染，通常要向尾矿库中加入碳酸钙以中和酸度，从而形成尾矿泥沙。尾矿库面积一般都很大，有的几十公顷，有的上百公顷，因水分的不断蒸发形成了大片的裸露表面而呈现出白茫茫的一片。之所以形成裸露表面是因为尽管尾矿库中加入了碳酸钙等中和酸性材料，但pH仍然很低，植物难以生长。在风力较大的时候，尾矿库沙土飞扬，有时遮天蔽日，对周围环境造成严重污染。如果将重金属修复植物的生物量放置在尾矿库中，一方面可以覆盖裸露的泥沙表面防止尘土飞扬污染环境，同时植物体自然降解后可以改善尾矿库的成土条件，其自身所携带的种子也可能在尾矿库中自发生长，起到绿化环境的作用；另一方面，植物体所积累的重金属不断蓄积于尾矿库中，在技术成熟时也可以回收一定量的重金属，这样既有了社会效益又创造了经济效益。

植物修复生物量的处理方法目前还仅仅处于研究阶段，还需要不断的探索和创新，这既需要环境工作者的不懈努力，也需要其他部门的大力支持和配合。

三、技 术 强 化

植物修复是利用修复植物治理污染环境的一门新技术，不管修复植物对污染土壤修复能力有多强，其能否成功应用于实践，归根到底需要有相应的配套育种和栽培技术，有了相应的育种栽培技术之后，还要有切实可行的技术强化措施，这样才能切实提高修复效率，尽可能地缩短修复时间。一般来说，技术强化也主要是指利用栽培措施调控来提高植物修复的效率。

根据人类栽培作物的经验，可把修复植物的技术强化措施分为以下几个方面。

1. 注重污染土壤的耕翻和整平

污染土壤的耕翻一般要在修复植物一个生长季结束之后或修复植物播种之前进行。耕翻深度视土壤污染深度而定，如果污染较轻，采用常用的机耕用具即可。如果污染深度过深，就要采用特殊装置。污染土壤经耕翻后，可以将深处污染物质翻到土壤表层植物根系分布较密集区域，这样可提高植物修复效果。对于有机污染物质来说，还增加了有机污染物质暴露在空气中的表面积，利于有机污染物质的光分解、热分解等物理、化学分解过程。耕翻后的土壤经过一段时间的晾晒后，在修复植物定植之前，还要对土壤进行整平作业，整平的目的是将结块土壤打碎，促进土壤团粒结构的形成，起到保墒的作用，同时也利于田间管理。至于是采取垄式栽培，还是撒播、穴播或条播等播种方式要具体情况具体分析。对于有机物污染土壤来说，采取垄式栽培较好，这样可以增加光降解或热降解有机污染物质的表面积。对于重金属污染土壤，以撒播方式较好，这样可以扩大植物根与重金属接触的表面积。另外，在修复植物生长过程中，结合施肥等作业也可以适当搅动土壤，以便改善根际圈环境，促进根系生长发育和改变污染物质的空间位移，促进植物与污染物质的接触。

2. 充分利用修复植物的水肥需求规律

影响植物修复效果好坏的一个重要因素是生物量的大小，要提高修复效率就必须促进植物生物量的不断增加，因为一般条件下，生物量越大根系越发达，植物的修复能力也越强。灌水和施肥是促进植物生长的主要因素，但过量灌水和施肥既浪费资源也不利于植物生长，还可能引起土壤中污染物质的扩散。灌水和施肥一般能满足植物敏感时期的需求就会达到良好的效果，如在苗期、花期植物对水、肥特别敏感，尤其是开花期蒸腾强度几乎是植物一生中最强的时期，水分需求量也大，对氮、磷等营养物质的需求几乎也达到一生中的顶峰。因此，掌握了修复植物的水、肥需求规律，合理进行肥水供应，基本上可以促进修复植物最大限度地提高生物量。

3. 采取必要措施缩短修复周期

温度、光照、土壤水分状况、空气流通情况、热量等环境因素对植物生育期影响很大，利用植物对环境条件的反应，可以尽可能地缩短植物生育期从而缩短修复周期。如塑料大棚可以提高棚内温度、湿度，加快植物生长速率，并可以在室外温度较低的情况下继续生长；遮荫设备可以促进喜荫植物的生长；施干冰可以提高二氧化碳浓度提高植物的光合强度等。还可以采取育苗移栽的方法缩短修复植物的生育期。一般在植物收割前的一段时间培育秧苗，等到植物收割后，将适宜移栽的秧苗移栽到污染土壤，这样可以节省种子播种到出苗之间的一段时间。移栽时秧苗不宜过大，过大的秧苗受到太阳辐射后，叶片蒸腾作用较强，水分吸收一蒸腾容易失衡，对秧苗造成伤害而不易成活。但秧苗也不宜过小，秧苗太小对环境适应能力差，也不易成活。此外，根据修复植物生育时期对污染土壤的修复程度也可以缩短修复周期。如果某一超积累植物在开花期其所提取的重金属占全生育期总量的80%～90%，而从花期到成熟期又要花去30%～50%的修复时间的话，就可以考虑在花期进行收获，以便再重复下一个修复过程这样可以相对地缩短修复周期。

4. 利用种子包衣技术促进修复植物种子早生快发

用于污染土壤修复的植物几乎都是野生植物，野生植物的种子一般都很小，种子直径或最长处一般只有几毫米，有的甚至仅零点几毫米。这样小的种子既不利于播种，播种后也不容易保全苗。种子包衣是给种子包上一层物质，这种物质称为种衣剂。传统的种衣剂是泥浆配上一些活性物质，目前已发展成为复合型包衣剂，集保健、营养、保护于一身。种衣剂可以起到以下作用：①防治苗期病、虫、鼠害等；②包衣剂中配有一定种类和数量的微肥，起到增加幼苗营养和提高秧苗素质的作用；③增大种子体积，尤其是小粒种子丸粒化技术，可以使植物修复进行机械种植。由此可见，包衣技术的利用可能是植物修复大规模机械化作业不可缺少的关键技术之一。

5. 注意病虫害的防治

植物能否正常生长，除了土壤及温度、光照等环境条件外，病害和虫害也是重要影响因素，因此要做好病、虫害的防治工作。从目前的技术水平看，在栽培调控措施难以奏效的情况下，施用化学农药防治植物病、虫害仍是不可或缺的手段。在使用化学农药的过程中，应选用一些残毒小、降解快的农药，以免引起对环境的二次污染。当然，最好是使用一些植物源农药。植物源农药是以植物体内具有农药活性的次生代谢物质为原料制成的农药，这些次生代谢物质是植物在长期生存竞争中为抵御逆境伤害形成的，有些是用化学方法难以合成的。植物源农药具有可生物降解性，有“环保农药”之称，对环境污染很小，有的甚至没有污染。

6. 修复植物的搭配种植

污染土壤多数是几种污染物质混合在一起的复合污染，而修复植物往往只对其中一种或少数几种污染物质具有修复作用，单一种植一种修复植物只能治理一种污染物质，待这一种污染物质治理完之后再种植另一种修复植物去治理其余的污染物质，如此进行下去既废功又耗时。因此，根据土壤污染情况，将几种具有不同修复功能的修复植物搭配种植，既可以提高修复效果又可以节省修复时间。

7. 污染土壤中重金属的活化

重金属进入土壤后，大多数与土壤中的有机物或无机物形成不溶性沉淀或吸附在土壤颗粒表面而难以被植物吸收。通过一些活化措施，可以增加土壤溶液中重金属的浓度，从而提高对重金属污染土壤的修复效率。

何振立等(1998)和周启星等(2001)研究表明，降低土壤 pH 通常会提高土壤溶液重金属的浓度。这是因为 pH 下降后，H^+ 增多，吸附在胶体和黏土矿物颗粒表面的重金属阳离子与 H^+ 交换量增大，大量的重金属离子从胶体和黏土矿物颗粒表面上解吸出来而进入土壤溶液。同时，pH 的降低打破了重金属离子的溶解一沉淀平衡，促进重金属阳离子的释放。降低土壤 pH 的方法通常有以下两种：一种是直接酸化土壤，即将浓硫酸稀释到若干倍后，直接喷撒到土壤表面，再经过耕翻等搅动作业与土壤充分混匀，达到降低土壤 pH 的目的；另一种是以土壤营养剂的形式撒入土壤，营养剂主要由有机肥、化肥及稀释的硫酸组成。施入营养剂后，既可以给土壤施肥又能够降低土壤 pH。当然，pH 的降低必须以不影响修复植物的生长为限度，因而，重金属修复植物的利用以酸性植物为好。但 pH 降低并不是利于所有重金属的活化，砷就例外。一般情况下，砷的含量随土壤 pH 的升高而增加，这是因为砷通常以 AsO_4^{3-} 或 AsO_3^{3-} 形式存在，当 pH 升高时，土壤胶体所带正电荷减少，对砷吸附力降低，使土壤溶液中砷不断增加。提高土壤 pH 可以采取施加生石灰等碱性物质的办法。

提高 Eh 会增加土壤溶液中重金属含量。对于重金属铬来说，当 Eh 提高时，Cr^{3+} 会被氧化为 Cr^{6+}。Cr^{6+} 水溶性很强，从而增加土壤溶液中铬离子浓度。同样，$AsO_4{}^{2-}$ 也可以被还原为 $AsO_3{}^{3-}$ 而提高砷的溶解度。对于固定重金属的难溶性物质硫化物来说，提高 Eh，硫化物会变得不稳定而氧化，使重金属释放出来，提高土壤溶液中重金属浓度。对于富含铁、锰等氧化物的土壤来说，*E*h的降低会使其部分溶解，与之吸附或共沉淀的重金属离子便被释放出来。调节土壤*E*h大小的方法一般是通过灌水和晾田的方式进行，如水田的干干湿湿灌溉法，水田和旱田轮作等。此外，增加土壤有机质也会降低土壤的*E*h。

骆永明(2000)认为，施加螯合剂可以促进土壤固相中重金属的释放。土壤中重金属大部分被牢固地结合在固相上，可移动性很差，尤其是铅、铜和金这样的重金属元素更难移动。如果不采取一定的措施释放固相中的重金属为植物所吸收，植物修复的效果就很难达到理想状态。除了改变土壤pH、*E*h和依靠根分泌的有机物来活化固相中重金属外，向土壤中施加螯合剂也是有效的手段。这是因为螯合剂能够打破重金属在土壤液相和固相之间的平衡，减少土壤对重金属—螯合剂复合体的吸持强度，使平衡关系向着利于重金属解吸的方向发展，从而在达成新平衡之前，大量的重金属进入土壤溶液，增加了土壤溶液中重金属的浓度，有力地提高了植物提取修复效率。常见的螯合剂有羟乙基替乙二胺三乙酸(HEDTA)、乙二胺四乙酸(EDTA)、二次乙基三胺五乙酸(DTPA)、乙二醇双四乙酸(EGTA)、乙二胺双二乙酸(EDDHA)、柠檬酸、苹果酸、乙酸等。研究表明，螯合剂对重金属的解吸程度主要与土壤理化性质和重金属种类有关，有的对这一种重金属解吸效果好，对另一种差，有的则对几种重金属效果都好。植物对经螯合剂诱导释放出来的重金属的吸收机理还不是十分清楚，对螯合物的整体吸收可能是主要机制。然而，使用螯合剂也存在着一定的潜在风险，主要表现在土壤溶液中重金属浓度提高后，在未被植物充分吸收条件下，容易产生淋失和引起地下水的二次污染。此外，残存的螯合物可能也会造成新的污染，而且，在使用一些化学品来诱导目标重金属时，也可能引起非目标金属的同时溶解。因此，在使用螯合剂时，一定要进行环境风险评价，在考虑诱导效率的同时，也要估测对环境的潜在危害，最好使用那些可生物降解和物理、化学降解的螯合剂，最好不用有毒化学品如用氰化钠来诱导金的解吸。

第三节　植物根际圈及根分泌物的作用

一、概　　述

Curl(1986)指出，植物根际圈是指由植物根系和土壤微生物之间相互作用而形成的独特圈带，它以植物的根系为中心聚集了大量的细菌、真菌等微生物和蚯蚓、线虫等一些土壤动物，构成了污染土壤中极为独特的“生态修复单元”。根际圈既包括与根系发生相互作用的生物，也包括这些生物活动影响的土壤，它的范围一般是指离根表几毫米到几厘米的圈带。但实际上区分根际圈与非根际圈较为困难，因为根系性质存在不同变化，通常用模拟方法如根箱(rhizobox)或根袋(rhizobag)等方法加以研究。

植物的根系在从土壤中吸收水分、矿质营养的同时，也向根系周围土壤分泌大量的有机物质，而且其本身也产生一些脱落物，这些物质刺激着某些土壤微生物和土壤动物在根系周围大量地繁殖和生长，这使得根际圈内微生物和土壤动物数量远远大于根际圈外的数量，而微生物的生命活动如氮代谢、发酵和呼吸作用及土壤动物的活动等对植物根也产生重要影响，它们之间形成了互生、共生、协同及寄生的关系。生长于污染土壤中的植物首先通过根际圈与土壤中污染物质接触，这些污染物质包括不能降解的重金属等无机污染物，又包括难以降解的多环芳烃等有机污染物。大量研究表明，根际圈通过植物根及其分泌物质和微生物、土壤动物的新陈代谢活动对污染物产生吸收、吸附和降解等一系列活动，在污染土壤植物修复中起着重要作用。

1. 植物根际圈的化学因素与物理环境

植物根部具有一个良好的适应微生物群落生长的供应结构，通过向根际圈输入光合产物提供微生物群落的生长。枯死的根细胞和植物渗出液都聚集和积累在根部地带，久而久之使根际圈微生物栖息地演变成一块十分富饶的土壤。根际圈内较高的有机质含量可以改变有毒物质的吸附、改变污染物的生物可利用性和可淋溶性。例如，根际圈微生物可促进有毒物质与腐殖酸的共聚作用。以氯酚和多环芳烃所做的试验结果证明，两组污染物与土壤有机质的关系直接或间接的受根际微生物的影响。另外，植物本身可以受果胶和木质素保护，它们可以去除或吸附高分子疏水化合物。于是，可阻止这些污染物进入植物的根。调查表明，植物根分泌物因植物种类不同而异，并与环境因素有关。缺铁的双子叶植物和单子叶植物，它们的根都能累积有机酸。但是，只有双子叶植物具有较强的将质子释放到根部的能力。豆科植物的高度共进化的植物－微生物系统中，有关植物种或植物类型在溢出作用上的意义表现得最为明显。豆科植物通过化学作用保持的植物－微生物相互作用确有其独到之处。

当研究者把注意力都集中在根际圈的化学环境上时，往往容易忽略其物理因素。其实，根际圈的物理环境同样重要。它们影响污染物的生物可利用性程度，也影响污染物的可生物降解性。根和根际圈的物理形态是原位植物修复系统设计时需要重点考虑的问题之一。研究表明，根、枝比与根中碳的释放，根与土壤微生物的联系有关。根所触到的土体会因根的深度和分枝的伸展模式不同其性质也有所不同。土体的性质通常受环境因素制约，但同时也受植物种类的限制。很显然，植物修复需要理想的根系统。所以，浅根、低扩散的根，即使它们能支持一个具有高降解能力的微生物群的生长与繁衍，但对亚表层土壤污染物的生物降解与修复显然满足不了需要。

植物和微生物群落对污染物的生物可利用性能改变根际圈的生物降解作用。土壤吸附对细菌降解羟基喹啉影响的研究发现，吸附态的羟基喹啉不被降解，但细菌的吸附似乎并未影响它们降解污染物的能力。在另一个试验中，在亚表土壤中增加微生物生物量使喹啉和萘的吸附量显著减少，显然生物量的改变起了重要作用。特殊土壤键合试验研究表明，吸附态的污染物难于接近微生物种群。当2，4-D吸附在土壤表面或结合进入到腐殖酸中时，矿化作用受到抑制。这说明有机污染物的吸附确实减少了它们的生物可利用性。对一个长期根际圈降解过程的利弊目前尚不清楚。如前所述，根际圈系统根的存在提供了一个表面使污染物可以被吸附，也可以被转化。这一现象多发生在根的细胞壁上。吸附在细胞壁上的污染物瞬间可使生物可利用性下降。但是，经过一段时间后，污染物又可回到土壤溶液中去。若污染物被植物吸收而不是吸附，那么它就永远地离开根际圈。植物本身也有能力利用污染物、转化污染物、通过氧化一还原或水解，使污染物得以降解和脱毒。

2. 植物根的生理生态作用

根是植物体重要的器官，它具有固定植株、吸收土壤中水分及溶解于水中的矿质营养等生理功能。根还通过吸收和吸附作用在根部积累大量污染物质，加强了对污染物质的固定，其中根系对污染物质的吸收在污染土壤修复中起重要作用。根还有生物合成的作用，可以合成多种氨基酸、植物碱、有机氮和有机磷等有机物，同时还能向周围土壤中分泌有机酸、糖类物质、氨基酸和维生素等有机物，这些分泌物能不同程度地降低根际圈内污染物质的可移动性和生物有效性，减少污染物对植物的毒害。植物根系的生长也能不同程度地打破土壤的物理化学结构，使土壤产生大小不等的裂缝和根槽，这可以使土壤通风，并为土壤中挥发和半挥发性污染物质的排出起到导管作用。

3. 根际圈中植物一微生物的相互作用

主生植物的种类决定根际圈微生物群落的组成。能动型细菌能够迅速生长，如假单细胞菌在根际圈土壤中极为常见(表 4-1)。假单细胞菌显然很好地适应了根大量分泌物的环境条件，并能真正利用主生植物释放出来的有机基质。其他种属的微生物，如节细菌属，在根分泌物较少的环境条件下十分丰富。也许细菌与植物根之间最好的一组联系是固氮菌与豆科植物间的关系，这种关系具有典型的特征性，如豌豆、黄豆和苜蓿等(表 4-2)。这些共生关系就植物对土壤的营养贡献，细菌与主生植物之间的生化、生理关系等方面都是独一无二的。细菌侵入植物组织形成根瘤固定大气中的氮，固氮根瘤的形成导致植物和微生物种群间的趋化性交流。虽然固氮细菌的数量不大，但是它们对氮的可利用性作用十分重要。好氧细菌也能有效地氧化有机污染物。细菌利用脱氢酶将 2 个氧原子引入到芳香化合物中，使细菌从外来污染物中获得能量。于是，在好氧条件下，疏水化合物很可能完全矿化为二氧化碳和水，而不是生成不完全矿化的产物一母体化合物的代谢物。

表 4-1　常见的土壤细菌及所在地点与功能

科/属	描述	所在地点与功能
	螺旋菌或曲线菌 革兰氏阴性 鞭毛杆菌 好氧或兼性好氧菌 专性厌氧微生物	根际圈，热带禾本科植物中的固分解可溶性化合物 非寄生固氮者
根瘤细菌属	根染细菌 革兰氏阳性 兼性厌氧杆菌	在豆科植物上产生根瘤 固氮 固氮
	异类组，能动性和非能动性	氧化无机氮的还原形式
形成内生孢子细菌，芽孢杆菌，放线菌	好氧或兼性厌氧 厌氧菌 革兰氏阳性， 不规则的形状 多型性	多物种固氮，产生水解 络合有机分子的胞外酶 酵素纤维素，淀粉和糖 最大的异类组 抗饥饿
	菌丝体，死物 寄生菌，丝状菌	
	好氧微生物	利用各种有机化合物产生抗菌素
		在非豆科被子植物中固氮

表 4-2　固氮原核生物与维管植物的联系

原核	生物	根瘤	植物
氰基细菌	鱼腥藻		满江红，水生蕨
	念珠藻		考察的所有属
	念珠藻	被子植物	根乃拉草属，匍匐植物和灌木
放线菌	非豆科固氮菌	被子植物	各种非豆科属，绿恺木，银果灌木，甜蕨，山梅灌木

续表

原核	生物	根瘤	植物
真细菌类	根瘤细菌属	被子植物	榆科，热带植物，豆科类，豌豆，菜豆，苜蓿属，豇豆，小扁豆，苜蓿
真细菌类	*Azospirillum*	被子植物	谷类植物，禾本科植物，番茄

土壤中另一组重要的微生物是真菌，其数量或生物量有时甚至超过细菌。植物在与这些真菌的联系中受益，包括加强水分和矿物质的吸收，增加对病原体的抗性和对环境因素的忍耐力等。有 3 种土壤真菌：致病根感染真菌、腐生真菌和菌根真菌。菌根真菌与多数草本和木本植物有关联。因此，菌根真菌的作用最大，它与植物根存在相互作用的共生关系(表 4-3)。有关菌根真菌的研究主要集中在对贫瘠土壤植物的养分提供能力上，而忽略了它们在整个土壤生态系统中的作用。实际上，菌根真菌除了能给植物提供养分之外，还能降解土壤中的污染物。一般来说，植物给菌根真菌提供可溶性碳源，而真菌改善了植物对水分和营养物质的获得能力，尤其是当营养物质供不应求的条件下，这种互惠互利的供求关系使双方均受益。真菌还有保护植物免受毒性物质侵害的作用。真菌有多种分解植物质的酶，其中包括分解木质素和纤维素的酶。研究表明，真菌酶能降解多环芳烃、酚、多氯联苯、含氮芳烃、氰化物、杀虫剂和除草剂等。虽然真核生物和原核生物对多环芳烃的降解有所不同，但是黄孢原毛平革菌氧化非产生的代谢物与细菌氧化产生的代谢物相似。原核生物尤其能代谢多环芳烃及其他芳烃化合物。

表 4-3 菌根真菌与维管植物的关系

真菌	维管植物		
科/属	目	科	一般描述
外菌根真菌	被子植物		热带树木林
			山毛榉，栎属植物，栗树长春花属植物，桉树属植物柳树，白恺树，桦树，硬质树木
		豆科植物	苜蓿属，苜蓿，洋槐，金合欢属植物
	裸子植物		云杉属植物，松树，伞形科有毒草类植物
内菌根真菌		豆科植物	
泡状一灌木			

续表

真菌	维管植物		
科/属	目	科	一般描述
内源代谢	被子植物		蚕豆
			苹果树
			马铃薯
	裸子植物		松树，云杉属植物
非泡状	石南	石南科	欧石南属植物，杜鹃花，杜鹃花属
			月桂属植物
			迷迭香，牙疙疸

根系微生物活性的大小以及其物理尺度的长短，取决于植物本身及其相关的环境因素。这些因素包括植物品质、年龄、土壤性质和气候条件。土壤温度、湿度、土壤质地、组成、养分状况和盐分等土壤参数也影响根系微生物的活性。植物的存在可改变根际圈土壤条件，如土壤 pH、磷肥和钙的可利用性，以及氧含量、二氧化碳、氧化还原电位和土壤湿度等。

4. 植物根际圈对微生物活性的促进效应

1904 年，Hiltner 对于根际圈的定义给予了一个基本的描述，他认为根际圈是一个由植物根与土壤微生物之间独特的动力学相互作用带。植物根际圈是土壤微生物大量聚集繁殖的地方，是有助于微生物健康生长的特殊栖息环境。可以想像，如果没有植物根际圈中有机物质的释放，土壤生态系统中微生物的生存甚至也没有可能。Garret 对植物根系统给予了相当高的评价，他认为植物根系统是土壤中最重要的“客户”，因为它提供了驱动整个土壤生态系统的能量。

植物根际圈由好氧和厌氧两部分组成，它提供了外来物质降解的良好生态环境。进入植物根际圈土壤中的任何外来污染物的寿命都与根际圈植物、土壤微生物的潜能，以及它们之间的相互作用有关。根际圈环境易受外部的物理和化学环境的影响。同样，根际圈本身也能改变外部环境。例如，当土壤污染仅限于表层时，采用一般的生物修复过程就可以使土壤得到很好的清洁。然而，当土壤的亚表层，甚至深层也受到污染时，采用一般的植物修复过程往往达不到预期的清洁目的。但是，若在土壤中种上适宜的植物，植物修复作用就可以被明显地加强，从而可实现对土壤深层污染的清洁处理。对植物系统或根际圈土壤的污染降解的作用有人提出了一种假设：根际圈土壤对污染降解的特殊作用与植物根系碳物质的输入有关。根际圈土壤的作用主要体现在两个方面：①提供大量的微生物或降解者；②为共代谢微生物提供了必要的生长基质。例如，根际圈的相互作用、根际圈与固氮菌的联系、植物的死亡、植物的腐烂及其他有机质的腐化作用等。人们通过对根际圈和根外土壤的试验分析的最终结论都表明，在有植物生长的条件下，污染物的降解量显著增加。

5. 植物一微生物一污染物在根际圈的相互作用

有关植物一微生物一污染物在根际圈的相互作用综述文章提供了大量事例证明，有害物质在多种植物根际圈被微生物降解。微生物在根际圈的脱毒现象可以证明一个事实，即植物对土壤中存在的化学品所造成的压力具有反应能力。植物对自身利益的保护可归属于根际圈微生物群落的脱毒能力。可以想像，根际微生物群落提供的外部保护对微生物和植物双方是互利互惠的。微生物受益于植物的营养供给，反过来，植物受益于由根际圈微生物伴随的土壤中有机有毒物质的脱毒作用。在这种情况下，植物对化学品脱毒所耗的能量被节省和储藏起来了。以根分泌物形式存在的光合产物维系了正常的、非压力条件下的微生物群落。可以想像，当土壤中因化学品出现而产生压力时，植物的响应是增加根际圈的分泌物，其结果导致微生物群落增加了对毒性物质的转化率。微生物的响应是增加微生物数量，这时合成脱毒酶的数量增加，降解污染物的根际圈微生物基质相对丰度也发生变化。于是，植物通过诱导根际圈微生物群落的代谢能力而获得保护。在受土壤中毒性物质压迫情况下，植物消耗能量诱导酶的合成。而在其他情况下，微生物群落以维持水平存在。这就是所谓的正反馈。在自然生态系统中，有众多的污染物一植物一微生物相互作用调节系统。

植物经常生长在高有机污染土壤中，从植物一微生物相互作用的试验可见，根际圈微生物群落作为一个重要的外源代谢线，可保护植物免受土壤中有害物质的侵害。有关这一点，已通过化学品在植物根际圈的归宿得到一致认同。一项研究表明，根际圈微生物群落能加强 4 种多环芳烃与土壤腐殖酸和胡敏酸组分的联系(表 4-4)。这种联系可能减少多环芳烃的生物可利用性及其生理毒性。

植物具有多种物理和生化防范功能阻止有毒物质的浸入，并排斥根表的多种非营养物质进入植物体。这样，一旦有机毒物进入到植物根部，它们可以被代谢或通过分室储存，形成不溶性盐，与植物组分络合或键合为结构聚合物的方式固定下来。

根际圈作为微生物活动较强的地带，可以加强污染物的降解和转化。很显然，充分理解植物根际圈微生物群落和有机污染物之间的相互作用将促进植物生物修复技术的成功运用。Walton 和他的合作者提出，植物可以通过微生物群落的代谢和脱毒能力去除污染物。他们提出植物与根际圈微生物组成了一个相互有利的动力学联系。

表 4-4　5d 暴露期后^{14}C标记物在土壤中的分布

^{14}C—化合物	土壤处理	胡敏酸和腐殖酸组分(^{14}C 总量)/%
芘	灭菌土壤	5.1±2.6
	无植被土壤	4.4±0.4
	有植被土壤	4.3±0.8
荧蒽	灭菌土壤	1.4±0.2
	无植被土壤	2.7±0.5
	有植被土壤	5.8±0.2
菲	灭菌土壤	1.8±0.3
	无植被土壤	7.1±4.5
	有植被土壤	30.6±13.8
萘	灭菌土壤	15.6±4.5
	无植被土壤	14.6±5.9
	有植被土壤	40.8±7.0

(1) 根际圈内菌根真菌对污染物的修复功能

菌根(mycorrhizae)是自然界中非常普遍的现象，通常认为大多数生长在自然状态下的植物都能形成菌根。菌根真菌在活的植物根上发育，在从根部获取必需的碳水化合物和其他一些物质的同时，也为植物根系提供植物生长所需的营养和水。由于菌根表面菌丝体向土壤中的延伸，极大地增加了植物根系吸收的表面积，有的甚至可使根表面积增加几十倍，这种作用增强了植物的吸收能力，当然也包括对根际圈内污染物质的吸收能力，在污染土壤修复中起着重要作用。

内生菌根植物的根系首先通过根面上菌丝与根际圈内的重金属接触从而对重金属产生吸收、屏障和螯合等直接作用。由于菌根真菌无法离体培养，人们通常只是从菌根植物与非菌根植物在受重金属污染后生理生态变化的对比中推测菌根真菌对重金属的修复作用。Cooper 等(1978)、Joner(1997)和 Turnau(1998)的研究表明，菌丝本身能够吸收重金属，这可能促进了根系对重金属的吸收能力。但内生菌根真菌在根系外形成菌丝后，对重金属也有机械屏障作用，如某些重金属被沉积在真菌菌丝和菌根皮层之间或细胞壁外表面。此外，内生菌根真菌也可以分泌某些物质将重金属螯合在菌根中，以减少重金属向植物地上部转移，这说明内生菌根真菌对重金属的屏障及螯合作用可能是植物“避”机理之一。在污染条件下，内生菌根真菌促进根吸收重金属的作用大一些还是屏障作用大一些，目前仍不清楚，情形可能相当复杂。如果真菌与超富集植物共生，可能促进根吸收的作用大一些，如果不与超富集植物共生，可能屏障作用大一些。内生菌根真菌对重金属污染土壤的修复还表现在间接作用方面，即真菌侵染植物根系后改变根系分泌物的数量和组成，进而影响根际圈内重金属的氧化状态，同时也能使根系生物量、根长等发生变化，从而影响重金属的吸收和转移。

外生菌根真菌对重金属的吸收作用也具有与内生菌根类似的情形，但对重金属的屏障作用因菌套的形成而较为明显，尽管这种保护机理尚不清楚，但一般认为是菌根的菌套及菌丝体本身对重金属的物理阻碍作用，阻止了重金属向植物体内的转移。Turnau (1993)的研究表明，在少数外生菌根真菌中发现重金属可以在真菌细胞内部积累，也可以发生由真菌新陈代谢物质所引起的细胞外的沉淀作用。因此，有必要对外生菌根真菌的这种保护作用进行深入研究，筛选出保护性真菌及特异性共生植物，以便作为废弃重金属矿区再绿化工程中的先锋植被种，不仅对污染土壤起到修复作用，而且还利于环境的美化及水土保持。外生菌根真菌在促进根对有机污染物吸收的同时，也对根际圈内大多数有机污染物尤其是持久性有机污染物(POPs)起到不同程度的降解和矿化作用，其降解的程度取决于真菌的种类、有机污染物类型、根际圈物理和化学环境条件以及微生物区系间的相互作用。许多外生菌根真菌对 PCBs 可以部分降解，如表 4-5 所示，供试的 11 种外生菌根真菌中，有 6 种可以降解供试 10 种 PCBs 中至少 3 种以上的 PCBs，其中裂皮腹菌属真菌的降解能力更强一些。另外，由表 4-6 可知，在供试的 31 种外生菌根真菌中，有 27 种真菌可以不同程度地降解供试 10 种 POPs 中 1 种以上的 POPs。其中，黏盖牛肝菌属的真菌 *Suillus vanegatus* 对所有参试的 POPs 都有降解能力，其余 12 种真菌对供试的 PAHs(菲、蒽、荧蒽、芘)都能部分降解。从表 4-5 和表 4-6 的对比来看，PCBs 更难降解，因而需要有更为强烈的降解机理起作用。

表 4-5　外生菌根真菌对部分 PCBs 的降解能力

真菌种	化合物									
	PCBa	PCBb	PCBc	PCBd	PCBe	PCBf	PCBg	PCBh	PCBi	PCBj
土生空团 *Cenococcum geophilum*	—	—	—	—	—	—	—	—	—	—
裂皮腹菌属 *Gautieria caudate*	—	—	—	—	—	—	—	—	—	—
裂皮腹菌属 *G. crispa*	+	+	+	+	—	+	—	—	—	—
裂皮腹菌属 *G. othii*	+	+	+	—	—	+	—	—	—	—
大毒黏滑菇 *Hebelom crustliniforme*	+		—	—	—	+	+			
纵裂腹菌属 *Hysterangium gardneri*	+	+	—	—	—	+	+	—	—	—
彩色豆马勃 *Pisolithus tinctorius*		—	—	—	—	—	—	—	—	—
有根灰包菌属 *Radiigera atrogleba*		+	+	+	—	—	+	+	+	+
须腹菌属 *Rhizopogon vinicolor*		—	—	—	—	—	—	—	—	—

续表

真菌种	化合物									
	PCBa	PCBb	PCBc	PCBd	PCBe	PCBf	PCBg	PCBh	PCBi	PCBj
须腹菌属 *R. vulgaris*		—	—	—	—	—	—	—	—	—
黏盖牛肝菌属 *Suillus granulatus*		+		+	—	—	+	+	—	—

注：据 Meharg 和 Cairney(2000)整理，经修改。“+”表示该化合物可被不同程度地降解，“—”表示不能被降解。PCBa 表示 PCB-2，3；PCBb 表示 PCB-2，2；PCBc 表示 PCB-2，4；PCBd 表示 PCB-4，4；PCBe 表示 PCB-2，4，4；PCBf 表示 PCB-2，5，2；PCBg 表示 PCB-2，5，4；PCBh 表示 PCB-2，4，2，4；PCBi 表示 PCB-2，5，2，5；PCBj 表示 PCB-2，4，6，2，4。

表 4-6　外生菌根真菌对部分持久性有机污染物(POPs)的降解能力

真菌种	化合物								
	PHE	AN	FLU	PY	PER	PFB	TNT	DCP	Chl
蛤蟆菌 *Amanita muscaria*	+	+	+	+	—				—
赭盖鹅膏菌 *A. rubescens*	—	+	+	+	—				+
块鳞灰毒伞菌 *A. spissa*	+	+	+	+	+				
牛肝菌属 *Boletus grevellei*									—
大毒黏滑菇 *Hebeloma crustuliniforme*	+	+	+	+	+				
滑锈伞菌属 *H. cylindrosporum*									+
滑锈伞菌属 *H. hiemale*	+	+	+	+	+				+
滑锈伞菌属 *H. sarcophyllium*									+
滑锈伞菌属 *H. sinapizans*	+	+	+	+	+				—
腊蘑属 *Laccaria amethystine*	—	+	+	+	+				
松乳菇 *Lactarius deliciosus*	+	+	+	+	+				
乳菇属 *L. deterrimus*	—	+	+	+	—				
乳菇属 *L. rufus*	—	+	+	+	+				
毛头乳菇 *L. torminosus*	—	+	+	+	—				
尖顶羊肚菌 *Morchella conica*	+	+	+	+	+				
羊肚菌属 *M. elata*	+	+	+	+	+				
羊肚菌 *M. esculenta*	+	+	+	+	+				
卷边桩菇 *Paxillus involutus*	+	+	+	+	+	—	+	+	
彩色豆马勃 *Pisolithus tinctorius*							+		—
须腹菌属 *Rhizopogon luteolus*									—
玫瑰色腹菌 *R. roseolus*									+
红菇属 *Russula aeruginea*	—	—	—	—	—				

续表

真菌种	化合物								
	PHE	AN	FLU	PY	PER	PFB	TNT	DCP	Chl
红菇属 *R. foetens*	−	+	−	−	−				
黏盖牛肝菌属 *Suillus bellini*									+
黏盖牛肝菌 *S. bovines*									−
点柄黏盖牛肝菌 *S. granulatus*	+	+	+	+	+	−			−
褐环黏盖牛肝菌 *S. luteus*						−			−
黏盖牛肝菌属 *S. vanegatus*	+	+	+	+	+	+	+	+	+
革菌属 *Thelephora terrestris*						+			
白蘑属 *Tricholoma lascivum*	+	+	+	+	+				
白蘑属 *T. terreum*	+	+	+	+	+				

注：据 Meharg 和 Cairney(2000)整理，经修改。“+”表示该化合物可被不同程度地降解，“−”表示不能被降解。PHE 表示菲(phenanthrene)；AN 表示蒽(anthracene)；FLU 表示荧蒽(fluronthene)；PY 表示芘(pyrene)；PER 表示二萘嵌苯(perylene)；PFB 表示 4-氟苯酚(4-fluorobiphenyl)；TNT 表示三硝基甲苯(trinitroluene)；DCP 表示 2，4-二氯酚(2，4-dichlorophenol)；Chl 表示氯苯胺灵(chlorpropham)。

(2) 根际圈细菌对污染物的修复功能

细菌是根际圈中数量最大、种类最多的微生物，其个体虽小，但却是最活跃的生物因素，在有机物分解和腐殖质的形成过程中起着决定性作用。根际圈内细菌有三种存在方式：一是能与植物根系共生的如根瘤菌等细菌；二是生长于根面的细菌；三是根系周围的细菌。由于根的分泌活动及其残体的脱落，使得根际圈内细菌旺盛的生命活动显著高于根际圈外的细菌。细菌对重金属的吸附能力很强，吸附能力的大小因细菌种类不同而有差异且受生长环境如 pH 的影响。利用细菌降解有机污染物的研究很多，有的在实践应用中已形成了十分成熟的技术，如用于污水处理的活性污泥法、氧化塘法、厌氧塘法，用于污染土壤修复的堆肥法等。为提高这些方法的处理效率，常常需要采用一些辅助措施，如深层曝气、投入氮素肥料等，而且工程浩大、费用昂贵、技术复杂。根际圈内也存在着大量的可降解有机污染物的细菌，他们除直接利用自身的代谢活动降解有机污染物外，还能以根分泌物和根际圈内有机质为主要营养源，对大多数有机污染物进行降解，从而具有根际圈外细菌所不具有的降解有机污染物的独特之处。细菌对低相对分子质量或低环有机污染物如多环芳烃(二环或三环的)的降解，常将有机物作为惟一的碳源和能源进行矿化，而对于相对高分子质量的和多环的有机污染物多环芳烃(三环以上的)、氯代芳香化合物、氯酚类物质、多氯联苯、二噁英及部分石油烃等则采取共代谢的方式降解，这些污染物有时可被一种细菌降解，但多数情况是由多种细菌共同参与的联合降解所降解。

根际圈内除上述菌根真菌和细菌外，腐生真菌及一些土壤动物对土壤中污染物质也有一定的修复作用。白腐真菌(white rot fungi)能产生一套氧化木质素和腐殖酸的降解酶，这些酶包括木质素过氧化物酶，锰过氧化物酶和漆酶，这些酶除能降解一些 POPs 外，其扩散到土壤中的产物也能束缚一部分 POPs，从而减轻对植物的毒害。蚯蚓也能部分吸收土壤环境中的重金属，以减少对植物的毒害作用。因此，在土壤环境中增施有机肥除能直接固定和降解污染物质外(物理化学作用)，也可以通过促进根际圈内微生物及土壤动物的活动来间接地起到修复作用。

6. 植物根际圈的生物降解过程

(1) 好氧代谢

根际圈为好氧及厌氧微生物提供了一个良好的栖息地。几乎大多数植物都生长在不饱和土壤的好氧条件下，这样能使根利用土壤中的氧进行呼吸。氧的状态是影响根际微生物组成的一个重要因素。在自然界中，多数有机物以氧作为最终的电子受体被好氧矿化。降解通常是一个好氧分解过程，涉及各种微生物的连续性活动，在这一活动中，污染物最终被持续性地矿化分解。外来有机污染物的矿化作用与对自然界中有机物的矿化作用原理相同。研究表明，对同一种污染物的矿化而言，混合微生物群落比单一微生物群落更为有效。典型的例子是对芳烃类和苯磺酸类的微生物矿化过程。污染物有时不能被氧化它们的那组微生物所同化，但是却可以被其他的微生物种群转化。这种共栖联系可以大大加强难降解污染物的矿化，从而防止有机有害污染物中间体的产生与积累。

(2) 厌氧代谢

植物也可忍受短期的厌氧条件，如雨季和洪水期间的短期缺氧。在长期的湿地条件下，会出现缺氧状态。但是，湿地植物有一种特殊的生理机制满足根在缺氧状态下对氧的需要。与好氧代谢相比，厌氧环境下存在另外一些电子受体，这种还原环境为反硝化菌、甲烷化硫化物菌提供了最佳环境。虽然厌氧微生物需要较长的培养期，但是厌氧微生物对环境中持久性化学品如 PCBs、DDT 和 PCE (五氯乙烯)有较强的去除能力。这对土壤或地下水的原位生物修复尤其重要。一些有机污染物在厌氧条件下可以完全矿化为二氧化碳。如苯及其相关的有机污染物就可在厌氧条件下完全矿化为无害物质。

(3) 遗传改性

微生物矿化污染物的能力，可以通过遗传改性的方式得到加强。细菌的基因转化可自然发生。通过结合、转导和转变等过程，质粒转变可以使细菌在他们的环境中快速变化。通过传播遗传信息，合成降解新基质所必需的酶，可使细菌降解外来污染物，降解酶的合成是微生物有利控制环境质量的原因之一。

(4) 腐殖化作用

由于腐殖化作用，有毒有机污染物可以转变为惰性物质被固定下来，达到脱毒的目的。因此增强自然的腐殖化过程不失为一种有效的脱毒手段。用同位素标记的方法进行的植物对腐殖化作用影响5d暴露实验(表4-4)，以萘、菲、荧蒽和芘4种多环芳烃为供试化学品，在试验结束后，进行^{14}C质量平衡分析结果表明，86%以上的^{14}C残留在土壤中。另一组试验对灭菌土壤、无植被土壤和有植被土壤进行了4种PAHs的^{14}C分布分析，结果表明，根际圈微生物对3种多环芳烃的归宿有贡献。分析数据支持了微生物过程加强了根际圈的PAHs(萘、菲、荧蒽)与富里酸和胡敏酸的联系。这些初步结果说明，根际圈微生物可能影响某些PAHs在土壤中的归宿。由于微生物活动的介入，作用过程被加快。但是，这些初始数据还无法证明^{14}C标记法所表明的腐殖化固定作用是化学作用，还是物理作用，也即PAHs结合到富里酸和胡敏酸中的形态还不很清楚。土壤有机质中含有大量的水溶性和非水溶性物质，这些物质可以用标准土壤方法加以分离。研究者认为，氢氧化钠提取液提取出来的PAHs在土壤中的生物可利用性可能小，因此对植物的毒性也小。这说明根际圈微生物加速腐殖化作用可能是减少有害物质对植物毒性的另一作用机理。

(5) 深纤维根效应

大草原草场上的深根系统可改善土壤微生物的活动。根毛—土壤界面可使微生物与PAHs有较大、较多的接触空间，从而加强其生物降解率。根际圈的细菌与真菌合作可产生较高的多种代谢率。根际分泌物可以诱导高分子PAHs的共代谢。

(6) 浓度因子

浓度因子可定义为根内化学品的浓度与土壤水溶液中化学品浓度的比。植物根累积的污染物具有较高的辛醇/水分配系数($K_{o/w}$)，植物根累积的污染物浓度比土壤中该物质的浓度高若干倍。由于PAHs的辛醇/水分配系数较高，因此，大部分PAHs积累在植物根部，向植物枝叶的迁移量很少。植物的累积对PAHs污染的修复提供了一条新的出路。然而，这样的处理率可能很低。在PAHs污染的土壤中，PAHs分配在土壤—有机质与液相之间，植物根可能只吸附液相中的化合物。PAHs吸附在土壤有机质中的倾向很大，PAHs溶解并分布到植物根部，且达到平衡的时间是一个较长的过程。

土壤遭受污染的情况十分复杂，几乎所有的污染都是几种污染物参与的复合污染，单一有机体一般并不具备降解复合污染物的一整套系统，它们常常组成根际圈联合修复体系一起将污染物质降解。例如，在石油烃污染的土壤中，欧洲赤松(*Pinus sylvestris*)与黏盖牛肝菌(*Suillus bovines*)或卷边桩菇(*Paxillus involutus*)形成的菌根，在外部菌丝表面形成了一层细菌生物膜，该膜带有烃降解基因，利于石油烃的降解。

二、根分泌物及其在污染土壤修复过程中的作用

根分泌物的研究是一个古老而又年轻的领域。早在18～19世纪，Plenk于1795年、Decandolle于1830年就观察到根分泌物对邻近植株具有促进或抑制现象，但直到20世纪50年代，固氮菌的利用才使这一领域活跃起来，近十几年来已经成为世界各国科学家日益重视的研究热点。

1. 根分泌物的种类

根分泌物是植物根系在新陈代谢过程中释放到周围环境(包括土壤、大气和水体)中的各种物质的总称，是植物与土壤、水、大气进行物质、能量和信息交换的重要介质之一。根系分泌物已鉴定的约有200多种，按作用性质可分为专一性根分泌物和非专一性根分泌物，前者如某些一元酸和麦根酸类物质，后者则相当广泛。若按相对分子质量大小可分为高相对分子质量分泌物和低相对分子质量分泌物，前者主要包括黏胶和外酶，其中黏胶主要有多糖和多糖醛酸。后者主要是CO_2、H^+和一些低分子有机酸、糖、酚及各种氨基酸。若按代谢途径可分为初生代谢物质如糖、有机酸和氨基酸，次生代谢产物如酚类物质等。根分泌物中最普遍的糖是果糖和葡萄糖。除蛋白类氨基酸外，也有非蛋白类氨基酸。有机酸多数是羧酸循环的中间产物。根分泌物中也有一些生理活性物质，如激素、维生素及各种自伤性和他伤性化合物等。此外，根也产生一些脱落物质，这些物质成分复杂，有许多还未鉴定出。常见的根分泌物质见表4-7。

表4-7　常见的一些根分泌物质

类别	根系分泌物
无机物	CO_2、H_2O、HCO_3^-、H^+
糖类	果糖、葡萄糖、蔗糖、木糖、麦芽糖、鼠李糖、阿拉伯糖、棉子糖
氨基酸	亮氨酸、异亮氨酸、缬氨酸、谷氨酰胺、天冬酰胺、色氨酸、谷氨酸、天冬氨酸、胱氨酸、半胱氨酸、甘氨酸、苯丙氨酸、苏氨酸、赖氨酸、脯氨酸、蛋氨酸、丝氨酸、精氨酸

续表

类别	根系分泌物
有机酸	柠檬酸、酒石酸、草酸、苹果酸、乌头酸、丁酸、戊酸、琥珀酸、延胡索酸、丙二酸、乙醇酸、乙醛酸、乙酸、丙酸、甲酸、棕榈酸、硬质酸、油酸、亚油酸
酶	转化酶、水解酶、磷酸酶、蛋白酶、淀粉酶、DNA 酶、RNA 酶、多聚半乳糖醛酸酶、吲哚乙酸酶、硝酸还原酶、蔗糖酶、尿酶
生理活性物质	激素、维生素、苯丙烷类、萜类、乙酰配基类、甾类、生物碱类、生物素
其他化合物	类黄酮、异类黄酮、胆固醇、莱豆醇、豆甾醇、谷甾醇、比哆酸

2. 根分泌的特性与机理

根分泌物是由根系不同部位分泌的。根冠细胞寿命短、易脱落，且细胞内的高尔基体易大量分泌黏液，因而容易分泌大量黏胶物质。分生区分泌作用较弱，分泌物也少。伸长区是根分泌的主要部位，该区根系生长时受到的损伤多，根毛也容易断裂，分泌物也多。不同生长环境，不同植物，甚至同一植物的不同品种乃至同一品种的不同生长时期，根分泌物的组成、含量差异都很大。

根分泌现象是植物根对环境变化的一种适应性反应，对于专一性分泌物来说，通常是由养分胁迫诱导产生的，是一种主动反应。当某一养分缺乏并对植物造成胁迫时，植物会通过自身的调节能力合成某一特性物质，并经根分泌释放到土壤中，这种特性物质可以促进所缺乏营养物质的活化，提高植物对其的利用效率，从而解除或缓解这种养分的胁迫。对于非专一性根分泌物的分泌机理，通常认为是植物原生质膜结构遭到破坏的被动溢泌现象，如植物在缺锌时，根细胞内铜一锌氧化物歧化酶(SOD)活性下降，而 NADPH 氧化酶活性增加，导致细胞内自由基大量积累而产生毒害作用，使细胞膜脂产生过氧化作用，膜结构遭到破坏，透性增加从而释放出许多有机物质，这些物质对根际圈营养物质进行活化，提高了植物的利用效率。目前，对专一性根分泌物研究较多，研究较深入的是麦根酸植物高铁载体。植物根分泌现象是十分复杂的，许多分泌机理仍不清楚，因为根分泌活动既受植物本身基因型的影响，也受植物生长的环境条件影响，植物主动分泌活动占主导地位还是被动分泌活动占主导地位，往往取决于根际圈营养环境的变化，通常，健壮的植株其根分泌活动也比较旺盛，并在植株生命活动最旺盛时期达到最高峰，然后逐渐减弱。

3. 根分泌物的生态效应

根分泌活动与土壤肥力、植物营养、根际圈微生物生命活动有密切关系。养分缺乏时，根分泌物增多，如有时植物在缺磷胁迫时，会分泌大量的糖和氨基酸。双子叶植物在缺铁时会分泌一些酚醛类物质，如烟草根分泌核黄素，番茄根分泌咖啡酸，向日葵根分泌绿原酸。而缺锌胁迫时，则增加氨基酸的分泌量，禾谷类植物在缺铁胁迫下分泌植物高铁载体，受铝胁迫时，根分泌的氨基酸和糖类增加。根际圈微生物除利用土壤中有机物进行降解活动外，也可以利用根分泌物进行新陈代谢活动，这就打破了根分泌物与土壤颗粒之间的平衡状态，从而影响根的分泌活动。此外，微生物也能分泌一些生理活性物质来刺激根的分泌活动，而且，微生物的新陈代谢活动可以改变根际圈营养对植物的有效性，也会影响根的分泌。除上述因素对根分泌活动有影响外，光照、温度、土壤理化性质及通气条件也对根分泌活动有一定影响，植物根分泌物的数量在逆境条件下一般都明显增多。

根分泌物作用于根系周围环境产生明显的效应，使根际圈环境显著不同于非根际圈环境。根分泌物可以影响土壤的 pH，这是因为根分泌物中有大量的低相对分子质量有机酸，如甲酸、乙酸和草酸，它们对根际圈土壤环境起到强烈的酸化作用，黏胶有时也以酸的形式出现，对土壤也具有明显的酸化作用；根际圈土壤尤其是根尖土壤阳离子交换量(CEC)显著增加，这主要是由于黏胶物质含有大量羧基的缘故；根分泌物也能影响矿物颗粒表面的吸附性能，这是通过根分泌物中有机物质对铁、锰及铝氧化物表面对金属吸附的影响实现的，有机物可以与金属离子形成络合物或与金属离子竞争氧化物和黏粒表面的吸附位点，降低对金属离子的吸附，同时有机物也可以与金属离子形成配位化合物，增强与矿物表面的亲和力，提高对金属离子的吸附；根分泌物中的低相对分子质量化合物，如糖类、有机酸、氨基酸及酚类化合物可以作为微生物的养分和能源，促进微生物的大量繁殖与生长，使根际圈微生物数量尤其是细菌数量大幅度提高，根分泌物对微生物的影响既有特异性也有非特异性，不同植物的根分泌物影响着微生物的种类、种属、品种以及它们的生理特性，小麦根分泌物可以刺激根际圈反硝化细菌的繁殖，玉米根分泌物能刺激微生物 IAA、GA、CTK 的产量，而豆科植物和根瘤菌之间的共生关系更体现了根分泌物对微生物的特异性关系，如豌豆根接受根瘤菌的感染与其根毛分泌的一种植物凝集素有关，若把产生该种凝集素的基因转移到三叶草上，三叶草的根也可被豆科根瘤菌侵染，这也许就是不同植物拥有不同根际圈微生物区系的重要原因之一。虽然根分泌物对微生物的特异性作用是广泛存在的，但大多数情况下根分泌物对微生物的作用是非特异性的，这可能与根分泌物的多样性有关；根分泌物也是土壤中酶的主要来源之一，同时由于根分泌物对微生物酶分泌的影响，也间接调节着根际圈酶的数量和种类；根分泌物还能促进土壤中养分的释放。根分泌物中低相对分子质量有机酸可溶解和转化一些难溶性矿物，使这些矿物中的养分释放出来，促进植物的生长。

4. 根分泌物在植物修复中的作用

根分泌物对污染物质有明显的修复作用，主要表现在两个方面：一是促进有机污染物质的降解和无害化；二是加强对无机污染物质的活化和固定。根分泌物的多样性和专一性使得根际圈聚集了大量的具有生物降解能力的细菌和真菌等微生物，这些微生物的生命活动由于根分泌物质的活化而异常旺盛，它们以有机污染物质为能源或与根分泌物以共代谢的方式将其降解或部分降解。微生物的活动也能转化重金属的形态，部分降低或固定重金属。根分泌物本身与有机或无机污染物质也可以发生氧化、还原、络合或螯合等作用，从而促进污染物质的降解、转化或固定。因此，筛选利于微生物大量繁殖的分泌能力强的植物以利于污染物质修复的研究方向正逐渐被人们所重视，这方面的研究虽刚刚起步，但却显示出美好的前景。

植物根分泌物可以改变土壤中重金属的化学性质，进而改变重金属元素的生物有效性。一方面，根分泌物中的某些物质与土壤溶液中游离的重金属离子络合，形成稳定的植物难以吸收的螯合态物质，从而降低该种重金属活度，减少它的可移动性，将其稳定在污染土壤中，防止其在土壤中大范围迁移和扩散，或经空气而进入其他生态系统，进而起到植物稳定的作用；另一方面，根分泌物中大量的有机酸和酚类化合物对土壤中难溶态重金属能起到活化作用，增加铅、镉、汞等重金属的生物有效性，促进植物对重金属的吸收，提高植物提取修复的效率。至于根分泌物对重金属的固定作用大一些还是活化作用大一些，仍不清楚。这可能与植物种类有关，也可能与土壤中重金属种类、形态及根际圈环境条件有关。近年来的研究表明，某些禾本科植物在缺铁胁迫下，根系分泌的麦根酸类植物铁载体(phytosiderophore)对 Fe^{3+} 有极强的络合能力，而且与其他重金属如镍、锰、锌、铜、钴等也可以络合，从而提高了这些重金属的生物可利用性。刘文菊等(2000)的研究表明，缺铁水稻根分泌物和缺铁小麦根分泌物均能活化根际圈难溶性镉(CdS)。而对于某些重金属超积累植物来说，根际圈重金属生物可利用性明显增加，pH 也比较低，这可能是因为超积累植物根分泌了较多的 H^+ 或有机酸类物质，与土壤中难溶性重金属形成了螯合肽，从而促进了土壤难溶性重金属的溶解，相对的，非超积累植物则没有这一功能。超积累植物根分泌的这种特异性可能由某一特定基因控制，这需要进一步的深入研究来证明。

第四节　修复植物的筛选与性能改进

一、筛选条件与过程

土壤被污染情形相当复杂，有的是重金属污染，有的是有机物污染，还有的是无机一有机混合污染。有时是单一元素污染，但更多的则是多种元素共同起作用的复合污染。这就需要有“丰富多彩”的修复植物来满足各式各样污染土壤的修复。目前，植物修复研究还处于初始阶段，较基础的工作是修复植物的筛选。由于修复植物必须能在特定的污染土壤上生长，因此，从尽可能与特定污染土壤条件相一致的环境条件下筛选修复植物就成为修复植物筛选的首要条件，如果满足不了这一要求，也应该尽可能的人为模拟，以便筛选出的修复植物更有实际应用价值。除此之外，也可以采取其他方式寻找可用于植物修复的资源，然后鉴定其特征基因序列，再通过转基因技术构造修复植物，这也是一种“筛选”修复植物的有效手段。另外，能够长期生长在污染土壤上的植物和微生物，一般是不断适应污染环境的结果，它们在长期适应污染土壤的胁迫条件下，逐渐产生某些耐性机制，并经过数代或更多代繁殖生长可能会以某种遗传机制固定下来，因而形成丰富的植物修复资源，这也是从污染现场发现大量修复植物的原因之一。由此人们也得到启发，进行不同方式的模拟现场试验，对植物、微生物进行驯化以便找到用于植物修复的资源，当然也不排除不经驯化就可以筛选到具有修复能力的植物。

常用的筛选修复植物的方法有：野外采样分析法、温室营养液或土壤盆栽模拟法、人工驯化法、根分泌物及根系一微生物体系鉴定法、细胞或组织培养法和种子发芽试验法等。植物降解、根际圈生物降解及植物稳定 3 种修复方法主要是利用植物根分泌物及根系微生物降解体系的作用修复污染土壤，筛选这一类修复植物就要从根际圈修复功能方面加以研究。根分泌活动受多种因子影响，准确测量根分泌物种类和数量相当困难，这首先体现在根分泌物的收集和分离上。许多研究人员自行设计了一些装置收集和分离根分泌物，常用的如水培法以及将植物种在特定滤纸、石英砂或土壤中再收集培养介质中的冲积物加以分析的方法等。这些方法虽有优有劣，但与根实际分泌情况相去甚远。因此，这方面的研究工作还很不深入。菌根植物的研究也存在类似的困难，因为菌根植物菌丝体不能离体培养，这给研究真菌的修复性能、机理增加了难度，再加上识别鉴定真菌、细菌等微生物种类所要求的试验设施和知识储备都很高，一般的研究单位难以独立完成，也成为根际圈生物降解研究中的一大限制因素。目前，根际圈分泌物及根际圈生物降解体系的研究还处于基础阶段，大量的研究集中在具有特异性根分泌物的植物种质资源及专性或非专性降解能力微生物种质资源的筛选上，以便将二者结合起来或单独用于污染土壤的植物修复。

植物提取和植物挥发修复方法主要是利用植物对重金属的吸收来达到修复污染土壤的目的，修复植物的筛选相对的容易一些，这是因为一般只要测定植物体内重金属含量便可进行确认，方法简便，易于操作。在上述提到的众多筛选方法中，野外采样分析法和土壤盆栽模拟法使用得最多，其中野外采样分析法既方便、见效又快。在已发现的400多种重金属超积累植物中，大多数是通过这种方法找到的。此外，还有微量分析法和野外试纸初步诊断法也具有较好的效果。微量分析法是对植物标本馆样本取微量样品(如1片或几片植物叶标本)进行化学分析，检测植物体内重金属含量，从而判断该植物是否为超积累植物。如Brooks等(1977)采用这种方法分析了近2000份标本。他们先将植物标本叶片用去离子水洗净，烘干后称量再放入硼硅酸盐试管中低温灰化，然后放入马弗炉中，在500℃继续灰化至灰烬变白色，之后用10mL浓度为2mol/L重蒸纯化的分析纯盐酸溶液浸提，滤液用原子吸收光谱法进行测定。由此，他们证实了3种超积累植物的存在，同时还发现了另外5个属的植物具有超积累特性。这种方法具有筛选面大，简单、快速等优点，但由于取样量少，分析可信度低，而且，由于样本采集地点不一定都被污染，因而许多修复植物资源可能被漏掉。野外试纸初步诊断法是适合于野外寻找镍超积累植物的研究方法，该方法先用镍比色试剂二四乙二醛肟(dimethyglyoxime)将试纸浸渍制成特制测试纸，在野外采样时，将新鲜树叶紧按在潮湿的测试纸上，如果测试纸洋红色愈深，表明叶汁与测试纸上试剂反应愈强烈，叶片中镍含量就愈高，然后再采集该种植物的其他部位及所生长的土壤带回试验室进一步分析、鉴定。Baker等(1996)使用这种方法发现了4种镍超积累植物。

通过以上介绍的修复植物筛选方法与过程，人们已经找到了一些修复植物，但这些修复植物都存在着或多或少的缺点而难以大规模商业应用，因而修复植物的筛选乃至具有修复能力植物和微生物资源库的建立就成为植物修复的基础研究阶段。然而，植物和微生物数量巨大，资源丰富多彩，一一加以筛选是难以做到的，需要采取更有效的方法来筛选植物修复资源。

二、修复植物的性能改进

前已述及植物修复的技术强化方法，本节将着重介绍强化修复植物本身修复能力的方法，亦即通过改进修复植物本身的修复性能来提高植物修复污染土壤的效率。

1. 作物育种技术的利用

作物包括粮食作物、经济作物、饲料及绿肥作物、药用作物、嗜好作物、特用作物等约2300多种。为了最大限度地从作物中获取所需要的资源，如粮食、油料、饲料、纤维、饮料、橡胶等，除不断改进栽培技术提高产量外，一直在不断地进行新品种的选育。经过几千年的实践积累，总结出十分成熟的育种技术，其中许多方法可以用于修复植物的性能改进。修复植物多数是野生植物，人们对他们的生活习性了解很少，几乎没有现成的栽培模式可循，更谈不上成熟的育种技术。不过，栽培作物起源于野生植物，野生植物的许多不利于栽培的性状经过人类不断的选择重组使之成为人类可利用的资源，显著例子包括以下几个方面：①人为地将要利用的器官变得巨大和迅速生长，如野大豆种子百粒重仅2～3g，通过人工选择重组现一般可达20～30g；②有用成分的改进，如最初甜菜块根含糖量不到5%，经过200多年的选育，现在含糖量可达19%；③野生植物成熟期不一致且拖得很长，经过人工选育可获得一致的成熟期；④野生植物种子休眠期长，经改进后作物种子的休眠性减弱或缩短；⑤野生植物种子落粒性强，大量收集种子很困难，经人工选育后，作物落粒性很差，很多几乎不落粒。由此可见，通过作物育种技术对修复植物进行性能改进是完全可行的。

(1) 育种目标的确定

育种目标对育种工作效率和水平影响很大，要根据植物修复的各种作用方式和修复植物存在的一些缺陷来确定育种目标。根在植物修复中的作用是至关重要的，根系吸收表面积大小，根纵深分布情况，根系分泌能力及特性等涉及对污染物质的吸收、降解及根际圈微生物区系的繁殖生长，因而根系表面积、根系分布方式及根分泌特性等根部性状是重要的育种目标。叶片是重要的挥发和排泄器官，同时，较大的叶面积及较长的光合作用时间也利于植物的蒸腾作用和生物量增加，所以，叶面积指数和功能叶片寿命长短也是重要的育种目标。茎主要起到水分和物质运输的作用，同时是多数植物保持整株直立的关键器官，因而发达的茎组织和抗倒能力是必不可少的育种目标。对于提取植物来说，生物量越高越能提高修复效果，而生物量通常与株高成正比，株高也是重要的育种目标。此外，生育期、抗倒性、抗虫性、休眠期、弱落粒性等也是重要的育种目标，因为短的生育期、弱的休眠性利于修复植物繁殖生长加快修复步伐，强的抗病、虫能力利于修复功效的提高。

(2) 常规作物育种技术的应用

系统育种，即从现有的植物群体中，选择符合育种目标要求的植株类型，经过几代的比较鉴定，培育出性状表现一致的新品种。这种方法非常简便，非常适合于野生植物。如多数野生植物的株高、生育期差异很大，经过几代的“优中选优”比较容易获得株高大、生育期短的群体。

杂交育种，即通过两个或两个以上性状表现不同的植株杂交或回交、复交，从杂交后代中选择符合育种目标要求的优良植株，再经过几代比较鉴定，获得遗传基因较稳定的表达性状，获得较满意的品种。

辐射育种，这是人工诱变育种的主要方式。主要利用 α 射线、β 射线、γ 射线、X 射线、紫外线、中子和无线电微波照射种子及植株的其他器官，促使细胞染色体、基因或细胞质的结构或化学成分发生变化，使植物遗传发生变异，再经过人工选择，培育出符合要求的修复植物。

(3) 转基因技术的应用

转基因又称基因工程，是生物技术的一个分支学科。运用重组 DNA 技术将外源基因导入、整合于受体植物基因组，从而改变了受体植物的遗传组成，由此产生的植物或后代叫转基因植物。转基因植物通常至少含有一种非近源物种或种的遗传物质，如植物种、病毒、细菌、动物乃至人类的基因。自从 20 世纪 80 年代初开始在实验室获得转基因成功后，40 多个国家进行转基因研究。目前，全球种植的转基因作物主要有玉米、棉花、大豆和加拿大菜籽，其他的还有烟草、番木瓜、马铃薯、番茄、亚麻、向日葵、香蕉和瓜菜类。这些转基因作物在抗病性、抗虫性和改善品质等方面都有了明显的提高。利用转基因技术可以将细菌、真菌等特异吸附、降解或挥发污染物质的基因转导到如生物量等性状较理想的修复植物中，从而加强修复植物对污染物质的吸收、降解和挥发能力，以提高植物修复效率。也可以将抗病、虫基因转导整合到修复植物中，以提高修复植物的抗病、虫能力。利用转基因技术来强化修复植物性能的研究，是植物修复研究的热门课题之一，已有一些将细菌等耐重金属或吸附重金属基因转导到修复植物中的报道，也有将转基因植物作为“生物反应器”生产细胞素、激素、酶、各种生长因子及其他一些物质的报道，尽管这些技术还很不成熟，但表明利用转基因技术来改进修复植物的修复性能是一个有效的手段。

2. 化学强化技术

修复植物对污染物质有较强的耐性，虽然长相与未受污染时相似，但其生理机能如光合作用强度、光合时间长短、干物质积累能力等均受到影响。因此，有必要施用一些化学试剂通过叶片吸收等途径来增强植物体的生理功能。叶面喷施化学试剂有植物吸收快、利用率高、成本低、见效快等特点，是人为调控植物生育状况改进修复性能的重要手段。根据作用原理可将化学试剂分为以下几种类型。

(1) 无机营养型

无机营养型通常由 1～2 种化肥如尿素、磷酸二氢钾兑水组成液体肥料喷施于叶面上，可以为植物提供氮、磷、钾及微量元素，同时也起到增强叶片光合作用能力，延长叶片寿命等作用。

(2) 腐殖酸型

腐殖酸型以富里酸、胡敏酸等为主要成分，再加入一定比例的氮、磷、钾及微量元素配成营养剂型，如叶面宝、丰产灵等产品，不但能为植物提供无机营养，还能提高植物抗病性、抗虫性等。

(3) 植物生长调节剂型

植物生长调节剂型包括五大类生长调节剂，具有调节植物长势，促进植物成熟，缩短生育期等作用，如矮壮素、缩节胺、乙烯利、赤霉素等。

(4) 综合型

综合型由营养元素＋农药＋外源激素类物质组成，具有补充营养物质，促进植物生长，提高植物抗病、虫害的能力。

3. 微生物制剂的使用

修复植物与修复能力强的细菌、真菌等微生物联合起来的修复作用是改进修复植物修复性能的有效手段之一，目前已成为植物修复领域重要的研究方向。微生物制剂的使用方式通常是将特效微生物做成某种剂型，以叶面肥或根部追施的方式与植物相结合。如活菌叶面肥能够抑制有害病菌的生长，同时还能促进植物的代谢活动。根部施用微生物制剂，可以促进根瘤细菌、菌根真菌与植物根系的共生，同时也可将不能形成共生关系的微生物接种到根际圈内，从而增强修复植物的修复能力。对于共生微生物区系的建立，利用包衣技术进行接种也许是一条有效的途径，但这方面的研究还有待于进一步深化。

第五节　重金属的植物修复

世界各国对土壤重金属污染十分重视，采取了各种各样的修复方法。荷兰、美国等欧美国家在污染土壤修复方面技术比较先进，但由于经济及部分技术原因，常用的修复方法仍以客土、换土法为主，其他方法使用的不多。英国，出于经济上的考虑，对重金属污染土壤的治理也大多采用覆盖系统、挖掘填埋等方法。中国常用的措施有：①施加改良剂，对重金属进行沉淀或吸附来降低其生物有效性；②改变耕作制度，如水旱轮作、深耕晒垡等，通过氧化还原反应减轻一些变价重金属元素的毒性；③积极的利用，如在污染土壤上种植不进入食物链的植物，但这些植物材料对环境是否有潜在风险尚有待评估。目前，可用于土壤重金属修复的较成熟的技术很多，如消除重金属毒性的固化技术、玻璃化技术，治理挥发性重金属的电动力修复技术等。但这些技术对污染场地破坏较大，治理费用昂贵，且存在着运输、储存、回填等新的环境问题，在小面积或重污染土壤处理中作用很大，甚至不可替代，但对于面积巨大、污染程度较轻的污染土壤来说则难以应用。因此，人们寻求费用较低、修复效果又好的革新技术。植物修复技术利用重金属超积累植物的提取作用、挥发植物的挥发作用及固化植物的稳定作用，在稳定污染土壤减少风蚀、水蚀及防止地下水二次污染的同时，使污染土壤得到修复，既不破坏污染现场土壤结构、培肥地力，又减少修复费用，已成为世界各国竞相研究的热点。

一、重金属污染特点

重金属元素有害与否是相对的，许多重金属元素在适量范围内对生物体会产生有益的效应，有的还是植物的必需元素，如铁、铜、锌、锰、钼是酶的组分，它们通过自身的化合价的变化传递电子，完成植物体内的氧化还原反应。镍是维持尿酶结构和功能必不可少的，且还能提高过氧化氢酶、多酚氧化酶和抗坏血酸的活性。只有当土壤中重金属元素积累的含量超过植物需要和忍受程度而表现出受毒害症状，或作物生长虽未受伤害，但产品中某种重金属含量超标而造成对人畜伤害时，才认为这种元素为污染元素，而必须加以治理。

重金属污染物质不同于有机污染物质，其最大的特点就是不能为生物所分解，大多数也不能通过焚烧的方法从土壤中去除，相反地可以在生物体内富集，有些还会转化为毒性更大的甲基化合物。第二个特点是重金属污染多为复合性污染，这是因为重金属污染物主要有两个来源，即自然污染源和人为污染源。自然污染源主要来自金属矿床及火山喷发含有重金属的降尘。人为污染源主要有工厂大气降尘，污水、污泥及农药化肥的不合理使用。从表 4-8 中可以看出，重金属污染物质不论来自天然矿物还是人为污染源，均以无机和有机混合物的形式进入土壤，这就决定污染土壤通常是由一种以上重金属元素组成的复合污染。这些重金属混合物在与土壤中的有机、无机物质发生物理、化学及生物反应后，土壤溶液中的重金属离子或某些络离子可移动性大，但更多的重金属通过吸附、螯合、沉淀等作用而被吸附在土壤胶体表面或包含于矿物颗粒之内降低了迁移能力，通常只能随水冲刷或以尘土飞扬的形式被机械地搬走，因而大多数重金属可移动性较差或迁移距离短也是一个特点。这部分被土壤颗粒束缚住的重金属元素经常与可溶态重金属处于动态平衡状态中，可溶态重金属因植物吸收而减少时，平衡被打破，被束缚的重金属就可能不断地补充到土壤溶液中，对植物造成伤害，因而也表现出潜伏性的特点。前已述及，土壤中许多重金属元素在低含量时对植物并没有危害，有时甚至起到有益的作用。但随着土壤中重金属含量的增加，即使是铜、锌等这些植物必需的营养元素也会因植物体内积累的含量过高而对植物产生伤害，同时重金属元素不能为生物所分解，所以在土壤中及生物体内都表现出蓄积性的特点。

表 4-8　重金属污染土壤的主要污染源及污染物形态

重金属	天然矿物	人为污染源	污染物形态
镉	硫镉矿 CdS 方镉矿 CdO	有色金属采选及冶炼，镉化合物生产，电池制造业，电镀行业	$CdCO_3$，CdS，$Cd_3(PO_4)_2$，$Cd(OH)_2$，$CdSiO_3$，$CdSO_4$，$CdBr_2$，CdI_2，$Cd(NO_3)_2$，$CdCl_2$，CdF_2，$Cd(CH_3COO)_2$，$(CH_3)_2Cd$
汞	金汞矿 $AuHg$ 汞钯矿 $PdHg$ 红朱矿 HgS	化学工业含汞催化剂制造及使用，含汞电池制造业，汞冶炼及汞回收工业，有机汞和无机汞化合物生产，农药及制药业，荧光灯及汞灯制造及使用，汞法烧碱生产产生的含汞盐泥	$HgBr_2$，$HgBr$，HgI_2，HgI，$Hg(NO_3)_2$，$HgNO_3$，HgO，Hg_2O，$HgSO_4$，Hg_2SO_4，HgS，Hg_2Cl_2，$HgCl$，$HgCO_3$，$HgHPO_4$，$(CH_3Hg)_2S$，$C_6H_5HgOCH_3COO$，CH_3HgCl，C_2H_5HgCl，C_6H_5HgCl，$C_6H_5HgNO_3$，$(CH_3)_2Hg$，$(CH_3CH_3)_2Hg$
砷	雄黄 AsS 雌黄 As_2S_3 砷铁矿 $FeAs_2$ 毒砂 $FeAsS$ 臭葱石 $FeAsO_4 \cdot 2H_2O$	有色金属采选及冶炼，砷及其化合物生产，石油化工，农药生产，染料和制革业	As_2O_3，H_3AsO_4，H_3AsO_3，AsH_3，As_4S_4，As_2S_3，$Zn_3(AsO_4)_2$，$(NH_4)_3AsO_4$，$FeAsO_4$，Na_3AsO_4，Hg_3AsO_4，Pb_3AsO_4，$Mg_3(AsO_4)_3$，K_3AsO_4，$AsCl_3$，Zn_3As_2，Cu_3As_2，Ca_3As_2，AsS_2，$CuAs(CH_3CH_2)_5$
铜	黄铜矿 $CuFeS_2$ 辉铜矿 CuS 赤铜矿 Cu_2O 蓝铜矿 $Cu_3(OH)_2(CO_3)_2$ 孔雀石 $Cu_2(OH)_2CO_3$	有色金属采选及冶炼，金属、塑料电镀，铜化合物生产	$CuBr_2$，$CuBr$，$Cu(OH)_2$，$CuSO_4$，Cu_2SO_4，CuI，$CuCO_3$，$Cu(NO_3)_2$，CuS，CuF_2，Cu_2S，$CuCl_2$，$CuCl$，$Cu(CH_3COO)_2$，CuO，$Cu_3(PO_4)_2$

续表

重金属	天然矿物	人为污染源	污染物形态
铅	白铅矿 $PbCO_3$ 方铅矿 PbS 角铅矿 $Pb_2CO_3Cl_2$ 硫酸铅矿 $PbSO_4$ 红铅矿 $PbCrO_4$	铅冶炼及电解过程中的残渣及铅渣，铅蓄电池生产中产生的废铅渣及铅酸污泥，报废的铅蓄电池，铅铸造业及制品业的废铅渣及水处理污泥，铅化合物制造业和使用过程中产生的废物	$Pb(CH_3COO)_2$，$PbBr_2$，$Pb(OH)_2$，PbI_2，$Pb_3(PO_4)_2$，$Pb(NO_3)_2$，PbO，$PbSO_4$，$PbCl_2$，PbF_2，PbS，Pb_2ClO_4，$Pb(CH_3)_4$
铬	铬铁矿 $FeOCr_2O_3$ 镁铬铁矿 $Mg \cdot FeCr_2O_4$ 铝铬铁矿 $MgFe(Cr \cdot Al)_2O_4$	铬化合物生产，皮革加工业，金属、塑料电镀，酸性媒介染料染色，颜料生产与使用，金属铬冶炼	Cr_2O_3，CrO_3，$CrCl_3$，Na_2CrO_4，K_2CrO_4，$ZnCrO_4$，$CaCrO_4$，Ag_2CrO_4，$PbCrO_4$，$BaCrO_4$，$H_2Cr_2O_7$，$K_2Cr_2O_7$，$Na_2Cr_2O_7$
锌	红锌矿 ZnO 菱锌矿 $ZnCO_3$ 锌铁矿 $ZnFe_2O_4$ 硅酸锌矿 Zn_2SiO_4 磷锌矿 $Zn_3(PO_4O_2)_4H_2O$	有色金属采选及冶炼，金属、塑料电镀，颜料、油漆、橡胶加工，锌化合物生产，含锌电池制造业	$ZnBr_2$，ZnI_2，$Zn(NO_3)_2$，$ZnSO_4$，ZnF_2，ZnS，ZnO，$Zn(CH_3COO)_2$，$ZnCrO_4$，Zn_3BrO_4，$Zn_3(PO_4)_2$，Zn_3P_2，$ZnMnO_4$
镍	镍黄铁矿 $(Ni \cdot Fe)S$ 针硫镍矿 NiS 辉铁镍矿 $3NiS \cdot FeS_2$ 绿镍矿 NiO 复砷镍矿 $NiAs_2$	镍化合物生产过程中产生的反应残余物，报废的镍催化剂，电镀工艺中产生的镍残渣及槽液，分析化验、测试过程中产生的含镍废物	$NiBr_2$，$Ni(NO_3)_2$，$NiSO_4$，$NiCl_2$，NiS，NiO，$Ni(OH)_2$

二、重金属对植物的伤害及机理

土壤中过量的重金属元素对植物的生长是一种胁迫或者说是逆境条件，这种胁迫超过植物的忍耐限度就会对植物产生伤害，轻者影响植物生长，重则会导致植物死亡。重金属对植物的伤害过程十分复杂，其中有哪些关键因素仍不清楚，需要进一步研究。

1. 重金属对植物萌发与生长的影响

重金属可以抑制植物种子萌发。土壤中重金属含量越大，作用时间越长，抑制强度越大，这可能与种子酶活性受到抑制有关，如淀粉酶、蛋白酶活性受到抑制，导致种子内淀粉和蛋白质分解，使种子的生命活动缺少物质和能量，萌发受到抑制。

重金属也抑制植物的营养生长，表现为植株矮小，生长缓慢，生物量减小，同时生殖生长也会受到影响，一般表现为生育期推迟，严重时会使生殖生长完全停止，甚至不开花，不结果。作物受重金属胁迫时叶面积指数、分蘖数、根系长度、发根能力、根吸收表面积等形态指标都明显劣于未受胁迫的植株，同时叶片变黄或变红，表现出明显的受害症状，功能叶片寿命也变短，结实率、千粒重下降，作物严重减产。

2. 重金属对植物的生理伤害

重金属对植物产生胁迫而造成伤害，主要是因为重金属破坏了植物正常的生理活动，这首先表现在植物细胞膜的结构与功能受到破坏。细胞膜是植物体与外界接触的界面，重金属离子透过细胞壁作用于细胞膜。随着重金属浓度的增大，胁迫时间的延长，细胞膜的组成及选择性透性受到伤害，使得细胞内溶物大量外渗，同时外界有毒物质涌入细胞，结果导致植物体内一系列生理生化反应发生紊乱，正常的新陈代谢活动被破坏，生长、生殖活动受到抑制，甚至整株死亡。

江行玉等(2001)的研究表明，重金属对植物的伤害涉及许多生理过程，如砷能够阻碍作物水分的运输，铬可引起永久性的质壁分离，而有的重金属元素通过对气孔阻力的调节可影响到植物的蒸腾作用。光合作用也会受到重金属的抑制，这主要通过叶绿体及叶绿素等光合系统许多方面的变化反映出来。镉可以降低水稻的光合强度，汞能使莼菜越冬芽的光电子传递活性下降及光合膜多肽组分降解，铜能抑制离体叶绿体中光电子传递，阻碍二氧化碳的固定等。植物的呼吸作用也会发生紊乱，不仅减少了植物正常生活的能量供应，还会从部分正常生长部位尤其是当时的生长中心转移能量以适应对重金属的胁迫，相应的使植物生长受到抑制。糖类代谢也会受到影响，镉污染可使几种植物体内可溶性糖含量降低。重金属对氮素代谢也会产生干扰，这可能是通过降低氮素吸收和硝酸还原酶活性来改变氨基酸组成、阻碍蛋白质合成以及加速蛋白质的分解造成的。植物体内细胞核核仁也持续遭到严重破坏，导致染色体复制和 DNA 合成受阻，核酸代谢失调。植物受重金属污染后，在激素的变化上也能反映出来，如锌能使吲哚乙酸合成受阻，刺激吲哚乙酸氧化酶的活性加速吲哚乙酸的分解，从而使生长素含量急剧下降抑制植物生长。此外，重金属还通过影响根系微生态环境及产生营养胁迫而对植物造成伤害。重金属的积累也会对土壤微生物产生毒害作用，使一些益于植物生长的微生物如根瘤细菌、菌根真菌等受到伤害，间接地影响植物生长。重金属还能全部或部分地抑制许多生化反应，如降低土壤中尿酶、蛋白酶、蔗糖酶等活性，破坏土壤中化合物间已形成的平衡和参与形态转化，间接地影响植物生长。重金属与植物正常生长所需的矿质元素间可以发生拮抗和协同作用，造成营养胁迫，使植物体营养失调。如铅能明显抑制豌豆苗对锌、锰、铁的吸收。

重金属对植物造成伤害的生物学机理可能在于大量的重金属离子进入植物体内后，参与各种生理生化反应，使原有的代谢活动受到干扰，从而导致物质的吸收、运输、合成等生理活动受到阻碍，尤其是重金属离子与核酸、蛋白质和酶等大分子的结合，甚至取代某些蛋白质和酶的特定功能元素，使其变性或活性降低，从而使植物生长受到抑制。重金属对植物的伤害，从表观现象到分子机理都是十分复杂的过程，有时是单一重金属元素造成的伤害，有时是几种重金属元素在共同起伤害作用，其真实情形很难说清，还需要进一步的研究。

三、植物对重金属的抗性机制

土壤中重金属含量过高会限制植物的正常生长、发育。虽然如此，仍有许多种植物能在高含量重金属的土壤环境中生长，表明植物对重金属具有某种抗性机制。植物对重金属的抗性表现在土壤中重金属含量虽较高，但植物不受伤害或受伤害程度较小(如植株变得矮小)，植物能够完成生活史。

1. 阻止重金属进入体内

一些植物通过根部的某种机制将大量重金属离子阻止在根部，限制重金属向根内及地上部位运输，从而使植物免受伤害或减轻伤害。现已证实，植物可通过根分泌的有机酸等物质来改变根际圈 pH 及氧化还原电位梯度，并通过分泌物中的螯合剂抑制重金属的跨膜运输。

2. 将重金属排出体外

植物将重金属吸收入体内后，再通过某些机理排出体外以达到解毒的目的。如以排泄的形式将毒物排出体外，或通过衰老的方式如分泌一些脱落酸促进老叶或受毒害叶片脱落等作用把重金属排出体外。

3. 植物对重金属的活性钝化

已有研究发现，有些植物将重金属如铅、铜、锌、镉等大量沉积在细胞壁上，以此来阻止重金属对细胞内溶物的伤害。植物还可以利用液泡的区域化作用将重金属与细胞内其他物质隔离开来，而且液泡里含有的各种有机酸、蛋白质、有机碱等都能与重金属结合而使其生物活性钝化。此外，细胞质中的谷光甘肽(GSH)、草酸、组氨酸和柠檬酸盐等小分子物质及金属螯合作用也能降低重金属的毒性。

关于金属螯合蛋白解毒机制的研究已有很大进展，主要集中在金属硫蛋白(metallothionein，MT)和植物络合素(phytochelatin，PC)两个方面。MT是Margoshes等于1975年首次由马的肾脏提取的，对其性质结构进行分析发现，能大量合成MT的细胞对重金属的耐性较强，而丧失MT合成能力的细胞的耐性减弱。重金属如镉、铜、锌等胁迫能诱导动物和真菌体内MT的合成，目前，在某些藻类和高等植物体内也发现了MT。MT是一类由基因编码的低相对分子质量的富含半胱氨酸的多肽，可通过Cys残基上的巯基与金属离子结合成无毒或低毒的络合物，从而避免重金属以自由离子的形式在细胞内循环从而减少或消除重金属对细胞的毒害。PC是重金属胁迫下植物体内产生的一类结构与MT相似的酶促合成的低分子量的富含半胱氨酸的多肽物质，它广泛存在于植物界，其一级结构为 $(r\text{-Glu-Cys})_nX$，其中Glu为谷胱甘肽，Cys为半胱氨酸，n 为2～11，X为不同C—端氨基酸，通常为Gly(甘氨酸)。许多重金属如镍、铜、镉、锌、铅、汞、银、金等的硝酸盐或硫酸盐以及砷、硒的阴离子(如 SeO_4^{2-}、SeO_3^{2-}、AsO_4^{3-} 等)均可诱导PC的产生。不同重金属种类及不同植物种可产生不同的PC。PC通过—SH与金属离子螯合后，降低细胞内游离的重金属离子含量，防止金属敏感酶活性失活，从而减轻了重金属对植物的伤害。MT和PC都是重金属胁迫所产生的专一性诱导螯合蛋白，在转基因植物方面已得到了初步利用，如向烟草体内导入MT或PC基因以提高对重金属的抗性等。人类对MT或PC诱导机制及转基因的研究还刚刚起步，深入的开发与利用还有待于进一步深入研究。

4. 抗氧化防卫系统的作用

重金属污染也能导致植物体内产生大量的 $O_2^{-\cdot}$、$OH^\cdot$、$NO^\cdot$、$HOO^\cdot$、$RO^\cdot$、$ROO^\cdot$、$^\cdot O_2$、H_2O_2、ROOH等活性氧，使蛋白质和核酸等生物大分子变性、膜脂过氧化，从而伤害植物。植物在生物系统进化过程中，细胞也形成了清除这些活性氧的保卫体系，酶性清除剂主要有超氧化物歧化酶(SOD)、脱氢氧化物酶(POD)、过氧化氢酶(CAT)、抗坏血酸过氧化物酶(AsAPOD)、脱氢酸抗坏血酸还原酶(DHAR)、谷胱甘肽还原酶(GR)、谷胱甘肽过氧化物酶(GP)、单脱氢抗坏血酸还原酶(MDAR)等。非酶性抗氧化剂主要有还原性谷胱甘肽(GSH)、抗坏血酸(AsA)、类胡萝卜素(CAR)、半胱氨酸(Cys)等。这些抗氧化剂多数都是重金属胁迫下诱导产生的，在活性氧大量产生时活性较高，并随着活性氧的消除活性逐渐减弱，最终达到平衡状态。其中，SOD、POD和GSH的防卫功能是非常显著的。

5. 植物生态型的改变

植物在重金属污染土壤上也常采取改变生态型的方式而生存下来，常表现为植物生长得特别肥大或矮小。如在新西兰生长的灌木海桐花(*Pittosporum rigidium*)在正常条件下生长到近5m高，而在含镍、铬高的蛇蚊岩地区株高只有几十厘米，呈垫状植物。在土壤中硼含量中等时，植物莱克蒿(*Artemissia lerbaceana*)、伏地肤(*Kochia prostrata*)和海蓬子(*Salicornia hetbacea*)比生长在正常硼含量的土壤上肥大，在硼含量较高土壤则更肥大，而植物伏若(*Eurotia ceratoides*)则植株变矮，有的分枝增多，平卧态变得显著。由此可见，植物通过生态型的改变以适应重金属胁迫，增强对重金属的抗性，进而得以在重金属污染土壤上生存下来，形成了重金属污染土壤(或金属矿区)特有的植物区系，甚至演化成变种或新种。

四、重金属的植物提取修复

土壤可以通过稀释等自然净化过程消除重金属污染，但时间相当漫长，一般需要上千年的时间。普通植物绝大多数对重金属虽也具有吸收积累能力，但以此作为修复手段所需时间也较长，如Baker等(1994)在英国IACR-Rothamsted(洛桑)试验站的研究结果表明：假定每季植物吸收锌的数量相等，要把土壤中锌的含量从444mg/kg降低到300mg/kg的欧洲联盟允许标准，种植油菜需要832次，萝卜需要2046次，而种植超积累植物天蓝遏兰菜(*Thlaspi caerulescens*)只需13或14次就可以了。由此可见，利用超积累植物的提取作用将重金属从土壤中彻底地去除是植物提取修复的核心内容，也是植物修复最具代表性的修复方式。围绕着超积累植物积累重金属机理、性能改进及应用技术等方面，在世界范围内展开了研究，目前已取得了一定进展。

1. 重金属超积累植物的修复机理

超积累植物超量吸收和积累重金属是以对重金属的耐性和积累为基础的，除了具有普通植物耐重金属的机理外，还具有普通植物所没有的一些机理，主要包括重金属的吸收、转移和积累。

(1) 根际圈重金属的活化

超积累植物在土壤中重金属含量很高时，不但能正常生长而且能超量积累重金属，且在土壤中重金属含量较低时，其所积累的重金属含量也常为普通植物体内含量的百倍甚至上万倍，这种区别于普通植物的积累能力一种可能的机理在于超积累植物对根际圈重金属的活化。以现有的重金属超积累植物为试验材料，从各种研究结果来看，杨肖娥等(2002)认为，可能存在以下几个途径：①根系分泌质子促进对重金属的活化，这是因为 H^+ 的大量分泌能降低根际圈 pH，提高难溶重金属化合物在土壤溶液中的溶解度，从而促进植物吸收，也可能是 H^+ 的增加促进了植物对土壤颗粒表面交换吸附性重金属的吸收；②根系分泌低相对分子质量有机酸如乙酸和琥珀酸等酸化根际圈环境，促进重金属的溶解，同时有机酸也可以与固相结合的重金属形成螯合物，增强重金属的溶解度；③根系分泌金属螯合分子如植物高铁载体、植物螯合肽等，促进土壤中结合态铁、锌、铜、锰等的溶解；④根细胞膜上某些专一性重金属还原酶能促进高价金属离子还原，从而使重金属溶解度增加。

(2) 超积累植物对重金属的吸收与运输

普通植物在重金属胁迫下，体内重金属含量表现为根大于地上部，而超积累植物则与此相反，表现为地上部含量大于根部含量。这说明超积累植物可能存在异于普通植物转移重金属的机理，其可能的机理为以下两个方面：①根系对重金属的选择性吸收。超积累植物通常只对某一种或几种重金属具有超积累能力，对其他重金属则没有超积累特性，其主要原因可能在于根系的选择性吸收。超积累植物和普通植物一样也通过质外体和共质体途径吸收土壤中包括重金属在内的矿质营养，重金属也基本上以离子或金属螯合物的形态进入植物体内。产生选择性吸收的可能机制在于根表细胞膜或根木质部细胞的质膜上，可能存在重金属诱导产生的专一性运输蛋白或通道调控蛋白，限制着重金属从土壤进入到根部，再从根部到植物其他部位的运输。②重金属在植物体内的转移。重金属离子从根表进入根系后，可通过质外体或共质体途径运输，但由于重金属离子不能通过内皮层凯氏带，只有转入共质体途径才能进入木质部导管，这一运输途径是植物将重金属转移到地上部的限制性步骤。进入根中的重金属通过运输体或通道蛋白进入液泡，再通过液泡的区室化作用进行解毒，同时也限制了重金属向地上部的运输，这也许是普通植物根部重金属含量高于地上部含量的一个原因。但超积累植物的液泡膜上可能存在一些特殊运输体，可以把液泡中重金属装载到木质部导管以利于向地上部运输。重金属在导管中的运输受根压和蒸腾速率影响，各种植物间差异很大，其机理很难说清。木质部细胞壁的阳离子交换量较高，能严重阻碍重金属离子的向上运输，这也可能是普通植物限制重金属向地上部运输的机理之一，但超积累植物体内大部分重金属离子与柠檬酸、氨基酸等有机酸结合，从而提高了在木质部导管中的运输速率。至于重金属向叶、果实等部位的运输，可能与水分代谢、营养代谢及气孔分布等因素有关，不同植物之间差异很大，还需要进一步研究。

(3) 超积累植物对重金属的积累

超积累植物对重金属的积累表现出区室化分布和具有较强解毒能力的特点，这与普通植物对重金属的耐性机理有相似之处，只不过功能更强大。研究表明，超积累植物体内重金属在细胞水平上主要分布在液泡及质外体等非生理活性区，在组织水平上，主要分布在表皮细胞、亚表皮细胞中，而与有机化合物如PC、组氨酸、柠檬酸的螯合可能是主要的解毒机制。

2. 超积累植物的分子生物学研究及性能改进

对超积累植物超量积累和忍耐重金属的分子机制研究才刚刚起步，推测超积累植物超量吸收重金属可能是由多基因控制，这方面的研究还很不够。据Lasat等(2000)报道，从锌超积累植物天蓝遏兰菜的根和叶中的mRNA中克隆和筛选出了锌载体基因ZNT1，并在单细胞酵母细胞中得到表达，利用$^{65}Zn^{2+}$的示踪试验测其吸收$^{65}Zn^{2+}$的Km与天蓝遏兰菜根的Km相似，并发现ZNT1与某些微量元素载体基因具有同源性。另外，将细菌中吸收重金属的相关酶导入植物，可以提高植物对重金属的耐性、积累和转化能力。如将细菌中的汞还原酶基因的merA导入到拟南芥(*Arabidopsis thaliana*)中，发现这种转基因植物抗汞能力提高了3～4倍，并提高了对汞的吸收能力。而导入有机汞裂解酶merB后，转基因植物有效地将甲基汞和其他形式的有机汞转化为无机汞，从而起到了降低毒性的作用。

利用诱变技术筛选突变株也是一种产生重金属超积累植物的有效手段，目前这一研究主要集中在拟南芥方面。选中拟南芥突变体主要考虑以下几点：①对拟南芥的生理、生态习性比较了解，且其生理、生态习性与绝大多数农作物相似，利于采取其他农作物育种手段；②拟南芥个体小，生长周期短，容易在实验室或温室培养；③可收获种子量大；④筛选工作量相对较小。现已从拟南芥中分离出一些重金属超积累或者敏感型突变体，如铜敏感型、镉敏感型和锰敏感型等。

3. 植物提取修复技术研究

利用超积累植物修复重金属污染土壤的一个典型例子是美国明尼苏达州圣保罗镉污染土壤的植物修复。该污染土壤为石灰性土壤，全镉含量为25mg/kg，全锌含量为475 mg/kg，全铅含量为155 mg/kg。试验者于1991年开始对该污染土壤进行修复，他们将污染土壤区隔为圆形并通过步道分成许多方块，共种植了5种植物：天蓝遏兰菜、麦瓶草属(*Silene vulgaris*)、长叶莴苣菜(*Lactuca sativa* L. var. *longifolia*)、镉积累型玉米近交系FR-37和抗锌与镉的紫羊茅(*Festuca rubra*)。为了降低根际圈pH，还施入了硫肥、NO_3^-态氮肥和NH_4^+态氮肥。经过3年的修复，将土壤中镉含量降到了可接受水平，使原本一片光秃秃的“死地”变得生机盎然。然而，大多数植物提取研究还只是处于盆栽和田间试验阶段，已报道的试验结果多集中在考察超积累植物的修复潜力方面，应用于修复实践的配套技术则几乎未见报道。从现有的研究结果(表4-9)看，利用超积累植物的提取作用修复重金属污染土壤确实展现出美好的前景。

表4-9　部分超积累植物及其地上部重金属含量(干重)

超积累植物	积累的重金属	含量/（mg/kg）
蒿莽草属 *Haumaniastrum robertii*	钴	10 200
天蓝遏兰菜 *Thlaspi caerulescens*	锌	51 600
圆叶遏兰菜 *Thlaspi rotundifolium*	铅	8200
澳洲坚果属 *Macadamia neurophylla* Sutera fodina	铬	2400
灯心草 *Juncus effuses*	镉	8670
九节木属 *Psychotha douarrei*	镍	47 500
高山甘薯 *Ipooea alpina*	铜	12 300
蜈蚣草 *Pteris vittata* L.	砷	5000

注：据沈德中（2002），经作者补充修改。

4. 植物提取修复研究的技术难点与研究方向

目前，从世界范围内已找到几百种超积累植物，但这些超积累植物通常植株矮小，生物量低，生长缓慢，生长周期长，因而修复效率较低。超积累植物提取的重金属通过果实、叶、根等器官的腐烂、凋落或机械折断等途径又可能重回土壤，间接降低了修复效率。超积累植物往往只超量积累1种或少数几种重金属，对土壤中其他含量较高的重金属则表现出中毒症状，生长严重受抑。污染土壤多数为几种重金属共同作用的复合污染，从而限制了植物提取修复技术的应用。另外，超积累植物几乎都是野生植物，人们对它们的生活习性了解很少，一时间难以形成较优化的配套栽培技术及技术强化手段。此外，土壤中重金属多数以吸附态、络合态、沉淀态等难溶于水的化合态存在，即使一季超积累植物能将土壤溶液中的重金属离子全部提取掉，还存在重金属的重新活化问题。

植物提取修复研究的时间不长，基础研究还相当薄弱，因而目前的研究工作应集中在以下几个方面：①广泛进行超积累植物、特异微生物的筛选与鉴别，建立丰富的超积累种质资源库，为超积累植物新品种选育以及转基因植物的构建作准备；②掌握已有超积累植物的生活习性，建立超积累植物的配套修复技术，采取一切措施提高修复效率；③进一步探索超积累植物对重金属的活化、吸收、转移、积累等机理，并进行基因定位，以利于超积累植物的性能改进；④研究超积累植物根系与特异微生物之间的联合修复关系，充分利用共生微生物的吸收、积累等功能，提高超积累植物的修复性能；⑤深入研究植物体内低含量重金属元素的回收工艺，在低回收成本条件下，使修复植物的生物量得到妥善处理，降低环境风险。

五、重金属的植物挥发修复

植物挥发是与植物提取相联系的，它是将从污染土壤中吸收到体内的重金属转化为可挥发的形态从叶片等部位挥发到大气中去，从而消除对土壤的危害。通过这一途径修复污染土壤目前只限于汞等挥发性重金属污染土壤，转化、挥发的机制还不清楚。一般认为，植物通过生物甲基化过程使汞等形成可挥发性的分子而排出体外。

汞是一种对环境危害很大的易挥发性重金属，在土壤中以多种形态存在，如无机汞($HgCl$、HgO、$HgCl_2$)、有机汞($HgCH_3$、HgC_2H_5)。在一些发达国家中的很多地方，都存在严重的汞污染，而且含汞废弃物仍在不断增加。这些含汞废弃物都具有生物毒性，在土壤中甚至会转化为毒性更大的形态，如离子态汞(Hg^{2+})在厌氧细菌作用下会转化为毒性更大的甲基汞(MeHg)。研究发现，一些细菌可将甲基汞和离子态汞转化为毒性小、可挥发的单质汞，从污染土壤中挥发出去。目前的研究目标是利用转基因植物挥发污染土壤中的汞，即利用分子生物学技术将细菌体内有机汞裂解酶和汞还原酶基因转导到植物(如拟南芥)中，进行植物挥发修复。Rugh 等(1996)的研究表明，细菌体内的汞还原酶可以在拟南芥中表达，表现出良好的修复潜力。

硒是动物和人体必需的营养元素，一旦缺乏容易引起克山病和大骨节病。但硒的作用范围很窄，过量的硒易引起中毒。我国规定饮用水及地面水中硒含量不得超过 0.010mg/kg，动物饲料中含量不得超过 3mg/kg。硒的化合物形态对人的毒性最强，其中以硒酸和亚硒酸盐最大，其次为硒酸盐，元素硒毒性最小。硒以硒酸盐、亚硒酸盐和有机态硒为植物所吸收。挥发植物主要是将毒性大的化合态硒转化为基本无毒的二甲基硒［$(CH_3)_2Se$］挥发掉，其中限速步骤可能是 SeO_4^{2-} 向 SeO_3^{2-} 的还原。沈振国等(2000) 认为，富硒的植物很多，如紫云英、窄叶野豌豆、双槽毒野豌豆、帝王羽状花及印度芥菜等。一些农作物如水稻、花椰菜、卷心菜、胡萝卜、大麦和苜蓿等也有较强的吸收并挥发土壤中硒的能力。

砷可能是另一种可被植物吸收并挥发的重金属，现已发现海藻耐砷毒的机理之一是把 $(CH_3)_2AsO_2^-$ 挥发出体外，但在高等植物中还未见挥发砷的报道。

植物挥发修复技术只限于挥发性重金属的修复，应用范围较小，而且将汞、硒等挥发性重金属转移到大气中有没有环境风险仍有待于进一步研究。

六、重金属的植物稳定修复

植物稳定修复主要是对采矿及废弃矿区、冶炼厂污染土壤、清淤污泥和污水厂污泥等重金属污染现场的复垦。这时，修复植物的作用主要有两方面，一是通过根部累积、沉淀、转化重金属，或通过根表面吸附作用固定重金属；二是保护污染土壤不受风蚀、水蚀，减少重金属渗漏污染地下水和向四周迁移污染周围环境。重金属在土壤中可与有机物如木质素、腐殖质等结合，或在含铁氢氧化物或铁氧化物表面形成重金属沉淀及多价螯合物，从而降低了重金属的可移动性和生物有效性。固化植物利用和强化了这一过程，进一步降低了重金属的可移动性和生物有效性。

固化植物一般具有两个特征：①能在高含量重金属污染土壤上生长，如耐铅的羊茅(*Festuca ovina*)，耐铅、锌、铜、镍的细弱剪股颖(*Agrostis tenuis*)等；②根系及其分泌物能够吸附、沉淀或还原重金属。利用固化植物稳定重金属污染土壤最有应用前景的是铅和铬，一般来说，土壤中铅的生物有效性较高，但铅的磷酸盐矿物则比较难溶，很难为生物所利用，植物根系分泌物中含有很多螯合和沉淀重金属的有机物质可以促进铅磷酸盐的形成。植物根系分泌物也可以使 Cr^{6+} 转化为 Cr^{3+}，降低铬的毒性。

植物稳定修复并没有从土壤中将重金属去除，只是暂时将其固定，在减少污染土壤中重向四周扩散的同时，也减少其对土壤中的生物的伤害。但如果环境条件发生变化，重金属的可利用性可能又会发生变化。因而，没有彻底解决重金属污染问题。

重金属污染土壤的植物稳定修复是一项正在发展中的技术，若与原位化学钝化技术相结合可能会显示出更大的应用潜力。未来的研究方向应该是耐性植物、特异根分泌植物的筛选，以及固化植物与原位钝化技术的联合修复技术的研究。

第六节　有机污染物的植物修复

土壤环境中有机污染物种类很多，几乎包括所有的有机化合物。这些污染物对植物、微生物乃至人类都具有极大伤害，尤其是持久性有机污染物的毒害作用更是令世界瞩目。处理有机污染物最常用的方法是将污染土壤从现场挖走，然后焚烧或进行微生物降解。这些治理方法费用昂贵，而且还可能破坏当地的生态资源。近年来研究发现，利用植物降解和根际圈生物降解的作用可以原位修复有机污染土壤，其目标污染物包括石油、TNT、农药、多环芳烃和垃圾填埋场地的渗出物等。目前，国外对有机物污染的植物修复相当重视，其投资几乎与重金属污染的植物修复大体相当。

一、有机污染物的植物降解

植物降解有机污染物质的途径主要有两条：一是将有机物吸收到植物体内，再将其降解；二是通过根分泌物中的一些物质直接或间接的在根部将其降解。

植物根对中度憎水有机污染物有很高的去除效率，中度憎水有机污染物包括BTX(即苯、甲苯、乙苯和二甲苯的混合物)、氯代溶剂和短链脂肪族化合物等。植物将有机污染物吸入体内后，可以通过木质化作用将它们及其残片储藏在新的组织结构中，也可以代谢或矿化为二氧化碳和水，还可以将其挥发掉。预测植物根对根际圈有机物的吸收能力，最常用的参数是辛醇/水分配系数($K_{o/w}$)，具有中等 $\lg K_{o/w}$ 值($0.5 \leqslant \lg K_{o/w} \leqslant 3.0$)的污染物易被植物根系吸收，憎水有机物($\lg K_{o/w} > 3.0$)和植物根表面结合得十分紧密，很难从根部转移到植物体内，水溶性物质($\lg K_{o/w} < 0.5$)不会充分吸着到根上，也很难进入到植物体内。根系对有机污染物的吸收程度取决于有机污染物在土壤水溶液中的浓度和植物的吸收率、蒸腾速率。植物的吸收率取决于污染物的种类、理化性质及植物本身特性。其中，蒸腾作用可能是决定根系吸收污染物速率的关键变量，这涉及土壤的物理化学性质、有机质含量及植物的生理功能，如叶面积、蒸腾系数、根、茎和叶等器官的生物量等因素。

一般来说，植物根系对有机污染物吸收的强度不如对无机污染物如重金属的吸收强度大，植物根系对有机污染物的修复，主要是依靠根系分泌物对有机污染物产生的络合和降解等作用，以及根系释放到土壤中酶的直接降解作用。植物能够分泌些特有酶来降解根际圈有机污染物质，在筛选新的降解植物时需要特别关注这些酶系，注意发现新酶系。此外，植物根死亡后，向土壤释放的酶也可以继续发挥分解作用，如据美国佐治亚州 Athens 的 EPA 实验室研究，从沉积物中鉴定出的脱卤酶、硝酸还原酶、过氧化物酶、漆酶和腈水酶均来自植物的分泌作用，其中硝酸还原酶和漆酶能分解 TNT，脱卤酶能将有机溶剂三氯乙烯还原为氯离子、二氧化碳和水。分离到的酶虽对有机污染物有降解作用，但经验表明，植物降解修复还要靠整个植物体来实现，因为游离的酶系会在低 pH、高金属含量和细菌毒性下被破坏或钝化，而植物生长在污染土壤上，利用根分泌物调节 pH 的大小，吸附或螯合金属，且酶被保护在植物体内或吸附在根表面，不会受到损伤。

目前，植物降解有机污染物的研究多集中在水生植物方面，这可能是因为水生植物具有大面积的富脂性表皮，易于吸收亲脂性有机污染物的缘故。阿特拉津是广泛使用的除草剂，土壤中残留十分严重。Kruger 等(1997)研究发现，植物

Kochia 可明显地吸收阿特拉津，使土壤中多年沉积的阿特拉津量显著减少，且阿特拉津的降解不受其他农药如异丙甲草胺、氯乐灵的影响。Gurrison 等于2000 年对水系统中的水生植物伊乐藻和陆生植物野葛的研究表明，它们将 *p*，*p*′-DDT 和其对映物 *o*，*p*′-DDT 降解为 DDD 的半衰期为 3d。Gao 等(2000)的研究表明，无菌条件下水生植物伊乐藻和浮萍、鹦鹉毛(*Myriophyllum aquaticum*)在 6d 内可富集水中全部的 DDT，并能将 1%～13%的 DDT 降解为 DDD 和 DDE。TNT 也可被植物去除，如美国衣阿华州军火工厂建造的一块人工湿地可用于全面的修复工程，湿地中包括 3 种水生植物，即眼子菜、葛和金鱼藻，在湿地周边还种植了杨树，结果表明，每天能去除 0.019mg/L 的 TNT。甲基叔丁基醚(methyl-teriiary-butyl-ether，MTBE)是一种常用汽油添加剂，通过废气排放污染土壤。MTBE 水溶性很好，且不易吸附在土壤上，对地下水等易产生持久性污染。MTBE 的 $\lg K_{o/w}$为 1.24，属于植物可吸收范围，杨柳春等(2002)的研究表明，利用杨树等植物可以将其挥发掉。

对于有机污染土壤来说，植物稳定修复在于通过植物的生长改变土壤的水流量，使残存的游离污染物与根结合，增加对污染物的多价螯合作用，从而防止污染土壤的风蚀和水蚀。如 Schnodr 等于 1995 年为防止农业径流中阿特拉津和硝酸盐对河流和地下水的污染，沿河栽种杨树。他们用 2m 长的杂交杨枝条埋入土壤 1.7m 深，让其发根成活，每公顷栽植了 2000 株，3 年后，树高达 5～8m，结果表明地表水硝酸盐含量由 50～100mg/L 减少到小于 5mg/L，并把 10%～20%的阿特拉津吸收分解掉。杨树抗逆性强，能耐受较高的有机污染物，生长速度快，寿命长(为 25～50a)，将杨树栽植在垃圾场上，可以防止污水下渗，稳定地面，吸收臭气，从而改善周围环境。

二、多环芳烃污染土壤的植物修复

到目前为止，植物修复可处理的污染物已有很多，包括杀虫剂、除草剂、多环芳烃和多氯联苯等污染物。April 曾利用温室条件进行了 150d 的试验，研究 8 种牧草对苯［*a*］芘、苯［*a*］蒽等 4 种多环芳烃的降解率。结果表明，在有根际的土壤中多环芳烃的降解率明显高于对照。Chaudhry 研究了石油污染土壤中芘和蒽在根际的降解率，试图证明植物法为石油污染土壤中的多环芳烃处理高效率、低费用方法。他们选用了紫苜蓿、苏丹草和嫩枝草为供试植物，于石油污染土壤中投加了 2 种多环芳烃。所得结果证明，在有植物的土壤中芘的降解率比对照高 30%～44%。用^{14}C 标记的方法也显示了根际效应对多环芳烃降解率的影响。在 60d 试验结束后，他们发现，与非根际圈相比，芘在根际圈的矿化率最高，矿化率提高了 30%。相比之下，灭菌对照土壤中芘的矿化率仅为 0.03%。

这一结果充分说明芘的降解是一种生物过程。在有植物参与条件下，芘的降解速率明显加快。研究者认为植物参与条件主要适合二、三环 PAHs 污染物的降解。在没有外来碳源条件下，高分子多环芳烃很难降解。Watkin 等发现草类能促进萘的挥发，另外的研究表明植物也可促进萘的降解，减少萘的挥发。Anderson 在研究土壤中杀虫剂的降解时注意到，土壤中杀虫剂的降解受植物根际圈的影响。他们收集的大量材料证明，土壤根际圈的微生物活性促进杀虫剂的降解。但另外一些研究者则认为，苯、甲苯、二甲苯、含氯溶剂以及多环芳烃适合于根际圈的生物修复，而杀虫剂的根际圈生物降解前景不大，因为这类化合物对植物有特殊毒性，杀虫剂的有效性可能部分来自它们在根际圈的难降解性。有人在实验室用大豆和玉米研究表面活性剂的降解表明，根际圈能增加污染物的起始矿化率。但是，最后的矿化总量与对照无明显差别，从而提出根际圈的微生物代谢还受其他因素控制。Qiu 等于 1994 年用 8 种牧草在实验室进行了 220d 的降解研究表明，在有牧草的沙壤土中高分子 PAHs 的浓度显著降低。PAHs 的起始浓度设为10mg/kg时，经 220d 的培养后，苯 [*a*] 蒽减少了 97.3%，䓛减少 93.6%，苯 [*a*] 芘减少 88.3%，二苯 [*a*，*h*] 减少 45.3%。研究还发现由于植物的存在，水的渗漏量大大降低。在另一个以同位素标记方法进行的质量平衡试验研究表明，在有牧草存在时，土壤中菲的矿化率显著增强。当起始投加浓度为 100mg/kg时，菲在沙壤土植物系统中的矿化率在两周后达 37%，而对照系统仅为 7%。萘的挥发率在牧草系统得到加强，很可能是草根改善了土壤的好氧作用。

植物可以忍受的最大 PAHs 浓度范围是土壤 PAHs 污染植物修复技术面临的现实问题。对 PAHs 是否会对植物生长造成严重影响这一问题，有人用 5 种牧草进行了种子发芽试验表明，植物可忍受的浓度在 300mg/kg。即使在 PAHs、石油和油脂共存的条件下，植物的耐受的污染物浓度也很高。植物可以忍受 300 000mg/kg高浓度的矿物油污染。但污染物浓度过高时，植物的生长会受到不同程度的影响，导致生物量下降。通过人为调控的方法，可以改善这种状况，提高土壤中 PAHs 和矿物油的降解率。宋玉芳等采用石油混合物组分重柴油，以植物法进行土壤中 PAHs 生物修复的调控研究，选择苜蓿草为供试植物，在室外盆栽条件下以污染物含量水平、专性细菌(乙酸细菌属、产碱细菌属、微球细菌属、叶细菌属和芽孢细菌属)和真菌(头孢霉属、曲霉属和镰刀菌属真菌)及有机肥(养鸡场鸡粪)为调控因子，进行了植物法生物修复多环芳烃和矿物油污染土壤的调控的正交试验研究(表 4-10)揭示了以下作用：①PAHs 和矿物油的降解率与土壤中有机肥的含量呈明显正相关关系，增加有机肥 5%，可提高矿物油降解率 17.6%～25.6%，PAHs 降解率 9%；②在植物生长条件下，土壤微生物的降解功能得以增强，多环芳烃总量的平均降解率比无植物对照土壤提高；③投加特性降解真菌可不同程度地提高土壤 PAHs 总量和矿物油的降解率。对真菌和细菌的作用研究表明，真菌明显对荧蒽、芘和苯［a］蒽/䓛的降解有促进作用，而细菌能明显提高苊烯/芴、蒽和苯［a］荧蒽/苯［k］荧蒽的降解率。

表 4-10　$L_9 3^4$ 正交盆栽试验设计

处理	投加柴油量/(mg/kg)	真菌/%	细菌/%	肥料/%
C_1	5000	5	2	0
C_2	15 000	0	0	0
C_3	30 000	2	5	0
C_4	5000	2	0	2
C_5	15 000	5	5	2
C_6	30 000	0	2	2
C_7	5000	0	5	5
C_8	15 000	2	2	5
C_9	30 000	5	0	5

注：C_1～C_9 分别代表 $L_9 3^4$ 三水平四因子正交试验设计中 9 个处理样品，下同。

1. 植物对 PAHs 修复的机理

植物对 PAHs 修复的能力取决于细胞吸收和转化污染物的能力。已有数据表明，所有渗透到细胞中的有机物都导致了细胞超微结构和代谢功能的趋异。目前，有关污染物对植物细胞超微结构作用的研究，大部分是对无机污染物的影响。植物也可以利用多种反应将那些结构复杂的芳环有机污染物降解为结构简单的衍生物。在植物内的芳环断裂反应可使芳环被完全分解代谢，生成最终降解产物二氧化碳和水。据报道，五苯环多环芳烃苯［a］芘可以在植物组织中被代谢为含氧衍生物。虽然其中的一些衍生物比其母体化合物有更大的毒性，但他们显然进入了不溶的植物木质素组分中，这可能是 PAHs 脱毒的一个重要机理。在植物种子中，苯［a］芘被同化进入有机酸和氨基酸。在许多植物体中，研究人员也观察到苯［a］芘完全被降解为二氧化碳和水的现象。

(1) 羟基化作用

有机污染物进入植物细胞后也发生化学转化。在某些情况下，羟基化作用是植物脱毒的一个重要反应之一。例如，甲基基团的羟基化产物是尿素除草剂在植物体转化过程中形成的。烷基基团的羟基化作用是尿素除草剂在植物体转化过程的一个特征反应。

用^{14}C同位素标记进行环己烷在植物体的代谢试验结果表明，碳氢环破裂，脂肪族产物生成。在植物体中，芳香族碳氢化合物也进行氧化降解，形成羟基衍生物。从灭菌的玉米、豌豆和南瓜种子中投入同位素标记苯溶液，可分离测定检出同位素标记酚。

羟基化作用是多环芳烃在植物体内发生的主要转化反应。苯并［a］芘、苯并［a］蒽、二苯并蒽被植物吸收后也发生氧化降解。芳环上的大部分碳原子被结合到脂肪族化合物中。很显然，有机污染物分子在植物体转化形成的产物主要是低相对分子质量物质，它们类似于二级代谢物。这些物质的进一步转化过程或称深度氧化很慢，但尚未被试验所证实。通过污染物的化学结构可知，一种污染物质被氧化的方式有多种。最常见的氧化反应除了羟基化反应外，还有以下几种：脱氨反应、脱硫反应、N－氧化反应、S－氧化反应、无环烃和环烃氧化反应。

（2）酶氧化降解过程

有机污染物在植物体内的脱毒过程基本上是酶氧化降解过程。一般将氧化酶分成两组：①催化酶和过氧化酶；②NADH 和 NADPH 依赖型单氧酶、抗坏血酸氧化酶和酚氧化酶。细胞色素 P450 是一种多功能酶，由构建膜和可溶态两种形式组成，能催化氧化反应和过氧化反应，它催化外源污染物氧化降解的酶一般位于细胞质和分离的细胞器上，这种分布大大增加了植物的脱毒能力。

植物脱毒氧化降解过程一般由多步反应完成。对每一步氧化降解反应，细胞色素 P450 都起作用。但总体上，接续的氧化降解对细胞色素 P450 的依赖性越来越少。可以认为，几乎所有外源物质对细胞色素 P450 都有诱导性质。如 2,4-D、氨基芘等，在含外源污染物的植物中，细胞色素 P450 的含量增加。但每一种污染物的诱导能力不同，污染物的诱导能力大小取决于这些污染物的化学性质和中间代谢物的能力。大多数中间体与细胞色素 P450 及其转化产物相互作用，产生 P420。

芳环羟基化对污染物的降解十分重要。微粒体单氧化酶能使单环和多环芳烃转化为羟基化物。在植物中，这一过程已被苯、萘和苯并［a］芘的氧化所证实。芳烃化合物进一步氧化生成苯醌。

（3）细胞结构的作用

植物的脱毒能力也取决于细胞吸收和转化污染物的能力。已有数据表明，所有渗透到细胞中的有机污染物都导致了细胞超微结构和代谢功能的趋异。目前，有关污染物对植物细胞超微结构作用的研究，大部分是对无机污染物的影响，对有机污染物还未进行系统研究。

(4) 吸收迁移现象

陆生植物可通过根和叶片吸收污染物并向不同部位运移。用^{14}C标记的方法研究PAHs的植物吸收与迁移表明了黑麦草、鹰嘴豆、紫花苜蓿、黄瓜和蒯菜中PAHs的植物迁移方式。PAHs在黑麦草中从根向叶片部位迁移，黄瓜中的PAHs从叶片部位向根迁移。Edwards等发现，^{14}C—蒽营养液被大豆根吸收并向叶片迁移。

(5) 非吸收迁移现象

也有大量信息表明，有很多植物可能不吸收污染物。有研究发现，于橘子表皮施用有机物并没有使这些物质迁移到植物的其他部位。也有报道，关于从小麦根部到茎叶部的^{14}C—苯并［a］芘的迁移量小到可以忽略不计。Blum等在研究绿豆、甜瓜和棉花种子从营养液中吸收苯并［a］芘的情况时发现，在任何一种植物或植物组织中没有苯并［a］芘的迁移和积累。

2. 土壤中PAHs降解率影响因素

(1) 与其浓度的关系

经过一个生长季(150d)后，苜蓿草对土壤中11种PAHs(萘、苊烯、芴、菲、荧蒽、芘、苯［a］蒽、䓛、苯［a］荧蒽、苯［k］荧蒽等)和矿物油的总降解率如表4-11所示。从投加矿物油和PAHs的3个含量水平看，不同处理对污染物降解率的影响较大。矿物油的降解率从58.8%上升到88.3%，波动幅度较大，PAHs的降解率从91.7%上升到99.5%，波动幅度较小。在低污染水平条件下，不同处理中矿物油的降解率差异不明显。这表明，在此污染条件下，土壤自身的条件基本能够满足对外来污染物的消除与净化。土壤污染水平提高时情况发生了变化。同一污染水平下的不同处理中，矿物油降解率差异十分明显。例如，当矿物油含量在6248～6311mg/kg范围内，降解率从58.8%上升到84.4%，当矿物油含量在16224～6260mg/kg范围内，降解率从68.8%上升到85.7%。这说明对高污染土壤的处理，由于土壤自身已不能满足对外来污染物有效去除与净化的条件，人为调控可得到更理想的净化率。PAHs的降解情况与矿物油类似，即随着土壤污染水平的提高，PAHs降解率出现下降趋势，但总体差异不大。调控作用不明显，土壤微生物活性主要受在总量上占优势的矿物油浓度抑制。

表 4-11 苜蓿草对土壤中 PAHs 及矿物油的降解率

处理	矿物油加入量/(mg/kg)	矿物油降解率/%	PAHs 加入量/(mg/kg)	PAHs 降解率/%
C_1	3000	88.3	11.81	95.7
C_4	3000	87.1	33.1	97.4
C_7	3000	86.2	84.0	97.9
C_2	6248	58.8	11.81	96.5
C_5	6311	81.0	33.1	97.6
C_8	6250	84.4	84.0	99.5
C_3	16 224	68.8	11.81	92.8
C_6	16 260	68.1	33.1	91.7
C_9	16 224	85.7	84.0	97.8

(2) 与有机肥及苜蓿草的关系

由图 4-3 可见，增加有机肥量，各处理中 PAHs 降解率的提高虽然不大，但与土壤中有机肥的含量有关。例如，当有机肥量从自然值增加至 5%时，在苜蓿草土壤中，PAHs 降解率在 3 个浓度水平下分别提高了 2.2%、3.0% 和 5.0%；对照土壤中 PAHs 降解率分别提高了 1.9%、7.3%和 12.9%(图 4-4)。有机肥在对照土壤中的作用比苜蓿草土壤大，但苜蓿草土壤中 PAHs 的降解率均略高

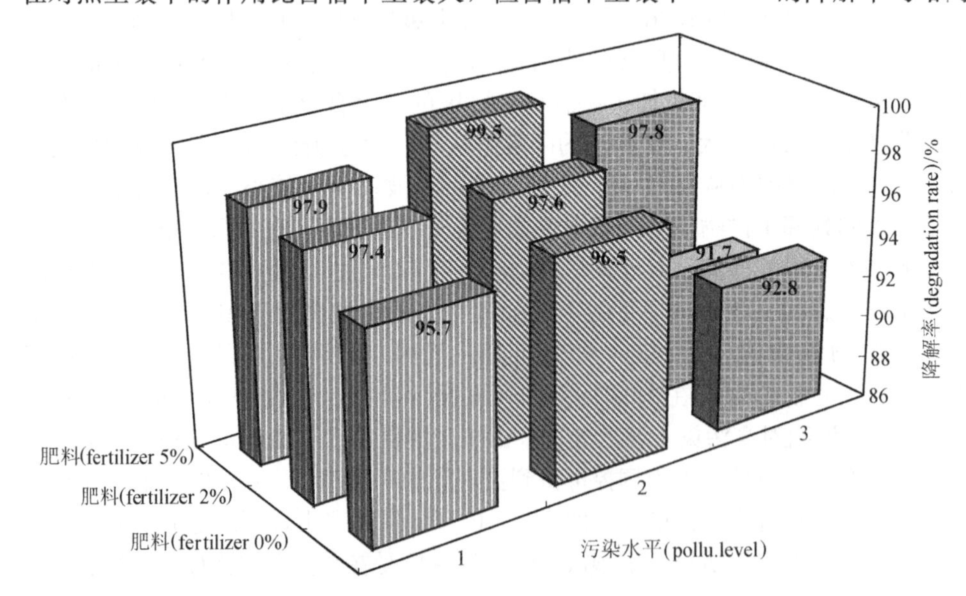

图 4-3 有机肥影响苜蓿草对土壤 PAHs 降解率的影响

于对照土壤。显然，苜蓿草土壤 PAHs 的去除率直接受植物根际圈效应的作用，增加的这部分降解率显然来自植物的作用，从而明显改善了土壤微生物在清洁污染的过程中对调控因子的依赖性。植物能改变土壤的外部环境，显著增加对 PAHs 污染物的降解量。

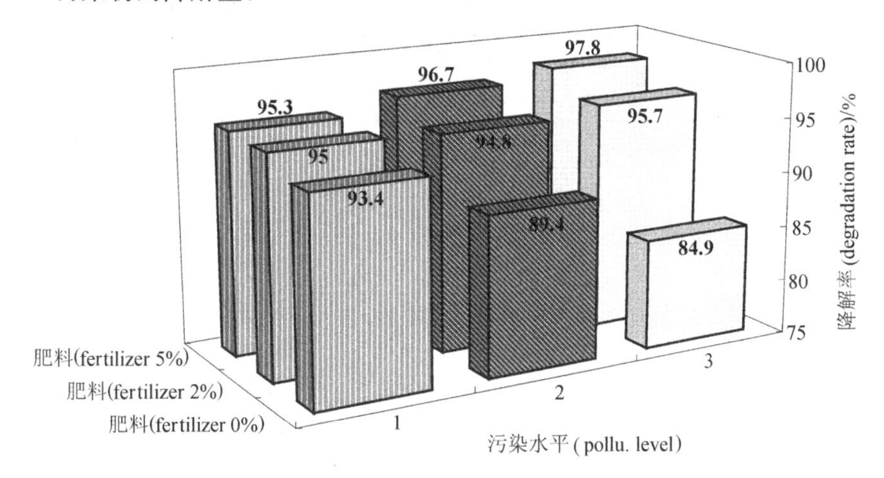

图 4-4 对照土壤中有机肥对 PAHs 降解率的影响

(3) 与特性菌的关系

真菌和细菌对 PAHs 降解的影响与矿物油稍有不同。由表 4-12 可见，当土壤污染水平低时，外加真菌对污染物的降解的作用不明显。当土壤污染水平高时，降解率均有提高。矿物油降解率提高幅度较大。例如，在污染水平 2 时，真菌投加量从零到 2%时，矿物油降解率由 58.8%提高到 84.4%；在污染水平 3 时，真菌投加量从零到 5%时，矿物油降解率由 68.1%提高到 85.7%。表明投入真菌对油处理有效。投加真菌对 PAHs 降解也表现出一些促进作用。例如，在苜蓿草土壤中，在污染水平 1 时，真菌投加量从零到 5%时，PAHs 降解率由 95.7%提高到 97.4%；在污染水平为 2 时，真菌投加量从零到 2%时，PAHs 降解率由 96.5%提高到 99.5%，至 5%时，降解率下降。污染水平 3 时，真菌投加量从零到 5%时，PAHs 降解率由 91.7%提高到 97.8%。这一结果说明，投入真菌除了对油降解有促进作用外，对 PAHs 降解也有促进作用，但是作用强度不及对油明显。由于正交设计中还存在一些交叉调控因素，专性真菌的作用仍需进一步的试验验证。

由表 4-13 可见，当土壤污染水平低时，外加细菌的投入量与 PAHs 和矿物油降解率无明显相关关系。当土壤污染水平为 2 时，矿物油和 PAHs 的降解率均有提高；在土壤污染水平 3 时，矿物油和 PAHs 的降解率同时出现下降。这一结果有可能表明，投入细菌仅在较低的污染水平内有效。当土壤的污染水平较高时，投加细菌的作用因外部环境的变化而失效。但也不排除正交设计中其他调控因素对结果的影响。

表 4-12　专性真菌对土壤中 PAHs 及矿物油降解率的影响

污染水平	投加的真菌/%	苜蓿草土壤中矿物油降解率/%	苜蓿草土壤中PAHs 降解率/%	对照土壤中PAHs 总降解率/%
1	0	86.2	95.7	93.4
	2	87.1	97.9	95.2
	5	88.3	97.4	95.0
2	0	58.8	96.5	89.4
	2	84.4	99.5	95.3
	5	81.0	97.6	94.8
3	0	68.1	91.7	94.7
	2	68.8	92.8	84.9
	5	85.7	97.8	96.7

表 4-13　专性细菌对土壤中 PAHs 及矿物油降解率的影响

污染水平	细菌投加量/%	苜蓿草土壤中矿物油降解率/%	苜蓿草土壤中PAHs 总降解率/%	对照土壤中PAHs 总降解率/%
1	0	87.1	97.4	95.0
	2	88.3	95.7	93.4
	5	86.2	97.9	95.2
2	0	58.8	96.5	89.4
	2	84.4	99.5	95.3
	5	81.0	97.6	94.8
3	0	85.7	97.8	96.7
	2	68.1	91.7	94.7
	5	68.8	92.8	84.9

(4) 与 PAHs 单一污染水平的关系

PAHs 属难降解性污染物。其难降解程度一般随 PAHs 相对分子质量增大和环数的增加而增强。为此，有必要对单一 PAHs 降解率做详细评估。由表 4-14 可见，检测的 11 种 PAHs 中，萘的降解率最高，这主要与萘的强挥发性有关；其次是苊烯、芴、菲、蒽和荧蒽，其降解率均在 90%以上。随土壤污染水平的提高，其降解率有所下降，苯［a］荧蒽和苯［k］荧蒽的降解率在土壤污染水平 3 时仅为 51.4%，进一步说明其难降解性特点与其相对分子质量和环数的正相关性。

表 4-14　11 种 PAHs 污染物在土壤中降解率的比较

污染水平	NAP	AC/FU	PHE	AN	FLA	PY	B［a］A/CHY	B［a］F/B(k)F
水平 1	99.9	95.6	98.6	98.4	92.8	81.3	98.6	82.7
水平 2	100	100	99.5	98.3	96.0	74.8	98.6	82.5
水平 3	99.9	91.2	95.5	93.7	94.1	80.1	95.8	51.4

注：NAP 表示萘；AC/FU 表示苊烯/芴；PHE 表示菲；AN 表示蒽；FLA 表示荧蒽；PY 表示芘；B［a］A/CHY 表示苯［a］蒽/□；B［a］F/B［k］F 表示苯［a］荧蒽/苯［k］荧蒽。

由图 4-5 可见，于苜蓿草土壤中加入有机肥，在土壤污染水平为 1 时，对多数单一 PAHs 的降解率的促进作用不明显。在污染水平为 2 时，芘的降解率明显提高，达到 60%，苯［a］荧蒽和苯［k］荧蒽的降解率提高了 23%，对其他污染物的降解促进作用不明显。在污染水平为 3 时，有机肥对多数 PAHs 的降解产生明显促进作用，多数 PAHs 的降解率均有提高。这说明，当土壤污染水平提高

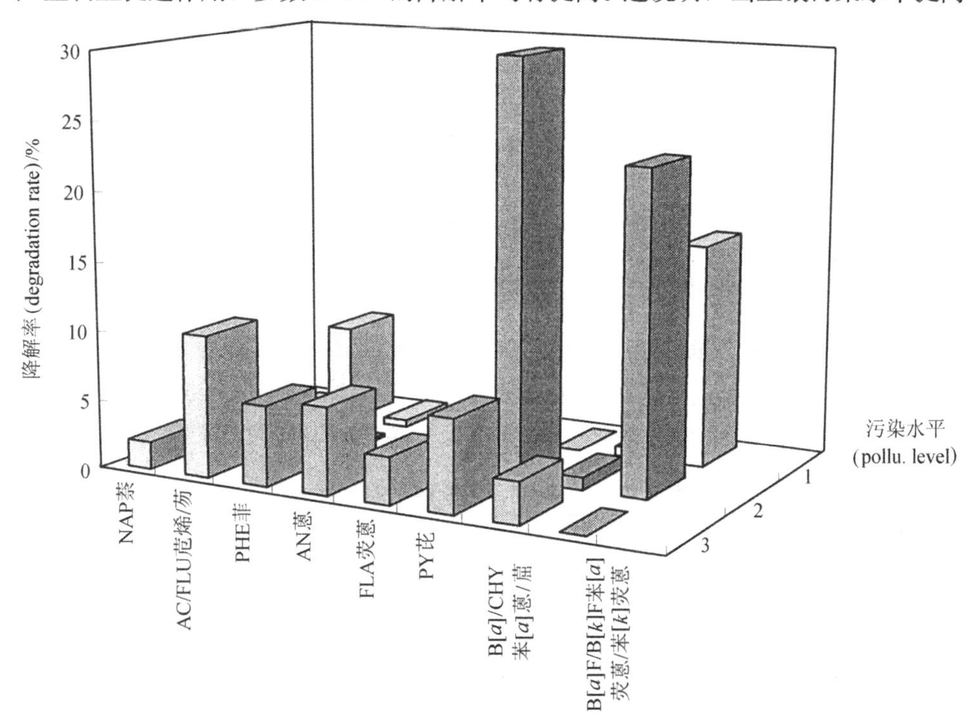

图 4-5　有机肥对紫苜蓿土壤中单一 PAHs 降解率的影响

时，合理调控对污染土壤的清洁更为有效。

由图 4-6 可见，有机肥在对照土壤中对 PAHs 降解率的影响与上述土壤一植物系统基本相似，所不同的是其增长幅度大于上述土壤-植物系统。其中，水平 3 时 PY 的降解率变化值为 50%×2。

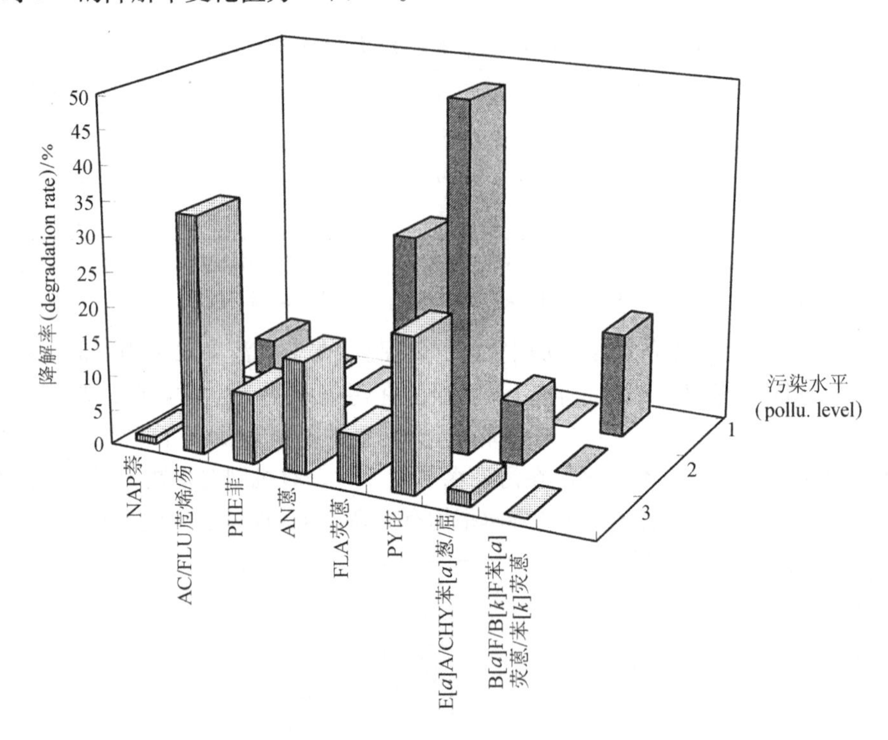

图 4-6　对照土壤中有机肥对单一 PAHs 污染物降解率的影响

3. 重污染土壤 PAHs 的降解调控

由表 4-15 可见，单纯于土壤中加入 5%有机肥，PAHs 降解率从 80%提高到 89.7%。在此基础上，增加一定量的专性真菌和细菌，PAHs 降解率仅提高 1.7%。这说明，在诸多调控因子中，有机肥为主要降解调控因子。

表 4-15　重污染土壤中 PAHs 的降解率

处理	处理	浓度/(mg/kg)	降解率/%
初始值		199.7	
处理 1	自然	40.0	80.0
处理 2	5%有机肥	20.6	89.7
处理 3	5%有机肥+5%真菌+5%细菌	17.3	90.4
处理 4	5%有机肥+8%真菌+5%细菌	15.4	92.3

由表4-15还可见，增加有机肥5%，处理2中苊烯/芴的降解率由46.7%提高到76.9%，菲降解率由90.1%增至95.4%，蒽降解率由62.1%上升到86.2%，荧蒽和芘的降解率也分别从76.8%和18.13%提高到88.2%和34.3%。苯［*a*］蒽/䓛降解率增加幅度最小为1.1%。苯［*a*］荧蒽/苯［*k*］荧蒽的降解率在此过程中不但没有增加，反而下降。在处理3中，污染物的降解率进一步提高，最为显著的是萤蒽、芘和苯［*a*］蒽/䓛4种PAHs。在处理4中，苊烯/芴的降解率由处理3的77.2 %提高到87.0%，蒽由87.4%提高到89.7%，苯［*a*］荧蒽/苯［*k*］荧蒽由59.3%上升到66.7%，其他几种PAHs的降解率增值不大，甚至有所下降。由此可见，投加菌种在一定程度上促进了降解过程。不同菌种对污染物的去除具有选择性。

4. 石油污染土壤生物修复过程中PAHs次生污染现象

在与上述同样条件下，进行湿地土壤中矿物油和PAHs的植物修复调控研究表明，矿物油和PAHs的降解明显受土壤条件影响。在第一个生长季，湿地水稻土壤矿物油降解率在28.0%～66.7%(表4-16)，明显低于苜蓿草土壤的矿物油降解率(58.8%～88.3%)，这表明，湿地缺氧条件不利于矿物油的降解。水稻土壤中11种PAHs的总降解率为9.6%～88.8%。在此试验基础上，继续进行为期150d的盆栽试验，检测土壤中的PAHs降解率时发现，部分低相对分子质量PAHs明显减少，但高相对分子质量PAHs明显增多，PAHs总的降解率出现负值(表4-17)。在整个降解过程中，荧蒽和芘的量均有明显增加。新增加的这部分荧蒽和芘显然是降解过程中产生的次生污染物。

表4-16　不同有机肥量对苜蓿草和水稻种植土壤中矿物油降解率影响

处理	矿物油加入量/(mg/kg)	苜蓿草降解率/%		水稻降解率/%	
		2000年	2001年	2000年	2001年
1	3000	88.3	93.0	55.6	84.8
4	3000	87.1	92.5	54.4	91.4
7	3000	86.2	91.3	60.0	83.0
2	6248	58.8	95.5	64.1	84.0
5	6311	81.0	96.3	28.0	85.5
8	6250	84.4	96.3	61.3	90.0
3	16224	68.8	95.4	66.7	72.5
6	16260	68.1	96.0	48.2	97.9
9	16224	85.7	96.6	54.5	88.5

表 4-17 不同有机肥量对苜蓿草和水稻种植土壤中 PAHs 降解率影响

水平	PAHs 加入量/(mg/kg)	苜蓿草降解率/%		水稻降解率/%	
		2000 年	2001 年	2000 年	2001 年
1	12.6	95.7	+11.9	38.5	−145.2
	12.6	97.4	−58.7	88.8	−252.4
	12.6	97.9	−44.4	83.2	+11.9
2	35.4	96.5	−72.0	9.6	−706.8
	35.4	97.6	−53.4	57.6	−148.3
	35.4	99.5	+7.3	76.5	−15.2
3	84.1	92.8	−6.7	52.7	−723.4
	84.1	91.7	+9.4	46.5	−330.1
	84.1	97.8	−3.6	75.9	−22.2

第七节 排异作物的概念及其利用

污染土壤的治理虽有物理、化学乃至植物修复等众多方法，但因当前技术原因或经济原因，还很难彻底地达到修复目的，尤其是污染面积巨大的土壤更难根治。为了减少这类土壤的环境风险，有必要种植一些植物来绿化环境，或种植一些作物加以开发利用，这就需要对抗性植物和排异作物资源加以利用，这方面的研究正成为污染土壤修复研究的一个重要方向。

一、排异作物的概念

1. 排异植物

排异植物是指能在高含量污染物质污染的土壤上正常生长，植物体内特别是地上部污染物质含量很低的植物。如菊科婆罗门参属植物(*Trachypogon spicatus*)生活在高含量铜污染土壤上，能将铜大部分束缚在根部，含量高达 1200～2600mg/kg，而叶片中铜含量只有 2～16 mg/kg。生长在铅矿脉土壤中铅含量为 1000 mg/kg 的锐利三齿稃草(*Triodia pungens*)和灰叶属植物(*Tephrosia* sp.)地上部也不含高量的铅。香拟婆婆纳(*Hebe odora*)生长在较高铬含量的土壤上，其地上部铬含量也很低。

排异植物能在高含量污染土壤上生长，其地上部污染物质含量很低，可能是植物有能力将污染物限制在根部、阻止其向地上部运输的缘故，或者通过根际圈的作用，使土壤中的污染物不容易被植物吸收或积累，这方面的机理还有待于进一步研究。

2. 排异作物

作物生产的目的是获得较多的有经济价值的部分，包括根、茎、叶、果实和种子等器官。如禾谷类、豆类和油料作物的主产品是籽粒，薯类作物的产品是块根或块茎，棉花是种子上的纤维，黄麻为茎秆的韧皮纤维，甘蔗为茎秆，烟草和茶叶为叶片，绿肥作物是全部茎、叶以及用于建材和烧材的秸秆等。污染土壤对作物的影响与一般植物有显著区别，这是因为作物即使未受到土壤中污染物质的伤害，但因为其农产品中污染物质超标(国家食品卫生质量标准及相关环境质量标准)而具有潜在危害。因而，污染土壤对作物的不良效应反应体现在抑制生长和污染农产品两个方面。

排异作物是指可以在污染土壤上正常生长且其有利用价值部分(如根、茎、叶、果实或种子等)的污染物含量不超标甚至检测不出的作物。从理论上讲，排异作物比排异植物要求更高，其主要区别在于块根、块茎作物如红薯、马铃薯在污染土壤上生长时，土壤中农产品污染物质含量不能超标。这种将污染物质排斥出作物有利用价值部分的机理可能是作物功能性调节的结果，也可能是在污染物质运移的关键环节上存在特殊的阻碍机制，可以将污染物质大部分阻止在作物有利用价值部分之外，这方面的机制还有待于进一步研究。

二、排异性与避性、耐性和抗性的关系

排异性(exclusion)包括排异植物和排异作物在内，是指植物能够在高含量污染物质污染土壤上正常生长，植物地上部及块根、块茎作物污染物质含量很少或不超标的植物。耐性(tolerance)是指植物能够在高含量污染物质污染土壤上生长，完成生活史，植物生长不受抑制或抑制程度较小(如植株变矮)，植物地上部污染物质含量较高。如杨居荣等(1994)的研究表明，小犬蕨(*Pteridium* scop.)对重金属有很强耐性，在镉污染严重土壤上可正常生长，叶片镉含量达1000mg/kg，且在土壤锌含量高达 1000 mg/kg 时仍能良好生长。避性(avoidance)指植物能够抵御土壤中污染物质的胁迫而正常生长，不吸收或极少吸收污染物质。一般认为，在土壤中污染物质适当含量范围内，植物都具有一定的避性，这可能是植物本身的防御系统在起作用。一方面限制污染物质的跨膜吸收；另一方面在根部分泌一些物质与根际圈污染物质发生络合反应，阻止污染物质进入体内。但当污染物质突破这种避性防御后，就会对植物产生伤害或在植物体内积累。抗性(resistance)包括排异性、耐性和避性(图 4-7)，即植物能在某一特定污染物质含量较高的土壤上生长、繁殖后代并将这种能力遗传给下一代的植物。

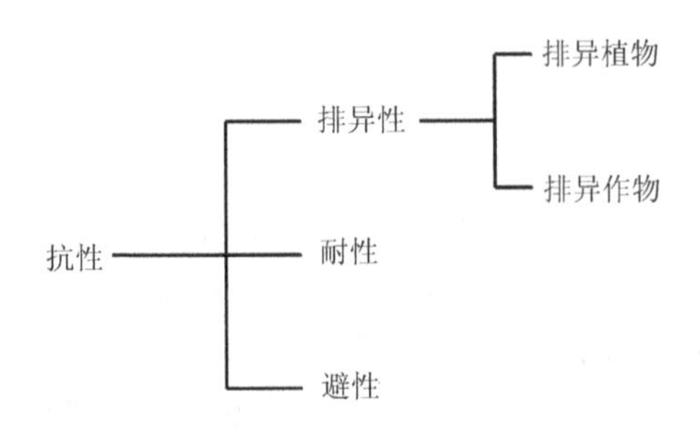

图 4-7　排异性与耐性、避性和抗性的关系

排异作物可以在污染严重的土壤上正常生长，安全生产农产品，对难以根治的污染土壤既起到保护环境的作用，又对污染土壤加以开发利用，可谓一举两得。了解排异作物的排异机制并进行基因定位，通过分子生物学技术进行遗传育种，培育出抗性强、产量高，既安全，品质又好的作物品种，对于保证日益严重的土壤污染条件下的农业生产具有重大意义。因此，筛选排异作物或具有排异作物特征的资源就显得非常重要。

排异作物的筛选方法主要有两种：一是在污染地区筛选，如石油污染土壤、污水灌溉区污染土壤上采集作物样本，再检测其排异性；二是盆栽模拟试验，即向盆栽土壤中按设计方案投加污染物，然后通过检测手段寻找排异作物资源。这种方法简单易行，而且由于供试作物基本上未经污染物质的驯化，一旦对某种污染物质表现出某种排异特征，这种作物就可能天生携带某种排异基因，有利于基因定位和转基因作物的构建，当然，这也可能是某种污染物质诱导的结果。

排异作物的研究已在转基因育种方面有了一些实例，如冯斌等(2000)把中国仓鼠中的屏蔽基因，即将重金属离子排出的基因转导到十字花科作物芜箐(*Brassica rapa* L.)体内后，这种转基因作物可将土壤中的镉留在根部，阻止它到达植物的茎、叶和果实等部位。这一研究表明，排异作物的应用对于污染较轻土壤的农业开发利用具有非常重要的意义，也为不断提高农产品安全展示了美好的前景。

主要参考文献

陈辉蓉，吴振斌，贺锋等．2001. 植物抗逆性研究进展．环境污染治理技术与设备，2(3)：7～13

冯斌，谢先其．2000. 基因工程技术．北京：化学工业出版社

顾继光，周启星，王新．土壤重金属污染的治理途径及其研究进展．应用基础与工程科学学报，11(2)：143～151

郭水良，黄朝表，边媛等．2002. 金华市郊杂草对土壤重金属元素的吸收与富集作用(Ⅰ)——6 种重金属元素在杂草和土壤中的含量分析．上海交通大学学报(农业科学版)，20(1)：22～29

何振立，周启星，谢正苗．1998. 污染及有益元素的土壤化学平衡．北京：中国环境科学出版社

江行玉，赵可夫．2001. 植物重金属伤害及其抗性机理．应用与环境生物学报，7(1)：92～99

孔令韶．1982. 植物对重金属元素的吸收积累及忍耐、变异．环境科学，1：65～69
李扬汉．1988. 植物学．上海：上海科学技术出版社
林昌善，吴聿明．1986. 环境生物学．北京：中国环境科学出版社
刘宛，李培军，周启星等．2001. 植物细胞色素 P450 酶系的研究进展及其与外来物质的关系．环境污染治理技术与设备，2(5)：1～9
刘文菊，张西科，张福锁．2000. 根分泌物对根际难溶性镉的活化作用及对水稻吸收、运输镉的影响．生态学报，3：448～451
骆永明．1999. 金属污染土壤的植物修复．土壤，5：261～265
骆永明．2000. 强化植物修复的螯合诱导技术及其环境风险．土壤，1：57～61
牟金明，李万辉，张凤霞等．1996. 根系分泌物及其作用．吉林农业大学学报，18(4)：114～118
沈德中．2002. 污染环境的生物修复．北京：化学工业出版社
沈振国，陈怀满．2000. 土壤重金属污染生物修复的研究进展．农村生态环境，16(2)：39～44
孙铁珩，区自清，李培军．1997. 城市污水土地处理系统研究．北京：科学出版社
孙铁珩，周启星，李培军．2001. 污染生态学．北京：科学出版社
唐世荣．2001. 超积累植物在时空科属内的分布特点及寻找方法．农村生态环境，17(4)：56～60
唐世荣，黄昌勇，朱祖祥．1997. 超积累植物与找矿．物探与化探，21(4)：263～268
韦朝阳，陈同斌．2001. 重金属超富集植物及植物修复技术研究进展．生态学报，7：1196～1203
魏树和，周启星，王新．2003. 18 种杂草对重金属的超积累特性研究．应用基础与工程科学学报，11(2)：152～160
魏树和，周启星，张凯松等．2003. 根际圈在污染土壤修复中的作用与机理分析．应用生态学报，14(1)：143～147
武振华，张宇锋，王晓蓉等．2002. 土壤重金属污染植物修复及基因技术的应用．农业环境保护，21(1)：84～86
夏北成．2002. 环境污染物生物降解．北京：化学工业出版社
杨居荣，黄翌．1994. 植物对重金属的耐性机理．生态学杂志，13(6)：20～26
杨柳春，郑明辉，刘文彬．2002. 有机物污染环境的植物修复研究进展．环境污染治理技术与设备，6：1～7
杨守仁，郑丕尧．1989. 作物栽培学概论．北京：中国农业出版社
杨肖娥，龙新宪，倪吾钟．2002. 超积累植物吸收重金属的生理及分子机制．植物营养与肥料学报，8(1)：8～15
杨晔，陈英旭，孙振世．2001. 重金属胁迫下根际效应的研究进展．农业环境保护，20(1)：55～58
张玉秀，柴团耀，Gerard Burkard. 1999. 植物耐重金属机理研究进展．植物学报，41(5)：451～457
周启星．1995. 复合污染生态学．北京：中国环境科学出版社
周启星．2000. 污染土地就地修复技术研究及应用．见：中国人口资源环境与可持续发展战略研究．北京：中国环境科学出版社．1676～1681
周启星．2002. 污染土壤修复的技术再造与展望．环境污染治理技术与设备，3(8)：36～40
周启星，黄国宏．2001. 环境生物地球化学及全球环境变化．北京：科学出版社
周启星，宋玉芳．2001. 植物修复的技术内涵及展望．安全与环境学报，1(3)：48～53
Baker A J M, McGrath S P, Sidoli C M D. 1994. The possibility of *in-situ* heavy metal decontamination of polluted soils using crops of metal-accumulating plants. Resources, Conservation and Recycling, 11: 41～49

Baker A J M, Protor J, Van Balgooy M M J. 1996. Hyperaccumulation of nickel by the flora of ultramafics of Palawan, Republic of Philippines. Proceedings of the First International Conference on Serpentine Ecology. Andover, UK: Intercept Ltd, 291～303

Betts K S. 1997. Native aquatic plants remove explosives. Environ Sci & Technol, 31: 304A

Brooks R R, Chambers M F, Nicks L J et al. 1998. Phytoming. Trends in Plant Science, 3 (9): 359～362

Brooks R R, Lee J, Reeves R D. 1977. Detection of nickliferous rocks by analysis of herbarium species of indicator plants. Journal of Geochemical Exploration, 7: 49～77

Chaney R L. 1983. Plant uptake of inorganic waste constituents. In: Parr J F eds. Land treatment of hazardous wastes. Noyes Data Corporation. Park Ridge. New Jersey. USA, 48～53

Chaney R L, Malik M, Li Y M. 1997. Phytoremediation of soil metals. Current Opinions in Biotechnology, 8: 279～284

Chaudhry G R. 1994. Biological degradation and bioremediation of toxic chemicals. Portland, Oregon: Dioscorides Press. 7～17

Cooper K M, Tinker P B. 1978. Translocation and transfer of nutrients in vesicular-arbuscular mycorrhizas. Ⅱ. Uptake and translocation of phosphorus zinc and sulphur. New Phytologist, 81: 43～52

Curl E A. 1986. The rhizosphere. Berlin: Springer-verlag

Gao J, Carrison A W, Hoehamer C. 2000. Uptake and phytotransformation of *o*,*p*′-DDT and *p*,*p*′-DDT by axenically cultivated aquatic plants. J Agric Food Chem, 48: 6121～6127

Garrison A W, Nzengung V A, Avants J K. 2000. Phytoremediation of *p*,*p*′-DDT and the enantiomers of *o*, *p*′-DDT. Environ Sci & Technol, 34: 1663～1670

Hata K A. 1994. Lignin-modifying enzymes from selected white-rot fungi: production and role in lignin degradation. FEMS Microbiology Reviews, 13: 125～135

Joner E J, Leyval C. 1997. Uptake of ^{109}Cd by roots and hyphae of a *Glomus mosseae*/Trifolium subterranean mycorrhiza from soil amended with high and low concentration of cadmium. New Phytologist, 135: 352～360

Jones D L. 1998. Organic acids in the rhizosphere: a critical review. Plant and Soil, 205: 25～44

Kramer U, Cotter-Howells J D, Charnock J M et al. 1996. Free histidine as a metal chelator in plants that accumulate nickel. Nature, 379: 635～638

Kruger E L, Anhalt J C, Sorenson D. 1997. Atrazine degradation in pesticide contaminated soils. Phytoremediation of soil and water contaminants. Washington DC: American Chemical Society. 54～64

Lasat M M, Pence N S, Garvin D F et al. 2000. Molecular physiology of zinc transfer in the Zn hyperaccumulator *Thlaspi caerulescens*. J Exp Bot, 51: 71～79

Mattina M I, Lannucci-Berger W, Mussante C et al. 2003. Concurrent plant uptake of heavy metals and persistent organic pollutants from soil. Environmental Pollution, 124: 375～378

Meharg A A, Cairney J W G. 2000. Ectomycorrhizas-extending the capabilities of rhizosphere remediation? Soil Biology & Biochemistry, 32: 1475～1484

Newman L A, Strand S E, Gordon M P. 1997. Uptake and biotransformation of trichloroethylene by hubrid poplars. Environ Sci Technol, 31(4): 1062～1065

Ortiz D F, Ruscitti T, McCue K F et al. 1995. Transport of metal-binding peptides by HMT1, a fission yeast ABC-type vacuolar membrane protein. J Biol Chem, 270: 4721～4728

Raskin I, Ensley B D. 2000. Phytoremediation of toxic metals: using plants to clean up the environment.

New York：Wiley-Interscience. 304

Rugh C L，Wilde H D，Stack N M. 1996. Mercuric ion reduction and resistance in transgenic *Arabidopsis thaliana* plants expressing a modified bacterial merA gene. Proc Natl Acad Sci USA，93：3182～3187

Salt D E，Blaylock M，Kumar N P BA et al. 1995. Remediation：a novel strategy for the removal of toxic metals from the environment using plants. Biotechnology，13：468～474

Sarand I，Timonen S，Nurmiaho-Lassila E-L. 1998. Microbial biofilms and catabolic plasmid harbouring degradative fluorescent pselldomonads in Scots pine mycorrhizospheres developed on petroleum contaminated soil. FEMs Micro Ecol，27：115～126

Turnau K. 1993. Mycorrhiza in toxic metal polluted sites. Wiadomosli Botaniczne，37：43～58

Turnau K. 1998. Heavy metal content and localization in mycorrhizal *Euphorbia cyparissias* from zinc wastes in Southern Roland. Acta Soci Bot Poloniae，67：105～113

Wong M H. 2003. Ecological restoration of mine degraded soils，with emphasis on metal contaminated soils. Chemosphere，50：775～780

Zhou Qixing，Sun Tieheng. 2002. Effects of chromium (VI) on extractability and plant uptake of fluorine in agricultural soils of Zhejiang Province，China. Water，Air，and Soil Pollution，133(1～4)：145～160

第五章　污染土壤的生物修复

生物处理技术最主要的特点是利用微生物将土壤中污染物分解并最终去除。与传统处理技术相比，具有快速、安全、费用低廉等优点，因此被称为是一种新兴的环境友好替代技术。

第一节　微生物在生物修复过程中的作用

通过利用营养和其他化学品来激活微生物，使它们能够快速分解和破坏污染物。其作用原理是通过为土著微生物提供最佳的营养条件及必需的化学物质，保持其代谢活动的良好状态，实现生物修复。可以说，现今的生物系统的修复能力主要受控于天然土著微生物的降解能力。然而，针对特殊污染点中的特殊污染物的降解，许多研究者也对外源微生物进行了很多相关调查，其中包括对遗传工程微生物的研究，旨在通过利用外源微生物来强化生物修复。作为一种生物放大手段，这种过程可能会进一步扩大生物修复系统处理污染物的能力范围。

不论是土著微生物，还是外源微生物，对生物修复工程或技术而言，要使污染物的降解达到理想要求，掌握微生物降解的机理十分重要。为了保证生物修复系统的正常运行，污染物降解过程中需要必需的营养补充，这是所有微生物降解的共同特点。微生物过程是否产生副产物是生物修复是否成功运行的一个重要特征。

一、污染物的微生物分解与固定

1. 污染物的微生物分解

自然界中的微生物种类繁多，有巨大的开发潜力。实际上，几乎所有有机污染物甚至许多无机污染物都可以被微生物降解。如果能够很好地开发利用自然界中的微生物资源，用正确的手段来刺激特异的微生物种属，使被利用的微生物的活性最大限度地得到激发，生物修复的应用前景将远远超出今天的能力范围。

正如所知，微生物可以利用污染物进行生长与繁衍。转移或降解有机污染物是微生物正常的活动或行为。有机污染物对微生物生长有两个基本的用途：①为微生物提供碳源，这些碳源是新生细胞组分的基本构建单元；②为微生物提供电子，获得生长所必需的能量。

微生物通过催化产生能量的化学反应获取能量，这些反应一般使化学键破坏，使污染物的电子向外迁移，这种化学反应称为氧化一还原反应。其中，氧化作用是使电子从化合物向外迁移过程，氧化-还原过程通常供给微生物生长与繁衍的能量，氧化的结果导致氧原子的增加和（或）氢原子的丢失；还原作用，则是电子向化合物迁移的过程，当一种化合物被氧化时这种情况可发生。在反应过程中有机污染物被氧化，是电子的丢失者或称为电子捐献者，获得电子的化学品被还原，是电子的接受者（图 5-1）。电子给予体和电子接受体在产生能量的氧化一还原反应中接受电子的化合物，即被还原。通常的电子接受体为氧、硝酸盐、硫酸盐和铁，是细胞生长的最基本要素，通常被称为基本基质，它们是用来保证微生物生长的电子接受体和电子给予体。这些化合物类似于供给人类生长和繁衍必需的食物和氧。

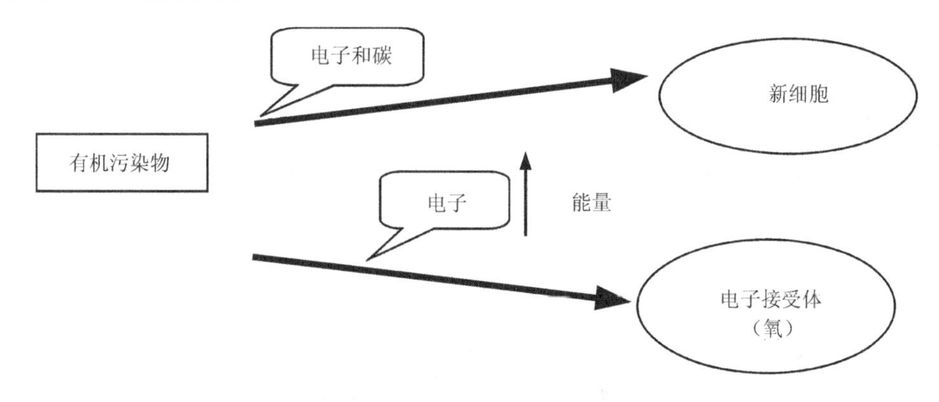

图 5-1　微生物在降解污染物过程中获得它们自身生长和繁殖的能量
获得能量的方法是打破化学键并从污染物中转移电子到电子接受体（如氧）中，
它们将“投资”的能量与获得的电子和碳结合产生更多的新细胞

许多微生物是在微尺度上的有机体，能够通过对食物源的降解作用生长与再生，这些食物源也包括有害污染物，它们都是利用氧分子作为电子接受体。这种借助于氧分子的力量破坏有机化合物的过程被称为好氧呼吸作用。在好氧呼吸作用过程中，微生物利用氧分子将污染物中的部分碳氧化为二氧化碳，而利用其余的碳产生新细胞质。在这个过程中，氧分子减少，水分子增加。好氧呼吸作用（微生物利用氧作为电子接受体的过程）的主要副产物是二氧化碳、水以及微生物种群数量的增加。

2. 微生物对污染物的固定

微生物除了将污染物降解转化为毒性小的产物以及彻底氧化为二氧化碳和水之外，还可改变污染物的移动性，其方法是将这些污染物固定下来。这是一个十分有效的战略方法。微生物固定污染物的最基本方法有以下 3 种。

(1) 生物屏障法

微生物可以吸收疏水性有机分子，可以使微生物在污染物迁移过程中阻止或减慢污染物的运移，这一概念有时被称为生物屏障。

(2) 氧化还原沉淀法

具有还原或氧化金属能力的微生物种属，通过微生物的氧化-还原作用使金属产生沉淀，如二价铁被氧化为三价铁($Fe^{2+} \longrightarrow Fe^{3+}$)，形成$Fe(OH)_3(s)$沉淀，或$SO_4^{2-}$还原为硫化物$S^{2-}$后与$Fe^{2+}$生成$FeS(s)$，或与$Hg^{2+}$结合生成$HgS(s)$，六价铬($Cr^{6+}$)还原形成三价铬($Cr^{3+}$)后形成氧化铬、硫化物和硫酸盐沉淀，可溶性铀还原为不可溶性铀(U^{4+})后可形成氧化铀(UO_2)沉淀。

(3)键合法

微生物可降解键合在金属上并与金属保持在溶液中的有机化合物，被释放的键合金属可产生沉淀而固定下来。

在微生物降解或固定污染物的过程中，会引起周围环境的变化。当进行生物修复评价时，了解这一变化十分重要。

二、微生物基础代谢活动的变异

微生物除了通过好氧呼吸作用转化、降解污染物外，在整个降解过程中也包括利用变异微生物转化污染物。变异允许微生物在异常环境(如地下水)下繁衍并降解有毒物质或降解对其他微生物无益的化合物。

1. 厌氧呼吸作用

许多微生物可以在无氧条件下利用厌氧呼吸过程得以生存。厌氧呼吸作用过程是指微生物利用化合物而不是利用氧作为电子接受体的过程。常见的可从中获取氧的基质为硝酸盐、硫酸盐和铁。在厌氧呼吸作用中，硝酸盐(NO_3^-)，硫酸盐(SO_4^{2-})，金属离子如铁(Fe^{3+})、锰(Mn^{4+})等都可以起到与氧相同的作用，即从降解的污染物中接受电子。厌氧呼吸作用利用无机化合物作为电子接受体。除了生成新的细胞质外，厌氧呼吸的副产物有氮气(N_2)、硫化氢气体(H_2S)、还原态金属和甲烷气(CH_4)，具体产生哪些副产物主要取决于电子接受体的供给情况。

好氧微生物利用某些金属污染物作为电子接受体。例如，最近研究显示，一些微生物可利用可溶性铀(U^{6+})作为电子接受体，将可溶性铀(U^{6+})还原为不可溶性铀(U^{4+})。在此条件下,微生物使铀产生沉淀,从而降低地下水中铀的浓度和移动性。

2. 无机化合物作为电子给予体

除了利用无机化学品进行厌氧呼吸的微生物外,还有一些微生物利用无机分子作为电子给予体。以无机组分作为电子给予体的例子很多,如氨离子(NH_4^+)、亚硝酸盐(NO_2^-)、还原性 Fe^{2+}、还原性 Mn^{2+} 以及 H_2S。当这些还原性无机组分被氧化(例如分别氧化为 NO_2^-、NO_3^-、Fe^{3+}、Mn^{4+} 和 SO_4^{2-})时,电子转移给电子接受体(通常为 O_2),为细胞合成提供能量。多数情况下,电子给予体为无机分子的微生物必须从大气二氧化碳中获得碳(一种固定二氧化碳的过程)。

3. 发酵

发酵是一种在无氧环境中重要的代谢作用。发酵(微生物利用有机化合物作为电子接受体,同时又作为电子给予体的过程。将化合物转换为发酵产物——有机酸、乙醇、氢和二氧化碳)不需要外来电子接受体。因为有机污染物本身既是电子接受体,也是电子给予体。通过一系列由微生物催化的内部电子迁移活动,有机污染物被转化为无害化合物,这种化合物就是发酵产物。乙酸盐、丙酸盐、乙醇、氢和二氧化碳都是代表性的发酵产物。发酵产物可以进一步被其他细菌降解,最终转化为二氧化碳、甲烷和水。

4. 共代谢与二次利用

共代谢是一种生物降解作用过程。为了降解污染物,微生物需要与其他支持它们生长的化合物或基本基质共存来完成降解过程。在某些情况下,微生物可以通过转移反应转移污染物。这些转移反应对细胞并不产生益处。这种无益的生物转移被称为二次利用。共代谢就是一种典型而重要的二次利用过程。在共代谢过程中,污染物的转化是一个附带反应,它是由正常细胞代谢或特殊脱毒反应中被酶催化的反应。例如,在氧化甲烷的过程中,一些细菌可以降解在其他情况下很难降解的有氯代基团的溶剂。这是因为当微生物氧化甲烷的过程中产生了某种附带的能破坏氯代溶剂的酶。这种有氯代基团的溶剂本身不能提供微生物生长的基质,而甲烷充当了电子给予体。甲烷是微生物的主要食物来源。而有氯代基团的溶剂是次级基质,因为它不能供给细菌生长提供基质。除甲烷外,甲苯和酚也被作为初级基质刺激氯代溶剂的共代谢。

5. 还原脱卤作用

微生物代谢作用中的另一种变异为还原脱卤作用。在卤代有机污染物的脱毒中还原脱卤(另一种生物降解过程,微生物催化反应引起有机化合物上的卤素原子被氢原子所取代。这一反应导致在有机化合物中净增加两个电子)具有潜在重要性。在这一作用中,微生物催化一种取代的反应,使污染物分子上的卤素原子被氢原子所取代。这个反应使污染物分子增加两个电子使污染物被还原。为使还原脱卤反应进行,除了卤代污染物以外,还必须有另外一种物质作为电子给予体参与其中。这些参与还原脱卤的电子给予体可以是氢,也可以是低相对分子质量有机化合物(乳酸盐、乙酸盐、甲醇或葡萄糖)。多数情况下,还原脱卤反应不产生能量,它是一种附带的通过消除毒性物质而对细胞产生有益作用的一种反应。然而,研究者也发现了一些使细胞从这一代谢活动中获取能量的例子。

三、微生物的营养需求

微生物细胞是由相对固定的元素组成。典型的细菌细胞组成为50%碳,14%氮,3%磷,2%钾,1%硫,0.2%铁,0.5%钙,镁和氯。如果这些细胞基本构建的任何一种元素出现短缺的话,那么微生物群落中的营养竞争就可能限制整个微生物群落的生长,进而减缓污染物去除的速率。

微生物是环境中普遍存在的生物类群。即使在温泉和极地等极端条件下也可以发现它存在。生活环境的差异使它们具有各自不同的生活特点,但不论是何种微生物都需要从环境中取得物质和能量以维持其生长和繁殖。因此,生物修复系统必须要有很好的营养供需设计,以保证在自然环境不能提供足够营养条件下,及时为微生物提供适当浓度、适当营养比的营养物质,使微生物保持足够的降解活性。在有机物生物降解的同时,微生物获得了物质和能量。虽然对生物个体来说这一过程引起的有机物消耗非常微小,但微生物数量极大,因此可以迅速使有机物降解。微生物所需要的营养可以分为两大类:一是大量营养元素,如氮、磷、钾等;二是微量营养元素,如微量金属(铁、镁、锌、铜、钴、镍和硼)以及维生素等。

1. 大量营养元素

在一般情况下,有机碳都比较丰富,特别是大部分有机物本身可作为碳源,因而不需要添加碳源。只有在那些需要用共代谢方式进行难降解污染物处理时,才考虑投加碳源。投加的碳源一般是那些能促进共代谢的化合物,如2,4-D甲基和甲基对硫磷的降解中投加葡萄糖,PCBs的降解中投加联苯。对土壤污染处理的营养比,研究结果不尽相同,但最为常见的投加比例为(碳∶氮∶磷)100∶10∶1或120∶10∶1。由于土壤性质的差别,土壤组成的复杂性及其他影响因素,如氮的固定、储存以及可能的吸附等,也会导致施加肥料的降解促进作用不明显。

2. 无机盐及微量元素

铁是微生物细胞内过氧化氢酶、过氧化物酶、细胞色素与细胞色素氧化酶的组成元素，是微生物生长所必需的组分。微生物生长过程中，缺铁将会使机体内的某些代谢活性降低，严重时会使其完全丧失。此外，微生物的生长也需要微量元素。没有这些微量元素微生物生长不但不健康，而且其活性也会受到一定的抑制。因为，微量元素是多种酶的成分。酶能加速生化反应、有机物质的合成，分解及代谢的所有化学反应中都有酶的参与。酶的成分中缺少某些微量元素时，其活性就会下降。例如，缺铜时，含铜的酶-多酚氧化酶和抗坏血酸氧化酶活性明显降低。酶的活化是非专一性的和多样化的。同一种微量元素能活化不同的酶。在酶促过程中，微量元素有多种作用。某一种微量元素起结构作用或起功能作用。某些微量元素能定向地增加对分子氮的固定。70 多年前，钼有细菌固定分子氮的重要作用被科学家所证实。嫌气性固氮菌需要钼也被后来的研究所证实。研究还发现，固氮菌在纯营养时发育很差，在不补充钼的情况下不能吸收大气中的氮。成土母质是进入土壤中微量元素的主要来源。虽然土壤形成的漫长过程中，原始岩石化学元素进行了一定的再分配，但是，岩石的微量元素的特殊性质和化学特性都会在土壤中长久保持。成土母质中微量元素越多，土壤中的微量元素也越多。地下水作用活跃地区的成土母质，受潜育层形成的沼泽化过程影响，与具有正常湿度的母质相比，在微量元素含量上具有某些差别。砂土潜育化可导致活性态锰和钴的积累，壤土潜育化可引起活性态锰、铜的积累。在一个地区范围类，微量元素含量大体上保持由砂土向黏土母质增长的规律。此外，微量元素含量也随土壤中有机物质的增加而增加。施用有机肥不但可以丰富土壤中大量元素的含量，也可以丰富土壤中微量元素的含量。因此，有人提议在生物修复过程中应根据情况适当考虑微量元素的配给问题。

四、微生物活性及其生态指示

微生物总量和降解菌数量是对污染区中微生物活力的反映，提高土著微生物的活力比用外源微生物更可取，因为土著微生物已经适应了污染的环境，而且外源菌不能与土著菌有效进行竞争，这是因为外来微生物需要一个驯化过程，因而对营养的竞争不如土著菌，特别当营养不足时，将导致接种菌大量死亡，所剩的只是在较低种群上，不能有效降解污染物。因此，只有当环境中无专性降解菌或现有降解菌不能有效降解土壤中某些组分时，才考虑引用外源微生物。对接种非土著微生物必须慎重，在以下情况可考虑引入外源接种：①现存的土著微生物不能降解土壤中的污染物；②土壤中污染物浓度过高或其他物质对土著微生物有毒害作用，使之不能有效降解污染物;③土壤刚刚被污染需要马上降解;④有机物降解的中间产物不能为土著微生物降解。此外,在接种微生物时必须同时考虑以下几点:①接种微生物能够降解大部分专性污染物;②接种微生物的遗传稳定性、环境中快速生长性和高度酶活性;③是否有与土著微生物竞争的能力,有无致病性和产生代谢毒物。

细菌虽然是生物修复过程中降解污染物的"主力军",但细菌捕食者也在生物修复过程中生长与繁衍。它们可以是土壤生物修复过程中微生物活性的指示物。正如哺乳动物的捕食者(如狼)需要足够的捕食猎物才能保证其生长一样,原生动物是最常见的细菌捕食者。通过土壤中原生动物数量的增减,可以指示土壤中细菌的多少。因为原生动物为了自身的繁衍,需要捕食足够量的细菌。于是,如果原生动物的数量在增多,也就说明土壤中有足够的降解污染物的细菌存在。

五、土著微生物的适应性

预先暴露于污染环境中的微生物决定降解速率。它们可以大大增加对有机污染物的氧化能力,这种现象被称为适应性。微生物适应性的可能机制有以下几种:①特定性酶的诱导和抑制;②基因突变产生新的代谢群体;③有机体的选择富集有利于有机物的转化。

有机体的选择性富集已在有机物的环境降解中多次出现。许多研究证明,在预先暴露于有机物污染环境中,降解该种有机物的微生物数量及其占总异养性微生物群体的比例大大增加。Schwarzenbach 等(1981)在其降解速率方程中引入微生物个体数量的变化来衡量有机体的富集对降解的影响,但也有报道认为预暴露并不会引起微生物的富集。因此预暴露对微生物降解组成的影响依赖于环境区域的条件。微生物暴露于一种有机物不仅可以获得该种有机物的适应性,对其他结构相似的有机物也具有适应性。Bauer 等(1988)曾报道这种"交叉驯化"现象,这可能是选择性微生物种群对其他化合物的代谢具有广泛的活性或存在共代谢途径。虽然影响驯化的因素尚不清楚,但是微生物对驯化需要在一定阈值浓度和时间下进行。因此,常常从污染区或类似的污染环境中采集并分离富集微生物,然后再将其投加到待处理的污染介质中,以达到缩短驯化期,增加降解速率的目的。

质粒转移也是微生物获得适应性的一个重要原因。从上述讨论可见,有机物在土壤中的降解依赖于化合物的结构特征、化学组成及其环境条件等多种因素。对这些因素的研究与了解,有利于对有机污染物环境降解行为的系统调控。然而,目前对诸多因素与有机污染物的关系尚不十分清楚,主要表现在以下两个方面:①目前尚没有完全了解有机污染物化学结构与微生物降解能力之间以及结构与降解途径之间的关系,结构不同的有机物具有不同的降解途径;②对有机污染物降解的路径及中间产物还不很清楚,无法了解这些中间产物对生态系统可能产生的影响。对微生物降解过程的数学模拟并不完全,过去曾考虑提出许多概念模型和速率模型,但不同的研究者考虑的因素不同,模拟的结果也不同。由于微生物在有机污染物存在条件下基因突变的多种可能性,使微生物适应性的机理相当复杂,目前人们对微生物适应性的机理还不清楚,仍需做进一步的研究与探讨。以原位生物修复为例,生物修复除对地下水带来化学变化外,也能改变自然存在的土著微生物的代谢能力。通常在污染暴露的最初阶段,微生物并不降解污染物,而是在一个相当长的暴露过程中培育自身的降解能力。对此研究者提出了多种机理,对微生物的代谢适应性进行解释,其中包括酶诱导机理,生物降解种群的生长机理以及遗传变异机理等。然而,所提出的机理的正确性很值得怀疑,因为方法的限制妨碍了人们对微生物群落如何进化的精确理解(包括实验室的及野外的结果)。暂时不考虑机理的研究如何,有一点值得肯定,即微生物的适应性问题。微生物的适应性对分解或破坏环境中的有机污染物十分重要。

适应性不仅存在于单一的微生物群落中,也存在于分解污染物的相互作用之中,以及生物修复过程中相互合作的不同种群微生物之中。一个群落可以降解部分污染物,第二个群落可以将第一群落未完成的降解过程延续下来,最终实现降解反应过程的完成。这种成对的自然组合在有机污染物转化为甲烷的好氧食物链中经常出现。对原位生物修复来说,这种组合式降解过程非常适用,因为污染物的完全降解需要好氧和厌氧微生物的交替作用来完成。

即使环境条件达到最佳状态,有时微生物在生理上对降解污染物也无能为力。因此,无法将污染物的浓度减少到满足健康要求的标准水平上。因为当有机污染物的吸收与代谢低浓度时,微生物的降解停止了。有两种说法对此做出解释:①由微生物细胞内完成反应的调节机制所决定;②降解污染物的微生物种群在不合适的物质供应条件下丧失生存能力所致。有研究者认为,当污染物浓度很低时,污染物将与微生物发生隔离。污染物与微生物隔离的现象可以在以下两种条件下出现:①当污染物溶解在非水相中时,溶液会通过水流作用与水相完全隔离,这时就可能出现有机污染物与微生物分离的情况;②当污染物强烈吸附在土壤颗粒表面或进入到土壤空隙中时,也可能出现有机污染物与微生物的隔离,因为这时的土壤孔隙太小,循环水流无法渗入到里面,就造成微生物与有机污染物的分离。上述情况下,几乎所有污染物都与固相相连,与非水相相连,或滞留在土壤的孔隙之中。这时溶解在水相中污染物的浓度极低,导致降解率下降,或产生零降解率。金属或其他无机污染物与微生物隔离大多是在污染物沉淀反应时发生。污染物的生物降解之所以会停止或减缓是由于微生物不能利用极低浓度污染物。但无论如何,如果污染物的最终浓度不能满足清洁目标的要求,就需要采用其他的辅助方法来补救,将污染物的浓度减少到可接受的浓度水平。研究表明,有一种方法可用来克服污染物的微生物的不可利用性,即向生物修复介质中加入一些化学试剂,使污染物沿地下水运动的方向移动。这一方法实际上已在传统泵出处理地下水清洁系统被使用,以增加处理效率。然而,如果将这种方法用于生物修复处理中促进生物降解的发生,问题就很复杂。原因是化学试剂不但会影响污染物的物理性质也会影响微生物的活性。

增加表面活性剂可增加有机污染物的移动性。当使用少量表面活性剂时,表面活性剂分子会在固体表面积累,减少表面张力,增加了有机物的扩散。这种扩散可以改善污染物的水相迁移,进而加速生物修复的速率。但这种处理对增加亚表层污染物移动的情况如何,目前没有十分清楚的证据来说明。当大量表面活性剂加入到处理水体时,表面活性剂分子就会聚集在一起形成胶束。由于表面活性剂的增溶和乳化作用,将使有机污染物溶解到胶束中,并与进入胶束中的水一起迁移。然而,生物修复通常不会因污染物进入表面活性剂胶束而得到增强,其原因在于污染物在真正水相中的浓度并没有增加。但对金属污染物来说,通过加入与金属键合的络合剂或配位基可以使金属移动。金属配位基键的形成可使沉淀的金属溶解,移动性增强。然而,到目前为止,并没有关于强配位基效应(如EDTA)能增加生物降解的效率例证。利用配位基增加金属移动性还有一个潜在限制因素。这就是微生物不但可以降解污染物,也可以降解配位基,重新将金属释放,使它们再重新形成沉淀。

在某些情况下,细菌自身也可产生表面活性剂和配位基,增加污染物的移动性。这种情况下,微生物主要功能是生产移动剂,不是降解污染物。细菌化的生物表面活性移动剂可使泵出处理技术的清洁更容易,它比注入化学表面活性剂的处理成本更低。此外,进行外援微生物放大研究也表明,通过控制细胞遗传能力,以及内部调节功能等,最终也能为克服这些限制找到解决答案。

微生物暴露于受污染的环境中,将发生一系列适应过程。这一过程主要包括3种机制:①特定酶的产生和失活;②导致代谢活性变化的遗传物质的变化;③能够迁移降解石油烃的微生物的富集。在这3种机制中,微生物富集作用多见报道。由于适应而发生的遗传变化近年来也被广泛研究。人们利用编码特定DNA基因的探针技术对微生物的遗传变化进行分析,如Sayler(1985)利用克隆杂交技术发现,油泥中PAHs的矿化率提高与降解该类化合物的菌数和质粒数有明显关系。随着分子生物学的发展,已经有人尝试通过基因工程手段选育能降解某种化学品的高效菌株,以加速这些物质的降解。现已清楚,各种合成化学品能否被降解,取决于微生物能否产生响应的酶系。酶的合成直接受基因控制。许多试验证明,化合物降解酶系的编码多在质粒上,携带降解某特殊有机化合物基因的质粒称为降解质粒。目前人们已经得到多种降解质粒。降解质粒的出现是微生物适应难降解物质的一种反应,这些质粒多存在于假单胞菌、产碱杆菌和红假单胞菌中,这些带有降解质粒的细菌在降解石油烃、多氯联苯上是有重要作用的。对于土壤酶的变化，研究表明蔗糖酶活性强度随石油烃在土壤中的残留量的减少而减弱，石油烃对土壤蛋白酶有抑制作用，土壤过氧化氢酶在正常水分条件下受石油烃激活，在渍水中受抑制。

第二节　生物修复有效性的影响因素分析

微生物降解污染物的基本原理已基本清楚。但是，有关微生物代谢作用的许多细节目前尚不清楚。在生物修复过程中，对微生物的成功利用绝不是件简单的事。由于诸多因素的干扰可能使生物修复过程更加复杂。其中有如下几个关键影响因素，如污染物对微生物具有毒性以及微生物对污染物的不可利用性等。

一、污染物种类与浓度的影响

一般地，在污染物的降解过程中，微生物倾向于优先选择天然存在的有机物，而后选择其他有机污染物，而且并不是每一种微生物对所有的有机污染物具有选择性。这就是说，不同的污染物种类，需要有不同的甚至是专门的微生物种类来对付，这表明了微生物在污染物降解和转化过程中的专一性。即使如此，由于污染物的部分降解可产生有害的副产物，或称之为中间代谢物。当有害的副产物形成时，就会影响这些微生物对原有污染物进一步降解的作用过程。

土壤环境中污染物浓度过高是生物修复的一个关键性问题，特别是当污染物的生物有效性或生物可利用性很高，如土壤性的水溶性污染物或污染物在土壤水相中的浓度过高，就不太利于生物修复的进行。即使一些化学品在低浓度下可以被生物降解，但在高浓度下它们对微生物有毒。毒性作用的产生将阻止、减缓代谢反应的速度，阻止刺激污染物迅速移动的新生物量的快速生长。污染物的毒性及毒性作用机理因污染物质的性质、浓度以及其他污染物的存在和这些污染物对微生物的暴露方式不同而异。例如，2003 年张倩茹等通过富集培养，分离到 5 株乙草胺抗性菌株，分别定名为 SZ1、SZ2、SZ3、SZ4 和 SZ5。此 5 菌株均能以乙草胺为惟一碳源和氮源进行生长。这 5 菌株及对照菌株(B57)的乙草胺抗性谱试验结果(图 5-2 和表 5-1)表明，各菌株都能耐受 300 mg/L 以下的浓度，并且在 100mg/L 浓度条件下生长良好。但是，当乙草胺浓度增加至 300 mg/L 以上，就只有其中的几株可以耐受来自乙草胺的毒害作用，特别是菌株 SZ4 甚至在 3000 mg/L 时仍然正常生长，而其他菌株则由于污染物的浓度上升导致降解功能的丧失甚至死亡，起不到对乙草胺污染土壤的生物修复作用。资料表明，在微生物的生长、发育过程中，如果有一个基本的环节受阻，微生物细胞将停止其正常的降解功能及其他的生命活动功能。这种不良效应可能来自细胞结构的损伤或来自代谢毒污染物质的单一酶的竞争键合。

(a) (对照)　(b) (100mg/L)

(c) (300mg/L)　(d) (3000mg/L)

图 5-2　乙草胺抗性谱测定结果

表 5-1　乙草胺抗性谱试验结果

菌株	乙草胺浓度/(mg/L)					
	0	100	300	600	1000	3000
SZ1	+++++	+++++	++	++	+	−
SZ2	+++++	+++++	−	−	−	−
SZ3	+++++	+++++	−	−	−	−
SZ4	+++++	+++++	+++++	+++++	+++++	+++++
SZ5	+++++	+++++	++	−	−	−
B57	+++++	+++++	++	−	−	−

土壤环境中污染物浓度过低也是生物修复的一个问题。当污染物的浓度降低到一定水平时,微生物的降解作用就会停止,这时,微生物就无法进一步将污染物去除。在生物修复过程中,并非微生物的生物量越多越好,过量的生物量会使过程发生挤压而阻塞,从而不利于生物降解的发生。

通常,污染点是一个多种污染物共存的复合/混合污染现场,其中含有动、植物腐烂后产生的天然有机质。在这样一个混合的复杂污染环境体系中,微生物将优先选择那些最容易消化的或者能提供它们最大能量的污染物作为碳源和能源。微生物学家很早就知道调节微生物代谢的复杂机制可能会使某些碳水化合物被忽略,而其他的化合物被选中,这种现象被称为二次生长。如果目标污染物被一个持续不断地优先生长的基质所伴随的话,二次生长的现象将对生物修复的效果带来严重影响。复合污染对微生物的毒性与其单一存在时有较大的区别,因此进一步影响到微生物对污染物的降解作用和过程。例如,张倩茹等于 2003 年的研究表明,乙草胺、Cu^{2+} 单因子及复合因子对黑土中土著细菌、放线菌及真菌数量均有一定的影响。其中,乙草胺和 Cu^{2+} 单因子作用对土著细菌活菌数量的抑制率分别为53.15%和 83.08%(表 5-2)。这就是说,以细菌活菌数量为指标,单因子铜的毒性作用比乙草胺要强。当乙草胺和 Cu^{2+} 同时或先后进入土壤环境,由于两者的复合作用,导致其抑制效果更为明显,抑制率甚至高达 93.15%。对放线菌活菌数量的考察发现,乙草胺和 Cu^{2+} 单因子作用时抑制率分别为 46.97%和 42.26%,两者的毒性作用相当。但在复合作用下,抑制率为 89.68%。可见,二元复合因子表现出显著的毒性加强作用,两者似有明显的加成效应。与上述两者相比,乙草胺和 Cu^{2+} 单因子及复合因子对真菌活菌数量的抑制作用并不明显,甚至表现为一定的促进作用。其 CFU 分别是清洁土壤的 2.08 和 1.83 倍。当两者同时进入土壤时,却又表现为并不显著的抑制作用,抑制率仅为 24.46%。

表 5-2　乙草胺、Cu^{2+} 及乙草胺+Cu^{2+} 对土壤中土著细菌、放线菌及真菌数量的影响

处理	土著细菌		放线菌		真菌	
	活菌数 CFU/(10^7/g 干土)	抑制率/%	活菌数 CFU/(10^6/g 干土)	抑制率/%	活菌数 CFU/(10^4/g 干土)	抑制率/%
清洁土壤	7.15 ± 0.99^a	0	5.94 ± 0.33^a	0	2.78 ± 0.846^a	0
乙草胺	3.35 ± 0.82^b	53.15	3.15 ± 0.566^b	46.97	5.77 ± 0.967^b	−107.55
Cu^{2+}	1.21 ± 0.03^c	83.08	3.43 ± 0.49^c	42.26	5.08 ± 0.992^c	−82.73
乙草胺+Cu^{2+}	0.49 ± 0.02^d	93.15	0.613 ± 0.123^d	89.68	2.10 ± 0.372^a	24.46

注:表中字母不同表示与清洁土壤有显著差异 ($p<0.05$)。

复合污染并非总能引起问题,有时多个污染物的共存也会促进生物修复的加速进行。例如，一些生物质主要被用来降解一类特定的污染物，但它们也能降解因自身浓度太低而不能支持细菌生长的其他有机污染物。

二、影响污染物生物降解的物理化学因素

一些难溶性有机污染物进入土壤水层时，在风和波浪的扰动下可形成水包油和油包水两种乳化形态。油包水状态增大了有机物的表面积，比游离状态易于受微生物攻击而被降解。但是，水包油状态则会抑制生物降解。在微生物生长并降解有机物时，可以释放一些生物表面活性剂。生物表面活性剂也会引起乳化作用，影响有机物的吸收与降解。Broderick 等(1982)发现，从淡水湖泊中纯化的有机降解菌中，96%可以使煤油乳化。还有研究表明，混合使用海洋细菌和土壤细菌降解原油时也发现较强的乳化作用。人造分散剂可以增大油膜的表面积并促进生物降解，但是由于分散剂大多有毒，会对微生物产生抑制作用。因而分散剂对有机物的生物降解过程的促进作用取决于分散剂的结构和浓度。

在某种情况下，污染物并不能完全被微生物所降解。不完全降解的结果是母体污染物浓度减少，同时伴有新的中间代谢产物的生成，多数情况下，代谢产物的毒性比母体化合物更大。中间代谢产物的产生主要有两个原因。其一，是所谓空端产物的产生。空端产物可在共代谢过程中生成，因为污染物的附加代谢作用可能产生一种使细菌酶无法进行转化的产物。例如，在卤代苯酚的共代谢中，有时就生成空端产物如氯化儿茶酚(chlorocatechol)，这种化合物对微生物生长和发育是有毒的。其二，即使污染物被完全降解也伴随中间产物的生成。而以细菌为媒介的反应对这类中间产物的降解速率缓慢。例如，在三氯乙烯的生物降解过程中，伴生一种致癌剂乙丙基氯化物。细菌能将三氯乙烯迅速地转化为乙丙基氯化物，但对乙丙基氯化物的降解通常速率缓慢。

三、影响污染物生物降解的生物因素

有机污染环境中的生物降解主要由细菌和真菌完成。土壤一植物系统包含多种细菌和真菌。两类微生物因地域不同，它们占总异养生物群落的比例也不同。土壤细菌的变化范围在0.13%～50%之间，而土壤真菌变化范围在6%～82%之间。因此，在降解复杂的有机污染混合物时，需要多种微生物协同完成。藻类和浮游动物也是土壤生态系统中重要的类微生物群落，但是它们对有机物降解的贡献目前还不清楚。有报道认为，藻类可以降解有机污染物，但浮游动物未见有降解作用功能。

一般认为，细菌分解原油比真菌和放线菌容易得多。当石油烃进入非污染区

土壤后，经过 14～16d 后，土壤中降解烃的微生物数量就可大大增加，其中微生物总数不与降解率相关，但降解石油烃的微生物总数与油的降解率呈正相关。关于微生物降解石油的研究，在实验室往往是以纯种微生物和单一组分进行。实际上，油本身是一种混合物，而油的降解也不是单一微生物的作用，往往是多种微生物联合作用的结果。刘期松(1986)研究认为，在实验室里一般混合培养的降解率高于纯培养。另外，微生物对烃的降解有很强的选择性。例如，细菌 *Penicillum spinulosum*、*Fusamum oxysporum* 和 *Aspergillus niger* 能利用正十一烷，但不能利用正十烷；细菌 *Aspergillus athecius* 能利用正十四烷，但不能利用正十三烷。

以刺激足够的微生物生长保证污染物的降解，是原位生物修复的最基本战略。然而，如果所有微生物聚集在一处(例如，靠近提供生长刺激的营养物质的井口或靠近电子接受体)，大量微生物的生长将会相互剧烈竞争，干扰营养液的有效循环，影响生物修复的进行。一个方法是利用原生动物捕食者将聚集在一起阻塞生物修复过程的微生物群分散，或者借助于两种工程方法：①以交替脉冲方式输送营养物质，因为以脉冲的方式输送养分可确保高浓度的生长刺激物质不在注射点附近积累，从而防止了过剩的生物量生长；②加入过氧化氢作为氧源，因为过氧化氢是一种强杀菌剂，可防止微生物的过量生长。

第三节　生物修复的场地条件

一、场地基本要求

污染土壤生物修复场地的管理，主要是对修复场地各种运行条件和因子的调控，是生物修复的重要组成部分。这些场地条件包括氧气、水分与湿度、营养元素、温度、土壤 pH、污染物的物理化学特征和微生物接种等。

1. 氧气

烃类化合物的降解要在好氧条件下进行。据推算，1g 石油完全矿化为二氧化碳和水需要 3～4g 氧气。因此，提供足够的氧气，很可能是提高石油生物降解的重要因素。土壤嫌气条件可由积水造成，也可由于氧气的大量迅速被利用产生。通过地耕法可以改善土壤通气条件，从而可以提高石油烃的生物降解率；也可以通过机械手段，直接向土壤中输入空气；也可以使用过氧化氢的注入，但是必须对过氧化氢作为氧源进行可行性评价，因为过氧化氢作为氧源，对那些不具有过氧化氢酶的微生物有毒害作用。

2. 水分与湿度

大量资料表明，水分是调控微生物、植物和细胞游离酶活性的重要因子之一，而湿度则是生物修复必须调控的一个重要因素。因为水分是营养物质和有机组分扩散进入生物活细胞的介质，也是代谢废物排出生物机体的介质，特别是水分对土壤通透性能、可溶性物质的特性和数量、渗透压、土壤溶液 pH 和土壤不饱和水力学传导率发生作用而对污染土壤及地下水的生物修复产生重要影响。这就是说，污染物的生物降解必须在一定的土壤水分与湿度条件下进行。湿度过大或过小都将影响土壤的通气性，进而影响降解微生物在土壤环境中的降解活性或繁殖能力以及在土壤环境的移动性。一些研究表明，25%～85%持水容量或－0.01MPa 或许是土壤水分有效性的最适水平。还有资料指出，当土壤湿度达到其最大持水量的 30%～90%时，均适宜于石油烃的生物降解。

3. 营养元素

土壤中氮、磷含量一般较低。石油烃污染土壤后，碳源大量增加，氮、磷含量特别是可溶性氮、磷就成为降解的调控或限制因子。许多研究认为：施加无机或有机肥料均可以促进生物降解，但必须考虑以下问题：①碳、氮、磷必须有合理的配比，单纯加氮或加磷都不利于提高生物降解率；②肥料结构应选择疏水亲油型，从而可形成适合微生物生长的微环境。

4. 温度

生物修复受到温度变化的强烈影响。例如，土壤中石油烃的降解率随土壤温度的降低而不断减小，可能是由于酶活性的降低所致。研究表明，高温能增加嗜油菌的代谢活动，一般在 30～40℃时活性最大。当温度高于 40℃，石油烃对微生物的膜状结构将产生损害。

温度对土壤微生物生长代谢影响较大，进而影响有机污染物的生物降解。就总体而言，微生物生长范围较广，而每一种微生物都只能在一定范围内生长，有其生长的最适宜温度、最高耐受温度、最低耐受温度以及致死温度。温度变化不仅影响微生物的活动，同时还影响有机污染物的物理性质、化学组成。例如，低温下石油的黏度增大，有毒的短链烷烃挥发性减弱，水溶性增强，从而降低了石油烃的可降解性。

由于气候、季节的变化，土壤温度随之发生波动，从而不同的微生物区系将在不同时期占据优势。因此，注重土壤中微生物区系随温度发生的变化研究，也是提高有机污染物生物降解的一个重要方面。

5. 土壤 pH

土壤 pH 也是一个重要的环境调控因子。由于土壤介质的不均一性，造成不同土壤环境下 pH 差异较大。土壤 pH 能影响土壤的营养状况，如氮、磷的可给性和土壤结构，还会影响土壤微生物的生物学活性。一般情况下，多数真菌和细菌生存的最适宜 pH 为中性条件，这当然也是其发挥生物降解功能最适宜的环境条件。

6. 污染物的物理化学特征

微生物对污染物的生物降解能力与污染物的物理化学特征有关。有机物由于结构不同而具有不同的稳定性，因而它们被微生物降解的难易程度也不同。研究表明，直链烷烃和支链烷烃最易被降解。正构烷烃比异构烷烃易氧化，链烃比环烃易氧化，小分子的芳香族化合物次之，而环烷烃最难降解。饱和烷烃的降解速率比芳香族化合物和极性化合物快得多。在能氧化直链烷烃的微生物体系中，以能生长在 C_{10} 以上烃类的微生物居多，烷烃降解的生化机理是 β-氧化和充氧作用。Pareck 等发现，嫌气细菌能将正十六烷转化为相应的醇和烯，后来又发现该过程在好氧条件下也能进行。有的微生物可以通过亚终端氧化，使烷烃先生成酮，再通过氧化酶的酶促反应生成酯，而后经水解酶的作用进行水解，然后再氧化为酸的途径来降解烷烃。但也有人指出，这一规律并不是普遍的现象。

7. 微生物接种

生物修复利用微生物降解有机污染物，一般情况下，更多的是充分调动土著微生物的生物活性，使它们具有更强的代谢能力。为了加速生物降解的进行，有时也考虑进行外来微生物的接种。接种在生物修复中也称为生物扩增。接种一般要考虑两点，即接种是否必要和接种是否会成功。以下情况可考虑进行微生物的接种：①存在土著微生物不易降解的污染物；②污染物浓度过高或有其他物质（如金属）对土著微生物产生毒性，使之不能有效地降解土壤中的污染物；③需要对意外事故污染点进行迅速的生物修复；④污染物在降解的过程中由于产生了有害的中间代谢产物使土著微生物丧失了降解功能；⑤对难降解污染物低浓度的污染现场进行外来微生物接种。

接种菌的筛选与培养应首先根据它们的生态适应性，其次是降解性和营养竞争能力。接种菌的培养应在与实际应用环境相似的条件下进行，这样筛选出的微生物具有较强的生存能力。接种菌进入环境后，因与土著微生物竞争及原生动物的捕食等原因，数量会减少。如果接种量过少，就可能使接种量达不到预期的要求而无法使其迅速繁殖到一定量。高接种量可保证足够的存活率和一定的种群水平，将起到快速降解作用。一般高接种量应达到 10^8 CFU/g 土。但从费用看，高接种量投资较大。需要注意的是，土壤类型不同，所需达到一定降解能力的种群水平的接种量也不同。因此，接种量的选择还要根据实际情况而定。

目前还没有人对土壤质地、化学组成、氧化－还原电位、黏土含量等因素对有机污染物中石油烃的降解率进行过系统研究，但土壤颗粒大小和土壤有机质含量是两个重要的不可忽视的影响因素。

二、自然生物修复及其场地条件

自然生物修复主要是控制自然微生物群落的固有能力来降解环境污染物，它不需要施加任何工程措施来强化这一过程的进展。但自然生物修复并不等同于放任自流。在自然修复中，需要做以下主动性的工作：①对原位或异位修复现场的土壤、沉积物或样品进行现场调查与分析；②对自然存在的、具有降解和消除污染物的微生物做详细调查；③通过现场监测污染物浓度变化的常规分析等手段对自然生物修复效率进行检验和积极利用。有人也将自然生物修复称为被动生物修复，自发生物修复，或自然生物减少，这些术语已广泛用于描述自然生物修复过程。图5-3展示了自然生物修复和工程修复的区别。美国明尼苏达州就有一个自然生物修复污染现场，研究已证实，正是由于自然生物修复，才防止了原油污染的进一步扩散。

1979年，在美国明尼苏达州的Bemidji(一地名)，由于输油管道爆裂，大约38万L的原油泄漏到周围的地下水和土壤中。1983年，美国地质调查局的研究者开始对这一地原油泄漏的污染状况进行了认真监测，以确认原油的归宿与可能的解决办法。他们发现在溢漏事件之后的许多年，虽然原油已经自然迁移了一段距离，部分原油溶入地下水，并从最初的泄漏点运移了200m，未溶解的原油沿地下水方向移动了30m，原油的蒸气在土壤的上方迁移了100m，然而，研究者的细致监测表明，自1987年以来，污染就没有进一步扩散。其主要原因是由于土壤中可降解原油的土著微生物的存在及其较为高效的降解作用，阻止了原油对地下水进一步的污染扩散。土著微生物对原油污染起到了很好的清污作用，这表明自然生物修复对石油产品的溢漏具有很好的去除效率。研究者将这一现象归结为自然生物修复的结果。

有三种证据使研究者确信自然生物修复与原油的减少与扩散有关：①模型研究表明，如果原油为非生物降解所致，那么原油泄露事件一开始，原油扩散的距离将是500～1200m，而不是200m；②在污染扩散的地方，Fe^{2+}和甲烷迅速增加，但检测不到氧气的产生，这表明某些具有降解原油组分(如甲苯)的厌氧微生物的活性明显增加；③苯和乙烯苯易被好氧降解，不易被厌氧降解，而在原油组分中苯和乙烯苯的浓度在厌氧地带非常稳定，但是在原油扩散边缘的好氧区减少速率异常

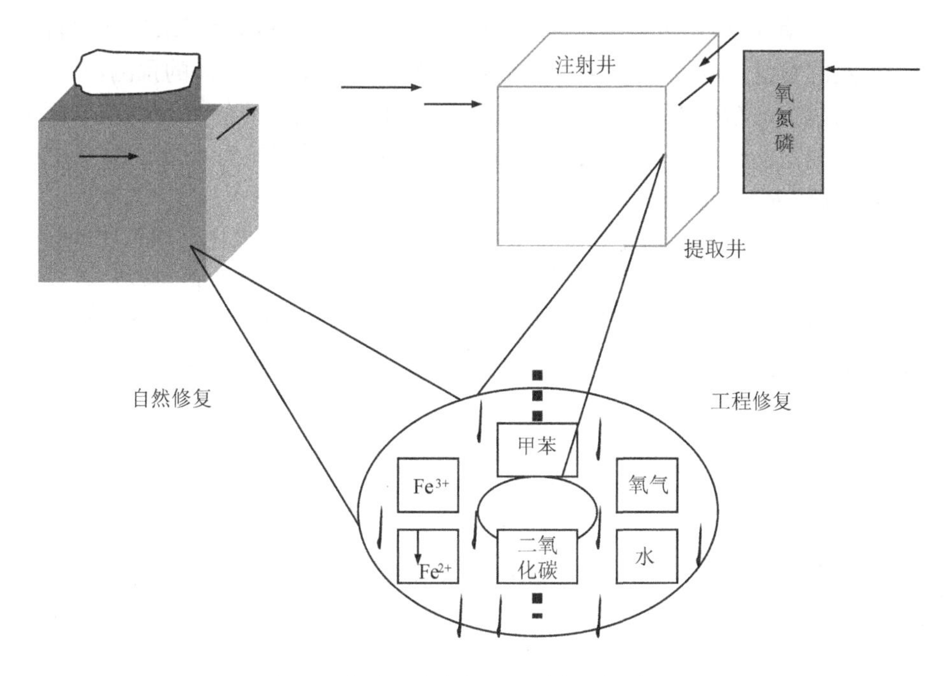

图 5-3　自然生物修复与工程修复的区别

在自然生物修复过程中(左),存在于亚表层的土著微生物可降解污染物,整个活动无人为行为的介入。土著微生物以三价铁作为电子接受体降解代表性污染物甲苯,并将它转换为无毒成分——二氧化碳。在工程生物修复过程中(右),氧、氮和磷是通过注射井和提取井被循环打入地下亚表层,以促进微生物的快速生长。这种情况下,微生物以氧作为电子接受体,当进行甲苯降解时,将氧转化为水。值得注意的是,在工程生物修复过程中,系统中的微生物量远大于自然系统中的微生物量。其结果使工程生物修复系统中污染物的降解速率大于自然系统中污染物的降解速率。自然系统需要进行监测来保证污染物的量在微生物的降解作用下不断减少

迅速。这些都表明原油量减少是自然生物修复的结果。

以上现场证据表明,在自然生物修复率大于水力学传输速率的地方,土著微生物可有效将溢漏现场的污染物固定下来,修复过程不需要人为参与即可完成。然而,对这样的处理点必须要制定一个长期的详细监测计划,以便随时监测污染物去除的状况。在某些水力学传导速率超过了自然生物修复的降解率的处理点,还必须增加一些工程措施,以确保生物修复的成功进行。

如果自然生物修复是惟一的选择,那么就必须接受周围的场地条件,以此为基础实现清洁目的。因为自然生物修复的定义是不对场地做任何附加工程与改造。污染点提供自然存在的水力、化学条件,土著微生物可以迅速降解污染物,使污染物在没有人为干扰的情况下不再进一步扩散。

自然生物修复中最重要的场地特性是地下水随时空流动性的可预测性。预测水流可检测自然土著微生物是否能在污染物迁移的所有地方、所有季节都能迅速

而积极地活动，以防止污染物随地下水流扩散。水力梯度和地下水流动的轨迹是一个恒定的常量，不随季节和年份变化而变化。为了保证对流体的预测，水位的偏差不应大于 1m，精确性可根据场地情况而定。此外，地区性的水流轨迹与原来水流的方向偏差不应大于 25°。上述情况多适合于高地景观，对平原或洪积平原或大河，地段行为很难预测。

另一个有价值的场地特点是蓄水层中的矿物质。如碳水化合物可缓冲 pH 的变化，抑制二氧化碳和其他酸或碱的产生。当蓄水层的矿物母质为石灰石或云母石时，或当石灰石尘或石灰石砂出现在冰川边碛外的沉积层中时，含水层可能会含有碳酸盐。在滨海沉积物中也有碳酸盐的存在，对于稳定修复场地的 pH 具有重要意义。

当溢漏现场周围地下水的氧浓度很高或其他电子接受体很多时，有利于自然生物修复过程的发生。溢漏现场周围硝酸盐、硫酸盐和铁离子作为潜在的电子接受体，可以刺激缺氧条件下的微生物生长。然而，它的重要性在很多时候往往被人们忽视。多数情况下，地下水中的硝酸盐和硫酸盐数量多于氧含量。在过量施加化学肥料的农业生产作业区更是如此。在干旱地区石膏溶入地下水也会出现上述情况。

需要用于保证生物修复的电子接受体浓度随污染物化学特性和污染程度而变化。易溶解的污染物，大的污染源对电子接受体需求量大，浓度也高。处理点的地下水循环条件也影响电子接受体的需要量，水循环模式应以能提供污染水与周围水充分混合为前提，使水体中的微生物不会将生物修复地带的所有电子接受体全部消耗掉。如果电子接受体供应短缺，生物修复的速度就会放慢，甚至停止。自然生物修复同样需要基本的营养物质以保证微生物建造新细胞的需要，尤其需要氮和磷。虽然在自然生物修复处理过程中，营养物质是自然存在，营养需求量远远少于电子接受体需求量。因此，很少有因营养短缺而限制自然生物修复进行的现象发生，而不适当的电子接受体供应往往是主要问题。

三、工程生物修复及其场地条件

工程生物修复是利用工程化的现场改造程序加速污染土壤环境中微生物活动的一种生物修复方法。例如，安装工程用井，使液体和营养物质充分流动来刺激微生物生长，就是一种常见的工程方法。工程生物修复的主要战略是分离与控制污染现场的各个点，使它们成为原位生物反应器。生物储存和强化生物修复实际上都是指工程生物修复。影响自然生物修复与工程生物修复成功进行的场地因素各有不同。以下将对此进行专门讨论。

由于工程生物修复主要是利用各种技术手段来改善环境条件，所以自然条件对工程生物修复没有自然修复那样重要。影响工程生物修复成功的重要性质是场地内传输流体亚表层物质的性状。对于进行地下水循环的系统，含有污染物地段的水力传导率(在单位时间内和单位亚表层面积内通过的地下水水量)应大于或等于 10^{-4}cm/s。对于气体循环系统，整体渗透性(流体通过亚表层的难易程度)应大于 10^{-9}cm^2。对这两种系统，如果有裂缝、断裂或有其他围绕污染物流动的不规则情况发生，就会增加对污染点处理的困难。那些靠近河流三角洲、洪积平原或通过冰河的融溶堆积瓦砾地区，大块面积可能都是均匀的地带。然而，这些形状不规则的镶嵌溪水河道中包含有连绵不断的不规则地形地貌使生物修复系统的设计更为复杂。

高浓度污染物(包括石油产品和含氯的溶剂)会在亚表层含有水和气体的孔隙内形成不溶于水的有机液体层。有机层将限制液体和气体通过，从而使工程生物修复更为复杂。多数情况下，如果残留污染物浓度不超过 8000～10 000mg/kg 风干土，就不会严重影响水流和空气流的流动。因为在这一浓度水平下，污染物基本上是不流动的，且占据的孔隙空间比水少得多。非水相污染物开始干扰水体循环的特殊浓度值会因污染物种类(污染物密度越大，其值越高)和土壤的条件不同而变化。

场地异质性的影响对工程生物修复有很大影响。通常情况下，典型开凿点地质交错带的情况极其复杂。两组亚表层的特点重叠在一起，表现出极其复杂的异质性。控制水流和化学物质迁移的各种变量相当复杂。因此，对这些性质无法进行定量预测。实际上，亚表层水力化学性质的评估需要水样和土壤样品或打井采样来实地测量。然而，对系统观察上的困难，使得对信息的了解不够充分，对现场特征的掌握缺乏确定性。由于上述复杂性和异质性以及观察上的困难等原因，很难对系统化学物质的迁移以及归宿做出可信赖的预测。因此，在评价一个工程生物修复项目过程中，必须考虑如何完成这一项目。一个在试验条件下具有较好生物修复效率的项目，可能在实际原位生物修复中失败。这是因为实际情况比试验条件下的更为复杂。

第四节　生物修复过程的评价

同任何处理技术一样，生物修复工程运行得好与坏需要评价。那么，什么样的处理是成功的处理？在这些问题上常引发一些争论，其原因是多方面的。首先，评价一个生物修复技术项目首先需要生物修复的知识；其次，处理点的复杂性和特异性也使评价标准无法相对统一。因此在清洁的程度上、价格制定上以及技术检验上，监管部门、客户以及研究检验的技术部门要达成一致意见存在难度。监管部门注重生物修复技术应满足的清洁标准；客户希望尽可能低的清洁成本和尽可能好的处理效果，即物美价廉；研究者和清洁公司更加注重污染物清洁中微生物作用与功能的取证，即污染物并不是简单的挥发或迁移过程，而是生物降解过程。

以下主要对微生物的作用及有关生物修复过程中涉及的内容进行阐述，目的是充分认识微生物在生物修复技术处理污染中的作用，认识生物修复技术不同于其他技术的主要特征在于微生物的合理、有效利用，微生物对污染物的彻底清除起着十分重要的作用。

要表明生物修复项目是否仍在进行之中，需要证据来加以证明。不仅要证明污染物的浓度正在减少，而且还要证明污染物的减少是由于微生物的作用。虽然在生物修复过程中，其他过程可能对场地的清洁有贡献，但是在满足清洁目标过程中，微生物应当是最主要的贡献者。如果没有证据证明微生物的主要作用，就没有办法证明污染物的去除是否是来自非生物原因，如挥发、迁移到现场以外的某一地点，吸附到亚表固体表面，或通过化学反应改变形态等。为此，探讨原位生物修复的评价战略，并以充分的证据来表明微生物是减少污染物浓度的主体，是生物修复的重要一环。这些评价方法可为法规制定者和提供生物修复服务的商家提供一种手段，来证明其所提出的或正在进行的原位生物修复项目的真实性。研究者可以利用这一方法评价现场试验的结果。

首先要证明污染物的去除是生物修复过程。之所以提出并需要回答这样一个问题的原因在于，在多数情况下，由于混合污染物的复杂性、修复现场水力学与化学特性的不同以及有机化合物被降解的非生物竞争机制等，生物修复的证据并不明确，而且很多诸如上述因素都对确定生物修复过程提出挑战。实际规模的生物修复项目与实验室规模的研究项目性质完全不同。在实验室研究中的各种条件都是可控制的，且干扰因素极少，很容易对测定结果做出解释。但是，在现场作业中，对很多因果关系的解释远不及实验室条件下简单。因此，那些在生物修复专家看来是具有说服力的数据往往不被其他专业的专家认可。

事实上，完全肯定地证明微生物参与清洁过程具有一定的难度，但是能证明微生物是污染清洁过程的主要参与者的证据可以有很多。一般地说，污染土壤生物修复的评价方法应包括以下 3 个方面的内容：①记录生物修复过程中污染物的减少；②以试验结果表明现场污染环境中的微生物具有转化污染物的潜力；③用一个或多个例证表明试验条件下被证明的生物降解潜力在污染场地条件下是否仍然存在。

这个方法不仅适合现场规模生物修复项目的评价，也适合对拟采取生物修复技术进行污染处理项目的评估。为了证明项目的设计符合生物修复标准与要求，每个生物修复项目都应满足上述 3 点要求。管理者和使用者也可以利用以上 3 点检验所提交的和正在进行的生物修复项目的质量和满意程度。

检验污染物的生物降解率需要进行现场采样(水样和土壤样品)。为了说明微生物的降解潜力也需要从现场采样，然后进行实验室条件下的微生物培养，通过试验所得的结果表明微生物的污染降解能力。还有一种做法是进行文献资料的归纳和研究。当已有很多对某类污染物生物易降解性的文献报道时，可不必再进行试验研究，可直接参照文献报道也是一种有效的方法。

研究表明，试验条件下微生物具有对污染物降解能力这一点，不能说明它们在现场条件下也具有同样能力。因此，从这个意义上说，收集上述第③点的证据，即在试验条件下被证明的生物降解潜力是否在场地条件下仍然存在比较困难，因为试验条件往往比现场条件优越。为了证明这一点，可进行现场示范生物修复试验。

有两种技术用于现场生物修复的监测，即样品测定，进行试验运行。但模型法更有助于对污染物归宿的进一步理解。以下将以简单的实例描述这 3 种技术以供参考。更为详细的试验方案取决于多组因素，如污染物、场地地质特征，以及评价要求的严格水平等，因此需进一步工作。

一、样 品 测 定

生物修复过程中通常涉及现场采样(水、土)，以及样品的实验室分析(化学和微生物分析)等问题。当生物修复不再继续进行时，要对生物修复技术的处理效果进行比较评价，方法一般分两种。第一种方法是选择对照点进行采样分析，以此作为生物修复技术评价的参照点。对照点选择的标准是：①具有与处理点类似的水力地质条件特征；②未受污染或不受生物修复系统影响的地带。第二种方法是以生物修复系统开始运行前样品的分析结果作为对照，以此作为生物修复技术修复效果评价的参照值。然后，将生物修复过程各个时段采集样品的分析结果与运行前的结果作比较，来考察系统运行的动态状况。第二种方法只适合于工程生物修复系统，因为对一个自然生物修复系统来说，系统的起始运行时间以污染物进入系统那一刻算起，由于很难计算污染物什么时候进入系统，所以这一时刻只是一个相对值。

二、细 菌 总 数

当进行污染物代谢时，微生物通常会再生。一般说来，活性微生物的数量越大，污染物降解的速度越快。污染物浓度的减少与降解细菌总数的增加呈显著负相关关系。通过分析样品的细菌总数可以为生物修复的活性提供指示作用。当污染物的生物降解率下降时，如当污染物浓度水平较低时或介质中已没有可生物降解的组分时，细菌总数与背景水平无显著差别。这一结果表明，细菌总数没有大的增加并不意味着生物修复的失败,很可能表明生物修复进展到了一定的阶段。

细菌种群测定的第一步是采样。原则上,最好的样品包括固体基质(土壤和支撑地下水的岩石)及与之相连的孔隙水。因为多数微生物都吸着在固体表面或在土壤颗粒的间隙中。如果只采集水样,通常会低估细菌总数,有时测得的值与实际值会相差几个数量级。此外,仅仅凭借采集水样得出的结果还会给出微生物分布类型的错误结果,因为水样可能只含有容易从表面移动或在运动的地下水中迁移的细菌。从地表采样并不困难,但从土壤的亚表层采样既耗时而且费用也高。亚表层采样通常是钻孔采样。在采集亚表层样品时,尤其需要注意的是防止采样过程和处理样品过程中的微生物污染。为此,采样器应事先进行灭菌处理。此外,应避免采样过程中的空气污染、土壤污染和人为接触污染。

采集地下水样品进行细菌数量分析有很大缺陷,但是它可作为了解微生物数量的半定量指标。多数情况下,地下水中微生物数量的增加与土壤亚表层细菌数量的增加呈正相关关系。地下水采样的主要优点是容易重复取样,采样费用低廉。

细菌种群测定的第二步是细菌总数分析。已知技术有若干种,包括标准方法和快速分析法,虽然各有其优、缺点,但都可以使用。

1. 微生物直接计数法

微生物直接计数法是一种传统技术,是通过用普通显微镜观察样品进行细菌计数。通过这一方法,再根据固体碎片的尺寸和形状,可以辨认出哪些是细菌,哪些是固体碎片。使用吖啶橙基质和荧光显微镜(fluorescence microscope),会使细菌总数的测定技术更为简化、方便和准确。因为这种方法能使细菌与其他颗粒分离。显微镜计数的缺点是耗时很长,而且需要有经验的技术人员来完成,尤其是当样品中含有固体物时,更需要有经验的技术人员来操作。显微镜计数法可提供细菌的总数,但不能给出细胞类型或代谢活动的情况。

2. INT 活性试验法

INT 活性试验法可以通过鉴定电子迁移中的细菌活性的方法增强直接的显微镜计数。电子迁移中的细菌活性是所有代谢作用后的主要活动。如果在控制条件下用四唑(tetrazolium)培养样品(或从样品中采集的细菌),活性呼吸细菌就将电子转移到四唑盐中,形成紫色 INT 结晶,在显微镜下可以观察到这些代谢活动中的活性细菌。

3. 平板计数法

平板计数法也是一种细菌计数的方法。这种方法可以定量计数一组固定在固体介质(如营养基质)上的细菌。所谓的固体介质是由一定组成的营养溶液和基质与琼脂一起固化形成的胶质。含有细菌的样品被均匀地洒在胶质物的表面,然后在36℃恒温箱中培养一定时间后,就可见细菌群落的形成。通过对这些细菌群落的计数,就可以表明原始样品中代谢活性细菌的数量。由于平板计数法中细菌生长和繁殖,形成大量可见的细菌群落,以平板计数法计数细菌的实际数量及细菌的多样性特征往往会导致结果偏低。为解决这一问题,可以根据样品的细菌活性状况,对待测样品进行指数稀释后进行计数分析。

4. MPN技术

MPN(most-probable-number)技术也取决于介质中细菌的生长状况。细菌计数是以统计学方法完成的,与平板计数法不同,MPN技术的培养基数量很大。根据样品的统计结果和稀释的液体样品数,对原始样品中的细菌总数进行计数。平板计数法和MPN法的具体技术细节不同,但是两种方法的优缺点基本相同。

5. 脱氧聚核苷酸探针

采用现代生物化学和分子生物学方法,使现场样品细菌计数与鉴定更为精确。由于这些新技术方法的产生,研究者对细菌的细胞组成特征与细菌生长过程有了新的理解和认识。

DNA是通过标记在细菌基因中的独特分子序列进行细菌鉴定的小片脱氧核糖核酸。将DNA探针键合到靶细胞遗传物质的相辅区域,键合探针的量就可以对细菌数定量。目前,进行整体样品细胞计数的探针技术——脱氧聚核苷酸探针(oligonucleotide probe)仍在发展中。只要搞清楚靶细菌的遗传序列,探针法就可以鉴定细菌的类型。对此,探针法确实是一种强有力的实用技术。探针法也适用于测定其他类型的细菌,如工程微生物以及生物放大微生物工程中的微生物细胞。

6. 脂肪酸分析

脂肪酸分析是另一种细菌鉴定技术。这种技术利用存在于细胞膜中的脂肪酸特征进行细菌鉴定。对于不同的细菌,脂肪酸分布具有其独特的稳定特征。因此,这些独特的稳定特征可用于细菌鉴定的特征指标。像基因探针一样,脂肪酸分析需要专业技术知识与专用仪器来完成。但脂肪酸分析方法也有其不足之处,如方法的定量能力有限,对小种群的鉴定不够敏感等。

有了基因探针和脂肪酸分析,就不必用实验室常用的细菌培养法检验样品中的细菌型和细菌总数。但目前上述方法还不完全成熟。

三、原生动物数

原生动物(protozoa)是所有主要生态系统的重要组成部分。因此,其动力学和群落结构特征使其成为生物与非生物环境变化的强有力的指示者。事实上,自20世纪初以来,原生动物已作为各种淡水生态系统的指示生物被广泛应用。

原生动物捕食细菌,所以原生动物数量的增加表明细菌总数的增加。因此,原生动物种群数量增长所伴随的污染物量的减少这一结果可为生物修复提供有效佐证。MPN技术可进行原生动物计数。其方法与细菌计数类似。运用原生动物MPN技术需要对土壤或水样进行稀释。通过显微镜观察所得到的结果,可以确定细菌是否被这些原生动物捕食。

原生动物具有精致的且能快速生长的表膜,能够比其他的生物体更快地对外界环境做出反应,因此,可以作为早期的预警系统,是生物测定极好的工具。在24h内即可得到结果,比其他任何测试系统都要快,传统上,土壤原生动物分为裸变形虫、变形虫、鞭毛虫、纤毛虫和孢子虫。

(1) 裸变形虫

根据不完全统计,土壤中有记录的裸变形虫约有60个种类。由于裸变形虫的丰度很大,土壤原生动物学家认为它们是土壤原生动物中最重要的类群。普通的土壤裸变形虫主要或部分选择性地以细菌为食。由于微小而能变形,它们可以利用直径仅为1μm的微孔。

(2) 变形虫

变形虫具有一个由细胞自身产生或者由粘着在细胞膜外面的外来粒子组成的外壳。变形虫属动物门根足虫纲。在矿石土壤中,每克干重土壤中有100～1000个个体,在草场表层土和草原中有1000～10 000个,在树叶垃圾中为10 000～100 000个。许多变形虫的体积大,它们的现存量和生产生物量也很高。

变形虫是陆地生境内有用的指示生物体。主要因为:①它们比其他土壤原生动物更容易计数和鉴定;②有较高的生物量和相当大的丰度;③具有种类和生活类型的多样性特征和明显的纵深垂直分布。

(3) 鞭毛虫

已报道的土壤鞭毛虫大约260种,许多土壤原生动物学家认为,鞭毛虫也是土壤原生动物中最重要的类别之一。直接计数表明,大部分鞭毛虫都处于不活动的胞囊状态。

生态学上，鞭毛虫与裸变形虫具有很多共同之处：个体小（<20μm），以细菌为食，具有类似变形虫的弹性。这使它们能够栖息在很小的土壤孔洞中时不能被大的原生动物所利用。

（4）纤毛虫

纤毛虫在陆生环境中有高度的多样性，至少有 2000 种，其中 70%还尚未被描述。大部分土壤纤毛虫以细菌为食（39%），其他的或是食肉纤毛虫，或是杂食性纤毛虫。土壤纤毛虫具有独特的垂直分布，使用原生动物作为指示生物时，它们必须被计算在内。与变形虫相比，活体纤毛虫可评估的数目仅仅出现在最上面的树叶层，其中每克树叶（干重）中个体丰度高达 10 000 个。在腐殖质和矿物土壤中尽管存在许多胞囊但活性纤毛虫很稀少。草地表层土可耕地带含有很少的活纤毛虫，通常每克干土中少于 100 个。因此，纤毛虫经常被限制在枯枝落叶层栖息地的指示生物，例如，森林状况指示生物或受过严重扰乱的土壤指示生物，纤毛虫是监测土壤污染或土壤修复的极好工具。

（5）孢子虫

孢子虫很少被当成指示生物，然而有研究表明，孢子虫也可作为指示生物。例如，当蚯蚓在某种杀虫剂中暴露 26 周时，被簇虫传染的数量显著增加，在重金属污染的土壤中被寄生性原生动物（簇虫、双孢子球虫、小孢子虫）感染的土壤无脊椎动物显著增加。这些资料说明不但孢子虫可以作为污染的指示生物，而且在调节土壤无脊椎动物密度中也起重要作用。

四、细菌活性率

细菌活性增加通常表明生物修复正在进行，细菌活性是一个关键信号。对生物修复成功判定的一个重要指标是潜在生物转化率。当潜在生物转化率足够大时，表明系统能迅速去除污染物或防止污染物的迁移。细菌活性越大，说明潜在生物转化率越高，这一结果可为生物修复的成功运行提供证据。

评价生物降解率的最直接的手段是建立与环境条件尽可能一致的实验室微宇宙。微宇宙方法对评价降解率十分有效。这是因为基质的浓度和环境条件都可以人为加以控制，在微宇宙中很容易测得污染物的丢失，可以在微宇宙用^{14}C标记方法示踪污染物及其他生物降解物的行为与归宿。通过比较微宇宙各种变化的条件下污染物的降解率，可以预测场地环境条件下污染物降解速率。但是在微宇宙的控制条件下监测的降解率结果通常比现场测定值低。

五、细菌的适应性

污染点的细菌经过一段时间驯化后，能产生代谢污染物的能力，其结果是使原本在溢漏时不能够转化的或转化非常慢的污染物被代谢降解。这一特性被称为代谢适应性，它为现场的污染生物修复提供了可能。适应性可以导致能够代谢污染物的细菌总数增加，或个体细菌遗传性或生理特性发生改变。

微宇宙研究非常适合对适合性的评价。在微宇宙试验中，微生物转化污染物比例的增加这一事实证明微生物对环境存在适应性，进而证明生物修复在正常运行。为了验证降解率是否增加，有两种比较方法：一个是将生物修复现场采集的样品与邻近地段的样品作比较；另一个方法是将生物修复处理前后的样品作比较。然而，有时将微宇宙中的结果外推到野外现场中时，往往存在很大的不确定性。影响生物修复的有关化学、物理和生物相互作用关系的平衡随外界环境的扰动可能迅速发生改变，如氧的浓度、pH 和营养物的浓度等。研究表明，由于实验室的结果存在人为干预，野外分离出来微生物的实验室行为在性质上和数量上都已经完全不同于野外条件下的情况。这些因素进一步影响了对现场条件下所得结果的解释。

借鉴分子生物学进行方法开发可提供新的试验手段。这些新的试验手段可以对某些污染物细菌降解的适应性进行跟踪。例如，可以构建专门用来示踪降解基因的基因探针，至少在原理上可以测定基因是否存在于一个混合的群落之中。但是，以这种方法使用基因探针需要研究者具有对降解基因的 DNA 序列知识。当普通的工程微生物被用于进行生物修复时，可以给工程微生物加上一个报道基因，当降解基因被表达时这个基因也得到相应的表达。于是，基因蛋白质产物发出信号(如发射光)，并在原位种群中得到表达。

六、无机碳浓度

降解有机污染物时，除了需要更多微生物外，在降解过程中细菌会产生无机碳，通常为气态二氧化碳、溶解态二氧化碳或 HCO_3^-。因此，当样品中含有丰富的水和无机碳气体时表明系统存在生物降解活性。气态二氧化碳浓度可以用气相色谱法检测，水样中的二氧化碳可进行无机碳分析。但是，通过检测二氧化碳浓度的变化来判断降解活动有时也不精确。例如，当二氧化碳的背景浓度高或样品中含有石灰质矿物质时，往往可掩盖呼吸产生的无机碳。这种情况下，可采用稳定同位素分析方法来鉴别细菌产生的无机碳与矿化产生的无机碳。

确定样品中的二氧化碳和其他无机碳是污染物生物降解的最终产物还是来自

于其他方面，较为有效的方法是进行碳的同位素分析。正如所知，大多数碳都是以同位素^{12}C的形式存在(原子核中有6个质子和6个中子)，但是有些碳以同位素^{13}C的形式存在(原子核中有6个质子和7个中子)。它的质量略大于同位素^{12}C。在一个样品中$^{13}C/^{12}C$的值是个变量，其变化程度取决于碳的来源，如污染物的生物降解、有机质的生物降解与矿物质的溶解，在这些情况的$^{13}C/^{12}C$的值各有不同。

有机污染物与矿物溶解过程中产生的$^{13}C/^{12}C$的值有本质的不同。这一现象十分普遍。因为矿物质中的无机碳含有更多的^{13}C。虽然当有机污染物被降解为二氧化碳时，$^{13}C/^{12}C$的值会发生一些变化，但多数有机污染物产生的无机碳中含有更为丰富的^{12}C。于是现场采样中样品的$^{13}C/^{12}C$值低于矿物质矿化的$^{13}C/^{12}C$值。如果测定结果与此相符，说明产生的碳来自于污染物的生物降解。

第五节　原位生物修复

一、生物净化与生物修复

土壤微生物本身在生命的代谢活动过程中具有对外源污染物自发降解的能力。在履行这一功能的过程中，土壤微生物将环境污染物降解或利用，使土壤保持正常的功能，从而使生态系统具有了一定的纳污和清污的能力。这种特殊作用称为生物净化。生物净化也可以称为生物修复、内源生物修复或自然生物修复。它是利用天然存在微生物的固有能力来降解污染物，不需要采取任何工程步骤来强化这一过程。

然而，随着现代工农业生产的迅速发展，工业三废、农药、化肥和其他有毒有害物质大量进入土壤，污染物的输入量超出了土壤微生物本身的净化容量，自然的生物净化已不能满足对污染物净化和去除的需要，土壤的生物净化过程需要人为地加以调控以满足土壤清洁的需求。这种利用人工生物学方法与技术对进入土壤及水体进行污染清洁处理的一门新技术被称为工程生物修复，即通过利用工程微生物系统提供氧、电子接受体和(或)其他生长刺激物质增加微生物生长和降解活性的一种生物修复类型，是“通过生物技术对人为造成的环境污染进行的医治、恢复、纠正和修补”。

二、微生物的原位修复

原位生物修复是在污染源就地处理污染物的一种生物处理技术，包括自然修复和工程修复两种过程，是最常见的生物修复形式。主要是指在人为控制条件下进行不饱和土壤、饱和土壤和地下水蓄水层的不饱和土壤带污染物的生物降解与污染治理。其过程主要包括投加营养物质和提供氧源(通常使用过氧化氢),有时需采用一些特殊的微生物以加强降解。处理的程度一般取决于养分的利用。原位生物修复技术因不需要污染物的运移,具有省时、高效的优点,可以将污染物彻底转化为无害成分,如二氧化碳和水。它可以将传统泵出技术用数十年时间才能处理的污染问题在几年时间内完成,因此是污染处理的最为有效方法。原位生物修复处理法的主要形式有生物通风、生物搅拌和泵出生物处理法等。

生物通风法是在不饱和土壤中通入空气,以增强大气与土壤之间的接触和流动,为微生物活动提供充足的氧气。与此同时,还可通过注入法(打井/地沟法)向土壤中输入营养液,以增加微生物降解所需要的碳源和能源。以生物通风法向土壤注入空气时需要对空气流速有一定限制,以使生物降解率达到最大,而且又要有效地控制有机污染物的大气挥发。

生物搅拌法是向土壤的饱和部分注入空气,同时从土壤的不饱和部分通过抽真空的方法吸出空气,这样即向土壤提供了充足的氧气又加强了空气的流通。此法能同时处理饱和土壤与不饱和土壤及地下水污染。

泵出生物处理法是将污染的地下水抽提出来,进行地表处理(通常用生物反应器)后与营养液按一定比例混合后,通过注入井/地沟回注入土壤而完成整个处理过程的一种方法。由于处理后的水中含有驯化的降解菌,因而对土壤有机污染物的生物降解有促进作用。原位生物修复处理地下水污染也采取在污染地带钻井,然后直接注入适当的溶液(增加降解必需的碳源和能源)的方法加速污染物降解。处理后的地下水通常需要回收,经过一些表面处理后再循环使用。原位生物修复处理中氧的传输和土壤的渗透性能是成功的关键。为了加强土壤内空气和氧气的交换,通常使用加压空气和真空提取系统。原位生物修复的特点是在处理污染的过程中土壤的结构基本不受破坏,但缺点是整个处理过程难于控制。

对原位生物修复而言,由于生物修复过程改变地下水化学,这些化学变化与微生物生理生化特性原则上有直接关系。微生物代谢催化许多生理生化反应,这些反应消耗污染物和氧或消耗其他电子接受体,将它们转化为特定的产物。

特定的化学反应剂及产物可以根据微生物催化反应的化学方程确定。例如,降解甲苯(C_7H_8)的化学方程式如下

$$C_7H_8 + 9O_2 \longrightarrow 7CO_2 + 4H_2O \tag{5-1}$$

这一反应是一个人们较为熟悉的反应方程。当生物修复发生时,无机碳(CO_2)的浓度增加,而甲苯和氧的浓度减少。另一个反应方程是三氯乙醇($C_2H_3Cl_3$, TCA) 在氢氧化好氧细菌的作用下脱氯,形成二氯乙醇($C_2H_4Cl_2$, DCA)的反应

$$C_2H_3Cl_3 + H_2 \longrightarrow C_2H_4Cl_2 + H^+ + Cl^- \tag{5-2}$$

当 DCA、H^+ 和 Cl^- 增加时，TCA 和 H_2 减少。由于 H^+ 的生成可使 pH 降低，pH 降低的幅度主要取决于地下水的化学成分。

一般说来，在好氧条件下，当微生物活性增加时，氧浓度下降。当电子接受体（NO_3^-、SO_4^{2-}、Fe^{3+} 和 Mn^{4+}）的浓度减少时，一些还原态化合物（N_2、H_2S、Fe^{2+} 和 Mn^{2+}）的量将增加。在这两种条件下，有机碳被氧化，所以无机碳的浓度都将增加。无机碳的形式可以是气态的二氧化碳，也可能是可溶态二氧化碳或是碳酸氢根。

三、原位生物降解示范技术

现场生物降解示范技术的目标是表明场地化学特征和微生物种群多样性变化的条件下生物修复是否发生，以及环境变化与污染物随时间的减少量之间的相关性。可以说，还没有一种技术可以完全肯定地表明生物修复是污染物数量或浓度减少的主要因素。因此，使用的技术类型越广泛，生物修复成功的例子越多。以下描述的是一个由若干试验结合的生物修复现场。

斯坦福大学的研究者进行了一项现场示范研究，目的是评价以共代谢方法原位生物修复卤代溶剂的潜力。现场示范向人们展示了如何将各类试验有机结合起来，并通过试验证明实验室的研究成果是否可以在生物修复现场得到成功应用。斯坦福大学的示范现场地处加利福尼亚的海军航空站，配备有现代化的仪器设备，具有很好的砂-砾蓄水层。研究者有目的地、且以小心控制的方法在示范现场加入了卤代溶剂，并采取了一定的防渗措施以保证溶剂在试验过程中不会迁移和溢漏。正如所知，卤代溶剂本身不是提供微生物生长的要素。但是，如果向系统提供一定量的甲烷，某些微生物就可通过共代谢方式将卤代溶剂分解净化。于是，在现场条件下研究者首先向系统中增加了氧和甲烷来刺激土著微生物的生长。结果导致微生物大量分解卤代溶剂，具体情况如下。

1）污染物明显被降解。结果表明，加入到处理系统中的乙烯氯化物降解率为 95%，2-一氯乙烯降解率为 85%，2-二氯乙烯降解率为 40%，三氯乙烯降解率为 20%。

2）试验场存在对卤代溶剂具有代谢功能的微生物。结果显示，当将从蓄水层中取出的岩芯拿到实验室，并暴露于甲烷和氧之中时，甲烷和氧被全部消耗。这表明岩芯中含有需要靠甲烷（methane）来维持其生长的细菌，甲烷菌可以共代谢卤代溶剂。

3）证明了现场的生物修复潜力。研究者以不同方法检验示范现场对污染物的生物降解能力。为此，他们首先通过试验表明，当甲烷菌被暴露在甲烷和氧之前，三氯乙烯的分解量很小。通过用溴示踪表明，加入的甲烷和氧并非因物理转化而消失,而是被微生物所利用,并鉴定出了被微生物分解的溶剂产物。最后,用模型表明生物降解率理论可以用来解释生物修复现场污染物的减少。

四、原位生物修复的环境条件

原位生物修复处理场的适宜性不仅取决于污染物的生物可降解性,也取决于现场的地质条件和化学特征。对原位生物修复而言,理想的场地是可控的,规模不可太大。这一点很容易解释。这就好比在实验室中检验污染物生物可降解性试验一样。因为试验规模越小,越容易控制。对处理场来说,很少有非常理想的场地。多数需要改造,而且可以改造。每一个处理场地都有自己独特的化学特性和相对一致的地质结构。每一个场地都有自己独特的景观,但也具有不可预测的环境条件变量,如土壤类型、地质地层结构及水化学性质等。不仅场地与场地之间不同,即使是在同一个场地内,也往往存在差异,而且由于场地复杂性,很容易对场地现状的实际调查数据不足,造成对场地真实状况了解不清,对污染的严重性也缺乏清楚的认识的情况。因此,在实行一项生物修复技术或任何其他的清洁技术过程中,还应不断地修正清洁计划,在修复进程中得到更多信息,为成功修复提供帮助。

必须清楚地认识到,一组场地特征并非适合对所有污染物的生物修复。例如,某一组化合物只能在厌氧条件下矿化,而其他一组化合物则需要在好氧条件下进行代谢。因此,当两组共存污染物的代谢机制发生相互矛盾时,需要做出选择或者在处理时将生物修复过程分成若干步骤来进行。

进行土壤或地下水污染的原位生物修复处理涉及多学科的知识,这也是这项技术在推广方面面临的一个较大难题。它不仅给客户和法规制定者带来问题,也给投资者带来新的技术挑战。原有的知识水平和技术实力显然满足不了承担生物修复技术工程项目的需要,因此对投资公司来说,承担生物清洁项目,需要进行知识更新及多学科知识的融会贯通,需要工程师、微生物学家、水力学家、化学家和生态学家之间的广泛合作与交流。

五、污水的生态处理与原位生物修复

1. 污水生态处理技术的基本概念

污水生态处理技术是运用生态学原理和工程学方法而形成的生态工程水处理技术。污水生态处理系统完全不同于污水灌溉,它是根据生态学的基本原理在充分利用水肥资源的同时,科学地应用土壤—植物系统的净化功能,在将污水有节制地投配到土地上的过程中,通过土壤—植物系统的物理、化学和生物的吸附、过滤、吸收和净化作用,使污水中可生物降解的污染物得到降解,而氮、磷营养物质和水分得以再利用。因此污水生态处理技术是一类有着自然处理特色的无害化与资源化技术。

更确切地说，污水生态处理技术是一项涉及土壤污染的生物修复的一种特殊类型。它是利用生物修复原理，采用土壤中微生物对污染物的降解功能、植物根际圈的作用以及植物－微生物联合修复，以达到污水处理目标的一种半人工方法，是污水中污染物治理、污染土壤生物修复与水资源利用相结合的方法。因此，污水生态处理技术运用生态学原理的具体体现是对现代生态学的四项基本原则——循环再生、和谐共存、整体优化和区域分异的充分应用。

(1) 循环再生原理

生态系统通过生物成分，一方面利用非生物成分不断地合成新的物质；另一方面又把合成物质降解为原来的简单物质，并归还到非生物组分中。如此循环往复，进行着不停顿的新陈代谢作用。这样，生态系统中的物质和能量就进行着循环和再生的过程。

污水生态治理技术就是把污水有控制地投配到土地上，利用土壤－植物－微生物复合系统的物理、化学、生物学和生物化学特征，对污水中的水、肥资源加以利用，对污水中可降解污染物进行净化的工艺技术，因此，其主要目标就是使生态系统中的非循环组分成为可循环的过程，使物质的循环和再生的速率能够得以加大。

(2) 和谐共存原理

在污水的生态处理系统中，由于循环和再生的需要，各种修复植物与微生物种群之间、各种修复植物之间、各种微生物之间和生物与处理系统环境之间相互作用，和谐共存，修复植物给根系微生物提供生态位和适宜的营养条件，促进微生物的生长和繁殖，促使污水中植物不能直接利用的那部分污染物转化或降解为植物可利用的成分，反过来又促进植物的生长和发育。如果该处理系统没有它们的和谐共存，处理系统就会崩溃，就不可能进行有效的污水治理。

(3) 整体优化原理

污水的生态处理技术涉及点源控制、污水传输、预处理工程、布水工艺、修复植物选择和再生水的利用等基本过程，它们环环相扣，相互不可缺少。因此，把污水的处理系统看成是一个整体，对这些基本过程进行优化，从而达到充分发挥处理系统对污染物的净化功能和对水、肥资源的有效利用。

(4) 区域分异原理

不同的地理区域，气温、地质、土壤类型和微生物种群及水文条件差异很大，导致污水中污染物质在转化、降解等生态行为上具有明显的区域分异。在污水的生态处理系统设计时，必须有区别地进行布水工艺与修复植物的选择及结构配置和运行管理。

2. 污水生态处理技术体系

污水生态处理技术以土地处理方法为基础，是污水土地处理系统的进一步演化和发展，以土壤介质的净化功能为核心，在技术上特别强调在污水污染成分处理过程中修复植物一微生物体系与处理环境或介质(如土壤)的相互关系，特别注意对环境因子的优化与调控。

(1) 慢渗生态处理系统

慢渗生态处理系统(slow filtering eco-treatment system, SF-ETS)是以表面布水或高压喷洒方式将污水投配到修复植物的土壤表面，污水在流经地表土壤-植物系统时得到充分净化的处理工艺类型(图 5-4)。在该处理系统中，投配的污水一部分被修复植物吸收，一部分在渗入底土的过程中其中的污染物被土壤介质截获，或被修复植物根系吸收、利用或固定，或被土壤中的微生物转化或降解为无毒或低毒的成分。工程设计时需要考虑的场地工艺参数包括:①土壤渗透系数为 0.036～0.360m/d;②地面坡度小于 30%，土层厚大于 0.6m，地下水位大于 0.6m。

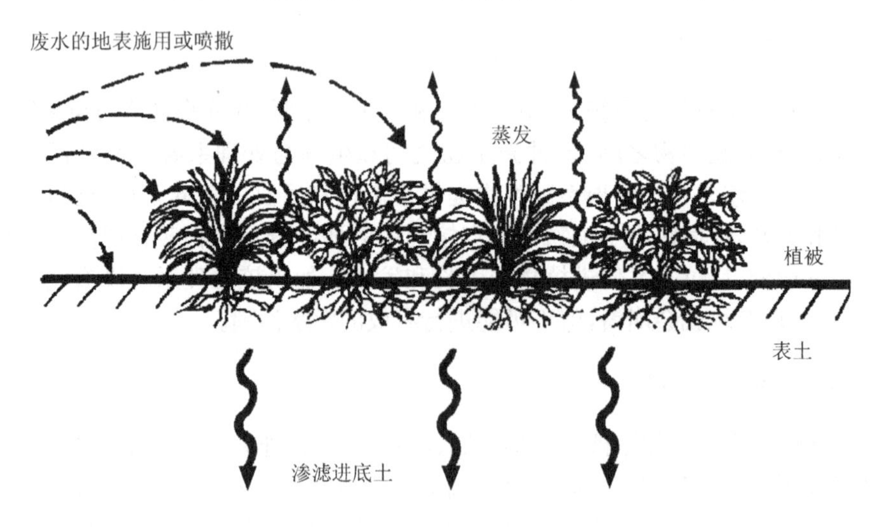

图 5-4 慢渗生态处理系统及污水水流过程

根据实际需要，SF-ETS 可设计为处理型与利用型两种类型，前者为了节约投资和方便水资源管理，希望在尽可能小的土地面积上处理尽可能多的污水，选择的修复植物为有较高耐水极限、较大去除氮磷和有关污染物的能力、生长季长和管理方便的植物；后者一般应用于水资源短缺的地区，希望在尽可能大的土地面积上利用污水，如灌溉林木、花草，以便获取更大的植物生产量。研究表明，草类植物最有利于使处理型 SF-ETS 的水力学负荷达到最大。

目前，SF-ETS 已发展成为替代三级深度处理的重要水处理技术之一，在一定条件下还可替代二、三级处理。

(2) 快渗生态处理系统

快渗生态处理系统(rapid filtering eco-treatment system，RF-ETS)是将污水有控制地投配到具有良好渗滤性能的土壤表面，污水在重力作用下向下渗滤过程中通过生物氧化、硝化、反硝化、过滤、沉淀、还原等一系列作用而得到净化的污水处理工艺类型。其工艺目标主要包括：①污水处理与再生水补给地下水；②用地下暗管或竖井收集再生水以供回用；③通过拦截工程措施，使再生水从地下进入地表；④再生水季节性地储存在具有回收系统的处理场之下，在作物生长季节用于灌溉。

在系统设计时，需要考虑的场地工艺参数主要包括：①土壤渗透系数为0.36～0.6m/d；②地面坡度小于 15%，土层厚大于 1.5m，地下水位大于 1.0m；③植物类型选择，在北方地区可以不必考虑，在南方地区一般应选择对污染物具有一定的耐受、修复能力，根系发达，根际特性明显的植物；④水流途径则由污水在土壤中的流动和场地地下水流的流向决定，一般通过淹水－干燥交替运行而使渗滤池表面在干燥期好氧条件得到再生，同时有利于水的下渗(图 5-5)。

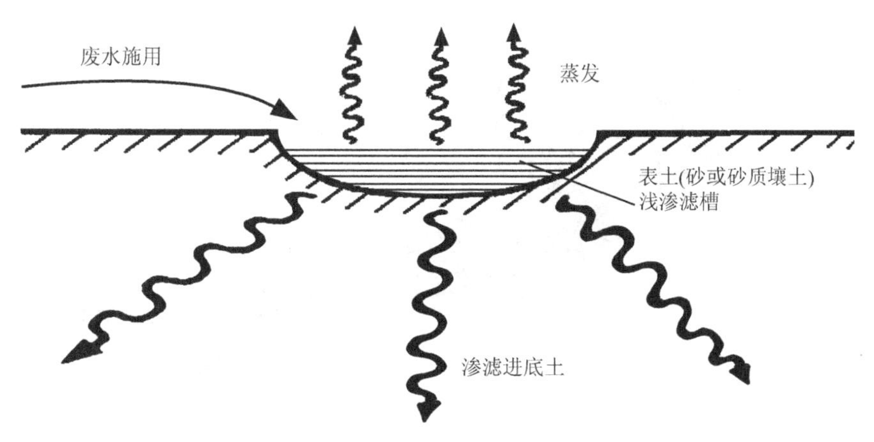

图 5-5　快渗生态处理系统及污水水流过程

RF-ETS 对 BOD_5、SS 和大肠杆菌等具有很高的处理效率，对植物类型没有严格要求，有时甚至在没有植物覆盖的情况下也能保证出水水质。如果结合适当的化学强化处理，可以完全保证该工艺在北方地区与严寒的冬天条件下也能正常运行，并可有效地缓解干旱地区水资源严重缺乏的问题。

(3) 地表漫流生态处理系统

地表漫流生态处理系统(overland flow eco-treatment system，OF-ETS)是以表面布水或低压、高压喷洒形式将污水有控制地投配到生长多年生牧草、坡度和缓、土地渗透性能低的坡面上，使污水在地表沿坡面缓慢流动过程中得以充分净化的污水处理工艺类型。该系统的工艺目标是：①在低预处理水平达到相当于二级处理出水水质；②结合其他强化手段，对有机污染及营养物负荷的处理可达到较高水平；③再生水收集与回用。

适合 OF-ETS 建设的工艺条件与参数主要有：①地面最佳坡度为 2%～8%；②土壤类型选择渗透性能低的土壤，以黏土、亚黏土最为适宜，或在 0.3～0.6m 处以下有不透水层；③土层厚度和地下水位，不受限制；④植物类型选择是保持系统有效运行的最基本条件，以根系发达、对污染物耐性强且具有一定吸收固定能力的植物为主，避免作物作为处理组分进入系统，因此常常采用不同类型的草类进行混合种植；⑤对于典型的城市污水，水力负荷率通常为 2～4cm/d；⑥污水投配速率，常采用 0.03～0.25m^3/(h・m)；⑦污水投配频率 5～7d/周，污水投配时间 5～24h。由于 OF-ETS 对污水预处理要求程度较低，出水以地表径流收集为主，对地下水影响最小。在处理过程中，除少部分水量蒸发和渗入地下外，大部分再生水经集水沟回收，其水力学过程如图 5-6 所示。

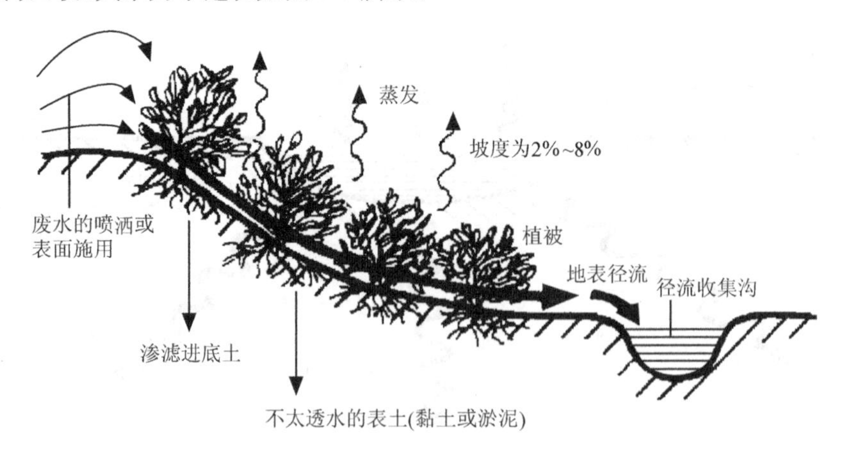

图 5-6　地表漫流生态处理系统及污水水流过程

(4) 污水湿地生态处理系统

污水湿地生态处理系统(wetland eco-treatment system,W-ETS)是将污水有控制地投配到土壤—植物—微生物复合生态系统,并使土壤经常处于饱和状态,污水在沿一定方向流动过程中在耐湿植物和土壤相互联合作用下得到充分净化的处理工艺类型(图 5-7)。该处理系统的工艺目标包括:①直接处理污水;②对经人工或其他工艺处理后的污水进行再处置或深度处理;③利用污水营造湿地自然保护区,为野生群落提供有价值的生态栖息地和为生物多样性研究提供场地。

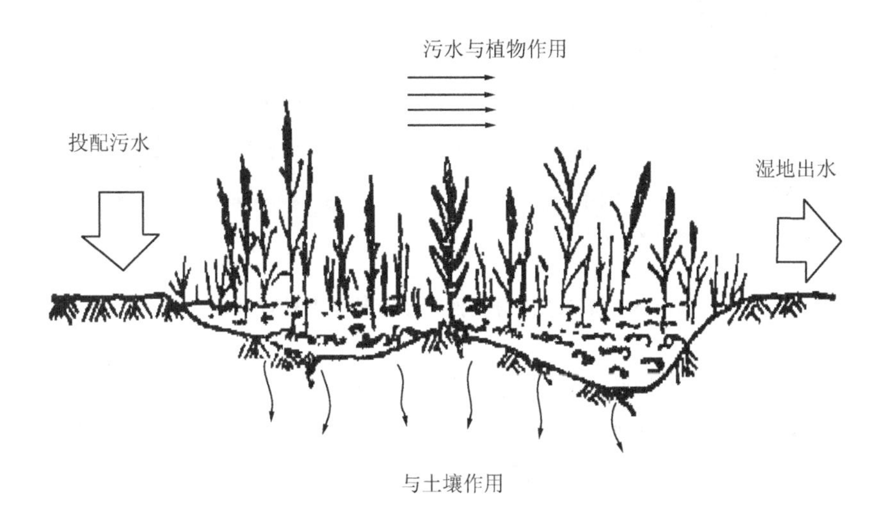

图 5-7 污水湿地生态处理系统及污水水流过程

在进行 W-ETS 设计时,需要考虑的场地工艺参数包括:①土壤渗透系数≤0.12m/d;②地面坡度小于 2%,土层厚度大于 0.3m;③最常用的修复植物有芦苇属、灯芯草属、香蒲属和藨草属植物。

按照生态单元,W-ETS 可分为自然 W-ETS、人工 W-ETS 和构造 W-ETS 3 大基本类型。其中,自然 W-ETS 是在天然湿地基础上在不改变其基质的前提下辅以必要的工程措施而建成的污水处理系统,人工 W-ETS 是在人工湿地基础上在不改变其基质的前提下辅以必要的工程措施而建成的污水处理系统,构造 W-ETS 则主要是指通过工程技术手段改变湿地基质或重新建造的湿地状污水处理系统。按照水流路径,构造 W-ETS 可划分为水平表面流 W-ETS、垂直流 W-ETS、亚表面或潜流 W-ETS(图 5-8)及浮筏系统(floating raft system)等。其中,表面流构造 W-ETS 类似于自然 W-ETS,水流运行速率低,基质通常由砂砾、碎石、黏土或泥炭土等介质组成;在亚表面或潜流 W-ETS 中,污水以水平流或垂直流穿过基质，基质由土壤、砂、岩石或人工介质组成，净化过程发生于污水与介质表面、植物根际圈相接触时，在污染物的去除上比表面流构造 W-ETS 更为有效。对于有机污水的处理，构造 W-ETS 的使用寿命大约为 20 年。

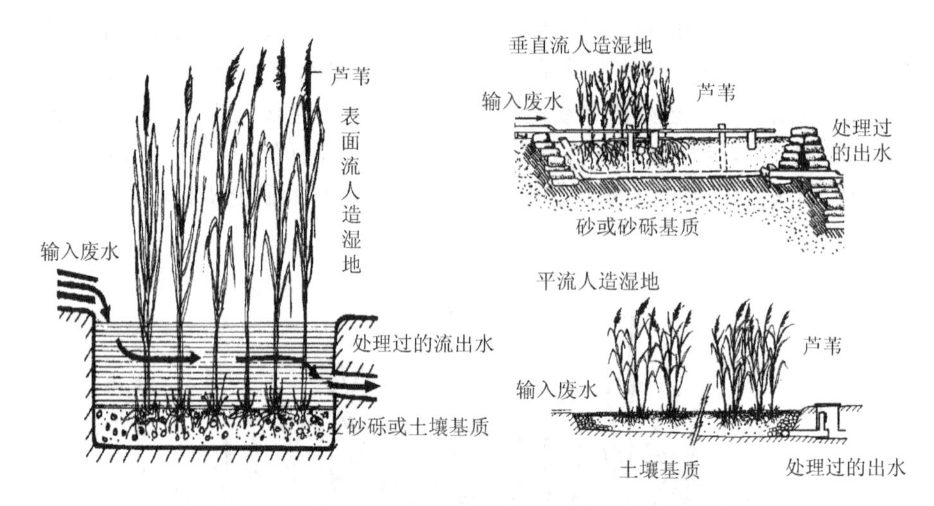

图 5-8 按照水流分类的污水湿地生态处理系统

近年来，湿地生态处理系统远远超出了污水处理本身的意义而成为积极营造湿地环境、涵养水源、保护野生生物与生物多样性的重要生态工程技术。特别是通过生态建设，形成美学“斑块”与功能景观，可与居民区镶嵌发展，为当地居民提供游乐场所。

(5) 地下渗滤生态处理系统

地下渗滤生态处理系统(subsurface infiltration eco-treatment system，SI-ETS)是将污水投配到具有一定构造和良好扩散性能的地下土层中，污水经毛管浸润和土壤渗滤作用向周围和向下运动过程中达到处理、利用要求的污水处理工艺类型(图5-9)。该处理系统主要应用于分散的小规模污水处理，其工艺目标主要包括：①直接处理污水；②在地下处理污水的同时为上层覆盖绿地提供水分与营养，使处理场地具有良好的绿化带镶嵌其中；③产生优质再生水以供回收；④节约污水集中处理的输送费用。

保证 SI-ETS 技术有效性的工艺参数有：①散水管最大埋深 1.5m；②需要有专门配制的特殊土壤，土壤渗透率为 0.15～5.0cm/h，地表植物为绿化植物；③土层厚大于 0.6m，地面坡度小于 15%，地下水埋深大于 1.0m；④对预处理要求低，一般化粪池出水即可；⑤再生水回收，回收率在 70%以上。

由于 SI-ETS 全部处理过程均在地下完成，是一项终年运行的实用工程，特别适用于在北方缺水地区推广应用。

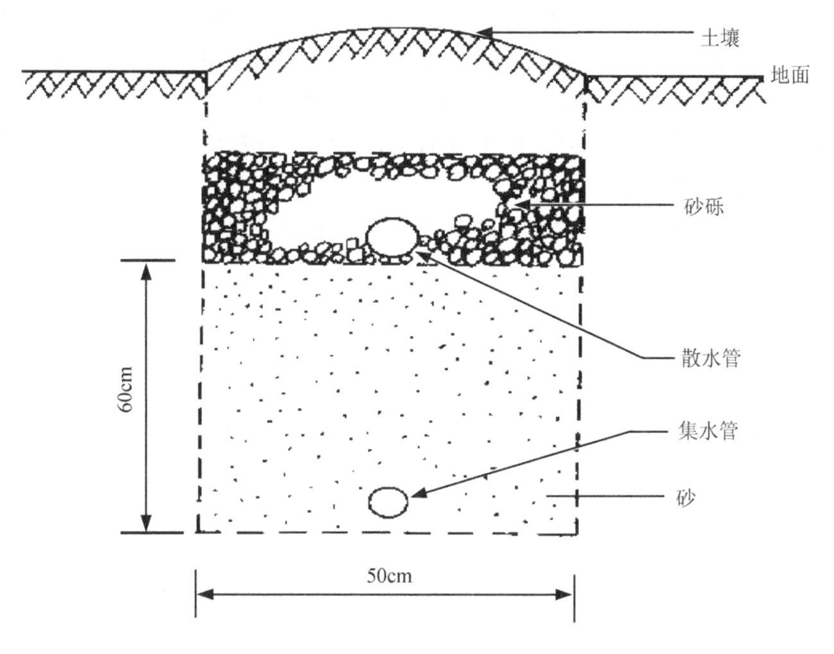

图 5-9　地下渗滤(毛管浸润式)生态处理系统示意图

3. 污水生态处理技术的应用条件

为了实现污水生态处理系统的安全运行,必须考虑以下 3 方面的应用条件。

(1) 进水双指标控制体系

首先要对进水水质进行控制,采用进水双指标控制体系:①10 个污染物单项指标(包括 COD_{Cr}、BOD_5、SS、TN、TP、NH_4^+-N、NO_3^--N、TOC、大肠菌群和重金属);②$TOC/BOD_5 < 0.8$。实践表明,上述 5 个类型的生态处理系统完全适用于城镇生活污水、食品加工工业污水和酿造工业有机污水的治理(表 5-3)。

表 5-3　污水生态处理技术的适用范围

系统类型	适宜处理的污水类型	适宜规模/(m^3/d)
慢渗	中小城市污水	5000 ～ 100 000
快渗	中等城市生活污水	10 000 ～ 150 000
地表漫流	小城镇生活污水	100 ～ 5000
湿地	中小城市和乡镇生活污水	1000 ～ 100 000
地下渗滤	社区、郊区和村镇生活污水	50 ～ 300

为了使处理系统的有效性提高、适用性更加广泛,有必要采用物理处理法（如吸附法、重力法、离心法和引力法等）、化学处理法（如絮凝法、提取法、氧化法、离子交换法和沉淀法等）、生物处理法（如活性污泥法、SBR 和 BSAR 等）和生物化学处理法（如厌氧法、好氧法）进行系统强化,即所谓强化式生态处理系统。研究表明,上述 5 个类型之一或相互之间形成的串联系统可有效地提高处理水质,即构成了联合式生态处理系统。

总之,随着生态处理技术的不断改进和新型生态处理技术的研制,对进水水质将进一步放宽。

(2) 环境同化容量与限制性水力、污染负荷设计

为了避免污水穿透系统污染地下水及承接水体现象的发生,污水的生态处理系统在设计时还必须考虑系统的环境同化容量。根据系统的环境同化容量,对系统所承受的水力及污染负荷进行严格的限制(表 5-4)。

表 5-4　污水生态处理技术适用的水力及污染负荷

系统类型	年水力负荷/(m/a)	污染负荷	
		年有机负荷/[kgBOD/(hm² · a)]	日有机负荷/[kgBOD/(hm² · d)]
慢渗	0.6～6.0	2.0×10^3	50～500
快渗	6～150	3.6×10^4	150～1000
地表漫流	3～21	1.5×10^4	40～120
湿地	3～30	1.8×10^4	18～140
地下渗滤	0.4～3.0	—	—

(3) 系统终年运行保障技术

寻求冬季污水处理的连续运行是解决污水生态处理技术在北方寒冷地区普遍推广的关键问题。实践表明,上述 5 个类型之一或相互之间形成的并联系统,有助于解决终年运行的问题。

总之,污水生态处理技术基本上不涉及化石能的投入和化学品的消耗。根据国情,中国的污水治理必须走生态处理技术的道路,尤其提倡以联合式或强化式生态处理技术为主,对污水进行综合治理。根据污水的生态处理技术特点,污水的生态处理技术在中国的发展战略应遵循这样两大基本原则: ①污水处理与水资源的利用相结合;②选择具有特异修复功能、与食物链相脱离的植物代替传统的作物利用水资源的方式。

第六节　异位生物修复

异地生物修复是将污染移位，在异地（场外或运至场外的专门场地）进行处理的一类处理技术。

一、异位生物修复主要形式

异地生物修复主要是以工程生物修复为手段，其形式主要有以下几种。

1. 土地填埋

土地填埋是污染物异位生物修复法的第一种形式，广泛用于油料工业中的油泥处理。具体做法是将污泥施入土壤中，施肥、灌溉、加入石灰等，以保持最佳的营养含量、湿度和土壤 pH，以耕作的方式保持污染物在土壤上层的好氧降解。用于降解过程的微生物多半为土壤中固有的种群。然而，为了加强降解也添加一些外来微生物于土壤中。土地填埋的主要缺点是污染物有可能从处理点向地下移动。

2. 制备床法

制备床法是异地处理的又一种形式，它的技术特点是需要很大的工程。其作用原理是通过将污染物运移入到一个特殊制备的制备床上进行生物处理。为此，对制备床的设计有一定的技术要求。例如，在制备床底部添装上一种密度较大、渗透性很小的材料，如聚乙烯或黏土。然后通过施肥、灌溉、控制 pH 等方式保持对污染物的最佳降解状态，有时也加入一些微生物和表面活性剂。制备床的设计应满足处理高效和避免污染物外溢的要求。一般的制备床设有淋滤液收集系统和外溢控制系统，它通常建在异地处理点或污染物被清走的地点。

3. 堆腐法

堆腐法是制备床的又一种形式，它是利用好氧高温微生物处理高浓度的固体废弃物的一类特殊过程，包含有微生物、土壤有机缓冲剂如稻草或木屑。通过加压或翻动的方法使其曝气，同时控制湿度、pH 和养分。堆腐法有三种形式：①垄堆；②好氧固定堆；③机械堆肥。

垄堆是将土壤按长条平行排列，并不时地翻动土壤进行通风、通气进行处理的方法。在好氧固定堆中，被处理的污染物质与一些蓬松材料（如木壳、稻谷壳）混合在一起。在堆中设有通气系统、喷灌系统及排水系统。空气流通可以通过向堆中通气及抽气方式实现，同时对出气进行处理。喷灌系统是用来保持土堆的湿度及营养供给。排水系统用于收集渗漏水。机械堆肥是将处理的物质放置在一个封闭的容器中进行处理的一种方法。因此过程较好控制,也可防止异味的散发。此法可以通过翻滚的方式实现空气交换。

4. 土壤耕作法

此法是通过施肥、灌溉和耕作以增加土壤中的有效营养物和氧气,增加物质的流动,并保持一定的温度、湿度和 pH,以提高土壤微生物的活性,加快其对有机污染物的降解。

5. 生物泥浆反应器法

生物泥浆反应器法是将污染土壤从污染点挖出来放到一个特殊的反应器中进行处理的一种异位生物处理法。反应器可以建在异地处理点,也可以建在其他地方。生物修复的条件在反应器中得到加强,驯化的微生物种群通常从前一个处理中再引入新的处理中增强其降解率。处理结束后,材料通过一个水分离系统,水得到循环。整个处理过程中反应条件得到严格控制,因此处理效果十分理想。反应器的罐体一般为水平鼓形或升降机形,底部为三角锥形。一般的反应器有气体回收和气体循环装置。为了减少罐体对污染物的吸附和增加耐磨性,反应器的主体一般采用不锈钢,小型反应器可采用玻璃为原料。反应器的大小可根据试验的规模来确定。反应器搅拌装置的作用是将水和土壤充分混合使土壤颗粒在反应器中处于悬浮状态。另外,也可以使添加的营养物质、表面活性物质以及外接菌在反应器中与污染物充分接触从而加速其降解。

反应器的运行方式有两种:依搅拌的方式分为上搅拌和下搅拌。被处理的污染土壤在反应器中被搅拌成泥浆。反应器的运行方式也可将上搅拌和下搅拌混合起来进行,这种方式为混合式。泥浆反应器的处理条件可以根据需要进行搅拌速率、水土比、空气流速以及添加物质浓度的合理调控,以增强其降解功能。

二、一些相关的异位生物修复

1. 遗传改性法

微生物矿化污染物的能力也可通过遗传改性得到加强。通过结合、转导和转变,质粒转变可以使细菌在环境中快速变化,通过传播遗传信息合成降解新基质所必需的酶,使细菌能降解外来污染物,包括多环芳烃、多氯联苯等难降解物质。

2. 游离酶法

微生物分离出来的游离酶可以将有害污染物转化为无害成分或更安全的化合

物。工业上一般用粗制或精制的酶提取物，以溶液的形式或固定在载体上的形式来催化各种反应，包括转化碳水化合物和蛋白质。由于游离酶能够快速降低污染物的毒性，且能在不适合微生物的环境中保持其活性，这就使在高 pH、高温、高盐或高溶剂浓度土壤中的生物降解应用成为可能。已有人研究了酶对农药的降解作用，认为酶可用于农药的快速降解。

为了使酶能够在土壤中保持活性，需要将酶固定在一个较小的固态载体上使酶扩散，同时又要使之保持活性。用人工合成的腐殖质、黏粒以及土壤酶较为可行。游离酶的应用也有一些缺点。如酶本身可以被微生物降解或被化学降解。酶可能溶到污染区以外。酶一旦结合到土壤中的黏粒或腐殖质上，其活性可能大减甚至失活。另外，大量生产酶费用较高。如果这些问题能解决，游离酶应用前景十分广阔。

事实上，对污染物的处理，选择哪些方法最适宜，除了要考虑待处理污染物所在地点、污染物浓度与数量、处理效果、所需时间、处理的难易程度等技术因素外，处理费用是一个十分重要因素。生物修复方法比起传统的物理和化学方法有如下优点：①工程简单，处理费用相对较低；②可以达到较高的清洁水平；③能较彻底地将有机污染物降解为最终产物。然而，生物修复并非万能的处理方法，它也具有如下一些缺点：①处理时间周期长；②不能很有效地处理重金属污染土壤，对难降解有机污染物的去除还存在一定问题。但随着生物修复技术的发展，它必将成为解决土壤污染问题的重要手段。

在美国，生物修复展示了乐观的应用前景，商业运作迅速增长，并成为近年来有害废物处理市场中增长速度最快的部分。2000 年的生物修复市场占有额度为 5 亿美元/a。在欧洲，生物修复技术也很受重视和欢迎，据统计，有大约 30%的污染处理采用了生物修复技术。在中国，生物修复技术的研究也受到了日益密切的关注，在吸取西方发达国家污染处理的经验和教训后，对污染的处理采用生物修复的观点受到更多人的拥护。

然而，与市场需求量迅速增长并存的一个问题是监管部门对生物修复缺乏一定的理解与信任。其中存在两方面的问题：一是技术问题；二是认识问题。对公众来说，多数人对生物修复的成功运作持有疑虑。生物修复技术问题在一段时间内竟成了激烈争论的焦点话题。

有人认为，技术因素是人们对生物修复技术缺少信心的根本因素，因为与之物理处理技术相比，生物修复技术更为复杂。除了由微生物学方面的技术作为主体外，还涉及多种其他技术的支撑，如环境工程、水力学、环境化学及土壤学等。对使用者和管理审批部门来说，由于缺乏对生物修复技术功能的了解，因此对生物修复能否用于实际的污染处理缺少信心，以致对项目设计的可行性缺少客观评价。但是，可以说一旦生物修复与各种技术的成果相结合，将产生巨大的效益。怎样的生物修复称之为成功，目前还无法做出正确评判。管理审批部门及用户对生物修复的怀疑态度，使生物修复技术的应用与推广受到很大阻力，由此产生的问题是，即使生物修复技术已经被充分论证是最佳选择时，人们也仍坚持使用传统技术而放弃生物修复技术。

第七节　生物修复应注意的几个重要问题

一、生物修复技术难以去除的污染物

污染场地是否适合采用生物修复技术的关键因素之一取决于污染物的性质。微生物降解各类污染物的能力不同，一些污染物容易被微生物降解；而另一些污染物的降解相对较难(表 5-5)。而生物修复系统一般都是针对专门降解某类或某些污染物而建的。

表 5-5　污染物的生物修复适宜性

化合物分类	出现频率	修复现状	修复特性	限制因素
烃类及衍生物，汽油，燃油	极高	方法成熟		形成非水相液体
多环芳烃	一般	在研状态	在一定条件下好氧降解	强烈吸附到亚表固体上
杂酚油	不高	在研状态	好氧降解	强烈吸附到亚表固体上，形成非水相液体
乙醇，酮，乙醚，	一般	方法成熟		
脂类	一般	在研状态	以好氧或硝化还原微生物降解	
卤代脂肪族高卤代物	极高	在研状态	厌氧共代谢，在某种条件下好氧共代谢	形成非水相液体
低卤代物	极高	在研状态	好氧降解，厌氧共代谢	形成非水相液体
卤代芳香族高卤代物	一般	在研状态	好氧降解，厌氧共代谢	强吸附到亚表固体上，形成非水相液体或固体
低卤代物	一般	在研状态	好氧降解	形成非水相液体或固体
高卤代物	不高	在研状态	厌氧共代谢	强吸附到亚表固体上
低卤代物	不高	在研状态	好氧降解	强吸附到亚表固体上
硝基芳烃类	一般	在研状态	好氧降解，厌氧转化	
重金属类(铬、铜、镍、铅、汞、镉和锌等)	一般	有可能性	通过微生物过程改变溶解度和反应性	可利用性受溶液化学和固相化学的高度控制

1. 多环芳烃及石油烃

(1)多环芳烃

多环芳烃(PAHs)是由两个以上苯环以线状和簇状排列组合的一组含有碳和氢原子的有机物。从化学角度上,PAHs是一类较为惰性的物质。在常温下为固体,沸点较高,难溶于水。它们的物理和光谱学性质及化学稳定性主要受分子的共轭π电子系统影响。PAHs的稳定性与它们环的排列有关,以线性排列方式的PAHs性质最不稳定,以角状排列的PAHs最稳定。PAHs的挥发性也随环的增加而减少。

土壤中PAHs的去除和分解过程决定PAHs在土壤中的归宿。除挥发作用和非生物丢失(如水解和淋溶)作用外,通过表面和亚表面土壤微生物的生物降解显然是土壤多相系统中去除PAHs的主要过程。一些研究者在研究不饱和状态下两种土壤中14种PAHs的降解时发现,除了萘和萘的取代物外,挥发作用对PAHs的减少可以忽略不计。

萘是原油和燃油中水溶性组分中毒性最大的物质之一。萘在土壤中的生物降解研究最早见于1927年。从那时起,萘的生物降解研究不断增多。研究用假单细胞菌降解萘的试验表明,细菌可以利用萘作为惟一碳源和能源将萘生物降解。不仅细菌可以降解萘,真菌也同样能降解萘。

苊烯是含有三个苯环的PAHs之一,其本身及其代谢物不具有致癌性。但是它们能在植物体和微生物体内产生核和细胞变化。对苊烯在反硝化过程的土壤一水系统的生物降解性所做研究结果表明,苊烯的降解率较高。研究者认为,PAHs的微生物降解取决于各种因素的相互作用,如吸附动力学和PAHs在土壤中的解吸不可逆性、可降解PAHs微生物的浓度和土壤有机碳可变组分。

蒽和菲都是含有三个苯环的PAHs化合物。蒽以线状排列,菲以角状排列。菲在水中的溶解度较高,为1.3mg/L;蒽的溶解度较低。这两种物质及其代谢物本身都不具有致癌性,但是,由于它们的结构也存在于苯并[*a*]芘和苯并[*a*]蒽等致癌物中,因此,一直被作为环境中PAHs降解研究的模式物加以研究。此外,煤气和液化过程均能产生痕量的蒽和菲,这一现象也引起了人们的注意。蒽和菲的生物降解与萘相似。研究表明,从土壤中分离出的微生物可以利用蒽和菲作为惟一的碳源和能源将其矿化。Sutherland也研究了蒽的真菌代谢,并检测到了代谢产物为*trans*-1,2-二羟基-1,2-二氢蒽。

芘是含有四个苯环的PAHs化合物,在环境中常被检测出来,并被作为监测PAHs的指示物。芘本身不具有遗传毒性,但由于它结构的高对称性和与致癌PAHs结构上的某些相似性,芘也被作为一种模式PAHs,用于研究PAHs类污染物的光化学和生物降解。有关芘的微生物代谢研究较少，但已有的研究表明，芘可以被从石油污染土壤中分离出的细菌降解，在纯有机营养液中培养2周，芘的矿化率可达到63%，但在无机营养条件下，芘的矿化率很低。

荧蒽是含有四个苯环的多环芳烃化合物，它在环境样品中的含量通常最高。据报道，荧蒽具有细胞毒性、弱的致畸性和潜在的致癌性。有关荧蒽的微生物降解已有报道，荧蒽可以被细菌利用作为惟一的碳源和能源而分解和代谢。

苯并[*a*]芘是已知的致癌物，最早由 Cook (1933)从焦油中分离出来以后，有关苯并[*a*]芘环境行为和毒理学研究开展得比较广泛。但是，其微生物降解研究很少。从已开展的工作结果看，能利用4～5环 PAHs 作为惟一的碳源和能源的微生物很有限。但是，当微生物生长在其他碳源上时，它们可以氧化这些不溶性 PAHs，据报道很多真菌能氧化苯并[*a*]芘，能降解木质素的真菌也能将苯并[*a*]芘氧化为最终降解产物二氧化碳。在有葡萄糖存在下，苯并[*a*]芘可以被氧化为二氧化碳和若干代谢物。

显然，包括细菌、真菌、酵母和藻类等在内的微生物都有能力代谢低分子和高分子 PAHs，这一结果为 PAHs 的生物修复提供了可能。生物修复过程需要特殊的微生物分解特殊的分子位。完全和迅速的生物修复需要特殊的环境条件，生物修复的潜力取决于微生物对污染物的生物可利用性。因此，创造良好的适合微生物生长的条件是生物修复成功的关键所在。

非生物丢失对二、三环 PAHs 有潜在意义。对三环以上 PAHs，挥发和非生物丢失均不起重要作用。在用玻璃微宇宙研究施污泥土壤中 PAHs 的丢失中发现，非生物过程只对少数四环 PAHs 有影响。有人在研究了10种 PAHs 的结构一生物降解相关性发现，三环 PAHs 的丢失起作用的主要是挥发作用，其次是非生物过程。挥发作用与非生物过程对 PAHs 的丢失作用的大小与 PAHs 环数的多少成负相关关系。生物降解作用与 PAHs 的水溶性成正相关，而与环的聚集度无关。

从总体上看，二、三环 PAHs 的生物可降解性较大，而四～六环 PAHs 的生物可降解性极小。试验研究发现，二环 PAHs 在沙土中的降解很快，其降解半衰期大约为2d，而三环的蒽和菲的降解半衰期分别为134d和16d。四～六环 PAHs 的降解半衰期一般大于200d。另一组研究人员发现了类似的 PAHs 降解模式。进行了一项有关的实验室研究，发现二环 PAHs 的降解半衰期小于10d，三环 PAHs 的降解半衰期小于100d，大于三环 PAHs 的降解半衰期一般大于100d。但对施用污泥土壤的研究表明，虽然实验室研究的结果在预测 PAHs 在野外条件下的生物降解趋势有重要的参考价值，在实验室条件下所估计的降解半衰期一般要比田间实际观察到的降解半衰期小得多。认识到实验室研究结果的局限性也是十分重要的。一些研究表明，生物降解是去除土壤中 PAHs 的主要机理。

(2) 石油烃及其衍生物

大多数烯烃都比芳烃、烷烃易为微生物所利用。微生物对烯烃的代谢主要是具有双键的加氧化合物，最终形成饱和或不饱和脂肪酸，然后再经 β-氧化进入三羧酸循环而被完全氧化。环烃的生物降解是通过 β-酮己二酸途径进行的。一般来说，如有侧链，则先从侧链开始分解，然后发生芳香环氧化，引入羟基和环的断裂，接着进行的氧化与脂肪族化合物相同，最后分解为二氧化碳和水。目前已知的石油烃降解细菌有 28 个属，丝状真菌 30 个属，酵母 12 个属，共 200 余种或更多(表 5-6)。

表 5-6　土壤环境中分离的一些主要烃类降解微生物种属

细 菌	真 菌
假单细胞菌 *Pseudomonas*	木霉 *Trichoderma*
节细菌 *Arthrobacter*	青霉 *Penicilium*
棒杆菌 *Corynrobacterium*	曲霉 *Aspergillus*
黄杆菌 *Flavobacterium*	
无色杆菌 *Achromobacter*	
微球菌 *Micrococcus*	
分枝杆菌 *Mycobacterium*	

2. 卤代化合物

卤代化合物主要有两大类，分别为卤代脂肪族和卤代芳香烃族。卤代化合物也是将卤族原子(通常为氯、溴、氟)加和到氢原子位置上的一组化合物。自然界中虽然也发现了一些卤代化合物，但是目前还没有关于天然的与合成卤代化学品进行比较的资料。当卤素原子被引入到有机分子中时，有机化合物的许多性质，如溶解度、挥发度、密度和毒性都将发生显著的变化。这些变化对商业化学产品的改性很有价值。例如，作为脱油脂的溶剂就是改性的卤代化学品。但是，当有机化合物被改性以后，化学性质的这些变化对微生物代谢作用也产生了严重影响。化学品被酶袭击的易感性因卤化作用而明显减弱，其结果使这些化合物成为环境持久性污染物，成为生物修复技术中面临的难点。

(1) 卤代脂肪族

卤代脂肪族化合物是一组直链碳、氢化合物中的众多氢原子被卤素原子取代的化合物。卤代脂肪是有效的溶剂和脱油脂剂，广泛用于制造业和服务工业，其范围从汽车制造到干洗行业。一些高卤代的代表物，如四氯乙烯，好氧微生物对它几乎无法袭击，但却容易被一些特殊的厌氧微生物所降解。事实上，一些最近的研究表明，某些厌氧微生物可以完全地将四氯乙烯脱氯为相对无毒的容易被好氧微生物分解的化合物乙烯。

当脂肪族中的卤代程度减少时，好氧代谢作用的程度随之增加。与甲烷、甲苯或酚一起供给系统一些好氧微生物时，卤代程度较低的乙烯可以通过共代谢作用降解。于是，对高卤代脂肪族化合物的常用的处理原理是通过厌氧化处理脱氯，然后利用好氧共代谢方法使生物降解过程进行完全。然而，对在有卤代脂肪类污染物污染的生物修复现场完成厌氧/好氧的常规程序目前还没有转入商业化规模的阶段。

(2)卤代芳香族

卤代芳香族是一组由一个或多个卤素取代苯环上的氢原子所形成的化合物，如作为溶剂和杀虫剂的氯苯、杀菌剂五氯酚。五氯酚也曾广泛用于电力变压器和电容器上。这些化合物的芳环苯核容易被好氧降解，也可被厌氧代谢，只是厌氧代谢发生的速率相对缓慢。总的说来，卤素原子在芳环上出现制约了其生物可降解性。高卤代作用会阻止芳香族化合物的好氧代谢，其情形与高卤代多氯联苯(PCBs)相似。如上面对脂肪族化合物的讨论，厌氧微生物可从高卤代芳环上脱氯。当卤素原子被氢原子取代时，其分子容易被好氧微生物袭击。于是，对含有卤代芳烃污染土壤、沉积物或地下水进行生物修复处理可采用厌氧脱氯－好氧降解的方法，可彻底去除残留污染物。值得注意的是，当芳环上除了有卤素原子外还有其他取代基时，好氧代谢十分迅速，五氯酚就是一个例子。

3. 硝基芳烃

硝基芳烃是将硝基(NO_2^-)键合到苯环上的一个或多个碳原子上后形成的一组有机化合物。三硝基苯就是一个典型的硝基芳烃化合物，是炸药的主要成分。实验室研究表明，厌氧微生物和好氧微生物都可将这类化合物转换为二氧化碳、水和矿物成分。最近的现场试验确认厌氧微生物可将硝基芳烃转化为无毒的挥发性有机酸，如乙酸，然后将其进一步矿化。

4. 金属

表 5-5 中的重金属是常见污染物，它们可通过工业生产过程(如钢铁工业到制药行业)释放到土壤环境之中。正如所知，微生物不能分解或破坏重金属，但是可以改变重金属的化学反应性和移动性。通过利用微生物的作用，可增加重金属的移动性，然后再对其进行处理，这样的例子已在采矿业中被广泛使用。微生物可产

酸，在酸性条件下，可增加重金属的溶解性使其淋溶。例如，要想从低品位矿中提炼金属铜，采用的就是这样的方法。同样，这一方法也可用于生物修复过程中。但目前在这方面还没有更多的应用实例。另外，可以通过微生物的转化作用，使之直接产生沉淀，然后将重金属固定于土壤中而不会成为生物有效状态。

二、表面活性剂对有机污染物生物降解的影响

1. 表面活性剂的增溶特性

表面活性剂对疏水性有机化合物的增溶作用与分子的结构特性有关。表面活性剂的活性分子一般由非极性亲油基团和极性亲水基团组成，两部分的位置分别位于分子的两端，形成不对称结构，属于双亲媒性物质。表面活性剂的亲油基团主要是碳氢键。碳氢键的形式主要分为直链烷基、支链烷基、烷基苯核以及烷基萘等，它们的性能差别不大。但亲水基团部分的差别较大。因而，表面活性剂的类别一般以亲水集团的结构为依据分为四类：阳离子表面活性剂、阴离子表面活性剂、两性表面活性剂和非离子表面活性剂。表面活性剂的亲水性以数值表示，即为亲水/亲油平衡值(HLB)，公式表达如下

$$\text{HLB} = \text{亲水基的亲水性}/\text{憎水基的憎水性} \tag{5-3}$$

表面活性剂具有亲水和亲油双重性质，所以在低浓度时它处于单分子或离子的分散状态，也有一部分被吸附在系统的界面上，但在一定的共同浓度范围内，表面活性剂单体开始急速地聚集，形成胶束有序的分子或离子集合体，即所谓的胶束，这个浓度就称为胶束浓度(CMC)。一个胶束中的表面活性剂分子的平均数量为缔合数。

在胶束化过程中，非极性活性剂基团彼此相连，形成有序的对称排列的动态化学结构(如球、扁球状或长球状)。胶束中每个分子的疏水部分朝向内部集合中心，与其他疏水集团形成一个液态核心。胶束中心区构成了一个性质上不同于极性溶剂的疏水假相。一般认为在临界胶束浓度(CMC)以上时，胶束与单体是共同存在的，胶束中的分子以半衰期为 10^{-3} s 的速率一面不断离合集散，一面和单体保持平衡。在活性剂水溶液的代性能中，还有一种使有些不溶解于水或微溶解于水的有机物发生溶解作用，即增溶作用。由于它是在 CMC 以上发生的，所以和胶束形成有密切关系。

2. 表面活性剂的增溶现象

一般认为，胶束内部疏水核心和液状烃具有相同的状态。因此，在 CMC 以上的活性剂溶液中加入难溶于水的有机物质时，就得到溶解态的透明液体，这就是增

溶现象。活性剂增溶现象是由于有机物进入与它本身性质相同的胶束内部导致一个向同性的胶束溶液形成，这种向同性溶液在热力学上是稳定的，具有其组分自由能的最低可能数目。增溶物质的种类不同，它们进入胶束的方式也不同，其机理主要有以下 4 种：烃类物质在胶束中心增溶（非极性增溶）；高极性的醇、胺和脂肪酸等具有极性的难溶性物质穿过构成胶束的活性分子之间形成混合胶束（极性一非极性增溶）；水溶性染料或不溶性染料等吸附在胶束表面的亲水部分（吸附增溶）和非离子表面活性剂的表面定向排列增溶。增溶通常以 CMC 为起点，在 CMC 以上浓度范围内的线性作用过程，随表面活性剂浓度的增加，增溶量大致以直线增长。高疏水性化合物溶液中也可能发生低程度的增溶作用。

(1) 疏水性有机化合物（HOC）在土壤与表面活性剂溶液中的分配

图 5-10 可以帮助理解 HOC 在土壤与表面活性剂溶液中分配的概念。图 5-10(a)是没有投加表面活性剂的土壤/水两相系统。在这一系统中，HOC 分子在两相的分配处于一种平衡状态。如果吸附在土壤中的 HOC 与水相中的 HOC 的浓度一定，HOC 在土壤/水相中的分配平衡可以用分配系数 K_d 表示，其单位为 L/g

$$K_d = (N_{surf}/W_{soil})(V_{aq}/N_{aq}) \tag{5-4}$$

式中：N_{aq}为溶液中 HOC 的平衡物质的量；N_{surf}为吸附土壤中 HOC 的平衡物质的量；W_{soil}为土壤重量(g)；V_{aq}为水溶液的体积(L)。

图 5-10(b)是投加表面活性剂的土壤/水两相系统。在这一系统中，水相中表面活性剂单体的浓度达到最大值，当再予这个系统中加入表面活性剂将有胶束形成。作用吸附可使表面活性剂吸附在土壤颗粒表面或颗粒内部，吸附的程度用 Q_{surf}表示，其单位为 mol/g。试验表明，在大于 CMC 以上的一个较宽的浓度范围内，Q_{surf}是一个常数。因此，可以将 Q_{surf}表示为 Q_{max}。由于溶解态和吸附态表面活性剂的存在，使土壤对 HOC 的亲和力减弱。HOC 在水相和吸附相间的分配可以表示为

$$\text{HOC} = K_{d \cdot \text{CMC}} \tag{5-5}$$

它表示当表面活性剂浓度达到胶束浓度时，每克土壤所吸附的 HOC 物质的量与每升溶液中溶解的 HOC 物质的量之比

$$K_{d \cdot \text{CMC}} = (N_{surf \cdot \text{CMC}}/W_{soil})/(V_{aq}/N_{aq \cdot \text{CMC}}) \tag{5-6}$$

式中：$N_{aq \cdot \text{CMC}}$为溶液中表面活性剂浓度达到 CMC 时 HOC 的平衡物质的量；$N_{surf \cdot \text{CMC}}$为表面活性剂浓度达到 CMC 时土壤中吸附的 HOC 的平衡物质的量。

在图 5-10(c)中，液相中表面活性剂的浓度为 c_{surf}，大于 CMC，形成了胶束。在

这一系统中，表面活性剂以两种形式存在，即游离的单体、表面活性剂胶束。HOC也可以多种形式存在，即溶解在表面活性剂胶束中，溶解在溶液中，直接吸附在土壤颗粒上或与吸附的表面活性剂相吸附。这样的系统可使HOC溶解于胶束中，因而大大减少其在土壤中的吸附量。

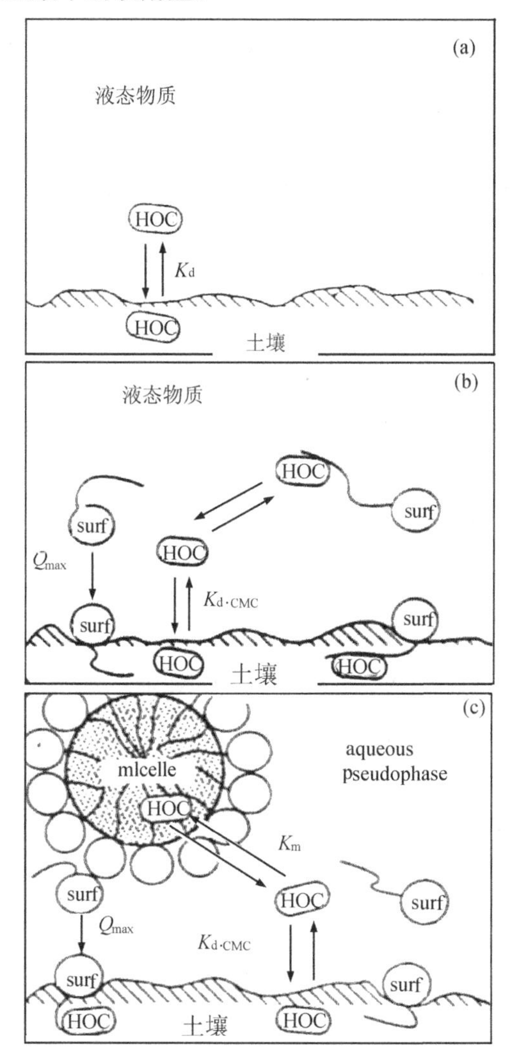

图5-10　HOC和非离子型表面活性剂在土壤/水系统中的分布

关于HOC的两相分配通常用假相说来描述，分别称为疏水胶束假相(micellar pseudophase)和亲水假相(aqueous pseudophase)。疏水胶束假相由表面活性剂胶束聚集在一起的疏水内部假相组成，亲水假相由胶束和溶解的表面活性剂单体周围的水组成。疏水胶束假相中表面活性剂的浓度等于$c_{surf\cdot CMC}$，亲水假相中表面活性剂的浓度等于与 CMC 相当的表面活性剂单体浓度。溶解态的 HOC 存在于水假相，增溶的 HOC 存在于疏水假相。HOC 在土壤吸附相和水假相间的分配平衡用 $K_{d \cdot CMC}$ 表示，在土壤胶束假相和水假相的分配平衡用 K_m 表示，它是对特定物质增溶能力衡量的一个指标

$$K_m = X_m / X_a \tag{5-7}$$

式中：X_m 为 HOC 在胶束相的物质的量；X_a 为 HOC 在水假相的物质的量。

除此之外，还有一种方法用物质的量比来衡量被增溶物质的增溶能力，物质的量比表示每摩尔表面活性剂增溶的有机物的浓度，每加入单位胶束表面活性剂浓度引起被增溶物质浓度的增加量等于 MSR。当 HOC 浓度足够高时，将被增溶物质浓度对表面活性剂浓度作图绘制曲线，MSR 值可从曲线的斜率中得到

$$\mathrm{MSR} = (S_{org \cdot MIC} - S_{org \cdot CMC}) / (c_{surf} - \mathrm{CMC}) \tag{5-8}$$

式中：$S_{org \cdot CMC}$为表面活性剂浓度达到 CMC 时，溶液中有机物的溶解度(mol/L)；$S_{org \cdot MIC}$为表面活性剂浓度大于 CMC 时，溶液中有机物的总溶解度(mol/L)；c_{surf}为$S_{org \cdot CMC}$时的表面活性剂浓度。

胶束相中有机物的物质的量可用式(5-9)计算

$$X_m = (S_{org \cdot MIC} - S_{org \cdot CMC}) / [(c_{surf} - \mathrm{CMC}) + (S_{org \cdot MIC} - S_{org \cdot CMC})] \tag{5-9}$$

或

$$X_m = \mathrm{MSR} / (1 + \mathrm{MSR}) \tag{5-10}$$

稀溶液中水相的有机物物质的量 X_a 可表示为

$$X_a = S_{org \cdot CMC} \cdot V_w \tag{5-11}$$

式中：V_w 为水的摩尔体积。这样 K_m 的表示式为

$$K_m = (S_{org \cdot MIC} - S_{org \cdot CMC}) / [(c_{surf} - \mathrm{CMC} + S_{org \cdot MIC} - S_{org \cdot CMC})(S_{org \cdot CMC} \cdot V_w)] \tag{5-12}$$

(2) 影响表面活性剂 CMC 及 HOC 分配平衡的因子

HOC 在表面活性剂溶液中的分配受 CMC 的影响，而 CMC 受表面活性剂结构组成、介质温度、离子力和溶液中其他有机物等多种因素的影响。假如表面活性剂的活性较大，就容易形成胶束，其 CMC 值就低。离子性的表面活性剂的 CMC 值取决于疏水基的长度。疏水基中引入双链或支链一般使 CMC 值增大。加入无机电解质可使两性表面活性剂的 CMC 降低。添加有机物几乎对所有表面活性剂的 CMC 有影响。

表面活性剂对有机污染物生物降解的影响应重点考虑以下方面：与 CMC 相关的表面活性剂浓度、表面活性剂的毒性阈值、表面活性剂的化学增溶能力、离子电荷和空间结构、与生物降解效应相关的亲水/亲油平衡值（HLB）和表面活性剂自身的生物可利用性。

3. 表面活性剂对 PAHs 生物降解的影响

PAHs 在土壤中的强烈吸附限制了它们的生物可利用性。高分子 PAHs 的低水溶性确实是一个影响其生物降解的主要限制因子，严重地限制了高分子 PAHs 的降解率。表面活性剂在超过其临界胶束浓度时，能增强 PAHs 的解吸和溶解度。但在使用表面活性剂时，应掌握适当的浓度。表面活性剂浓度过高会抑制微生物活性，或被当成母体基质，而且也增加处理费用。这一点也值得考虑。一些研究表明表面活性剂的浓度超过临界胶束时具有很好的处理效果。浓度过低时，虽然也能增加 PAHs 的降解，但是不会增加 PAHs 的土壤解吸量。此外，表面活性剂本身的可降解性也是一个值得考虑的问题。1990 年 Knaebel 等发现低浓度的表面活性剂（小于 50ng/g 土）能被土壤中存在的微生物降解，土壤微生物本身也产生生物表面活性剂，这种生物表面活性剂曾被试验证明能成功地降解碳氢化合物。由于使用表面活性剂存在的高费用问题，因此，使用生物表面活性剂将是最佳选择。到目前为此，能产生生物表面活性剂并能降解 PAHs 的微生物尚未很好地确定，它们在实际中的应用还有待于进一步的研究。

三、生物有效性及其改善

在生物修复过程中，还常常遇到这样一个问题：不论生态条件多么优化，由于环境介质（土壤、水沉积物或大气尘颗粒）本身对污染物的吸附或其他固定作用，隔断了专性微生物、酶和植物与污染物的直接接触，导致了专性微生物、酶和植物对污染物的生物可降解和可利用能力或程度（即生物有效性）的降低。在这一意义上，污染环境系统中化学污染物的生物“可察觉”浓度，可定义为生物修复中生物降解过程的有效性。

当考虑到生物有效性问题时，有两个因子常常被忽略。其一，在许多场合，尤其在微生物修复水平上，以每一细胞为基础的污染物的有效浓度相当低。在很大程度上，污染物在特定表面的结合以及细菌在生物膜上的分离，导致了这一效应的产生。至今，生物修复过程及其在污染处理现场的应用仍没有涉及这一重要问题。在一些场合，生物修复中表面活性剂的应用，能够改善生物有效性及生物降解过程的速率。有迹象表明，通过对生物有效性的改善，可以增加生物可降解的速率、提高生物可利用的程度。用表面活性剂对石油烃及 PAHs 的生物可降解作用研究揭示了土壤微生物群落未知的生物可降解能力。以荧蒽作为惟一碳源和能源的细菌，当被用于石油污染土壤的修复时，发现它们有进攻其他PAHs的现象。

表面活性剂在今后生物修复工程中将起重要作用。特别是生物表面活性剂的开发，由于能够较大幅度地降低处理费用，因此，在未来的若干年内，不仅需要对表面活性剂促进的生物降解过程及其机制进行研究，还必须对表面活性剂使用的工程策略或其他增加污染处理现场物质迁移能力的手段进行研究。此外，应考虑去除那些能促进生物有效性的化学物质，以避免处理现场污染物质分布的负效应（例如渗入非污染地区或产生次生污染）。

对于具有憎水性的有机污染物来说，尽管污染环境中该类污染物的总浓度相当高，但由于该类污染物的憎水性，细菌在其栖居的微滴一水界面的浓度较低。石油产品、杂酚油、煤焦油和PCBs等油废弃物就属于此范畴的污染物。目前，仍然缺乏对细菌包围并“吃掉”这些憎水性污染物进行研究。不过，有资料表明，细菌能产生各种生物乳化剂。当这些细菌被加入处理现场时，可促进憎水污染物的生物降解过程；或通过这些自然形成的生物乳化剂的应用（包括在生物反应器中的应用），能改善憎水污染物的生物有效性并最终促使其生物降解。不幸的是，生物乳化剂本身容易被生物降解。因此，在一定时间内它还不能代替化学合成表面活性剂在生物修复中的作用。

四、生物进化及其利用

我们必须承认，污染环境能够“锻炼”生物的耐受力。在污染环境下，我们容易筛选获得对污染物有较强降解或超累积能力的微生物或植物。相反，在清洁环境中，我们常常难以获得生物修复过程中所需的专性微生物或超累积植物。可见，就专性微生物或超积累植物的筛选而言，污染环境所带来的生物进化的积极意义值得考虑。

一方面，我们需要对污染环境中的生物降解和生物积累过程进行识别，并从生物进化的角度，通过有意识、长时间的驯化，在试验条件下获得更强的生物降解或生物积累能力的微生物或超积累植物，并积极应用这些生物进化的机制，包括对生物转录因子进行调控和利用，为生物修复达到技术上的完全成熟打下基础；另一方面，需要在生物修复结束后，应用生物进化原理对引入的专性微生物加以有目的的控制，包括投入污染环境中的种群数量随污染物浓度降低而逐渐减少，以至最后消失的过程，以及将其加以提取用于其他污染点修复的方法等。

当然，随着环境污染的全球化以及许多生物在污染环境中长时间的暴露，生态系统中生物组分对污染物的耐受力也得到普遍增强，生态系统本身也得到了进化。

从经济利益和节省资源的角度出发，在制定生物修复的判断标准时，我们也应考虑生物进化的因素。

主要参考文献

程云，周启星．2003．土壤尿酶和脱氢酶对活性 X-3B 红污染暴露的耐受性及机理研究．环境科学，24(2)：23～29

戴树桂．1997．环境化学．北京：高等教育出版社

刘期松．1986．草甸棕壤中镉、铅、油含量对微生物类群和生化活性的影响．环境科学学报，6(4)：385～393

宋玉芳，许华夏，任丽萍．2001．两种植物条件下土壤矿物油及 PAHs 生物修复．应用生态学报，12(1)：108～113

孙铁珩，周启星．2002．污水生态处理技术体系与展望．世界科技研究与发展，24(4)：1～5

孙铁珩，周启星．2002．污水生态处理技术体系及发展趋势．中国工程院．中国工程院第六次院士大会学术报告文集．北京：242～247

孙铁珩，周启星，张凯松．2002．污水生态处理技术体系及应用．水资源保护，(3)：6～9，13

魏开湄．1983．石油烃在土壤中的生物降解．土壤学进展，11：11～20

张惠文，张倩茹，周启星等．2003．乙草胺及铜离子复合施用对黑土农田生态系统土著微生物的急性毒性效应．农业环境科学学报，22(2)：129～133

赵红挺．1992．农药污染的土壤和水体解毒中酶的应用．土壤学进展，6：19～24

郑远杨．1993．石油污染生化治理进展．国外环境科学技术，3：46～50

钟鸣，周启星．2002．微生物分子生态学技术及其在环境污染研究中的应用．应用生态学报，13(2)：247～251

周启星，黄国宏．2001．环境生物地球化学及全球环境变化．北京：科学出版社

Atlas R M. 1981. Microbiological degradation of petroleum hydrocarbons: an environmental perspective. Microbiol Rev, 45:180～209

Bauer J E, Capone D G. 1988. Effects of co-occurring aromatic hydrocarbons on degradation of individual polycyclic aromatic hydrocarbons in marine sediment slurries. Appl Environ Microbiol, 54: 1649～1655

Blackburn J W. 1987. Molecular microbial ecology of a naphthalene-degrading genotype in activated sludge. Environ Sci Technol, 21: 884～890

Bos P P. 1987. Fluoranthene, a volatile mutagenic compound, present in creosote and coal tar. Mutat Res, 187: 119～125

Bossert I D, Bartha R. 1986. Structure-biodegradability relationships of polycyclic aromatic hydrocarbons in soil. Bulletin of Environmental Contamination and Toxicology, 37: 490～495

Boylang E. 1962. The metabolism of phenanthrene in rabbits and rats. Biochem, 84: 571～582

Briglia M, Middeldorp P J M. 1992. Environmental factors influencing the biodegradation of pentachlorophenol in contaminated soils by inoculated phodococcus chlorophenollcus PCP-1, in Soil decontamination using biological process. Karlsruhe, Germany: 109～115

Broderick L S, Cooney J J. 1982. Emulsification of hydrocarbons by bacteria from freshwater ecosystems. Dev Ind Microbiol, 23: 4235～4434

Busby W F. 1984. Tumorigenicity of fluoranthene in a newborn mouse lung adenoma biossay. Carcinogenesis, 5: 1311～1316

Casidy D P, Irvine R L. 1997. Biological treatment of a soil contaminated with diesel fuel using periodically operated slurry and solid phased reactors. Water Science and Technology, 35(1): 185～192

Castldi F J, Ford D L. 1992. Slurry bioremediation of petrochemical water sludge. Water Science and Technology, 25(3): 207～212

Cerniglia C E. 1978. Fungi transformation of pyrene. Chem Biol Inter, 7: 203～216

Cerniglia C E. 1981. Metabolism of aromatic hydrocarbons by yeasts. Arch Microbiol, 129: 9～13

Cerniglia C E. 1985. Metabolism of detoxification of polycyclic aromatic hydrocarbons. Arch Microbiol, 50: 649～655

Chaudhry G R. 1994. Biological degradation and bioremediation of toxic chemicals. Portland, Oregen: Dioscorides Press. 7～10

Comeau Y, Greer C W, Griffin R A. 1993. Role of inoculums preparation and density on the bioremediation of 2,4-D contaminated soil by bio-augmentation. Appl Microbila Biotechnol, 38: 681～687

Committee on *in-situ* bioremediation, Water Science and Technology Board and Commission on Engineering and Technical Systems National Research Council. 1993. *In-situ* bioremediation. Washington DC : National Academy Press. 13～36

Cook J W. 1933. The isolation of a cancer-producing hydrocarbon from coal tar. Part I, II and III. Chem Soc, 394～405

Davis S J, Gibbs C F. 1975. The effect f weathering on crude oil residue exposed at sea. Water Res, 9: 275～285

Dibble J T, Bartha R. 1979. Effect of environmental parameters on the biodegradation of soil sludge. Appl Environ Microbiol, 37(4): 729～739

Edwards D A, Adeel Z, Luthy R G. 1994. Distribution of nonionic surfactant and phenanthrene in a sediment/aqueous system. Environ Sci Technol, 28:1550～1560

Edwards D A, Liu Z. 1994. Surfactant solubilization of organic compounds in soil/ aqueous systems. J Environ Engineer, 120: 5～41

Edwards D A, Luthy R G, Liu Z. 1991. Solubilization of polycyclic aromatic hydrocarbons in micellar nonionic surfactant solutions. Environ Sci Technol, 25: 127～133

Fredrickson J K. 1993. *In-situ* and *on-situ* bioremediation. Environ Sci Technol, 27(9): 1711～1716

Grosser R J, Warshewsky D, Robie V J. 1991. Indigenous and enhanced mineralization of pyrene, benzo(a) pyrene and carbazole in soils. Appl Environ Microbiol, 57: 3462～3469

Gschwend P M, Hites R A. 1981. Fluxes of polycyclic aromatic hydrocarbons to marine and lacustrine sediments in the northeastern United States. Geochim Cosmochim Acta, 45: 2359～2367

Guerin W F, Jones G E. 1988. Mineralization of phenanthrene by a *Mycrobacterium* sp. Appl Environ Microbial, 54: 937～946

Guerin W F. 1989. Estuarine ecology of phenanthrene-degradating bacteria. Estuar Coast Shelf Sci, 29: 115～130

Guha S, Jaffe P R. 1996. Biodegradation kinetics of phenanthrene partitioned into the micellar phase of nonionic surfactants. Environ Sci Technol, 30:605～611

Hammel K E, Kalyanaraman B, Kent-Kirt T. 1986. Oxidation of polycyclic aromatic hydrocarbons (PAHs) and dibenzo(*p*)dioxins by phanerochate chrysosporium ligninase. J Biological Chemistry, 261: 1648～1652

Heitkamp M A. 1988. Mineralization of polycyclic aromatic hydrocarbons by a bacterium isolated from sediment below an oil field. Appl Environ Microbiol, 54: 2549～2555

Heitkamp M A. 1989. PAH degradation by a *mycobacterium* sp. In microcosms containing sediment and water from a pristine ecosystem. Appl Environ Microbiol, 55: 1968～1973

Heitkamp M A, Cernigliad C E. 1987. Effects of chemical structure and exposure on the microbial degradation of polycyclic aromatic hydrocarbons in freshwater and estuarine ecosystems. Environmental Toxicology and Chemistry, 6: 35～46

Ji Guodong, Sun Tiehang, Zhou Qixing et al. 2002. Constructed subsurface flow wetland for treating heavy oil-produced water of the Liaohe Oilfield in China. Ecological Engineering, 18(4): 459～465

Jørgensen K S, Puustinen J, Suortti A-M. 2000. Bioremediation of petroleum hydrocarbon-contaminated soil by composting in biopiles. Environmental Pollution, 107 (2): 245～254

Kaden D A. 1979. Mutagenicity of soot and associated polycyclic aromatic hydrocarbons to Salmonella typhmurium. Cancer Res, 39: 4152～4159

Leahy J G, Colwell R R. 1990. Microbial degradation of hydrocarbons in the environment. Microbiol Rev, 54(3): 305～315

Lin J E, Wang H Y, Hickey R F. 1991. Use of coimmbilised biological systems to degrades toxic organic compounds. Biotechnology and Bioengineering, 38: 273～279

Macdonald A. 1993. Performance standards for *in-situ* bioremediation. Environ Sci Technol, 27(10):1974～1979

McGinnis G D, Borazjani H, MCFarland L K. 1988. Characterization and laboratory testing soil treatment studies for creosote and pentachlorophenol sludge and contaminated soil. USEPA report. 600/2/-88/055

McMillan D C, Fu P L, Cerniglia C E. 1987. Stereo selective fungi metabolism of 7,12-dimethylbenz(a)anthracene: identification and enantuimeric resolution of a K-region dihydrdiol. Appl Environ Microbiol, 53: 2560～2566

Mihelcic J R, Luthy R G. 1988. Microbial degradation of acenaphthene and naphthalene under denitrification conditions in soil-water systems. Appl Environ Microbiol, 54: 1188～1198

Morgan P, Watkinson R J. 1990. Assessment of the potential for *in-situ* biotreatment of hydrocarbon-contaminated soils. Waste Science and Technology, 22: 63～68

Muller J G. 1989. Action of fluoranthene—utilizing bacterial community on polycyclic aromatic hydrocarbons compounds of creosote. Appl Environ Microbiol, 55: 3085～3090

Mueller J G, Chapman P J, Biattmann B O. 1990. Isolation and characterization of fluoranthene—utilizing strain of *Pseudomonas parcimobilis*. Appl Environ Microbiol, 56: 1079～1089

Mueller J G, Lin J E R, Lantz S E. 1993. Recent developments in cleanup technologies. Remediation, 4 (3): 369～381

Obana H S. 1981. Determination of polycyclic aromatic hydrocarbons in marine samples by HPLC. Bull. Environ Contam Toxicol, 26: 613～620

Perry J J. 1979. Microbial cooxidation involving hydrocarbons. Microbiol Rev, 43 (1): 59～72

Romero M, Cristina S M L, Cazau M C. 2002. Pyrene degradation by yeasts and filamentous fungi. Environmental Pollution, 117 (1): 159～163

Rouse J D, Sabatini D A. 1994. Influence of surfactants on microbial degradation of organic compounds-Critical Reviews. Environ Sci Technol, 24: 325～370

Ryan J R, Loehr R C, Rucker E. 1991. Bioremediation of organic contaminated soils. J hazard Mater, 28:

159～169

Sanglard D, Leisola M S A, Fiecher A. 1986. Role of extracellular ligninases in biodegradation of benzo(*a*) pyrene by phanerochaete chrysosporium. Enzyme Microbiol and Technol, 8: 209～212

Sayler A. 1985. Application of DNA-DNA colony hybridization to the detection of catabolic genetypes in environmental samples. Appl Environ Microbio, 49: 1295～1303

Schwarzenbach R P, Westal J. 1981. Transport of nonpolar organic compounds from surface water to groundwater. Environ Sci Technol, 15: 1360～1372

Shirais M P. 1989. Seasonal biotransformation of *n*-phthalene, phenanthrene and benzo(a)pyrene in surficial estuarine sediments. Appl Environ Microbiol,55: 1391～1399

Sims R C, Doucette W J, McLean J E. 1988. Treatment potential for 56 EPA-listed hazardous chemicals in soil. EPA/600/6-88/001

Sims R C, Overcash M R. 1983 Fate of polynuclear aromatic hydrocarbons (PAHs) in soil-plant systems. Residue Reviews, 88: 61～68

Spain J C, Prichard P H, Bourquin A W. 1980. Effects of adaptation on biodegradation rates in sediment/water cores from estuarine and freshwater environments. Appl Environ Microbiol, 40: 726～734

Sutherland J B. 1992. Identification of xyloside conjugates formed from anthracene by rhizoctonia. Solani Mycol Res, 96: 509～567

Tattersfield F. 1927. The decomposition of naphthaline in the soil and the effect upon its insecticidal action. Ann Appl Biol, 15: 57～67

Tausson W O. 1927. Naphthalin als kohlenstoffqelle fur bakterine. Planta, 4: 214～256

Wang X, Yu X, Bartha K. 1990. Effect of bioremediation of polycyclic aromatic hydrocarbon residues in soil. Environ Sci Technol, 24 (7): 1086～1089

Weat P A. 1984. Numerical taxonomy of phenanthrene—degradating bacteria isolated from the Chesapeake bay. Appl Environ Microbiol, 48: 988～993

Wilson S C, Jones K C. 1993. Bioremediation of soil contaminated with polycyclic aromatic hydrocarbons (PAHs), a review. Environ Pollut, 81: 229～249

Wiseman A. 1982. Benzo(a)pyrene metabolites formed by the action of yeast cytochrome P450/P448. J Chem Biotechnol,29: 320～334

Vecchioli G I, Del Panno M T, Painceira M T. 1990. Use of selected autochthonous soil bacteria to enhance degradation of hydrocarbons in soil. Environ Pollut, 67: 249～258

Zappi M E, Rogers B A, Teeter C L. 1996. Bio-slurry treatment of a soil contaminated with low concentration of total petroleum hydrocarbons. J of Hazardous Materials, 46: 1～12

第六章 污染土壤的化学修复

污染土壤的化学修复是利用加入到土壤中的化学修复剂与污染物发生一定的化学反应，使污染物被降解和毒性被去除或降低的修复技术。依赖于污染土壤的特征和污染物的不同，化学修复手段可以是将液体、气体或活性胶体注入土壤下表层、含水土层，或在地下水流经路径上设置可渗透反应墙，滤出地下水中的污染物。注入的化学物质可以是氧化剂、还原剂/沉淀剂或解吸剂/增溶剂。不论是传统的井注射技术，还是现代的各种创新技术，如土壤深度混合和液压破裂技术，都是为了将化学物质渗透到土壤表层以下。通常情况下，都是根据污染物类型和土壤特征，当生物修复法在速度和广度上不能满足污染土壤修复的需要时才选择化学修复方法。相对于其他污染土壤修复技术来讲，化学修复技术发展较早，也相对成熟。目前，化学修复技术主要涵盖以下几方面的技术类型：①化学淋洗技术；②溶剂浸提技术；③化学氧化修复技术；④化学还原与还原脱氯修复技术；⑤土壤性能改良修复技术等。相比较而言，化学氧化技术是一种快捷、积极，对污染物类型和浓度不是很敏感的修复方式；化学还原和还原脱氯法则作用于分散在地表下较大、较深范围内的氯化物等对还原反应敏感的化学物质，将其还原、降解；原位化学淋洗技术对去除低溶解度和吸附力较强的污染物更加有效。究竟选择何种修复手段要依赖于仔细的土壤实地勘察和预备试验的结果。

第一节 原位化学淋洗技术

过去20年来，采用化学方法修复被有害废弃物污染的土壤是环境工程实践的一个关注热点。1980年，美国议会通过了综合环境响应、补偿和责任决议(CERCLA)，也就是所说的超基金计划，以保护人类身体健康和最大限度地修复由于危险废物失控所造成的环境污染。在优先处理名单上，列出了美国大约1200个污染点，其土壤的物理、化学、环境条件需要建立多种修复途径。美国各州立和联邦的环境机构以及私立公司对开发创新的土壤修复技术、危险废物处理都表现出了浓厚兴趣。化学淋洗技术就是实现这一目标的技术手段之一。

一、概　　述

在介绍原位化学淋洗技术之前，我们首先介绍什么是化学淋洗技术，什么是原位化学淋洗技术，以及两者之间的关系。

一般地说，化学淋洗技术(soil leaching and flushing/washing)是指借助能促进土壤环境中污染物溶解或迁移作用的溶剂，通过水力压头推动清洗液，将其注入到被污染土层中，然后再把包含有污染物的液体从土层中抽提出来，进行分离和污水处理的技术。清洗液可以是清水，也可以是包含冲洗助剂的溶液，清洗液可以循环再生或多次注入地下水来活化剩余的污染物。如果收集来的地下水不能循环再利用，那么就要再寻找其他处理办法，并且这样一来，处理费用也要相应提高。

由于化学淋洗过程的主要技术手段在于向污染土壤注射溶剂或“化学助剂”，因此，提高污染土壤中污染物的溶解性和它在液相中的可迁移性是实施该技术的关键。这种溶剂或“化学助剂”应该是具有增溶、乳化效果，或能改变污染物化学性质的物质。化学淋洗技术适用范围较广，可用来处理有机、无机污染物。一个设计成功的化学淋洗技术，应该预先考虑许多变量并要具有污染区域特异性。时至今日，化学淋洗技术主要围绕着用表面活性剂处理有机污染物，用螯合剂或酸处理重金属来修复被污染的土壤。化学淋洗技术既可以在原位进行修复，也可进行异位修复。在原位修复时，该技术主要用于处理地下水位线以上、饱和区的吸附态污染物。

原位化学淋洗技术处理污染土壤有很多优点，如长效性、易操作性、高渗透性、费用合理性(依赖于所利用的冲洗剂)，并且适合治理的污染物范围很广。与其他大多数修复技术一样，原位化学淋洗技术不能对所有污染土壤都适用，但是它却是许多土壤清洁技术中比较好的一种类型。从大的方面来说，原位土壤修复通常分为三个大类：生物手段、化学手段和物理手段。利用生物手段原位修复土壤主要是指生物降解有机物，原位物理方法处理土壤则主要围绕固化/稳定化技术进行。尽管物理方法也能够达到目的，但是，毫无疑问，污染物仍然留在原地，随着时间的流逝，稳定化的污染物复合体会解体，污染物可能重新活化，渗透到下层土壤和地下水，因此还需要长时间的土壤监测和更长时间的环境投入，可见，物理修复技术不是长久处理污染土壤的成功技术，而运用原位化学处理技术修复被有机物和重金属污染的土壤是最为实用的。原位化学淋洗修复过程是向土壤施加冲洗剂，使其向下渗透，穿过污染土壤并与污染物相互作用。在这个相互作用过程中，冲洗剂或“化学助剂”从土壤中去除污染物，并且与污染物结合，通过淋洗液的解吸、螯合、溶解或络合等物理、化学作用，最终形成可迁移态化合物。含有污染物的溶液可以用梯度井或其他方式收集、储藏，再做进一步处理，以再次用于处理被污染的土壤。图 6-1 是原位化学淋洗技术流程图。

对位于地下水位线以上的污染区，淋洗液或土壤活化液通过喷灌或滴流设备喷淋到土壤表层，再由淋出液向下将污染物从土壤基质中洗出，并将包含溶解态污染物的淋出液输送到收集系统中。收集系统通常是一个缓冲带或截断式排水沟，将淋出液排放到泵控抽提井附近。

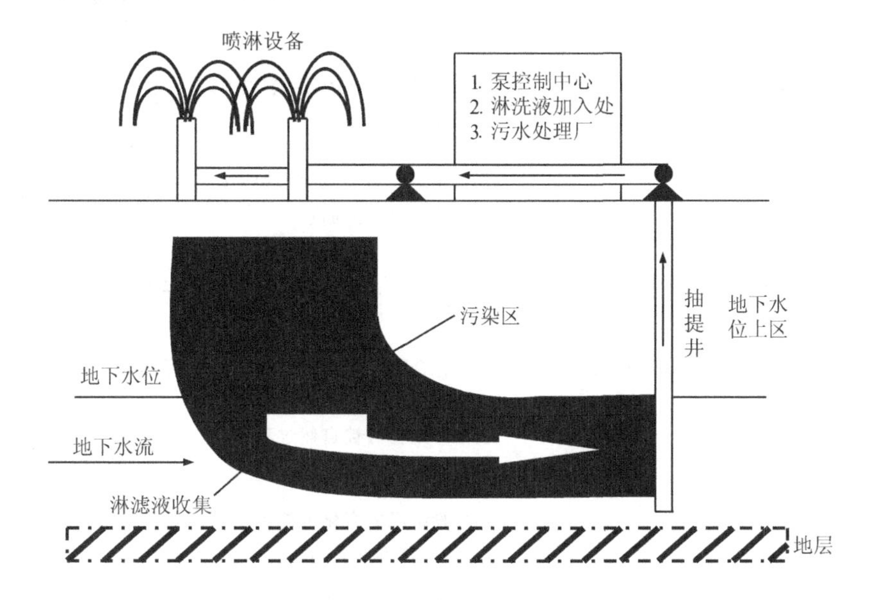

图 6-1　原位化学淋洗技术流程图

二、适 用 范 围

决定原位化学淋洗工程是否有效、是否可实施，以及处理费用的关键因素是土壤的渗透性。土壤渗透性不是它的基础性质之一，而是依赖于许多重要的因素，包括团粒大小分布、团粒形状及质地、土壤矿物组成、孔隙度、饱和度、土壤结构、流体性质、流动类型以及温度等，对特定土壤类型，前三个因素是没有变化的，而土壤矿物组成以及饱和度依赖于土壤所在地区，后三个与流体有关的因素与流经土壤的水体密切相关。具体影响因子见表 6-1。

土壤团粒大小分布在很大程度上影响着土壤的渗透性。随着土壤团粒体积的降低，土壤渗透性也相应随着降低，因为水的流动被小的颗粒所阻隔。不仅土壤团粒大小影响渗透性，土壤颗粒形状及质地也能影响渗透性，延伸状或不规则形状的土壤团粒形成非流线型的孔径，因此影响水的流动。质地粗糙的土壤，对水的流动增加了摩擦力，也降低土壤的渗透性。由于各地土壤的特性和理化性质都不同，因此在决定对污染地点实施土壤淋洗技术并安装泵－处理设施之前，要对以上这些影响因素做全面的测试与分析。

表 6-1　土壤淋洗技术的关键参数

是否选择土壤淋洗技术的关键因子	原位处理的最佳条件	基本原则	需要的数据
污染物在土壤和淋洗液间的平衡分配情况	—	污染物向淋洗液分配系数越高，效果越好	平衡分配系数
污染物组成的复杂性	—	污染物组成的复杂性增加了研制淋洗液配方的难度	污染物组成
特定土壤比表面积	$<0.1m^2/g$	高比表面积增加了污染物的土壤吸附性	土壤化表面积
污染物水溶性	>1000mg/L	易溶化合物可被淋洗液迁移走	污染物溶解度
辛烷/水分配系数 $K_{o/w}$	10～1000	易溶污染物可被自然过程驱动迁移	辛烷/水分配系数
污染物组成的空间变异性	—	污染物组成的变化可能需要重新考虑淋洗液的配方	污染物容量的数学统计模型
水力传导性能	$>10^{-3}cm/s$	高的水传导性能够促进淋洗液更好地分配	水的地理学流动态势
黏粒含量	—	低黏粒含量较好，黏粒增加污染物吸附，阻碍流动	土壤组成、颜色以及质地、颗粒分布
阳离子代换量(CEC)	—	推荐低CEC值，CEC增加，吸附量增加，解吸量降低	CEC
淋洗液特性	低毒、低费用、可处理及再利用性	毒性增加人类健康风险，不可再利用增加处理费用	流体特性，实验室内的测试
土壤有机碳含量TOC	质量<1%	淋洗技术更适用于低有机碳含量的土壤	土壤全有机碳含量
污染物蒸气压	1.33×10^3Pa	NAPL等易挥发化合物能扩散到气相中	工作环境温度下的污染物蒸气压
流体黏度	0.002Pa·s	低流体黏度增强它的土壤穿透力	工作环境温度下的污染物黏度
有机污染物密度	$>2g/cm^3$	预测污染物的迁移性	工作环境温度下的污染物密度

1. 土壤类型

土壤淋洗技术最适用于多孔隙、易渗透的土壤。研究表明，水传导系数大于10^{-3}cm/s的土壤，可被推荐用土壤淋洗技术来进行修复。当然，该技术最好用于沙地或砂砾土壤、冲积土和滨海土等，因为砂质土不能强烈吸附污染物，因而只要经过初步的淋洗就能达到预期目标。而质地较细的土壤如红壤、黄壤等与污染物之间的吸附作用较强，通常要经过多次淋洗才能奏效。

2. 污染物类型

污染物类型对这项技术的适用性也有较大影响。污染土壤的物质可分为有机污染物和无机污染物两大类，而无机污染物包括重金属等。土壤淋洗修复技术最适合用于重金属、易挥发卤代有机物以及非卤代有机物污染土壤的处理与修复（表6-2）。在有机污染物中，具有低辛烷/水分配系数的化合物比较适合采用这种技术。另外，羟基类化合物、低相对分子质量乙醇和羧基酸类污染物也能够通过化学淋洗技术从土壤中除去，达到修复目的。

表6-2　原位土壤淋洗技术适用的污染物种类

污染物	相关工业
重金属(镉、铬、铅、铜、锌)	金属电镀、电池工业
芳烃（苯、甲苯、甲酚、苯酚）	木材加工
石油类	汽车、油脂业
卤代试剂(TCE、三氯烷)	干洁产业、电子生产线、金属加工
多氯联苯和氯代苯酚	农药、除草剂、电力工业

如果目标是确定为将重金属从土壤中去除，那么土壤淋洗技术是为数不多的有效修复重金属污染土壤的技术之一，土壤淋洗、植物修复是处理难挥发性重金属污染土壤的最有效手段。其中，土壤淋洗技术也是惟一费用节省、准备大规模推广的技术，它能够处理地下水位以下、植物修复不能达到的较深层次的重金属污染。目前，采用化学淋洗技术治理可溶性污染物所造成的土壤污染已进入实地应用阶段，在美国，许多超基金计划支持的污染处理地点和废弃矿区都采用这个技术来修复土壤。表6-3列出了美国国家超基金项目修复点所针对土壤危险污染物种类，它包括：重金属、氰化物、放射性物质、多环芳烃、多氯联苯和烃类物质等。

土壤淋洗技术不适用于非水溶性液态污染物、强烈吸附于土壤的呋喃类化合物、极易挥发的有机物以及石棉等，对这些污染物有更有效的方法对其进行原位处理，这些技术包括热解法、蒸气浸提法以及固化/稳定化技术。如果在某一特定地点，这三种方法由于经济原因难以施行，那么土壤淋洗技术仍不失为低投入却高效的方法。

表 6-3　美国国家超基金项目修复点所针对的土壤危险污染物种类

危险污染物种类	修复点/个	危险污染物种类	修复点/个
重金属	47	PNAs	1
铬	9	油、脂	11
砷	8	VOCs	6
铅	7	有机氯农药	5
锌	5	微溶有机物	64
镉	4	芳烃	
铁	3	苯	9
铜	2	卤代碳氢化合物	
汞	2	三氯乙烯	11
硒	2	其他	15
镍	1	甲苯	8
钒	1	二氯乙烯	6
粉尘	1	二甲苯	5
镀金业废弃物	1	乙烯基氯化物	4
其他无机物	26	其他芳烃	3
氰化物	6	次甲基氯	3
放射性物质	3	亲水有机物	20
酸	7	乙醇	4
碱	6	石炭酸	12
难溶有机物	38	其他亲水有机物	4
PCBs	15	未区别的有机溶剂和其他化合物	30

3. 淋洗液类型

土壤污染物的种类决定着淋洗液的类型，通常有以下三种类别的淋洗液：①水;②水加添加剂；③有机溶剂。

多数研究者对原位土壤淋洗液权衡利弊后，建议有机溶剂淋洗液应该用到在容器内操作的土壤异位处理中，这也被一些专家所推崇，原因在于向地下水中释放和迁移污染物-有机溶剂复合体是不可接受的环境冒险。

三、淋洗系统及其设备组成

土壤淋洗操作系统的装备主要由三个部分组成：第一部分是向土壤施加淋洗

液的设备；第二部分是下层淋出液收集系统；第三部分是淋出液处理系统。同时，有必要把污染区域封闭起来，通常采用物理屏障或分割技术。图 6-2 为原位土壤淋洗系统的基本组成及其部件示意图。

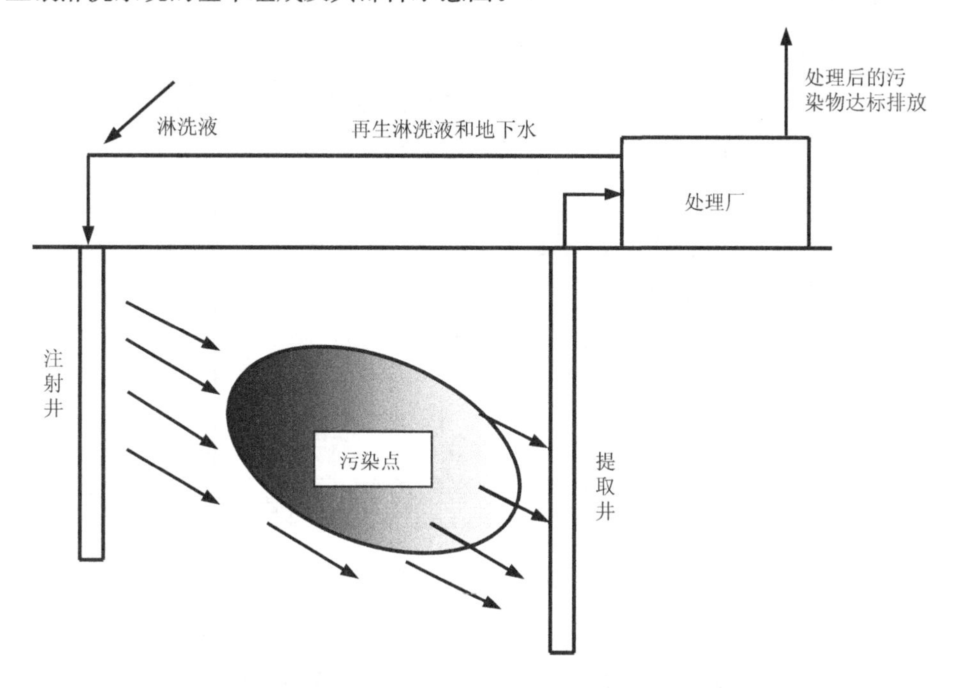

图 6-2　原位土壤淋洗系统基本组成及其部件示意图

土壤淋洗技术或者在地面表层实施，或者通过下表面注射。地面实施方式包括浸灌、挖池和沟渠、喷洒等，这些方式适用于处理深度在 4m 以内的污染物。地面实施土壤淋洗技术除了要考虑地形因素外，还要人为构筑地理梯度，以保证流体的顺利加入和向下穿过污染区的速率均一。当采用地面实施方法时，地势倾斜度要小于 3%，要求地势相对平坦，没有山脉和峡谷。砂性土壤最适合采用地面实施方法，水力学传导系数大于 10^{-3} cm/s 的土壤也推荐在地表进行土壤淋洗。

挖沟渠方式仅在当地地形限制了其他修复方法的实施，或其整个表面土壤不需要湿润时才采用，大多数沟渠的形状是平底较浅的，以尽量充分运送和分散淋洗液。喷淋方式能够覆盖整个待治理区域的下层土壤，据报道喷洒系统可湿润地下 15m 深处的土壤。

下表面重力输送系统采用浸渗沟和浸渗床，它是一些挖空土壤后再充满多孔介质(粗砂砾)的区域，能够把淋洗液分散到污染区去。渗浸渠道主要是地穴，淋洗液以此为途径在横向和纵向方向分散。压力驱动的分散系统也可用来加快淋洗液的分散，这些压力系统或者利用开一关管道来控制，或者采取狭口管。压力分散系统适用的土地类型是水力学传导系数＞10^{-4}cm/s、孔积率高于25%的土壤。一些在地表和下表面实施的淋洗液分散系统的例子如图6-3所示。

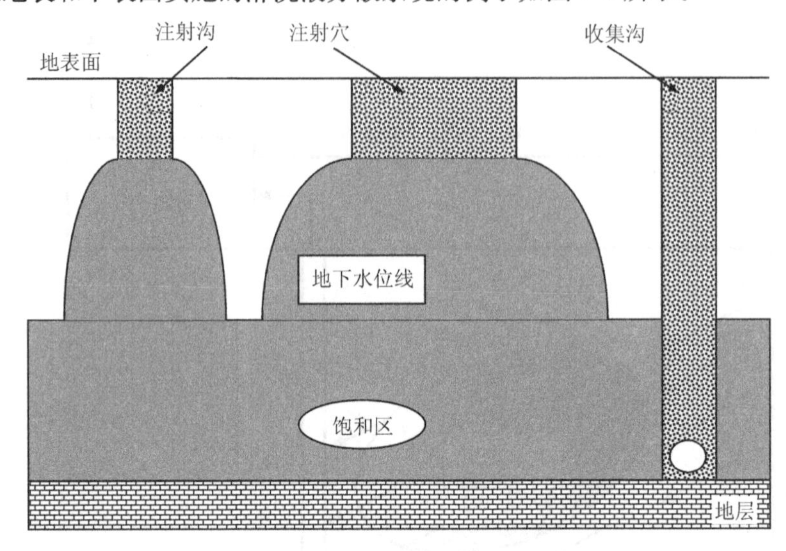

图 6-3　土壤淋洗系统中的沟、穴图

收集淋洗液一污染物混合体的系统一般包括屏障、下表面收集沟及恢复井。许多实地工程往往对这三种措施一并采用。下表面土壤环境越复杂，收集系统的设计就越繁杂，其实在多数修复点，收集系统类似于传统的泵一处理装置。图

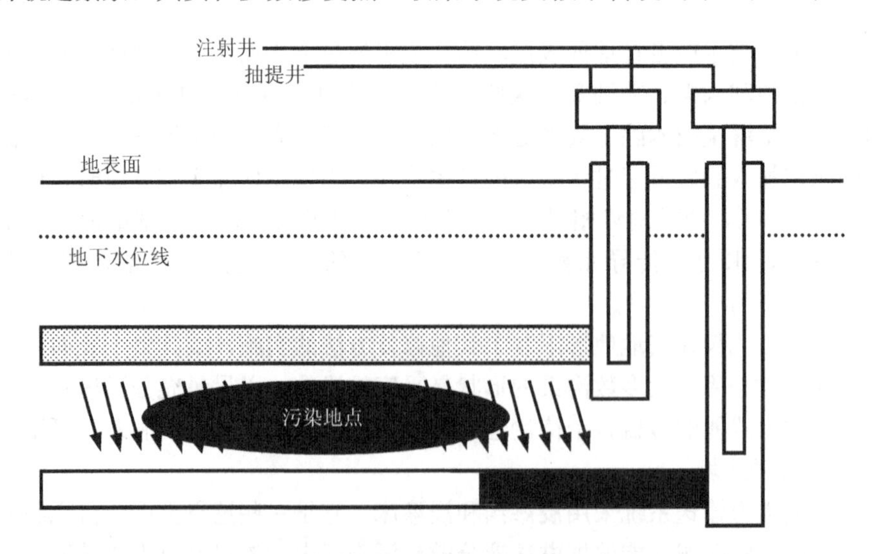

图 6-4　注射井和抽提井示意图

6-4是注射井和抽提井示意图，图 6-5 是典型的布井模式示意图。

控制注射井和抽提井的装置包括：注射泵、进水设备、管道、阀门、填充物、浮尺和水位感应器、总控制面板、过滤器、容器罐和安全设施等。

处理装置随污染物的特征而变，如果污染物是易挥发态，那么就要设计一个蒸气系统以使污染物更有效地去除，蒸气装置通常采用土壤淋洗技术中泵－处理系统常见的活性炭柱作为污染物收集设施。即使有机污染物不易挥发，活性炭柱也经常被应用。但是，从水中去除污染物要比从气相中移走污染物困难得多。

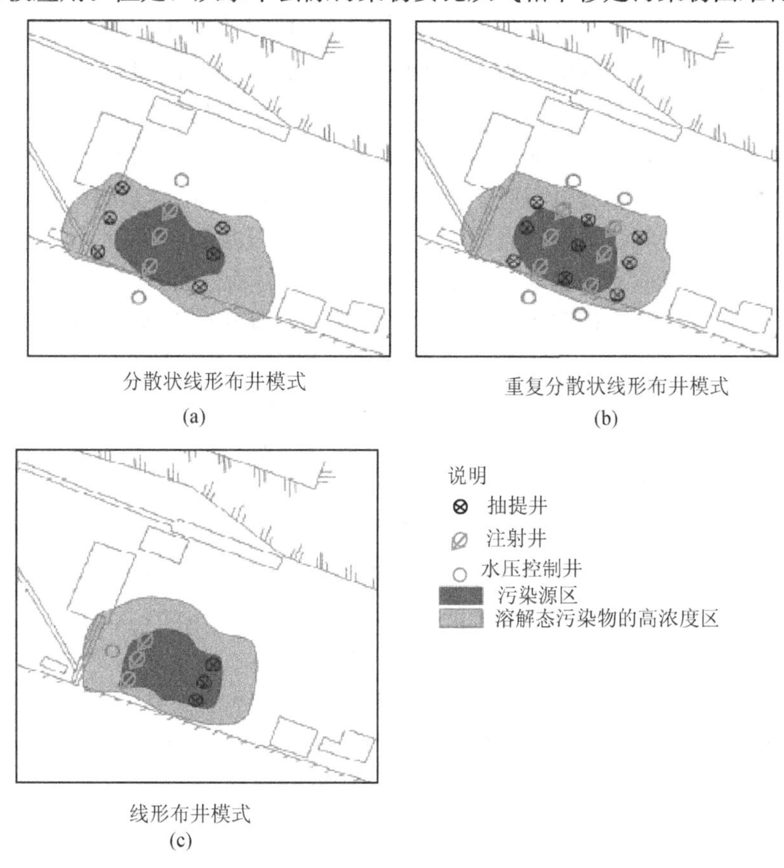

图 6-5　典型的布井模式示意图

四、系统设计

当土壤淋洗在原地进行时，技术人员除了具备以上需知的工程技术知识外，还必须具有广博的水力学理论。为了了解当地的土壤地理特征，测试井、土层钻孔以及必要的土壤测试都是进行土壤淋洗之前的必要调查步骤。污染区的地下水质背景情况、水势随上坡度及下坡度的变化情况也要事先勘测。另外，实验室阶段和小规模的现场试验都要展开，以正确估量每一污染区实施淋洗技术的可行性。以上准备步骤就绪后，还要从试验结果做出数学模型，并预测可能的土壤修复效果。如果数据处理结果表明该地区土壤确实适合采用淋洗技术，才能开展大规模的技术设计。

此外，还有一些额外的工作要做，包括钻井、设计和建造淋出液处理设施，以及考虑收集来的污染物最后管理办法。并且实施原位土壤淋洗技术后，还要在当地设置长期的监测点。对位于地下水位以上的污染区，必须保证让已经变成可迁移态的污染物到达饱和区并加以收集，此时，地下水位线的深度和土壤横向、纵向的浸透性是主要的影响因素。如果已经决定了对地下水位以上区域的污染物进行收集和拦截，收集方式(如沟、穴等)就要事先周密设计。如果决定污染区要在饱和区域得以恢复，那么通常就要采用一系列泵、注射井等设施。

一个成功的土壤淋洗过程应该基于污染物的本质特征，包含多种操作单元。对挥发态有机污染物，活性炭吸附、生物处理，以及热裂解手段是常用的选择。对于重金属，广泛应用的技术是离子交换和化学沉淀。

在美国，有许多法律和条款涵盖污染区修复后地下水监测的必要性，如资源保护与恢复法(RCRA)、CERCLA、超基金补救与再授权法(SARA)、清洁水法、饮用水安全法以及地下水储藏技术标准与要求法等法律法规都从各方面强调了土壤修复方面的行为准则。其中 RCRA 中明确规定地产所有者和土壤修复操作者对修复地点至少要监测 30 年以上。

土壤修复监测网络最少要有 1 个下梯度井、3 个上梯度井，同时，还经常要在原污染区的周围和内部设置取样井，以观察残余污染物的行为。监测网络具有地点特异性，随地貌特征和污染物的变化而变化。

1. 设计依据

污染土壤修复处理系统随污染物种类、浓度以及与淋洗液的作用方式等不同而不同，其主要影响因子有：①挥发性；②生物降解性；③浓度。

总体来讲，无论有机污染物向上述 3 个特征中的哪个特征倾斜多些，设计一个成功的处理系统都相应容易些。

对于重金属，主要的设计依据是重金属的离子形态。如果重金属的离子形态不复杂，那么大多数处理技术都能适用；但如果金属离子形态很复杂，则处理方式就只能局限在选择性沉淀和离子交换技术上了。

总的土壤淋洗系统工作效率基于修复工程实施后淋出液中总的污染物浓度。理想的土壤淋洗系统应该是在相对短的时间内，收集来的淋出液中含有较高的污染物浓度，效率不高的处理系统在较长的时间内得到的污染物浓度却很低。

2. 设计框架

土壤淋洗修复技术既是经典的，又是创新的。经典的土壤淋洗修复技术被定义为包括以下几个过程的技术：①在地下水位线以上区布井并进行污染物收集；②饱和区的泵一处理系统；③泵一处理系统和地下水自然流扩散措施的结合。

而创新的土壤淋洗技术还包括第二或第三步的淋洗液处理、修复系统。其实，土壤淋洗系统的过程设计就是把许多亚系统(图 6-6)组合在一起，使土壤修复工作更得心应手。创新的土壤淋洗技术内容应包括：①污染区包围屏障系统；②淋洗液施加系统；③污染物一淋出液收集系统；④淋出液再生及循环系统；⑤污染物处理及排放系统。

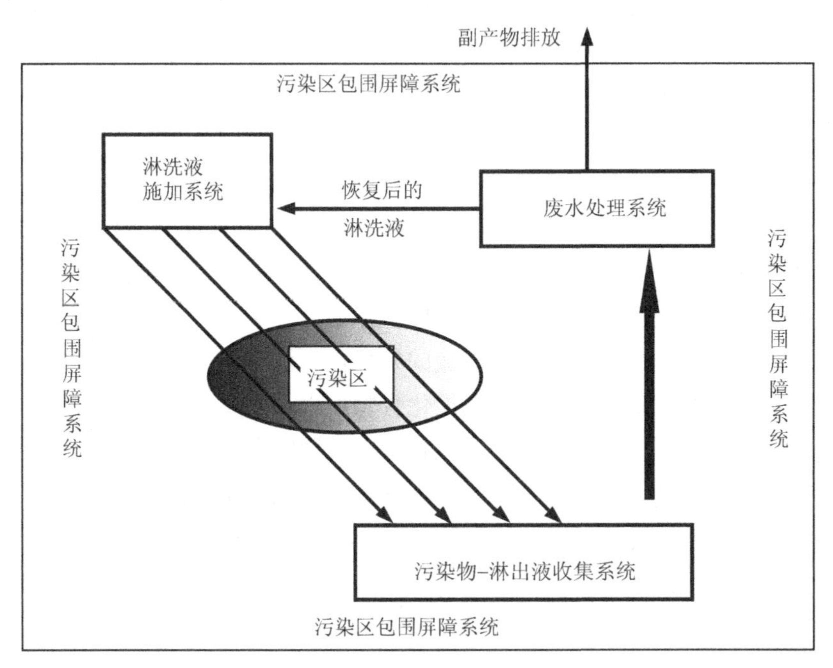

图 6-6　土壤淋洗技术各亚系统

3. 设计参数

如上所述，设计土壤淋洗系统之前要对修复点进行一个全面的了解。由于淋洗液能够使污染物变成可迁移态，因此不正确的修复工程不但不能降低环境风险，反而增加了这种可能性。

(1) 污染切隔屏障

待修复点的污染土壤通常用隔断墙或水动力学控制装置设置物理屏障。延伸展开的墙或泥浆墙可被用来控制水的流动。注射井和用泵抽吸的井也是两种阻隔、包围污染流的最常用手段。

（2）淋洗液的使用

淋洗液的施入系统必须要与污染土壤达到最大程度的接触。绘制地下水模型和 VOC 浓度图对解决这个问题很有帮助。要想得到最佳的淋洗效果，就要对待修复点的污染历史和地质学、土壤学特征进行全面的了解与把握。

最好的淋洗液是地点特异的，随污染物类型、土壤类型和水文学特征而变化。应该或者对地上系统，或者对地下系统比较有效，并且总体来讲，淋洗液施入系统越灵活多变，修复的效率越高。就 NAPLs 来讲，脉冲式加入系统证明比一成不变式的加入方式更有效，因此如果 NAPLs 是主要的污染物的话，技术人员最好设计一个交替加入淋洗液的装备。

（3）淋出液的处理

在实施污染土壤的原位淋洗技术时，应该考虑采用有效的淋出液处理方法，以及是在处理现场进行处理，还是运输到污水处理厂或其他污染修复点对淋出液进行集中处理，这些都要有可实施的具体方案。

一般来说，来自污染土壤的淋出液的处理，石油和它的轻蒸馏产物可采用空气浮选法，如果浓度足够高，对羟基类化合物可以采用生物手段来处理淋出液废水，如其他有机物一样。但是，如果生物处理被同时考虑进来的话，通常还要添加额外的碳源。重金属污染土壤的淋出液处理则利用化学沉淀或离子交换手段进行。表 6-4 给出了土壤淋洗技术中经常用到的淋出液处理措施。

表 6-4　土壤淋洗技术中经常用到的淋出液处理措施

污染物类型	中间处理措施	所需的最后处理措施
易挥发有机物	通风	活性炭柱
难挥发有机物	过滤	活性炭柱
难挥发有机物	过滤	生物处理
重金属	调节 pH	化学沉淀
重金属	过滤	离子交换
重金属络合物	氢氧化沉淀	硫化沉淀

(4) 淋出液治理与循环系统

如果以上物理屏障和淋洗液加入系统设计合理，那么接下来就要涉及对淋出液治理系统的要求，经常是指土壤污染区的下梯度工程设施如沟、穴、收集井等最常用到的手段；当地的水文地理特征是最重要的因素。收集系统的设计要能够最大限度地应付待修复区的水流问题。

如果要收集的水流过量，就要用到沿污染区上梯度的阻隔墙，上梯度墙可以提高系统的总效率。图 6-7 是阻隔墙减少淋洗液流失的示意图。

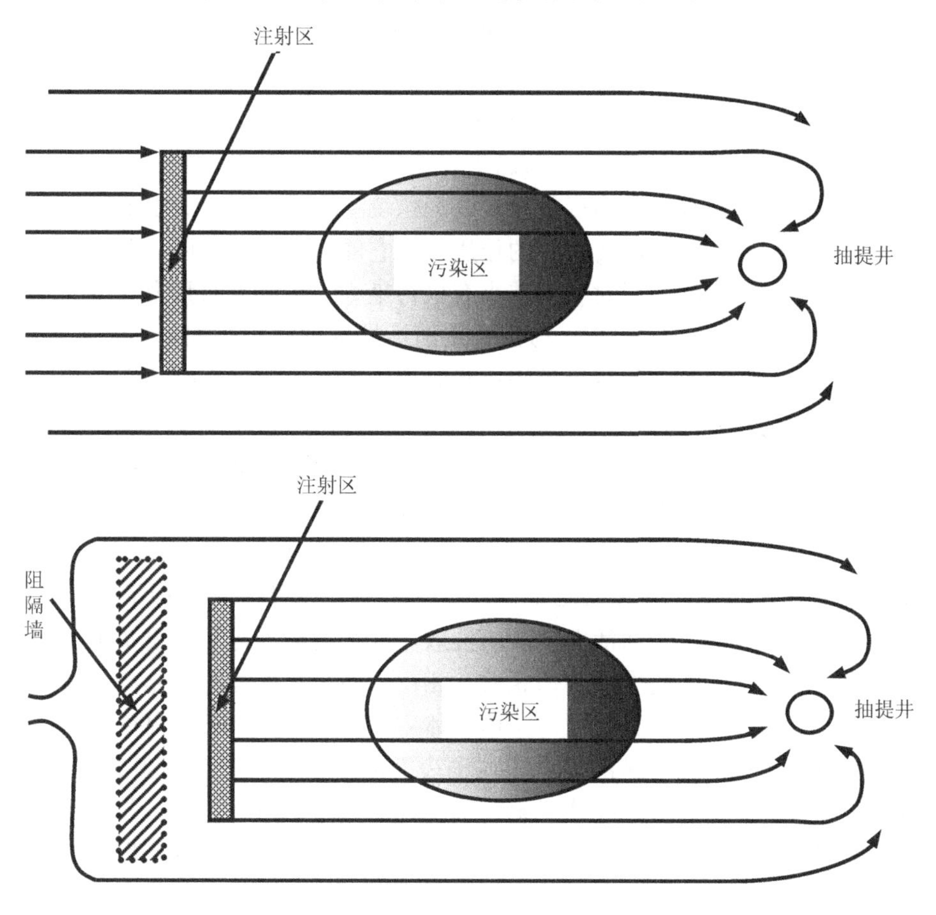

图 6-7　阻隔墙减少淋洗液流失的示意图

梯度墙在污染区的应用有很多好处：①降低收集系统的体积；②淋洗液与污染土壤的接触时间更长；③收集来的地下水中污染物浓度更高；④对整个系统的控制更有利。

对淋洗液的治理和再循环的设计数据来源于实验室或小规模的现场试验。每用一次，溶剂或“化学助剂”的效用就要相应降低。当淋洗液穿过污染土壤介质时，它与土壤一地下水复合体中任何物质都相互接触，如果碰到酸或碱，淋洗液再循环与再利用的机会和可能性都会微乎其微。

淋洗柱试验和小规模现场试验是获得设计淋出液治理与循环系统必需数据的最好方式。在实验室内对淋洗液进行测试，就可相应估测污染物解吸的效率。

五、冲洗助剂的应用

美国国家环境保护局、石油工业以及采矿行业常采用创新的土壤淋洗技术，其污染物的去除率可高达90%以上。他们常用的第二步修复处理系统主要采取水漫灌和压力技术，第三步修复处理系统主要是在淋洗液中加入表面活性剂或其他冲洗助剂。表面活性剂的作用在于它能起到增溶作用，即改进憎水性有机化合物的亲水性，同时明显减小有机污染物与水的表面张力，增强污染物的生物可利用性。以DNAPLs为例，表面活性剂的作用过程如图6-8所示。表面活性剂对石油烃及卤代芳烃类物质污染的土壤是比较适宜的冲洗助剂。选择用于土壤清洗修复表面活性剂的原则是：临界胶束浓度(CMC)和表面张力小、价格便宜、生物可降解性好等。常见的这类表面活性剂有：阳离子表面活性剂如溴化十六烷基三甲铵(CTMABA)，阴离子表面活性剂如十二烷基苯磺酸钠(LAS)和AES等，非离子表面活性剂如Triton X-100、平平加、辛基苯基聚氧乙烯醚(OP)、脂肪醇聚氧乙烯醚(AEO-9)等，以及生物表面活性剂和阴一非离子表面活性剂。表面活性剂的清洗效率与它的物理化学性质及土壤对污染物和表面活性剂的吸附作用密切相关。相比较而言，可能阴一非离子表面活性剂的除油效率更高些，这是因为土壤胶体主要带负电荷，对阴离子表面活性剂的吸附较弱，在土壤中易沉淀；非离子表面活性剂中由于含有聚氧乙烯基，带微量正电荷，又易被土壤胶体吸附，因此，从理论上来讲，阴一非离子混合表面活性剂比单一种类的表面活性剂作用效果更好，进入土壤后，作用于污染物的有效浓度较高。

将表面活性剂加入到土壤中去后，有一部分表面活性剂将会被土壤胶体所吸附，因此，在土壤中达到临界胶束浓度要比在液态情况下所需的表面活性剂多一些。例如，1991年Liu等发现，提高土壤中萘的溶解度需要非离子表面活性剂Brij 30浓度为0.1%，这个浓度几乎是该表面活性剂在液相中达到同等效果的40倍。同样的规律也可在其他PAHs化合物中见到。Clarke等(1994)开展了淋洗柱试验探讨表面活性剂十二烷硫酸钠 SLS 从污染土壤中去除二苯的可行性。结果表明，七个柱子中 1000mg/kg 的二苯均达到了 90%(±7%)去除效率。淋洗液可以循环再利用，去除剩余的活化态二苯，使其浓度下降到 1～2mg/kg。另外，表面活性剂对易挥发有机污染物，如含有 3000mg/kg 萘的土壤的去除效率也高达 75%以上。

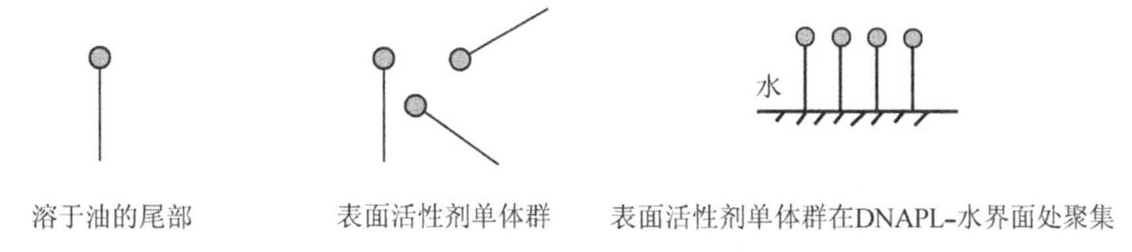

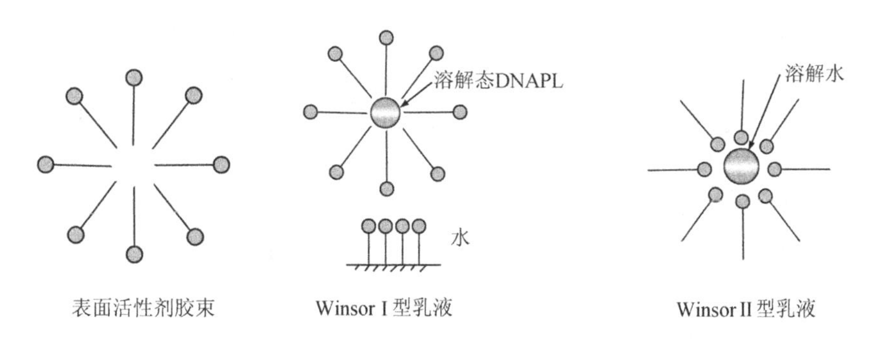

图 6-8　表面活性剂作用过程

有许多科研工作者进行了淋洗柱试验和平衡法试验的比较研究，发现淋洗柱试验条件下污染物在溶液中的溶解度比平衡试验中污染物在土壤悬浮液中的溶解度偏低。Pennel 等(1993)观察到十二烷(dodecane)在非离子表面活性剂的作用下，溶解度从 3.7mg/L 提高到 3500mg/L，增加了 6 倍，虽然表面活性剂增加了十二烷在淋洗柱试验中的溶解度，使其在淋出液中浓度达到 500mg/L，但与平衡法试验相比，它的浓度还是低了近 7 倍。基于上述试验结果，Pennel 认为，淋洗柱试验中表面活性剂溶解污染物的效率偏低，与其溶液在液相和表面活性剂中的溶解度下降，以及表面活性剂胶束在溶液中达到饱和状态后，胶束溶解度也下降有关。Peters 和 Shem(1992)也得到了相似的试验结果，在平衡法试验中，2 号柴油在表面活性剂的作用下溶解了 97%，但是在淋洗柱试验中仅能去除不足 1%的污染物，作者认为这可能是表面活性剂溶液进入土壤裂隙难以发挥作用的结果。

Peters 和 Shem(1991)筛选了 21 种表面活性剂，其中含有 3 种阳离子型、6 种阴离子型、11 种非离子型表面活性剂对土壤中 2 号柴油的去除效率。阴离子表面活性剂通常对总石油烃化合物(TPH)有较好的溶解效果，TPH 的溶解度在阴离子表面活性剂的作用下提高了 300%，多于 90%的烷烃(C_{12}～C_{19})可以被去除。

据 Kan 等(1992)报道，表面活性剂 Triton X-100 能够明显提高土壤中 NAPLs 的溶解度。最初，他们仅用水冲洗被航空汽油污染的土柱，淋出液中仅含有不足 100μg/L 的 NAPLs。当向土柱加入 0.5%和 1.5%的表面活性剂溶液后，2，3，4-三甲基链烷浓度分别提高到 7mg/L 和 123mg/L。在表面活性剂的作用下，多于 95%的 NAPLs 可以从土壤中去除。

土壤污染时间越长，去除污染物就变得越难。1993 年 Yoem 等发现，非离子表面活性剂 Brij 30 对仅污染 8d 的土壤中菲的去除效率可达 90%，而对于已污染 62d 的土壤，仅有不足 5%到 10%的菲被溶解。污染物在污染时间较长土壤中的溶解曲线可分为两个阶段，快速阶段和慢速阶段，速度慢下来是由于污染物间强的结合作用、被土壤颗粒所包被或已进入土壤腐殖质结构中。

碱性淋洗液，包括单独的碱性液或结合有表面活性剂的碱性淋洗液，在再生石油烃中被证明比传统的水溶液更为有效，这已经在石油工业中广泛应用。环境工程方面应用碱性淋洗液尚处在起步阶段。

酸性试剂和络合剂对从土壤中浸提重金属非常有效。由于酸性淋洗液能够改变土壤特性，产生更大体积的废液，并且在最终排放前需要进一步的处理，因此人们更趋向于采用络合剂浸提液。Peters 和 Shem(1992)开展了一系列平衡法试验，评估 EDTA 对铅的去除效率。结果表明，去除效率从 54%到 68%不等。同样采用平衡法，Elliott 等(1989)发现在 EDTA 作用下，80%的铅可以从污染土壤中去除。

Moore 和 Matsumoto(1993)在淋洗柱试验的基础上，比较了三种试剂：0.01mol/L HCl、0.01mol/L EDTA、1.0mol/L $CaCl_2$ 原位处理被铅污染土壤的淋洗效果。每种土壤含有 500～600mg/kg 的铅，在饱和状态下堆成柱状。HCl、EDTA、$CaCl_2$ 分别提取了 96%、93%、78%的土壤铅。HCl 能够从土壤中提取铅是因为 pH 下降导致铅的解吸，溶解了 $Pb(OH)_2$ 或其他铅沉淀物；EDTA 去除铅是通过金属络合作用；$CaCl_2$ 则是借助于离子交换作用达到修复目的。尽管 EDTA对原位修复重金属污染的土壤高度有效，但它价格比较贵，因此，为了尽快推广应用，必须要重复利用、再生 EDTA，降低修复成本。图 6-9 是原位表面活性剂淋洗系统的示意图，其中包括了表面活性剂再生设备。

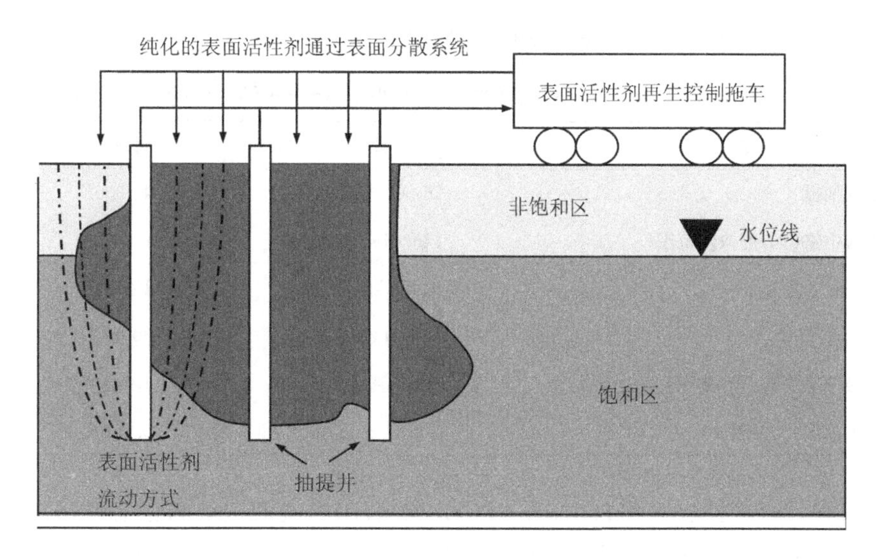

图 6-9　原位表面活性剂淋洗系统的示意图

六、应 用 实 例

1. 美国铬生产地土壤的修复

位于美国俄勒冈州 Cirvallis 地区的一个铬生产基地，采用土壤淋洗技术对铬污染土壤和地下水进行治理。在实施治理工程前，监测发现土壤铬含量超过 60 000 mg/kg土，地下水的铬含量也严重超标，污染土层深度达 5.5m。土壤颗粒组成主要是粗砂和细砂。具体治理行动主要包括以下几方面的措施：①挖掘 1100t 土壤并从该点移走处理；②布置 23 口抽提井，12 口监测井；③在最高污染区，布下两个盆状过滤点；④建造两条穿透污染斑块的过滤沟；⑤建设废水（淋洗液）处理设施以除去铬；⑥改变地表排水状况，使排水渠道绕过处理地点。

在天气干燥季节，盆状过滤点的过滤速率分别为 28 766L/d 和 11 355L/d，但如果天气湿润，过滤速率将下降 50%。过滤沟的过滤速率为 9500L/d。滤出液中的铬采用还原、化学沉淀方法来去除。具体处理过程中的一些数据列于表 6-5，这些数据来源于 1988 年 8 月到 1990 年 12 月期间的施工监测结果。

2. 加拿大波尔顿(Borden)军事基地土壤的治理

在加拿大 Alliston 附近的军事基地，从 1990 年 6 月到 1991 年 8 月，一项采用淋洗液加表面活性剂的泵一处理系统的处理试验被展开。该实验在体积为 $27m^3$ 的狭窄土壤空间中进行，它能够自我封闭，污染物是 231L 的四氯乙烯

(PCE)，并且设置了 5 个注射井和 5 个抽提井。

表 6-5　美国超基金计划修复点俄勒冈州 Cirvallis 地区铬的去除

参数	总量	每日量
地下水抽提	26 000 000L	44 000L
流出液中铬(VI)的浓度范围	146～19 233mg/L	
铬(VI)的去除量	12 000kg	19kg
填充物容量	18 000 000L	30 000L
流出液中平均铬(VI)浓度		1.7mg/L
产生的污泥(25%固体)	170m^3	0.28m^3

首先，直接抽提去除自由态的 PCE，然后用水漫灌去除自由态和溶解态的 PCE，再用表面活性剂冲洗。操作完前两个步骤后，大约有 50%的 PCE 仍保留在土壤中，这些剩余的污染物由加入表面活性剂的淋洗液从土壤中除去。

3. 美国希尔空军基地土壤的治理

美国犹他州希尔空军基地，在小规模现场试验中，采用淋洗液中加表面活性剂的方法去除了土壤中大约 99%残留的 TCE。所用的表面活性剂是十二磺基丁二酸钠(soudium dihexyl sulfosuccinate)，土壤类型是沙地。淋洗液注入到 3 个位于一侧、相距 6m 的注射井中，3 个抽提井位于测试地点的另一侧。

这项试验的研究者，包括得克萨斯州立大学的教授、Radian 国际有限公司的技术人员、美国空军基地实验室的人员，运用 UTCHEM 化学迁移模型对土壤治理结果进行了测试。处理前和处理后的污染物残留量用示踪技术计算，当示踪物质从注射井移动到抽提井的时候，它的延迟放射量正相关于残余的 DNAPLs 量。试验结果表明，99%的 DNAPLs 随表面活性剂淋洗液从土壤中除去。

第二节　异位化学淋洗技术

异位土壤淋洗技术开始于 1980 年，由美国国家环境保护局和其他国家的环保机构开始研究。在荷兰，由于土地被视为特别珍贵的资源，因此是热衷于这项技术的国家之一。起初，技术人员尝试把挖掘出来的土壤(各种粒级包括石块、砂砾、沙、细沙以及黏粒)放到一个容器中来修复，后来证明这种做法很困难，于是才想到把土壤筛分成不同的粒级。在土壤清洗之前进行土粒分级的办法可以提高处理效率。

土粒分级过程为接下来的后续处理提供了方便条件，从土壤结构而言，在挖掘现场，污染的下层土壤从一处到另一处并不是均一、一致的，而土粒分级则解决了这个处理难题。水是主要的清洗液，当然，清洗液也可以变成水加酸的形式，以驱使重金属从土壤胶体上迁移到清洗液中，络合剂也经常被应用以提高土壤中重金属的溶解度。有时也采用各种清洁剂将有机污染物带到溶液中。

一、设计原理与目标

1. 设计原理

土壤清洗系统由一系列物理操作单元和化学过程组成，这与长久以来就在采矿业中广泛应用的土岩分离技术措施相似。在这一过程中，采用水分离和清洗土壤不同粒级的方法。这些工作要在安全、体积可控的反应器中进行，所有从土壤中冲洗下来的污染物被转移到了液相中，这样废水被处理后，留下了污染物的残余富集流，类似于工业废水处理后的废液。

与原位化学淋洗技术不同的是，异位化学淋洗技术要把污染土壤挖掘出来，用水或溶于水的化学试剂来清洗、去除污染物，再处理含有污染物的废水或废液，然后，洁净的土壤可以回填或运到其他地点。通常情况下，根据处理土壤的物理状况，先将其分成不同的部分，分开后，再基于二次利用的用途和最终处理需求，清洁到不同的程度。按土壤颗粒不同的分离工作，是进行土壤修复一系列操作前的必要步骤。这样，不同的颗粒分级可以分开清洗。

在有些异位土壤淋洗修复工程中，并非所有分离开的土壤都要清洗。如果大部分污染物被吸附于某一土壤粒级，并且这一粒级只占全部土壤体积的一小部分，那么直接处理这部分土壤是最经济的选择。异位土壤淋洗通常产生污染物的富集液或富集污泥，因此还需要一些最终处理手段。

土壤清洗工作在某种容器中进行，这样技术人员可以控制操作流程和进行结果分析。在多数情况下，污染物集中在土壤混合体中的细粒级部分，它只占处理体积中很小的百分比。

2. 设计目标

土壤清洗系统的设计和操作依赖于修复目标和清洁后土壤需要达到的污染物水平，这涉及一场究竟什么样的土壤算是洁净土壤的争论。美国国家环境保护局(EPA)和州管理机构通常依地点不同建立不同的标准，而荷兰则发展了本地的A/B/C标准。A/B/C标准规定了50种常见有机物和无机元素的浓度上限，A标准用于不严格的土地再利用，B标准用于有限再利用地点的污染物残留浓度。

表 6-6 列举了异位化学淋洗技术中常见污染物应达到的浓度水平。

表 6-6　异位化学淋洗技术中常见污染物应达到的浓度水平

污染物	荷兰 B 标准/(mg/kg)
重金属	
铬(Cr)	250
镍(Ni)	100
锌(Zn)	500
砷(As)	30
镉(Cd)	5
汞(Hg)	2
铅(Pb)	150
有机物	
总 PAHs	20
致癌 PAHs	2
PCBs	1
农药	<1
总石油类碳氢化合物(TPH)	100

二、适 用 范 围

通常情况下，为了说明什么是适合的应用范围，就要有一个定义。但是，定义总有相对例外的情况，当这个定义用于特定事例之前，还要再思考定义是否是无懈可击的。这里，我们定义为土壤清洗技术适用于放射性物质、有机物或有机物的混合物、重金属或其他无机物污染土壤的处理或前处理，这项技术已经成功用于清洗许多无机物、有机物同时污染的土壤。

1. 土壤类型

通常来看，土壤清洗技术对污染物集中于大粒级土壤的事例处理起来更有效，砂砾、沙和细沙以及相似土壤组成中的污染物更容易成功处理，黏土较难清洗。一般来讲，如果一种土壤含有 25%～30%的黏粒，将不考虑采用这项技术，这是因为细粒级土壤每千克土有较大的表面积，土壤表面含有相对多的污染物，当对清洗液一土壤混合泥浆进行搅动时，大的土壤颗粒由于速率较慢，要比小胶体粒子承受更大的水冲击力，这样大的土壤颗粒之间会产生摩擦，而小颗粒不会，所以处理黏土－水混合泥浆中的污染物有难度，并且也很难通过重力方式分离土壤细颗粒悬浊液。经济因素决定每种粒级土壤的修复和处理方式。如果污染物主要是有机物的话，细粒级土壤可选用更经济有效的生物降解修复方法。

在正式修复土壤前，为了将其分成粒级统一的土堆，有各种筛分技术可供选择。当进行土壤清洗时，土堆的粒级形式统一，结果的预测性就会提高。土壤黏粒在土壤中经常呈离散状态存在，但是它们可能结合在一起形成大的土壤团粒结构，或与沙结合在一起形成砂砾，这些结构在土壤清洗之前需要打破，因此在把大粒级土粒筛分出来前，要把小的胶体粒子先分离出去。

固体废弃物如塑料、木块、金属块和其他块状物质，在土壤清洗之前也必须除去，以防止它们阻碍清洗液的流动。在待清洗土壤上生长的植被或植物残余物同固体废弃物一样，需要先从土壤中去除。

许多土壤清洗操作的核心是通过水力学方式，或机械地悬浮粒子，或积极搅动它们。待搅动粒子尺寸的最低下限是 9.5mm，大于这个尺寸的石砾和粒子才会很容易由土壤清洗方式将污染物从土壤中洗去。如果悬浮和搅动方式处理大粒级的土壤从经济角度来看行不通，那么可以把这部分土壤堆在一起，用水来冲刷。

另外，在工业排出和溢出物所造成的土壤表层和下层污染，可采纳土壤清洗工程来处理水道、工业废渣以及采矿业遗弃点中的废弃沉积物、残留物。

2. 污染物类型

土壤异位清洗技术适用于各种类型污染物的治理，如重金属、放射性元素，以及许多有机物，包括石油类碳氢化合物、易挥发有机物、PCBs 以及 PAHs。土壤异位清洗技术必须在处理可行性研究的基础上，依照特定的污染土壤或沉积物“量身定做"，清洗液也需要经过仔细研究才能确定。

污染物在土壤中可能呈分散的微粒状存在，来源于采沙爆破操作、工业废弃物排放系统、烟囱、垃圾堆中的重金属粉末、废渣、碎屑等。军事打靶训练场场地中也有子弹射出后排放的铅，留在了土壤环境中。这些微粒状污染物可在土壤粒级筛分之后，采用物理手段将其从土壤中分离。

3. 清洗液

清洗液由水和加入的其他试剂构成，可以把酸、碱洗洁剂、络合剂或其他化合物融合到水中。不同的清洗液被用到不同的土壤粒级或清洗过程的不同阶段。在每一个处理实例中，选择某一清洗助剂或化合物，它对接下来废水或淋出液处理的影响就不能不事先考虑。

通常，当重金属以离子状态吸附于土壤胶体表面时，清洗液中要加酸，使溶液呈弱酸性，这样会提高重金属的溶解性。有时，酸溶液也被用来清除颗粒表面的化学沉淀物，而热的酸溶液可提高土壤清洗的效率。碱清洁剂能够去除许多有机物，如包围在土壤颗粒表面的石油类化合物。在有些情况下，技术人员将清洗液的温度升高以利于土壤清洗，正如我们用热水洗东西一样。盐溶液也可能被采用以利于离子交换，这个过程类似于用盐再生离子交换柱。腐蚀剂被用来影响氢氧化物的离子交换，除去各种阴离子。有时，碳酸盐和重碳酸盐也被采用，除去再生的阴离子。

在土壤异位清洗技术中成功地运用了表面活性剂。表面活性剂在把 DNAPLs 和 LNAPLs 从污染土壤中转移到清洗液中很有用处。其实，许多常用的清洁剂都含有表面活性剂成分。十二磺基丁二酸钠(sodium dihexyl sulfosuccinate)和十二烷硫酸钠(sodium lauryl sulfate)是两种典型的表面活性剂。表面活性剂是长链的有机化合物，在链的一端有极性而另一端没有，含有碳氢成分的一端连接难溶污染物的分子，由硫化物组成另一端连接到水分子上，将污染物分子转移到水溶液中。在这个增溶过程中，表面活性剂与污染物形成球状聚集物，也就是胶束，使溶于水的离子端位于球状聚集物的外表面，连接污染物的厌水端在内部。在应用表面活性剂时，要有一个形成胶束的最低浓度要求，也就是临界 CMC，这个浓度范围在 500～1500 mg/L 之间。

加入络合剂能促进重金属从污染土壤中去除。络合剂是含有负离子作用基团的有机物分子，与金属阳离子形成化学键，这样的结构是金属络合物，将金属变成可溶态进入到清洗液中。能与一个金属离子形成两个键的基团叫做二“齿”基团，能与金属离子形成六个键的基团叫六“齿”基团，EDTA 就是这样的物质，可被用来清除人体内的重金属如铅等。EDTA 相对安全，在消费类食物产品、肥皂及洗洁剂中广为应用，已有研究者采用 EDTA 去除污染土壤中的重金属。然而，正如自然形成的络合物化学键很难打破一样，土壤清洗中所形成的金属—有机络合物有可能妨碍人们从清洗废液中最后去除重金属，对废液处理起来也较难，需要在较大范围内调节 pH 来破坏络合物结构。

三、装备要求

适合操作异位土壤淋洗技术的装备应该是可运输的，可随时随地搭建、拆卸、改装，一般都采用单元操作系统，包括筛分、沉淀、离心分离、淘选、过滤、酸/碱提取、机械破坏、漂浮、悬浮生物泥浆反应器等。例如，机械破坏可能在一个混合器（有时也叫摩擦反应器或高密集刷洗器等化学反应器）中进行。一些土壤异位清洗技术所需要的装备列于表 6-7，该技术过程的简单示意图见图 6-10。

表 6-7　土壤异位清洗技术装备

栅筛分设备	矿石筛
振动筛	传送系统
泥浆泵	砂砾清洗装置
砂砾暴气室	剧烈环绕分离器
摩擦反应器	净化器
漂浮单元	鼓轮过滤器
离心装置	过滤压榨机
流化床清洗设备	生物泥浆反应器

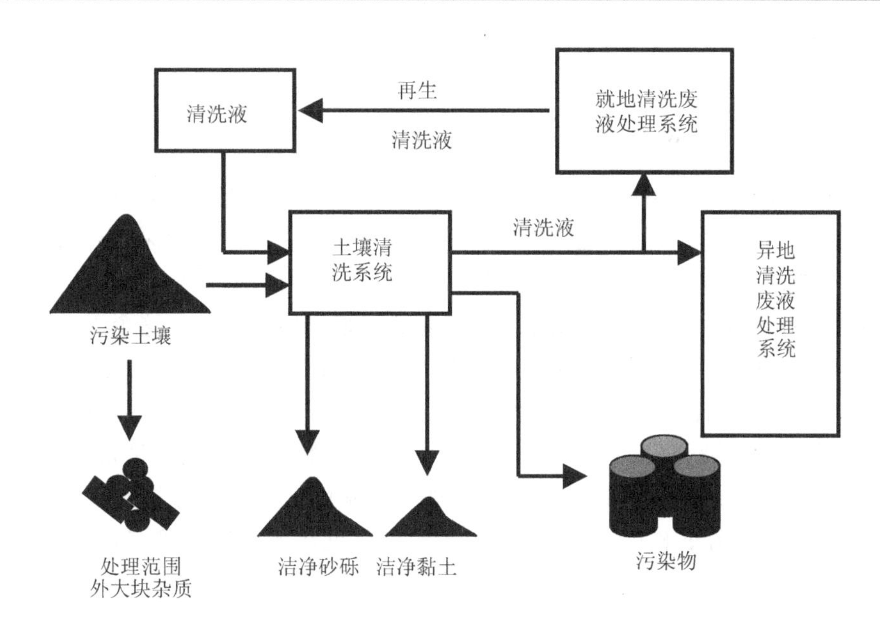

图 6-10　异位土壤淋洗技术流程图

四、应 用 实 例

欧洲和北美国家已经有很多实地应用的成功例子(表 6-8)，其中许多已经全方位修复了被污染的土壤。

表 6-8 超基金项目中采用土壤异位清洗技术的应用实例（截至 1995 年 8 月）

地点(美国)	状态	待处理对象类型	污染物
新泽西 Myers 不动产开发地	设计中	土壤，沉积物	重金属
新泽西受化学品污染的葡萄地	设计中	土壤	重金属
GE Wiring Devices，PR	设计中	土壤，沉积物	重金属
Cabot Carbon/Koppers，FL	设计中	土壤	半挥发有机物（SVOCs)，多环芳烃（PAHs)，重金属
Whitehouse waste oil pits	设计前	土壤，沉积物	易挥发有机物（VOCs)，PCBs，PAHs，重金属
Caper Fear Wood Preserving	设计完成	土壤	
Moss American，WI	设计前	土壤	PAHs，重金属
Arkwood，AR	设计完成	土壤，沉积物	

1. 新泽西州 Winslow 镇污染土壤的修复

美国新泽西州 Winslow 镇的污染土壤异位修复，是美国国家超基金项目中一个非常有名的修复实例，也是美国国家环境保护局首次全方位采用土壤清洗技术治理土壤的成功实例。在该地点被宣布为超基金项目示范点前，KOP 技术公司将这个 $4hm^2$ 的土壤不成功地作为了工业处理废物循环中心，这个工业废弃物倾泻地周围的土壤和污泥被砷、铍、镉、铬、铜、铅、镍和锌所污染。接近 19 000t的土壤和污泥采用土壤清洗技术进行治理。铬、铜和镍是导致较大环境问题的重金属污染物，而这 3 种污染物在污泥中的浓度高值每种都超过了 10 000mg/kg。在处理可行性试验和小规模现场试验后，一个全方位的土壤清洗系统，包括筛分、剧烈水力分离、空气浮选等一系列污泥浓集和脱水程序被开动。进行土壤清洗修复工作后，清洁土壤中的镍平均浓度是 25mg/kg，铬是 73mg/kg，铜为 110mg/kg。

2. 马萨诸塞州 Monsanto 地区土壤的修复治理

技术人员在马萨诸塞州 Monsanto 地区应用异位土壤淋洗技术，对 $34hm^2$ 的棕色田地进行土地修复工作。这里的污染物主要是萘、BEHP、砷、铅和锌。修复工程开始于 1996 年，一个每小时处理 15t 土壤的清洗工厂在该地搭建了起来。技术人员把要处理范围的土壤颗粒尺寸下限定在 50mm，待处理土壤被分成含有 PAPR 污染物、大于 2mm 的土壤和小于 2mm 的泥土。然后，将这种湿泥浆通过剧烈水力分离单元，以分开粗粒级和细粒级。粗粒级土壤检验合格后，可作为洁净土就地回填，而细粒级土壤需要在生物泥浆反应器中做进一步处理。这样的结果是，必须移走的总污染物体积可达到93%，处理的总土壤体积为9600t，工程耗时6个月，土壤清洗和生物修复的费用为90万美元。

第三节　溶剂浸提技术

溶剂浸提技术(solvent extraction technology)，通常也被称为化学浸提技术(chemical extraction technology)，是一种利用溶剂将有害化学物质从污染土壤中提取出来或去除的技术。化学物质例如PCBs、油脂类等是不溶于水的，而倾向于吸附或粘贴在土壤、沉积物或污泥上，处理起来有难度。当人们认识到PCBs在环境中具有持久性危害前，PCBs就已在工业中广泛应用。由于PCBs具有很高的化学和生物稳定性且具有脂溶性，因此易于在食物链中累积，现已在人类的组织中检测到了PCBs的存在。修复被PCBs污染的土壤是一项具有挑战性的研究课题。

在有些情况下，为了缓解PCBs对土壤的污染效应，有毒土壤被深层填埋或被作为下层土壤，然而这样会损害到表层土壤的肥力。据报道，化学降解PCBs也是不可行的土壤修复方法。溶剂浸提技术克服了由土壤处理、污染物迁移、过程调节等技术瓶颈，使土壤中PCBs与油脂类污染物的处理成为现实。溶剂浸提技术一般是土壤异位处理技术。图6-11是溶剂浸提技术过程示意图。

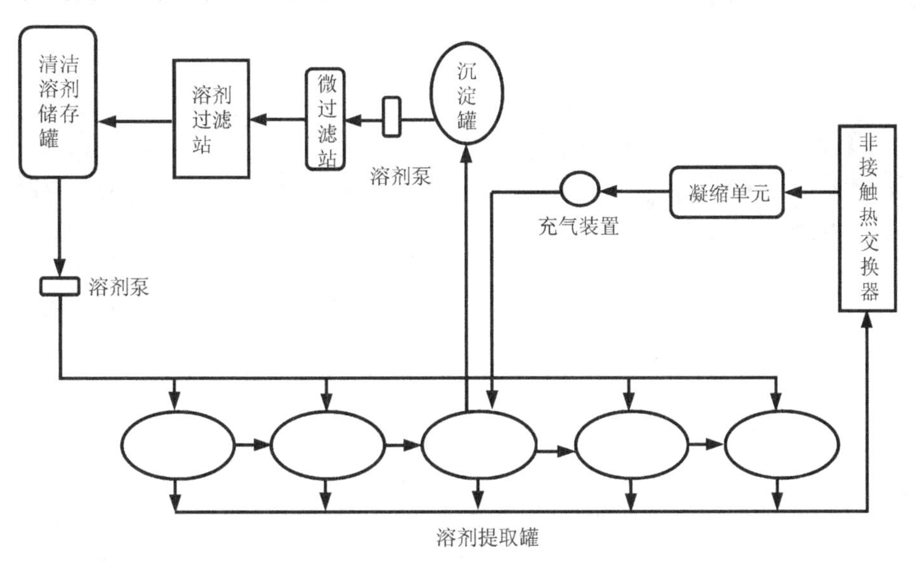

图6-11　溶剂浸提技术过程示意图

一、系统组成与技术优势

1. 系统组成

简单说来，溶剂浸提技术的处理系统是利用批量平衡法，在常温下采用优先溶剂处理被有机物污染土壤的技术。在采用溶剂浸提技术前，先要将污染土壤挖掘出来，并将大块杂质如岩石、垃圾等分离出去。然后，将污染土壤放置在一个提取箱(图 6-12)内，提取箱是一个除排出口外密封很严的罐子，在其中进行溶剂与污染物的离子交换等化学反应过程，以浸提内含的土壤污染物而无需经过混合。溶剂的类型依赖于污染物的化学结构和土壤特性进行选择。提取箱可容纳 12～13m^3 的土壤。洁净的浸提溶剂从溶剂储存罐运送到提取箱内，溶剂必须漫浸土壤介质，以便土壤中的污染物与溶剂全面接触。其中在溶剂中浸泡的时间，取决于土壤的特点和污染物的性质。当监测表明，土壤中的污染物基本完全溶解于浸提的溶剂时，借助泵的力量将其中的浸出液排出提取箱，并引导到溶剂恢复系统中。按照这种方式重复提取过程，直到目标土壤中污染物水平降低到预期标准。通常，要对处理过的土壤和浸提液多次采样分析，以判断浸提过程的进展情况。土壤中污染物的浓度是否达标，要经过实验室内气相色谱的分析确定。同时，要对处理后的土壤引入活性微生物群落和富营养介质，快速降解残留的浸提液，处理过的土壤可就地回填。

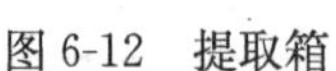

图 6-12　提取箱

图 6-13　溶剂脱水装置

溶剂恢复系统包括溶剂净化站(介质吸附)和溶剂脱水装置(蒸馏，图 6-13)两部分。溶剂净化站(图 6-14)由袋状过滤层和吸附介质过滤层组成，滤去溶液中的颗粒物质。溶剂脱水单元则结合油/水分离来进行蒸馏，分离溶液中的有机污染物并进一步浓缩，最大程度地减少废弃物的体积。如果用过的溶剂确实不能被降解或被进一步用来修复处理土壤，那么可以考虑运送到垃圾填埋场处理或降解它。

图 6-14　溶剂净化站

图 6-15　空气加热装置

经过这些处理程序后，污染物或者富集在蒸馏部分底部，或者在吸附介质中。这些污染物可进行原位降解处理或运离原地另寻其他处理地点。仍然保留在处理土壤中的洁净浸提溶剂可利用溶剂蒸发恢复系统来去除，该系统包括空气冷却装置/结合装置、吹风器以及空气加热装置(图 6-15)。滞留在土壤中的剩余溶剂可通过土壤加热的方法，使其由液态变成气态而从土壤中逸出，冷却后又变成液态，可达到循环再利用的目的；或者通过真空抽提和生物处理手段去除仍然滞留在土壤中的浸提液，例如，在具有离心力鼓风机的作用下，浸提液蒸气和空气从浸提箱出口，经过浓缩装置和液相过滤后，释放到空气或回转到提取箱中。

如果溶剂浸提技术设计和运用得当，它是比较安全而有效的土壤清洁技术。在土壤挖掘现场，为了防止土壤中挥发的污染物对周围大气的污染和对人体健康的危害，还要注意监测空气中有害物质的含量，以确保空气中污染物含量不超过特定标准，并且由于溶剂浸提技术的大部分流程都在密闭环境中进行，因此，任何蒸发出来的有害化学物质和溶剂都能被收集做进一步处理。同时，修复工程各步骤完成后，还要检测经过修复的土壤其中所含的污染物含量是否已经降低到认可的标准以下。如果已经达到预期目的，要对这些土壤进行原位回填。

溶剂浸提技术每天可处理 125t 土壤，具体持续时间依赖于以下几个因素：①污染土壤体积；②土壤类型和目前的状况(如土壤干湿程度、是否含有大量废弃物等)；③污染物类型和数量。

2. 技术优势

溶剂浸提技术的优点在于，可用来处理难以从土壤中去除的污染物。同其他原位处理技术相比，溶剂浸提技术通常更快捷。由于该技术通常要在原地开展，不必将污染土壤运输到其他处理工厂去，因此节省了运输和额外的土壤处理费用。浸提溶剂可以循环再利用。溶剂浸提技术的处理装置组件可以运输到所需要的地方去，并且可以根据要处理土壤的体积大小调节系统容量，处理系统中的许多组成部件，可从当地的物资供应部门买到，方便易得。灵活可调的特点，大大提高了这项技术的可推广性。

二、适用范围

1. 污染物浓度与种类

在决定实施溶剂浸提技术之前，要做一些处理可行性试验以保证达到系统设计的修复目标。某一特定地点需要达到的污染物水平和现有污染物浓度是确定循环次数和时间的先决因素。一般来讲，随着某一地点土壤中污染物浓度的升高，而相应的清洁过程需要达到的修复浓度又限制得极为严格，在这种条件下，就会需要更多的循环次数和更长的处理时间来降低土壤中污染物的含量，尽管这与污染物特性和土壤类型有密切关系。

溶剂浸提技术适用于修复以下有机污染物污染的土壤，如 PCBs、石油类碳氢化合物、氯代碳氢化合物、多环芳烃(PAHs)、多氯二苯-*p*-二噁英以及多氯二苯呋喃(PCDF)等。同时，这项技术也在全方位上，成功地用在其他有机污染物污染的土壤上，比如农药(包括杀虫剂、杀真菌剂和除草剂等)。在美国某公司进行的一次小规模现场试验中，有监测数据表明，经过三次循环提取，土壤中农药的浓度降幅达 98%以上(表 6-9)。而在阿拉斯加的另一次采用浸提技术修复土壤的研究中，土壤中 PCBs 的浓度从 300mg/kg 降低到 6mg/kg，但需要经过 57 次循环提取。在这两个例子中，达到处理目的所需循环提取次数的巨大反差，是由于土壤颗粒大小、持水量、有机质含量、污染物浓度和种类等因素所造成的。

表 6-9　美国某土壤修复公司小规模现场试验中农药去除效率

项目	DDD /(mg/kg)	DDE/(mg/kg)	DDT /(mg/kg)
未处理土壤	12.2	1.5	80.5
处理后的土壤	0.024	0.009	0.093
去除率/%	98	99.4	98.8

一般来说，溶剂浸提技术不用于去除重金属和无机污染物，因为在待处理土壤上开展的淋溶试验以及可行性试验结果表明，土壤经修复处理后，无机污染物和重金属的淋溶特性没有明显的改变。

目前，该技术还仅适用于室外温度在冰点以上的情况，低温不利于浸提液的流动和浸提效果。可以考虑在整个流程中引入闭路热蒸气提取系统，而不是仅仅覆盖各提取箱，这样，在寒冷的气候条件下，仍可实施溶剂浸提技术。

2. 土壤类型

适合采用溶剂浸提技术的最佳土壤条件是黏粒含量低于15%，湿度低于20%。如果黏粒含量较高，循环提取次数就要相应增加，同时也要采用合理的物理手段降低黏粒聚集度。实际上，黏粒含量高于15%的土壤很难采用这项技术去除污染物，因为污染物被土壤胶体强烈的吸附。土壤胶体本身也形成很难打破的聚合物，妨碍了提取溶剂有效的渗透，因此对这类土壤还要采取额外的处理方式以降低黏粒含量。更高的土壤湿度则要求土壤风干和溶剂蒸馏，以此降低溶剂中水分的累积，防止水分稀释提取液，降低污染物溶解度和迁移效率。也就是说，当土壤水分含量过高，该技术应该还要有一步的蒸馏阶段以保持浸提溶剂的有效性。如果土壤污染物是易挥发态的，那么土壤就要在密闭容器中进行干燥。

三、应 用 举 例

1993年10月，美国Terra-kleen公司运用溶剂浸提技术，对来自加利福尼亚州、阿拉斯加州被PCBs污染的土壤进行可行性试验研究，分析结果表明，这些土壤中Aroclor 1260是惟一存在的PCBs形式。试验结果肯定了溶剂浸提技术的有效性。该公司于1994年6月又在北岛空军基地开展了另一项小规模现场试验。这两次试验的目的，在于评价该公司所开发的溶剂浸提技术去除土壤中PCBs的效率，是否已达到有毒物质控制议案中关于PCBs浓度标准的规定(2mg/kg土)。

该公司在美国海军环境指导计划的资助下，运用溶剂浸提技术，还在北卡罗来多州和加利福尼亚州成功地处理了有毒土壤。到目前为止，该公司的溶剂浸提技术已经原位修复了大约20 000m^3被PCBs和二噁英污染的土壤和沉积物，浓度高达20 000mg/kg的PCBs被减少到1mg/kg，二噁英的浓度减幅甚至达到了99.9%，平均每吨土壤的处理费用大致需要165～600美元。项目资助人美国海军环境指导计划对该公司给予了高度的评价，称赞这一新技术与传统的“挖掘与拖走”方式处理PCBs污染土壤相比，可节省海军和纳税人5千万美金，并且由于这是现场处理技术，还减少了500多次北卡罗来那州的交通阻塞。

第四节　原位化学氧化修复技术

原位化学氧化修复技术(*in-situ* chemical oxidation)主要是通过掺进土壤中的

化学氧化剂与污染物所产生的氧化反应，达到使污染物降解或转化为低毒、低移动性产物的一项污染土壤修复技术。化学氧化技术不需要将污染土壤全部挖掘出来，而只是在污染区的不同深度钻井，然后通过井中的泵将氧化剂注入土壤中。通过氧化剂与污染物的混合、反应使污染物降解或导致形态的变化。为了更快捷地达到修复的目的，通常用一个井注入氧化剂，另一个井将废液抽提出来，并且含有氧化剂的废液可以循环再利用。图 6-16 是原位化学氧化技术示意图，由注射井、抽提井和氧化剂等三要素组成。图 6-17 是修复井的一般构造示意图。实践表明，如果不经过事先勘测，很难将化学氧化剂泵入恰好的污染地点。因此，在钻井之前，技术人员要先通过测试土壤和地下水，研究地下土层的特征，探出污染区实际所在地点与覆盖面积。

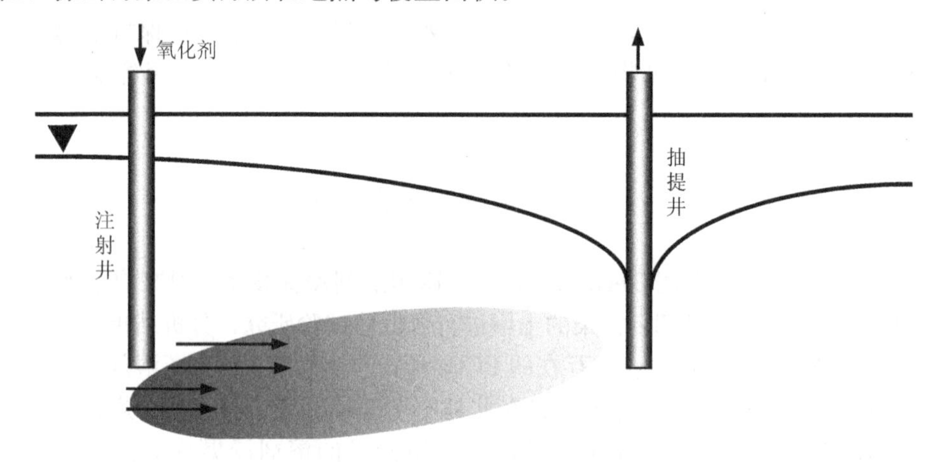

图 6-16　原位化学氧化技术示意图

化学氧化修复技术的优点在于，土壤的修复工作完成后，一般只在原污染区留下了水、二氧化碳等无害的化学反应产物，而且与传统的泵一处理系统相比，化学氧化技术不需要将泵出的液体特别地输送到专门的处理工厂，这节省了时间和金钱。通常，化学氧化技术用来修复处理其他方法无效的污染土壤，比如在污染区位于地下水深处的情况下。化学氧化技术可以原位治理污染源，而其他许多处理方法只是移去污染源，既费时又费钱。由于具有这些优势，在美国和英国等西方发达国家，已有许多地点尝试采用化学氧化技术修复污染的土壤。

该技术主要用来修复被油类、有机溶剂、多环芳烃(如萘)、PCP、农药以及非水溶态氯化物(如三氯乙烯 TCE)等污染物污染的土壤，通常这些污染物在污染土壤中长期存在，很难被生物所降解。

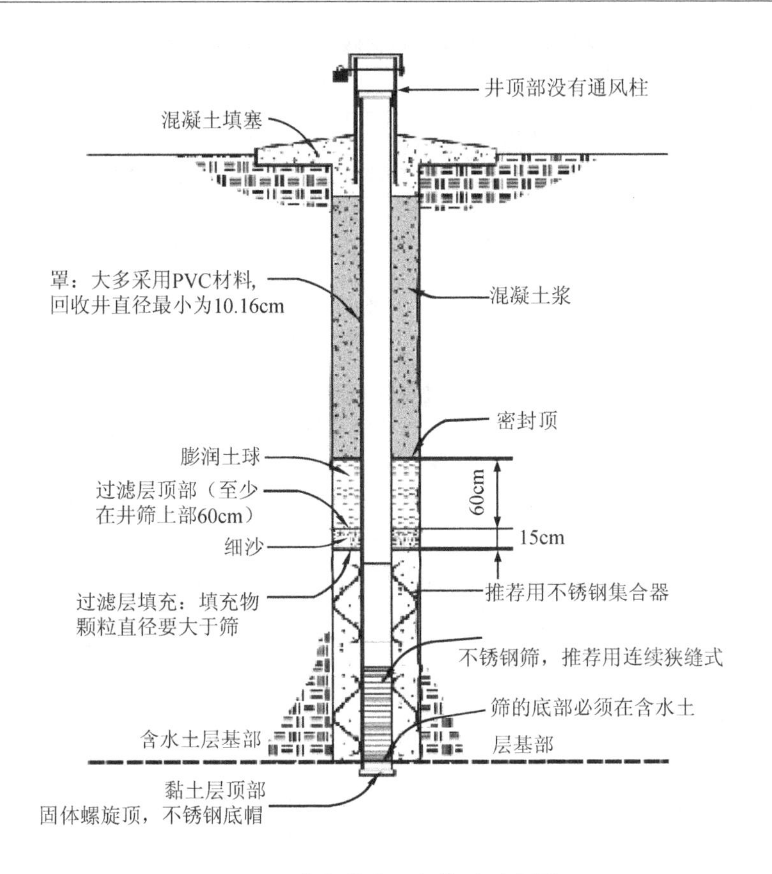

图 6-17　修复井的一般构造示意图

一、氧化剂及其分散技术

1. 氧化剂种类

最常用的氧化剂是 K_2MnO_4 和 H_2O_2，以液体形式泵入地下污染区。根据待处理土壤的特性和污染物的不同，这两种氧化剂各有优缺点。臭氧(O_3)是一种强有力的氧化剂，但由于呈气态，较难应用。有时，可以在应用氧化剂的同时加入催化剂，提升氧化能力、加快化学反应速率。例如，将 H_2O_2 与铁混合，反应产生自由基，它对有害有机物的破坏能力高于 H_2O_2 本身。化学氧化反应产生的热量足以使水沸腾，因此，这些热量能够使土壤中的污染物挥发或变成气态溢出地表，再通过地表的气体收集系统进行集中处理。

常见氧化剂及其在原位化学氧化技术中应用的一些特征概要列于表 6-10，对适用的污染物、修复对象和各种影响因素及潜在不利影响都做了适当描述。

表 6-10　原位化学氧化修复技术的特征概要

化学氧化技术	注入的氧化剂		
	过氧化氢	高锰酸盐	臭氧
适用的污染物	氯代试剂、多环芳烃以及油类产物，对饱和脂肪烃则不适用		
修复对象	土壤和地下水		
影响因素			
pH	最好在 2～4 之间，但在中性 pH 下仍可应用	最好在 7～8 之间，但在其他 pH 下仍可应用	中性 pH
有机质和其他还原性物质	系统中存在的任何还原性物质都耗费氧化剂。天然存在的有机质、人类活动产生的有机质和还原性无机物都对氧化剂的修复效率有较大影响		
土壤可渗性	推荐高渗性土壤，如果应用先进的氧化剂分散系统如土壤深度混合和土壤碎裂技术，在低渗土壤上也能开展修复工作。Fenton 试剂和臭氧靠化学反应生成的自由基产物作强氧化剂，因此要防止产物从注射点溢出		
土壤深度	如果采用先进的分散系统，土壤深度不是限制因子		
氧化剂的降解	与土壤和地下水接触后很快降解	比较稳定	在土壤中的降解很有限
其他因素	需要加入 $FeSO_4$ 以形成 Fenton 试剂	—	—
潜在不利影响	加入氧化剂后可能生成逃逸气体、有毒副产物，使生物量减少或影响土壤中重金属存在形态		

2. 氧化剂分散技术

一个成功的原位修复技术离不开从注射井加入氧化剂的恰当分散技术，常见到的传统分散手段有竖直井、水平井、过滤装置和处理栅等，这些已经通过现场应用证明其有效性。其中，竖直井和水平井都可用来向非饱和区的土壤注射气态氧化剂。据报道，在向非饱和土壤分散臭氧方面，水平井比竖直井更有效。一些分散系统的示意图见图 6-18。即使土壤是低渗土壤，创新的技术方法，如土壤深度混合、液压破裂等也能够对氧化剂进行分散，并达到较好的疏散效果。需要注意的是，不论应用哪种化学分散技术，建造注射系统的材料必须要与氧化剂相匹配。

修复剂良好的分散效果依赖于细心的工程设计和分散设备的正确建造。Ho 等(1995)开发了一种小规模试验条件下，深度注射和分散 H_2O_2 的系统。该装置的两个主要部件是杆和垂直于杆轴的喷气尖头。通过让杆绕轴旋转，从而间接旋转尖头，使 H_2O_2 注射到垂直于杆的平面上。在中性沙地土壤上开展初步注射试验并证明可行后，Ho 等认为通过这种装置，在沙地土壤中的处理深度，可到达污染物存在较深的介质中，并能够收到较好效果。

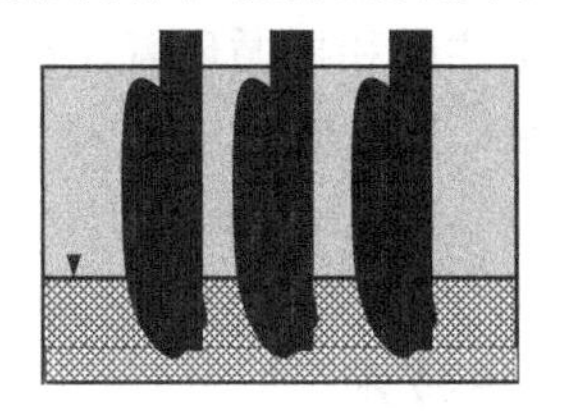

用搅动、加入系统向土壤渗透H_2O_2、K_2MnO_4

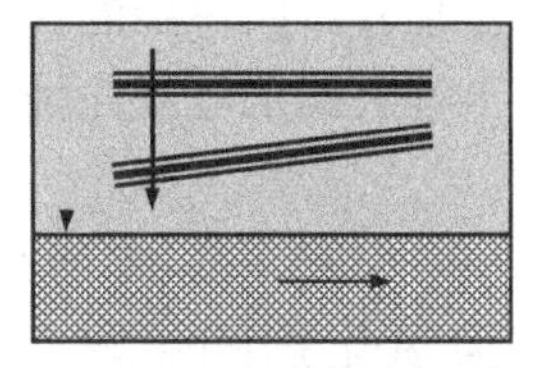

向碎裂土壤填充$KMnO_4$的两个水平井

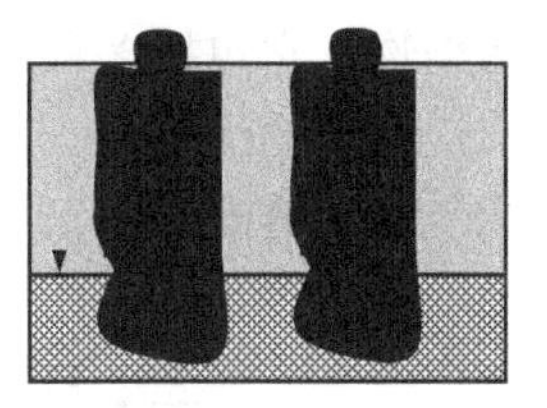

土壤与H_2O_2或K_2MnO_4混合

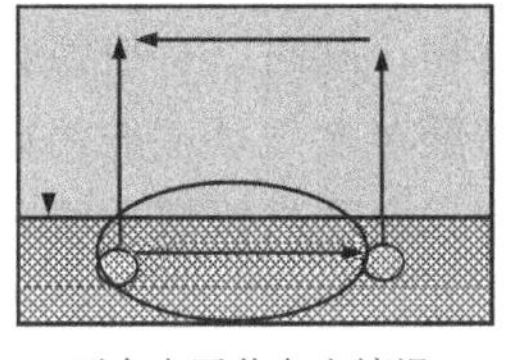

两个水平井向土壤漫灌K_2MnO_4

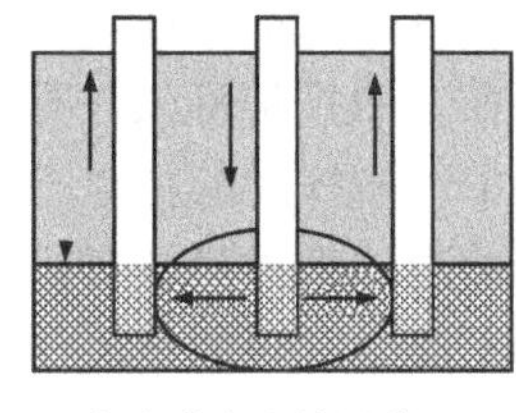

竖直井向土壤漫灌$NaMnO_4$

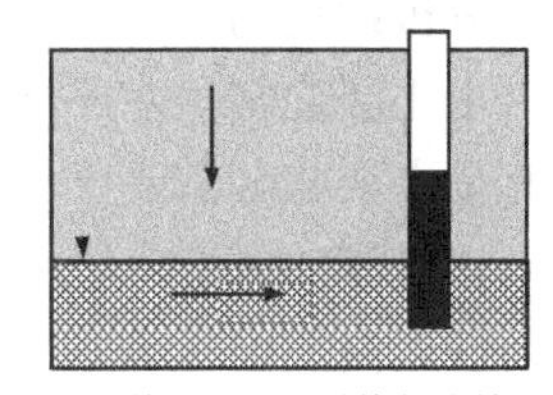

使$KMnO_4$固体与土壤隔绝的围栅

图 6-18　一些分散氧化剂的土壤分散技术

对于渗透性较低的土壤，推荐用深度土壤混合技术将氧化剂分散到污染区域。这种技术采用一系列特别的钻，配以混合板，使它们旋转时达到混合土壤的目的。如果装置类型匹配得当，能够钻 30.5m 的孔。为了提高整个混合区修复剂的分散度，可以用空气流吹散氧化剂，使其以细雾状进入混合区。据报道，深度土壤混合技术已经能够将 H_2O_2 疏散到土壤表层下 7.5m 的地方，并在治理南俄亥俄州湖泊底层沉积污染物中取得了成功。

液压破裂技术是另一种可用来修复低渗土壤的创新分散技术，这种技术简单说来就是在高压条件下，将水或空气泵到土壤下表层去，破裂土壤结构。该方法在石油工业中早已广泛应用，以分散淋洗液或再生的石油类碳氢化合物，用在土壤修复上只是最近的事。

一种由 Geo-Cleanse 国际公司发明并申请了专利、商业可行的注射技术，证明在现场采用 Fenton 试剂并将其分散到土壤下表层有效。建造的注射器中装有一个用来混合氧化剂、促进地下水循环，从而加速氧化剂扩散的混合钻头。在注射氧化剂以前，先注射混有催化剂溶液的空气，以保证注射器畅通并为下一步修复过程作准备。当空气流达到要求流速时，Fenton 试剂被同时注射。注射器配备了检查阀门和恒压分散系统，防止 Fenton 试剂达到污染区之前自我混合。

深度土壤混合技术已经通过现场应用，在应用 $KMnO_4$ 修复低渗土壤中取得成功。对于渗透性较高或者物理破坏污染区行不通的土壤条件下，则不推荐采用深度土壤混合技术。例如，美国橡树岭国家实验室研制了一项可行的、将$KMnO_4$分散到土壤下层的成功技术，其特点是通过再循环方式原位化学氧化土壤污染物，它包括多种水平和竖直井，向污染的含水土层注射和再循环氧化剂溶液。该技术的优点在于，由于土壤毛细水已被先抽提出来，因此它能够引入大体积的氧化剂溶液修复污染土壤。

二、H_2O_2 作为氧化剂的化学氧化修复技术

有机氯化物是环境致癌物，具有低水溶性、比水密度高等特点，在污染地点的含水土层通常呈水不溶态存在，而且是持久性有机污染物。同时，有机氯化物具有呈斑块状分散于土壤介质中和易挥发的特点，为了降低对大气环境的污染和对人体暴露的风险，需要采取适当的手段降解有机氯化物。由于有机氯化物的低水溶性、高界面张力和在含水土层中有限的集流传输等特点，传统的泵一处理过程对它不起作用，而原位化学氧化技术对被有机物污染的地点或含水土层、尤其是高浓度区域，是一项很有前景的土壤修复技术。

我们可以用铁催化的 H_2O_2 作为氧化体系，产生的自由基 HO・是一种非特异和强有力的氧化剂。据报道，以自由基 HO・氧化有机物的化学反应常数在 $10^7 \sim 10^{10}$ L/（mol・s）之间。有两种 Fe^{2+} - H_2O_2 氧化过程可供选择。

1. Fenton 氧化反应

利用可溶 Fe^{2+} 作为催化剂，生成具有高反应活性的 OH・，化学反应方程为

$$Fe^{2+} + H_2O_2 = Fe^{3+} + OH\cdot + OH^- \tag{6-1}$$

产生的 OH・能无选择性地攻击有机物分子中的 C—H 键，由此降解各种有机溶剂如酯、芳香烃以及农药等。在酸性条件和过量 Fe^{2+} 下，OH・能进一步与 Fe^{2+} 反应，生成 Fe^{3+}

$$Fe^{2+} + OH\cdot = Fe^{3+} + OH^- \tag{6-2}$$

如果正确控制反应条件，Fe^{2+} 可通过 Fe^{3+} 与另一分子 H_2O_2 反应，还原成 Fe^{2+}，生成的 HO_2・也能参加某些有机化合物的氧化反应，但其反应活性要比 OH・低得多

$$Fe^{3+} + H_2O_2 = Fe^{2+} + HO_2\cdot + H^+ \tag{6-3}$$

基于方程(6-1)，我们不难看出，尽管该反应在中性 pH 时也可行，但无疑低 pH 范围内（2～4）最有利于 OH・的生成。我们可以利用 Fenton 反应氧化氯化溶剂(如 TCE 和 PCE 等)。Huang 等(1993)总结了 Fenton 反应优于其他氧

化反应的几个方面：①Fe^{2+}和H_2O_2都没有毒，且价格便宜；②催化反应中不需要额外的光照，设计起来比紫外光照系统简单得多；③H_2O_2可在土壤污染区中以电化学方式自动产生，这更增加了经济可行性和修复土壤的效率；④没有污染物浓度限制；⑤反应速率很快。应用 Fenton 试剂实地修复土壤的照片如图 6-19 和图 6-20 所示。

图 6-19　Fenton 试剂储藏罐和反应控制拖车

图 6-20　Fenton 试剂注射井(同时监测井温和井压以控制试剂注射速率)

有许多学者对利用 Fenton 试剂氧化有机污染物展开了研究，这些实验室内的试验或者是以土壤泥浆为研究对象，或者采用柱试验方式。通常，在试验中都要加入过量的H_2O_2，因为本来存在于土壤中的有机物或无机组分也要消耗 OH·。有学者指出，有机污染物从土壤上的解吸是决定这些污染物能否被 Fenton 试剂快速氧化的关键步骤。有机物被土壤粒子的吸附能明显降低它们的降解速率，甚至使这些污染物逃脱降解。然而，近来的研究却指出，吸附态有机物可以被H_2O_2快速氧化。据 Watts 等(1994)报道，在H_2O_2浓度大于 30mmol/L、H_2O_2与铁物质的量比大于 2∶1 的情况下，吸附态六氯苯被 Fenton 试剂氧化的速率大于其解吸速率，他们认为或者是吸附态有机物被直接氧化，或者是在高H_2O_2浓度导致的还原环境下，吸附态有机污染物的吸附特性发生变化的结果。

利用 Fenton 反应机制修复污染土壤时，还要考虑到潜在的生态影响和化学物质的处理问题。将酸溶液引到土壤中有不利的负面影响，尽管反应中也生成了OH^-和H^+，但它们的数量远比酸要少得多，对介质的 pH 没有多大改变。同时，由于技术操作过程中要接触大量的化学物质，因此对工作人员有一定的危险。此外，H_2O_2进入土壤后，立即分解变成水蒸气和氧气，所以还要采取特别的分散系统避免氧化剂的失效，但H_2O_2分解也带来了一个好处，就是释放出的氧气能够刺激好氧生物的活动。

2. 近似 Fenton 反应

近似 Fenton 反应所利用的试剂是羟基氢氧化物，如 α-FeOOH。通过这一氧化系统，很大比例的土壤污染物被H_2O_2氧化，无需再加入任何可溶态离子，并且天然矿离子催化的近似 Fenton 反应，可以用来描述发生在天然土壤中的氧化过程。由于土壤和含水土层的物质中通常含有大量的天然矿离子，如羟基氢氧化铁，因此利用这一反应修复污染的土壤和地下水是较为有效的方法。据 1994 年 Ravikumar 和 Gurol 的报道，在含有 800mg/kg 自然矿离子的沙地中，加入 1.68 mmol 的 H_2O_2，可使吸附态 TCE 减少 50%，沙地沃土以 1g H_2O_2/g 土的剂量就能达到大于 70%的 TCE 除去，不用再额外添加任何可溶态离子，但是 Fe^{2+} 的人为加入能够使氧化速率更快，反应范围更广。

羟基氢氧化铁矿离子催化 H_2O_2 的反应机制在酸性和天然 pH 下是不同的。羟基氢氧化铁矿离子在酸性 pH 下产生 Fe^{2+}，用来催化 H_2O_2；在天然 pH 条件下，可溶态矿离子数量很少，H_2O_2 是被表面羟基氢氧化铁所催化的，是较为庞杂的催化过程。有研究者发现，近似 Fenton 反应在低 H_2O_2 浓度下也能照常进行。也有报道指出，加入硫化铁后，用更少的氧化剂就能有很好的氧化效率。

酸性 pH 通常用来完善离子催化 H_2O_2 氧化反应，理想的 pH 在 2～3。Watts 等(1994)曾调查了 PCP 的氧化，在 6.5% H_2O_2 体系中，在 pH=2～3 情况下，24h 后，99%PCP 被降解。但由于酸性土壤环境容易导致不良生态影响，因此人们尝试在自然 pH 条件下利用近似 Fenton 反应。有证据表明，近似 Fenton 反应在酸性和自然 pH 条件下都能有效进行，硝基苯在 pH=7 的条件下比 pH=4 时被这个反应更快地氧化，因为在 H_2O_2 羟基氢氧化离子体系中，HO· 产生的速率更高。

各种状态的污染物，包括气态、吸附态、溶解态和非水溶态，通常共存于被大量氯化物污染的含水土层中。氢氧自由基离子在水溶液中能更有效地氧化有机污染物。近年来，有学者认为，大多数以吸附态和颗粒状态存在的有机污染物不能被直接氧化，这是因为液相中所产生的羟基氢氧化离子可被很快地消耗。然而，通过对六氯苯溶解速率和近似 Fenton 氧化速率的比较，人们发现吸附态化合物在大剂量 H_2O_2 存在条件下也能被直接氧化。Yeh 认为，在离子催化 H_2O_2 反应中，“氧化一解吸一氧化”是氧化剂、土壤有机质以及吸附态氯基苯酚的相互作用机制，土壤有机质的氧化导致吸附态氯基苯酚的释放，从而使其被过量的 H_2O_2 氧化。

实验室研究证明了近似 Fenton 反应对注射有非溶解态石油碳氢化合物的土壤修复的有效性。在被 TCE 污染的地点，通过注射 H_2O_2，93%的污染物减少到不足 50μg/kg。沙柱氧化试验表明，利用天然存在的矿离子催化 H_2O_2 产生 HO·，对氧化存在于土壤和地下水中溶解态和吸附态污染物是很有效的，单独向含水沙柱施加 3% H_2O_2 就可使 40%的 TCE 在 1h 内氧化，是其溶解速率的 4 倍。基于实验室研究结果，近似 Fenton 反应能被用来直接对 TCE 污染的地点进行氧化修复，流出液中残余的 TCE 可被其他修复技术如生物修复或一些地表修复设备进一步降解。

三、K_2MnO_4 作为氧化剂的化学氧化修复技术

用 K_2MnO_4 处理废水已经沿用很长时间了，因为它能有效氧化水中的许多杂质，如石炭酸、Fe^{2+}、S^{2-}，以及有味、产臭的化学物质。K_2MnO_4 与有机物的反应产生 MnO_2、CO_2 和中间有机产物。可被高锰酸盐氧化的污染物包括：芳香烃、PAHs、石炭酸、农药和有机酸。反应的理想 pH 条件是 7～8，但在其他 pH 条件下仍然有效。

锰是地壳中储量丰富的元素，并且 MnO_2 在土壤中天然存在，因此向土壤中引入 K_2MnO_4，氧化反应产生 MnO_2 没有环境风险。与 H_2O_2 相比，K_2MnO_4 在氧化有机物方面一样有效，或许更有效。此外，K_2MnO_4 比较稳定，容易控制。不利因素在于采用 K_2MnO_4 氧化剂处理污染土壤后，对土壤渗透性有负面影响。

尽管利用 K_2MnO_4 处理废水的文献报道相当多，但没有多少人对其处理和修复土壤开展研究。Gates 等(1995)比较了用 K_2MnO_4、H_2O_2、H_2O_2＋Fe 三种氧化剂处理对 TCE、PCE 和 TCA 污染土壤进行修复的可行性。结果发现，在 TCE 浓度为 130mg/kg、PCE 为 30mg/kg、TCA 为 130mg/kg 的情况下，三种氧化剂都没有明显降解 TCA(低于 2%)，TCE 和 PCE 的降解率取决于所用氧化剂的剂量，K_2MnO_4 的氧化能力最强，其次是 H_2O_2＋Fe，最后是单独的 H_2O_2。每千克土壤中加入 20g K_2MnO_4 可降解 100%TCE、90%PCE，加入 40g H_2O_2 和 5mmol/L Fe^{2+} 降解 85%TCE、70%PCE，加入单独的 H_2O_2(40g H_2O_2/kg 土)可降解 75%TCE、10%PCE。West 等也通过实验室阶段和小规模现场试验，注意到 K_2MnO_4 处理 TCE 的高效性，作为技术推广前的筛选试验，他们发现 90min 内，1.5% K_2MnO_4 能将溶液中的 TCE 浓度从 1000mg/L 降低到 10mg/L。

四、O_3 作为氧化剂的化学氧化修复技术

与 H_2O_2、K_2MnO_4 一样，O_3 的氧化能力也比较强，它能够在接触有机化合物的瞬间将其氧化。与其他土壤修复技术相比，O_3 作为原位化学氧化技术的氧化剂有好多优点：①O_3 的分散能力高于其他液态氧化剂；②不需要将目标污染物转化成挥发态，由此克服了与土壤排气相联系的气流运输限制；③采用原位氧化时，比生物降解或土壤排气过程更快，因此减少修复时间和处理费用。

O_3 是活性非常强、对物质腐蚀性也较强的化学物质，因此应用时必须就地生成。O_3 在土壤下表层反应速率较快，从注入点向周围传送的距离不够远。O_3

可由空气制得，原位应用 O_3 的方式与土壤排气系统差不多，可用水平井和竖直井向土壤中输送 O_3。由于 O_3 的降解率不高，所以原位处理相对来讲也比较容易。与 H_2O_2、K_2MnO_4 氧化剂一样，O_3 氧化修复技术适用的污染物有氯代溶剂、多环芳烃和石油类产品等。

原位臭氧氧化技术的效率依赖于 O_3 向污染区的扩散情况。柱试验结果表明，O_3 能够很容易地在充满许多组分如砂、土壤、地下水化学成分等的柱子中运移，所有研究对象都只有很小的 O_3 需求量，一旦这种需求量得到满足，以后的 O_3 降解量就会很少。土壤含水量的增加提高了 O_3 的降解率，这可能是 O_3 溶解于土壤毛细水中的缘故。Day(1994)发现，在含有 100mg/kg 苯的土壤中，加入 500mg/kg 的 O_3 能够有效去除 81%的苯。Masten 和 Davies(1997)的试验证明，向萘酚污染的土壤中以 250mg/h 的速率通 O_3，2.3h 后，可达到 95%的降解率；如果是苯，在流速为 600mg/h、时间为 4h 的情况下，其降解率为 91%。许多非亲水 PAHs 与 O_3 的实际反应速率比能达到的理论值慢，这说明污染物向土壤有机质的分配降低了它的反应活性。

五、原位化学氧化修复技术应用实例

在美国，已经有许多成功应用原位化学氧化修复技术的小规模试验。这里，仅举 5 例来说明这一技术的可行性和有效性。

(1) 俄亥俄州 Piketon 地区 DOE Portsmouth 煤气输送厂(X-231B 号修复地点)

修复的污染物：易挥发有机物(VOCs)。

采用的氧化剂：H_2O_2。

设计目的是为了估测土壤混合后，H_2O_2 对 VOCs 的氧化效率。5%（质量分数）H_2O_2 稀释液从周围空气压缩系统注射到空气运送管道。处理过程在地下 4.6m 深处延续了 75min，大约 70%的 VOCs 被降解。

(2) 俄亥俄州 Piketon 地区 DOE Portsmouth 煤气输送厂(X-701B 号修复地点)

修复的污染物：氯化溶剂，主要是 TCE。

采用的氧化剂：$KMnO_4$。

实验采用了 ISCOR 技术，将地下水从一个水平井抽提出来，加入 $KMnO_4$ 后再注射到距离大约 27m 远的平行井中。在 1 个月的处理时间内，加入的 $KMnO_4$ 溶液体积大约占土壤总毛孔体积的 77%。21d 后，在距注射井 4.6m 远的几个监测井中都含有氧化剂。地下水监测井(在处理开始 8～12 周后)的监测数据表明，TCE 的浓度从 700 000μg/L 降低到不足 5μg/L。

（3）Savannah 河流域 A/M 地区

修复的污染物：DNAPLs，主要是 TCE 和 PCE。

采用的氧化剂：Fenton 试剂。

估计待处理地区 DNAPLs 含量有 272kg，PCE 含量在 10～150μg/g 之间。Fenton 试剂采用 Geo-Cleanse 公司开发的技术注射到土壤中。处理过程持续了 6d，大约 90%的 DNAPLs 被降解，目标区污染物残留量为 18kg。

（4）堪萨斯州 Hutchinson 干洁设备公司

修复的污染物：PCE。

采用的氧化剂：O_3。

处理对象为 PCE(浓度为 30～600μg/L)污染的含水土层，处理过程采用 C-Sparge 专利技术，O_3 的流量为 0.085m^3/min。对离注射井 3m 远的多点取样分析表明，91%的 PCE 被除去。

（5）美国加利福尼亚州 Sonoma 地区工厂废弃遗址土地

修复的污染物：PCP 和 PAHs。

采用的氧化剂：O_3。

待修复土壤大约含有 1800mg/kg 的 PAHs、3300mg/kg 的 PCP。O_3 通过注射井被注射到地下水位线以上的区域，采用流量变换方式，最大流量为 0.28m^3/min。大约 1 个月后，10 个地点的取样结果表明，67%～99.5%的 PAHs、39%～98%的 PCP 被去除。土壤气体分析证明注入的 O_3 消耗了 90%。

第五节　原位化学还原与还原脱氯修复技术

对地下水构成污染的污染物经常在地面以下较深范围内，在很大的区域内呈斑块状扩散，这使常规的修复技术往往难以奏效。一个较好的方法是创建一个化学活性反应区或反应墙，当污染物通过这个特殊区域的时候被降解或固定，这就是原位化学还原与还原脱氯修复技术(*in-situ* chemical reduction and reductive dehalogenation remediation)，多用于地下水的污染治理，是目前在欧美等发达国家新兴起来的用于原位去除污染水中有害组分的方法。简单说来，原位化学还原与还原脱氯修复法就是利用化学还原剂将污染物还原为难溶态，从而使污染物在土壤环境中的迁移性和生物可利用性降低。

通过实验室和现场试验的研究，技术人员发现正确创建的活性反应区的还原力能保持很长的时间，例如在 Hanford 进行的试验监测数据表明，注入的 SO_2

在一年后仍然保持还原活性。使土壤下表层变为还原条件的方法，是向土壤中注射液态还原剂、气态还原剂或胶体还原剂。已有研究对几种可溶的还原剂，如亚硫酸盐、硫代硫酸盐、羟胺以及 SO_2 等在实验室、厌氧条件下的还原性能进行了尝试，其中 SO_2 是最有效的。其他试验过的气态还原剂有 H_2S，胶体还原剂有 Fe^0 和 Fe^{2+}。

一、还 原 剂

1. SO_2 还原剂

向土壤下表层中注入 SO_2，以创建一个可渗透反应区修复地下水中对还原作用敏感的污染物，通常这个反应区设在污染土壤(污染物以斑块形态存在)的下游或污染源附近的含水土层中。当污染物迁移到反应区时，或者被降解，或者转化成固定态。

还原活性反应区的 SO_2、Fe^{2+}、Fe^{3+} 通常存在于含水土层中的黏土矿物中。例如，我们可以认为 SO_2 是两个 $SO_2^-\cdot$ 由 S—S 键连接而成的，而 $S_2O_4^{2-}$ 分子中的 S—S 键比典型的 S—S 键更长，键能要弱一些，因此 $S_2O_4^{2-}$ 有分离成两个 $SO_2^-\cdot$ 的倾向。尽管黏土矿物中的 Fe^{3+} 也能直接被 SO_2 还原，但是最有可能的还是 Fe^{3+} 被活性更强的 $SO_2^-\cdot$ 还原

$$2Ca_{0.3}(Fe_2{}^{3+}Al_{1.4}Mg_{0.6})Si_8O_{20}(OH)_4\cdot nH_2O+2Na^++S_2O_4^{2-}+2H_2O$$

$$\rightleftharpoons 2NaCa_{0.3}(Fe^{3+}Fe^{2+}Al_{1.4}Mg_{0.6})Si_8O_{20}(OH)_4\cdot nH_2O+2SO_3^{2-}+4H^+ \tag{6-4}$$

$$\text{Clay-}Fe^{3+}+4SO_2{}^-\cdot \rightleftharpoons \text{Clay-}Fe^{3+}+2S_2O_4+H_2O \tag{6-5}$$

在方程（6-5）中，为把黏土矿物中的 Fe^{3+} 还原为 Fe^{2+}，最好让反应在较强的基础溶液中进行。为了促进活性反应区的创建，技术人员通常将 SO_2 溶解在碱性溶液中，以碳酸盐和重碳酸盐作为缓冲溶液。尽管反应产生 H^+，但由于缓冲溶液的加入，因此 H^+ 对 pH 的影响可以忽略。一旦矿物结构中的 Fe^{3+} 被还原成 Fe^{2+}，那么 Fe^{2+} 就可以接下来还原迁移态的还原敏感污染物。可通过这种方式处理的还原敏感污染物包括铬酸盐、铀和锝以及一些氯化溶剂。铬酸盐被还原成三价铬氢氧化物或铁、铬氢氧化沉淀后，在周围环境中可转变成固定态，很难被再度氧化。铀、锝也被还原成难溶态，而氯代溶剂分子结构则由于还原脱氯作用而发生了变化。

Amonette 等(1994)在实验室通过批量试验和柱试验，人为地创造了一个土

壤下层污染区，观察 SO_2 对无机和有机污染物的修复效率、SO_2 还原反应持续的时间和反应活性等，结果发现 1/4 的 Fe^{3+} 能够很快被还原，并且随着还原程度的升高，还原效率呈指数下降，直到 75％的 Fe^{3+} 被还原为止。基于柱试验的结果，以这种方式创建、以含水土壤为主要材料的还原活性反应墙(大约相当于 80 个土壤毛孔体积)，能够在被地下水重新氧化前保持还原环境。呈还原状态的沉积物能够快速还原氯代碳氢化合物，如 CCl_4，能够在一周以内达到 90％的降解率，如果换成氧化态沉积物，在相同的时间内只有很小的降解率。其中，被还原的 CCl_4，不到 10％的污染物转化成了 CH_3CCl_3。据 Fruchter 等(1997)报道，SO_2 与待修复地点的沉积物接触后，能够保持 18h 的半数还原活性，这对还原含水土层中高价铁来说是足够的，并且能够保证随着时间的延长，SO_2 不会成为地下水污染物。

2. 气态 H_2S 还原剂

一个影响原位化学处理技术修复污染土壤、地下水的主要障碍是向污染区恰当分散处理剂，这并非易事，而活性气体混合物则克服了这种缺点，使分散处理剂、控制处理过程及处理后从土壤中去除未反应气体变得很容易。已经有研究人员对 H_2S 原位修复铬污染土壤进行了尝试，其中加入的 H_2S 将六价铬还原成三价铬，并接着转化成氢氧化铬固体沉淀，而 H_2S 本身则转化成了硫化物

$$8CrO_4^{2-}+3H_2S+10H^{+}+4H_2O \rightleftharpoons 8Cr(OH)_3+3SO_4^{2-} \qquad (6\text{-}6)$$

由于硫化物被认为是没有危险的，三价铬氢氧化物的溶解度又非常低，因此反应产物不会导致环境问题。但是气态 H_2S 有毒，所以现场工作人员要采取特别的防护措施。

1994 年 Thornton 和 Jackson 采用柱试验方法，探讨利用 H_2S 原位修复处理土壤 Cr^{6+} 是否可行。柱中 Cr^{6+} 浓度为 200mg/L，以 N_2 为载气，让浓度为 200mg/L 和 2000mg/L 的 H_2S 通过土壤柱，直到硫∶铬为 10∶1 为止，然后用地下水或去离子水淋洗柱，并分析淋洗液中铬浓度，结果发现 90％的铬已经失活，并且反应过程不可逆。

3. Fe^0 胶体还原剂

粉末 Fe^0 是很强的化学还原剂，能够脱掉很多氯化溶剂中的氯离子，将可迁移的氧化阴离子(例如 CrO_4^{2-} 和 TcO_4^{-})、氧化阳离子(例如 UO_2^{2+})转化成难迁移态。许多实验室对用包含 Fe^0 的活性反应墙来修复地下水污染的可行性开展了研究，Fe^0 或者通过垂直井加入，或者放置在污染物流经的路线上，或者直接向天然含水土层中注射微米、纳米 Fe^0 胶体。

与采用处理墙相比，注射 Fe^0 胶体更有优点。既然不用挖掘污染土壤，因此安

装和操作就相对经济，工作人员暴露于有害物质的危险就减小了。注射井通常要比沟深许多，因此可用来修复较深土层的土壤污染。注射微米甚至纳米的 Fe^0 胶体，使反应的活性物质表面积增大，所以用相对少量的总还原剂就可达到设计的处理效率，而且通过这种方式建造的反应活性墙能以最少的经济投入来更新。注射 Fe^0 胶体的不足之处在于，反应活性墙完整性的确认、有效定位和建立模型比较困难。

1994 年，Kaplan 研究了不同类型 Fe^0 在土壤下层中的稳定性。调查发现，高浓度的 Fe^0 既导致高的胶体凝固速率，又引起高的胶体凝固百分比；离子力和 pH 对胶体稳定性没有明显影响；加入表面活性剂能够影响悬浮液中胶体的稳定性，取决于所加表面活性剂的性质和浓度；对于某种确定的表面活性剂，只有在非常理想的浓度下，才能够提高悬浮液的稳定性。Cary 和 Cantrell(1994)建议将无害的油作为助剂注射到土壤中去，这样可延长 Fe^0 的还原寿命，难以被土壤水中的溶解氧再度氧化。因为微生物利用所加入的油作为基质，氧作为电子受体，这样溶解氧主要被微生物消耗，使作用于 Fe^0 的氧量减少。此外，加入油能在油一水界面形成很大的难融合表面，对氯代碳氢化合物产生捕获效应，使 Fe^0 对氯代碳氢化合物的脱卤还原作用得到加强。

上述三大类还原剂在原位化学还原及还原脱氯过程中一些应用参数与基本特点如表 6-11 所示，其中包括适用的修复对象、影响因素以及潜在不利因子等。

表 6-11　原位化学还原与还原脱氯技术特征参数

化学还原与还原脱氯技术	注入的还原剂		
	二氧化硫	气态硫化氢	零价铁胶体
适用的污染物	对还原敏感的元素(如铬、铀、钍等)以及散布范围较大的氯化溶剂	还原敏感的重金属元素如铬等	对还原敏感的元素(如铬、铀、钍等)以及氯化溶剂
修复对象	通常是地下水		
影响因素			
pH	碱性条件	不需调节 pH	高 pH 导致铁表面形成覆盖膜，降低还原效率
天然有机质(NOM)	未知		有促进铁表面形成覆盖膜的可能性
土壤可渗性	高渗土壤	高渗和低渗土壤	依赖于胶体铁的分散技术
其他因素	在水饱和区较有效	以 N_2 作载体	要求高的土壤水含量和低氧量
潜在不利影响	有可能产生有毒气体，系统运行较难控制		有可能产生有毒中间产物

二、系 统 设 计

污染土壤的原位化学还原修复处理过程主要涉及 3 个阶段：注射、反应、将试剂与反应产物抽提出来。在设计过程中，比较重要的设计因素包括：当地水文学特征、布井点的选择、还原剂的浓度、注射和抽提速度及每一阶段持续时间等。图 6-21 描述了建造污染土壤修复还原反应区的技术设计。

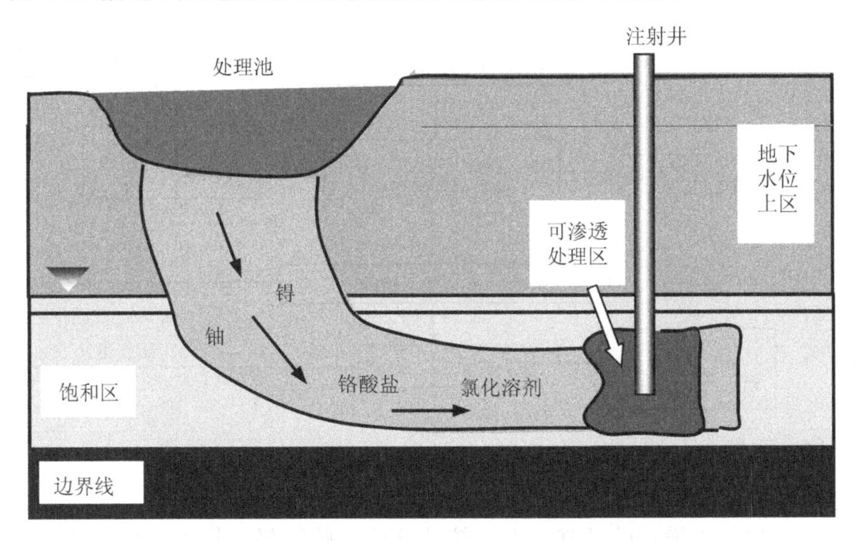

图 6-21　建造污染土壤修复还原反应区的技术设计

由于土壤下层物质的复杂性和非均一性，每个处理阶段均可能发生不可预见的反应和交互作用，因此，最后的理想设计方案必须建立在仔细、有计划的实验室和小规模试验基础上，调查天然土壤组分对处理过程的影响程度、估测修复剂的分散效果和哪一步是速度限制步。1994 年，Sevougian 提出了原位化学修复技术的六步"方法论"（图 6-22）。这个"方法论"中既包括了从地理特征到实验室、现场调查各阶段严格的可行性试验，又包含模型推理。其实，这个"方法论"同样适用于其他原位处理技术。

在注射阶段，值得关注的一个主要问题是，将试剂注射到包含 Fe^{3+} 土层中以创造长期还原氛围的可行性如何。某些具有修复点特异性的参数，如土壤孔隙度、水力传导各向异性、含水土层厚度等需要先行确定，以便接下来计算需要的试剂体积。试剂在土层中的停留正好为它到达并与 Fe^{3+} 反应提供时间。时间的长短决定于试剂在含水土层中的扩散速率、SO_2 裂解的化学反应动力学特征及反应产物 SO_2^- ·与黏土矿物中 Fe^{3+} 的相互作用。这些特征数据的获得，要建立在

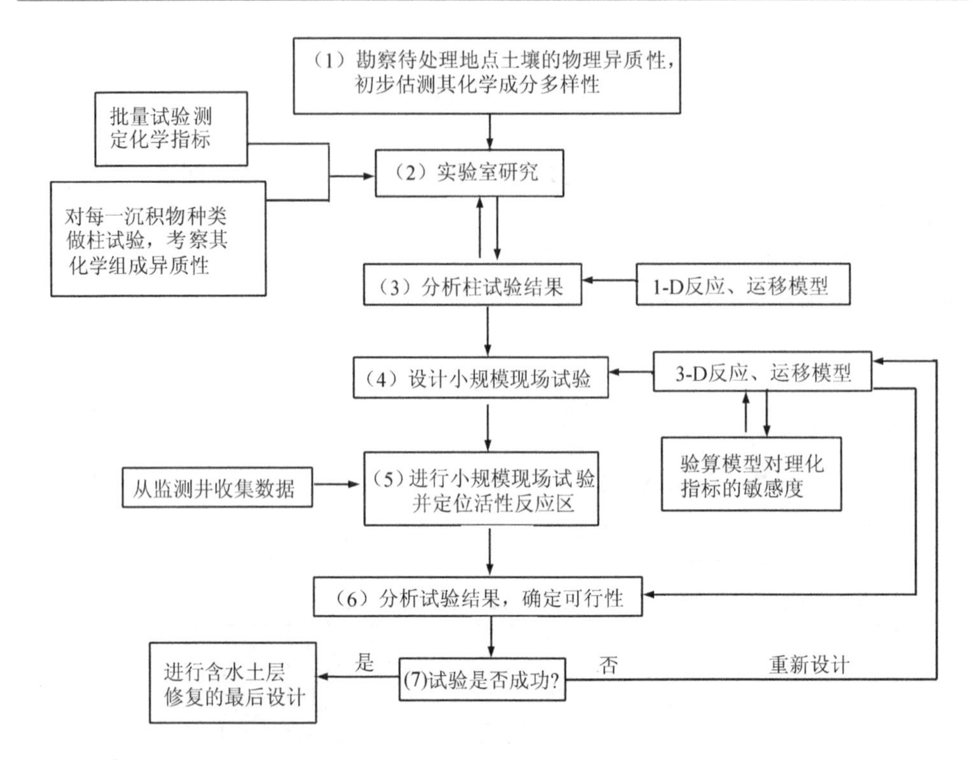

图 6-22　原位化学修复技术设计的方法论

实验室研究和小规模试验的基础上。统计这些试验结果，技术人员就能确定将黏土中 Fe^{3+} 转变成 Fe^{2+} 所需的停留时间。停留时间越短，以后要抽提出来进行处理的废水体积越少。特别是，要至少泵入三次注射液以再生大多数的注射剂和液态反应产物。为了计算完全平衡，通常还要与试剂一同注射和抽提非活性示踪物质。

注射气态还原剂与液态物质的工程设计是不同的，整套装置类似于土壤排气系统。美国能源部的科研人员曾设计了一种包括注射井和抽提井的原位化学还原处理系统，适合还原剂呈气态如 H_2S 的情况。事实上，这套工艺流程也完全适用于采用气态氧化剂的原位化学氧化处理(图 6-23)。气态还原剂通过钻井注射方法注入待修复土壤的中部，一系列的抽提井则建造在其外围，以除去多余的还原剂，并控制气流状态。为了防止废气溢出地表，地面上还要覆盖一层不透气的遮盖物。在处理过程的最后，整个系统要通以空气，将残余的还原剂清洁出去。

深度土壤混合技术和液压技术都能用来向土壤下层注射 Fe^0 胶体，也可以布置一系列的井创造活性反应墙。起初，Fe^0 胶体被注射到第一个井中，然后第二口井用来抽提地下水，这样 Fe^0 胶体向第二口井方向移动。当第一口井和第二口井之间的介质被 Fe^0 胶体所饱和时，此时第二口井就成为注射井，第三口井作为

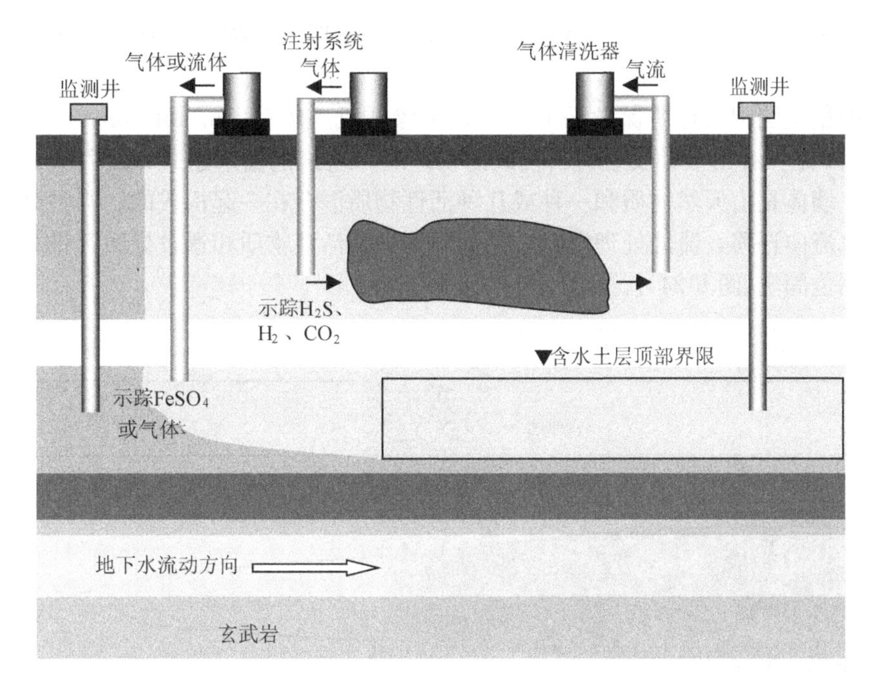

图 6-23 气态还原剂的工艺流程设计简图

地下水抽提井并使 Fe^0 胶体运动到它附近来。对其余的井重复以上过程，就创造了一个活性反应墙。最好是 Fe^0 胶体以高速注入，同时，要应用一种具有较高黏性的液态载体，保证 Fe^0 胶体在其中很好地悬浮，并快速分散到待修复地点。采用表面活性剂和尽可能完善的溶液状态也能有利于分散 Fe^0 胶体。

三、原位化学反应处理墙

采用可渗透反应墙处理污染地下水的思想早在 1982 年就可在美国国家环境保护局发行的环境处理手册中见到，但该技术在 20 世纪 80 年代并没有进一步得到发展和应用。1989 年，加拿大滑铁卢大学在安大略省的 Borden 成功地采用该技术原位修复污染的地下水，并进行了现场演示。目前，关于原位化学反应处理墙已开展了大量的试验研究和工程模拟，可以商业化运作，达到修复目的。与传统的地下水泵一处理方式相比，该技术操作费用至少能够节省 30%以上。由于传统的泵一处理方式具有 3 个方面的缺点：①只能限制污染物的进一步扩散，不能原位修复，特别对吸附于土壤上的 NAPLs 等污染物泵抽提效率极低；②泵一处理方式要求能量供给，并对系统定期监测和维护，因此工程造价较高；③一旦停止泵抽提，污染区又会重新形成，延长了工作时间，并且持续地抽出地下水对水资源是一种浪费。因此，原位可渗透反应墙处理方式越来越显示出旺盛的生命力。

根据美国国家环境保护局的定义，可渗透反应墙(permeable reactive barrier,PRB)是一种由被动反应材料构成的物理墙，通过挖掘来建造，然后进行重新定位，墙体是由天然物质和一种或几种活性物质混合在一起构成的。当污染物沿地下水流向迁移，流经处理墙时，它们与墙中的活性物质相遇，导致污染物被降解或原位固定(图 6-24)。

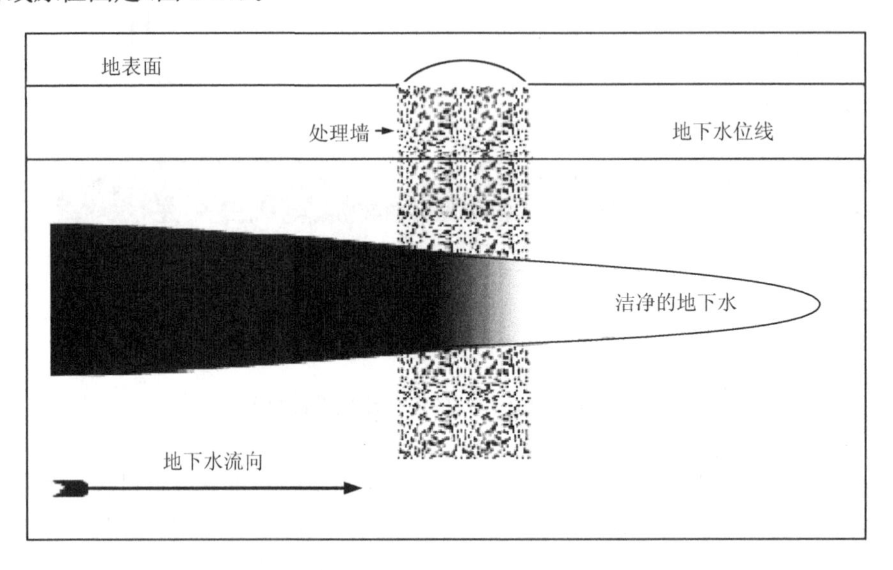

图 6-24　活性反应墙的建造

1. 反应墙的构筑

通过在处理墙内填充不同的活性物质，可以使多种无机和有机污染物原位失活。也就是说，活性反应墙的构筑，是基于污染物和填充物之间化学反应的不同机制进行的。从污染源释放出来的污染物在向下游渗透、流动过程中，溶解于水形成一个污染地下水斑块。其中的无机或有机污染物迁移、通过处理墙时，它们可由吸附作用被动地固定到墙内的活性物质上。根据污染物的特征，可分别采用不同的吸附剂，如活性铝、活性炭、铁铝氧石、离子交换树脂、三价铁氧化物和氢氧化物、磁铁、泥炭、褐煤、煤、钛氧化物、黏土、沸石等。污染物可通过不同的机制被吸附，如离子交换、表面络合、表面沉淀以及对非亲水有机物而言的厌氧分解作用等。为了保证修复工作的高效率，原位处理墙必须要建得足够大，确保污染流体全部通过。

无机物可通过与处理墙活性物质的反应直接产生沉淀。处理墙内的活性物质也能改变当地的环境条件，比如 pH 和还原条件等。pH 的升高可以导致可移动态重金属变为氢氧化物沉淀，使周围的环境变成还原状态，促使某些无机物变成不溶沉淀。这样的还原活性物质包括亚铁盐、磷酸盐、石灰、石灰石，以及 $Mg(OH)_2$、$MgCO_3$、$CaCl_2$、$CaSO_4$、$BaCl_2$ 和零价金属等。

无机和有机污染物都可以利用反应墙内的还原物被原位降解，可采用的还原剂有硝酸盐、零价金属。亚铁矿物也可用来降解某些有机污染物。

处理墙既可以做成简单的反应室，又可以做成烟囱一门形状(图 6-25)。Ganaskar 等(1998)总结了四种可能的反应室类型(图 6-26)。其中单反应室[图 6-26(b)]适合较窄“污染斑块”的处理，串联反应介质[图 6-26(d)]适用于较宽污染斑块的情况。反应室一般建在地下水位 0.6m 以上，含水土层以下 0.3m 处，以石楔咬紧。如果是烟囱一门形状的，距离地面要更深一些。这些反应室或者在顶部，或者在底部阻挡沿地下水流过来的污染物。有时，要建造一些辅助建筑或不可渗透的拦截板，防止污染物渗入到下流地段。

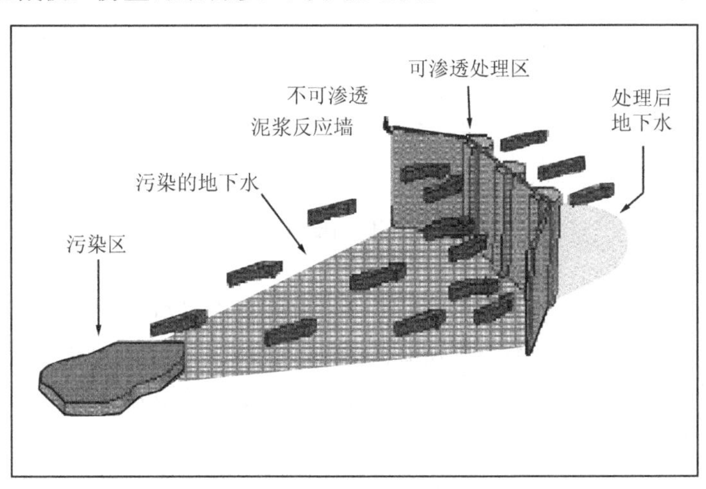

图 6-25　烟囱和门系统

为了保证反应墙长期有效，设计反应墙时要考虑众多的自身因素和影响因子，而且设计方案根据墙体材料的构成要相应变化。首先，墙体的渗透性，这是优先考虑因素。一般要求墙体的渗透性要达到含水土层的 2 倍以上，但是理想状态是 10 倍及以上，因为土壤环境的复杂性、地下水及污染物组分的变化等不确定因素，常使系统的渗透性逐渐下降。细粒径土壤颗粒的进入和沉积，碳酸盐、碳酸亚铁、氧化铁、氢氧化铁以及其他金属化合物的沉淀析出，难以控制微生物增长所造成的“生物阻塞”现象，以及其他未知因素，都有可能降低墙体的渗透

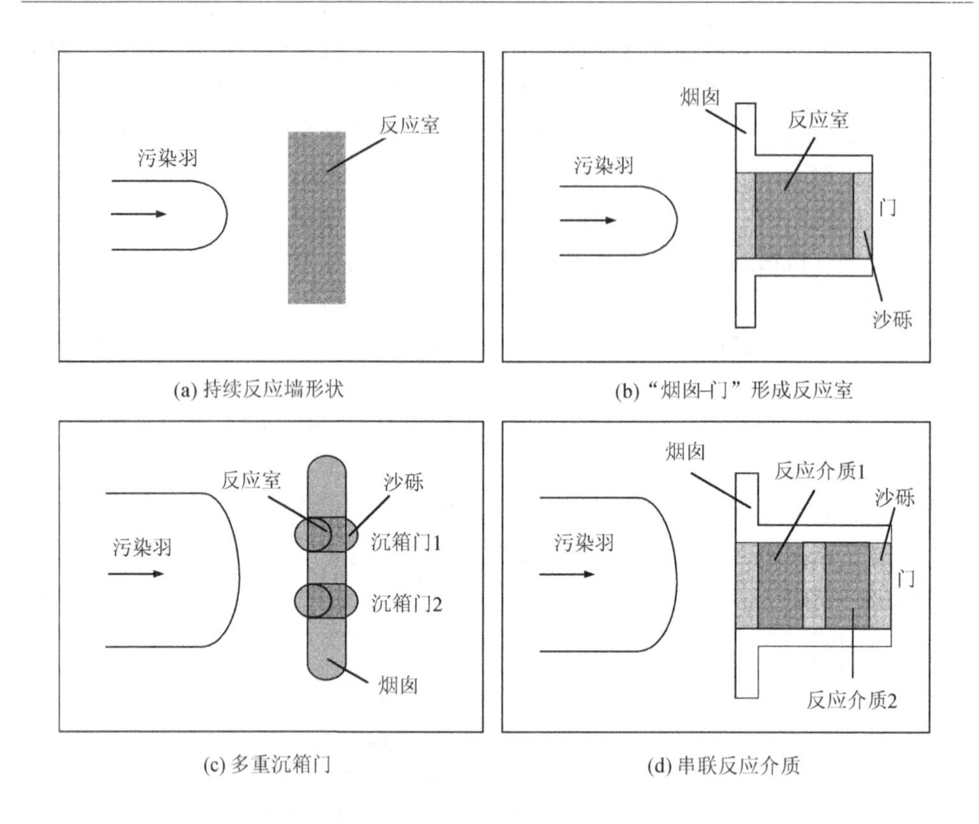

图 6-26　不同的反应室类型

性。为了尽可能克服上述不利影响，可以在墙体反应材料中附加滤层和筛网。其次，墙体内应包含管道，用于注入水、空气，缓解沉积或泥沙堵塞状况。第三，要事先考虑到反应墙运行多年以后，反应材料需要进行更新。第四，反应墙应为开放系统，便于技术人员对其检查和监测。

通常情况下，用挖沟产生的土方建造反应室。在建造过程中，把原来的土壤基质挖掘出来，代替以相当或高渗透性的、包含反应室的介质。但是，基于费用的考虑，这种方法挖掘深度限制在 8m 以内。为了帮助稳定墙体，有三种技术可供采用：第一种是在挖掘前，沿反应室的边缘打桩，用钢板包被，防止水从反应室漏出；第二种是利用某种粉末状泥浆保持墙体的完整性，也可以在挖掘过程中同时建一个泥浆墙体，墙体完工后，泥浆材料最后被生物降解；第三种是首先安装一个箱，再用反应材料填充。

可以采用沉箱一轴技术来建造反应室。用来安放反应室的沉箱是一个预先建好、有开口的钢围墙。沉箱半径大约为 2.4m，或更小些，要预先推入土壤下表层，左右晃动，待土壤填满后，取出，以代替反应介质。反应介质装完后，沉箱被抽出。轴是一个中空的钢杆，底部有一具有动力的鞋状物。与沉箱类似，轴也是用来在土壤下层构造出一个“修复空间”，当这个空间被人为地用反应介质填满后，轴被拖出来，将动力部分和介质留在土壤中。轴技术比沉箱技术费用低廉，但创造的“空间”较小。在应用这两项技术的过程中，反应室墙体周围的土壤可能被压缩，使土壤渗透性降低。有时，采用动力挖掘器挖掘土壤，而不是采用上述沉箱一轴方式建造反应器，这种挖掘器能挖掘 0.3～0.6m 宽的地穴，同时立即填充反应介质或者同时再将其用聚乙烯薄膜包起来。这种方式创建的反应室能够向下达到 10.8～12.3m 深。

烟囱墙可以用钢板包被来建造，也可以采用泥浆墙。市面上卖的钢板通常是 12.3m 长，但是如果需要可以多张焊接在一起。随土壤下表层的地理特征而变，钢板的寿命一般能达到 7～40 年。为了保证接缝处没有泄漏，有时需要采取高超的焊接技术。理想的钢板应该具有低渗透、容易快速安装、对土壤的破坏程度最小等特征。如果土壤含有大量石块或底层结构多岩石，安装钢板可能是行不通的。另一种建造烟囱墙的方法是采用泥浆墙体。泥浆墙可以建成简单式样的，也可以建成多层墙，以提高对化学物质的抵抗能力、降低渗透性。先挖掘地穴，再用特殊种类的泥浆填充。有 3 种已经商业化的泥浆，包括土壤一膨润土、水泥一膨润土和可塑混凝土泥浆。到目前为止，土壤一膨润土泥浆墙是最常用的。这 3 种泥浆安装价格不贵，具有低渗透性，适合容纳许多可溶态污染物。如果地面上没有足够的面积来充分混合土壤和膨润土，那么水泥一膨润土泥浆是不错的选择，但是由于事后还要处理泥浆，再加上水泥一膨润土泥浆渗透性相对较高，应用还是比较有限的。如果希望构筑的泥浆墙体是力量型的，但又需具有可变形性，则可以采用可塑混凝土泥浆。

目前，喷射泥浆这一创新技术也能用在建造烟囱墙上。简单说来，这种技术就是把水和膨润土、水泥浆在高压下直接注射到土壤下层，喷出的系列柱状物形成不可渗透的墙。一个高压喷射头能在 40m 深处形成泥浆墙体。

2. 墙体材料

对于可渗透化学反应墙，已经开展了无数的实验室和小规模现场试验，利用合成或天然的物质，通过吸附作用和沉淀反应，探索原位固化许多污染物的可行性。研究内容包括：用活化铝处理砷，改性或非改性沸石处理锶-90、镉、汞、镍、铀、砷、铬、铅、硒和钡，三价铁氧化物和羟基氢氧化物处理铀和砷，以及用腐殖质、褐煤和煤处理放射性元素等。另外，Fe^0 屑、轮胎胶片、稻草、锯末、树叶、活性炭、泥炭和砂混合物等工农业残料或价格低廉的产品正在研究或已在相应的工程中得到应用。事实上，地下水中的污染成分是通过天然或人工的水力梯度运送到可渗透化学反应墙处，通过墙体材料的吸附、沉淀、降解去除有机物、重金属、放射性元素及其他污染物。由此，墙体材料包括可降解易挥发有机物的反应物，滞留重金属的螯合剂或沉淀剂，以及提高微生物降解作用的营养物质等。

为了达到地下水修复标准，理想的墙体材料应满足以下三个基本条件：

1）含油污染物的地下水流通过可渗透反应墙时，污染组分与墙体材料之间要有一定的物理化学作用过程，使其中所含的污染组分被清除；

2）墙体材料能够持续供给，保证系统长期、有效地运行；

3）墙体材料不能造成二次污染。

目前，几乎所有试验的兴趣点都在于如何在理想的条件下，利用吸附剂处理污染物，然后探讨是否可以进一步推广应用，没有多少信息是关于吸附机制的。吸附不只是简单的过程，在表面沉淀反应中也含有吸附作用的因素。深入理解吸附机制对于正确评估污染物原位修复处理非常关键。比如，当吸附是通过内部络合或表面沉淀作用而发生的，那么被吸附的物质将趋于稳定，不容易再被活化，但如果只是简单的静电吸附，那么环境条件的改变将可能使被吸附物质重新活化。

许多学者的研究表明，用有机物改变矿物吸附剂的表面，能够增强它固化污染物的能力。例如，可以用阳离子表面活性剂改性带负电的 2∶1 型黏土矿物。四面体层中 Al^{3+} 和 Si^{4+}、八面体层中 Mg^{2+} 和 Al^{3+} 的同晶替换能够导致黏土表面带净负电荷，使有机阳离子或酸所带的“正电点”连接到黏土晶格中的“负电点”成为可能。改性的有机一黏土复合体能够在很宽松的环境条件下保持稳定性，成为原位处理有机、无机污染物最有生命力的吸附剂。例如，1994 年，Haggerty 和 Bowman 发现，未改性的沸石从溶液中吸附铅，但是经过表面活性剂改性的沸石除了铅以外，还能吸附铬酸盐、硒酸盐和硫酸盐。改性沸石对阴离子的吸附可能是由于形成了表面羟基阴离子络合沉淀。1994 年，Bowman 的试验表明，未改性沸石对有机物没有亲和力，但是表面活性剂改性沸石能够通过分配作用有效吸附这些有机物。

大多数研究是在相对简单的系统中开展的，许多试验都考虑到了地下水 pH 对吸附作用的影响，但却只有少数试验考察了其他环境参数，如地下水主要阳离子和阴离子、溶解态有机质、主要阳离子对结合位点的竞争，以及溶解态有机物与污染物的络合作用对污染物吸附的影响，因此必须在推广应用某种吸附剂前深入了解这些影响。还有一种不确定性，就是当环境条件改变时，吸附态的污染物是否被重新活化。吸附态污染物的长期稳定性是利用吸附作用原位处理污染物的关键因子。

为了实践需要，科研人员已经尝试了许多材料原位固化或沉淀、共沉淀污染物的能力。在这些研究中，许多人将目光放在了石灰、磷酸盐和 Fe^0 身上。石灰石材料造成的墙，尤其是所谓的厌氧石灰石排流系统，在处理被酸性采矿业废液污染的地下水方面尤其有效。石灰石能够中和废液中的酸，还原腐蚀性的毒物。用石灰石处理还能升高系统的 pH，使许多重金属容易变成氢氧化物沉淀，并且提高它们在固体表面的吸附强度。更进一步讲，石灰石的引入由于提高了地下水和土壤毛细水的碱性，因而能够使重金属转变为碳酸盐沉淀。在美国，已有许多厌氧石灰石排流系统投入商业运行。

磷酸盐是另一种原位固化非还原敏感性重金属(如铅、铜、镉、锌等)的较有前途的材料。该处理方法的主要原理是，许多重金属的磷酸盐溶解度相当低，并且通常情况下具有生物不可利用性。含有磷酸盐的矿物，尤其是磷灰石、羟基磷灰石是理想材料。所发生的化学反应包括磷酸盐矿物溶解后释放出磷酸根，再形成不溶态重金属磷酸盐沉淀。这些化学反应在热力学上比较容易进行，决定技术可行性的关键点在于它们的化学反应动力学。Zhang 和 Ryan(1998)的研究结果表明，所加入的磷灰石在较低的 pH 条件下很快溶解，在 25min 内，将 $PbSO_4$ 中的 Pb^{2+} 溶出形成磷酸氯铅矿沉淀。由于多数试验是在单纯的水－矿物系统中进行的，因此试验结果还不能直接适用于真正的土壤或地下水中，还需要以天然物质为基质设计更多的试验。

如前所述，Fe^0 胶体能够使许多金属阳离子和阴离子原位失活。据报道，CrO_4^-、TcO_4^-、UO_2^{2+} 和 $MoO_4{}^{2-}$ 能被 Fe^0 快速从溶液中除去，这是因为生成了还原性沉淀产物的缘故，尽管在反应中也能发生污染物在 Fe^0 上的吸附，但这不是主要的过程。Gu 等(1998)通过吸附－解吸和分光光度法试验，进一步调查了在 Fe^0 去除污染物的过程中，吸附作用和沉淀反应哪一种更为重要，结果表明 Fe^0 去除的 $UO_2{}^{2+}$ 中有 96%归结于还原沉淀，仅有一小部分是由于吸附作用造成的，并且吸附态 $UO_2{}^{2+}$ 能被其他碳酸根离子取代。同时，试验结果还证明，当外界环境条件变化发生时，还原的铀化合物能够重新被氧化。

为了使这项技术更加可行，还需要模仿自然环境条件来摸索技术关键。天然系统中复杂的基质条件对 Fe^0 处理污染物有很大的影响。例如，1994 年，Kaplan 研究了几种 Fe^0 胶体从地下水去除 $UO_2{}^{2+}$ 的效率，这些 Fe^0 胶体在粒子大小和表面性质上都有区别。试验结果表明，三种 Fe^0 都没有明显去除 $UO_2{}^{2+}$，这是因为系统中存在的许多高价铁和硅妨碍还原反应的进行。另外，Fe^0 胶体表面有机质的存在延迟了反应时间，在大量 $UO_2{}^{2+}$ 从溶液中被去除之前有几天迟滞。

用 Fe^0 原位还原有机物的可行性已经和正在被很多学术机构、政府实验室和工业公司的学者研究和探讨。大家之所以热衷于这项技术的原因在于，系统操作价格经济、对环境的潜在威胁最小。其中，许多研究是围绕着用 Fe^0 降解取代程度较高的氯代溶剂而展开的，如 PCE 和 TCE 都能很快被 Fe^0 降解，而取代程度较低的氯化物，如 *cis*—1，2—二氯乙烯、乙烯基氯化物，却相对稳定。这些氯化物毒性较高，是利用这项原位处理技术的主要目标污染物。

近来，Deng(1997)观察了乙烯基氯化物在 Fe^0 存在情况下的降解动力学和几个影响参数，试验结果证明，乙烯(C_2H_4)是乙烯基氯化物的惟一降解产物，固体表面反应可能是主要的速率限制步。增加温度和 Fe^0 浓度都能增加降解速率。

另外，许多其他零价金属也能够降解氯代溶剂，尤其是锌、锡，通常能更快地降解污染物。Arnold 和 Roberts(1997)进一步证实，用锌降解氯乙烯能够使生成有害副产物的威胁最小化。他们注意到，被锌还原的总 PCE 中有大约 15%生成二氯乙炔，然后这其中的 1/4 最后生成乙炔。如果是 TCE，最初 TCE 总量的 20%转变成乙炔，反应中只产生了少数的乙烯基氯化物。

现在，在利用 Fe^0 的基础上，又有很多人开始研究二金属系统降解氯代溶剂。二金属系统也就是在铁表面镀上另外一种金属，如铅、铜或镍。金属镀层的作用是作为反应的催化剂。在铁表面镀上另一种金属还能防止铁的氧化，而氧化是不利于降解反应的。研究表明，与未经处理的 Fe^0 相比，二金属系统可以加速溶剂的降解速率。除了氯代溶剂，零价金属也能够降解其他有机物如除草剂和一些硝基芳香烃中的取代基团。然而，直链的石油类碳氢化合物，以及油中存在的某些芳香类化合物(如苯、甲苯)对 Fe^0 不敏感，但是经过二段连续厌氧阶段也能降解。

Fe^0 的胶体特性对它降解污染物有很大的影响。例如，Zhang 和 Wang (1997)发现，实验室合成的纳米 Fe^0 比市面上买来的大颗粒 Fe^0($<10\mu m$)有更强的降解能力，能够快速降解 TCE 和 PCBs。胶体的体积越小，表面积越大，越有利于降解反应的进行。目前，用 Fe^0 降解自然系统中的有机物相关研究还不多，需要进一步试验和探讨。Fe^0 与复杂自然基质的相互作用对目标污染物的降解效率有很大的影响。另外，Fe^0 的老化也能够影响它的表面特征，并最终影响它的降解效率。

四、应用实例

欧美一些国家是这一技术的主要倡导者，他们也因此取得了一些成功的经验。例如，在利用原位化学处理墙吸附作用和沉淀反应处理污染物的小规模现场试验，以及在处理墙技术原位降解无机阴离子和有机物的小规模试验方面，都有很好的实例。

1. 利用原位化学处理墙吸附与沉淀反应修复污染土壤

(1) 加拿大安大略 Sudbury 镍采矿污染点

修复对象：镍，铁，硫酸盐。

还原剂：有机碳。

沿地下水流安装了连续的可渗透反应墙(15m 长，3.7m 宽，4.3m 深)，所用材料为市政垃圾堆肥、腐叶及木屑。对地下水 1～9 月的监测分析表明，硫酸盐浓度从 2400～3800mg/L 下降到 110～1900mg/L，镍浓度从大于 10mg/L 下降到小于 0.1mg/L，铁从 740～1000mg/L 下降到 1～91mg/L。

(2) 美国北卡罗来那州 Elizabeth 市海岸警卫飞机场污染点

修复对象：Cr^{6+} 和 TCE。

还原剂：Fe^0 胶体。

处理前，污染斑块的覆盖范围达 3000 多 m^2，TCE 浓度为 4320μg/L，Cr^{6+} 浓度为 3430μg/L。建造的全方位活性反应墙为 45m 长、0.6m 宽和 5.5m 深。工程总花销 50 万美元。多层土壤采样分析表明，TCE 的浓度下降到＜5μg/L，Cr^{6+} 浓度还有很大下降。

(3) 美国北卡罗来那州 Elizabeth 市海岸警卫飞机场污染点

修复对象：Cr^{6+}。

还原剂：25%Fe^0、25%洁净粗沙、25%含水土层物质的混合物。

处理墙是由一系列地下穴道共 21 个构成，反应物质填充在穴道中。处理墙深 6.7m，面积为 5.5m^2。处理后，地下水中 Cr^{6+} 浓度从 1～3mg/L 下降到 0.01mg/L。

(4) 美国田纳西州橡树岭国家实验室 Y-12 修复点

修复对象：铀，锝，HNO_3。

还原剂：Fe^0 胶体。

在地下水流向的两个区域安装一个连续地沟和烟囱一门形状的处理系统。早期的调查结果表明，放射性核素铀和锝被有效去除，HNO_3 降解成 NH_4^+、N_2O 和 N_2。

(5) 美国犹他州 Fly Canyon 修复点

修复对象：铀。

还原剂：Fe^0 胶体、非结晶态离子氧化物、PO_4^{3-}。

处理墙是烟囱一门形状的，由 3 个系列构成：填充的活性物质依次是骨头焚烧物(含 PO_4^{3-})、泡沫 Fe^0 和非结晶态离子氧化物。初步试验结果表明，穿过 PO_4^{3-} 系列 0.6m 时，铀的浓度从 3050～3920μg/L 下降到 10μg/L；穿过 Fe^0 系列 0.15m 时，铀的浓度从 1510～8550μg/L 下降到 0.06μg/L；穿过非结晶态离子氧化物系列时，铀浓度从 14 900～17 600μg/L 下降到低于 500μg/L。

2. 处理墙技术原位降解无机阴离子和有机物

(1) 美国科罗拉多州 Durango 地区 UMTRA 修复点

修复对象：硝酸盐、铀、钼。

还原剂：二金属技术系统，Fe^0 不锈钢丝团、泡沫 Fe^0。

建造了 4 个处理墙，治理含 NO_3^- 27～32mg/L、铀 2.9～5.9mg/L 及钼 0.9mg/L 的废液。前两个呈箱式结构，后两个是水平床式的。修复过程使 NO_3^- 降低到 20mg/L，铀为 0.4mg/L，钼为 0.02mg/L。

(2) 美国科罗拉多州 Lakewood 地区联邦住房管理局(FHA)修复点

修复对象：TCA，1，1-DCE，TCE，cDCE。

还原剂：Fe^0。

处理墙为烟囱一门形状的，安装在无边际含水土层内，流水中含 TCE 和 1，1-DCE 各为 700μg/L。系统由 317m 长的“烟道”和 4 个反应室组成，每室为 12m 宽。并用一层沙砾将反应室与含水土层中的物质相隔开。处理后，除了 1，1-DCE 的浓度为 8μg/L 外，其余污染物浓度都在 5μg/L 以下。

(3) 北爱尔兰 Belfast 地区工业污染点

修复对象：TCE，1，2-cDCE。

还原剂：Fe^0。

利用两个 30m 长的膨润土一水泥泥浆墙，将水引导到半径 1.3m、内容 4.8m 厚 Fe^0 的钢管中。数据分析表明，97%的 TCE 和 1，2-cDCE 被还原，没有检测到乙烯基氯化物。

(4) 美国堪萨斯州 Coffeyville 地区工业污染点

修复对象：TCE，1，1，1-TCA。

还原剂：Fe^0。

处理系统是烟囱一门形状的，可渗透墙 6m 长、0.6m 厚，安装在两个 149m 的土壤一膨润土泥浆墙之间。监测结果表明，污染物浓度已达到预期目标。

(5) 美国加利福尼亚州 Sunnyvale 地区 Inersil 半导体工业污染点

修复对象：TCE，cDCE，VC，Freon 113。

还原剂：Fe^0。

污染区域是一个半限制含水土层，被 50～200μg/L 的 TCE、450～1000μg/L 的 *cis*-1，2-DCE、100～500μg/L 的乙烯基氯化物和 20～60μg/L 的 Freon 113 所污染。采用的处理墙为 1.2m 宽、11m 长和 6m 深，内部全部填充 Fe^0 颗粒。安装后，地下水 VOC 浓度降低到污染物最大允许量以下，达到饮用水标准；处理后，TCE 浓度 5μg/L，cDCE 6μg/L 和 VC 0.5μg/L。

(6) 美国科罗拉多州 Lowry 空军基地污染点

修复对象：TCE。

还原剂：Fe^0。

烟囱一门处理系统由 2 个 4.3m 薄堆积墙和 1 个 3m 宽、1.5m 深，并填充 Fe^0 的反应室构成。数据分析结果表明，氯代碳氢化合物在墙表面的前 60cm 内就已完全降解。经过 18h 的滞缓时间后，所有的催化剂也降解到浓度允许范围内，并且中间产物的裂解物也被降解掉。

第六节　土壤性能改良技术

土壤污染是一个世界性问题，美国每年约有 1 亿多吨的含重金属废物不能处理，运到城郊堆放。在超基金项目所涉及的污染土壤修复点中，有大约 65%的地点含有重金属污染物(图 6-27)。荷兰等国家的大规模污水处理产生的含重金属的浓缩污泥也对土壤环境造成很大污染。对于重金属污染的土壤，可以采用改良土壤性能的方法，使污染物变成难迁移态或使其从土壤中去除。从此主导思想出发，可以有针对性地采取施用改良剂(酸碱反应等)或人为改变土壤氧化一还原电位的工程措施，这就是土壤性能改良技术。土壤性能改良技术主要是针对重金属污染的土壤而言的，部分措施也可以针对有机物污染的土壤进行改良。

土壤性能改良技术是原位修复技术，不需要原地搭建复杂的工程装备，因此是经济有效的污染土壤修复途径之一。

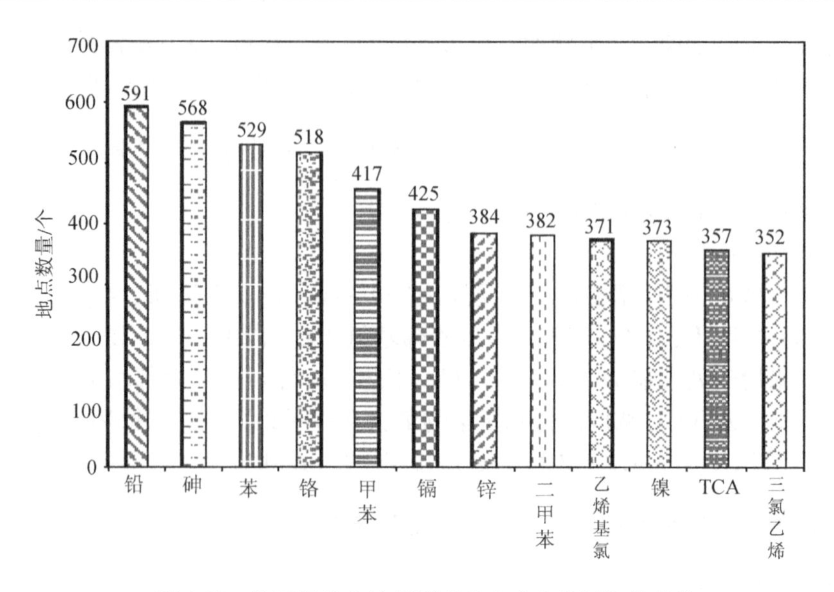

图 6-27　美国超基金计划所列地点含有的污染物种类

一、施用改良剂

一般来说，对于污染程度较轻的土壤，可以根据污染物在土壤中的存在特性，向土壤中施加某些改良剂，如石灰、磷酸盐、堆肥、硫磺、高炉渣、铁盐等，修复被重金属污染的土壤。其中，石灰性物质能够提高土壤 pH，促使重金属(如镉、铜、锌)形成氢氧化物沉淀，因此可作为土壤改良剂施加到重金属污染的土壤中去，减少植物对重金属的吸收。另外，硫磺及某些还原性有机化合物可以使重金属成为硫化物沉淀，磷酸盐类物质与重金属反应形成难溶性磷酸盐(沉淀法)。离子拮抗反应也不失为改良重金属污染土壤行之有效的措施之一。向土壤投加吸附剂也可以在一定程度上缓解污染物对农作物的生理毒害作用，比如说对有机化合物，可以通过投加吸附能力大的沸石、斑脱石，其他天然黏土矿物或改性黏土矿物的方法，增加土壤对有机、无机污染物的吸附作用。此外，也可向土壤施加一定量的离子交换树脂，增加土壤对重金属、某些阳离子的吸附能力。而对于污染程度较深的土壤，才采取换土、客土法、稀释土壤的办法改善土壤污染状况，但这种方式是环境工程治理措施中不得已而为之的下策，工程费用较高，还可能造成污染物的转移，并且没有从根本上消除污染土壤对人类的潜在威胁，因此只能小规模、有控制地进行。

尽管上述改良方式具有一定效果，但是也都有一定的局限性，如施用某些吸附剂需耗费大量资金，处理不当还会造成二次污染，不适宜大面积推广使用；沉淀法能够在一定程度上降低土壤溶液中重金属含量，但同时也使某些营养元素可溶性降低，导致微量元素的缺乏；离子拮抗反应在减轻某种重金属离子毒害的同时，又使另外一种元素含量增高，搞不好还会造成复合污染。但是，由于某些土壤改良方式具有取材方便、经济有效的特征，因此仍不失为一个较好的选择。

1. 石灰性物质

经常采用的石灰性物质有熟石灰、硅酸钙、硅酸镁钙和碳酸钙等。施用这些石灰性物质的目的在于中和土壤酸性，提高土壤 pH，使之处于植物生长较能接受的范围，降低重金属污染物的溶解度。例如，石灰与酸性土壤黏粒的交换性 Al^{3+} 或有机质中的羧基功能团相互作用，反应式为

$$2Al^{3+}-\text{黏粒}+3CaCO_3+6H_2O \longrightarrow 2Al(OH)_3+3Ca^{2+}-\text{黏粒}+3H_2O+3CO_2 \tag{6-7}$$

$$2R\text{—}COOH+CaCO_3 \longrightarrow \begin{matrix} R\text{—}COO^- \\ \quad\searrow \\ \quad\quad Ca^{2+} \\ \quad\nearrow \\ R\text{—}COO^- \end{matrix} +H_2O+CO_2 \tag{6-8}$$

从上述反应式可见，加入 1mol $CaCO_3$ 可与土壤中 2mol H^+ 或 2/3mol Al^{3+} 中和，也就是，1mol $CaCO_3$ 能够中和酸性土壤中 2mol 的酸。同时，参与中和反应的土壤 H^+ 或 Al^{3+} 还可以通过交换反应将土壤黏粒交换点位上原有的非活动性 Ca^{2+} 变成有效 Ca^{2+}。这样，石灰性物质能够通过与钙的共沉淀反应促进金属氢氧化物的形成。据报道，pH 在 7 以上时，土壤溶液中镉的浓度迅速减少。

石灰性物质对土壤的改良作用体现在：施用石灰能够在很大程度上改变土壤固相中的阳离子构成，使氢被钙取代，这样，土壤的阳离子代换量增加，另外，由于钙还能够改善土壤结构、增加土壤胶体凝聚性，增强在植物根表面对重金属离子的拮抗作用，因此综合以上几点，石灰性物质对重金属污染土壤起到了积极的保护效果。

向土壤施入石灰性物质的效果依赖于土壤特性和石灰物质的状态。为保证石灰性物质与金属离子充分接触和反应，可以考虑将石灰磨细成粒径很小的粉状，提高颗粒的比表面积。实验室研究证明，细粒径的石灰性物质施入土壤后几小时后就能发挥功效。但是，土壤母质物质的特性(包括母岩地质年龄和结晶状况等)对改良效果有一定的影响，在实施改良手段前要将这些因素考虑在内。

把石灰当成土壤改良剂来修复土壤并不是普遍适用的技术，事实上这种方式还是比较有限的。例如，向土壤施入石灰后可能会导致某些植物营养元素的缺乏，此时还要考虑向土壤施加植物微肥。

2. 有机物质和黏土矿物

向土壤施入有机物质和黏土矿物能够在提高土壤肥力的同时，增强土壤对重金属离子和有机物的吸附能力，通过有机物质与重金属的络合、螯合作用，黏土矿物对重金属离子和有机污染物产生强烈的物理化学、化学吸附作用，使污染物分子失去活性，减轻土壤污染对植物和生态环境的危害。有机物质中的含氧功能团，如羧基、酚羟基和羰基等，能与金属氧化物、金属氢氧化物及矿物的金属离子形成化学和生物学稳定性不同的金属－有机配合物。土壤中具有天然的黏土矿物，土壤黏土矿物含量及其组成是决定土壤自身脱毒效应的重要因素。由于有机物质和黏土矿物对重金属和有机污染物都形成强吸附区，另外有机黏土矿物价廉易得，因此可作为一种简单、有效、经济的土壤修复工具，同时配合化学和生物降解手段，进一步提供新的土壤原位修复技术。

各种有机物质包括生物体排泄物（如动物粪便、厩肥）和泥炭类物质、污泥等。生物体排泄物中含有一定的微生物，可加速植物残体的矿化过程，丰富土壤的微生物群落。厩肥含有多量胡敏酸胶体，它能与黏粒结合，形成团粒。无论在酸性或石灰性土壤，均能促进团粒结构的形成。同时，厩肥中含有有机酸如乳酸、酒石酸等，可与重金属形成稳定性的络合物，改善重金属污染土壤状况，泥炭类有机物能够增加土壤的吸附容量和持水能力，有研究表明以泥炭为垫料的猪厩肥用来改造矿毒田，效果很好。此外，厩肥中的有机酸及其盐类对酸、碱具有缓冲作用，因此使用厩肥，可提高土壤的缓冲性能，利于作物生长。

有机物质对重金属污染的缓冲和净化机制主要表现在：①参与土壤离子的交换反应；②稳定土壤结构，提供微生物活性物质，为土壤微生物活动提供基质和能源，从而间接影响土壤重金属的行为；③是重金属的螯（络）合剂。有机物质主要通过离子交换和络合作用与重金属相互作用，降低重金属对植物的毒性，改良污染土壤的性能。有机质对某些金属离子有较强的选择性，亲和性小的金属离子倾向于保留水化壳而维持其自由交换能力，亲和性大的金属离子与有机质的功能团可直接配位形成强离子键和配位键的内圈配合物。土壤腐殖酸的组成不同，对金属离子络合能力也有很大的差异，其中胡敏酸和胡敏素与金属离子形成的络合物是不易溶的，这样可以降低土壤中有效金属离子的浓度，从而减轻重金属污染的危害，例如，有毒的铬（VI）还原成铬（III）后，能与胡敏酸的羧基形成稳定的复合体，限制植物对它的吸收。据报道，土壤有机质含量越高，对铬（VI）的还原强度越大，还原速度也越快。然而腐殖质中的富里酸和金属离子形成的络合物是比较易溶的，但由于其溶解度受两者比例限制，当（富里酸/金属离子）＞2时络合物可溶，因此可通过计算土壤含水量，配合适当的灌水措施，将重金属离子淋洗出土壤根层，使某些重金属离子形成的水溶性配合物能够随水排出土体，减轻金属离子对食物链的危害。

有机质的性质对重金属离子的活性有较大的影响。Randhawa 和 Broadbent 研究了锌与腐殖质的相互作用并指出：胡敏酸有三个或更多的吸附锌的位点，被吸附在这些点上的锌只有用 0.1mol 或更浓的 HNO_3 才能解吸下来。Matsuda 等测定了锌一胡敏酸和锌一富里酸复合物的稳定常数后认为，与土壤有机质相结合的锌随着胡敏化作用的加强而增加，有机质能与锌形成稳定的复合物从而降低其移动性。有机物质对金属离子的络合作用也受 pH 影响，Tankh 的研究表明，在 pH＝5.5 的条件下，富里酸与 1mol 锌络合的分子数在低分子部位较高；在 pH＝7 的情况下，低分子部位与锌的结合增加 10 倍。因此可通过调节土壤 pH 状况，调控有机金属络合物的形成，从而调节重金属在土壤中的行为。另外，腐殖质中活性功能团对农药有很高的吸附活性。研究表明，土壤对农药吸附量的 74％取决于胡敏酸和富里酸，其中富里酸的作用较强。农药的“非萃取残留物”(指借助于常规试剂不能浸提的农药残留及其代谢产物)主要与腐殖质中相对分子质量在 700 左右的富里酸结合。农药被腐殖质吸附后功效降低，降解变慢，但同时腐殖质中大量有催化分解作用的功能团能够加速农药的分解。因此，土壤自身具有一定的脱毒性能，对腐殖质含量低的土壤也可以另外再投加活性较高的有机物质，提高土壤吸附能力。

此外，可以利用有机黏土矿物的吸附作用对有机污染物污染的土壤进行修复。有机黏土矿物对有机化合物的吸附取决于表面上所形成的孔径大小及被吸附有机阳离子的大小。由于黏土矿物表面呈憎水性，或者有烷基有机相存在于表面上，因此主要用途是用来去除非离子型有机化合物。有模拟试验结果表明，利用土壤和蓄水层物质中含有的黏土，再注入季铵盐阳离子表面活性剂十六烷基三甲基铵，对天然黏土矿物进行改性，可以使离子交换后的黏土矿物层间距扩大，表面由亲水性变成亲油性，这样，改性黏土矿物在土壤原位形成有效的吸附区，控制有机化合物的迁移。从美国依阿华州采集的 Webster 土壤经过十六烷基三甲基铵处理后，对溶液中氯苯和三氯乙烯的吸附能力增加了 100 倍左右。

3. 离子拮抗剂

化学性质相似的元素之间，可能会因为竞争植物根部同一吸收点位而产生离子拮抗作用，因此在改良被重金属污染的土壤时，可以考虑利用金属元素之间的拮抗作用，减轻重金属对植物的毒性。比如说，锌和镉化学性质相似，在被镉污染的土壤，比较便利的改良措施之一便是以合适的锌/镉浓度比施入植物肥料，缓解镉对农作物的毒害作用。

4. 化学沉淀剂

磷酸盐化合物很容易与重金属形成难溶态沉淀产物，因此可利用这一化学反应改良被铅、铁、锰、铬、锌、铬污染的土壤。向土壤施加磷酸盐化合物，一方面可改善土壤缺磷状况；另一方面也可作为化学沉淀剂降低重金属的溶解度，减轻毒害，因此不失为一种一举两得的办法。土壤施磷的效果依磷酸盐种类的不同而不同，熔磷效果最好，因为它含有的钙、镁作为共沉淀剂可促进重金属的沉淀。

二、调节土壤 *E*h

水田土壤中重金属的环境行为与土壤氧化一还原状况(*E*h)密切相关，因此可通过调节土壤氧化一还原电位的方法控制重金属的迁移。由于水田的淹水状况与土壤氧化一还原电位有很大关联，所以从某种程度上说，调节土壤水分也就相当于调控土壤氧化一还原电位。通过将汞或砷污染的水田改成旱田，铬污染的旱地改为水田等，相应改变土壤 *E*h 值，达到减轻变价金属元素生理毒性的目的。

以铬和砷为例，土壤中的铬主要以重铬酸盐($Cr_2O_4^{2-}$)、铬酸盐($HCrO_4^-$、CrO_4^{2-})等阴离子形态存在，其存在形式有：沉淀形式或与各种配位体如羟基、腐殖酸、磷酸等紧密结合，或取代磁铁矿中的两个铁原子以 $FeCr_2O_4$ 的形式存在，还可以取代黏土矿物中的八面体铝。铬在土壤中的环境行为包括：Cr^{3+} 被低相对分子质量的有机酸如柠檬酸活化，配位的 Cr^{3+} 与带负电的 MnO_2 作用生成 Cr^{6+}。土壤中的 MnO_2 在一定的 pH 和 *E*h 条件下，可以将 Cr^{3+} 氧化成 Cr^{6+}。试验证明，土壤中常见的 δ- MnO_2 晶型较差，比表面积大，对 Cr^{3+} 的氧化能力最强。此外，在低 pH 条件下，土壤对 Cr^{3+} 的吸附能力弱，不易被氧化成 Cr^{6+}；在高 pH 下 Cr^{3+} 易形成沉淀，也不易发生氧化反应；在 pH=4.5～6.5 范围内容易发生 Cr^{3+} 氧化成 Cr^{6+} 的化学反应。Cr^{6+} 的活性较高，是致癌物质，因此需要考虑保持土壤的还原环境，降低人类健康风险。

砷虽是一种非金属元素，但具有一定的金属性质，对人类有毒害作用，因此在环境科学中把砷归在重金属污染物中。砷可以多种氧化态存在于土壤中，其中亚砷酸盐（As^{3+}）及三氢化砷(AsH_3)等对人体的毒性要比砷酸盐 As^{5+} 高得多。土体中的氧化锰(III/IV)能氧化 As^{3+} 为 As^{5+}，反应为

$$HAsO_2 + MnO_2 \longrightarrow (MnO_2)HAsO_2 \tag{6-9}$$

$$(MnO_2)HAsO_2 + H_2O \longrightarrow H_3AsO_4 + MnO \tag{6-10}$$

$$H_3AsO_4 \longrightarrow H_2AsO_4^- + H^+ \tag{6-11}$$

$$H_2AsO_4^- \longrightarrow HAsO_4^{2-} + H^+ \tag{6-12}$$

$$(MnO_2)HAsO_2 + 2H^+ \longrightarrow H_3AsO_4 + Mn^{2+} \tag{6-13}$$

在式(6-10)中，氧发生转移，$HAsO_2$ 氧化为 H_3AsO_4，在 pH 为 7 的条件下，占优势的是亚砷酸根（$HAsO_2$），氧化产物 H_3AsO_4 会分解生成等量的 $H_2AsO_4^-$ 和 $HAsO_4^{2-}$[式(6-11)和式(6-12)]。每氧化 1mol 的 As^{3+} 释放出 1.5mol 的 H^+，产生的 H^+ 与吸附于 MnO_2 表面的 $HAsO_2$ 反应生成 H_3AsO_4，使 Mn^{4+} 还原。

砷在土壤中的氧化一还原状态与土壤的 Eh 值密切相关

$$H_3AsO_4 + 2H^+ + 2e \longrightarrow HAsO_2 + 2H_2O \tag{6-14}$$

旱地土壤通气良好，土壤 Eh 值可达到 500～700mV，砷以 As^{5+} 形态存在。处于淹水条件下的土壤，Eh 值较低，砷主要以亚砷酸根形式存在，而作物对 As^{3+} 的吸收多于对 As^{5+} 的吸收，因此适当控制土壤的水分含量、透气性能，将土壤调整到氧化状态下或水田改旱田有利于降低砷的毒性。

三、土壤性能改良技术处理实例

美国石头山环境修复服务有限公司发展了 Envirobond™ 技术，降低重金属在土壤中的移动性。1998 年 9 月，该公司在俄亥俄州 Rosebille 两个被铅污染的土壤上实施了土壤性能改良技术，并通过了美国国家环境保护局超基金创新技术项目的评估认可。

Envirobond™ 技术过程主要是通过与污染土壤、污泥、废弃矿场中的重金属形成化学键，将淋溶态重金属转变成稳定态、无害的金属络合物，达到土壤修复目的。在络合反应中，有至少两个非金属离子官能团作用于一个金属离子，形成多环结构链。实验室研究发现，Envirobond™ 技术能够有效地降低淋溶试验中土壤淋洗液的金属含量，从而减小环境和人类健康的暴露风险。由于 Envirobond™ 技术是专利技术，因此没有详细报道络合试剂的组成及配比。

现场修复结果表明，土壤中铅的浓度从 382mg/L 下降到 1.4mg/L，降幅可达 99%。同时，处理后的土壤还减少了 12.1%的铅生物可利用性，但是这个数字并没有达到严格标准，因为标准化的测试步骤中仍然采用强酸消化土壤样品。由于强酸的浓度超过了人体胃酸所能达到的 pH，未来标准可能重新修订。采用 Envirobond™ 技术后，分析人员对土壤中铅的长期稳定性和修复程度进行了监测，淋溶试验、铅形态顺序提取及阳离子代换量的测试结果证明 Envirobond™ 技术对土壤的修复效果是比较稳定的，然而，pH、*E*h 值、硝酸盐铅、氢氟酸铅及总磷酸铅的分析数据却显示出该技术修复效果的有限性。对 0.4hm^2、表层 15cm 铅污染的土壤来说，施工费用大致需要 33 220 美元的经费预算，平均每立方米土壤要花掉 54 美元。当然这些数字要随着土壤特性及污染物组成的不同而发生变化。

第七节　化学修复技术展望

污染土壤修复技术的选择依赖于仔细的地理勘察、实验室内的平衡试验和柱试验以及小规模现场应用试验等。对待处理地点土壤特征的了解是任何修复行为的先决条件，对区域地理背景和污染物分布必须要全面掌握。区域地理背景包括区域地理结构、地层、地下水水文特征等。这些因素都要影响到污染物在土壤下表层的分布和运移。对修复地点的大概了解可以从当地的地理调查机构获得，但是，由于土壤物质的复杂性和异质性，通常还需要通过钻井进行采样和分析，以获得关于污染羽和污染源，以及污染物种类的更进一步的信息。

在掌握修复地点特征的基础上，筛选出一种或多种备择修复技术。然后，在实验室内，对这些备择修复技术进行可行性试验。影响修复效率的主要影响因子，如 pH、NOM、碱度、渗透性以及深度等，必须在确定筛选方案前包括在试验设计中。平衡试验是筛选恰当修复方法的最好途径，而进一步的柱试验用来考察对某一备择技术而言，土壤基质复杂性对污染物处理效果的影响，从而决定处理的最佳反应条件。最后，如果小规模现场试验也证明了该技术的有效性，才能说明这个技术是最后的明智选择。

当然，即使每种原位处理技术都具有先进性，但是它们同时又不可避免地具有局限性。了解这些修复技术的优点和缺点对我们选择适当的修复方式很有帮助。在实际应用中，可以将两个或两个以上的技术相互组合，取长补短，达到高效、低耗的双重效果。

一般来说，化学注射方法不需要挖掘土壤和再填充，因此工程操作起来比较经济。先进的注射技术，如土壤深度混合和液压破裂，可以使化合物深入到土壤深处，但这样一来却无法同时采用其他的处理技术了，并且限于化合物的扩散速度，因此每个注射井可覆盖的处理范围很有限。对于渗透性较低的土壤，向污染区域注射化合物是非常困难的。

对于化学氧化技术而言，注射的氧化剂通常是非特异的，既作用于有机污染物，又攻击天然有机质。因此，污染区域的高含量有机质能够耗费很大比例的氧化剂，使这项技术在经济上行不通。作为被动的处理技术，化学处理墙对生态系统的影响最小，污染物通过吸附和沉淀变成失活状态。然而，有机污染物和无机阴离子降解产物的环境行为和毒性也是是否采用这项技术的关键因子之一。另外，技术上还需要考虑填充在处理墙内的反应物质活性能保持多久。尚存在的问题为：无机污染物如铬酸盐，在还原环境中变成失活状态，但外界环境条件的变化可能导致它的重新活化。还有一个问题是有机污染物降解产物的毒性如何，还需要开展更多试验确定有机物的降解路径和降解产物。另外，由于建造处理墙的技术水平有限，目前，这种技术还仅用在浅层土壤(3～12m)污染物的处理上。

原位化学淋洗技术对去除 DNAPLs 和其他吸附于土壤粒子上的污染物十分有效，但是，必须采取措施防止可迁移态的污染物向周围地区扩散。另外，引入的化学处理剂对生态系统可能有负面影响。目前，试验过的许多表面活性剂、增溶剂和螯合剂是无毒的，并在土壤下表面很容易降解，但是，人们对它们在生态系统中的最终行为和环境效应还不完全了解。费用问题也是原位化学淋洗技术的必要条件之一，看起来必须要循环再利用淋洗液才能使这项技术在经济上行得通。随着研究的不断拓展和新技术成果的吸纳、应用，相信化学修复技术能够在未来的污染土壤修复工作中扬长避短，发挥越来越重要的作用。

主要参考文献

陈世宝，华珞，白铃玉等. 1997. 有机质在土壤重金属污染治理中的应用. 农业环境与发展，14(3)：26～29

李学垣. 2001. 土壤化学. 北京：高等教育出版社

束善治，袁勇. 2002. 污染地下水原位处理方法：可渗透反应墙. 环境污染治理技术与设备，3(1)：47～51

宋静，朱荫湄. 1998. 土壤重金属污染修复技术. 农业环境保护，17(6)：271～273

孙铁珩，周启星，李培军. 2001. 污染生态学. 北京：科学出版社

王连生. 1994. 环境健康化学. 北京：科学出版社

王晓蓉，吴顺年，李万山. 1997. 有机黏土矿物对污染环境修复的研究进展. 环境化学，16(1)：1～11

夏立江，王宏康. 2001. 土壤污染及其防治. 上海：华东理工大学出版社

周启星. 1998. 污染土壤就地修复技术研究进展与展望. 污染防治技术，11(4)：207～211

周启星，林海芳. 2001. 污染土壤及地下水修复的 PRB 技术及展望. 环境污染治理技术与设备，2(5)：48～53

周启星，孙铁珩. 2000. 污染生态化学：现状和展望. 应用生态学报，11(5)：795～798

朱利中. 1999. 土壤及地下水有机污染的化学与生物修复. 环境科学进展，7(2)：65～71

Agrawal A, Tratnyek P G. 1994. Abiotic remediation of nitro-aromatic groundwater contaminants by zero-valent iron. Paper presented before the Division of Environmental Chemistry, American Chemical Society Meeting, Mar. 13～18. San Diego, CA

Amonette J E, Szecsody J E, Schaef H T. 1994. Abiotic reduction of aquifer materials by dithionite: a promising *in-situ* remediation Technology. In: *in-situ* remediation: scientific basis for current and future technologies. proceedings of the 33rd Hanford Symposium of Health and the Environment. Nov. 7～11. Pasco, Washington, Battelle Press, Columbus, OH

Arnold W A, Roberts A L. 1998. Pathways of chlorinated ethylene and chlorinated acetylene reaction with

Zn (0). Environ Sci Technol, 32: 3017～3025

Benner S G, Blowes D W, Ptacek C J. 1997. A full-scale porous reactive wall for prevention of acid mine drainage. Ground Water Monit Remed, 17: 99～107

Betts K S. 1998. Novel barrier remedy chlorinated solvents. Environ Sci Technol /News, 32: 495A

Blowes D W, Ptacek C J. 1992. Geochemical remediation of groundwater by permeable reactive walls: removal of chromate by reaction with iron-bearing solids. In: Proceedings of the Subsurface Restoration Conference, U. S. Environmental Protection Agency, Kerr Laboratory. Jun. 21～24. Dallas, TX:214～216

Blowes D W, Ptacek C J, Jambor J L. 1997. *In-situ* remediation of Cr (VI)-contaminated groundwater using permeable reactive walls: laboratory studies. Environ Sci Technol, 31: 3348～3357

Cabtrell K J. 1996. A permeable reactive wall composed of clinoptilolite for containment of ^{90}Sr in Hanford groundwater. In: proceedings of the International Topical Meeting on Nuclear and Hazardous Waste Management. Spectrum 96. (www. gwrtac. org)

Cantrell K J, Kaplan D I. 1997. Zero-valent iron colloid emplacement in sand columns. J Environ Eng, 123: 499～505

Cantrell K J, Kaplan D I, Wietsma T W. 1995. Zero-valent iron for the *in-situ* remediation of selected metals in groundwater. J Haz Mat, 42: 201～212

Cary J W, Cantrell K J. 1994. Innocuous oil as an additive for reductive reactions involving zero-valence iron. In: *in-situ* remediation: scientific basis for current and future technologies, Proceedings of the 33rd Hanford Symposium of Health and the Environment, Nov. 7～11. Pasco, Washington, Battelle Press, Columbus, OH

Clarke A N, Oma K H, Megehee M M et al. 1994. Surfactant-enhanced *in-situ* remediation: current and future techniques. In: *in-situ* remediation: scientific basis for current and future technologies, Proceedings of the 33rd Hanford Symposium on Health and the Enviroment, Nov. 7～11. 1994, Pasco, Washington, Battelle Press, Columbus, OH

Cline S R, West O R, Korte N E et al. 1997. $KMnO_4$ chemical oxidation and deep soil mixing for soil treatment. Geotechnical News, 15: 25～28

Connick C, Blanc F C, O'Shaughnessy J C. 1985. Adsorption and release of heavy metals in contaminated soils. Proc. ASCE Environmental Engineering Division Specialty Conference, 1045～1052. Boston, MA

Day J E. 1994. The effect of moisture on the ozonation of pyrene in soils. Masters Thesis, Michigan State University, MI

Deng B, Campbell T J, Burris D R. 1997. Kinetics of vinyl chloride reduction by metallic iron in zero-headspace systems. Preprints of Papers Presented at the 213th ACS National Meeting, Apr. 13～17, San Francisco, CA. 81～83

Duster D, Edwards R, Faile M et al. 1996. Preliminary performance results from a zero valence metal reactive wall for the passive treatment of chlorinated organic compounds in groundwater. Tri-service Environmental Technology Workshop, May. 20～22, Hershey, PA

Elliott H A, Brown G A, Shields G A et al. 1989. Restoration of Pb-polluted soils by EDTA extraction. The 7th International Conference on Heavy Metals in the Environment, Geneva

Elliott H A, Linn J H, Shields G A. 1989. Role of Fe in extractive decontamination of Pb-polluted soils. Haz Waste Haz Mater, 6: 223～229

Ellis W D, Payne J R. 1983. Chemical countermeasures for *in-situ* treatment of hazardous materials releases.

U. S. EPA Contract 68-01-3113, NJ Oil and Hazardous Materials Spills Branch, Edison, NJ

Focht R, Vogan J, O'Hannesin S. 1996. Field application of reactive iron walls for *in-situ* degradation of volatile organic compounds in groundwater. Remediation, 6: 81～94

Fountain J C, Waddell-Sheets C, Lagowswki A et al. 1995. www. Terra-Kleen. com

Fruchter J S, Cole C R, Williams M D et al. 1997. Creation of a subsurface permeable treatment barrier using *in-situ* redox manipulation. Pacific Northwest National Laboratory. Richland, WA

Fuhrmann M, Aloysius D, Zhou H. 1995. Permeable, subsurface sorbent barrier for 90SR: Laboratory studies of natural and synthetic materials. Proceedings of Waste Management. Feb. 26～ Mar. 2, 1995, Tucson, AZ

Ganaskar A R, Gupta N, Sass B M et al. 1998. Permeable barriers for groundwater remediation: design, construction, and monitoring. Columbus: Battelle Press

Gates D D, Siegrist R L. 1995. *In-situ* chemical oxidation of trichloroethylene using hydrogen peroxide. J Environ Eng, 121: 639～644

Gates D D, Siegrist R L, Cline S R. 1995. Chemical oxidation of volatile and semi-volatile organic compounds in soil. In: Proceedings of the 88th Annual Air and Waste Management Association Conference, Jun. 1995, San Antonio, Texas (www. gwrtac. org)

Gillham R W, Oihannesin S F. 1994. Enhanced degradation of halogenated aliphatics by zero-valent iron. Groundwater, 32: 958～967

Gould J P. 1982. The kinetics of hexavalent chromium reduction by metallic iron. water Res, 16: 871～877

Gu B, Liang L, Dickey M J et al. 1998. Reductive precipitation of uranium (VI) by zero-valent iron. Environ Sci Technol, 32: 3366～3373

Hargett D L, Tyler E J, Converse J C et al. 1985. Effects of hydrogen peroxide as a chemical treatment for clogged wastewater absorption systems. In: Proceedings of the Fourth National Symposium on Individual and Small Community Sewage Systems, Dec. 1984, Chicago. Am Soc Agr Eng Publ 07～85, 273～284 (www. gwrtac. org)

Henry S M, Warner S D, Baer J D. 2003. Chlorinated solvent and dnapl remediation: innovative strategies for subsurface cleanup (Acs Symposium Series, 837). Washington DC: American Chemical Society, 346

Ho C L, Shebl M A A, Watts R J. 1995. Development of an injection system for *in-situ* catalyzed peroxide remediation of contaminated soil. Hazard Waste Hazard Mater, 12: 15～25

Hood E D, Thomson N R, Farquar G J. 1998. *In-situ* oxidation: remediation of a PCE/TCE residual DNAPL source. Battelle, First International Conference on Remediation of Chlorinated and Recalcitrant Compounds, Monterey, California

Huang C P, Dong C, Tang Z. 1993. Advanced chemical oxidation: its present role and potential future in hazardous waste treatment. Wat Manag, 13: 361～377

Jerome K M, Riha B, Looney B B. 1997. Final report for demonstration of *in-situ* oxidation of DNAPL using the geo-cleans technology. WSRC-TR-97-00283. Prepared for the U. S. Department of Energy

Kakarla P K C, Watts R J. 1997. Depth of Fenton-like oxidation in remediation of surface soil. J Environ Eng, 123: 11～17

Kan A T, McRae T A, Tomson M B. 1992. Enhanced mobilization of residual aviation gasoline in sandy aquifer materials by surfactant and cosolvent flush. ACS Annual Meeting, Apr. 5～10, San Francisco, CA

Mann M J. 1998. Liquid Extration Technologies, Vol. 3. WASTECH and the American Academy of Environmental Engineers

Marvin B K, Nelson C H, Clayton W et al. 1998. *In-situ* chemical oxidation of pertachlorophenol and polycyclic aromatic hydrocarbons: from laboratory tests to field demonstration. Battelle, First International Conference on Remediation of Chlorinated and Recalcitrant Compounds, Monterey

Masten S J, Davies S H R. 1997. Effects of *in-situ* ozonation for the remediation of PAH contaminated soils. J Contam Hydrol, 28: 327～335

Mayer E, Berg R, Carmichael J et al. 1983. Alkaline injection for enhanced oil recovery-a status report. J Petrol Technol, 35: 209～221

Moore R E, Matsumoto M R. 1993. Investigation of the use of *in-situ* soil flushing to remediate a lead contaminated site. Hazardous and Industrial Waste: Proceedings, Mid-Atlantic Industrial Waste Conference. Technical Publishing Company, Lnc. Lancaster, PA

Morrison S J. 1998. Research and application of permeable reactive barriers. Prepared for the U. S. Department of Energy(www. gwrtac. org)

Pennell K D, Abriola L M, Weber W J. 1993. Surfactant-enhanced solubilization of residual dodecane in soil columns. I. experimental investigation. Environ Sci Technol, 27: 2332～2340

Peters R W, Shem L. 1991. Gas, oil, coal, and environmental biotechnology III. Edited by C. Akin and J. Smith. Institute of Gas Technology, Chicago

Peters R W, Shem L. 1992. Use of chelating agents for remediation of heavy metal contaminated soil. In: Environmental Remediation, ACS Symposium Series 509, American Chemical Society, Washington, DC

Ravikumar J X, Gurol M D. 1994. Chemical oxidation of chlorinated organics by hydrogen peroxide in the presence of sand. Environ Sci Technol, 28: 394～400

Sabatini D A, Knox R C, Harwell J H. 1995. Surfactant-enhanced subsurface remediation-emerging technologies. American Chemical Society, Washington, DC

Sheldon R A, Kochi J K. 1981. Metal catalyzed oxidation of organic compounds. New York, NY: Academic Press

Sherman B M, Allen H E, Huang C P. 1998. Catalyzed hydrogen peroxide treatment of 2,4,6-trinitrotoluene in soils. Proceedings of the 30th Mid-Atlantic Industrial and Hazardous Waste Conference, Technomic Publ, Lancaster, PA

Siegrist R L. 1998. *In-situ* chemical oxidation: technology features and applications. Conference on Advances in Innovative Ground-water Remediation Technologies, Atlanta, GA. 15 Dec. 1998, Ground-water Remediation Technology Analysis Center. U. S. EPA Technology Innovative Office

Stanton P C, Watts R J. 1994. Oxidation of a sorbed hydrophobic compound in soils using catalyzed hydrogen peroxide. Presented at Air and Waste Management Association 87 th Annual Meeting and Exhibition, Cincinnati, OH

Thomson E C. 1996. *In-situ* gas treatment technology demonstration test plan. DS-EN-TP-055, Prepared for the Department of Energy (www. gwrtac. org)

U. S. Environmental Protection Agency. 1993. Remediation technologies screening matrix and reference guide, EPA 542-B-93-005

U. S. Environmental Protection Agency. 1995. Remediation case studies: thermal desorption, soil washing, and *in-situ* vitrification, EPA-542-R-95-005. Office of Solid Waste and Emergency Response, Washington, DC

U. S. Environmental Protection Agency. 1997. *in-situ* remediation technology: *in-situ* chemical oxidation, EPA 542-R-98-008. Office of Solid Waste and Emergency Response, Washington, DC

U. S. Environmental Protection Agency. 1997. Permeable reactive subsurface barriers for the international and remediation of chlorinated hydrocarbon and chromium (VI) plumes in groundwater, EPA/600/F-97/008

U. S. Environmental Protection Agency. 1998. Permeable reactive barrier technologies for contaminant remediation, EPA-600-R-98-125. Office of Solid Waste and Emergency Response, Washington, DC

U. S. Environmental Protection Agency. 1998. Proceedings of treatment walls and permeable reactive barriers: Special Session of the NATO/CCMS Pilot Study on Evaluation of Demonstrated and Emerging Technologies for the Treatment of Contaminated Land and Groundwater, EPA 542-R-98-003

Vella P A, Deshinshy G, Boll J E et al. 1990. Treatment of low level phenols (mg/L) with potassium permanganate. Research Journal WPCF, 62: 907～914

Walling J. 1975. Fenton's reagent revisited. Acc Chemical Res, 8: 125～131

Watts R J. 1997. Hazardous wastes: sources, pathways, receptors. New York: Wiley

Watts R J, Kong S, Dippre M et al. 1994. Oxidation of sorbed hexachlorobenzene in soils using catalyzed hydrogen peroxide. J Haz Mat, 39: 33～47

Watts R J, Smith B R, Miller G C. 1991. Catalyzed hydrogen peroxide treatment of octachlorodibenzo-*p*-dioxin (OCCD) in surface soils. Chemosphere, 23: 949～955

Watts R J, Stanton P C. 1994. Process conditions for the total oxidation of hydrocarbons in the catalyzed hydrogen peroxide treatment of contaminated soils. WA-RD 337. 1, Washington State Dept of Transportation, Olympia, WA

Watts R J, Udell M D, Rauch P A. 1990. Treatment of pentachlorophenol-contaminated soil using Fenton's reagent. Haz Waste Haz Mater, 7: 335～345

West O R, Cline S R, Holden W L et al. 1997. A full-scale demonstration of *in-situ* chemical oxidation through recirculation at the X-701B site: field operations and TCE degradation. ORNL/TM-13556. Oak Ridge, Tennessee(www. Terra-Klean. com)

Zhang W X, Wang C B. 1997. Synthesizing nanoscale iron particles for rapid and complete dechlorination of TCE and PCBs. Environ Sci Technol, 31: 2154～2156

Zhang P C, Ryan J A. 1998. Formation of pyromorphite in anglesite-hydroxyapatite suspensions under varying pH conditions. Environ Sci Technol, 32: 3318～3324

第七章 污染土壤的物理修复

在美、英等发达国家，污染土壤的物理修复作为一大类污染土壤修复技术，近年来得到了前所未有的重视，与此同时也得到了多方位的发展。本章结合中国实际介绍、探讨国外在这方面的进展，主要包括物理分离修复、蒸气浸提修复、固定/稳定化修复、玻璃化修复、低温冰冻修复、热力学修复和电动力学修复等技术。

第一节 物理分离修复技术

污染土壤的物理分离修复技术是一项借助物理手段将重金属颗粒从土壤胶体上分离开来的技术，工艺简单，费用低。这些分离方式没有高度的选择性。通常情况下，物理分离技术被作为初步的分选，以减少待处理土壤的体积，优化以后的序列处理工作。一般来说，物理分离技术不能充分达到土壤修复的要求。

一、技术原理与过程

1．技术原理

物理分离技术已经在化学、采矿和选矿工业中应用了几十年。但是，应用于污染土壤的修复则是最近几年的事情。在原理上，大多数污染土壤的物理分离修复，基本上与化学、采矿和选矿工业中的物理分离技术一样，主要是基于土壤介质及污染物的物理特征而采用不同的操作方法：①依据粒径大小，采用过滤或微过滤的方法进行分离；②依据分布、密度大小，采用沉淀或离心分离；③依据磁性有无或大小，采用磁分离的手段；④根据表面特性，采用浮选法进行分离。

经验表明，物理分离技术主要用在污染土壤中无机污染物的修复处理上，从土壤、沉积物、废渣中富集重金属，清洁土壤、恢复土壤正常功能。首先，分散于土壤环境中的重金属颗粒可以根据它们的颗粒直径、密度或其他物理特性得以分离。例如，根据重力分离法去除汞，用筛分或其他重力手段分离铅。对于高价重金属如金、银等，可采用膜过滤的方式。针对射击场或爆破点的铅污染土壤，最常用的修复方式是根据粒径等特点采用重力分离方式，把铅与土壤颗粒分开。其次，以单质态或盐离子态存在的重金属可能被某一粒径范围的土壤颗粒或胶体所吸附。一般来讲，它们都易于被土壤黏粒和粉粒所吸附。物理分离技术能够将沙和沙砾从黏粒和粉粒中分离出来，将待处理土壤的体积缩小，使土壤中存在的污染物浓度浓集到一个高的水平，然后再采用高温修复技术或化学淋洗技术修复污染土壤。

物理分离修复技术有许多优点，但在具体分离过程中，其技术的有效性，要考虑各种内在和外在因素的影响。例如：①物理分离技术要求污染物具有较高的浓度并且存在于具有不同物理特征的相介质中；②筛分干污染物时会产生粉尘；③固体基质中的细粒径部分和废液中的污染物需要进行再处理。

表 7-1 概述了物质分离技术的主要属性。

表 7-1　物理分离修复技术的主要属性

技术种类	粒径分离（筛分）	水动力学分离（分类）	密度分离（重力）	泡沫浮选分离	磁分离
技术优点	设备简单，费用低廉，可持续高处理产出	设备简单，费用低廉，可持续高处理产出	设备简单，费用低廉，可持续高处理产出	尤其适合于细粒级的处理	如果采用高梯度的磁场，可以恢复较宽范围的污染介质
局限性	筛子可能会被塞住，细格筛很容易损坏，干筛过程产生粉尘	当土壤中有较大比例的黏粒、粉粒和腐殖质存在时很难操作	当土壤中有较大比例的黏粒、粉粒和腐殖质存在时很难操作	颗粒必须以较低的浓度存在	处理费用比较高
所需装备	筛子、过滤器、矿石筛（湿或干）	澄清池、淘析器、水力旋风器	振荡床、螺旋浓缩器	空气浮选室或塔	电磁装置、磁过滤器

2. 物理分离过程

根据物质的颗粒特性，如粒级、形状、密度或磁性，可达到对污染物的分离，主要分离过程包括以下几个方面：

1）针对不同土壤颗粒粒级（如粗砂、细砂和黏粒等）、粒径或形状，可通过不同大小、形状网格的筛子（如格筛、振动筛）进行分离（图 7-1）；

2）依据颗粒水动力学原理，将不同密度的颗粒，通过其重力作用导致的不同沉降、沉淀速率进行分离；

3）根据颗粒表面特性的不同，采用浮选法，将其中一些颗粒吸引到目标泡沫上进行分离；

4）一些物质具有磁性，或者污染物本身具有磁感应效应，尤其是一些重金属，可采用磁分离法进行分离。

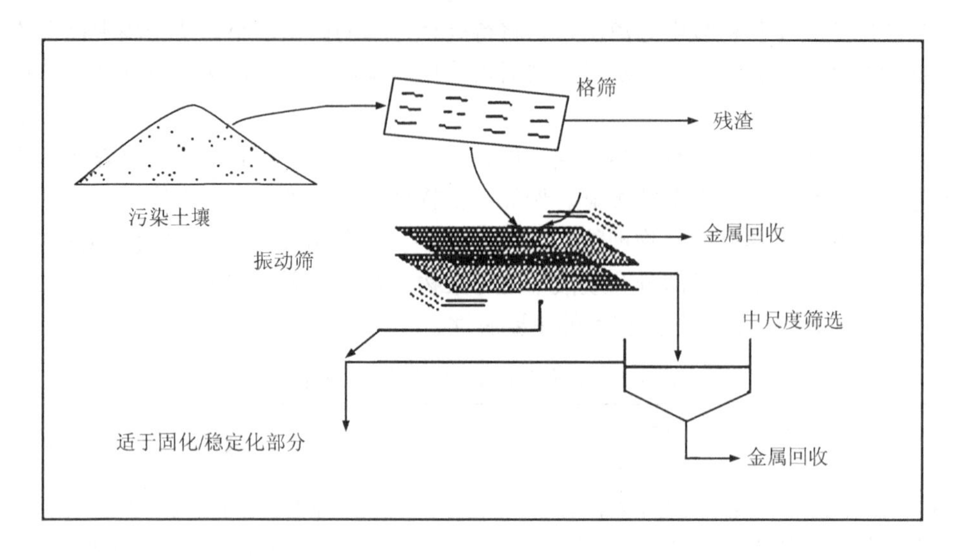

图 7-1 污染土壤的物理分离修复过程

物理分离技术通常需要挖掘土壤，因此修复工作所耗费的时间取决于设备的处理速度和待处理土壤的体积。通常，都是在流动的单元内原位开展修复工程，它的修复能力是每天能处理 9～450m^3 的土壤。一些物理分离技术是湿处理过程，也就是说，待处理土壤和目标重金属污染物要在水介质中分散开。

二、物理分离修复方法

1. 粒径分离

根据颗粒直径分离固体，叫筛分或过滤，是将固体通过特定网格大小的线编织筛的过程。大于筛子网格的部分留在筛子上，粒径小的部分通过筛子。但是，这个分离过程不是绝对的，大的不对称形状颗粒也可能通过筛子；小的颗粒也可能由于筛子的部分堵塞或粘在大颗粒表面而无法通过。如果让大颗粒在筛子上堆积，有可能将筛孔堵住。因此，筛子通常要有一定的倾斜角度，使大颗粒滑下。筛子或者是静止的，或者采取某种运动方式(如振动、摆动或回旋)，将堵塞筛孔的大颗粒除去。

(1) 干筛分

大多数修复地点都需要筛分干的土壤，将石砾、树枝或其他较大的物质从土壤中分离出去。只要待处理物质是干的，干筛分方式就能成功处理大或中等的土壤颗粒。然而，在现场应用时，天然土壤总是含有水分，使处理小于 0.06～

0.09m 粒级的情况变得很困难，这样易发生阻塞。如果要采用较细的筛子，土壤就要在过筛前事先干燥；否则，就要采用湿筛分方式。

(2) 湿筛分

选择湿筛分手段通常有一个问题，就是在修复过程中会产生一定数量的污水，而且还需要进一步的排放前处理。尽管脱水步骤可以使水再循环，但是在最后一批土壤修复工作完成后，仍然存留一定量的废液。另一个问题是湿筛分过程使土壤变湿，使接下来的化学处理难以进行。因此，必须在开展湿筛分技术前充分权衡利弊。

一般来说，采用湿筛分技术要遵循以下原则：

1) 当大量重金属以颗粒状存在时，特别推荐采用湿筛分方式。此时，湿筛分手段能够使土壤无害化，而不需要进一步的处理；同时，应用少量的化学试剂就将废液中重金属颗粒的体积减少到一定预期水平。

2) 如果接下来的化学处理需要水，如采用土壤清洗或淋洗技术，那么也推荐用湿筛分技术。

3) 如果处理得到的重金属可以循环再利用或废液不需要很多的化学处理试剂，也适合采用湿筛分办法。

(3) 摩擦—洗涤

摩擦洗涤器不是真正的颗粒分离设备，但是却经常作为颗粒或密度方式分离前的土壤前处理。摩擦洗涤器能够打碎土壤团聚体结构，将氧化物或其他胶膜从土壤胶体上洗下来。土壤洗涤不仅要靠颗粒与颗粒之间的摩擦和碰撞，也要靠设备(如桨板和推进器)和颗粒间的摩擦。摩擦洗涤器通过内置的两个方向相反、呈倾斜角、直径较大的推进器集中混合和洗涤土壤。有时还要配置挡板以引导土壤的行进方向。同时，要根据预计达到的土壤处理量设计相应的单室或多室处理设备。

一个“木清洗器”包括一个倾斜的槽及两个都安装桨的转轴。倾斜角降低桨对土壤运送的影响，增加土壤对桨的反向重量。这样，桨沿着倾斜的槽，以一定的倾斜角将土壤运到卸载端。“木清洗器”这个名字其实是名不副实的，单从名字上来看，它似乎是用来清洗木头的，其实，之所以沿用了这个名字，是因为设备中洗涤沙和沙砾的第一部分包括木头转轴，两侧插入钢制挡板。在大工业中，“木清洗器”广为人知，因为它能够从天然或压碎的沙砾、石子或矿砂中较好地去除坚硬或有可塑性的黏土。

扁桨压磨机在设计上与“木清洗器”类似，也具有同样的功能。但与“木清洗器”不同，扁桨压磨机仅有一个转轴。正因为只有一个转轴，扁桨压磨机要比

"木清洗器"节省能源。"木清洗器"和扁桨压磨机都被用来处理粒级较大的土壤部分，而不是包含在一般的摩擦洗涤器中。

一些摩擦洗涤器与机械粒度分级机类似，它们都包括一个盆状容纳装置，内有单个或多个带有挡板的转轴。这些设备能够将土壤团聚体结构打破，成为分散的土壤颗粒，使接下来的粒度分级变得容易。如果没有打破土壤团聚体结构这一步骤，土壤中的黏土矿物会在筛分和分级过程中黏结在一起，凝聚起来。此外，摩擦洗涤器还能够将氧化物或其他胶膜结构洗去。土壤的摩擦洗涤主要是通过颗粒之间的摩擦和颗粒与挡板之间的摩擦来完成的。

2. 水动力学分离

水动力学分离，或粒度分级，是基于颗粒在流体中的移动速度将其分成两部分或多部分的分离技术。颗粒在流体中的移动速度取决于颗粒大小、密度和形状。可以通过强化流体在与颗粒运动方向相反的方向上的运动，提高分离效率。

如果落下的颗粒低于有效筛分的粒径要求(通常是 200μm)，此时采用粒度分级法。如筛分一样，粒度分级也依赖于颗粒大小。但是，与筛分方式不同的是，粒度分级还与颗粒密度有关。湿粒度分级机(水力分级机)比空气分级机更常用一些。分级机适用于较宽范围内颗粒的分离。过去用大的淘选机从废物堆积场中分离直径几毫米的汽车蓄电池铅，其他分级机如螺旋分级机和沉淀筒也被用来从泥浆中分离细小颗粒。水力旋风分离器能够非常有效地分离极小颗粒，已经用来去除砂砾和脱水等。尽管水力旋风分离器也能够分离较粗的颗粒，但最常用于5～150μm 粒级的分离。水力旋风分离器是体积较小、价格便宜的设备。为了提高处理能力，通常要并联使用多个水力旋风分离器。

(1) 淘选机

淘选机(elutriator)是一个盛装水的竖直圆柱体，水从底部流向顶部。待处理的土壤从顶部或顶部稍下处进入。落下的颗粒由它们的粒径、形状和密度不同分别达到不同的最终速度。调整到达底部的水流速率，使最终速率低于水流速的颗粒又随水流上升。水和较细、较轻颗粒组成的混合物称为黏泥或残留物。较大、较重的颗粒沉降速率较快，克服水的流速最终到达底部。然后，在柱体的不同高度收集期望获得的沉降颗粒。通常情况下，要使用一系列的柱体，使每一柱体有不同的水流速率，以获得更多的某一特定粒级土壤。

(2) 机械粒度分级机

水动力学分离过程也可以在机械粒度分级机(mechanical classifier)中以机械方式完成，将土壤和水的混合泥浆引入到一个倾斜的槽内。质地较粗的颗粒迅速从泥浆中沉淀下来，落到槽底部。黏泥从槽较低的一端溢出。大的颗粒在摩擦(摩擦分级机)或转动(螺旋分级机、“沙螺旋”)的作用下沿倾斜面爬升并最终清除。图 7-2 是螺旋分级机或“沙螺旋”的工作过程示意图。

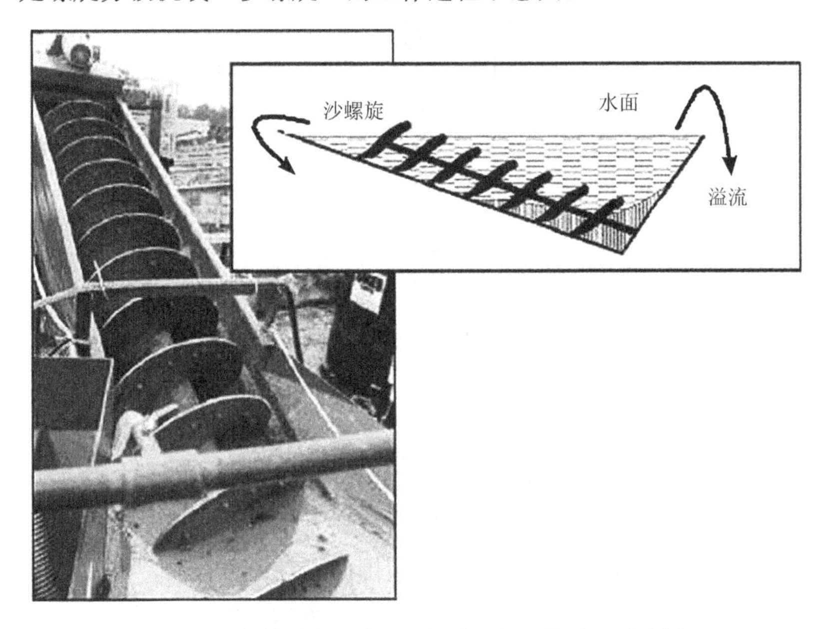

图 7-2　螺旋分级机或“沙螺旋”的工作过程示意图

(3) 水力旋风分离器

水力旋风分离器(hydrocyclone)是连续操作的设备，利用离心力加速颗粒的沉降速率。水力旋风分离器包括一个竖直的圆锥筒(图 7-3)，土壤以泥浆的方式在顶部沿切线方向加入。水力旋风分离器是通过在圆锥筒内沿竖直轴形成低压区，产生涡流的。快速沉降颗粒(粒径较大或密度较高的颗粒)在离心力的作用下，向筒壁方向加速，并以螺旋的方式沿筒壁向下落到底部开口处。沉降速率较慢的颗粒(如细质地颗粒)则聚集到轴两侧的低压区内，并由中间叫涡流发现器的一个管子吸出筒体外。水力旋风分离器都是比较小的设备，如果想得到更高的处理能力，就要并联使用多个水力旋风分离器。

3. 密度(或重力)分离

基于物质密度，采用重力富集方式分离颗粒。在重力和其他一种或多种与重力方向相反的作用力的同时作用下，不同密度的颗粒产生的运动行为也有所不同。尽管密度不同是重力分离的主要标准，但是颗粒大小和形状也影响分离。一

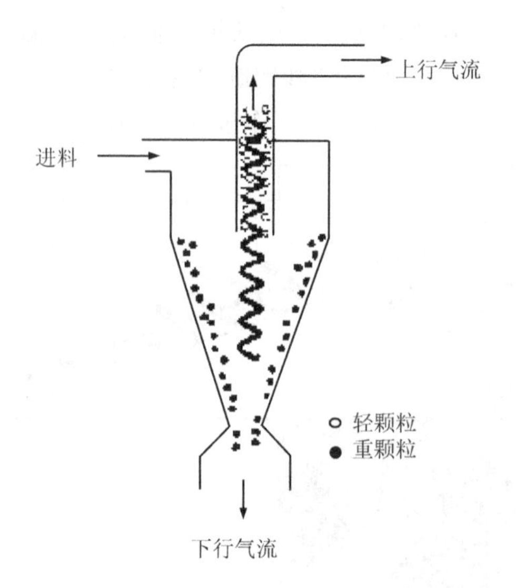

图 7-3　水力旋风除尘器示意图

般情况下，重力分离对粗糙颗粒比较有效。

重力分离技术对于粒径在 10～50μm 范围的颗粒仍然有效，用相对较小的设备可能达到更高的处理能力。在重力富集器中，振动筛能够分离出 150μm～5cm 的粗糙颗粒，这个范围也可以放宽到 75μm～5cm。对于颗粒密度差异较大的未分级(粒径范围较宽)的土壤，或者颗粒密度差异不大但事先经过分级(粒径范围较窄)的土壤，设备处理性能都会相应提高。

(1) 振动筛

作为最老的重力分离设备，振动筛(跳筛 jig)通过波动的水流达到颗粒分离目的。土壤和水在竖直波动流的作用下，交替抬升、下降。向上的水流主要用于搅动底部的颗粒，而向下的水流则加强底部沉淀的趋势。经过这样的波动循环，较重的颗粒渐渐沉到底部。较轻的颗粒在向下运动时被向上的水流所阻滞，但是又不至于被这股水流所加速。这样，粒级较大的颗粒平铺到底床，较轻的颗粒随水流溢出去。

图 7-4 绘制了振动筛设备及其原理示意图，水流的波动将较重的颗粒(如重金属)在底部浓集，较轻的颗粒随水流排出到设备外。有时，由粒度分级和重力分离得来的重金属被送到再生处理厂进行熔化，作为生产的原材料。

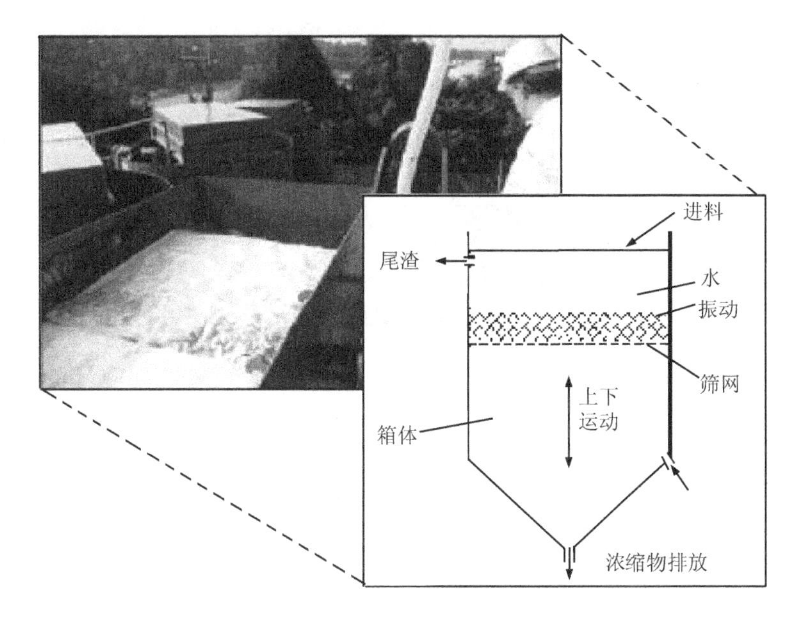

图 7-4　振动筛设备及其原理示意图

(2) 螺旋富集器

螺旋富集器(spiral concentrator)是另一种比较常用的重力分离器。它有一个螺旋渠道，风沿中轴向下吹。土壤以 10%～50%固液比泥浆的形式从螺旋顶部加入。当泥浆沿螺旋向下流动的过程中，沿着水层的厚度方向产生速度梯度，贴近渠道表面的水流在摩擦力的作用下，速度很慢，而水层上部的水流速度加快。粒度较小的颗粒淹没在慢速流动的水层中，大的土壤颗粒则随流体快速运动，并沿曲线方向受离心力作用，使这些大土壤颗粒向外运动。那些小而沉的颗粒由于取向最短的下沉路径，移动到螺旋的轴心部位，并形成一个条带(图 7-5)。沿这个条带下沉方向的几个点就能收集到不同重量的颗粒。这些富集带由可调的楔子(称为分离器)控制。富集程度最高的粒子富集到螺旋的最高点，并且随着渠道风的向下吹入，富集水平相应地变低。稍轻的颗粒被螺旋外围边缘快速流动的水带向外部，最终以残留物的形式沉到底部。中等大小的颗粒位于富集带和残留物之间。由于富集带在固体中位置较高，大量的水流向渠道的外边缘，因此可将水沿着螺旋持续引入，让富集带移动。

螺旋富集器适用于 75μm～3mm 大小颗粒的分离。为了提高富集能力，可以在同一渠道内部安装两个螺旋(双螺旋)。

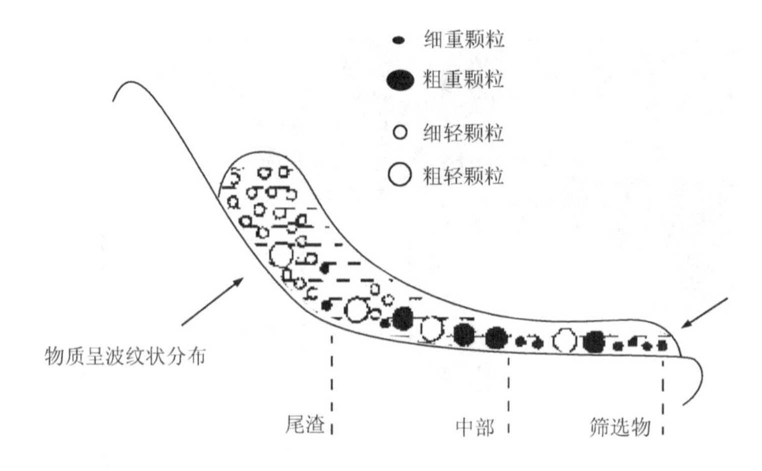

图 7-5 **螺旋富集器横断面**

(3) 摇床

摇床(shaking table)的工作原理(图 7-6)类似于螺旋富集器。它的主体是一个略倾斜的甲板，含有 25%土壤固体的泥浆从较高的部位加入。流动的水层将

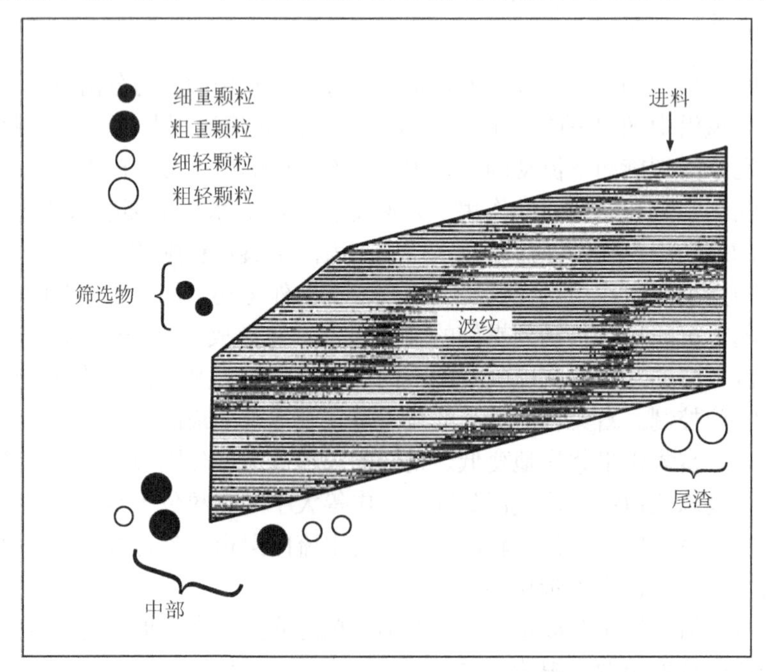

图 7-6 摇床工作原理示意图

小而沉的颗粒(快速运动到较低、慢速移动的水层中)从粗糙、轻的颗粒中分离出来。将摇床与水流的角度调整到恰当的位置，可以提高分离效率。振动方式最好是慢进、快退交替进行。最终的结果是颗粒沿对角线方向穿过摇床体。与振动方向平行、沿摇床的长轴运动的颗粒采集槽有助于提高富集效率。小而重的颗粒沿着床体边缘，快速沉降到进料端处附近的颗粒采集槽内，粗而轻的颗粒则运动到床体的前端。通过调整床体边缘的分离器，达到分离小、中等及其他不需要颗粒的目的。

摇床能有效地将粗糙、轻颗粒从小而重的颗粒中分离出来。沙床的适用粒径范围是 100μm～3mm，石灰床适用的粒径范围则低于 100μm。

(4) 比目床

比目床(bartles-mozley 床)适用于粒径范围在 5～100μm 的颗粒。在普通的床体上，这样小的颗粒恐怕需要一个比较大的表面积。但是，比目床却克服了这个技术瓶颈，能够以低的耗电率在比较小的面积内保持较高的处理能力。

4. 脱水分离

除了干筛分方式，物理分离技术大多要用到水，以利于固体颗粒的运输和分离。脱水是为了满足水的循环再利用的需要，另外，水中还含有一定量的可溶或残留态重金属，因而脱水步骤是很有必要的。通常采用的脱水方法，有过滤、压滤、离心和沉淀等。表 7-2 概述了常见脱水分离修复的主要技术特征。当这些方式联合使用，能够获得更好的脱水效果。

(1) 过滤和压滤

过滤的过程就是将泥浆通过可渗透介质，阻滞固体，使液体通过。压滤的处理过程是压缩液体，使液体从可渗透多孔介质中透过。在使用过滤或压滤时，固体在过滤介质上聚集成结块，使水难以流动。这时，可以在过滤层的加入液方施加压力或在通过液方抽真空克服水的阻力。过滤设备有多种不同类型可供选择。最常用到的是压滤机，它由交错排列的一排盘状物和框架组成，每个盘子上覆盖有滤布。泥浆被加入到空框架中，通过螺旋或水力驱动的活塞，盘子互相挤压，这样水由滤布压榨出来，进入盘子的槽中，最后去除。架子上的固体结块可以清洗，同时可以将盘子彼此分离开来，将盘内的结块排除出去。滤布上通常还要覆盖一层辅助过滤物，如硅藻土，防止阻塞。

表 7-2　常见脱水分离修复的主要技术特征

技术	过滤	压滤	离心	沉淀
基本原理及影响因素	通过多孔介质；取决于颗粒粒径	压缩流体通过可渗透的多孔介质；颗粒粒径	人为重力沉降；粒径、形状、密度以及流体密度	重力沉降；粒径、形状、密度和流体密度，可以借助浮选剂
技术优点	操作简单，分离可具有较高的选择性	可处理难以泵送的泥浆物质，处理过的固体含水量比较低	处理能力较大，速度较高	设备简单、便宜，处理能力较大
局限性	序批式操作特性，清洗较为困难	需要高压力，有时增加流体的阻力	价格较贵，设备结构复杂	慢
设备类型举例	转鼓、转盘、水平(带)过滤器	序批式操作、需要持续的压力	固体沉降容器、离心多孔筐	圆筒形连续粒度分级机、耙、溢流设备、刮板、深锥形浓集器
典型的实验室规模设备	真空过滤器、压滤机	压滤机、压力设备	工作台或落地离心分离机	圆筒形管、有倾口容器、浮选剂

(2) 沉淀

固体颗粒在水中沉降叫沉淀。由于非常小的颗粒沉降速率很慢，因此必须加入絮凝剂或凝聚剂集结颗粒来加速沉降。依赖于不同的预期处理性能，沉淀要在特别的容器如澄清器或浓缩器中进行。如果目的是从液体中去除固体，要采用澄清器，再从顶部将液体从澄清器中缓缓倒出；如果目的是从固体中去除液体，就要利用浓缩器，通过不断地向浓缩器中心注入泥浆，浓缩沉降的固体，让液体从边缘溢出，再从容器底部移去浓缩的泥浆物质。

(3) 离心

离心的过程是以滚筒的旋转产生离心力达到分离目的，固体颗粒沉降在滚筒的边缘，螺旋传送带将它们运送到较小的一端。为了使离心过程得以持续，通常要用到滚筒式离心设备。另一种类型的离心设备是篮式离心机，它与滚筒式离心设备略有区别，固体沉降到旋转篮的边缘并在这里被收集起来。

5. 泡沫浮选分离

泡沫浮选法最初发明于 20 世纪初，目的在于对选矿业中认为处理起来不够经济、准备废弃的低等矿进行再利用。基于不同矿物有不同表面特性的原理，泡沫浮选法被用来进行粒度分级。通过向含有矿物的泥浆中添加合适的化学试剂，人为地强化矿物的表面特性而达到分离的目的。气体由底部喷射进入含有泥浆的池体，特定类型矿物选择性地黏附在气泡上并随着气泡上升到顶部，形成泡沫，这样就可以收集到这种矿物。成功的浮选要选择表面多少具有一些憎水性的矿物，这样矿物才能趋近空气气泡。同时，如果在容器顶部气泡仍然能够继续黏附矿物颗粒，所形成泡沫就相当稳定。加入浮选剂就可以满足这些要求。

6. 磁分离

磁分离基于各种矿物磁性上的区别，尤其是针对将铁从非铁材料中分离出来的技术。磁分离设备通常是将传送带或转筒运送过来的移动颗粒流连续不断地通过强磁场，最终达到分离目的。

三、应用实例分析

1. 小射击场污染土壤物理分离修复

物理分离技术最适合用来处理小范围射击场污染的土壤。在射击场，土壤密度上的较大差异和粒度特征，都能使物理分离技术容易从土壤中分离子弹残留的重金属。铅和铜的混合物碎片和氧化物通常比土壤介质的密度要高，而且许多弹头还完整无损地留在土壤中。通常情况下，先采用干筛分方式从土壤中去除仍然以原状或仅小部分缺失的弹头，然后再考虑相对于土壤颗粒来说较小的重金属混合物。去除这些小的金属混合物，需要更复杂的物理分离步骤，但其处理费用并不高。在大多数情况下，物理分离技术的开展都是基于颗粒直径的。各种技术的适用粒径范围列于表 7-3。从表 7-3 可见，大多数技术都比较适合于中等粒径范围(100～1000μm)土壤的处理，少数技术适合细质地土壤。在泡沫浮选法中，最大粒度限制要根据气泡所能支持的颗粒直径或质量来确定。

由于土壤通常粒度范围较宽，并且物理分离技术很大程度上依赖于颗粒直径，因此常会发生这样的情况：单一的物理分离技术难以获得良好的分离效果。因此，为了达到分离目的，要结合应用多种分离方式。表 7-3 给出的各技术适用粒度范围，可以帮助我们确定采取哪种物理分离技术比较合适。

物理分离技术的分离性能与待处理土壤的粒度范围和密度差别有很大关联。因此，在决定土壤修复前，要对土壤的这些关键特征和重金属浓度有充分地了解。在实验室内利用风干的土壤和一系列的标准筛可以很快获得土壤粒度特征。对于水分含量较高、质地黏重的土壤，可以采用摩擦清洗和湿筛分的方式，确保黏土球落在相应的粒度范围内。然后，再对每一粒度范围内的土壤进行金属及化学分析以确定金属在不同粒度范围内的分布情况。

表 7-3 采用物理分离技术的适用粒度范围

分离过程	粒度范围/μm
粒径分离	
干筛分	>3000
湿筛分	>150
水动力学分离	
淘选机	>50
水力旋风分离器	5～15
机械粒度分级机	5～100
密度分离	
振动筛	>150
螺旋富集器	75～3000
摇床	75～3000
比目床	5～100
泡沫浮选	5～500

如果重金属以粒状物存在，那么，还要对土壤和重金属颗粒之间的密度差别进行测定。如果这种差别比较显著，那么粒度分级后采取重力分离法会收到良好的分离效果。不对具体场地的土壤进行分析，则很难预测真正的分离结果。但是，我们可以通过下面的浓度标准(cc)预测分离效率

$$cc = \frac{S_{\mathrm{h}} - S_{\mathrm{f}}}{S_{\mathrm{i}} - S_{\mathrm{f}}} \tag{7-1}$$

式中：S_{h} 代表重颗粒的重力(通常是重金属)；S_{f} 代表分离流体介质的重力(通常是水)；S_{i} 代表轻颗粒的重力(通常是土壤)。如果 cc 值大于 2.5，可以大致推断重力分离能够得到很好的分离效果；如果在 1.25～2.5 之间，重力分离也还行得通。在小范围污染的射击场土壤中比较常见的重金属和化学物质的计算浓度标准如表 7-4 所示。该表中列出的污染物 cc 值都比较高，因此表明这些重金属氧化物和碳酸盐都可以利用重力分离技术，进行分离。

重力分离的效率也随着粒径的增加而增加，因为重力对大颗粒的影响比对小颗粒的影响要明显。对某一给定的浓度标准(cc)值来讲，包含大多数金属的特定土壤粒度范围对分离结果起着决定作用。在进行重力分离之前，采用合适的筛和粒度分级机对筛过程进行粒度控制，能够提高重力分离的效率。小尺寸的颗粒物

会降低重力分离的效率，在分离之前，应当考虑先去除小粒径的颗粒物。

表 7-4　典型污染物的重力分离方式计算获得的浓度标准

重金属	重金属的重力(S_h)[1]	各种轻物质重力的结合浓度标准(S_l)[2]		
		2.2	2.4	2.6
铜 Cu	8.96	6.6	5.7	5.0
铜氧化物 CuO	6.4	4.5	3.8	3.4
铜氧化物 Cu_2O	6.0	4.2	3.6	3.1
铅 Pb	11.3	8.6	7.4	6.4
碳酸铅 $PbCO_3$	6.5	4.6	3.9	3.4
铅氧化物 PbO[2]	9.3	6.9	5.9	5.2

1）用于说明较轻硅质土壤颗粒的相对密度值。

2）无定形态。

调节其他与设备有关的变量也可以提高分离效率。例如，分离过程中一个非常重要的变量是水的平衡，大多数重力富集器都对泥浆的固体含量有一个理想比例要求，将固体含量控制在适当的比例范围内是很重要的，尤其是在给料初期阶段。在土壤处理流程中，根据清洗线路、浓缩器、水力旋风分离器等设备的要求，加入或者去除水分。

利用振动筛时，如果采用的是短时间筛动循环(例如短、快动作)，相对于粒度的影响来讲，密度的影响显得更重要。短时间筛动循环使小而重的颗粒更多被最初的加速度所影响，而不是被最终的速度所影响。如果是比较粗糙的颗粒，可能长时间、缓慢的筛动方式更为适合。

类似地，螺旋浓缩器的分离效率也可通过选择适当的倾斜角度得到提高。螺旋浓缩器的生产厂商都提供倾角不同的设备。为了使应用范围更广，采购者可以从标准设备中选择理想的倾角参数。倾角较小的设备适合小、重的粒度区分，但是处理能力却有所下降。倾角较大的设备适合处理具有较大密度差别的土壤，处理能力比较高。

摇床的分离效率在很大程度上受粒径影响。待处理土壤的粒度范围越大，分离效率越低。调整振动频率和振动力度可以提高分离效率。短而快的振动方式更适合细质地土壤的分离，长时间、稍慢的速率更适合用来处理粗糙的土壤。粒径范围在泡沫浮选法中仍体现着不可忽略的重要性，因为如果颗粒的质量足够大，超过气泡一颗粒界面的黏着力，那么气泡也不能抬升颗粒。另一个影响泡沫浮选技术的因素是 pH，通常较高的 pH 更适合泡沫浮选，因为此时溶液更加稳定。可以通过投加石灰保持溶液的碱性来达到这一目标。

2. 炮台港射击场污染土壤物理分离修复

这里给出的例子是美国路易斯安那州炮台港，受到铅和其他重金属污染的射击场污染土壤的修复。实际上这是物理分离技术和酸淋洗法的结合，物理分离技术用来去除颗粒状存在的重金属，酸淋洗用来去除以较细颗粒状存在或以分子/离子形式吸附于土壤基质上的重金属。这两种技术多年来在采矿业中广泛应用，从矿物中分离重金属。近年来，土壤修复工作也采用这些技术，将目标重金属污染物从土壤中去除。研究表明，在一些污染点，可能物理分离技术本身就能满足预期目标。但在另一些污染点，如果要达到 TCLP 土壤铅的修复水平，就要结合酸淋洗技术才能达到去除分子/离子态存在的重金属的目标。这里我们主要介绍物理修复部分内容。

利用酸淋洗法处理土壤前，物理分离技术能够最大程度去除粒状重金属，这样可以通过机械方式，以最少的设备投入和经费投入修复污染土壤。图 7-7 是一种物理分离处理方案，根据图 7-7 所示，污染土壤要先在摩擦清洗器中解除团聚结构，以利于接下来的粒度分级和筛分。粒度分级将土壤分成粗质地部分(大于 175 目)和细质地部分(小于 175 目)。筛子将弹头、大块金属残留物以及其他石砾从粗质地土壤中去除。然后，将粗质地土壤通过矿物筛，以重力分离方式去除较小的金属物。最后，用乙酸清洗液冲洗这部分土壤，除去吸附态的重金属。

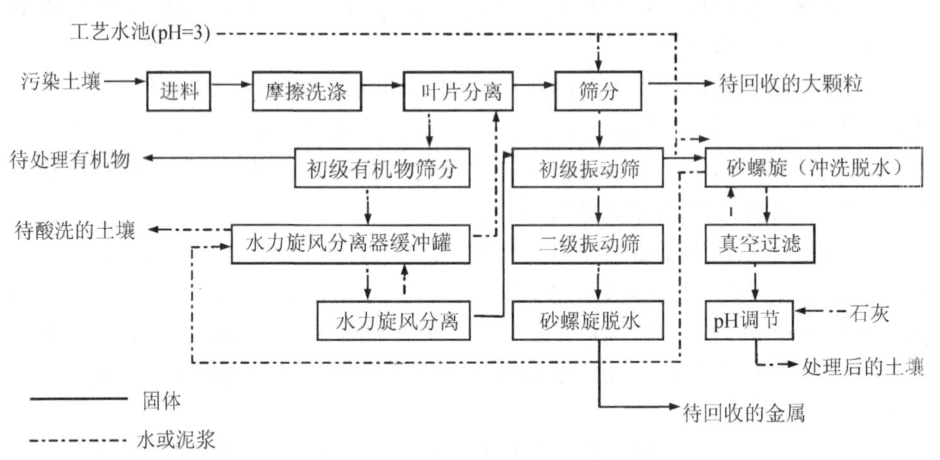

图 7-7 炮台港射击场污染土壤物理分离修复方案

第二节 土壤蒸气浸提修复技术

一、概 述

土壤蒸气浸提技术(soil vapour extraction,SVE)最早于 1984 年由美国 Terravac 公司研究成功并获得专利权。它是指通过降低土壤孔隙的蒸气压，把土壤中的污染物转化为蒸气形式而加以去除的技术，是利用物理方法去除不饱和土壤中挥发性有机组分(VOCs)污染的一种修复技术，该技术适用于高挥发性化学污染土壤的修复，如汽油、苯和四氯乙烯等污染的土壤。

土壤蒸气浸提技术的基本原理是在污染土壤内引入清洁空气产生驱动力，利用土壤固相、液相和气相之间的浓度梯度，在气压降低的情况下，将其转化为气态的污染物排出土壤外的过程。土壤蒸气浸提利用真空泵产生负压驱使空气流过污染的土壤孔隙而解吸并夹带有机组分流向抽取井，并最终于地上进行处理。为增加压力梯度和空气流速，很多情况下在污染土壤中也安装若干空气注射井。

土壤蒸气浸提技术的显著特点是：可操作性强，处理污染物的范围宽，可由标准设备操作，不破坏土壤结构以及对回收利用废物有潜在价值等，因其具有巨大的潜在价值而很快应用于商业实践。据不完全统计，到 1997 年美国已有几千个应用该技术进行污染土壤修复的实例。最初，对土壤蒸气浸提技术的研究集中在现场条件下的开发和设计，但由于早期研究很大程度上凭借经验，设计上比较粗糙，经常出现超设计或设计不足的缺点。Crotwell 在对美国早期一些土壤蒸气浸提技术应用地点进行效果评价时发现，经过一定时期的操作后，一些地点 VOCs 去除率在 90%以上(其中半数达 99.9%以上)，而另一些地点 VOCs 去除率只有 60%～70%。20 世纪 90 年代以后，土壤蒸气浸提技术发展很快，Chiuon 强调建立数学模型描述土壤介质中的微观传质机理以获取控制气相流动的相关参数十分重要。现阶段流动模式大多是建立在汽液局部相平衡假定的基础上。虽然利用亨利常量的计算使问题大大简化，但在操作后期，VOCs 浓度很低时，模型的结果往往很难与真实情况相吻合，即所谓“尾效应”。多组分土壤蒸气浸提模拟实验中发现，主体气相流动将选择性夹带挥发性强的 VOCs。

土壤蒸气浸提研究的另一个方向，是对该技术本身的改进和拓展。其中，最重要的是原位空气注射(*in-situ* air sparging)技术，该技术将土壤蒸气浸提技术的应用范围拓展到对饱和层土壤及地下水有机污染的修复。操作上用空气注入地下水，空气上升后将对地下水及水分饱和层土壤中有机组分产生挥发、解吸及生物降解作用，之后空气流将携带这些有机组分继续上升至不饱和层土壤，在那里通过常规的 SVE 系统回收有机污染物。尽管原位空气注射技术使用不过十年时间，但因其高效、低成本的修复优点，使之正在取代泵抽取地下水的常规修复手段，对该技术的深入研究是目前土壤及地下水污染治理的一个热点。此外，为提高有机组分挥发性，扩大土壤蒸气浸提技术的使用范围的热量增强式土壤蒸气浸提技术(thermally enhanced SVE)，包括热空气注射(hot air injection)和蒸气注射(steam injection)等，也正在研究和开发中。

二、原位土壤蒸气浸提技术

1. 技术内涵

利用真空通过布置在不饱和土壤层中的提取井向土壤中导入气流，气流经过土壤时，挥发性和半挥发性的有机物挥发随空气进入真空井，气流经过之后，土壤得到了修复(图 7-8)。通常，垂直提取井的深度为 1.5m，已有的成功例子最深可达 91m。根据受污染地区的实际地形、钻探条件或者其他现场具体因素的不同，还可以利用水平提取井进行修复。

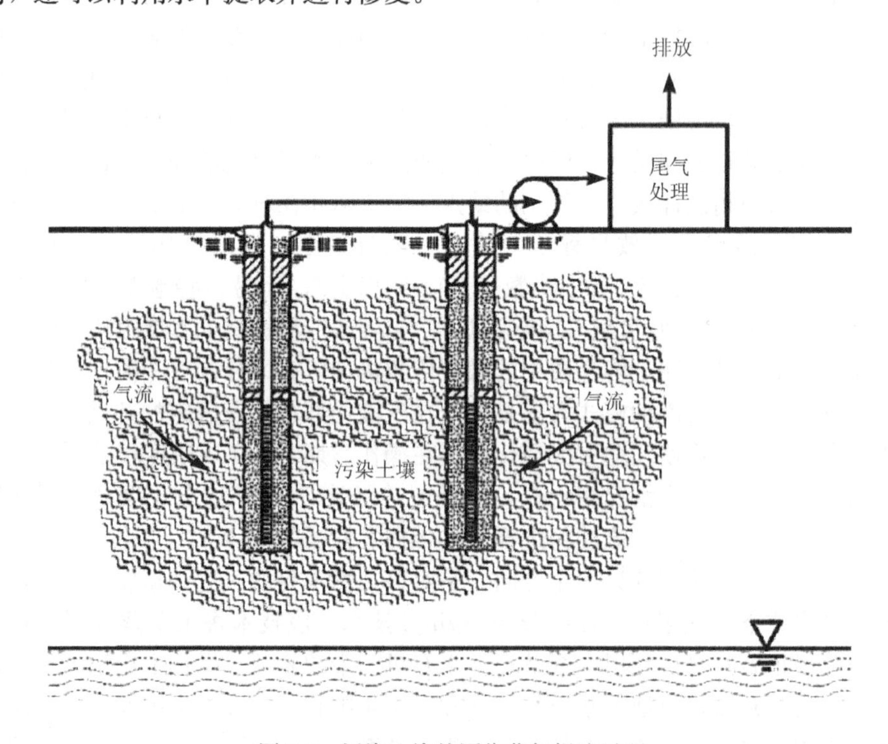

图 7-8　污染土壤的原位蒸气提取过程

采用真空提取时，会引起地下水位上涨，此时可以利用低压水泵控制地下水位或者加深渗流层深度。空气注入对于深层土壤污染、低渗透性土壤污染以及饱和土壤区污染的污染物提取效果很好。

原位土壤蒸气浸提主要用于挥发性有机卤代物或非卤代物的处理修复，通常应用的污染物是那些亨利系数大于 0.01 或者蒸气压大于 66.66Pa 的挥发性有机化合物。有时，也应用于去除土壤中的油类、重金属及其有机物、多环芳烃(PAHs)或二噁英等污染物。不过，由于原位土壤蒸气浸提涉及向土壤中引入连续空气流，这样还促进了土壤环境中一些低挥发性化合物的生物好氧降解过程。

根据修复工作目标要求、原位修复土壤体积、污染物浓度及分布情况、现场的特点(包括渗透性、各向异质性等)、工艺设施的汽提能力等条件的不同，原位土壤蒸气浸提土壤修复技术运行和维护所需时间由6～12个月不等。

2. 应用条件

土壤理化特性对原位土壤蒸气浸提修复技术的应用效果有较大的影响，主要影响因子有土壤容重、孔隙度、土壤湿度、温度、土壤质地、有机质含量、空气传导率以及地下水深度等。经验表明，采用原位土壤蒸气浸提修复技术的土壤应具有质地均一、渗透能力强、孔隙度大、湿度小、地下水位较深的特点。

表7-5列出了原位土壤蒸气浸提技术的应用条件，包括污染物的存在形态、水溶解度和蒸气压，以及各种土壤有利条件与不利因素。由表7-5可知，限制原位土壤蒸气浸提技术应用效果的因素主要有：

1) 下层土壤的异质性会引起气流分配的不均匀；

2) 低渗透性的土壤难于进行修复处理；

3) 地下水位太高(地下1～2m)会降低土壤蒸气提取的效果；

4) 排出的气体需要进行进一步处理；

5) 黏土、腐殖质含量较高或本身极其干燥的土壤，由于其本身对挥发性有机物的吸附性很强，采用原位土壤蒸气提取时，污染物的去除效率很低；

6) 对饱和土壤层中的修复效果不好，但降低地下水位，可增加不饱和土壤层体积，从而改善这一状况。

表7-5　原位土壤蒸气浸提技术的应用条件

项目	有利条件	不利条件
污染物		
存在形态	气态或蒸发态	被土壤强烈吸附或呈固态
水溶解度	<100mg/L	>100mg/L
蒸气压	>1.33×10^4Pa	<1.33×10^3Pa
土壤		
温度	>20℃	<10℃
湿度	<10%	>10%
组成	均一	不均一
空气传导率	>10^{-4}cm/s	<10^{-6}cm/s
地下水位	>20m	<1m

3. 成本估算

在美国，采用土壤原位浸提技术修复污染土壤的成本，大致为26～78美元/m^3,价格不算昂贵。表7-6为原位土壤浸提技术的成本估算。其他一些成本，如项目管理、工程设计、承包商选择、办公支持、审批费用、厂区特征确定、可行性研究测试、运行合同和不可预见费用等，不在此列。

表7-6　原位土壤浸提技术的成本估算项目

固定成本	可变成本	其他管理工作
提取井及鼓风装置安装	运行维护人工费	尾气处理
监控点位安装	能源动力费	
尾气处理装置安装	现场监察	
	现场卫生、安全保障	
	工艺控制采样分析	

三、异位土壤蒸气浸提技术

异位土壤蒸气浸提是指利用真空通过布置在堆积着的污染土壤中开有狭缝的管道网络向土壤中引入气流，促使挥发性和半挥发性的污染物挥发进入土壤中的清洁空气流，进而被提取脱离土壤(图7-9)，这项技术还包括尾气处理系统。异位土壤蒸气浸提技术相比原位土壤蒸气浸提技术有一些优点：首先，挖掘过程可以增加土壤中的气流通道；第二，浅层地下水位不会影响处理过程；第三，使泄

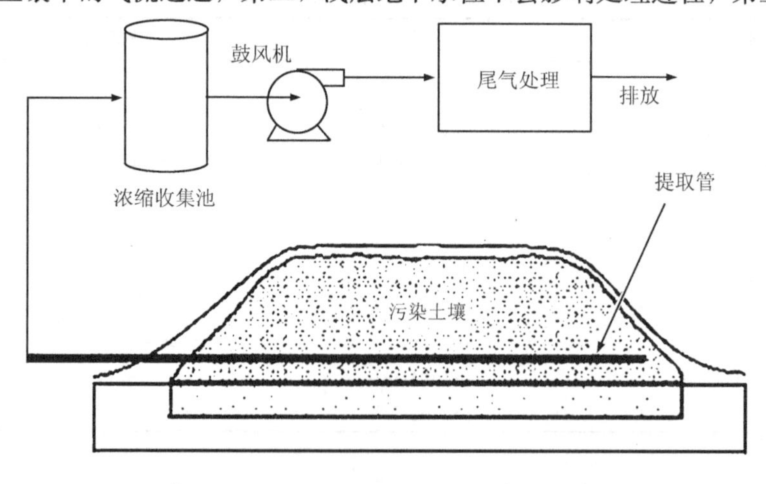

图7-9　污染土壤的异位蒸气提取过程

漏收集变得可能。第四，使监测过程变得很容易进行。

异位土壤蒸气浸提技术主要用于处理挥发性有机卤代物和非卤代污染物污染土壤的修复。异位土壤蒸气浸提是对挖掘出来的土壤进行批处理的过程，所以运行和维护所需时间依赖于处理速度和处理量。处理的速度与单批处理的时间和单批处理量有关。通常每批污染土壤的处理需要 4～6 个月，处理量与所用的设备有关，临时处理设备通常单批处理量大约 $380m^3$。根据修复工作目标要求、污染物浓度及有机物的挥发性大小、土壤性质（包括颗粒尺寸、分布和孔隙状况），永久处理设备的设计能力通常要大一些。

综合多方面的资料表明，影响该技术发挥有效性的主要因素包括：①挖掘和物料处理的过程中容易出现气体泄漏；②运输过程中有可能导致挥发性物质释放；③占地空间要求较大；④处理之前直径大于 60mm 的块状碎石需提前去除；⑤黏质土壤影响修复效率；⑥腐殖质含量过高会抑制挥发过程。

四、多相浸提技术

1. 多相浸提技术

多相浸提技术(multi-phase extraction)主要用于处理中、低渗透性地层中的 VOCs 及其他污染物。这种技术是对上述蒸气浸提法进行革新的基础上发展起来的。正如前述，蒸气浸提技术是通过真空提取井进行挥发性有机物的汽提，通常，蒸气浸提技术用于地下含水层以上的土壤层中。多相浸提技术是蒸气浸提技术的强化，与蒸气浸提不同，多相浸提技术同时对地下水和土壤蒸气进行提取(图 7-10)。随着地下水位的降低，浸提过程就可以应用到新露出的土壤层中。

多相浸提技术对于低、中渗透性的土壤修复非常有效，尤其对于修复低、中渗透性土壤以及地下水中的挥发性有机卤化物污染更为经济高效。研究表明，该技术对于非卤化的挥发性有机物及石油烃化合物的修复效果也不错。特别是，那些需要迅速修复的污染土壤现场，多相浸提技术是非常值得尝试的。

多相浸提技术通常应用在地下水位以下，也可以在地下水位上、下同时应用。如果需要在地下水位以上进行应用，修复场地还需要满足透气性的原则。从表 7-7 列出的条款，可以判定某一污染土壤现场是否适合采用该技术进行修复。这些条款用来对实施该技术的相关场地特点进行初步评估。满足表 7-7 各项要求后，该场地就可以初步选择多相浸提技术。正式采用该技术之前，还需要进行相应的初试试验，根据试验结果才能最终决定能否选择多相浸提技术。

包括地质、水文、土壤、污染物性质在内的场地特性，都会直接影响多相浸提技术的效果。对于不能满足表 7-7 应用原则的场地条件，多相浸提技术的效果会稍差一些。例如，渗透性过高或者主要含有砾石、卵石的场地，效果差一些；

而易于脱水的含水层，应用效果要好一些。多相浸提技术还不适合那些地下水流速过高的污染土壤修复现场。并且，对于非挥发性的目标污染物，不推荐使用多相浸提技术。

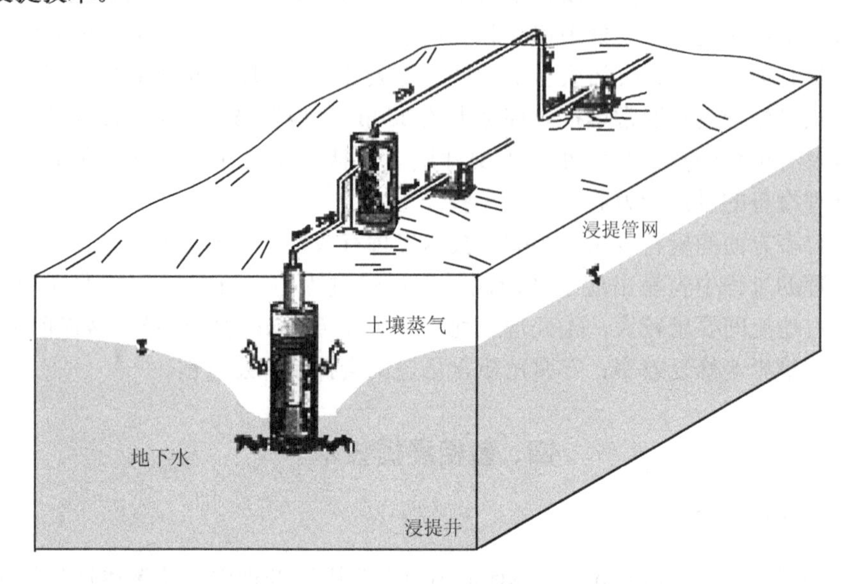

图 7-10 污染土壤的多相浸提修复技术

表 7-7 多相浸提技术应用的场地条件

场地	应用条件
污染物	①挥发性有机卤化物； ②非挥发性有机卤化物和/或石油烃化合物
污染位置	①地下水位以下； ②地下水位上下都有
大部分污染物的亨利系数	>0.01 (20℃无量纲)
大部分污染物的蒸气压	>1.33×10^{3}Pa(20℃)
地下水位以下的地质情况	砂土与黏土之间
地下水位以上的应用	
地下水位以上土壤的透气性	低、中渗透性(k[1]<0.1 达西)

1) 土壤蒸气渗透系数 k，1 达西=1×10^{-8} cm^2，渗透率是储层岩石通过流体能力的重要量度。法国科学家 Darcy（达西）于 1856 年，公布了他利用水通过自制的铁管砂子滤器，进行稳定流试验研究的结果。后人把他的成果进行归纳和推广，称之为达西定律，并将渗透率的单位命名为达西。一个达西单位的渗透率表示，长度为 1cm 和截面积为 1cm^2 的岩样，在压力梯度为 1atm 的作用下，能通过黏度为 1cP（10^{-3}Pa·s）流体的流量 1cm^3/s。在国际（SI）标准系统中，渗透率的单位为 m^2，通常以 μm^2（平方微米）表示。一个平方微米（μm^2）相当于一个达西（Darcy），$10^{-3}\mu m^2$ 等于 1mD（毫达西）。目前世界各国均以毫达西（mD）作为渗透率的单位，下同。

对于受挥发性有机物污染、具有上述要求的场地特征的场地，多相浸提技术是非常经济高效的修复技术。资料显示，多相浸提技术在美国已经应用于数十个低中渗透性的污染现场，并已经证明，该技术比传统的泵出一处理以及单独使用蒸气浸提技术的修复效果要好得多。

针对污染土壤和地下水的修复，多相浸提技术可具体细分为两相浸提(TPE)和两重浸提(DPE)两种方法。

2. 两相浸提技术

两相浸提技术(two-phase extraction)，是指利用蒸气浸提或者生物通风技术向不饱和土壤中输送气流，以修复挥发性有机物和油类污染物污染土壤的过程。气流同时也可以将地下水提到地上进行处理，两相提取井同时位于土壤饱和层和土壤不饱和层，施以真空后进行提取。真空在提取井附近产生锥形真空低压区，形成压力梯度，引导气流就将先前饱和的土壤中的挥发性有机污染物气提出来。待挥发性有机污染物气提取到地上后，对污染物蒸气与水分进行分离处理(图 7-11)。真空提取管的位置在地下水位以下，随着真空提取的进行，更多的污染土壤被暴露了出来，又可以通过蒸气浸提加以修复。

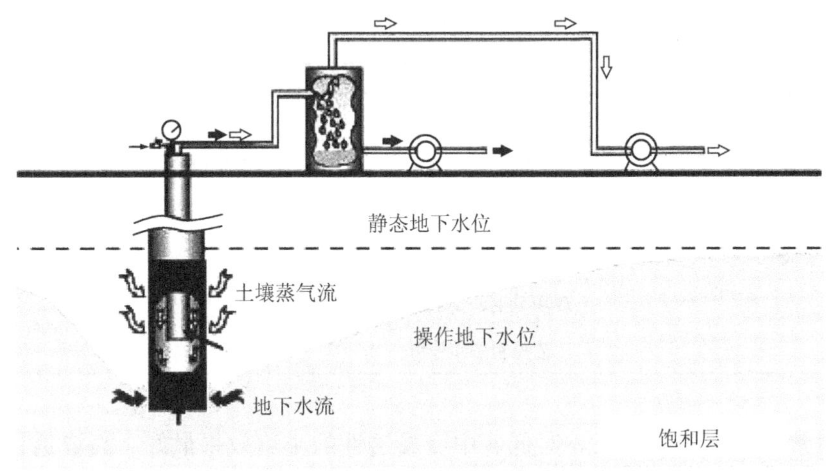

图 7-11　污染土壤的两相浸提修复技术

两相浸提采用高真空泵($6.0\times10^4 \sim 8.7\times10^4$ Pa)从提取井中提取地下水和土壤蒸气，抽气管深入到提取井中提取地下水和土壤蒸气，图 7-12 为典型的 TPE 提取系统。其中，抽气管产生的紊态促进了水溶性污染物的挥发(最高达到98%的气提率)。

两相浸提技术主要用于修复挥发性卤代物、非卤代物以及半挥发性有机非卤

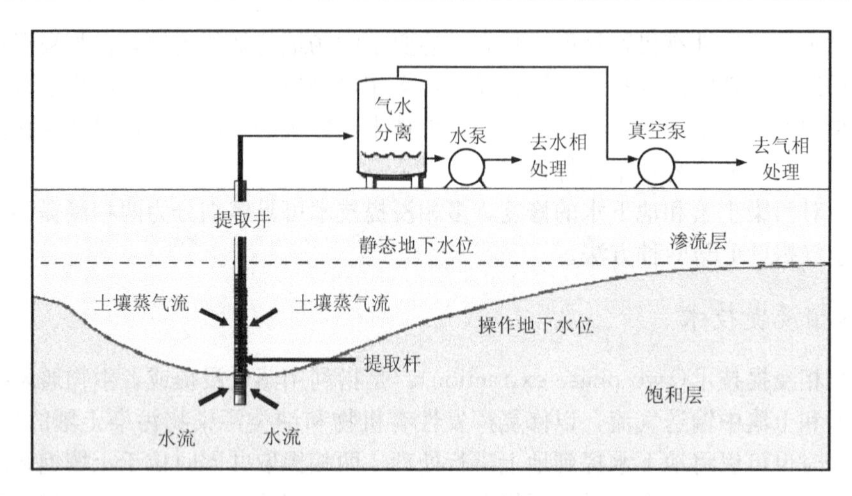

图 7-12　典型的 TPE 提取系统

代物，它强化了气流对不饱和土壤中污染物的修复效果。

表 7-8 是两相浸提技术成本估算。其他一些成本，如项目管理、工程设计、承包商选择、办公支持、审批费用、厂区特征确定、可行性研究测试、运行合同、不可预见费用等，不在本估算内体现。

表 7-8　两相浸提技术的成本估算

固定成本	可变成本	其他成本
提取井及真空系统安装	运行维护人工费	尾气处理
气体处理系统安装	动力费	通过下水管道送至市政污水处理厂
监测井安装	现场监控	
	现场卫生、安全保障	
	工艺控制采样分析	

通常，两相浸提方法，对低、中度渗透性的土壤效果最好。高渗透性的土壤污染现场，由于需要对含水层进行高效脱水，所以不太适合两相浸提方法使用。

3. 两重浸提技术

相比两相浸提技术，两重浸提技术（dual-phase extraction ）既可以在高真空下，也可以在低真空条件下使用潜水泵或者空气泵工作。图 7-13 为两重浸提技术的示意图。低真空两重浸提技术适于在渗透性较好的场合使用(表 7-9)。

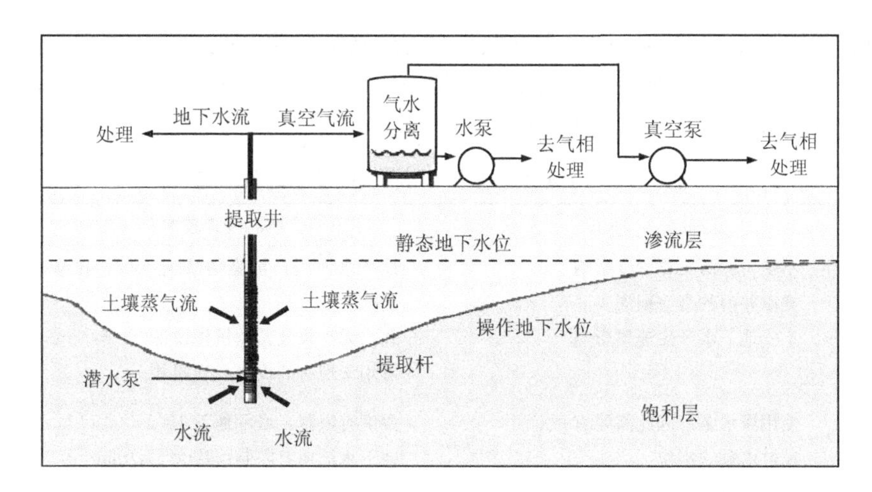

图 7-13　两重浸提技术的示意图

表 7-9　DPE 的适用性及与两相浸提技术的比较

场地条件	低真空 DPE	高真空 DPE	两相浸提技术
地下水产生速率	不受通常地下水产生速率影响，但含水层需能够脱水	不受通常地下水产生速率影响，但含水层需能够脱水	<5g/min
目标污染物最大深度	不受目标污染物深度影响	不受目标污染物深度影响	①最深地下 150m（地下水产生速率<2 g/min） ②最深地下 60～90m（地下水产生速率2～5 g/min）
地下水位以下地质条件	砂质到淤砂	沙质淤泥到黏土	沙质淤泥到黏土
地下水位以上应用多相浸提技术			
地下水位以上土壤透气性	中渗透性（>1×10^{-3}达西）	低渗透性（<1×10^{-2}达西）	低渗透性（<1×10^{-2}达西）

4. 限制因素

两相或多相浸提技术修复土壤的时间由 6 个月至几年不等，主要决定于以下因素：①修复目标要求；②原位处理量；③污染物浓度及分布；④现场特性如渗透性、各项异质性等；⑤地下水抽取影响半径；⑥地下水抽取速率。

由表 7-9 和表 7-10 可知，采用两相或多相浸提技术修复污染土壤的影响因素有：①地下土壤的异质性会影响地下水污染物的收集和受污染土壤的充氧氧化过程；②在含水丰富地区可能需要其他辅助措施，如泵出处理；③两相提取既需要水处理设施也需要气体处理设施。

表 7-10　两重浸提技术和两相浸提技术的优缺点

项目	低/高真空 DPE	两相浸提技术
优点	不受目标污染物深度影响 提取井内的真空损失少 不受地下水产生速率影响	地下水汽提：污染物液相—气相转移率最高达到 98% 井内无需泵及其他机械设备 可用于现有的提取、观测井
缺点	使用潜水泵，因此需要有一定的没过水泵的水位 与 TPE 相比，需要进行泵的控制	深度有限制：最深地下 150m 地下水流速有限制：最大 5 g/min 由于需要提水到地面，耗费较大真空

五、压裂修复技术

压裂技术(fracture)是利用某种力量使地下的岩石或者大密度土壤(如黏土、胶泥)爆裂的技术。它本身不是一种独立的污染土壤修复技术，它只是用来使地层压裂促进其他修复技术的修复效果。产生的裂痕(通常称为压裂)，为需要去除或分解的有害化学物质提供了逸出的通道。有害污染物可能向下迁移到地下很深处，因此触及并且去除这些污染物可能相当困难。压裂技术可以在污染物富集的土壤层或岩石层产生裂痕，这样，有害污染物可以通过提取井泵出地面后再进行处理，同时也可以将修复物质如微生物、氧化剂等通过压力泵入地下污染区域来破坏、降解有害污染物。

1. 水力压裂

水力压裂是指利用钻井将液体，通常是水，用高压压入地下，水压迫使下层土壤或岩石产生裂隙，同时也可以使已有的裂隙扩大，为使裂隙向深处发展，沙砾与水一起泵入地下，沙砾填充裂隙，防止在重力作用下土壤裂隙重新合拢。水力压裂在低渗透性的介质中形成明显的沙砾填充的裂隙。

在水力压裂过程中，高压水注射进入注射井底部，作为压裂开始点，然后将沙石及浓胶混合物高压泵入压裂区域。充有沙砾的裂缝形成高通透性的通气系统(缝隙直径可达 18m)，裂缝可以增强生物修复、热空气注射修复的效果，提高污染物的回收率，辅助泵出处理以及提高其他修复技术的污染物传输效率。有时，根据实际需要，可以用其他粒状物质如石墨等代替沙砾作为填充介质。

2. 气动压裂

气动压裂利用空气爆裂土壤、沉积物，将高压气体注入密实的污染土壤或沉积物中以扩大、增加裂痕、缝隙等，增强其渗透性，加速汽提、生物修复和热处理去除土壤或沉积物中污染物的过程(图 7-14)。

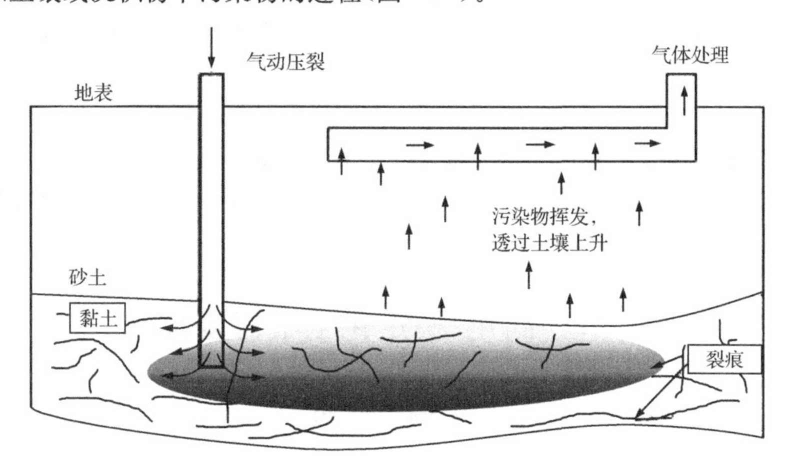

图 7-14　采用气动压裂对污染土壤的修复过程

气动压裂主要有利于那些易于挥发或遇空气易气化的污染物的去除。空气压入土壤后，挥发出来的气体被地面上的气体收集系统收集处理。空气注入的深度可以不同，当深度较浅时，地表可能会突起。

3. 爆炸强化压裂

爆炸强化压裂利用爆炸性物质，如炸药，使土壤、岩石爆裂。爆炸性物质安放在地下孔隙中后加以引爆，目的在于产生裂纹使地下水能够到达提取井后被泵出进行处理。

4. 适用性

在饱和与非饱和层土壤中存在着多种多样的不同浓度的污染物，在渗透性较好的介质中去除挥发性有机物污染方面，土壤蒸气浸提(SVE)技术(用于非饱和带)和空气注射(air sparging)浸提技术(用于饱和带)的应用都很成功。

不过，对于渗透性较差的介质(如黏土、有机土壤及其他一些紧密土体)，以上两种方法的应用都受到了限制。在这种情况下，利用真空提取大量污染物将会耗时长久，成本昂贵。水力和气动压裂技术正是用来对付这类土壤或沉积物的污染问题。压裂可以减少上述浸提技术应用中所需提取井的数量，从而节省时间和金钱。压裂还用于帮助快速修复土壤或沉积物中的污染物，它提供了一个处理地下深层中所含有污染物的实用方法。到目前为止，靠人工挖掘到地下深层很困难，成本也很高。水力压裂技术将高压水流、气动压裂技术将高压气体，通过注射井注入地下，在低渗透性介质中形成裂纹缝隙，从而增加提取介质与污染物的接触面积，强化其他一些原位浸提技术的提取效果。通常，压裂技术用于帮助处理那些非水溶性液态物质（NAPLs），地下没有裂痕的情况下，这些物质通常是很难去除的。

爆裂沉积物或者土壤所需时间很短，大约几天时间。不过，即使有压裂技术的辅助，一些修复工作也可能持续数月或几年。修复时间的长短，主要与以下一些因素有关：①污染面积与深度；②污染物的类型和数量；③土壤和岩石的类型；④所使用的修复技术。

第三节　固化/稳定化土壤修复技术

一、概　　述

固化/稳定化（solidification/stabilization）技术是指防止或者降低污染土壤释放有害化学物质过程的一组修复技术，通常用于重金属和放射性物质污染土壤的无害化处理。固化/稳定化技术既可以将污染土壤挖掘出来，在地面混合后，投放到适当形状的模具中或放置到空地，进行稳定化处理，也可以在污染土地原位稳定处理。相比较而言，现场原位稳定处理比较经济，并且能够处理深达 30m 处的污染物。

实际上，固化/稳定化技术包含了两个概念。其中，固化是指将污染物包被起来，使之呈颗粒状或大块状存在，进而使污染物处于相对稳定的状态。在通常情况下，它主要是将污染土壤转化成固态形式，也就是将污染物封装在结构完整的固态物质中的过程。封装可以是对污染土壤进行压缩，也可以是由容器来进行封装。固化不涉及固化物或者固化的污染物之间的化学反应，只是机械地将污染物固定约束在结构完整的固态物质中。通过密封隔离含有污染物的土壤，或者大幅降低污染物暴露的易泄漏、释放的表面积，从而达到控制污染物迁移的目的。稳定化是指将污染物转化为不易溶解、迁移能力或毒性变小的状态和形式，即通过降低污染物的生物有效性，实现其无害化或者降低其对生态系统危害性的风险。稳定化不一定改变污染物及其污染土壤的物理、化学性质。通常，磷酸盐、硫化物和碳酸盐等都可以作为污染物稳定化处理的反应剂。许多情况下，稳定化过程与固化过程不同，稳定化结果使污染土壤中的污染物具有较低的泄漏、淋失风险。

在实践上，固化是将污染土壤与水泥一类物质相混合，使土壤变硬、变干。混合物形成稳定的固体，可以留在原处或者运至别处。化学污染物经历固化过程后，无法溶入雨水或随地表径流或其他水流进入周围环境。固化过程并未除去有害化学物质，只是简单地将它们封闭在特定的小环境中。稳定化则将有害化学物质转化成毒性较低或迁移性较低的物质，如采用石灰或者水泥与金属污染土壤混合，这些修复物质与金属反应形成低溶解性的金属化合物后，金属污染物的迁移性大大降低。

尽管如此，由于这两种技术有共通性，即固化污染物使之失活，通常不破坏化学物质，只是阻止这些物质进入环境危害人体健康，而且这两种方法通常联合使用以防止有害化学物质对人体、环境带来的污染。也就是说，固化和稳定化处理紧密相关，二者都涉及利用化学、物理或热力学过程使有害废物无毒害化，涉及将特殊添加剂或试剂与污染土壤混合以降低污染物的物理、化学溶解性或在环境中的活泼性，所以经常列在一起进行讨论。

固化/稳定化技术一般常采用的方法为：先利用吸附质如黏土、活性炭和树脂等吸附污染物，浇上沥青，然后添加某种凝固剂或黏合剂，使混合物成为一种凝胶，最后固化为硬块(图 7-15)。凝固剂或黏合剂可以用水泥、硅土、消石灰、石膏或碳酸钙。凝固后的整块固体组成类似矿石结构，金属离子的迁移性大大降低，使重金属和放射性物质对地下水环境污染的威胁大大减轻。许多固化/稳定化药剂在其他化学处理过程(如脱氯过程)中也经常使用。

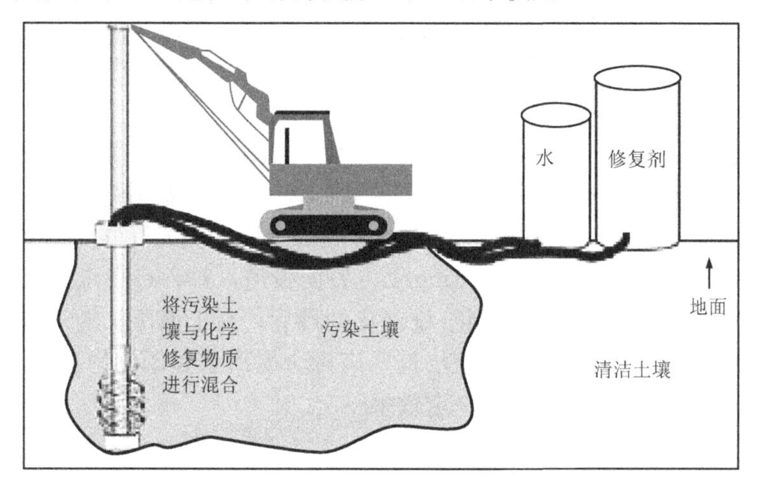

图 7-15　污染土壤的固化/稳定化过程

如果采用固化/稳定化技术对深层污染土壤进行原位修复，则需要利用机械装置进行深翻松动，通过高压方式有次序地注入固化剂/稳定剂，充分混合后自然凝固。固化/稳定化处理过程中放出的气体要通过出气收集罩输送至处理系统进行无害化处理后才能排放。

固化/稳定化处理之前，针对污染物类型和存在形态，有些需要进行预处理，特别要注意金属的氧化一还原状态和溶解度等，例如六价铬溶解度大，在环境中的迁移能力高于三价铬，毒性也较强，因此在采用该技术修复铬污染土壤时，首先要改变铬的价态，将铬从六价还原为三价。

固化/稳定化技术具有以下一些特点：

1）需要污染土壤与固化剂/稳定剂等进行原位或异位混合，与其他固定技术相比，无需破坏无机物质，但可能改变有机物质的性质；

2）稳定化可能与封装等其他固定技术联合应用，并可能增加污染物的总体积；

3）固化/稳定化处理后的污染土壤应当有利于后续处理；

4）现场应用需要安装下面全部或部分设施：①原位修复所需的螺旋钻井和混合设备；②集尘系统；③挥发性污染物控制系统；④大型储存池。

二、技术优势与影响因素

在美国，已有180个超级基金项目涉及固化/稳定化技术进行污染土壤的修复工作的研究。例如，Meegoda用固化/稳定化技术对铬污染土壤进行了修复试验，采用硅土作为黏合剂，使铬固化/稳定化，结果土壤淋滤液中六价铬的浓度从试验前的大于30mg/L降低到5mg/L以下。修复后的土壤进行各项安全测试后可以应用于建筑工业。

据报道，有研究者对固化/稳定化技术所形成的污染土壤凝块进行了安全测试，模仿2300mm降雨含酸量，分别用硫酸(pH=1.0)、盐酸(pH=1.0)、硝酸(pH=3.0)和乙酸(pH=3.0)对含有大量金属的土壤凝块进行淋洗试验，结果表明：浸出液中金属离子含量不到1mg/L。另据报道，对含有高毒金属离子和氰化物的电子工业废弃物，经过固化/稳定化处理后，对上面所长的草和农作物进行有毒金属含量测试，结果没有检出这些高毒金属离子和氰化物，这说明固化/稳定化处理有害金属还是起到了一定效果。

1. 技术优势

实践表明，与其他技术相比，固化/稳定化处理技术对污染土壤进行修复，具有以下几个方面的优点：①可以处理多种复杂金属废物；②费用低廉；③加工设备容易转移；④所形成的固体毒性降低，稳定性增强；⑤凝结在固体中的微生物很难生长，不致破坏结块结构。

现场具体情况的不同，固化/稳定化修复污染土壤可能需要的时间由几周至几个月不等。影响这一过程的主要因素有：①化学污染物的种类、呈现的状态及数量的不同；②污染土壤的面积和深度的不同；③污染土壤种类和地质条件的不同；④修复处理过程的不同(如原位处理和异位后在搅拌池中处理)。

2. 影响因素

影响污染土壤固化/稳定化修复有效性的因素很多。首先，影响固化/稳定化过程的物理机制影响其技术的有效性，这些因素包括：①水分及有机污染物含量过高，部分潮湿土壤或者废物颗粒与黏结剂接触粘合，而另一些未经处理的土壤团聚体或结块，最后形成处理土壤与黏结剂混合不均匀；②亲水有机物对养护水泥或者矿渣水泥混合物的胶体结构有破坏作用；③干燥或黏性土壤或废物容易导致混合不均。

其次，影响固化/稳定化过程的化学机制也影响其技术的有效性，这些因素包括：①化学吸附/老化过程；②沉降/沉淀过程；③结晶作用。

其他影响固化/稳定化技术有效性的因素还有：①含油或油脂的污染土壤固化/稳定化后，其稳定性较差；②污染土壤本身某些固定组分，影响到固化/稳定化后形成的土壤凝块的稳定性。

三、异位固化/稳定化

异位固化/稳定化土壤修复技术通过将污染土壤与黏结剂混合形成物理封闭(如降低孔隙率等)或者发生化学反应(如形成氢氧化物或硫化物沉淀等)，从而达到降低污染土壤中污染物活性的目的。

因此，这一技术的主要特征是将污染土壤或污泥挖出后，在地面上利用大型混合搅拌装置对污染土壤与修复物质(如石灰或水泥等)进行完全混合，处理后的土壤或污泥再被送回原处或者进行填埋处理。异位固化/稳定化用于处理挖掘出来的土壤，操作时间决定于处理单元的处理速度和处理量等，通常使用移动的处理设备，目前吞吐量每天 8～380m^3。图 7-16 为异位固化/稳定化土壤修复技术操作示意图，图 7-17 为异位固化/稳定化工艺流程简图。

在异位固化/稳定化过程中，许多物质都可以作为黏结剂，如硅酸盐水泥(portland cement)、火山灰(pozzolana)、硅酸酯(silicate)和沥青(btumen)以及各种多聚物(polymer)等。硅酸盐水泥以及相关的铝硅酸盐(如高炉熔渣、飞灰和火山灰等)是最常使用的黏结剂。利用黏土拌合机(pug mill)、转筒混合机(rotating drum mixer)和泥浆混合器(slurry mixing apparatus)等将污染土壤、水泥和水混合在一起。有时可能会根据需要，适当地加入一些添加剂以增强具体污染物质的稳定性、防止随时间推移而发生的某些负面效应。

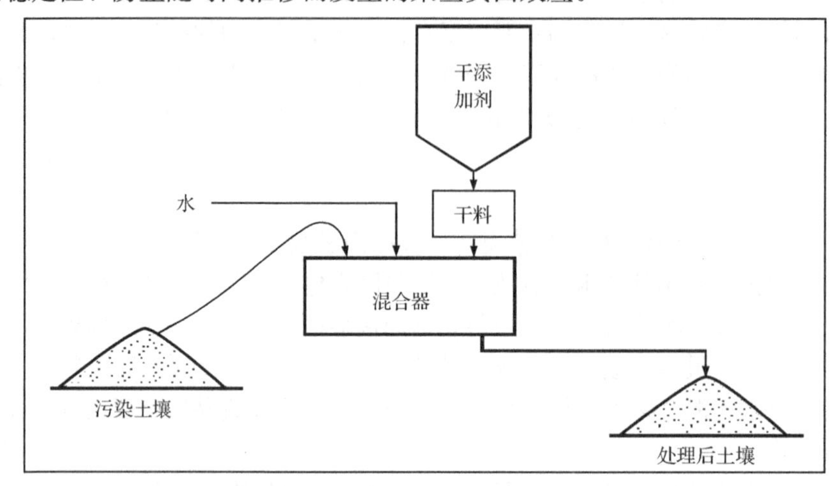

图 7-16 异位固化/稳定化土壤修复技术操作示意图

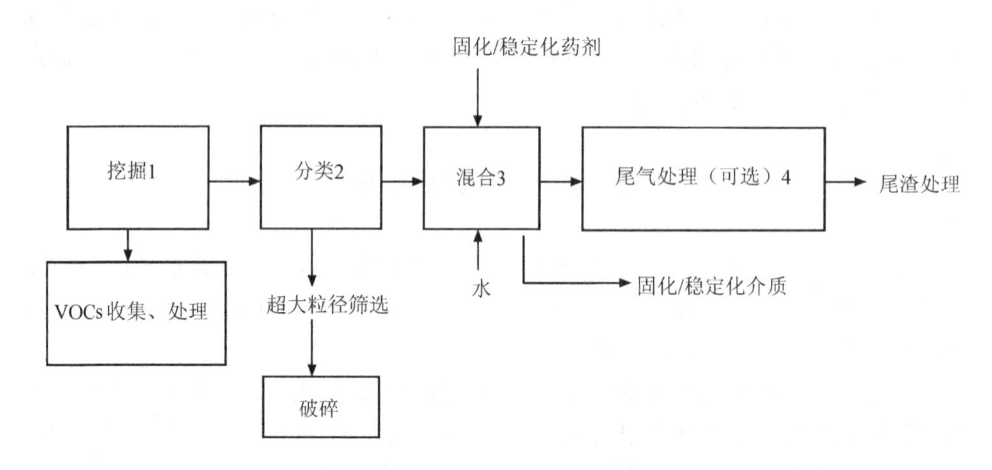

图 7-17 异位固化/稳定化工艺流程简图

异位固化/稳定化通常用于处理无机污染物质。对于受半挥发性的有机物质及农药杀虫剂等污染物污染的情况，进行修复的适用性有限。不过，目前正在进行能有效处理有机污染物的黏结剂的研究，可望在不久的将来也能应用于有机污染物污染土壤的修复。

实践表明，有许多因素可能影响异位固化/稳定化技术的实际应用和效果。这些限制因素主要有：①最终处理时的环境条件可能会影响污染物的长期稳定性；②一些工艺可能会导致污染土壤或固废体积显著增大(甚至为原始体积的两倍)；③有机物质的存在可能会影响黏结剂作用的发挥；④VOCs 通常很难固定，在混合过程中就会挥发逃逸；⑤对于成分复杂的污染土壤或固体废物还没有发现很有效的黏结剂；⑥石块或碎片比例太高会影响黏结剂的注入和与土壤的混合，处理之前必须除去直径大于 60 mm 的石块或碎片。

四、原位固化/稳定化

在一些情况下，不需要将污染土壤从污染场地挖出，而是直接将修复物质注入污染土壤中进行相互混合，这时需要用到大型的螺旋搅拌装置或者钻头，处理后的土壤留在原地，用无污染的土壤进行覆盖，这一过程实现了对污染土壤的原位固定/稳定化(图 7-18)。

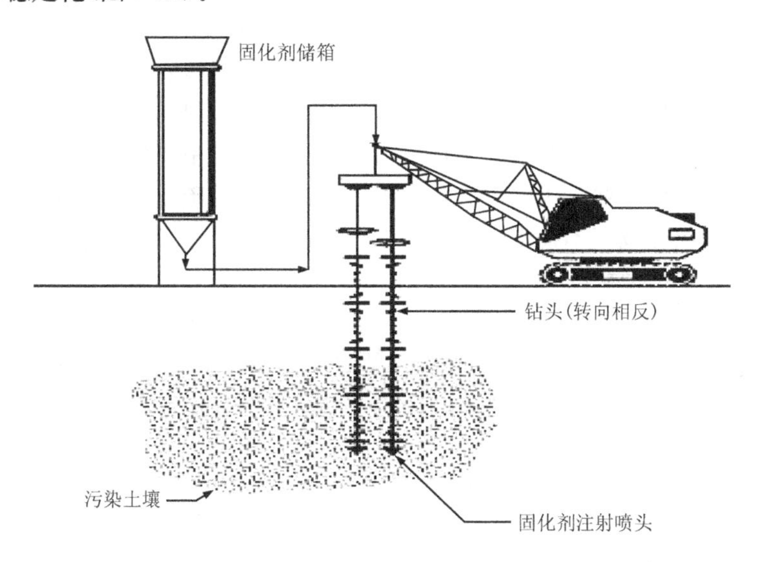

图 7-18　污染土壤的原位固定/稳定化修复

原位固化/稳定化技术是少数几个能够原位修复金属污染土壤的技术之一，由于有机物不稳定易于反应，原位固化/稳定化技术一般不适用于有机污染物污染土壤的修复。固化/稳定化技术一度用于异位修复，近年来才开始用于原位修复。原位固化/稳定化技术通过固态形式在物理上隔离污染物或者将污染物转化成化学性质不活泼的形态从而降低污染物质的毒害程度。图 7-19 简要描述了原位固化/稳定化修复的工艺流程。

固化/稳定化技术减少了由于紊流扰动引起污染物在污染土壤或沉积物中的扩散，同时也减少了水稻土等土壤和沉积物与上覆水层的接触面积，降低了潜在的污染范围，而且加入水泥等黏结剂以后，固化的土壤或沉积物的内表面积相应增加了，从而使得其吸附能力也有一定的增加。

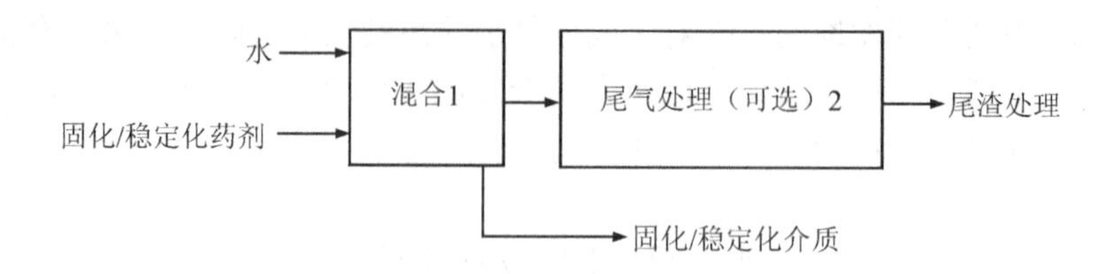

图 7-19　原位固化/稳定化修复工艺流程

通常，用水泥和石灰作为固化剂，会引起固化后的凝结物或沉积物的 pH 升高，这有利于防止污染物质淋失或泄漏进入地下水，因为在碱性环境下，重金属通常会形成氢氧化物，从而降低其溶解性。有研究表明，经石灰固化处理后的沉积物中 80%的金属离子都呈现稳定状态。不过，沉积物的化学成分变得很复杂。少量的金属在 pH 较高情况下，会形成络合物从而提高其溶解性。另外，水底沉积物多半处于还原状态(由于 BOD 含量较高的沉积物多半是未氧化的物质)，且含有大量的含硫化合物。在这样的环境下，金属大部分呈硫化物状态，其溶解性比氢氧化物还要低一些。汞的氢氧化物很不稳定，但其硫化物却异常地稳定，因此，尽管其氢氧化物很不稳定，仍然可以添加水泥等黏结剂，以增强这类沉积物的稳定性。

有许多因素影响原位固化/稳定化技术的应用和有效性的发挥，这些因素主要包括：①许多污染物/过程相互复合作用的长期效应尚未有现场实际经验可以参考；②污染物的埋藏深度会影响、限制一些具体的应用过程；③必须控制好黏结剂的注射和混合过程，防止污染物扩散进入清洁土壤区域；④与水的接触或者结冰/解冻循环过程会降低污染物的固定化效果；⑤黏结剂的输送和混合要比异位固化/稳定化过程困难，成本也相对高许多。

为了克服上述因素对该技术有效性的影响，一些新型的固化/稳定化技术得到了研制。这些技术主要有：

1) 螺旋搅拌土壤混合，即利用螺旋土钻将黏结剂混合进入土壤，随着钻头的转动，黏结剂通过土钻底部的小孔进入待处理的土壤中与之混合，但这一技术主要限制于待处理土壤的地下深度在 45m 以内。

2) 压力灌浆，利用高压管道将黏结剂注射进入待处理土壤孔隙中。

五、需要注意的设计问题

1. 安全性问题

固化/稳定化修复技术提供了一种能够保护人体健康和环境免受有毒有害化学物质(尤其是金属污染物)侵害的快速低成本的方法。为了保证土壤修复后的环境安全，需要有专门机构采用专门程序对修复效果予以鉴定和认可，确认固化/稳定化技术实施后形成的凝结物质的强度和耐久性，必要时要对修复地区的土地利用进行较为严格的限制，以防止破坏修复成果。

2. 不同介质间的污染问题

在固化/稳定化过程中，可能导致介质间的污染问题有：①封装后污染物的泄漏；②处理过程中所用的过量处理剂的泄漏与污染；③应用固化剂/稳定剂导致其中可能产生的挥发性有机污染物等污染物的释放问题。

特定情况下，不同介质间的污染传递会削弱固化/稳定化技术的实际效果。不过，通过技术上和设计过程的具体调整，可以克服这些不良效果或潜在的污染问题。

3. 其他设计问题

在设计时，还要考虑到固化/稳定化实施后形成的土壤凝结物质，当经历较长时间后，会出现潜在的稳定性降低的问题，因此要有必要的防范措施。

预筛选过程中去除的污染物质需要妥善处理。这就是说，固化/稳定化技术会产生一些气态物质，包括一些有毒有害刺激性的气体，设计时需要考虑相应的气体控制系统来处理这些气态物质。若处理过程中会出现挥发性有机污染物，建议根据相关的设计资料设计气体收集系统。

反应物输送管道需要定期检查，确认没有泄漏发生，以降低挥发性有机物扩散的可能性。处理之前，待处理污染土壤应当尽量均质化，这样可以提高稳定化过程的处理效率，并有助于降低搅拌混合过程中因异常大块物质导致溅出等问题。处理后的物质应当进行适当的覆盖，并置于地下水位以上。

在干燥/多风的环境条件下，原位和异位固化/稳定化技术都会产生逸散的灰尘，需要设计专门的机制来控制扬尘导致的污染物传播。

六、应用情况

1. 超基金计划

在美国超基金项目的支持下，应用固化/稳定化技术在美国全国范围内处理各类废物已有20多年的历史，并且固化/稳定化技术曾经一度列在超基金指南所采用的污控技术的前5名。资料显示，自1982年以来，超过160处污染场地得到了超基金项目的支持而采用了固化/稳定化技术修复污染土壤。20世纪80年代末期以及90年代初期，使用固化/稳定化技术的场地数量迅速上升，1992年到达顶峰，并从1998年开始下降。在各类修复技术中列第9位。目前，62%的固化/稳定化工程已经圆满完工，有 21%的项目仍处于设计阶段。

总的来讲，已经完成的超基金项目中有 30%用于污染源控制，平均运行时间为 1.1 个月，要比其他修复技术(如土壤蒸气提取、土地处理以及堆肥等)的运行时间要短许多。超基金支持的固化/稳定化技术多数应用是异位固化/稳定化，使用无机黏合剂和添加剂来处理含金属的固体废物。有机黏合剂用于特殊的废物，如放射性废物或者含有特殊有害有机物的固体废物。只有少量的项目(6%)利用固化/稳定化技术处理含有机化合物的固体废物。大部分的固化/稳定化处理的产品稳定性测试是在修复工作结束后进行的，尚且没有超基金项目支持所获得的关于固化/稳定化产品的长期稳定性的数据。

已有的关于采用固化/稳定化技术处理金属污染土壤的数据表明达到了项目设想的目标，而关于利用这一技术修复有机物污染土壤的数据很少，不过，也有几个项目达到了预想的目标。根据超基金 29 个完成的固化/稳定化项目提供的信息，总成本在 7.5 万～1600 万美元之间。平均每立方米的成本是 345 美元，其中有两个项目的成本较高(大约为 1600 美元/m^3)。排除这两个项目之后，平均固化/稳定化每立方米固体废物的成本是 253 美元。

2. 底泥污染修复

美国威斯康星州马尼托沃克河有一河段受到了多环芳烃及重金属的严重污染。米尔戈德环境工程有限公司受雇进行该段河流底泥的原位固化修复工作的研究。该段河流水深大约 6m，原位固化修复利用一个直径 1.8m、长 7.6m 的空心

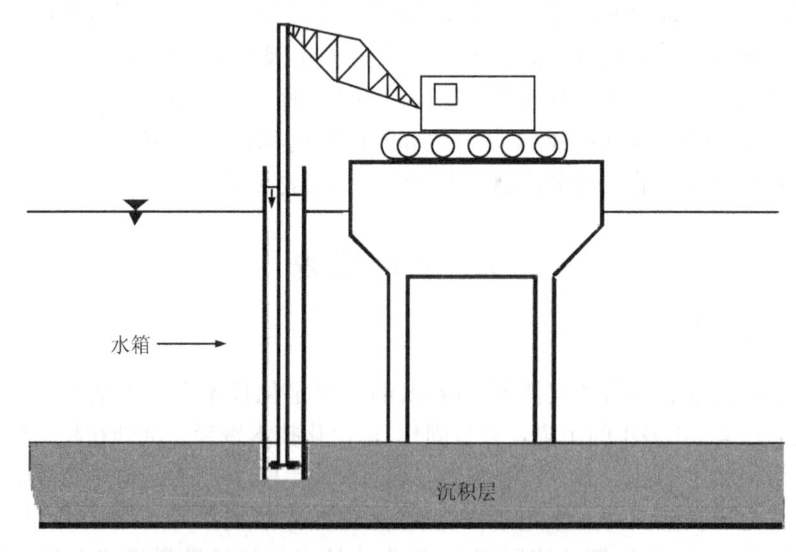

图 7-20　利用潜水箱原位固化修复污染底泥

钢管作为混合器和泥浆注射管(图 7-20)，钢管深入沉积层 1.5m，矿渣水泥/灰浆通过钢管注入底泥以达到固化的目的。每立方米底泥大约混合 237kg 水泥泥浆。

米尔戈德环境工程有限公司在修复过程中遇到了许多技术问题，如搅拌导致底泥中大量油类及其他液态污染物进入上层水体；由于注入了大量泥浆等，钢管内沉积层上升了 1～1.2m，并处于半固化状态(可能是由于周围水进入水泥稀释的原因)。特别是，由于管内的水面比河流水面高出 1.8m，大量底泥悬浮上升，需要相当时间才能沉降。为了解决这一问题，他们在钢管的顶部安装了气囊，然而实际操作过程中却又发生了管内压力过大，导致混合过程中底部底泥翻涌溢出。

威斯康星州自然资源管理处采用原位固化处理底泥污染尽管失败了，但是他们很好地总结了经验与教训，认为主要的问题在于：①可能是对注入矿渣水泥和灰浆水泥的物料平衡考虑不周；②可能是混合条件及温度控制不利。可以说，这次工作，为今后类似问题的解决还是提供了可资借鉴之处。

第四节　玻璃化修复技术

玻璃化技术包括原位和异位玻璃化两个方面。其中，原位玻璃化技术的发展源于 20 世纪五六十年代核废料的玻璃化处理技术，近年来该技术被推广应用于污染土壤的修复治理。1991 年，美国爱达荷州工程实验室把各种重金属废物及挥发性有机组分填埋于 0.66m 地下后，使用原位玻璃化技术，证明了该技术的可行性。

一、原位玻璃化技术

原位玻璃化技术是指通过向污染土壤插入电极，对污染土壤固体组分给予 1600～2000℃的高温处理，使有机污染物和一部分无机化合物如硝酸盐、硫酸盐和碳酸盐等得以挥发或热解从而从土壤中去除的过程(图 7-21)。其中，有机污染物热解产生的水分和热解产物由气体收集系统收集进行进一步处理。熔化的污染土壤(或废弃物)冷却后形成化学惰性的、非扩散的整块坚硬玻璃体，有害无机离子得到固定化。原位玻璃化技术适用于含水量较低、污染物深度不超过 6m 的土壤。

原位玻璃化技术的处理对象可以是放射性物质、有机物、无机物等多种干湿污染物质。通常情况下，原位玻璃化系统包括电力系统、封闭系统(使逸出气相不进入大气)、逸出气体冷却系统、逸出气体处理系统、控制站和石墨电极。现场电极大多为正方形排列，间距约 0.5m，插入土壤深度 0.3～1.5m。电加热可以使土壤局部温度高达 1600～2000℃，玻璃化深度可达 6m，逸出气体经冷却后进入封闭系统，处理达标后排放。开始时，需在污染土壤中表层铺设一层导体材料(石墨)，这样保证在土壤熔点(高于水的沸点)温度下电流仍有载体(干燥土壤中的水分蒸发后其导电性很差)，电流热效应使土壤温度升高至其熔点(具体温度由土壤中的碱金属氧化物含量决定)，土壤熔化后导电性增强，成为导体，熔化区域逐渐向外、向下扩张。在革新的设计中，电极是活动的，以便能够达到最大的土壤深度。一个负压罩子覆盖在玻璃化区域上方收集、处理玻璃化过程中逸出的气态污染物。玻璃化的结果是生成类似岩石的化学性质稳定、防泄漏性能好的玻璃态物质。

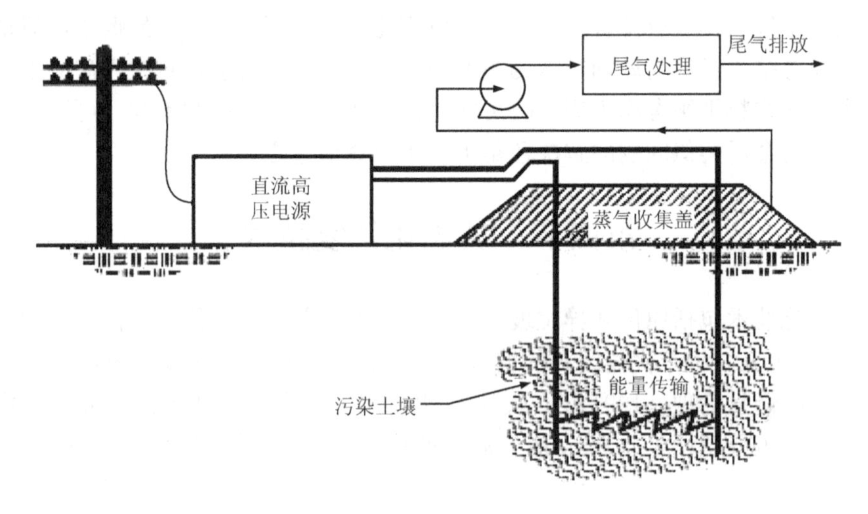

图 7-21　污染土壤的原位玻璃化修复过程

经验表明，原位玻璃化技术可以破坏、去除污染土壤、污泥等泥土类物质中的有机污染物和固定化大部分无机污染物。这些污染物主要是：挥发性有机物、半挥发性有机物、其他有机物，包括二噁英/呋喃、多氯联苯、金属污染物和放射性污染物等。

原位玻璃化技术修复污染土壤通常需要 6～24 个月，因其修复目标要求、原位处理量、污染物浓度及分布和土壤湿度的不同而不同。许多因素对这一技术的应用效果产生影响，这些因素主要有：①埋设的导体通路(管状、堆状)；②质量分数超过 20%的砾石；③土壤加热引起的污染物向清洁土壤的迁移；④易燃易爆物质的累积；⑤土壤或者污泥中可燃有机物的质量分数超过 5%～10%(视热值而定)；⑥固化的物质可能会妨碍今后现场的土地利用与开发；⑦低于地下水位的污染修复需要采取措施防止地下水反灌；⑧湿度太高会影响成本。

表 7-11 概述了原位玻璃化技术应用成本估算。其他一些成本，如项目管理、工程设计、承包商选择、办公支持、审批费用、厂区特征确定、可行性研究测试、运行合同和不可预见费用等，不在此列。

表 7-11　原位玻璃化技术应用的成本估算

固定成本	可变成本	其他管理工作
人员设备安置	电源、电极设备租用	尾气处理
	罩子及尾气处理设备租用	
	运行维护人工费	
	能源动力费	
	现场监控	
	现场卫生、安全保障	
	工艺控制采样分析	

二、异位玻璃化技术

以前，人们认为异位玻璃化技术是独立的技术。然而，利用玻璃化技术处理焚烧等其他技术产生的灰烬，已经逐渐受到人们越来越多的注意。

异位玻璃化技术使用等离子体、电流或其他热源在 1600～2000℃的高温熔化土壤及其中的污染物，有机污染物在如此高温下被热解或者蒸发去除，有害无机离子则得以固定化，产生的水分和热解产物则由气体收集系统收集进一步处理。熔化的污染土壤(或废弃物)冷却后形成化学惰性的、非扩散的整块坚硬玻璃体。图 7-22 为异位玻璃化流程示意图。

异位玻璃化技术对于降低土壤等介质中污染物的活动性非常有效，玻璃化物质的防泄漏能力也很强，但不同系统方法产生的玻璃态物质的防泄漏能力则有所不同，以淬火硬化的方式急冷得到的玻璃态物质与风冷形成的玻璃体相比更易于崩裂。使用不同的稀释剂产生的玻璃体强度也有所不同，被玻璃化的土壤成分对此也有一定影响。

异位玻璃化技术可以破坏、去除污染土壤、污泥等泥土类物质中的有机污染物和大部分无机污染物。其应用受以下因素影响：①需要控制尾气中的有机污染物以及一些挥发的重金属蒸气；②需要处理玻璃化后的残渣；③湿度太高会影响成本。

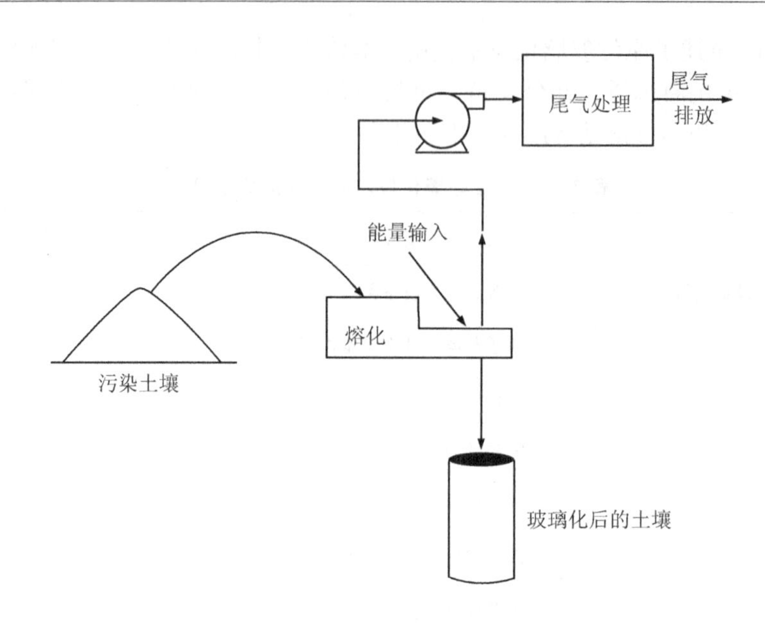

图 7-22　异位玻璃化流程示意图

通常，移动的玻璃化设备的处理能力为 3.8～23.0m^3/d，需要投入的修复费用为 650～1350 美元/m^3。表 7-12 为异位玻璃化技术涉及的各项成本估算。其他一些成本，如项目管理、工程设计、承包商选择、办公支持、审批费用、厂区特征确定、可行性研究测试、运行合同和不可预见费用等，不在此列。

表 7-12　异位玻璃化技术应用的成本估算

固定成本	可变成本	其他管理工作	预处理
处理场地衬垫安装	设备租用	处理后固体残渣处理	筛分大块颗粒
	黏结剂		
	运行维护人工费		
	能源动力费		
	现场监控		
	现场卫生、安全保障		
	工艺控制采样分析		

第五节　热力学修复技术

污染土壤的热力学修复技术涉及利用热传导（如热井和热墙）或辐射（如无线电波加热）实现对污染土壤的修复，如高温（>100°C）原位加热修复技术、低温（<100°C）原位加热修复技术和原位电磁波加热修复技术等。与玻璃化技术所不同的是，热力学修复技术即使是高温加热修复，其温度也相对较低。

一、高温原位加热修复技术

高温原位加热与标准土壤蒸气提取过程类似，利用汽提井和鼓风机（适用于高温情况的）将水蒸气和污染物收集起来，通过热传导加热，可以通过加热毯从地表进行加热（加热深度可达到地下 1m 左右），也可以通过安装在加热井中的加热器件进行，可以处理地下深层的土壤污染（图 7-23）。在土壤不饱和层利用各种加热手段甚至可以使土壤温度升至 1000°C。如果系统温度足够高，地下水流速较低，输入的热量足以将进水很快加热至沸腾蒸汽，那么即使在土壤饱和层，也可以达到这样的高温。

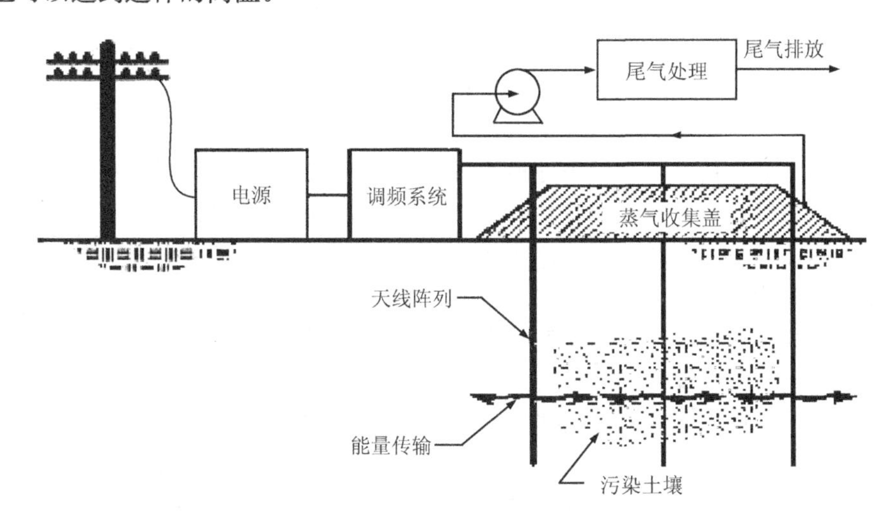

图 7-23　污染土壤的高温原位加热修复过程

热毯系统使用覆盖在污染土壤表层的标准组件加热毯进行加热，加热毯操作温度可高达 1000°C，热量传递到地下 1m 左右的深度，使这一深度内土壤中的污染物挥发去除。每一块标准组件加热毯上面都覆盖一层防渗膜，内部设有管道和气体排放收集口，各个管道内的气体由总管引至真空段。土壤加热以及加热毯下面抽风机造成的负压，使得污染物蒸发、气化迁移到土壤表层，再利用管道将气态的污染物引入到热处理设施进行氧化处理。为保护抽风机，高温气流需要经过冷却，然后再穿过碳处理床以去除残余的未氧化的有机物，最后进入大气。

热井系统则需要将电子加热元件埋入间隔 2～3m 远的竖直加热井中，加热元件升温至 1000℃ 来加热周围的土壤。与热毯系统相似，热量从井中向周围土壤中传递依靠热传导，井中都安装了有孔的筛网，所有加热井的上部都由特殊装置连接至一个总管，利用真空将气流引入处理设施进行热氧化、炭吸附等过程去除污染物(图 7-24)。

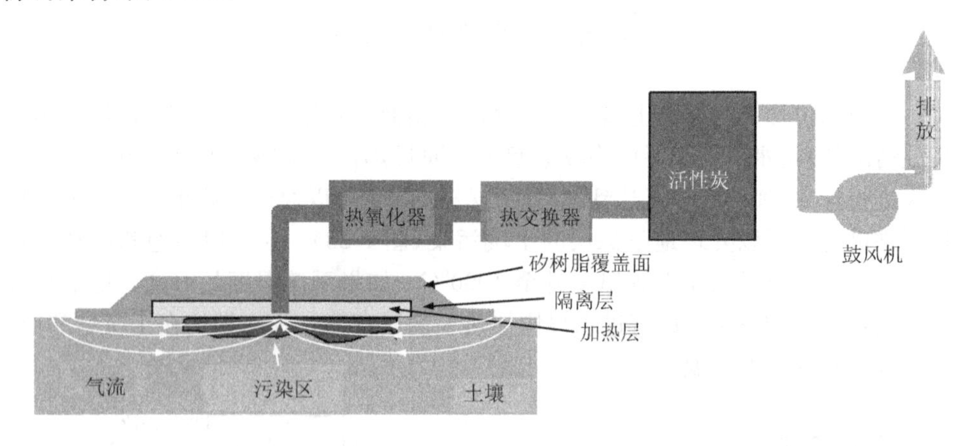

图 7-24　土壤热修复系统图示

高温原位加热技术主要用于处理的污染物有：半挥发性的卤代有机物和非卤代有机物、多氯联苯以及密度较高的非水质液体有机物等。许多因素可能限制高温原位加热技术的应用和效果，这些因素主要有：①地下土壤的异质性会影响原位修复处理的均匀程度；②提取挥发性弱一些的有机物的效果，取决于处理过程所选择的最高温度；③加热和蒸气收集系统必须严格设计、严格操作，以防止污染物扩散进入清洁土壤；④经过修复的土壤结构，可能会由于高温而发生改变；⑤如果处理饱和层土壤，需要高能来将水分加热至沸腾，这会大幅度提高成本；⑥含有大量黏性土壤及腐殖质的土壤，由于对挥发性有机物具有较高吸附性，会导致去除速率降低；⑦需要尾气收集处理系统。

原位土壤加热修复通常需要 3～6 个月，因下列条件不同而异：①修复目标要求；②原位处理量；③污染物浓度及分布；④现场的特点(包括渗透性、各向异质性等)；⑤污染物的物理性质(包括蒸气压、亨利系数等)；⑥土壤湿度。

该技术的耗费为：固定及可变成本，1.3～2.7 万美元/m^3；运转费，120～380 美元/ m^3。表 7-13 为高温原位土壤加热技术应用成本估算。其他一些成本，如项目管理、工程设计、承包商选择、办公支持、审批费用、厂区特征确定、可行性研究测试、运行合同和不可预见费用等，不在此列。

表 7-13　高温原位土壤加热技术应用的成本估算

固定成本	可变成本	其他
提取井安装	加热设备租用	尾气处理
采样点安装设置	尾气处理系统租用	
人员设备安置	能源动力	
	现场监控	
	现场卫生、安全保障	
	工艺控制采样分析	

二、低温原位加热修复技术

利用蒸汽井加热，包括蒸汽注射钻头、热水浸泡或者依靠电阻加热产生蒸汽加热(如六段加热)，可以将土壤加热到 100℃。蒸汽注射加热可以利用固定装置井进行，也可以利用带有钻井装置的移动系统进行。

固定系统将低湿度蒸汽注射进入竖直井加热土壤，从而蒸发污染物，使非水质液体(若有的话)进入提取井，再利用潜水泵收集流体，真空泵收集气体，送至处理设施。移动系统用带有蒸汽注射喷嘴的钻头钻入地下进行土壤加热，低湿度的蒸汽与土壤混合后使污染物蒸发进入真空收集系统。

热水浸泡，利用热水和蒸汽(含水量较高)注射以强化控制污染物的可移动性。热水和蒸汽降低了油类污染物的黏度，从而将非水溶性液态污染物带入提取井。热水浸泡系统需要很复杂的提取井系统，在不同的深度同时进行蒸汽、热水和凉水的注射，蒸汽注入污染层下部以加热非水溶性液态稠密污染物(DNAPL, dense non-aqueous phase liquid)，升温后的 DNAPL 密度稍低于水的密度，在热水的作用下向上运动，因此热水注入位置就在污染土壤层周围，借以提供一个封闭环境并引导 DNAPL 向提取井运动，凉水注射位置在污染层上部，以形成一个吸收层和冷却覆盖层，同时吸收层在竖直方向上提供屏障防止上升孔隙中的流体溢出并冷却来自污染层的气体。

利用电阻加热，直接电阻加热(又称欧姆加热)，是一种很有发展潜力的方法，它直接通过电流将热量送至污染土壤层。通过在土壤中安装电极并施以足够的电压在土壤中产生电流实现土壤加热过程。当电流流过土壤时，电流热效应使土壤升温，土壤中的水分是电流的主要载体，而热量使水分不断地从土体中蒸发出来，因此电阻加热要求不断地进行水分的补充，以保证土壤中水的含量。正因为土壤中水的存在，电阻加热的最高温度为 100°C，挥发性和半挥发性的有机物在蒸气提取和升高的蒸气压作用下挥发成为气体，进而由真空提取井收集至处理设施进行处理(图 7-25)。

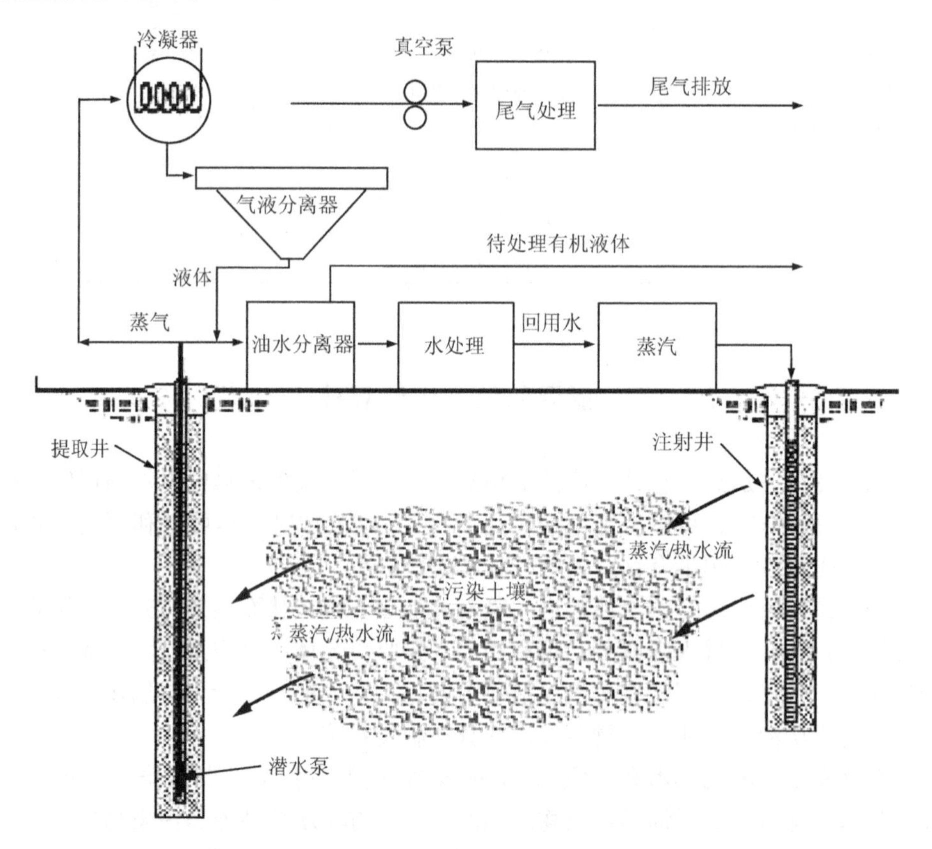

图 7-25　污染土壤的低温原位加热修复过程(蒸汽注射)

低温(＜100℃)原位加热主要用于处理的污染物是半挥发性卤代物和非卤代物及浓的非水溶性液态物质。挥发性有机物可以用该方法进行处理。不过，对于挥发性有机物还有其他更为经济有效的方法。许多因素可能影响其修复效果，这些因素主要有：①地下土壤的异质性，会影响修复处理的均匀程度；②渗透性能低的土壤难于处理；③在不考虑重力的情况下，会引起蒸汽绕过非水溶性液态稠密污染物；④地下埋藏的导体，会影响电阻加热的应用效果；⑤流体注射和蒸气收集系统，必须严格设计、严格操作，以防止污染物扩散进入清洁土壤；⑥蒸气、水和有机液体必须回收处理；⑦需要尾气收集处理系统。

原位土壤低温加热修复通常需要 3～6 个月，因修复目标要求、原位处理量、污染物浓度及分布、现场的特点(包括渗透性、各向异质性等)、液态物质输送、处理能力和污染物的物理性质(包括蒸气压、亨利系数等)等条件不同而异。

该技术的耗费与高温加热修复技术相当，在美国为：固定成本，1.3～2.7万美元/m^3；运转费，120～380美元/m^3。表7-14为低温原位土壤加热技术的成本估算。其他一些成本，如项目管理、工程设计、承包商选择、办公支持、审批费用、厂区特征确定、可行性研究测试、运行合同和不可预见费用等，不在此列。

表7-14　低温原位土壤加热技术的成本估算

固定成本	可变成本	其他
提取井安装	加热设备租用	有机液体污染物处理
采样点安装设置	尾气处理系统租用	尾气处理
人员设备安置	冷凝设备租用	
	能源动力	
	现场监控	
	现场卫生、安全保障	
	工艺控制采样分析	

三、原位电磁波加热修复技术

1. 概述

无线电波加热主要利用无线电波中的电磁能量进行加热，过程无需土壤的热传导。能量由埋在钻孔中的电极导入土壤介质，加热机制类似于微波炉加热。经过改造的无线电发射器作为能量来源，发射器在工业、科研和医疗用波段内选择可用频率，确定具体的操作频率需要对污染范围、土壤介质的介电性质进行评价考察之后才能决定。正常运行的完整无线电加热系统包括以下4个子系统：①无线电能量辐射布置系统；②无线电能量发生、传播和监控系统；③污染物蒸气屏障包容系统；④污染物蒸气回收处理系统。

原位电磁波频率加热技术(*in-situ* radio frequency heating)属于高温原位加热技术，它利用高频电压产生的电磁波能量对现场土壤进行加热，利用热量强化土壤蒸气浸提技术，使污染物在土壤颗粒内解吸而达到污染土壤的修复目的。该技术的设计用以加快VOCs的去除速率，或去除标准土壤蒸气浸提技术中较难处理的所谓“半挥发性有机组分(semi-VOCs)”。污染物在原位被去除并由气体收集系统收集处理。电磁波频率加热原理是通过电介质(绝缘介质)加热，同时也伴有部分导体加热。除非饱和含水层土壤中的水分得到有效的去除，电磁波频率加热一般只能应用于地下水位以上的污染地带，原位电磁波加热修复技术如图 7-26 和图 7-27 所示。

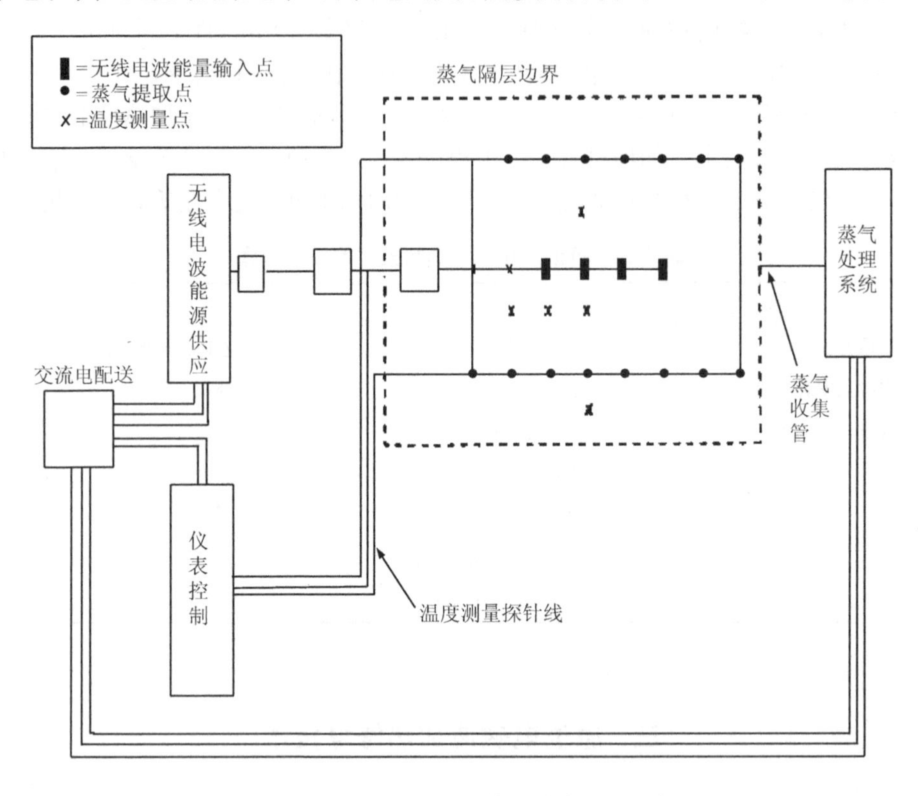

图 7-26 原位电磁波加热修复技术平面示意图

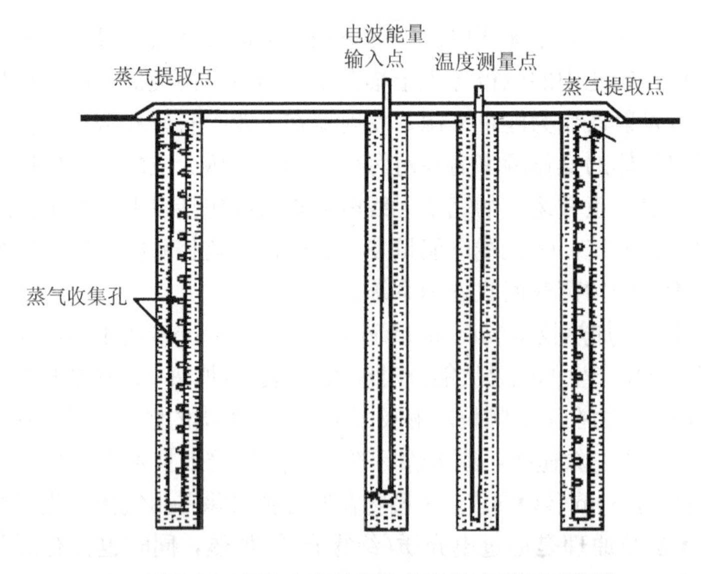

图 7-27 原位电磁波加热修复技术剖面示意图

2. 技术特征

电磁波频率加热技术是土壤污染修复的革新技术，它将无线电波段电磁波的能量送至埋在地下的电极，加热机制类似微波炉，不依赖土壤的热力学性质，能量来自一个经改造的电波发生器，操作所用具体频率需根据对土体的绝缘性质及需要处理的面积等因素的考察评估情况来决定。埋入地下的电极也起着提取井的作用，由电波能量蒸发的污染物及水分被吸向电极，蒸发的水分同时也充当了汽提介质，加强了对有机污染物的去除，标准土壤蒸气浸提技术提供真空负压收集气体进行处理。土壤处理结束后，在土壤冷却过程中蒸气浸提工艺仍然可以继续，电极数量、配置方法和蒸气收集处理技术因场地不同而不同。

现场施工需要安装的基础设施主要有：①深入污染区域的井；②蒸气提取处理系统；③电磁波屏蔽装置，以控制电磁波逸散；④电极或天线。电磁波频率加热技术强化了土壤蒸气浸提技术去除有机污染物的能力，涉及地下蒸气提取井和电极或天线的安装，其核心是电频加热系统和气相收集、处理系统。热量是通过埋入土壤中电极施加高频电压而产生，其大小与加热的交流电频率相关。操作中的电压频率由于现场土壤的性质及所需要达到的温度决定，一般使用频率在2～2450 MHz 的电磁波绝缘加热，可用频率在工业、科研和医疗用波段内选择，不影响正常的无线电通信业务。

温度升高是基于导体或绝缘材料加热机理。由于外加电场作用，土壤溶液或导体中产生电流，伴有热效应，绝缘材料由于外加电场对原子或极性物质的分子产生物理扭曲，电磁波加热过程中电场方向变化很快，物理变形的机械能转化成热能，从而产生热效应。土壤的温度可达 100～300℃。在加热的状态下，挥发性有机化合物气相及水蒸气将在负压作用下进入抽气井。电磁波频率加热系统的设计及操作参数与土壤特性有关。研究表明，虽然有许多不确定因素，但只要温度到达 150℃以上，电磁波频率加热技术就可很好地应用于绝大多数土壤。在美国，大多数情况下地面采用 480V 3 相电源供应地下的电极以产生电磁波。

3. 需要注意的设计问题

为了避免发生污染物的泄漏问题，原位电磁波加热技术在设计时应全盘考虑，在应用过程中需要注意监测，坚决杜绝以下问题的发生：①热蒸气迁移到低温地带后发生冷凝导致的污染物迁移；②污染物蒸气向下运动到污染含水层；③季节性水位变化引起饱和土壤层波动进而导致污染物迁移运动；④预料之外的无机离子的出现（会提高系统对防止泄漏的要求，以及增加尾气处理难度）；⑤未爆炸的弹药（潜在的危险）；⑥与蒸气浸提技术联合应用时，气流易于沿着天然裂缝、建筑物周围的填埋地段以及各类管道线路逸散，降低修复效果。

由于电磁波产生电极，在设计时要考虑不能安装在楼房或其他建筑物旁。而且，电极的安装配置必须保障气提系统效率，保证没有气体呆滞。提取井不能设在水坑、下水道等附近。必须设计气体屏障，以保证挥发的污染物不会释放到空气中。

4. 应用限制因素

原位电磁波加热技术在应用过程中有一些限制因素，主要包括以下 4 个方面：①含水量高于 25%的土壤能耗很大，水的蒸发降低了系统的效率；②对非挥发性有机物、无机物、金属及重油无效；③深于 15m 的地下土层，某些特定的电磁波加热技术的运行效果不理想；④黏性土壤吸附的污染物难于去除，会降低电磁波加热系统性能。

第六节　热解吸修复技术

热解吸修复技术是通过直接或间接热交换，将污染介质及其所含的有机污染物加热到足够的温度(通常被加热到 150～540℃)，以使有机污染物从污染介质上得以挥发或分离的过程。空气、燃气或惰性气体常被作为被蒸发成分的传递介质。热解吸系统是将污染物从一相转化成另一相的物理分离过程，热解吸并不是焚烧，因为修复过程并不出现对有机污染物的破坏作用，而是通过控制热解吸系统的床温和物料停留时间可以有选择地使污染物得以挥发，而不是氧化、降解这些有机污染物。因此，人们通常认为，热解吸是一物理分离过程，而不是一种焚烧方式。热解吸系统的有效性可以根据未处理的污染土壤中污染物水平与处理后的污染土壤中污染物水平的对比来测定。

热解吸技术分成两大类：土壤或沉积物加热温度为 150～315℃的技术为低温热解吸技术；温度达到 315～540℃的为高温热解吸技术。目前，许多此类修复工程已经涉及的污染物包括苯、甲苯、乙苯、二甲苯或石油烃化合物(TPH)。对这些污染物采用热解吸技术，可以成功并很快达到修复目的。通常，高温修复技术费用较高，并且对这些污染物的处理并不需要这么高的温度，因此利用低温修复系统就能满足要求。

一、热解吸系统

1. 概述

用于污染土壤修复的热解吸系统很多，如图 7-28 所示的热解吸系统每小时处理量为 10～25t 和图 7-29 所示的热解吸系统每小时处理量为 40～160t。所有的热解吸技术均可分成两步：①加热被污染的物质使其中的有机污染物挥发；②处理废气，防止挥发污染物扩散到大气。热交换的方式、污染物种类和挥发气体处理系统不同，热解吸装置也会有差异。加热可以采用火焰辐射直接加热或燃气对流直接加热，采用这种方式加热的热解吸系统被称为直接火焰加热或直接接触加热热解吸系统。加热也可以采用间接的方式，即通过物理阻隔，如钢板，将热源与被加热污染物分开，采用这种方式加热的热解吸系统被称为间接火焰加热或间接接触加热热解吸系统。

图 7-28　每小时处理 10～25t 的热解吸系统

图 7-29　每小时处理 40～160t 的热解吸系统

热解吸系统可以进一步分为两类：连续给料系统和批量给料系统。连续给料系统采用异位处理方式，即污染物必须从原地挖出，经过一定处理后加入处理系统。连续给料系统既可采用直接加热方式，也可采用间接火焰加热方式。代表性的连续给料热解吸系统包括：①直接接触热解吸系统一旋转干燥机；②间接接触热解吸系统一旋转干燥机和热螺旋。批量给料系统既可以是原位修复，如热毯系统、热井和土壤气体抽提设备；也可以是异位修复，如加热灶和热气抽提设备。无论采用哪种修复方式，产生的废气必须在排放到外界之前先行处理。

2. 直接接触热解吸系统

直接接触热解吸系统是连续给料系统，已经至少经过了3个发展阶段，最高处理排放量达到160t/h。其中，第一代直接接触热解吸系统采用最基础的处理单元，依次为旋转干燥机、纤维过滤设备和喷射引擎再燃装置。这些设备价格便宜，也很容易操作。但是，只适用于低沸点（低于260～315℃）的非氯代污染物的修复处理。整个系统加热温度大致为150～200℃。系统流程如图7-30所示。限于过滤设备在系统的位置，该系统不能处理高沸点有机物，因为相对分子质量较高的化合物可能会发生浓缩，从而提高设备的滴压。

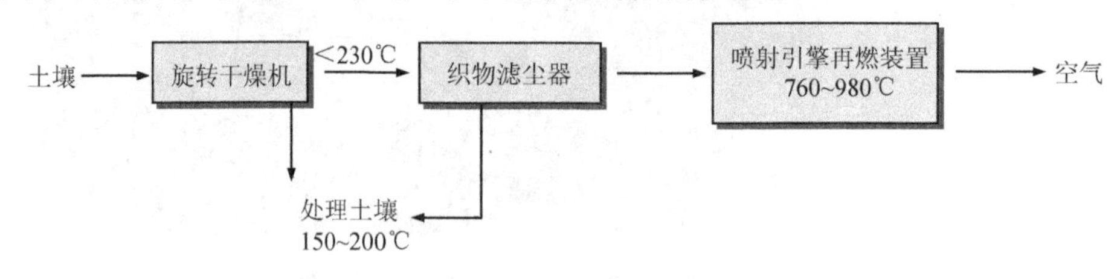

图7-30　第一代直接接触热解吸系统流程简图

第二代直接接触热解吸系统在原来的基础上，扩大了可应用范围，对高沸点（＞315℃）的非氯代污染物也适用。系统中依次包括旋转干燥机、喷射引擎再燃装置、气流冷却设备和纤维过滤设备等基本组成部分，系统的流程如图7-31所示。由于系统中的干燥设备能够把污染物加热到很高的温度而不破坏过滤装置，因此可以用来处理高沸点的有机污染物。把过滤设备放到处理链上的最后位置，是因为这样才能把污染物颗粒释放到废气中的同时，保持空气流的温度在230～260℃范围内。挥发态的有机污染物在喷射引擎再燃装置中已经得以降解，这样，就减少了高相对分子质量有机物浓缩的可能性。通常，第二代直接接触热解吸系

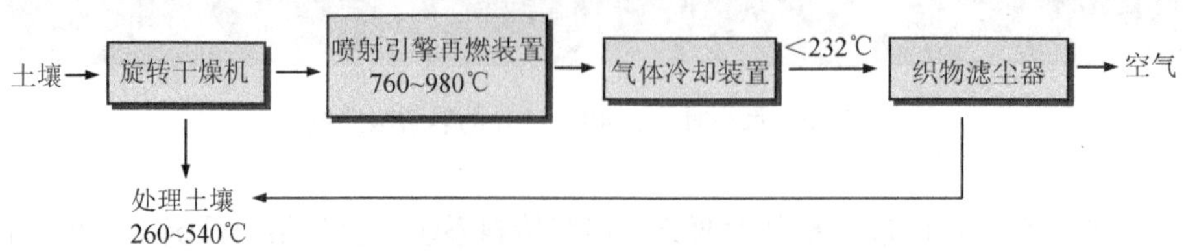

图7-31　第二代直接接触热解吸系统流程图

统能够将残留的污染物加热到 260～650℃，可以用在重油污染物上，但是，到目前为止，它们在非氯代污染物处理上的应用还十分有限，因为系统还没有办法应付氯代化合物燃烧所放出的盐酸类物质。

第三代直接接触热解吸系统是用来处理高沸点氯代污染物的。旋转干燥机内的物料通常被加热到 260～650℃；接下来，处理尾气在 760～980℃的温度下被氧化，有时温度可达 1100℃；然后，尾气被冷却，通过过滤装置。与第二代系统不同的是，第三代热解吸系统在处理流程的最后，包括一个酸性气体中和装置，以控制盐酸向大气的释放。一个利用富含化学降解剂的水喷淋设备，湿的气体清洗器是最常用到的气体控制系统(图 7-32)。由于这个清洗器是用加强的纤维玻璃塑料制成的，因此具有相对低的温度传导力，从过滤设备里出来的流体通常在进入清洗器之前用来冷却气流。湿的气体清洗器的应用增加了热解系统和环境工程的复杂性，因为它涉及了水组成、废液释放，以及水化学的监测和控制。另外，清洗系统也收集到一些尘粒，这些尘粒经过浓集变成了水处理系统中的污泥，必须在达标排放前去除。图 7-32 所绘的是第三代处理系统的典型流程。这一代处理系统能够处理较大范围内的潜在有害污染物，包括重油和氯代化合物。

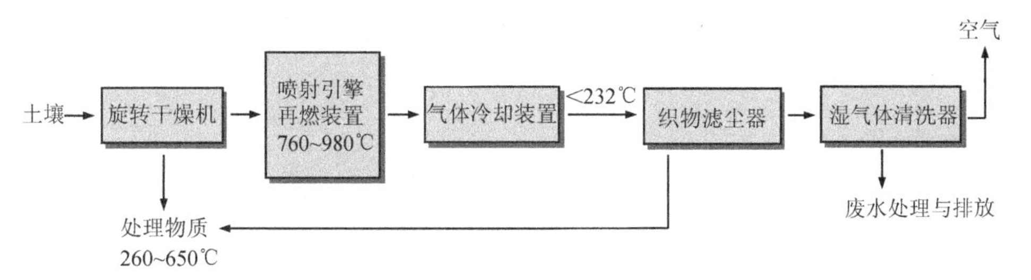

图 7-32　第三代直接接触热解吸系统流程图

3. 间接接触热解吸系统

间接接触热解吸系统也是连续给料系统，它有多种设计方案。其中，有一种双板旋转干燥机，在两个面的旋转空间中放置几个燃烧装置，它们在旋转时加热包含污染物的内部空间。由于燃烧装置的火焰和燃烧气体都不接触污染物或处理尾气，可以认为这种热解吸系统采用的是非直接加热的方式。只要燃烧气体采用的是相对清洁的燃料如天然气、丙烷，燃烧产物就可以直接排入到大气中。在直接接触旋转一干燥热解系统中，内板的旋转动作将物料打碎成小块，以此提高热量传递，并将土壤最后输送到干燥器的下倾角行进线路(图 7-33)。

在这个单元中，处理尾气温度限制在 230℃，因为尾气一离开旋转干燥机就要依次穿过过滤系统。气体处理系统采用浓缩和油/水分离步骤去除尾气中的污染物。这样，最后得到的浓缩污染物液体需要进一步进行原位或异位修复处理，最后将其降解为无害的组分，流程图如图 7-34 所示。

图 7-33　间接接触热解吸系统

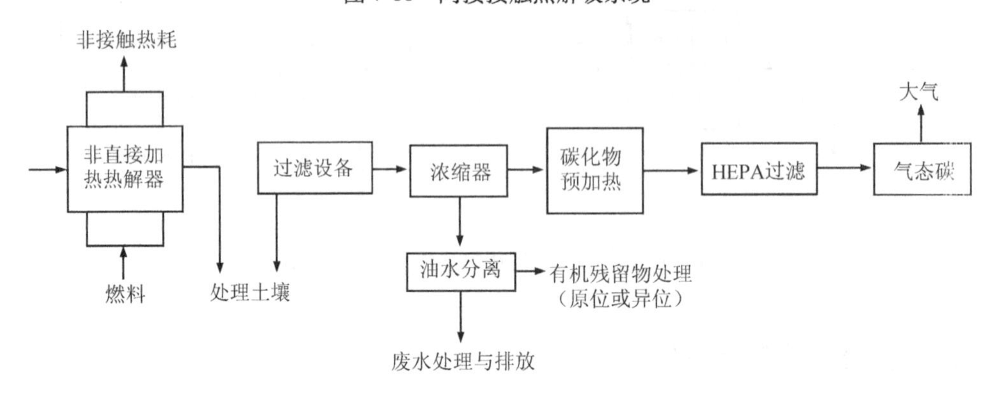

图 7-34　间接接触旋转干燥热解吸系统流程图

间接接触热解吸系统包括两个阶段：在第一阶段，污染物被解吸下来，也就是在相对低的温度下使污染物与污染土壤相分离；在第二阶段，它们被浓缩成浓度较高的液体形式，适合运送到特定地点的工厂进行进一步的“传统”处理，例如商业焚烧厂。在这种热解吸系统中，污染物不通过热氧化方式降解，而是从污染土壤中分离出来在其他地点进行后续处理。这种处理方法减少了需要进一步处理的污染物的体积。

热螺旋另一种是间接接触热解吸系统。这种设计也是一种真正意义上的间接接触方式，热传递流体如油等在不同热处理室的小炉子中(以天然气或丙烷作为燃料)分别加热，然后热油被泵到遮蔽槽，水平上升到内部有一对中空螺旋锥的热处理室中，热油沿着螺旋锥的内部流淌，也流到槽的外部去。含有污染物的土壤被送进第一段槽内部的末端，随着螺旋的扭动，将其运送到外端的末段，落入位于前一处理单元下部的第二段槽内。热油在第一段槽内与污染土壤的运动方向相反，在第二段相同。借助于另一气流的清除作用，尾气离开槽，并浓缩成液体形式等待进一步处理或热氧化。整个系统设计简洁并标准，流程如图 7-35 所示。

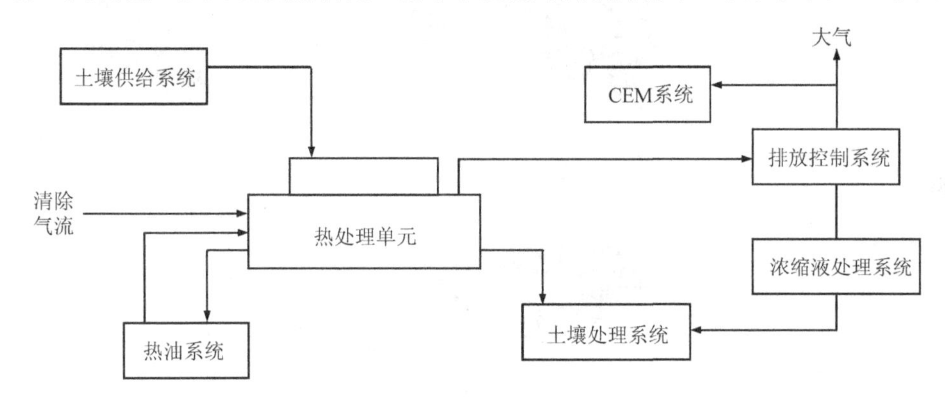

图 7-35　间接接触热螺旋解吸系统流程图

批量给料系统——加热灶，加热灶热解吸系统是批量式异位处理技术。近几年来，该技术的持有者 TerraChem 公司通过 McLaren Hart 公司已经对它进行了技术升级。解吸室类似一个烤箱，短时间(通常 1～4h)加热后可以进行少量(4～15m^3)的土壤热解吸。解吸室的数量可以根据项目待处理的土壤量、项目完成的时间框架、单批处理含有特定污染物的土壤的时间、场地大小以及其他各种因素等来进行优化设计。通常情况会使用 4～5 个解吸室。

加热灶热解吸系统由涂铝钢管组成的热源通过丙烷内部直接加热，土壤温度可达到 590 ℃。据报道，在这个温度下，管道辐射出的红外线热要比其他热传递方式更为有效。尽管这些热量只加热了上部的几十厘米和污染土壤的下部，但却有一股向下的空气流，在拖曳扇的诱导作用下，流过在负压下工作的处理室的下部，这样就产生了一种对流热传导方式，有助于污染物从土壤中脱离出来。系统如图 7-36 所示。

近年来，为了使之适合处理高沸点污染物如 PCBs 等污染的土壤，这些系统得到了进一步完善，如使处理过程保持高真空状态，这样做的目的是使污染介质高的沸点温度在远低于常压下有效下降。另一个相关的改进措施是处理室的设计，最初的设计是采用侧面移动的滑动盖，允许装载和卸载污染土壤，而新的高真空模式有一个更小、更紧的入口，很容易密封，污染土壤则通过利用叉式升降控制的侧门装载和卸载。尽管热炉系统有简洁、精确空间等优点，却不如旋转干燥机等热解吸组件应用得广泛，它更适合用在较小规模的污染土壤修复上。由于它的吞吐能力低，处理室的容积小，因此要耗费较大的劳力去装载和卸载物料。

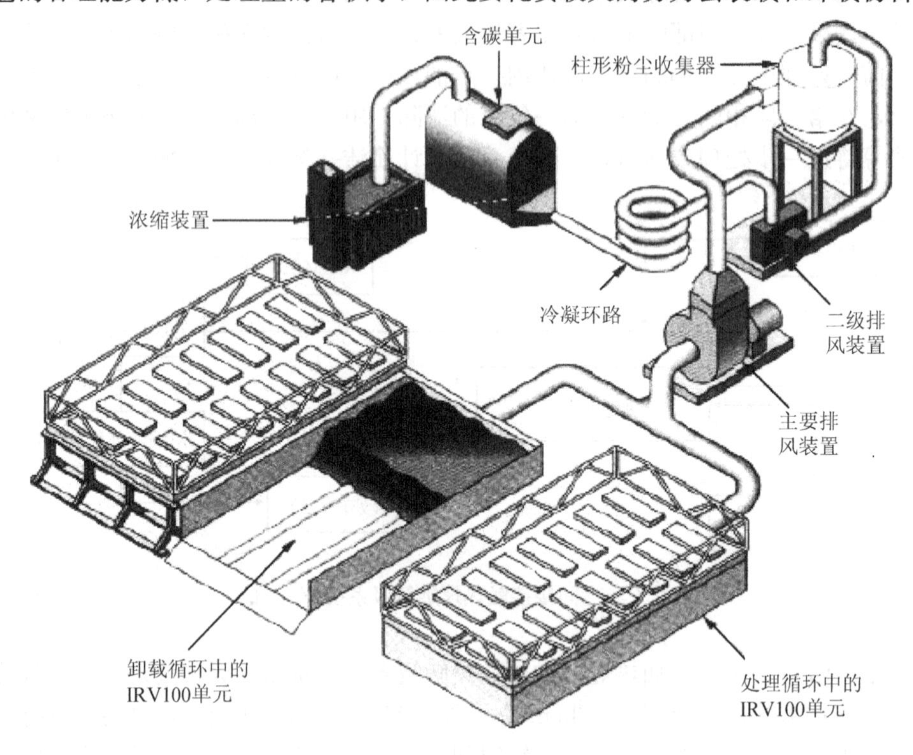

图 7-36　批量给料系统——加热灶

4. 热空气浸提热解吸系统

作为一种创新的土壤清洁技术，热空气浸提(HAVE)热解吸系统是批量给料系统。它将热、堆积和气体浸提技术结合起来，以去除和降解土壤中的烃类污染物，使污染土壤得以修复的过程(图 7-37)。这项技术在处理汽油、石油、重油、PAHs 污染的土壤上十分有效。已经有加利福尼亚州军队设施工程服务中心等部门在商业尺度上，利用 HAVE 系统修复被石油和重油污染的土壤，并对处理结果和经费预算做了详细的报告。

作为革新的热解吸系统，HAVE 系统是异位处理过程。它把挖掘土壤堆积成接近 690m^3 体积的土堆，在这个土堆的不同层位，埋设了一系列注射井，并在土堆的顶部放置一个提取层以收集挥发态气体。整个土堆被一层不可渗透覆盖物密封，包容产生的气体，确保废气被提取层捕获。

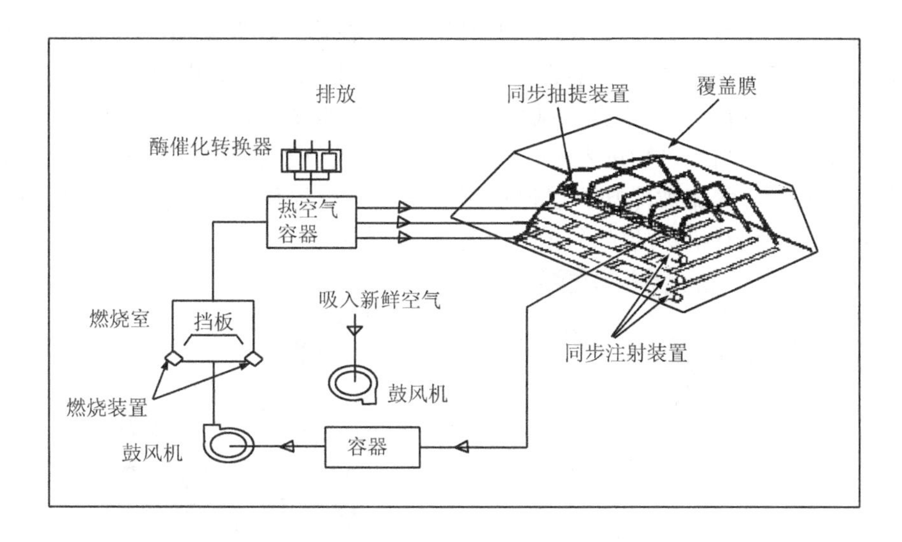

图 7-37　污染土壤的 HAVE 热解吸修复过程

在土堆外面，有一个利用丙烷加热空气的直接接触燃烧室，产生在土堆中循环的热气。当土堆温暖后，污染物变成气态并由空气驱除出堆外。当气流通过燃烧室时，它们变成了燃烧过程的一部分并被氧化，也就是说，污染物被降解。气流实际上作为燃烧室的补给燃料，同时，空气也被引进到循环系统中。在这些气流排放到大气中之前，要事先通过催化系统，降解未被氧化的痕量有机物。加利福尼亚州军队设施工程服务中心的研究表明：在平衡条件下，需要引入大约15%的新鲜空气以取代燃烧消耗的循环气。他们认为：①HAVE 技术可以成功地用于汽油、混合石油和重油污染土壤的修复上；②在土壤含水量低于 14%和黏粒含量低于 20%的条件下，HAVE 系统运行得最好；③对汽油污染物进行修复，温度要加热到平均 65℃，而对油和重油污染物进行修复，加热温度要达到230℃；④HAVE 技术可处理的土壤体积可从几百立方米达到大约 5000 m^3，但土堆的理想尺寸是 690 m^3，在这个体积下，黏粒含量低于 20%、水分含量低于12%或更少时，经过 18d 的修复，TPH 的浓度从 5000mg/kg 被消减到预期目标；⑤更高的浓度需要更长的处理时间。

5. 热毯与热井

热毯技术与热井技术都是批量给料系统，是近年来发展起来的污染土壤原位处理方式，目前已经在商业上投入使用。

据介绍，热毯是一种电子加热“毯”，面积为 2.5m×9m，覆盖在污染土层表面(图 7-38)。热毯的温度可达 1000℃，并且通过与污染物的直接接触式热传导，将地表下1m深土层中的污染物变成气态。在热“毯”表面还覆盖着不可通透、带有真空排放口的膜，有时，也可同时采用几个真空排放口，连接在热“毯”上，并连通引导一拖曳吹风系统。当污染物变成气态后，它们由引流通道离开污染区域。当污染物进入蒸气流以后，它们被位于处理区附近的热氧化器高温氧化。然后，气流被冷却，以保护引流系统不受损伤，并要通过一个收集痕量、但未被氧化有机物的碳“床”，防止污染物进入大气。

图7-38　工人们正在安装土壤原位热“毯”处理系统

热井技术则是将电子浸透加热元件埋入地下2～3m深的土层，修复从地下1m到地下水位线深度污染区域的土壤。然后，热元件被升高到1000℃加热土壤。与热“毯”系统相似，热井系统(图7-39)的热传输也是通过传导方式。在井的外部放置有气孔的遮盖物。一般来讲，所有井的出口顶端都要连接到抽气设备上，与热“毯”系统相似，气流被引导到处理系统中，去除解吸下来的污染物，也就是说，从土壤解离的污染物通过井上“气孔”排放出去并进一步进行降解(图7-40)。

有报道指出，只要安装的阻隔物能防止水渗透到布井区域，热井系统对修复地下水位线以下的污染物较为有效。如果水流失去控制，那么系统的性能就会大打折扣，因为还需要将多余的水蒸发掉。因此，在许多实际应用中，为了提高修复效率，热毯系统和热井系统联合使用(图7-41)，将修复区域覆盖面从土壤表面延伸到地下水位线附近。

其实，热毯和热井系统类似于土壤热蒸气浸提技术，其修复点的地学特征，如土壤渗透性等，必须要适合这项技术的要求。尽管这两项方法都避免挖掘土壤，能够在一定程度上减少修复的费用，但与其他一些技术相比，其在污染土壤修复上的耗资还是偏高。不过，随着这两项技术的进一步改进和广泛研究，其处理费用将会不断下降。

图 7-39　热井系统地面示意图

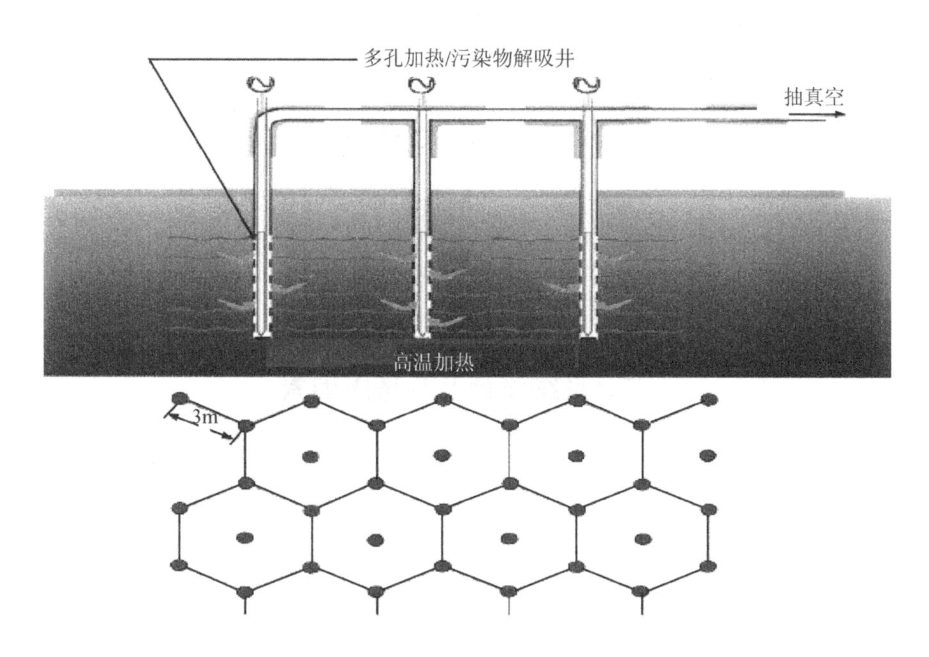

图 7-40　热井系统侧面示意图和布井方式

目前，在纽约，已有成功采用热解吸修复技术来修复 PCBs 污染土壤的例子。在加利福尼亚州，也有技术人员采用这项技术对 PCBs 污染土壤进行了成功的修复。

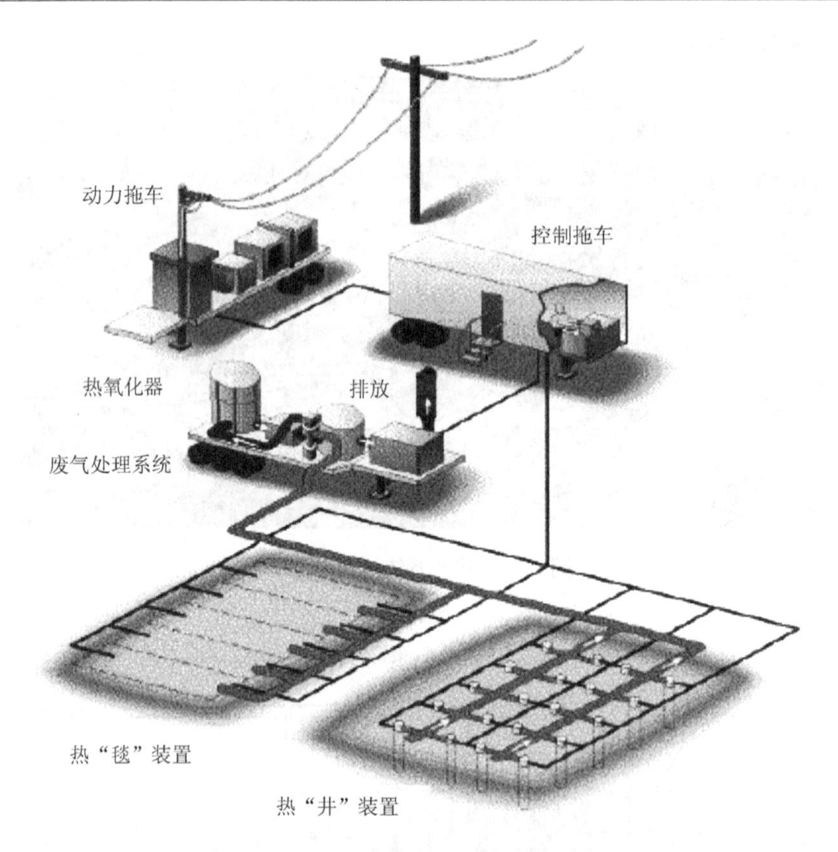

图 7-41　土壤异位热解吸过程

二、系统设计及其考虑因素

1. 修复处理过程

在大多数情况下，采用土壤异位热解吸技术修复污染土壤的主要过程如图7-42所示。整个过程强调热解吸是一个分离过程，使有机污染物脱离污染土壤进入处理单元的过程。处理后土壤中的污染物含量必须达标，使其能够回填并重新生长植被。由于有机质是植物生长的必要物质，因此还要在土壤中补充有机营养。一般情况下，都是在回填的土壤上再覆盖一层清洁土壤表层，以更好地支持植物生长。

需要注意的是，如果土壤淋出液水平没有达到直接回填标准，土壤异位热解吸技术处理后的土壤可能需要进一步进行无机物固定处理。有时，这的确是一个问题，这一步处理过程是必要的。土壤淋出液的毒性特征，通过试验或其他定期观测来获知。

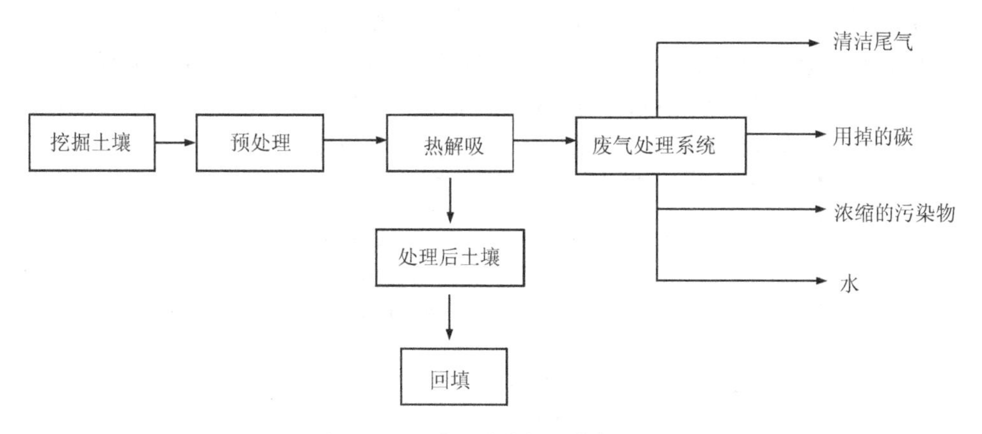

图 7-42　土壤异位热解吸修复过程

携带着污染土壤中几乎所有有机污染物的处理尾气离开热解吸系统后，要进行达标处理后才能排放。选择尾气处理系统要依赖于气态污染物的特性和浓度、允许排放浓度、允许最后排放粒级水平以及处理费用等。

不管采用什么样的热解吸系统，对污染土壤处理成功与否在很大程度上取决于加热温度和土壤本身的特性。例如，从粗粒级土壤上解吸污染物要比从黏土含量高的土壤更容易。此外，系统性能还与污染物种类、与污染土壤亲近程度以及水分含量等密切相关。总的来说，如果有充足的停留时间、气流以及足够高的温度，处理系统通常都很有效。这里的时间指的是污染土壤在处理系统中的停留时间，它与污染土壤处理量有关，而处理量可以依据系统要求和位置进行调整。例如，对旋转干燥系统来讲，5～60min 的停留时间比较常见，停留时间越长，处理量越少，单元处理费用越高。因此，最优化停留时间是该技术的关键。例如，旋转干燥机两个控制停留时间的变量是旋转速率和倾角，并且其内部空间的物理形状和尺度作为固定因子也影响停留时间。

温度是指污染土壤的加热温度，这个温度通常低于旋转干燥机中气相的温度，因为热量从燃烧装置中传输到污染土壤中，并且处理系统采用对流方式更多些，这样的热传递模式更为有效。处理过程的有效性取决于污染土壤的加热温度。热解吸单元采用燃料如天然气、液态丙烷和石油等加热土壤，由于燃料是操作过程的主要支出，因此反复加热土壤将提高处理费用。在进一步了解热解吸系统之前，我们先要了解一些污染物的温度特性和各种热解吸方法的适用温度，见图 7-43 和图 7-44。

气流的作用是使土壤颗粒加以混合，保证所有颗粒都被均匀加热，减少了某些污染土壤颗粒“逃避”加热的可能性，使修复的土壤在整体上充分达到解吸的必要温度。设计热解吸单元是一个反复试验纠错的过程，难点在于气流强度过大可能会导致把大量土壤颗粒带入废气清洁系统中，并且一些高温热解吸系统还可能需要附加抗高温内核，这样就更加大了设计的复杂性。

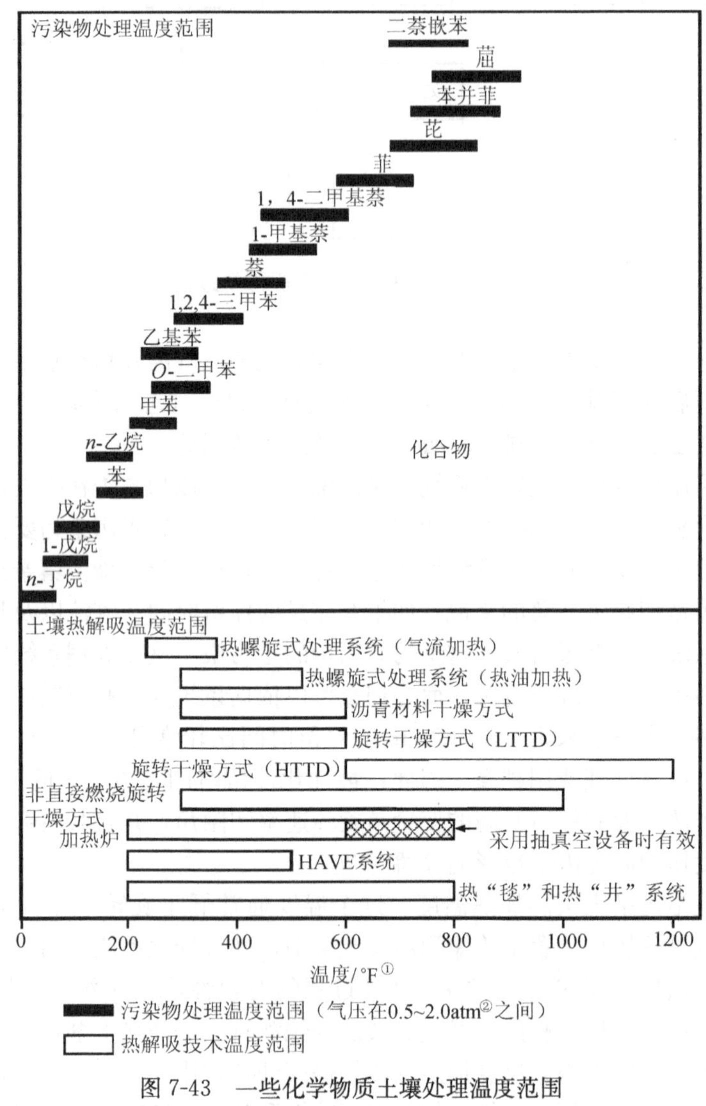

图 7-43 一些化学物质土壤处理温度范围和热解吸技术的适用温度范围

①℉为非法定单位，$1℉=\frac{9}{5}℃+32$，下同。

②atm 为非法定单位，$1atm=1.01325\times10^5Pa$，下同。

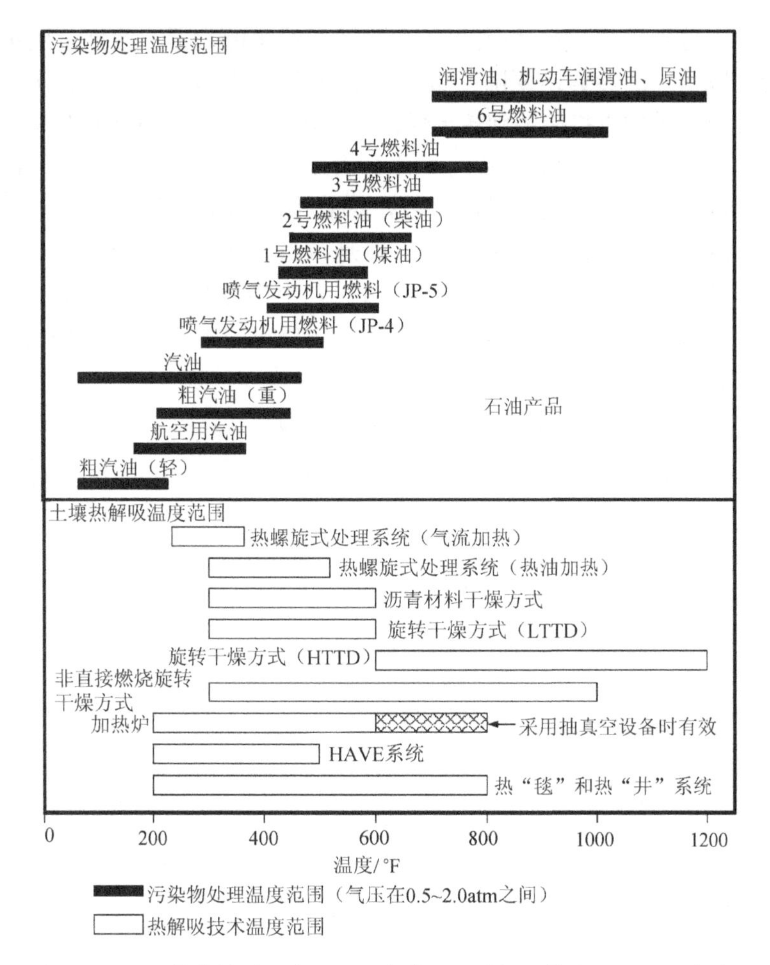

图 7-44　一些化学物质土壤处理温度范围和热解吸技术的适用温度范围

除了上述这些制约因素外，充分、正确的污染土壤处理准备工作也是不可缺少的环节。如大多数污染土壤都是不均一的，要对污染土壤进行分捡和混合，土壤中大颗粒杂质必须在预处理过程中予以去除，如采用手工方法剔除、高压水洗或破碎后渐渐通过热解吸系统。只有使污染土壤在处理系统中尽量均匀，才能收到良好的处理结果，而且均匀的土壤给料能够减小系统出机械问题的可能性，从而节约设备维护费用。

2. 系统设计及性能

(1)各处理单元参数

热解吸技术可分为两个大的类目：连续给料技术和批量给料技术。这两种技术的设计要点分别见表 7-15 和表 7-16。这里所给出的数据或数据范围都是典型值，符合实际情况的参数还要随土壤特性和热解吸技术的种类而有所不同。例如，当设计目标采用直接接触旋转干燥系统的热解吸技术，其土壤处理能力需要达到 40t/h。由于土壤处理速率是土壤水分含量、污染物类型和浓度、欲达到的污染清洁标准以及其他系统变量的函数，尽管当土壤水分含量为 15%时，热解吸系统可达到预期的处理能力和目标，但是，当土壤水分含量增加到 30%时，系统的土壤处理能力可能会降到 25t/h。可见，土壤特性对热解吸系统处理性能有重要影响。我们在开展土壤修复工作前，必须全面了解、正确把握包括土壤特性在内的各种基础资料。

表 7-15　连续给料热解吸系统的设计参数

项目	直接接触旋转干燥系统	非直接接触旋转干燥系统	非直接接触热螺旋式系统
最大土壤粒径	< 2mm	< 2mm	< 2mm
土壤污染物最大浓度	2%～4%	50%～60%	50%～60%
热源	直接接触燃烧	非直接接触燃烧	非直接接触热油或蒸汽
土壤处理温度范围	150～650℃	120～540℃	90～230℃
预期土壤处理能力	20～160t/h	10～20t/h	5～10t/h
尾气处理系统	后燃器	冷凝器	冷凝器
废气清洁系统	织物滤尘器，有时包括湿洗涤器	织物滤尘器，HEPA 过滤器和炭床	织物滤尘器，炭床
活化时间	1～4 周	1～2 周	1～2 周
工程所需面积	小：20m×30m 大：45m×60m	21m×24m	15m×30m

从表 7-15、表 7-16 不难得出以下的结论：

1）连续给料热解吸系统比批量给料系统的土壤处理能力更高，因此，也更适合较大的工程，也就是说，如果工程的规模更大，直接接触旋转干燥式热解吸系统会更适用一些；

2）几乎所有技术都强调土壤的前处理过程，连续给料系统最大土壤允许粒径为 2mm，因此大的土壤团粒结构必须要先行破碎、筛分，再通过热解吸系统；

3）连续给料热解吸技术更适合需要处理温度高的污染物；

4）批量给料热解吸系统需要更小的工程施展空间和更短的活化时间。

表 7-16　批量给料热解吸系统的设计参数

项目	土壤异位加热炉	HAVE 系统	热毯	热井
最大土壤粒径	<2mm	—	—	—
热源	非直接接触燃烧	直接接触燃烧	电阻加热	电阻加热
土壤污染物最大浓度	2%～4%	50%～60%	50%～60%	—
土壤处理温度范围	90～260℃	65～200℃	估计值 90～260℃	估计值 90～260℃
批量给料体积	一　室：　4.5～20m^3	270～900m^3，最理想：690m^3	一个模块：2.5m～3m	—
处理时间	1～4h	12～14d	4d	不确定
尾气处理系统	浓缩系统	后燃装置	后燃装置	后燃装置
废气清洁系统	过滤器和炭床	酶催化氧化装置	炭床	炭床
活化时间	1～2 周	1 周	—	—
工程所需面积	12m × 30m（4 单元起始）	12m×30 m（690m^3 土壤）	可变	随井数而变

(2)第一层可行性试验

第一层处理可行性试验是为了证实热解吸技术对某一土壤类型及污染物混合体的有效性。小批量的污染介质在一个静态马弗炉中，在较宽的温度范围内加热，并开展较长时间的试验，以发现土壤处理的最适低温和达到污染物处理标准所需的停留时间。依赖于试验开展的程度，技术人员能够对处理时间和温度的相互关系有更深的理解。

第一层可行性试验的目标，是要确定热解吸技术对欲修复土壤类型是否适用。试验结果能够提供单元参数方面的信息，以判断工程装备的正确性。一般来说，第一层试验的费用大致在 8000～30 000 美元之间。

(3)第二层可行性试验

开展第二层处理可行性试验是要通过在实验室条件下，模仿全方位系统操作，以少量污染土壤为研究对象，确定哪种类型的热解吸技术更适合。例如，处理过程的两个步骤——热解吸和接下来的尾气处理可能要分开进行。这样，可以找到合适的热解吸设备规模、系统流速和关键部件的能量平衡等系统条件。据估计，第二层可行性试验的费用可能在 1～10 万美元之间。

在美国，第二层可行性试验由环境工程技术公司自行开展，并且上级机关要求在工程总计划书中要包括这一层面的可行性试验结果。这样，各公司可以根据自己现有的工程装备设计施工方案，充分利用竞标各公司的系统资源。

(4)第三层可行性试验

在第三层可行性试验中，技术人员要在现场建造出整套修复设施，然后将污染土壤通过热解吸系统。由于这次可行性试验要操作大的设备，并处理数以吨计的土壤，因此一般来说，都是在污染现场进行这次试验。这次试验的目的是要在一定程度上预测这套热解吸系统在现场操作的性能怎样，发现可能出现的问题。同时，也要验证上两次可行性试验中估算的系统参数和工程费用。考虑到第三层试验所需的时间和工程耗资(可能超过几十万美元)，因此可能只在非常必需的情况下才进行。

3．系统所需资源

燃料、水和电力都是操作热解吸系统的必需资源。

(1) 燃料

热解吸单元需要直接或非直接的燃烧，这样，系统就需要辅助燃料的供应(如天然气、燃油等)以加热污染土壤，将污染物解吸下来。需要的燃料数量主要决定于：①欲处理土壤的体积；②土壤本身含有的热量；③燃料的热值；④达到最佳处理效果所需的温度，这与污染物的特性有关；⑤土壤水分含量；⑥土壤的其他物理与化学特征；⑦周围的环境；⑧热解吸系统装备的热效率和燃烧效率。由于影响因素众多，因此很难给出一个简单的计算所需燃料的公式。

(2) 水

水被用来控制尾气处理过程的温度，作为中和尾气所加化学试剂的介质，湿润处理残留物。如果装备有水处理系统，作为系统的必要组分，补充由于处理残留污染物而蒸发和排放引起的水损失。

如果处理土壤位于当地水位线以下或者是水底沉积物，那么在进行热解吸之前，要把土壤或沉积物中的水脱去，因为热解吸系统不需要污染土壤含有这么大量的水来维持运行。但是，在系统起始和关闭阶段，有一定的水需求量，尤其在刚运行阶段，可能需要水来冷却过热的燃烧装置。

(3) 电力

电力用来开动泵、鼓风机以及传送设备和电机、照明等。即使按最大限度地燃烧辅助燃料来算，仍然很难准确估测出热解吸系统所需的电力供应范围。如果是土壤异位处理，一个比较有代表性的电力范围大致是每吨土 0.5～2.0kW・h。

如果是原位热解吸系统，工程运行要耗费的电力依赖于当地的环境特征、土壤类型、污染区的深浅和污染物种类以及其他有关变量。

4. 修复地点的实际条件

修复点上的土地利用情况、气候条件、待修复的污染土壤体积、污染土壤的运送，以及当地劳力资源与辅助设施的易得性，决定着是否采用原位热解吸技术和采取哪种类型的热解吸系统。

(1) 当地的土地利用状况

当地是工业区还是居民区，是城镇还是乡村影响着是否采用原位热解吸技术。公众对此的态度也是能否成功实施热解吸技术的关键因素。在居住密集区，居民可能会拒绝热解吸系统的安置，尤其是学校、公园和医院对此更加敏感，因为热解吸系统对当地环境造成干扰，有噪声以及溢出物，这些都是令他们反感的因素。公众关系的正确处理和有效的工程控制，能减轻他们的敌视态度，以保证工程的顺利进行。

(2) 当地的气候条件

除了土壤异位处理技术中的土壤给料阶段，大多数热解吸技术要在户外操作。尽管这些技术设计能够满足严酷气候条件下的正常运行，但土壤挖掘和原位回填可能会因为寒冷和雪的覆盖而难以进行。酷热、潮湿的天气，也不利于操作人员的施工。国家职业安全和健康保护法案要求工人要随身携带个人保护设备。

(3) 待修复污染土壤的体积或数量

如果要处理的污染土壤数量不多，就没有必要采用原位热解吸技术。无论是从修复费用角度，还是从原位建造工程装备所需的时间、可行性试验、等待试验结果和当地环保部门的准许等角度，都可以得出土壤异位处理更加适用这一结论。通常情况下，采用原位热解吸技术还是异位处理方式的临界点，是土壤体积大约为 $4500m^3$。

(4) 污染土壤的运送

土壤异位处理方式的工程和污染物处理费用包括将污染土壤运送到处理设施处的费用，这通常是比较高的。同时，还要考虑到运输途中是否有传播污染物的风险。如果运输路途遥远，那么就要推荐采用原位热解吸技术。一般来说，如果运输路程超过 200m，就要采用原位处理方式。

(5) 当地劳动人员和辅助设施的可得性和工资支付

大多数热解吸工程都是每天 24h、每周 7d 不间断地进行运转的，这就需要一定数量的工人，由于各地工资水平并不一致，工人工资支付的费用占热解吸技术总耗资的 10%～50%，因此这个影响因素也是不能不考虑到的。所采用的热解吸技术装备越小，工人工资支付费用所占的比例越大。对每小时只能处理 5t 土的热解吸系统，工资费用要占 50%。如果热解吸系统比较大，这个比例能下降到大约 10%。同时，由于某些工程所在地通常比较偏远，因此可能找不到有操作经验的人员。

正如前面所说的，热解吸系统的运行需要燃料、水、电力等辅助设施。采用天然气作为能量来源，加热污染土壤是最经济有效的，但并不是总能获得。总体来看，这些辅助设施的费用能占工程总费用的 4%～30%。

(6) 可提供的工程施展空间

热解吸技术需要足够大的土地面积，以容纳污染土壤的前处理、处理后土壤的堆积，可能还要包括废水处理系统。原位热解吸系统需要的土地面积通常更大，并且随所采用的热解吸技术的不同而有变化。土壤异位处理方式要花费 3～5d 的时间进行土壤系统供应以保证系统不间断地运行。尽管热解吸系统全天开动，但在土壤异位处理方式中，只能在白天挖掘污染土壤。待处理的土壤必须很好的包被起来，至少要覆盖，以防止天气的影响，使土壤在未处理前不被雨淋湿。

容纳处理土壤的面积依赖于热解吸技术的处理效率和达到实验室取样标准所需的时间。在土壤没有达到处理标准前，土壤是不能够回填的。如果还有就地建造的实验室，那么土地面积就要能够容纳两天或更多天的处理土壤。如果实验室不在处理现场，取样并运送的时间增加了所需的土地面积。例如，一个典型的中等规模热解吸系统，每小时可处理 20t 土壤，大致需要 4600m^2 的土地面积。

(7) 环保部门的准许

在实施热解吸技术前，要经过环保部门的准许。州立环境保护局对 RCRA 法案负责。许多被碳氢化合物污染的军部地点适合采用大多数种类的原位或异位热解吸处理技术。在污染介质不被认为是危险地点并且热解吸技术有效性已被证实的州，得到环保部门的准许比较容易。

三、应用热解吸系统应考虑的问题

1. 场地特性

技术人员对要建造修复工程的地点要充分了解并正确估测修复系统的性能和可能的预算费用。正是基于以上这几个原因，对当地环境特征的把握是签订土壤修复工程合同并正确实施的先决条件，这样能够减少工程中出现的各种未预见可能性。

在美国，首先根据对当地环境特征的充分把握来确定待修复土壤是否属于优先修复的地点，污染物是何种类型。比如说，天然石油污染的土壤中如果 TPH 浓度超过特定水平，那么在新泽西州和马萨诸塞州是可以采用热解吸技术来修复土壤的，但如果污染物是 RCRA 法案、TSCA 修正案或州立污染废物名单上规定范围内的，根据州立环境管理机构的规定，原位采用热解吸技术进行焚烧可能是不能被通过的。但是对于某些州，采用热解吸技术是行得通的。

土壤和沉积物在物理和化学特性上都是有很大内在不同的，这些特性必须要在书面材料中正确详尽地给予描述，这样才能使针对特定污染物的土壤修复技术运行得更好。

2. 水分含量

过多的水分含量会提高操作费用，因为水在处理过程中的蒸发也需要燃料。在处理尾气中加入水蒸气导致低的产废率，因为水蒸气也要同尾气和解吸下来的污染物一道进入处理设备中进行处理。这种低的产废率可归因于：①过高的气流，使热解吸系统中的滴压增大；②热输入的限制，由于一些热被消耗在土壤水的汽化上，这样物料给料速率就要相应降低以使土壤有充分的热吸收，达到满意的解吸效率。对于大多数旋转热解吸系统而言，土壤中水分含量在 20%左右时不会大幅度增加工程操作费用，如果土壤水含量超过 20%，最好是在土壤处理前的准备阶段中选择一种比较经济的手段将水含量降下来，而不是在处理过程中才想到水分问题。

3. 土壤粒级分布与组成

确定土壤质地粗细的临界点是粒径大于或小于 0.075mm(通过 200 目筛)所占的百分比。如果超过半数的土壤颗粒大于 0.075mm，那么土壤质地是粗的，比如沙砾和沙；如果超过半数的土壤颗粒小于 0.075mm，那么土壤属于细质地土壤，比如黏土。细质地土壤采用热解吸技术可能有问题出现，导致旋转干燥系统的超载，也就是土壤随气流吹出干燥机而不是保持在待处理残留物中，这个技术问题进一步导致尾气处理系统的超负荷运转，系统压力的增大，并使整个系统的性能大幅度降低。

土壤组成是指它含有砂、黏土和岩石等成分的含量。从热传递和机械处理角度考虑，必须了解土壤组成方面的信息。通常，粗、非集结态的物料如沙子是比较容易采用热解吸技术进行处理的，因为它不容易聚集成大的颗粒并且物料有更大的表面积暴露在传热介质中，集结态物料造成全面加热的困难，从而影响到污染物从物料上的解吸。利用热解吸技术处理包含大块岩石的物料是不适合的，传送装置会有问题。对于旋转干燥热解吸系统，最大的颗粒粒级限制到“2mm”。

4. 土壤密度

土壤异位处理过程中提到土壤密度时，单位总是在吨和立方米之间转换。当操作人员确定了处理费用时，从加热和处理平衡角度来讲，待处理土壤的质量比它的体积来得更为重要。然而，从付费角度来讲，更多的是以体积来衡量，因为体积能够更准确地测量，不用考虑质量是否校准，不用扣除再处理土壤的质量来计算实际土壤处理费用。

5. 土壤渗透性与可塑性

土壤渗透性影响着将气态化的污染物引导出土壤介质的过程(如上面提到的HAVE系统和原位热解吸技术)，黏土含量高或结构紧实的土壤，渗透性比较低，不适合利用热解吸技术修复污染土壤。

土壤可塑性指的是未经修整的土壤的变形程度。可塑性土壤，比如黏土，趋向于结块、形成大的团粒结构，具有低的表面积/体积比，这样导致土壤颗粒内部核心的不充分加热。同时，它阻碍热表面传输，降低热解吸效率。可塑性土壤无论在处理前还是在处理过程中都会出现处理难题，有可能粘在设备内表面或将设备塞满无法正常运转。

6. 土壤均一性

土壤的均一程度是采用原位热解吸技术，以热“井”或热“毯”方式加热土壤过程中比较重要的土壤特性之一。理想状况下，土壤下表面最好是接近均一的，这样气流、热传递和土壤修复是比较均匀一致的。巨砾、不规则岩床、不可渗透层(如黏土)都会对处理过程的连贯性产生负面影响。

7. 热容量

有些热解吸单元有最大的热容量，包括从处理土壤中释放的热量。如果土壤污染物浓度比较低，通常不用担心这个问题，因为从热解吸土壤过程中释放出来的热量比较少，并且几乎所有热量都是来自辅助燃料的燃烧。但是，如果土壤有机物的含量比较高(1%～3%)，那么就不能采用直接接触热解吸系统，对于这样的土壤，通常更倾向于采用非直接接触热解吸系统。

8. 污染物与化学成分

虽然准确预测处理土壤中还有多少金属残留，有多少金属进入处理尾气比较困难，但是仍需调查取证，否则问题就比较棘手。比如说，如果处理土壤中金属含量和淋溶态金属浓度超过规定范围，那么就需要进一步开展土壤修复，否则原位回填土壤是不能执行的。土壤中挥发态金属进入处理尾气后，需要对其排放加以控制。在水流循环过程中，用湿气体清洗器捕获挥发态金属，然后这些金属以固态形式得以去除或适当处置。

除了分析土壤重金属以外，有机污染物的浓度范围也要进行调查，以确定热解吸系统运行过程中的几个重要参数。通常情况下，硫和氮含量也要包括在内，因为它们在处理尾气中可能形成硫氧化物和氮氧化物，而这些氧化物通常还需要进一步的处理。

土壤卤素含量可能超过允许排放量，需要酸性气体中和设备。卤代化合物是具有腐蚀性的，需要特别注意设备材料的选择。

碱性盐能够引起旋转干燥系统、再燃烧装置中处理残留物的熔融，变成溶渣态废物。因此，要严格控制碱性盐含量。

污染物类型、浓度和分布这些信息对异位土壤处理挖掘计划的确定，使污染土壤在某种程度上混合均匀，达到良好的连续给料效果，使处理结果的可预测性增加很有用途。对于土壤异位处理系统，这些信息对工程参数和程式设计来说是不可缺少的。一般情况下，要先绘制出一个关于污染物情况的三维示意图，以利于正确修复计划的开展。

四、热解吸系统的适用范围

热解吸系统可以用在广泛意义上的挥发态有机物(VOCs)、半挥发态有机物(SVOCs)、农药，甚至高沸点氯代化合物如PCBs、二噁英和呋喃类污染土壤的治理与修复上。待修复物除了土壤外，也包括污泥、沉积物等。但是，热解吸技术对仅被无机物如重金属污染的土壤、沉积物的修复是无效的。同时，也不能把这项技术用于含腐蚀性有机物、活性氧化剂和还原剂污染的土壤处理与修复上。

1. 温度范围

热解吸技术处理无害石油类污染土壤和常见化学污染物污染土壤的理想温度

选择范围由图 7-43 和图 7-44 提供。图中的温度都是目前热解吸技术处理典型污染土壤能达到的。污染物适用温度范围是确定处理工程必须首先考虑的重要参数。因此，这两张图包括的信息对决定选择何种类型热解吸系统是非常有用的。为了在适合温度范围内选择理想的处理技术，也要同时考虑其他的因子，如土壤物理和化学特性、需要处理的土壤数量、允许的时间框架等。

2. 可行性研究

要在开展实验室试验和小规模现场试验的基础上，衡量热解吸技术对特定污染物处理的可行性。这些试验对预测全面修复工程的费用和观察残留物是否易淋溶，从而需要进一步处理大有帮助。通常来说，几乎所有已商业化运行的热解吸技术都能达到规定的污染物清洁水平。

3. 重金属污染物

被有机组分污染的土壤也许同时伴有重金属污染。有些热解吸技术可以既处理有机物，又处理无机物。依赖于解吸有机组分的挥发度和所需温度，也会发生一定程度的无机物气化。土壤中氯元素的存在也会影响到无机物的挥发程度。例如，待处理土壤中的汞在解吸大多数有机污染物时都会很容易变成气态。其他重金属可能部分气化，或完全不气化，仍然以相同于原土壤污染的浓度存在于处理后的土壤中。

当利用旋转干燥式热解吸系统处理含有难挥发重金属的土壤时，一个难题是无法预测处理后的残留物中还保留有什么类型的无机物和量的多少，并且也不能确切知道能有多少重金属被解吸系统传送到尾气中。因此，需要开展实验室和小规模试验了解重金属在土壤中的平衡状态，如果重金属浓度超过规定的污染物浓度范围，那么就需要改进尾气处理和排放系统的设计。

虽然大多数无机污染物最后还是留在了处理残留物中，但是处理尾气中无机物浓度是否超标仍然是一个不可忽略的问题。有些污染物的物理和化学性质在热解吸过程中可能发生变化，因此，处理后残留物中的某些易淋溶重金属可能超过规定标准，不能重新放置在土壤环境中。但是准确预测重金属淋溶量是很困难的，所以，还要做 TCLP 试验以验证是否还需要进一步处理残留物。进一步的处理通常包括通过化学键合以稳定和固定化重金属，或使污染物失活以防止其向下淋溶。

4. 其他要考虑的因素

根据污染土壤和污染物类型，考察基础的土壤参数和工程预期目标，决定热解吸技术是否适用。接下来，考虑污染物能否通过热解吸技术达到修复目的。除决定性的重要因素之外，还有其他一些要顾及的影响因素。

1）无机和有机污染物的浓度如果较低，可以采用更容易的处理手段如卫生填埋，或进一步采用低费用的处理步骤如稳定化技术。

2）时间是否紧张？如果是，就要采取更大规模的热解吸处理单元以尽快完成土壤修复工作，尽管这样一来费用将要增加，但是系统运行的高效率胜过采用其他有用技术。

3）公众对热解吸技术的态度和当地公民的接受度如何？能否容忍就地开展热解吸技术？

4）当地是否能够保持充足的燃料、电力和水供应？

5）原位开展热解吸技术的空间是否够用？能不能提供足够的土壤预处理、堆放和水处理系统运行场地？

6）因为各国各地区有自己不同的热解吸技术定义，要询问当地政府部门是否将热解吸技术作为土壤修复工程的合理选择。

7）能否承担热解吸技术的运行费用？

8）处理土壤体积大于 4500m^3 要采取原位热解吸技术，如 HAVE 系统等，但这不是绝对的，还与当地土壤特征、人员开支费用高低、设备可处理范围和当地土壤清洁标准等有关。在有些地方，这个标准可以放宽到 9000 m^3。

五、应用实例

实例 1：美国的 NBM 项目采用直接接触旋转干燥系统在 672℃条件下处理农药污染的土壤，4 种农药的浓度分别为艾氏剂 44～70mg/kg、狄氏剂 88 mg/kg、异狄氏剂 710mg/kg、林丹 1.8mg/kg，处理后 4 种农药浓度都小于 0.01mg/kg，去除率大于 99%。

实例 2：美国南峡谷瀑布(Glens falls)Drag 点采用非直接接触旋转干燥系统在 330℃条件下修复 PCBs 污染的土壤，土壤中 PCBs 的平均浓度 500 mg/kg，最大浓度 5000 mg/kg，处理后达到 0.286 mg/kg，去除率大于 99%；该污染点还采用原位热“毯”处理系统在 200℃条件下处理 PCBs 污染土壤，其中 PCBs 的浓度从 75～1262 mg/kg，最大为 5212 mg/kg，处理结果为 PCBs 浓度小于 2 mg/kg，去除率大于 99%。

实例 3：某地采用原位热“井”处理系统在 480～535℃条件下处理 PCBs 污染土壤，其中 PCBs 的浓度达 19 900 mg/kg，处理结果为 PCBs 浓度小于 2 mg/kg，去除率大于 99%。

实例 4：美国某军队新兵训练营采用非直接接触热螺旋式处理系统在 160℃条件下修复苯、TCE、PCE、二甲苯等污染的土壤，污染物浓度分别为：苯

586.16mg/kg、TCE2678mg/kg、PCE1422mg/kg和二甲苯27 197mg/kg。处理后污染物浓度分别依次削减到了0.73mg/kg、1.8mg/kg、1.4mg/kg和0.55mg/kg，去除率分别达到了99.88%、99.93%、99.90%和99.99%。

实例5：NFESC项目在加利福尼亚Hueneme港采用HAVE系统在154℃的条件下处理油类污染的土壤，污染物是从柴油到润滑油等一系列混合油。其中，TPH(总石油烃)浓度为4700mg/kg，处理后，TPH平均浓度为257mg/kg，去除率达到了95%。

第七节　电动力学修复技术

一、概　　述

电动力学技术在油类提取工业和土壤脱水方面的应用已经有几十年的历史了，但是在原位土壤修复方面的应用还只是最近几年的事情，是刚发展起来的一种新兴原位土壤修复技术，是从饱和土壤层、不饱和土壤层、污泥、沉积物中分离提取重金属、有机污染物的过程。电动力学技术主要用于低渗透性土壤(由于水力传导性问题,传统的技术应用受到限制)的修复，适用于大部分无机污染物，也可用于对放射性物质及吸附性较强的有机物的治理。目前已有大量试验结果证明这项技术具有高效性，涉及的金属离子包括铬、汞、镉、铅、锌、锰、钼、铜、镍、铀等，有机物有苯酚、乙酸、六氯苯、三氯乙烯以及一些石油类污染物，最高去除效率可达90%以上。在荷兰，电动力学修复技术已发展到现场示范阶段。实践中，经常使用表面活性剂和其他一些药剂来增强污染物的可溶性以改善污染物运动情况。同样也可以在电极附近加入合适药剂加速污染物去除速率。

电极附近去除污染物的方法有几种，包括电镀、电沉降、泵出处理、离子交换树脂处理等。还有一种方法是吸附，这一方法更可行，因为在电极附近，一些离子化合价产生变化(依赖于土壤pH)，变得更易于被吸附。污染物的数量和运动方向受污染物浓度、荷电性质、荷电数量、土壤类型、结构、界面化学性质、土壤孔隙水电流密度等因素有关。电动力学过程要想起作用，土壤水分含量必须高于某一最小值，初步试验表明，最小值低于土壤水分饱和值，可能在10%～20%之间。试验表明，电迁移的速度很大程度上取决于孔隙水中的电流密度，土壤渗透性对电迁移的效率的影响不如孔隙水的电导率情况及土壤中迁移距离对电迁移效率的影响大。而这些特性都是土壤水分含量的函数。电动力学修复过程中利用压裂技术引入氧化剂溶液，也可以在土壤中发生化学氧化修复过程。

二、技术原理

电动力学修复技术的基本原理类似电池，利用插入土壤中的两个电极在污染土壤两端加上低压直流电场，在低强度直流电的作用下，水溶的或者吸附在土壤颗粒表层的污染物根据各自所带电荷的不同而向不同的电极方向运动：阳极附近的酸开始向土壤毛隙孔移动，打破污染物与土壤的结合键，此时，大量的水以电渗透方式在土壤中流动，土壤毛隙孔中的液体被带到阳极附近，这样就将溶解到土壤溶液中的污染物吸收至土壤表层而得以去除。通过电化学和电动力学的复合作用，土壤中的带电颗粒在电场内做定向移动，土壤污染物在电极附近富集或者被收集回收。电动力学土壤修复技术一般由插入土壤中的两个电极、电源和AC/DC转换器三个主要部件组成。由于该技术成本低廉，效率较高，目前正在不断地得到关注和重视。

污染物的去除过程主要涉及4种电动力学现象：电迁移、电渗析、电泳和酸性迁移(pH梯度)带，见图7-45。带电离子的迁移运动称为电迁移。在直流电场

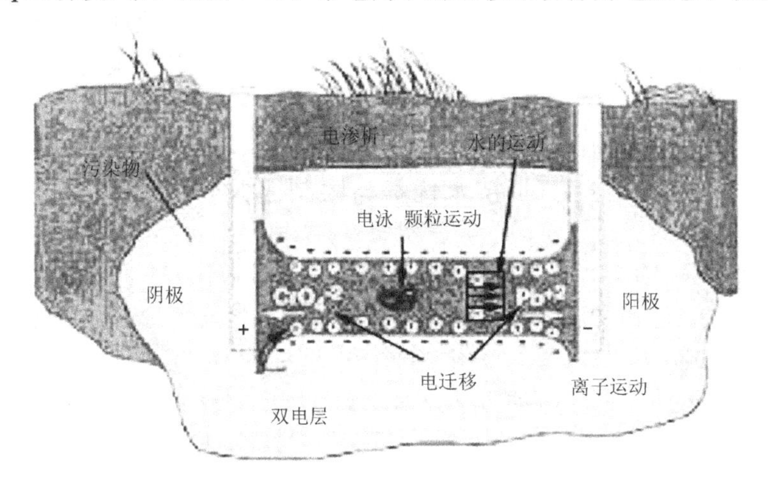

图7-45　电动力学修复过程原理

中，正离子向阴极运动，负离子向阳极运动，离子在单位电场梯度中迁移的速度称离子淌度，与离子的浓度有关。土壤孔隙表面带有负电荷，与孔隙水中的离子形成双电层，扩散双电层引起孔隙水沿电场方向的流动称电渗析。电渗析流与外加电压梯度成正比，电渗析流可以用方程（7-2）描述

$$Q = k_e \times i_e \times A \tag{7-2}$$

式中：Q 为体积流量；k_e 电渗析导率系数，一般范围在 $1\times10^{-9}\sim10\times10^{-9}m^2/(V\cdot S)$；$i_e$ 电压梯度；A 为截面积。

土壤中带电胶体颗粒(包括细小土壤颗粒、腐殖质和微生物细胞等)的迁移运动称电泳。在电迁移、电渗析和电泳的综合作用下，土壤中污染物产生了向电极方向的运动，其运动的方向和速度与荷电性质和数量以及电渗析引起的渗析流有关。非离子态污染物会随着反渗透引起的水流运动。

电动力学技术过程中，发生的电极反应如下

$$\text{阴极反应：}\quad 2H_2O-4e\longrightarrow O_2+4H^+\qquad E_0=-1.23V \tag{7-3}$$

$$\text{阳极反应：}\quad 2H_2O+2e\longrightarrow H_2+4OH^-\qquad E_0=-0.83V \tag{7-4}$$

这样，阴极附近 pH 呈酸性，pH 可能低至 2，此处带正电的氢离子向阳极运动，而阳极附近 pH 高达 12，呈碱性，带负电的氢氧根离子向阴极迁移。其中，氢离子迁移速度是氢氧根离子的两倍，且氢离子的迁移与电渗析流同向，易形成酸性迁移带，有助于氢离子与土壤表面的金属离子发生置换反应，利于已沉淀的金属离子重新离解，进行迁移。

电压和电流是电动力学过程的主要操作参数，较高的电流强度能够加快污染物的迁移速度，能耗与电流的平方成正比，一般采用的电流强度为 $10\sim100mA/cm^2$，电压梯度在 $0.5V/cm^2$ 左右。

三、技术优势与限制因素

与其他技术相比，电动力学技术在金属污染修复方面有其独特的优势：

1) 与挖掘、土壤冲洗等异位技术相比，电动力学技术对现有景观、建筑和结构等的影响最小；

2) 与酸浸技术不同，电动力学技术改变土壤中原有成分的 pH 使金属离子活化，这样土壤本身的结构不会遭到破坏，且该过程不受土壤低渗透性的影响；

3) 与化学稳定化不同，电动力学技术中金属离子从根本上完全被去除而不是通过向土壤中引入新的物质与金属离子结合产生沉淀物实现的；

4) 对于不能原位修复的现场，可以采用异位修复的方法；

5) 可能对饱和层和不饱和层都有效；

6) 水力传导性较低特别是黏土含量高的土壤适用性较强；

7) 对有机和无机污染物都有效果。

电动力学技术在应用上也存在一些限制因素：

1) 污染物的溶解性和污染物从土壤胶体表面的脱附性能对该技术的成功应用有重要影响；

2）需要电导性的孔隙流体来活化污染物；

3）埋藏的地基、碎石、大块金属氧化物、大石块等会降低处理效率；

4）金属电极电解过程中发生溶解，产生腐蚀性物质，因此电极需采用惰性物质如碳、石墨、铂等；

5）污染物的溶解性和脱附能力限制技术的有效应用；

6）土壤含水量低于10%的场合，处理效果大大降低，如美国Livermore国家实验室的试验研究表明，非水溶性液态稠密有机物(DNAPLs)的处理经常会发生系统阻塞等问题；

7）非饱和层水的引入会将污染物冲洗出电场影响区域，埋藏的金属或绝缘物质会引起土壤中电流的变化；

8）当目标污染物的浓度相对于背景值(非污染物浓度)较低时，处理效率降低，此时需要进行进一步评估下列影响因素：①非传导性孔隙流体传输效果，虽然没有确凿证据，怀疑是大量水运动(电渗析引起)导致非传导性流体的存在传输现象的出现；②地质不均匀性的影响效果，如埋藏的地基、石块等；③地下水位及河流水位变化的影响；④土壤中特定的丰度较高离子的影响。

四、电动力学技术的应用

电动力学修复技术通常有几种应用方法：①原位修复，直接将电极插入受污染土壤，污染修复过程对现场的影响最小；②序批修复，污染土壤被输送至修复设备分批处理；③电动栅修复，受污染土壤中依次排列一系列电极用于去除地下水中的离子态污染物。

不同场合，无论电极如何配置，人们总是倾向于使用原位修复法，每种方法的适用性取决于现场及污染物的具体情况。电动力学技术去除水溶性污染物方面的应用效果较好，非极性有机物由于缺乏荷电，去除效果不好。对于均质土壤及渗透性和含水量较高的土壤修复效果最好，特别是盐度和阳离子交换能力较低的场合。因为黏土表面通常荷负电，所以一般情况下处理效果很好。

如前所述，电动力学修复技术在土壤重金属原位去除方面有很大优势，实验室研究和现场中试表明，修复过程对环境几乎没有任何负面影响，几乎不需要化学药剂的投入。处理每吨或每立方米土壤的成本比其他传统技术(如土壤灌注或酸浸)要少得多。由于它对环境无害，还无碍观赏，更容易为大众所接受。

但是，这项技术仍需更多的全面试验研究以确定不同场地和污染物情况下该技术的适用性。现场试验评估非常重要，例如，采用电动力学技术修复的现场，目标污染物传输系数(目标污染物贡献的电流在总的离子电流中的比例分数)很关键，至少应该大于0.1%。因此，电动力学技术在现场应用之前，必须进行试验研究以确定该现场是否适合电动力学技术的应用(表7-17)。

1) 场地导电性调查。描述现场导电性变化情况,因为埋藏的金属或绝缘物质会引起土壤导电性的变化,进而改变电压梯度。因此,调查现场是否有高导电性沉积物的存在非常重要。

2) 水质化学分析。分析不饱和土壤孔隙水的成分(溶解的阴阳离子及污染物浓度),测量孔隙水的导电性和pH,估计污染物传输系数。

3) 土壤化学分析。确定土壤的化学性质和缓冲能力。

表7-17　电动力学修复现场所需信息一览表

信息需求	基础/应用
水力传导性	技术主要应用于水力传导系数的场合，特别是黏土含量较高的场合
地下水位	技术在饱和层和不饱和层土壤的应用方法不同
污染空间分布	确定电极位置及回收井位置
电渗析渗透性能	估计产生的水流和污染物迁移速率
阳离子交换能力	阳离子交换能力CEC低的场合效果较好
金属分析	水溶性污染物效果好，但非极性有机物除外
盐分分析	盐分低的情况效果好，阳极还原氯离子基团产生氯气
半电池电势	确认可能的化学反应
污染物输送系数	确认修复所需的电流
孔隙水pH	影响污染物价态，导致污染物易于沉降

正如前面提到的，电动力学修复技术经历了试验阶段。不过，阴极附近金属离子的过早富集是修复金属污染的一个瓶颈所在，人们发展了酸式去偏极法和其他去偏极法来解决这一问题。试验表明，重金属污染提取修复在经济上和实际效果上都是可行的。电动力学技术的一个很有名的范例是在美国国家能源署和国家环境保护局等机构的支持下，采用“烤宽面条(lasagna)”法，对三氯乙烯污染土壤进行了成功的修复。

第八节　冰冻修复技术

一、概　　述

冷冻剂在工程项目中的应用已经非常广泛，应用时间也比较久。在隧道、矿井及其他一些地下工程建设中，利用冷冻技术冻结土壤，以增强土壤的抗载荷能力，防止地下水进入引起事故，或者在挖掘过程中稳定上层的土壤。在一些大型的地铁、高速公路及供水隧道的建设中，冷冻技术都有很好的应用效果。

不过，通过温度降低到0℃以下冻结土壤，形成地下冻土层以容纳土壤或者地下水中的有害和辐射性污染物还是一门新兴的污染土壤修复技术。冰冻土壤修复技术通过适当的管道布置，在地下以等间距的形式围绕已知的污染源垂直安放，然后将对环境无害的冷冻剂溶液送入管道从而冻结土壤中的水分，形成地下冻土屏障，防止土壤和地下水中的有害和辐射性污染物扩散。冻土屏障提供了一个与外层土壤相隔离的“空间”。此外，还需要一个冷冻厂或冷冻车间来维持冻土屏障层的温度处于0℃以下。

据有关方面报道表明，污染土壤的冰冻修复技术的优点主要有：①能够提供一个与外界相隔离的独立“空间”；②其中的介质(如水和冰)是于环境无害的物质；③冻土层可以通过升温融化而去除，也就是说，冰冻土壤技术形成的冻土层屏障可以很容易完全去除，不留任何残留；④如果冻土屏障出现破损，泄漏处可以通过原位注水加以复原。

地上的冷冻厂用于冷凝地下冷冻管道中循环出来的CO_2等冷冻气体，交换出来的热量通过换热装置排出系统。另外，还需绝热材料以防止冷冻气体与地表的热量传递，以及覆膜防止降水进入隔离区的土壤内部。通常，冰冻层最深可达300m而安装时无需土石方挖掘。在土层为细质均匀情况下，冰冻技术可以提供完全可靠的冻土层屏障。

二、适用范围与限制因素

冰冻土壤修复技术可以用在隔离和控制饱和土层中的辐射性物质、金属和有机污染物的迁移。研究表明，在饱和土层中，可以形成低水力穿透性($< 4\times10^{-10}$ cm/s)的冻土层屏障。已有实践表明，在饱和、精细均质的土层中可以形成冻土层屏障。在干燥的土层中，需要合适的方法均匀引入水分，使得土壤达到饱和，以便利用现有的技术进行分析应用。需保证冻土层不与含污染物的溶液相接触，以免污染物对冻土层产生破坏作用。

冰冻土壤修复技术最好用于中短期的修复项目(20a或更短一些)。不过，在需要长期对污染土壤进行隔离时，则需要有其他辅助措施加以联合应用。修复完成之后，需要将隔离层及时去除。

应用冰冻土壤修复技术存在一些限制因素：

1）需要安装供电设施作为动力，即需要电力来维持冻土层的存在，而且为了保证修复过程中不出现故障，还必须有备用发电设施；

2）冰冻技术用于污染土体的体积较大，不利于一般性污染土壤修复，并且溶解性的污染成分可能会对饮用水源产生危害作用；

3）尽管设计时已尽量使用了于环境无害的制冷剂，但制冷剂及其有害成分的泄漏，仍然是人们比较关心的问题；

4）许多制冷剂如果流失到环境中，会造成严重的环境问题；

5）在适当的能够均匀引入水分使干燥土壤中水分达到饱和的技术形成之前，冰冻土壤修复技术尚不能应用在干燥/沙质土壤环境下；

6）在构筑物（地下池槽等）周围的细质土壤中应用时，必须考虑土壤水分运动的影响，这会进一步限制冰冻土壤修复技术的应用；

7）在受低凝固点污染物（如三氯乙烯等）污染的场所，需要较昂贵的制冷工艺（如液氮制冷）来形成冻土层；

8）安装制冷管道需要非常细心，以保证冻土层屏障的完整性。

可与冰冻土壤修复技术相竞争的其他地下潜流控制技术有：泥浆墙、打板桩(sheet piling)和灌浆技术(grouting technique)等。也就是说，这些方法比冰冻技术更有优势。至少，土壤冰冻技术需要长期的能量耗费、维护和运行费用，这是其他技术所不需要的。

三、值得关注的设计问题

关于冰冻土壤修复技术的应用，除了上面提到的一些技术限制性之外，还存在一些人们普遍关注的设计问题。

首先是运转系统的安全问题，为此，要求设计中使用对环境无害的物质（如水、冰）以及无毒或低毒的制冷剂，以防止制冷管道的泄漏，并利用各种探测技术保证冰冻土层屏障的完整性。如果设计中满足了这些要求，系统在运转过程中就不存在污染物排放的问题，而且不存在明显的设备、土样、污染物或其他与冰冻土层屏障系统相关的物质运输安全问题。

其次，设计过程中要考虑尽量降低环境不良效应的问题。这就是说，该技术要求必须钻井安装制冷管道，铺设地表管道系统以供应修复系统所需的制冷剂，还要求降低压缩机的噪声污染。若在水力传导性较高（沙质）的土壤修复中，则需增加土壤湿度，还必须考虑到通过设计截断污染物向下游扩散迁移的问题。

再者，需在制冷管道内安装温度测量装置，以提供冻土层形成状况及制冷设备运行状况的监控信息。普通的制冷设备就可用于原位冰冻土壤修复，土壤中的热量初步去除之后，只需单列制冷管道就可以维持冻土层的完整性。利用计算机模拟土壤中热量传递特性，可以预测冻土层屏障的形成状况。需要考虑冻土层破损时，如何向破损泄漏区域注射水分或者低冰点制冷剂。可以利用土木建筑工程实践经验预测土壤水分运动情况，尤其是涉及结构工程应用时；对于潮湿和周围环境温度较高的地区，冰冻土壤时须注意地表的绝热设计，如果需要，可以在地

表 30～60 cm 深度铺设制冷管道以保证冻土层的厚度和完整性；事先应安装各种原位传感器(如温度、电导率等)，以即时监控冻土层形成状况。实施冰冻土壤之前，应先进行地球物理学测量，以确立土壤的成分等特征。

由于现场水文学、水力学等条件的复杂性，冰冻土壤修复技术还需要发展原位地下探测技术(如雷达探测、地震波探测、声波探测、电势分析和示踪等)以探测地下冻土层的结构状况，防止泄漏的发生。此外，关于不同的土壤扩散特性、不同污染物、不同污染物浓度以及污染物溶液对冻土层退化的影响等问题，需要进一步从理论和实践两个方面进行探索。

四、研究实例

1994 年，美国科学生态组织利用美国能源部原位修复综合示范项目资金的支持，在田纳西州进行了一项土壤原位冰冻修复的研究试验。试验场地构筑了“V”形结构的冰冻“容器”(长 17m×宽 17m×深 8.5m)，并采用 200mg/L 的若丹明溶液作为假想的污染物，用来考察冻土层的整体性特征。这项试验对土壤原位冰冻修复技术形成的冻土层进行了如下测试。

(1) 计算机模拟可信度验证

计算机模拟可信度验证的目的在于比较预测冻土层形成和运行过程中的冰冻土壤的温度和能耗，以证实土壤冰冻计算结果的准确性，进而改善计算过程的参数设置。计算机模拟可信度验证结果：①试验数据与计算值吻合得相当好；②实际电耗与预计的能耗相差不多；③就已有的对流传导系数等土壤热力学性质而言，计算机分析是一个很有帮助的工具，它对于确定达到冻土层设计厚度所需时间以及确定设计冻土层几何形状都非常有用，有限元分析对于设计冻土层和冷冻剂选择都非常有帮助。

(2) 土壤运动情况测试

测量土壤运动和压力变化情况，也可以测定使用加热格网(heat grid)对土壤运动的影响效果。部分测试结果如下：①计算分析的最大压力为 4000 psi①，碳钢的容许压力为 12 000 psi；②前 70d 内土壤运动距离为 0.5m，与计算预测值 0.37～0.68m 比较吻合；③最大抬升高度为 0.68m；④加热格网在控制冻土层(冰)向内延伸方面非常有效。

---

① psi 为非法定单位，1psi=6.894 76×10^3Pa。

(3) 扩散和“容器”泄漏测试

为了计量冰冻层土壤在防止有害和放射性物质以水溶性化学形态扩散的效果，专家设计了专门的示踪试验：在冻土层未形成之前，利用荧光物质示踪测定沙土的水力传导性能；在冻土层形成之后，利用若丹明－WT示踪，将结果与对比场地的天然土壤中若丹明－WT示踪结果进行比较。

(4) 冻土层完整性(防渗性)测试

主要包括：①土壤电动势测定，以验证冻土层在阻碍离子运动方面的作用(土壤冰冻后电导率降低)；②对冻土层进行地面雷达穿透试验研究，测定冻土层的厚度和消长规律。电动势测量显示冻土层离子运动的速率很低，雷达穿透测试显示沙质土壤中冻土层厚3.6～4.6m，黏质土壤中冻土层厚1.5～2.7m。

以上测试结果表明：①对于饱和土壤层的铬酸盐(4000 mg/kg)和三氯乙烯(6000 mg/kg)，冰冻技术可以形成有效的冻土层(水力渗透能力$<4\times10^{-10}$ cm/s)，利用^{137}Cs进行同位素示踪显示无明显的扩散现象发生；②根据以往在土木工程方面的实践表明，可以预测细颗粒土壤的运动情况；③证实了计算机模拟均质土壤的热传递特性和土壤温度变化的可信度；④利用冰冻土壤的低电导率特性进行电动势研究表明，通过冻土层的颗粒运动速率很低，这表明冻土屏障也是很好的防止离子传输的屏障；⑤以若丹明为示踪剂的扩散试验表明，冻土层的整体防渗性能良好。

主要参考文献

黄国强，李凌，李鑫钢．2000. 土壤污染的原位修复．环境科学动态，(3)：25～27，37

孙铁珩，周启星，李培军．2001. 污染生态学. 北京：科学出版社

王新，周启星．2002. 土壤Hg污染及修复技术研究．生态学杂志，21 (3)：43～46

夏立江，王宏康．2001. 土壤污染及其防治．上海：华东理工大学出版社

张锡辉，王慧，罗启仕．2001. 电动力学技术在受污染地下水和土壤修复中新进展．水科学进展，12 (2)：249～255

周加祥，刘铮．2000. 铬污染土壤修复技术研究进展．环境污染治理技术与设备，1 (4)：47～51

周启星．1998. 污染土壤就地修复技术研究进展与展望．污染防治技术，11 (4)：207～211

周启星，林海芳．2001. 污染土壤及地下水修复的PRB技术及展望．环境污染治理技术与设备，2 (5)：48～53

American Petroleum Institute. 1996. A guide to the assessment and remediation of underground petroleum releases. 3 rd Edition. API Publication 1628, Washington DC

Anderson W C. 1993. Innovative site remediation technology-thermal desorption. Washington DC, american Academy of Environmental Engineers

Cicalese M E, Mack J P. 1994. Application of pneumatic fracturing extraction for removal of VOC contamination in low permeable formations. I&EC Special Symposium, American Chemical Society, Atlanta, Georgia, Sep. 27～29

Clarke A N, Wilson D J, Percin P R. 1994. Thermally enhanced vapor stripping. In hazardous waste soil remediation, D. J. Wilson and A. N. Clarke (eds.). Marcel Dekker, Inc.

CMI Corporation. 1997. Thermal soil remediation equipment

Committee to Develop *On-Site* Innovative Technologies. 2003. Thermal desorption, treatment technology. Western Governors' Association, Mixed Radioactive/Hazardous Waste Working Group

Davis H W J, Roulier M, Bryndzia T. 1995. Hydraulic fractures as anaerobic and aerobic biological treatment zones. U. S. EPA/600/R-95/012. Environmental Protection Agency

Frank U, Skovronek H S, Liskowitz J J et al. 1994. Site demonstration of pneumatic fracturing and hot gas injection. EPA/600/R-94/011. U. S. Environmental Protection Agency

Freeman H M, Eugene F H. 1995. Hazardous waste remediation: innovative treatment technologies. Technomic Publishing Co, Inc, Lancaster, PA

Fristad W E, Elliott D K, Royer M D. 1996. EPA site emerging technology program: cognis terramet lead extraction process. Air & Waste Manage Assoc, 46: 470～480

Geosafe Corporation. 1994. *In-situ* vitrification technology. SITE Technology Capsule

Harding Lawson Associates. 2003. Air sparging/soil vapor extraction system, company information. http://www.harding.com/hla-airs.htm

Hydro-Search, Inc. 1996. Work plan for dual phase extraction system with pneumatic fracturing at united defense LP. Ground Systems Division, 328 West Brokaw Road, Santa Clara, Santa Clara County, California

Hydro-Search, Inc. 1997. GeoTrans implementation report, dual phase extraction system with pneumatic fracturing at united defense LP. Ground Systems Division, 328 West Brokaw Road, Santa Clara, Santa Clara County, California

Hydro-Search, Inc. 1999. GeoTrans Personal communication between Michael Montroy of HSI GeoTrans and James DiLorenzo of U. S. EPA Region 1

Igwe G J, Walling P D, Johnson D. 1994. Physical and chemical characterization of lead-contaminated soil. Innovative Solutions for Contaminated Site Management. The Water Environment Federation conference, Miami, FL

Kita D, Kubo H. 1983. Several solidified sediment examples. Proceedings of the 7th U. S. /Japan Experts Meeting

Krishnamurthy S. 1992. Extraction and recovery of lead species from soil. Environmental Progress, 11 (4): 256～260

Lighty J S, Silcox G D, Pershing D W et al. 1989. Fundamental experiments on thermal desorption of contaminants from soils. Environmental Progress, 8 (1): 127～141

Management of Bottom Sediments Containing Toxic Substances. 1981. New York City, U. S. A. U. S. Army Corps of Engineers, Water Resource Support Center (eds.) . 192～210

Martin I, Bardos P. 1996. A Review of Full Scale Treatment Technologies for the Remediation of Contaminated Soil. Surrey: EPP Publications

Means J. 1995. The application of solidification/stabilization to waste materials. Boca Raton: Lewis Publishers

Means R S. 1996. Sof tbooks- Environmental Restoration Cost Books. ECHOS, LLC

Member Agencies of the Federal Remediation Technologies Roundtable. 1995. Remediation case studies:

thermal desorption, soil Washing, and *in-situ* vitrification

Murdoch L C, Chen J, Cluxton P et al. 1995. Hydraulic fractures as subsurface electrodes: early work on the lasagna process. EPA/600/R-95/012

Murdoch L C, Kemper M, Wolf A. 1992. Hydraulic fracturing to improve *in-situ* remediation of contaminated soil. Annual Meeting of the Geological Society of America, Cincinnati, OH, Oct. 26～29, 24 (7):A72

National Academy of Sciences. 1993. *In-situ* bioremediation—when does it work? National Academy Press., EPA/540/R-93/519a and b, Office of Solid Waste and Emergency Response

Naval Facilities Engineering Service Center. 1998. Hot air vapor extraction for remediation of petroleum contaminated sites. Proceedings of the 8th International Offshore and Polar Engineering Conference Montreal, Canada, May 24～29, 1998

OCETA Environmental Technology Profile. 1995. Limnofix *in-situ* sediment treatment. Http: //www. oceta. on. ca/profiles/limnofix/list. html.

Portland Cement Association. 1991. Solidification and stabilization of waste using portland cement

Response O, Pitter P, Jan C. 1990. Biodegradability of organic substances in the aquatic environment. London: CRC Press

Ross D. 1988. Application of biological processes to the clean up of hazardous wastes. Environmental resources limited.

Schima S, LaBrecque D J, Lundegard P D. 1996. Monitoring air sparging using resistivity tomography. Ground Water Monitoring & Remediation, 16 (2): 131～138

Schuring J R, Chan P C. 1992. Removal of contaminants from the vadose zone by pneumatic fracturing. U. S. Geological Survey, Jan. 184

Schuring J R, Chan P C, Boland T M. 1995. Using Pneumatic Fracturing for *in-situ* remediation of contaminated sites. Remediation, 77～90

Taggart A F. 1945. Handbook of mineral dressing, ores and industrial minerals. New York, NY: John Wiley & Sons

Troxler W L, Yezzi J J, Cudahy J J et al. 1992. Thermal desorption of petroleum contaminated soils. In hydrocarbon contaminated soils, Vol. II, P. T. Costecki, E. J. Calabrese, Marc Bonazountas (eds.). Boca Raton: Lewis Publishers

U. S. Environmental Protection Agency. 1990. Contaminated sediments: relevant statutes and EPA program activities. EPA 506/6-90/003. Office of Water, Washington DC

U. S. Environmental Protection Agency. 1990. Summary of treatment technology effectiveness for contaminated Soil. EPA/540/2-89/053. Office of Emergency and Remedial Response, Washington DC

U. S. Environmental Protection Agency. 1991. Engineering bulletin: thermal desorption treatment. EPA/540/2-91/008. Superfund

U. S. Environmental Protection Agency. 1991. Innovative treatment technologies: overview and guide to information sources. EPA/540/9-91/002. Office of Solid Waste and Emergency. Washington DC

U. S. Environmental Protection Agency. 1993. Bioremediation resource guide, EPA/542/B-93/004. Office of Solid Waste and Emergency Response, Technology Innovation Office, Washington DC

U. S. Environmental Protection Agency. 1993. Selecting remediation techniques for contaminated sediment. EPA 823- B93-001. Office of Water, Washington DC

U. S. Environmental Protection Agency. 1994. Alternative methods for fluid delivery and recovery. EPA/

625/R-94/003. Office of Research and Development, Washington DC

U. S. Environmental Protection Agency. 1994. Draft guidance for implementing thermal desorption remedies at superfund sites. Memorandum from John J. Smith, Chief Design and Construction Management Branch

U. S. Environmental Protection Agency. 1994. Emerging technology bulletin, institute of gas technology, fluid extraction-biological degradation process. EPA/540/F-94/501

U. S. Environmental Protection Agency. 1994. *In-situ* vitrification treatment. engineering bulletin

U. S. Environmental Protection Agency. 1994. ARCS remediation guidance document. EPA 905-R94-003. Great Lakes

U. S. Environmental Protection Agency. 1994. Remediation technologies screening matrix and reference guide. EPA/542/B-94/013

U. S. Environmental Protection Agency. 1995. *In-situ* remediation technology status report: treatment walls. EPA/542/K-94/004. Office of Solid Waste and Emergency Response, Washington DC

U. S. Environmental Protection Agency. 1995. Tech trends: thermal desorption at gas plants. EPA-542-N-95-003

U. S. Environmental Protection Agency. 1996. Technology fact sheet: a citizen' s guide to thermal desorption. EPA 542-F-96-005. Technology Innovation Office, Washington DC

U. S. Environmental Protection Agency. 1997. Innovative site remediation technology, solidification/stabilization. EPA542-B-97-007. Design & Application, Volume 4.

U. S. Environmental Protection Agency. 1999. Treatment technologies for site cleanup: annual status report (9th edition). EPA-542-R99-001

Wade A, Wallace G W, Seigwald S F. 1995. A full-scale pilot study to investigate the remediation potential of air sparging through a horizontal well oriented perpendicular to a contaminant plume: preliminary results. Woodward-Clyde Consultants, Overland Park, KS. Ground Water, 33 (5): 856～857

Wickramanayake G B, Gavaskar A R. 2000. Physical and thermal technologies: remediation of chlorinated and recalcitrant compounds: The Second International Conference on Remediation of Chlorinated and Recalcitrant Compounds. New York: Battelle Press. 332

Wiles C C. 1987. A review of solidification/stabilization technology. Journal of Hazardous Materials, 14: 5～21

Yang D S, Takeshima S, Delfino T A et al. 1995. Use of soil mixing at a metals site. Proceedings of Air & Waste Management Association, 8th Annual Meeting. Jun.

第八章　污染土壤修复生态工程

实现污染土壤修复从实验室到田间的“移植”以及从设计图纸到具体现场的转换，必须依靠工程措施或技术手段的有效应用。在这个过程中，有必要尽量考虑工程实施给环境带来较少的影响，阻止次生污染的发生或防止次生有害效应的产生，特别是通过一些巧妙的设计手段使正常的生态系统结构与功能得以维护，在绿色意义上实现污染土壤的修复。

第一节　基本原理与方法

一、概　　述

随着土壤污染面积的扩大和污染程度的不断加深，如何实施污染土地的正确、有效修复，是人类面临的一项具体工程。图 8-1 对基于生态工程的修复方法进行了大致的描述，其核心在于采用生态学方法进行围隔阻控，不让已经污染的土地面积扩大，或者说，不让污染物发生迁移，使其对周围环境的影响降低到最小的限度。特别是，在围隔阻控过程中，不扰动土壤，不破坏周围植被，不干扰周围地区生物正常生活秩序。

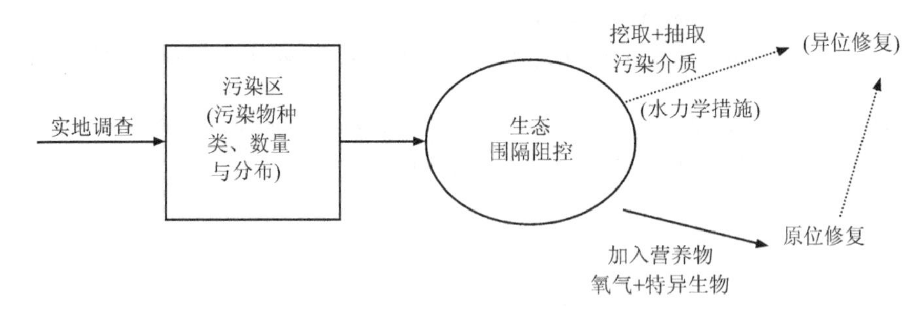

图 8-1　污染土壤修复生态工程的核心与内涵

从市政工程的角度来说，污染土壤生态围隔阻控的基础或许与传统的物理围隔法（用于固体或半固体介质的处理）和水力学措施（液态形式的污染物控制）两个方面有关。

然而，物理围隔法本身并不能消除、摧毁环境中的污染物，其缺点在于对环境中存在的污染物不能提供“永久性”或最终的解决办法。水力学措施主要涉及传统市政工程原理、技术与设备的应用，在用于污染土壤修复过程中，主要的用途有：①通过水力学调控使有关目标和场地与污染源相隔离；②控制污染地下水“斑块”的迁移；③通过抽取污染的地下水到处理厂从而消除点的污染。但是，对于已经污染的土壤，水力学措施不能起直接的去污作用。水力学措施在设计与实施前，必须掌握许多信息和资料，包括：①点的水力学特性；②污染物的性质、行为与分布；③水力学措施与可能采用的其他修复方法之间的关系；④污染物处置/处理的条件；⑤修复所需的大致持续时间。

但从生态学的角度看，污染土壤修复是一个复杂的系统工程，是各种方法的综合。生态围隔阻控是生态学原理在污染土壤修复工程中的实际应用，具有许多优势：①具有对各种类型的污染物和污染介质进行处理的广泛适用性；②一切从实际出发，因地制宜，可以采用各种传统技术与设备，降低各种工程费用；③现场就地取材，容易操作，经济实惠；④对污染地区进行最小程度的干扰，有利于对地表水和地下水进行保护以及对土壤结构进行维护；⑤能够很好地使各种处理形式相互结合，起到相互补充的作用。

“挖一填”方法不利于原有土壤结构和生态系统正常功能的维持，具有潜在的不良环境影响。对污染物实施市政工程通常采用的物理围隔法，也不能很好地解决污染土壤及其引发的相关问题。因此，引入“围隔阻控”生态工程具有重要意义。

二、技术目标

在污染土壤修复中，最终的技术目标是隔断土壤污染源，消除土壤环境中的污染物，达到土壤清洁。因此，在污染土壤修复过程中，实施“围隔阻控”生态工程，必须考虑同时实现下述若干技术目标：①防止淋滤液的迁移、扩散；②防止水（包括地下水和地表水）的进入；③防止污染物质以气态形式向外迁移；④防止污染的固体物质（如以扬尘形式）迁移；⑤维持绿色植物和土壤动物的生长与发育；⑥发挥、促进土著微生物对有机污染物的降解功能；⑦提供一个“结构”层用于承重；⑧为需要挖掘的地方以及地面承受能力差的地方提供地面构造上的支持；⑨为公路、硬质地面提供一现成的覆盖层；⑩为工厂和设备建造一个临时性的工作平台。

通常，只有全面实现上述目标，生态围隔阻控才能达到预期的目标。如果达不到前 6 项目标，就是我们所谓的一般性市政工程通常采用的物理围隔法。图 8-2 对一般性围隔阻控技术和生态围隔阻控技术进行了从应用模式到内涵、从方法到目标的比较。

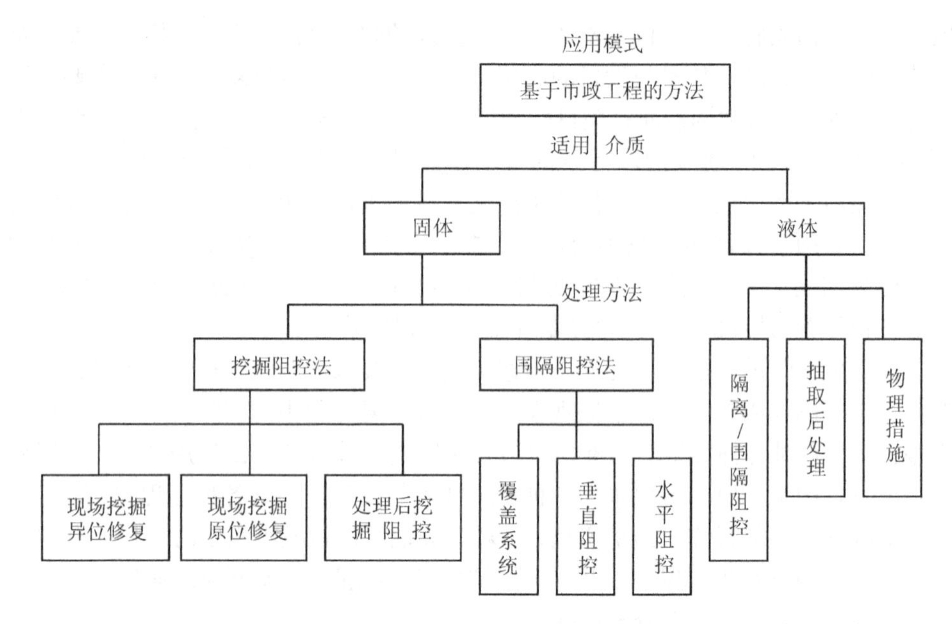

图 8-2　从市政工程引申到生态围隔阻控技术

三、生态围隔阻控三要素

一般条件下，水平阻控系统、垂直阻控系统和地面生态覆盖系统是“围隔阻控”生态工程三要素（图 8-3）。为了防止污染物向地下水的扩散迁移，通常在污

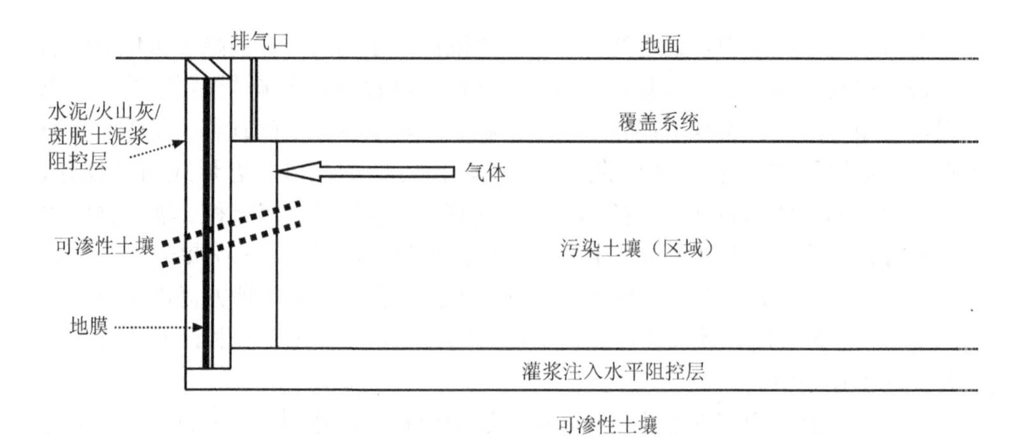

图 8-3　覆盖系统、垂直阻控系统和水平阻控系统图示

染土壤下层通过灌浆安装一个水平阻控层；为了防止污染物向两侧迁移，在污染土壤两端打入垂直于地面的地膜或构建垂直泥浆阻控层；为了防止土壤中挥发性污染物向大气的蒸发和污染，沿着地面或在污染土壤上层铺设生态覆盖系统。这样，就可以把污染土壤包围起来，然后采用前面几章介绍的各种有效方法把污染物清除掉。

水平阻控系统和垂直阻控系统的建设，有各种不同的方法（图 8-4）。其中，水平阻控通常的方法有：化学灌浆、喷射灌浆、液力加压开裂技术等。有时，可以利用污染土壤下层的自然地层来构建水平阻控系统，或者加入黏性土壤形成低渗透性水平阻控层。垂直阻控的方法主要有注射法、取代法和挖掘法等。这些方法的采用，因土壤理化性质、水力学特性及污染物的组成与浓度水平而有相应的区别。

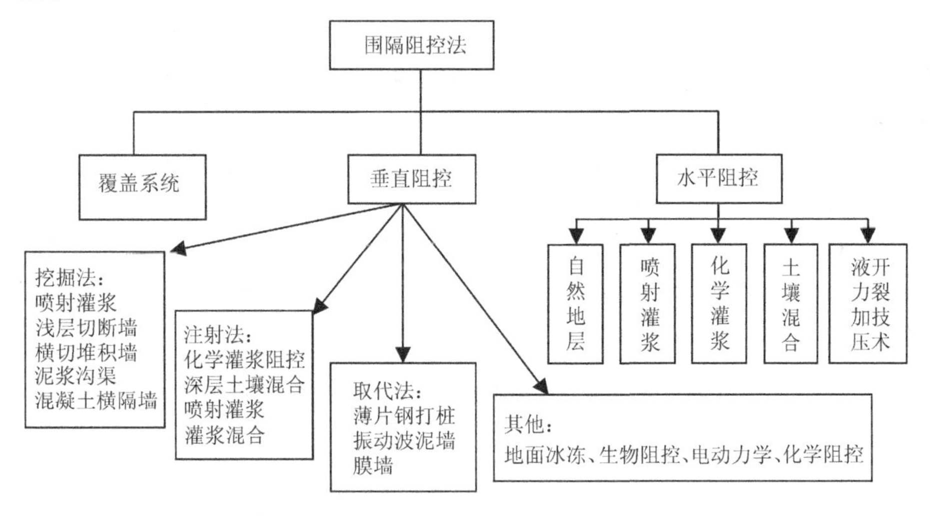

图 8-4　围隔阻控系统及其技术内涵

四、系统影响因素

在生态围隔阻控系统的选择与设计过程中，需要考虑的因素主要有：①修复土壤中污染物的种类、性质、浓度和活性；②驱动污染物扩散与迁移的潜力（包括电动力学的、流体静力学的、水力学的、热力学的、化学的作用以及渗透能力）；③当地地质学、土壤学、水文学条件；④构建材料的特性及其与污染物的兼容性；⑤设计与安装技术；⑥在安装时以及在今后运转过程中的管理方式；⑦点上及其周围地区将来的各种人类活动；⑧气候条件，这尤其与覆盖系统有关；⑨土地利用变化。

生态围隔阻控系统的有效性，主要取决于以下因子：①有关污染物性质、浓度、分布和行为的系统认识；②污染边界（包括垂直的和侧面的）的准确定义；③风险目标的准确识别，并因此达到所需的技术目标；④场地的合理规划、设计和规范；⑤安装时工艺的高标准；⑥与公共健康与环境保护所需的标准相一致；⑦开发、使用维修程序，使系统的损坏或破坏降低到最低限度，并对可能的系统运转失效进行监测。

限制围隔阻控系统有效性的主要影响因素有：①污染源是否继续存在，既没有可能被搬迁，也没有采取有效的措施予以控制、削减污染源；②周围有新的污染源产生或出现的可能；③围隔、修复过程中可能产生次生污染问题；④系统建造材料易受化学的或生物学的攻击，或易受物理损害和干扰；⑤可能需要系统提供多功能，因此需要平衡这些设计目标，甚至需要协调经济利润与生态效应之间的关系；⑥系统不能完全阻止污染物的迁移与扩散；⑦维修或修补存在实际困难或费用很高。

生态围隔阻控系统用于解决土壤的污染问题，要与传统的市政工程与建设项目相结合。事实上，这种结合是必要的。例如，与废弃物有关的土壤污染问题，则常常出现地基承受能力的问题。地面承受能力的改善，采用压实土壤，所以有必要去除地面下存在的废弃物。表 8-1 列出了有关生态围隔阻控系统设计的一些工程问题。

表 8-1　有关生态围隔阻控系统设计的一些工程问题

工程活动	有待解决的问题	备注
地面改善	为了避免对生态围隔阻控系统的损害，通常在覆盖系统或阻控系统安装之前进行，例如压实土壤，改善地面的承受能力	在废弃的垃圾填埋场土地修复过程中遇到的首要问题
打桩	或许为污染物的迁移提供“路径”，例如沿着“桩”壁下移	使用的桩考虑具有吸附污染物的性能
公共设施	地下公共设施容易为污染物的迁移提供优先“路径”。下水道就是典型的例子	

五、系统寿命与监测维修

1. 设计寿命上的考虑

终身无忧的工程是不存在的。由于影响到工程的设计与费用，在设计的初期，就应该考虑系统的设计寿命。考虑系统设计寿命具有以下实际意义：①节省资源和人力；②引入“报废”的概念，适时被今后适当的方法所取代；③在可接受的系统寿命延长时，考虑一定污染面积的土壤得到有效的修复与治理。

事实上，由于污染物的生态行为和工程本身的复杂性和不定性，特别是缺少长期的有效性和耐受性的数据，因此很少获得预期的使用时间。

2. 监测维修

对安装系统进行长期的监测和维修，是必要的。其主要作用：①证实是否继续有效或已经/将要失效；②为系统的退化提供指示，以便设计、实施更进一步的污染土壤修复工程；③为系统出现的故障提供预报、预警，并采取应急的修复措施；④提供有关系统性能的资料，为今后更为有效的工程设计提供参考与依据。为此，两类监测是需要的：①以系统设计参数为背景的性能监测；②当地的环境监测（表 8-2）。

表 8-2　生态围隔阻控系统监测实例

监测项目	有关内容	运转条件
性能监测	系统/覆盖材料的性质，包括化学组成、渗透性、地技术特性等	系统/覆盖材料本身应该是绿色的、无毒的，不会引发次生污染问题
	系统内或覆盖层下污染物的类型与浓度	围隔过程不会诱发新的环境问题
	系统外或覆盖层内部及以上污染物的类型与浓度	尽量隔断与外来污染物的联系
	适应性	无大的季节性变化波动
环境监测	大气质量，尘释放	
	向地表水和地下水的排放	
	固/液废物对土壤的污染	
	对植物的危害	
	噪声与振动	
	交通与阻塞	

第二节　生态覆盖系统

涉及污染地面上的无污染、惰性材料以及生态材料的定位与放置，通常用于长期解决污染土壤特别是地面污染问题。有时，应急覆盖也是需要的。

一、技术目标与功能

在污染土壤的修复过程中，生态覆盖系统主要有以下 3 个方面的技术目标：

1）防止地下污染介质与地上可能存在的目标生物特别是人群相接触，尽量避免对生命系统的危害和对人体健康的不良效应；

2）减少水从上而下的渗滤，消除随水导致的污染物的迁移或扩散甚至危害效应的发生；

3）涉及自然的或合成的材料、可渗的或不可渗的材料、生物学的或化学活性材料以及惰性材料的具体使用、有效使用和正确使用；

4）结合地下垂直阻控系统或水平阻控系统的应用，发挥对污染组分的有效隔离和对污染土壤修复的最大作用。

如表 8-3 所示，生态覆盖系统有许多功能。概括起来，主要如下：

1）防止潜在有害污染物以固、液或气的形式向上或向下迁移、扩散甚至危害；

表 8-3　生态覆盖系统工程与生态设计的条件

设计参数	实例	备注
防止建造过程中的物理干扰	正常的造型、造园	造园需要选择各种具有净化功能的观赏植物
物质迁移控制	淋滤液、土壤流体迁移；气体迁移	
环境污染控制与防治	防止风吹引起大量飘尘产生；地表径流控制；臭气控制；害虫控制；防止水携带细颗粒污染物质的迁移	
植被支持与调控	支持、促进植物生长；抑制污染物质渗入根内；防止对植物体的物理损害；防止污染物质在植物体内的迁移转化	利用一系列的植物根系及其根际圈，构成有效的生态覆盖系统
水输入与输出的控制	雨水与地表径流的下渗；湿气向上迁移	
防止与污染物的接触	减少或消除污染物对地表生态系统的毒性或其他危害；提供警报（可见的或不可渗层），以便阻止不被允许的或无意识的干扰；提供足够的厚度，以便安装生态服务设施、构建清洁材料	

续表

设计参数	实例	备注
最大程度地减少或预防燃烧的风险	地面火；电缆损坏导致失火；地面锅炉过热导致失火	采用各种人工防火措施相结合
改善美的外貌	消除外观上的污染；支持花卉植物或其他形式的土地利用	利用基因工程改善花卉植物的土壤去污功能
改善工程特性	侵蚀控制；斜坡现有稳定性的维持；使交通更为便捷；改善地面负荷特性；防止地面下沉	注意土壤承受力的变化
耐受力	阻止明显的气候变化；与现有的工艺标准相符合；与今后的建设项目相一致；容易操作；低的维持费用；抵抗物理或化学损害或环境恶化的材料的使用	可持续性与系统寿命的改善
与今后的建设项目相一致	服务设施；地基；打桩；深挖（下水道）；道路	相互结合，不可偏废
适时实施	可建造性；可能进行规范；能够证实正确的安装与质量保证程序的应用	

2）隔断目标生物（包括人、动物和植物等）和其他目标（如地表水、地下水、服务设施和建筑材料等）与污染介质的直接或间接接触，防止处于风险的各种目标暴露于潜在的有害污染物；

3）为今后安全地、成功地实施计划中的土地利用创造所需要的工程与环境条件，维持植物的生长与发育，保护土壤动物的生命；

4）改善地面的工程特性或提供结构支持；

5）与该区域有待实施的其他项目不发生矛盾，尽量相互结合，利用各自优势，达到相得益彰的效果；

6）次生功能：淋滤液的控制，污染流体的向上迁移，改善土壤的承受能力，减少地面上层污染物的毒性，防止雨水的渗入，控制气体污染物释放进入大气，控制植物根系的生长，防止、避免污染物的物理迁移或生物学转化。

上述这些功能有时是相互抵触的。问题在于，在系统设计时，首先要考虑完成主要的任务和服务功能，并权衡其中的得失。

二、覆盖材料

覆盖材料及其使用方法的选择，因生态覆盖系统的设计目标和特定点的生态因子不同而不同。概括地说，覆盖材料主要包括天然材料（包括土壤及其类似材料）和合成材料两大类型（表8-4）。

表8-4　生态覆盖系统不同材料应用实例

主要类型	实例	适用的功能
天然材料	粒状土壤	毛细管中断层（阻止污染物向上迁移，其厚度将反映颗粒大小）；过滤层；缓冲层（提供平稳的工作平台）；排水层；排气层；有助于交通的工作平台；防止扬尘产生的临时性覆盖
	黏性土壤	防止水分向下迁移；缓冲层（提供平稳的工作平台）；生长层（首选低肥力的区域）；毛细管中断层（阻止污染物向上迁移）；土壤亚表层（支持植物）
人工土壤	自然土壤与其他材料（如水泥）相混合而成	低渗层；土壤物理性状的改善
废弃物	颗粒粗的废弃物（如实的各种硬核、压碎的混凝土和毁坏的各种碎片物质）	毛细管中断层（阻止污染物向上迁移，其厚度将反映颗粒大小）；排水层；排气层；有助于交通的工作平台；防止扬尘产生的临时性覆盖
	颗粒细的废弃物（如飘尘、采石场的细粒物质）	支撑层；填方；低渗层（飘尘）；取代表土层（疏浚的沉积物）
合成材料	软膜；刚性混凝土；地纤维；柏油路材料；沥青材料；低渗黏土膜	防止气体迁移的膜；防止随水迁移的膜；地织网（作为过滤层）；地构造层（作为支持层）；地质隔栅（作为预警或防止外来干扰）；混凝土作为永久性地表并防止外来干扰；合成物（如膜或丝网）以供气或排水；加固植物生长的地表，防止根系“入侵”

1. 土壤及其类似材料

基于土壤及其类似材料所构建的生态覆盖系统的有效性，在很大程度上取决于以下几个方面：①防止污染物向上或向两侧迁移的有效性；②通过物理和化学吸附束缚污染物的能力；③阻止或防止渗滤的有效性；④覆盖材料、污染介质和植物根系的相互作用；⑤系统及其组成物质的工程行为。

从土壤及其类似材料本身的特性来说，生态覆盖系统的有效性则主要与以下因子有关：①颗粒大小分布与土壤结构；②渗透能力与土壤水力学传导特性；③化学与矿物学性质。

在选择、使用覆盖材料时，还要考虑到此种材料是否容易获取，价格是否也合理。事实上，在生态覆盖系统中，为了达到不同的设计目标，相对可渗层和不可渗层都是需要的。例如，为了阻止土壤水气及污染物向上迁移，需要设计一个毛细管中断层。该毛细管中断层应该是可渗的，且由粗颗粒材料组成。然而，为了限制雨水的渗入，则需要一个相对不可渗的表面层。相反，为了允许气体释放到大气中，更需要一个更为可渗的粒状层。由于压实的程度影响到材料本身的特性，在选择、使用覆盖材料时，要考虑到放置和压实对此种材料的影响。

有时，通过加入一定数量的水泥、石灰（氧化钙或氢氧化钙）、飘尘、粒状鼓风炉炉渣、沥青或其他添加材料到土壤中，以改善原有的土壤特性。例如，研究表明，比较典型的是加6%～8%的普通水泥。通过这种方法形成的材料，为人工土壤。特别是，还使用具有扩散和悬浮作用的化学添加剂，以改善土壤的压实性能、降低可渗性，但其他特性（如收缩、膨胀和断裂等）或许受到影响。这些化学填加剂包括氯化钠、焦磷酸四钠和聚磷酸钠等。

2. 合成材料

生态覆盖系统中有时也使用人造或合成材料，主要包括以下几大类：①无机合成材料，包括混凝土、沥青等筑路材料；②以斑脱土为基础的膜；③塑料、树脂和橡胶等聚合材料（包括高密聚乙烯、聚氯乙烯、丁基合成橡胶和氯丁二烯橡胶等）；④地面校正剂（促进植被恢复、植物生长和污染物的生物降解等）。

无机合成材料一般在地表上层使用，尽管有时在特定场合（如多层系统）混凝土也被用在中间层，如气体/水“不可渗透”膜或排水层。各种以斑脱土为基础的地膜，也是容易获取的。这些材料，或许小于10mm厚，其渗透率小于10^{-10}m/s。基于聚合材料的地膜，尤其是塑料和合成橡胶，在生态覆盖系统中的应用将日益广泛。由于其化学和物理特性差异很大，安装和缝合的方法、耗资和化学兼容性也不同。地膜和其他合成材料的选择，应该考虑以下特性：①对化学攻击或其他形式的（细菌和真菌的）降解具有抵抗作用；②耐热、耐潮湿、耐高温、耐低温，物理性能好，在持续和动态的压力下具有一定的抗张强度和弹性；③耐紫外光照射；④抗老化变质；⑤耐长期胁迫和短期物理损害（安装时抗爆炸强度大、抗扎破和耐磨损）；⑥在重压下传输水或气的能力大小；⑦对水或气的渗透能力情况；⑧联系到排水层时，需要一定的抗压碎和抗压扁负荷；⑨系统连接的完整性与手段。也就是说，在系统安装过程中，应尽量了解所选材料的各种信息，包括产品本身的描述、化学兼容性数据、衬垫强度和安装特性等（表8-5）。

表 8-5　聚合单片材料安装所需的信息

信息	典型参数	评 述
产品描述	产品类型、组成、厚度、商标名、制造者、详细材料说明书、比应用有关条件下的试验结果	有时并不完全提供该信息，比应用有关条件下的试验结果更缺乏
化学兼容性数据	暴露于污染物后展示其适当性能的试验数据	需要开展相应的试验
衬垫强度	证实暴露于污染物后单片材料与密封/连接具有足够的强度支持所期望的负荷/胁迫	
安装特性	证实有待应用的安装、固定与覆盖技术能够充分预防破裂或其他形式的物理损害	防止安装过程不适当使用
解释说明书	安装规程、突出部分安装特性检查、安装程序、密封/连接形成技术、安装前和安装过程保护程序、保护层的安装	尽量详细

当然，考虑这些特性是非常复杂的问题。例如，对水的低渗透材料，并不一定对其他流体具有低的渗透性。而且，这些材料的渗透性能在某些化学品暴露下会有一定程度的改变。

目前，各种类型的合成材料在国内外市场上可以购得。例如，羊毛纤维地毯或覆盖物，可以用来在斜坡上进行覆盖，还有助于植物的生长和斜坡的稳定性。还有些是可以生物降解的，或只是多层覆盖系统中临时性的组分。

3. 废物综合利用

一些工业副产品或废弃物（如飘尘、细燃料灰和矿渣）尽管可能本身含有一定的污染物，但他们由于其稳定的物理学特性和矿物学组成不易释放进入环境。在这种情况下，这些材料可以考虑作为覆盖材料。有关的覆盖材料（包括废物利用）及其在污染土壤修复应用中更为详细的信息如表 8-6 所示。

表 8-6　含金属废物污染土壤不同覆盖材料应用实例

方法	适用性	优点	缺点	应用情况
底土或表层土覆盖（无中断层）	在轻度污染土壤上，金属的向上迁移并不作为一个问题；黏土覆盖阻止金属的向上迁移	比其他覆盖方法更为便宜、省钱	土层受不可接受污染的风险	在英、美等国早期被广泛应用，但随着一些事故的出现，已经被逐渐淘汰

续表

方法	适用性	优点	缺点	应用情况
粗材料覆盖	水向下迁移进入受损材料并不作为一个问题	如果材料的应用能因地制宜的话，就比较便宜	水的向下迁移，导致富含金属的水进入排水系统	在英、美等国早期被广泛应用，但主要的问题是：①当地粗材料的应用，其中一些受金属污染；②水向下渗滤，污染当地河道等水路
带有底土或表土覆盖的中断层	水向下迁移进入受损材料并不作为一个问题	如果材料的应用能因地制宜的话，就比较便宜	水的向下迁移，导致富含金属的水进入排水系统	在英、美等国已经取得明显成功，但其下垫材料只受轻度污染
排水垫作为中断层（带有亚土层覆盖）	水向下迁移进入受损材料并不作为一个问题	合成层比各种依赖进口材料便宜	水的向下迁移，导致富含金属的水进入排水系统	有待应用
聚乙烯膜覆盖	在所有受损材料上，尽管在粗颗粒材料上，沙或壤土不得不被使用	可以阻止水和污染物向上迁移	不能布置在陡坡上	在英、美等国已有一些应用，但水道受污染威胁是个问题
斑脱土或其他黏土密封覆盖	在所有受损材料上	可以阻止水和污染物向上迁移，可以在陡坡上应用	较为昂贵	在英、美等国已有一些应用，但水道受污染威胁是个问题

三、生态设计原理

生态覆盖系统的设计，应该考虑以下两个方面的内容：①作为污染土壤修复与土地开发综合规划的一个重要组成部分，两者应该得到统一；②为以后该区域的建设提供一个平台。

在具体设计过程中，应首先全面掌握有关的基础资料信息，主要包括两个方面的内容：①与污染点及其周围区域有关的问题，如污染物特性、浓度、自然分布与可移动性等；②与覆盖材料有关的问题，如覆盖材料的来源、获取容易程度、清洁程度与可能的毒理学分析等。需要掌握的生态覆盖系统设计所需的典型信息如表 8-7 所示。

表 8-7　生态覆盖系统设计所需的典型信息

信息	内 容	解释与备注
与污染点有关的	污染物特性、浓度与自然分布	有时是多种污染物构成的复合污染
	污染物的可移动性	应考虑到在一些因素影响下产生较大变化
	地下水深度（在极端条件下）	
	地下水水质数据	
	潜在目标与途径	
	点的规划利用与所需的设计寿命	
	覆盖所需达到的性能目标	
	覆盖层下材料的水力学传导性与土壤吸收特性	
	有待覆盖地面的地技术特性	
	现有与规划服务设施的位置或定位相关的规划	
	建设工作设计	
	景观设计条件（地形、植被类型等）	尽量保护原有景观
	周围及邻近的土地利用、内部约束条件与交通情况	在农业地区，应积极与当地农业生态建设相结合
与覆盖材料有关的	覆盖材料的来源与获取容易程度	这关系到修复的成本
	覆盖材料的清洁程度与可能的毒理学分析	防止次生污染的发生
	颗粒大小分布与土壤结构	
	水力学传导性及其与含水量的关系	
	土壤吸收特性及其与含水量的关系	
	土壤的化学与矿物学特性	
	合成材料的化学组成与性能，包括耐受性	涉及系统的设计寿命

设计合理的生态覆盖系统主要针对保证目标生物和其他目标不存在来自污染及其危害风险框架下解决导致污染物向上或向下迁移的各种机制与循环途径。这

就是说，如果没有或不能实施有效的覆盖系统，污染物就会通过各种途径发生向上或向下的迁移（表 8-8）。这两大类机制在一年中因季节变化而有差异。在干热的季节，污染物沿毛细管上升。在一些土壤中，毛细管上升可超过 3m。在潮湿的冷季，污染物随地下水位上升而向上迁移。在干旱的季节，当遇到降水，如果是小雨，则污染物就会随雨水缓慢渗入下层。植物或许增加土壤向下渗透的能力，主要在于：①植物根系及其分泌物的作用；②腐烂的根系形成孔隙；③加大地面粗糙程度；④表层土壤密度低且结构好。

表 8-8　采用覆盖系统对污染物迁移的控制

迁移途径	技术要素	额外措施或非覆盖措施
大量的污染土壤被填到地表或表层正常土壤被移走而裸露出污染的亚表层	足够深的土壤，防止对正常农业生产的干扰；足够深的土壤，能够包含浅层地基和次要的地下交通设施；坚实的覆盖层；预警层	不作为花园或菜园及其他农业用地；地上建交通等公用设施
污染地下水的向上迁移（地下水位的抬升）	通过综合排水措施控制水位	用水泵抽取控制水位；选择远离地下水位有可能抬升或潮汐有可能影响的区域或点位；保证排水系统和供水管网的完整性；抽取污染的地下水并予以处理
比水密度小的液体向上迁移(漂浮层)	综合排水措施；污染物吸附或与污染物反应层的利用	去除游离产物；抽取漂浮层及污染的地下水并予以处理；控制地下水位
食用植物的摄取	足够深厚的清洁土壤	并不用于园艺栽培；并不用于耕种作物；并不用于牧草种植
其他植物的摄取	足够深厚的清洁土壤；用花盆等种植容器进行景观美化	
黏滞/稠密液体的向上迁移		去除
土壤湿气通过毛细管向上迁移	地膜；土壤中断层；合成材料中断层；污染物吸附或与污染物反应层的利用	
蚯蚓及其他钻洞土壤动物	物理阻控（地网、地膜等）防止进入污染区域	

续表

迁移途径	技术要素	额外措施或非覆盖措施
蒸发状态迁移	吸附性的土层（含微生物活性），地膜	
气体迁移	综合排水措施；地膜；土壤相对渗透能力的改变	用泵浸提
通过雨水下渗	低渗性土层；地膜；加固地面	收集来自于建筑物和硬质地面的雨水然后给予适当处理
沿毛细管向下迁移	打破土壤毛细管；合成材料毛细管阻隔层；特殊土壤毛细管阻隔层	
沿动物洞向下迁移	物理阻控	
沿裂缝向下迁移	足够深的覆盖层，防止可能出现的裂缝层；合成滞水层	使用合成材料；保证基础材料的牢固性

土壤特性对污染物的迁移产生重要影响。其中，在影响污染物迁移的土壤物理特性（包括土壤质地、结构、表面积、分层、紧实度、黏固性、水力学传导率、收缩和膨胀性等）中，土壤质地和表面积是最为重要的。较细的土壤颗粒对污染物具有良好的吸附特性。化学因子包括土壤颗粒表面或化学反应点，铁、铝和锰的氢氧化物，总可溶性固体（土壤溶解离子），有机质含量，氧化还原电位和 pH 等。这些因子对污染物迁移的影响，取决于这些因子综合作用的强度。某一因子在不同土壤中或许有正好相反的作用。但一般地说，土壤中的固体有机质由于离子交换反应和不可溶性有机螯合物的形成趋向于降低污染物的可移动性。然而，溶液中的有机质或许促进污染物的非稳定性。如果有机物质被生物降解，或许会释放出被吸附的污染物。氧化条件比厌氧状况更有利于污染物在土壤中的滞留。淹水条件促进大多数污染物的可移动性，主要是导致厌氧条件所致。

生态覆盖系统的设计基础是利用各种要素或覆盖层（有时是一个单层）达到对上述污染物迁移的途径进行有效控制。表 8-8 还列出了采用生态覆盖系统对这些迁移途径进行的控制技术及其他措施。

生态覆盖系统的设计寿命分为 3 类：①长期解决问题；②与永久性措施相结合的具有一定寿命的系统；③临时措施或提供应急。在覆盖系统设计时，有必要考虑这一问题。

生态覆盖系统的设计，还应该考虑污染土壤修复后场地所计划的土地利用类型。例如，某污染点进行修复后需要作为农业用地，希望该点将来有良好的排水功能，而且易于翻耕，覆盖材料的选择对此不要有所妨碍。表 8-9 概述了与生态覆盖系统设计有关的不同土地利用特征。

表 8-9　与生态覆盖系统设计有关的不同土地利用特征

土地利用	具体类型	特 性
居住	高层建筑	
	低层建筑	可接受的建筑风格上的变化；种植园艺作物或观赏植物；复杂的次要交通设施网络系统；监测与维修比较困难
商业/工业	建筑物	水平构造平台（点上可以行走）；中到高的承受能力；某些气体可以接受（如果控制）；较少的车辆运行
	公共设施和道路	公共设施所需的月台；高的负荷要求；道路适应交通发展；地表排水
	停车场	水平平台（可以行走）；硬质地面；低的承受能力；软的块石面路或粒状表面物质；需要地面排水；某些气体可以接受（如果控制）
	风景区	种植观赏植物；需要土地排水；拥有湖泊或河流；某些气体可以接受（如果控制）；渴望或可接受的地形变化
娱乐	正式的场所	水平平台；好的排水；定期维修；某些气体可以接受（如果控制）；亭、阁等
	非正式的场所	变化的地形；变化的植被；某些气体可以接受（如果控制）；需要的维护费用较低；表土层基本上不需要
农业		需要具有高的生产力；好的排水；气体控制；需要一定的坡度；常规维护；控制耕作；饲养家畜
森林	传统林业	可接受的地形变化；底土层贫瘠但可接受；有限的行人进入；枯枝落叶层能够吸收有毒物质
	城市森林	变化的地形；变化的植被；底土层贫瘠但可接受；鼓励行人进入；枯枝落叶层能够吸收有毒物质；提供临时性绿色享受
生态价值区		可接受的地形变化；或许有价值的营养物质贫乏区；或许有价值的污染区；或许有价值的植被贫乏区；重要的食物链；生态系统随时间变得重要
废物处理区		需要较低的渗透能力；阻抗下沉；需要采取气体控制措施

引起生态覆盖系统产生故障的原因，也是覆盖系统设计时应该严肃对待的问题。一般来说，发生故障的主要原因可以归纳为以下 5 个方面：①人类有意或无意的干扰或破坏，如在服务设施日常维修或新的建设项目上马时造成对系统的无

意破坏；②工程不稳定性或地面下沉；③来自安装的缺陷；④钻洞动物以及植物根系的横穿；⑤在炎热夏天，以及由于树木或其他植物强烈的蒸腾作用导致系统干燥破裂。

四、以土壤为基础的生态覆盖系统设计实例

1. 概述

在实践上，生态覆盖系统并不只是涉及一种材料，也不可能满足所有的功能要求，尤其当考虑到合理的费用时以及体现生态设计思想时。对于存在于土壤中的不溶性污染物，只要简单的覆盖就可以达到目的。但是，在大多数场合，总是需要更为复杂的覆盖系统。

从总体上讲，以农田为基础设计的生态覆盖系统可以分为 4 大基本类型（图 8-5)：①只使用土壤或类似土壤的材料提供主要的和次要的功能；②使用土壤提供主要功能，用合成材料提供次要功能；③用合成材料提供主要功能，土壤只用作支持与保护作用；④将土壤与合成材料复合，提供更为有效和更经济的设计。

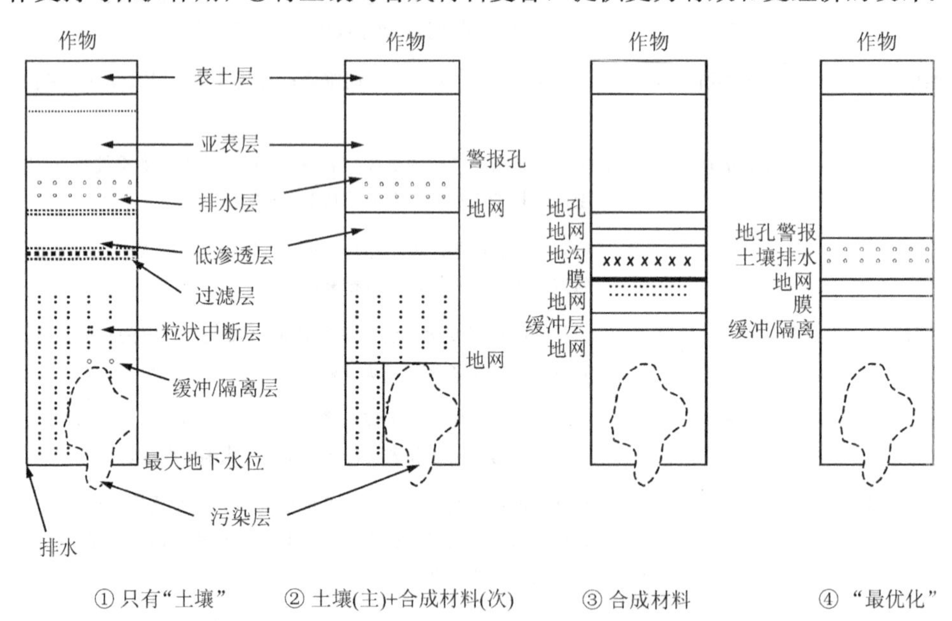

图 8-5　以农田为基础的生态覆盖系统 4 种类型

2. 基于土壤的覆盖系统类型与设计步骤

尽管有许多因素控制着土壤中污染物的迁移行为，但到目前为止的工程设计

都集中于控制通过毛细管向上的迁移以及水通过毛细管作用和引力影响的向下迁移。

土壤覆盖系统，一般可以分为 8 层（图 8-6）：①由表土层或/和亚表层组成的顶层，具有支持植物的功能；②含有下水道等服务设施或浅层地基的工作层；③控制水向下迁移的阻控层；④对阻控层起保护作用的缓冲层；⑤控制不同大小颗粒的物质相互作用（例如细颗粒渗入到粗颗粒中）的过滤层；⑥阻止土壤水向上迁移的毛细管阻断层；⑦控制地下水位的排水层或系统；⑧保护毛细管中断层或/和排水层完整性的过滤层。有时，还需要诸如气体排放/通气层、化学阻控层、生物学阻控层或警报层等。

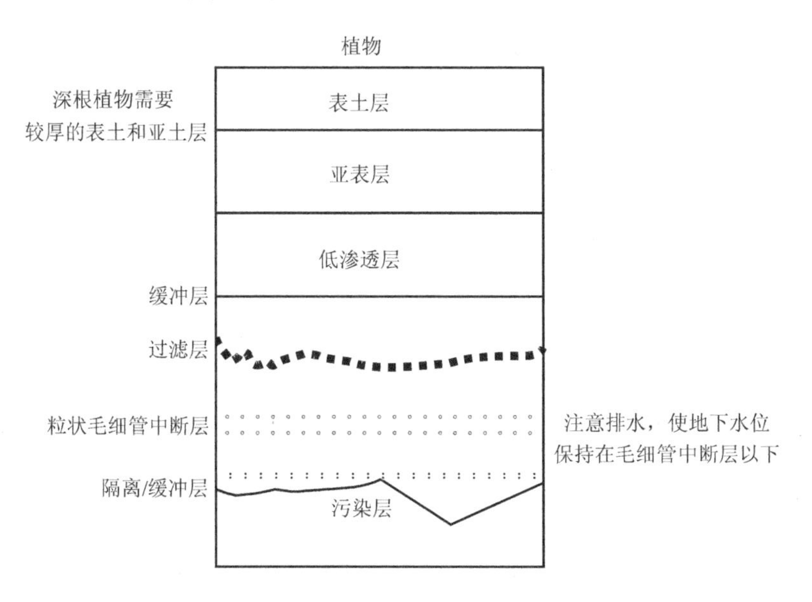

图 8-6　以土壤为基础的典型生态覆盖系统

在以土壤为基础的生态覆盖系统设计时，应按部就班，循序渐进。主要的实施步骤有：①识别污染及其对今后土地开发是否产生影响；②污染土壤修复是否需要覆盖及选择何种有效的覆盖；③毛细管中断层设计和渗滤设计；④地下水污染识别及有关参数选择；⑤绿色覆盖材料的筛选与参数确定；⑥控制污染物向上迁移或向下渗滤；⑦故障检验与质量控制；⑧检验支持植物的土壤层。图 8-7 对这一步骤进行了较为详细的描述。

潮气迁移的控制是覆盖设计的一个重要目标。在以土壤为基础的生态覆盖系统的设计中，测定覆盖材料的材料特性曲线以及在覆盖层以下非饱和材料的材料特性曲线，都是十分必要的工作。水力学传导率与水分含量的关系，以及土壤吸收与含水量的变化关系变化，都是应该需要考虑的设计问题。

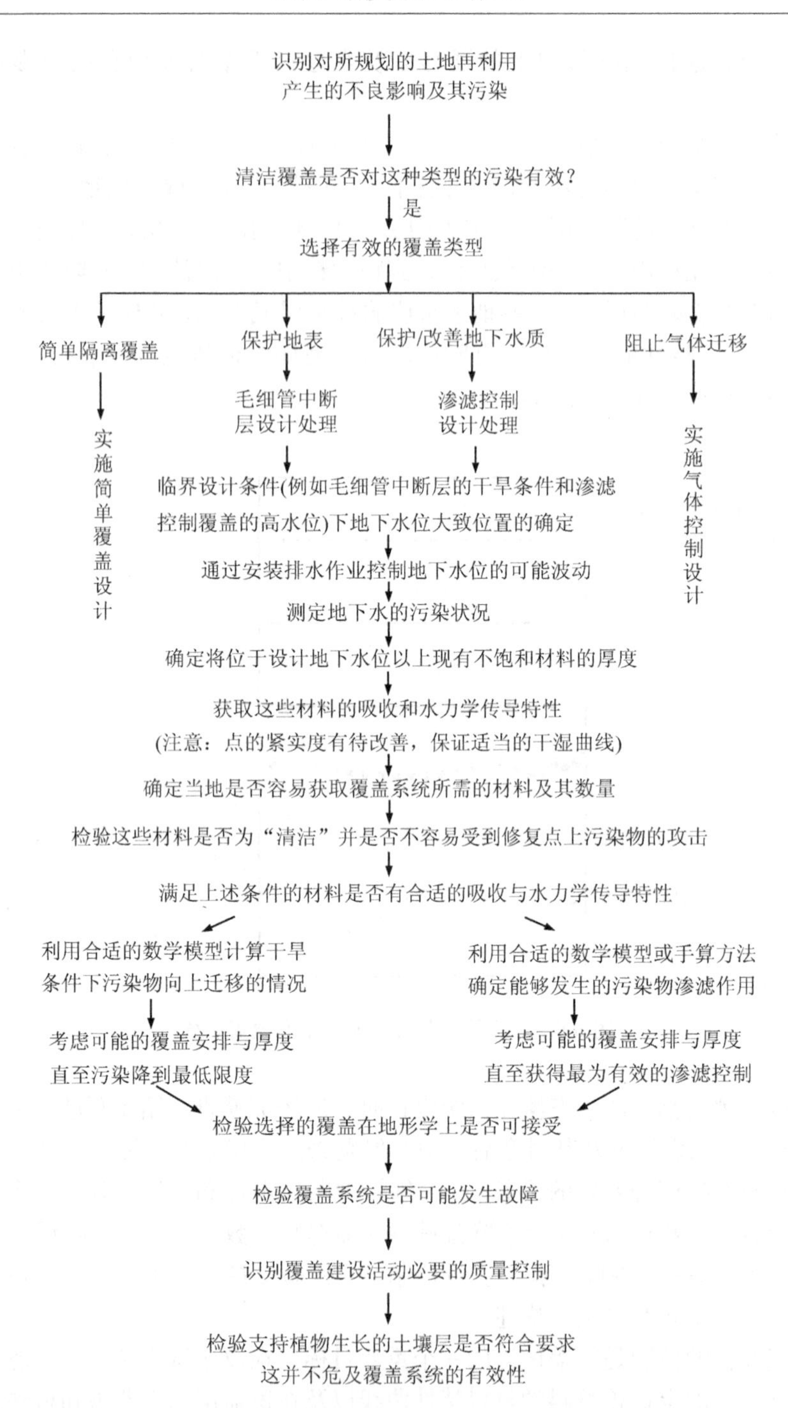

图 8-7 基于土壤的生态覆盖系统设计的基本步骤

3. 基于土壤的生态覆盖系统设计

假设生态覆盖系统下层离地下水位 hm，上层离地下水位 $h+dh$m（图 8-8）。根据 Bloemen 氏计算机模型，可以求算在不同覆盖厚度条件下土壤水的向上迁移速率（表 8-10）。这些数值表明，到达覆盖层水平长条物质底部的通量总是大于到达其上部表面的通量。其中，有关该试验中使用材料特性见表 8-11。

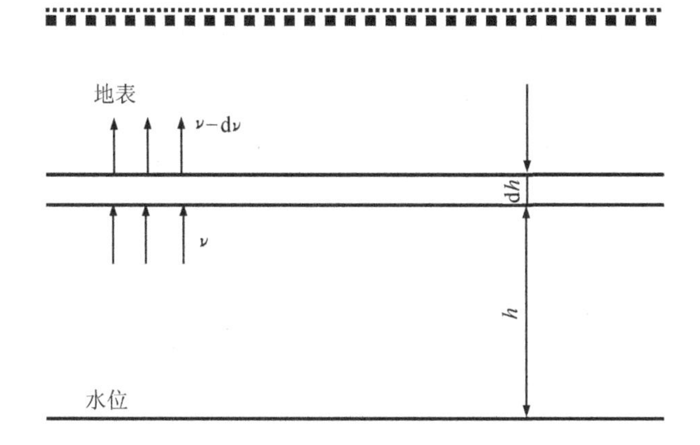

图 8-8　土壤覆盖系统及其定量

表 8-10　不同覆盖条件下土壤水分向上的流速的预测

覆盖厚度/m	到达土壤覆盖顶部的流速/[$cm^3/(d \cdot cm^2)$]	
	壤质粗砂土	砂壤土
0.2	0.0400	0.4500
0.4	0.0115	0.0800
0.6	0.0058	0.0300
0.8	0.0035	0.0120
1.0	0.0022	0.0070
1.2	0.0015	0.0040
1.4	0.0012	0.0030
1.6	0.0010	0.0019
1.8	0.0010	0.0015
2.0	0.0010	0.0010

表 8-11　覆盖材料的基本性质

土壤质地	含水量/%	水力学传导率/(cm/d)	pF[1)]
壤质粗砂土 （黏壤 20%，砂 45%，砾 35%，有机质 0%）	13（饱和）	18.4	0.00
	8.5	1.2	1.00
	6	3.4×10^{-2}	1.80
	4	1.7×10^{-3}	2.75
	2	7.1×10^{-5}	3.50
	1	1.0×10^{-6}	4.00
砂壤土 （黏壤 36%，砂 62%，砾 0%，有机质 0%）	25（饱和）	5.04	0.0
	20	1.13	1.5
	15	0.34	1.7
	10	3.0×10^{-3}	1.9
	5	1.0×10^{-3}	2.5
	2.5	2.0×10^{-4}	4.0

1) pF 为吸水头的对数值，如 1000cm 的吸水头 pF 为 3。

在流通量中，污染物的质量（C_m）可通过式（8-1）计算获得

$$C_m = c\rho\nu t \tag{8-1}$$

式中：c 为当地地下水中污染物的选定浓度（mg/kg）；ρ 为地下水密度(kg/m^3)；ν 为通过地表或达到特定深度的流通量[cm^3/(d·cm^2)]；t 为流通量的持续时间（d）。

由于进入土壤覆盖层水平长条物质底部的通量大于经过其上部表面的通量，进入土壤覆盖层污染物的量为

$$C_m' = c\rho t\ (\nu_{底} - \nu_{上}) \tag{8-2}$$

污染物增加的浓度为

$$\Delta c = c\rho t\ (\nu_{底} - \nu_{上})\ /\ (\rho_{土}\ \mathrm{d}h) \tag{8-3}$$

式中：dh 为覆盖系统厚（m）；$\rho_{土}$ 为亚表层土壤密度。

第三节　垂直阻控系统

垂直阻控系统由安装于污染介质周围的地下沟渠、地墙或地膜所组成，有时与地面生态覆盖系统进行结合，以防止污染物横向或侧向迁移。由于其花费很高，一般作为长期、永久性设施。但事实上这是不可能达到的。就污染土壤的修

复而言，主要的不稳定性在于阻控系统的材料与污染物之间的化学兼容性。

一、一般功能

垂直阻控系统主要有两个方面的功能：①把污染介质或污染物隔离起来，防止污染物横向或侧向迁移、扩散；②改变局部的地下水流模式，减少、阻止以及避免污染土壤与地下水的相互接触。垂直阻控系统是否能够达到这样两个目标，主要取决于点上存在的污染物的性质与污染程度、地质与水文条件、是否有地面覆盖系统的配合以及是否结合水力学措施和地下的水平阻控系统。

图 8-9 涉及垂直阻控系统内污染地下水被抽取，然后送到污水处理厂进行处理的过程。如果没有安装该垂直阻控系统，清洁的地下水就会流入该污染区受到污染，增加了需要抽取、处理地下水的体积和数量。在这种意义上，该系统还能够起到对污染地下水进行控制的功能。在图 8-10 中，上坡垂直阻控器把来自上坡方向的清洁地下水水流给“切断”了。联系到下坡向的地下水抽取，就隔断了污染区污染物通过地下水向下坡方向的迁移，并因此捕获了其中的污染物，污染场地也从而得到了修复。图 8-11 为下坡垂直阻控系统，允许地下水流通过污染场地，以便冲洗点上的污染物。

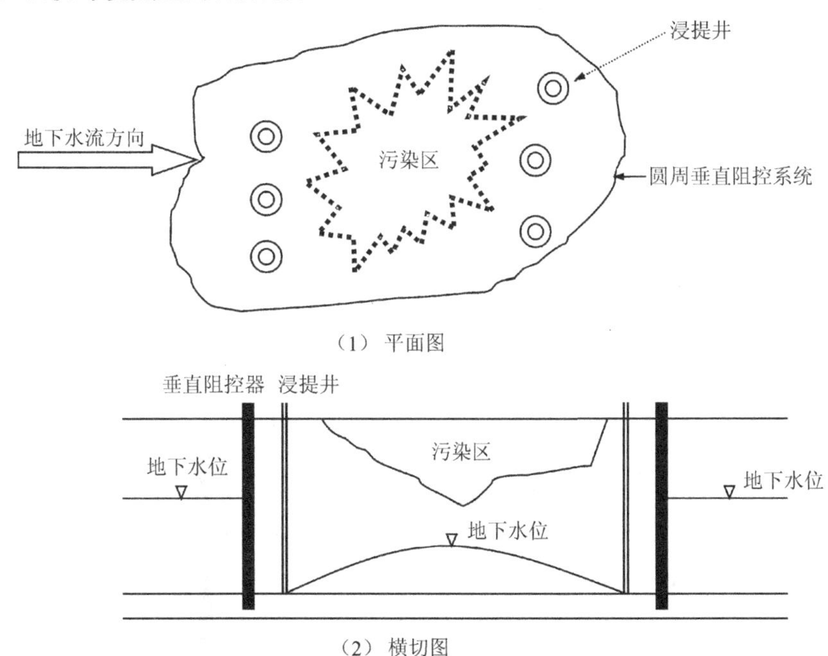

图 8-9　圆周垂直阻控系统

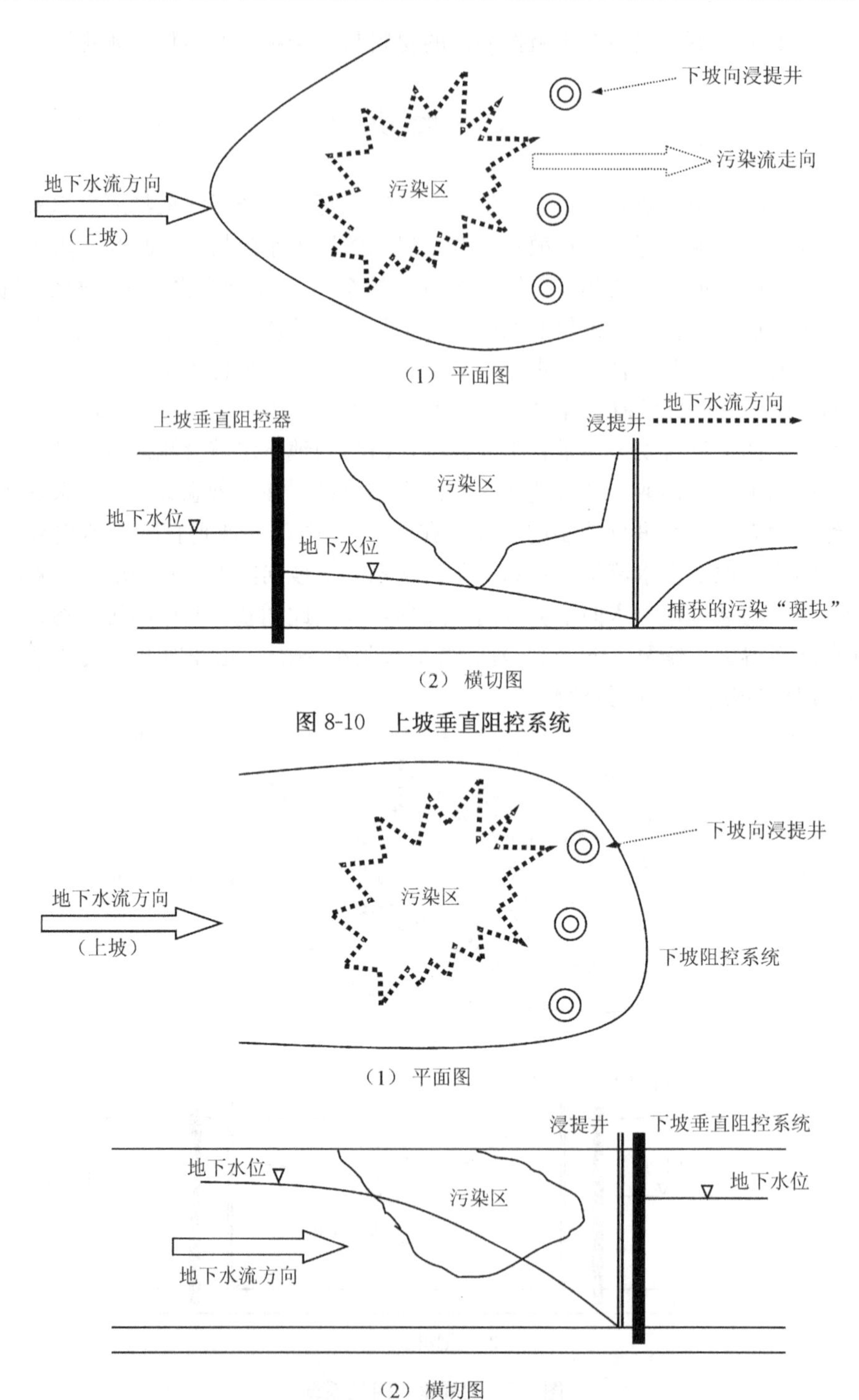

图 8-10 上坡垂直阻控系统

图 8-11 下坡垂直阻控系统

二、基本类型

由于涉及土壤介质的取代、挖掘和处理，一般可以分成以下几种基本类型（表 8-12）：取代法、挖掘法和注射法等。

表 8-12　各种类型垂直阻控系统的一般应用

类型	举例	适用性	特征
取代法	薄片钢打桩 振动波墙 膜墙	大多数土类，但大石头、岩石或大量废弃物存在或许影响安装	问题是低 pH 土壤一般对苯和甲苯等进攻性污染物具有抗性；薄片钢打桩的地方也需要结构上或机械的支持
挖掘法	横切堆积墙 浅层切断墙 喷射灌浆 泥浆沟渠 混凝土横隔墙	大多数土壤和岩石类型，尽管挖掘设备的类型由地表条件所决定	广泛应用；需要对系统的损坏进行处置
注射法	水泥或化学灌浆 喷射灌浆 喷射混合 螺钻混合	最好是粒状土壤或破碎的岩石，而黏土或废弃物较少成功	
其他	地面冰冻 电动力学 生物阻控 化学阻控	在美国，地面冰冻只在一定颗粒大小的土壤（主要是砂土）上有过成功的实例	在国外受到广泛重视

1. 取代法

把阻控系统安装在地下而该地面不受任何大的干扰。其中，薄片钢打桩（steel sheet piling）是最常用的一种方法。薄片钢桩能够被击入、敲入或打入地面中。振动打入深度可达 30m，喷气推入深度为 10m。该技术的密封并不完好，常常不是不漏水的，需要对连接处进行后灌浆以改善其密封性。其他的问题是要注意防腐。振动梁泥浆墙（vibrated beam slurry wall）涉及把“H”形的桩用振动方法打入地面中（图 8-12），然后拔出。在这推入和拔出期间，注入水泥进行灌浆。由于形成的墙相对较薄，因而对于污染控制并不理想。镶嵌板墙系统（panel wall system）是振动墙的其中一种形式，最大深度可达 30m。膜墙

(membrane wall) 是指通常使用聚乙烯或聚氯乙烯等材料插入地面而形成的反应器，膜材料的优势在于比传统材料对苯和甲苯等污染物的化学攻击具有更好的耐受能力。

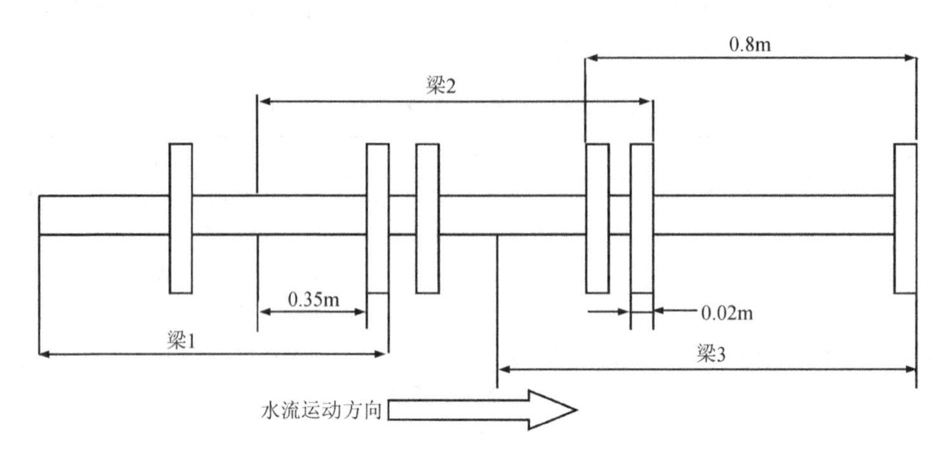

图 8-12　振动梁泥浆墙图示

2. 挖掘法

涉及把地面中的土壤挖出，然后用阻隔材料代替原有土壤，即安装有关的阻控系统于地面中。例如，交叉桩法（secant piling），由一系列连锁相邻的桩（如软斑脱土水泥桩）形成完整的墙，可以通过由电脑控制的旋转螺丝钻采用原位混合技术来完成。喷射灌浆是用于形成相交圆柱或薄墙的工程方法，其过程涉及高压气体的切割和水泥灌浆填充两个环节，适用于大多数土壤类型的修复，尽管有时受到大石块等障碍物的严重影响。浅层切断墙（shallow cut-off wall）的建造过程是先用切割机挖出一个足够深的狭槽，然后插入地膜，再用压实的黏土填充。泥浆沟渠（slurry trench）的建造过程是先挖一条沟渠，然后用不同混合的泥浆（如斑脱土一水泥混合，有时还加入挖出的土壤进行混合）进行填充，形成不同形式的泥浆沟渠，包括黏土阻控系统、斑脱土一水泥阻控系统、膜阻控系统和混凝土横隔墙等。

3. 注射法

涉及向土壤中注入一定的材料，填充土壤的空隙、孔隙和裂隙，降低土壤渗透性的过程。注射法形成的垂直阻控系统包括化学灌浆阻控、深层土壤混合（通常是斑脱土和水泥混合）技术、喷射灌浆和喷射混合灌浆等。一般认为，渗透率为 10^{-7}m/s 数量级的土壤对于灌浆作业是合适的。但其实际值则因土壤类型不同和均一性的差异而不同。

4. 其他方法

包括电动力学阻控技术、地面冰冻、化学阻控和生物阻控等。其中，电动力学阻控技术是指通过控制电荷形成对污染物迁移进行阻控的系统，其机制为涉及各种化学物质通过电渗析作用过程在细颗粒土壤中进行迁移，以及通过电泳作用过程细颗粒被集中而形成阻控系统。图 8-13 为电动力学现象在污染土壤修复中的应用。地面冰冻也可以形成垂直阻控系统，用于控制土壤中污染物的迁移，在这方面美国已有应用。目前，生物阻控方法，也在发展和研制之中。

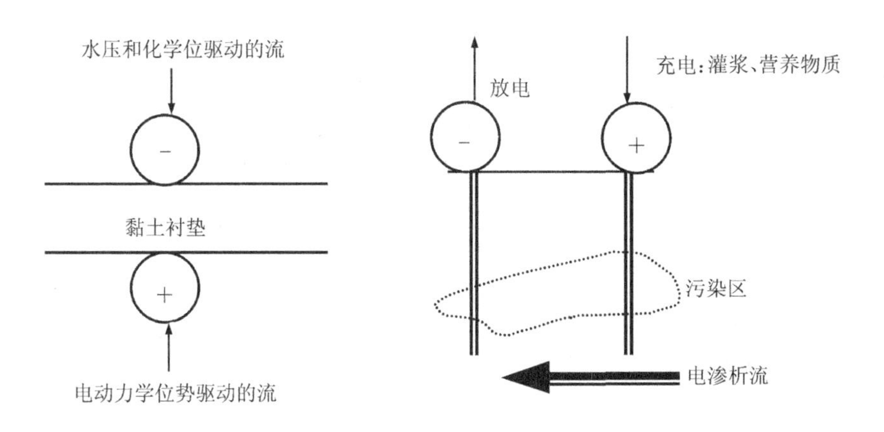

图 8-13　电动力学现象在污染土壤修复中的应用

三、生态设计与构建

在设计垂直阻控系统时，考虑所有组分的总体行为是重要的一环。设计的决策应该反映：①系统安装所需的深度；②可接受的完整性程度（如初始有效性）；③与当地环境的兼容性。

垂直阻控系统类型很多，变化多样。选择什么样的具体模式，主要取决于所要完成的目标或需要解决的问题，以及是否还需要安装地面覆盖系统或地下水平阻控系统。

垂直阻控系统主体设计的要求，在于阻止污染物迁移的能力与稳定性。也就是说，所要考虑的问题包括：①污染物迁移的驱动力和潜势；②阻止污染物迁移阻控的能力；③系统的设计寿命。其中，驱动污染物迁移的潜势包括：①流体静力学作用，即由水压差异随水流发生的迁移；②电动力学作用，即由电动势差引起的污染物迁移；③化学的作用，即由污染物浓度或其他化学介质浓度不同引起的污染物迁移；④热力学作用，即由水的温度梯度引起污染物随水的迁移；⑤渗透作用，即由化学渗透压差异引起的污染物迁移。对污染物质进行阻控，就要解决好这些基本的问题。

表 8-13 概述了典型垂直阻控器的建造方法。其中阻控材料的选择，关键在于其渗透性。在许多场合，阻控材料或阻控系统与当地环境介质之间需要有渗透性上的不同。其次，阻控材料或阻控系统的吸附性能也是一个关键的因素。此外，在水分变干或再饱和条件下，阻控系统的自我复原特性也相当重要。

表 8-13　典型垂直阻控器的建造方法

主要建造材料	成分	置入方法	连接方法
黏土	天然存在的黏土	在露天沟渠中压实	自然的连续结合
泥浆	土壤-斑脱土；斑脱土-回填物质	在现场加入与土壤原位混合	自然的连续结合
	水泥-斑脱土；沙-斑脱土	混合后填入已挖好的沟渠；远处混合后，用泵输入沟渠	
灌浆	裂缝密封	钻孔后注入	自然的连续结合
	大空隙填充	钻孔后注入	
	土壤灌浆	钻孔后注入	
	喷射灌浆（垂直）	钻孔、喷气切割后注入	
薄片桩	钢互锁	机械推进	机械连锁
	软膜互锁	填入已挖好的沟渠	焊接
混凝土	混凝土横隔墙	向地面钻孔，用混凝土复位	钻成相交桩
	混凝土或斑脱土	振动梁	
可渗体	石块填充	露天沟渠	自然的连续结合
	聚合体	可降解泥浆复位	
活性栅	井	钻	

四、泥浆墙性能影响因素

泥浆墙是一类重要的垂直阻控系统，在污染土壤的围隔过程中起重要作用。在泥浆墙构建过程中，有许多因素影响其性能。

1. 颗粒大小分布和斑脱土含量的影响

资料表明，土壤细颗粒的类型与特性对回填的土壤一斑脱土的水力学传导率发生重要影响。特别是细于 200 号筛的土壤颗粒含量增加，一般导致其水力学传导率的降低。有研究表明，随着土壤细颗粒组分的增加，水力学传导率随之下降[图 8-14(a)]。

斑脱土含量影响水力学传导率也比较明显，两者之间一般呈负相关关系[图 8-14(b)]。有资料还表明，当斑脱土含量为 3%时，传导率降到最低值。但 Ryan (1987) 的研究则指出，水力学传导率与斑脱土含量之间没有上述一般的负相关关系。

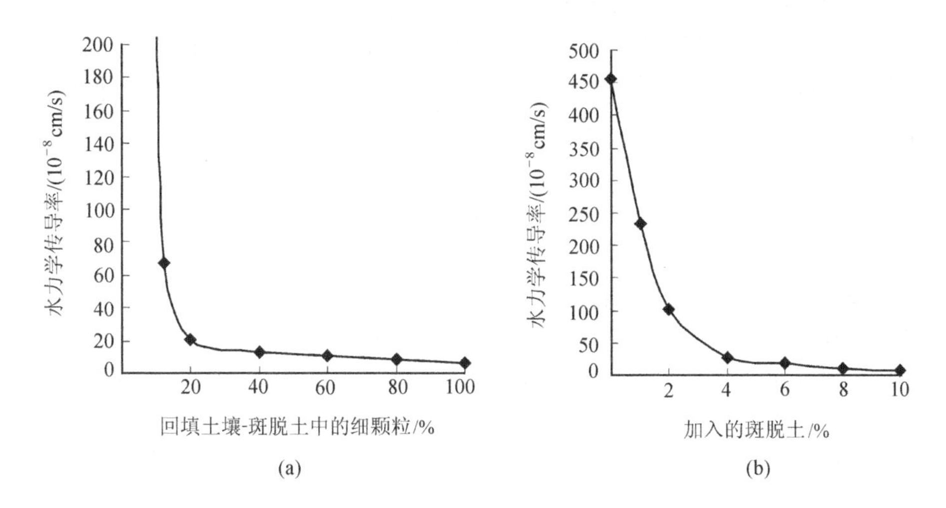

图 8-14　细颗粒含量(a)、斑脱土含量(b)和水力学传导率的关系

2. 水位波动的影响

垂直阻控系统的主要目的是阻止与污染物迁移有关的地下水流动。通过斑脱土与水的作用，可以达到期望的水力学传导率，而且通常是墙的一部分永久性地保持在地下水位以下，另一部分则永久性地保持在地下水位以上，还有一部分或许处于地下水位的波动之中。有关资料表明，保持在地下水位以上的部分，一般有较高的水力学传导率。这就是说，土壤-斑脱土应该保持永久性的水饱和状态，否则会导致水力学传导率不可逆转上升。

3. 田间压力条件

水力学传导率与田间压力有关。一般地，田间压力随土壤深度的增加而增加，但小于流体静力学速率的增加。有研究表明，如果土壤一斑脱土通过流体静力学被加固，其含水量在地下水位以下的区域则随深度增加而下降，其原因可能是增加了有效的压力以及相应的空隙比例减少。

第四节　水平阻控系统

安装在污染土壤下层的地下阻挡层，以阻止污染物向下迁移。最为简单的形式，是因地制宜，利用一定深度上低渗透性的天然地层作为水平阻控系统。然而，由于其实际安装存在较大的难度，投入的费用也大，一般情况下该系统与覆盖系统和垂直阻控系统相比则较少被采用。由于灌浆是一项已成熟的工程技术，如果能选择正确的灌浆混合与注入速率，该系统的构建就显得相对容易，而且不受天气的影响。在某些污染土壤上，该系统的实施，对于进一步的修复行动，对于阻止污染物向地下水迁移、扩散，或许是非常关键的。

一、基 本 功 能

论及一般的功能，水平阻控系统与地面覆盖系统、垂直阻控系统有许多相同之处。概括起来，主要有：①隔离液态、非液态和气态污染物的扩散和迁移以及对相邻生态系统的危害作用；②通过改变地下水流的方向或速率，以降低或阻止地下水与污染物的相互接触，防止污染物进入地下水中导致对生态系统产生更大的危害效应。

而就生态型的水平阻控系统而论，主要的特定功能（图 8-15）可以概括为以下两个方面：①防止污染物的垂直向下迁移；②防止地下水向上迁移进入污染区。

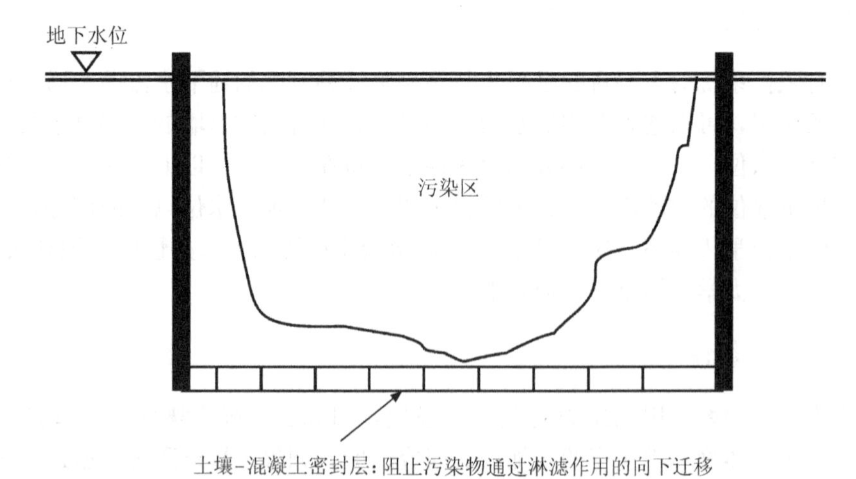

图 8-15　生态型水平阻控系统及其作用

更准确地说，水平阻控系统主要解决以下3个方面的基本问题：①向下的地下水流，含有各种污染类型；②稠密的（或下沉的）非液态流体；③向上的地下水压。

水平阻控系统还可以与地面覆盖系统和两侧垂直阻控系统相结合，例如可以结合灌浆和地下注射在先于处理前作为稳定、分离土壤污染物的一种手段。不过，如果与覆盖系统或垂直阻控系统相结合，应该在覆盖系统或垂直阻控系统建成之前加以实施。水平阻控系统也可以作为诸如生物修复、化学修复等方法的附件，用于污染土壤的修复。这时，水平阻控系统也应该先行予以安装、建设。

二、主 要 类 型

水平阻控系统可以建成于大多数固体介质内，包括土壤、沉积物、废弃物、基岩（取决于其强度与结构）和建筑残体等。至少，建成水平阻控系统有以下5种方法：①注入污染土壤或废弃物以形成固态的不可渗透层；②注入下面的自然土层或基岩/岩床以形成固态的不可渗透层；③在污染土壤或废弃物中采用取代技术形成一连续的固体分离层；④在天然土壤中采用取代技术形成一厚层；⑤土壤混合技术。

相应地，根据以上水平阻控系统建成的不同方法，水平阻控系统可以分为以下5类：①天然存在的低渗透层（自然低渗透地层）；②喷射灌浆形成的阻控层（喷射灌浆层）；③渗入灌浆形成的阻控层（渗入灌浆层，如水泥灌浆层或化学灌浆层）；④采用液力加压开裂技术用高压水或灌浆形成的阻控层（液力加压开裂水平反应栅）；⑤土壤混合阻控层。

三、生态设计与构建

生态型人工水平阻控系统设计最为基本的原则，是首先考虑在建造过程中对周围环境的生态学影响最小化，并体现一定的美学价值。在具体设计中，应该注意解决以下几个方面的问题：①选择合适的灌浆或泥浆混合方法；②避免在安装过程中着火或爆炸危害的可能性（如在灌浆混合中是否存在诸如特定化学品等易燃组分的使用）；③工作人员的身体健康与安全，主要与使用的阻控材料的毒性有关；④防止潜在的不良环境影响与生态效应，例如灌浆过程中导致有毒物质的释放，以及灌浆与周围环境介质的反应。

合适的灌浆混合方法的选择更为重要，应该考虑使用的主体材料的以下特性：①渗透性；②多孔性；③化学与地球化学特性；④生物学与生态学稳定性。

当然，其他方面的因素也应该进行较为全面的考虑，包括：①污染物的性质、浓度与分布；②污染物的迁移转化与生态化学行为；③处于风险中的可能途径与目标；④修复点上的现有土地利用类型与土地利用规划；⑤修复点周围地区的土地利用情况；⑥阻控系统需要满足的性能目标；⑦安装地点地面的地技术特征；⑧修复场地的水力学特征及其对水平阻控系统的影响，包括地下水水位及其波动与材料兼容性。

根据上述设计要求构建符合生态学原理的水平阻控系统，具体实施如下。

1）自然低渗透地层：主要指具有低渗透性的黏土和风化基岩的上层等，尤其是那些裂缝少、无断层的厚层基岩更为合适。在评价这样的低渗层是否可以应用作为水平阻控系统时，必须掌握有关的信息，包括①该层的厚度；②土壤的颗粒分布或岩石的结构；③渗透性；④化学或物理组成；⑤原位胁迫。

2）喷射灌浆层：采用高压流体喷射切割工具打孔钻眼，然后填入水泥一斑脱土泥浆，可以认为形成了喷射灌浆层。在大多数土壤中，切割直径达 1～3m。该工具还可用来形成若干交叉的洞眼，然后注入泥浆，形成一连续的硬质层（图 8-16）。该技术的主要限制因子是土壤类型。

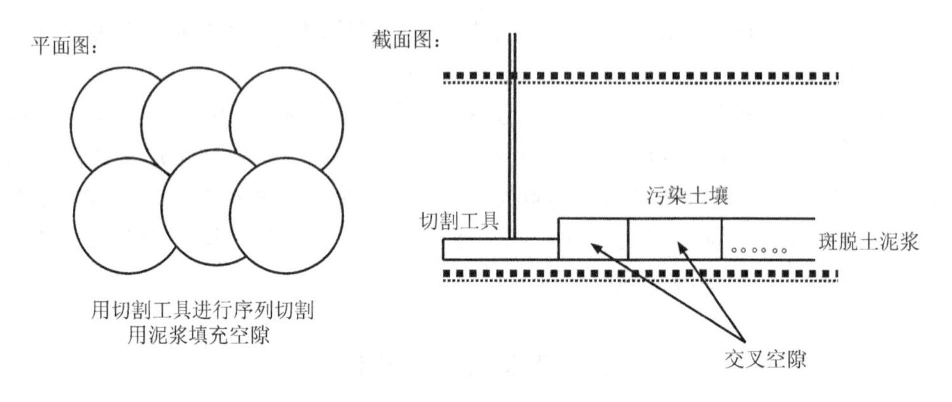

图 8-16　灌浆构建水平阻控系统

3）渗入灌浆层：用水泥或其他化学物质，填充污染土壤现有空隙或石块与土壤的界面中，获得均匀分布的灌浆系统。

4）液力加压开裂水平栅栏：采用高压水或高压下灌浆使地面形成裂缝，然后注入泥浆形成水平硬质层。这一技术难以控制，很少保证系统的完整性。

5）土壤混合阻控层：通过中空的杆状螺丝钻，一边钻孔，一边向地下注入泥浆，与地下的土壤进行原位混合，可形成水平硬质层。

水平阻控系统建成后，必须对其行为进行监测，防止系统在运行过程中出现故障，并针对可能出现的问题及时进行补救。

第五节　水力学措施与生态工程的完善

土壤水及其地下水与地表径流，是土壤环境中污染物扩散与迁移的动力。采用水力学措施对土壤水迁移过程、地下水位波动以及地表径流进行调控，有助于完善污染土壤修复生态工程，从而在最短的时间内取得预期的目标，达到经济支出最小、获得生态效益最大。

一、地下水位调控

通过降低地下水位使污染物与地下水相分离或相隔离，包括改变污染地下水的排放点，例如从生态学敏感的地区（如珍稀动植物栖息地、濒临消失动植物保护区等）或具有生态、农业价值的地区（如水库、人工湖、鱼塘等）通过水力学措施转到不敏感地区进行排放。如图 8-17(a)中，污染地下水流经过鱼塘，势必对养殖业产生重要影响。但通过单一或多个抽取井，污染的地下水被抽取经过一定处理用于灌溉森林或直接抽取用于灌溉森林，而鱼塘由于地下水位下降不再暴

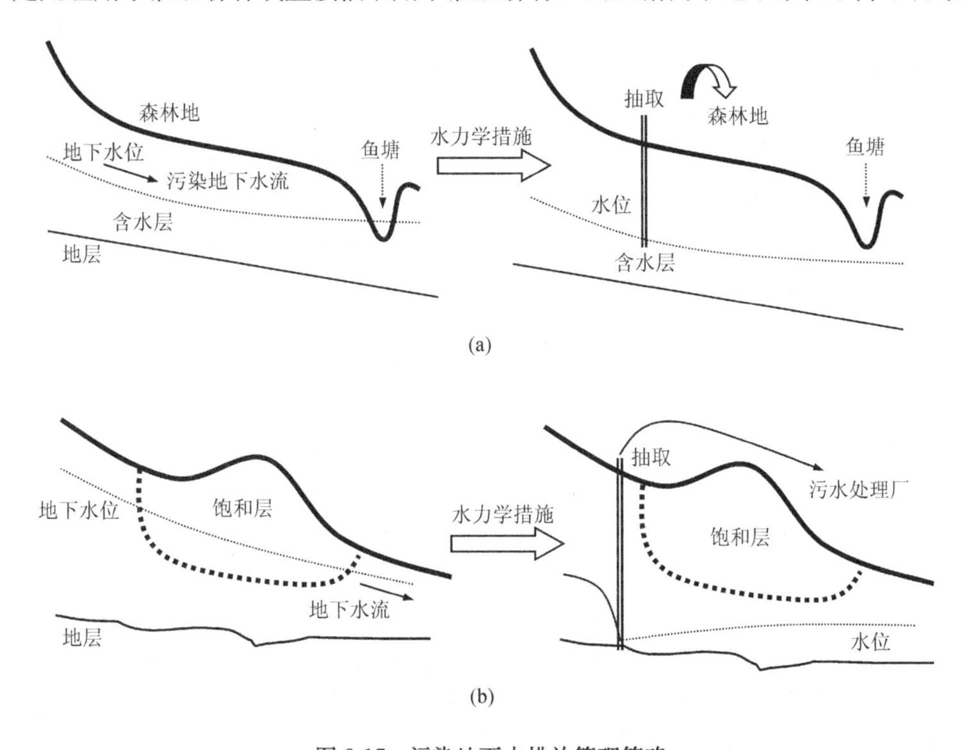

图 8-17　污染地下水排放管理策略

露于污染的地下水。

一些湿地是重要的生态系统保护区。防止污染物与含水层的直接接触，可以发挥水力学措施的作用。如通过抽取地下水到污水处理厂，改变地下水位，使污染源与水饱和区相隔离，防止污染物进入湿地系统，从而最大限度地降低对其生态多样性的破坏[图 8-17(b)]。

二、牵制污染斑块

污染斑块是指污染物离开初始源进行迁移的模式或方式。斑块的形状和大小与存在的污染物类型、地下水流的特性以及地面的物理、化学和生物学特性有关。在同一土壤环境中，不同污染物以不同速率进行迁移，取决于其物理的（如密度）和化学的特性。同样，对于同一污染物，在不同土壤环境中，以不同速率发生迁移，取决于当地环境的生态条件，如渗透性、吸附容量和地下水流方式。

污染斑块的边界位置也是斑块内污染物浓度的函数。如果说可以通过污染物"不可接受"浓度水平来确定污染斑块的大小和形状，或许有些主观。更好的方法，或许是通过污染比（如当地介质浓度/污染源浓度）来确定边界。

污染斑块的围隔，是污染土壤修复生态工程的重要内容和主体工程。但是，仅仅通过围隔手段，并不能去除土壤或地下水中的污染物。还需结合有效的化学修复、生物修复或两者的巧妙结合。

牵制污染斑块，主要解决以下污染生态学问题：①防止或减轻饮用供水水源的污染；②与污染地下水或污染土壤有水力学联系的河流或地表水污染的防止；③与污染地下水或污染土壤有水力学联系的含水土层或蓄水层污染的防止；④限制位于泻湖和池塘附近污染源污染物的迁移、扩散。

三、水力学调控

对生态围隔阻控系统实施水力学调控，主要的目的是使污染土壤及地下水中的污染物尽量不再扩散开来。水力学调控包括用泵抽取进行地下水流方式的控制，通过改变水力学状态，达到控制、阻止污染物扩散、迁移的目标。

比起使用水泥墙工程来，水力学控制系统具有成本低和费工时少的特点。图 8-18为污染土壤及地下水修复的水力学控制系统，其中注入井和输出井是极为关键的。注入井的作用主要有：①在水流动的污染地段，创造一个不流动区；②创造一个水力学梯度阻力，以阻止污染物的扩散与迁移；③最大限度地控制污染斑块的扩大；④截断污染地下水流动的去路。

从输出井抽提的水，可以直接用于树木和草坪的灌溉，或者用适当的容器收

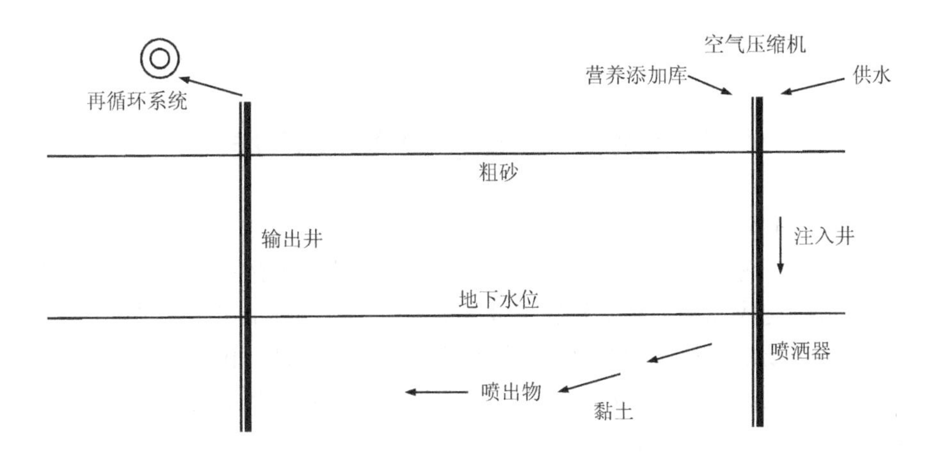

图 8-18　污染土壤及地下水修复的水力学控制系统

集起来并送到污水处理厂进行处理。实践表明，水力学调控首先必须彻底清除周围地区对地下水构成威胁或对地表径流有重要贡献的任何形式的污染源。

主要参考文献

程云，周启星，马奇英等. 2003. 染料废水处理技术的研究与进展. 环境污染治理技术与设备，4(6)：56～60

郭观林，周启星. 2003. 土壤-植物系统复合污染研究进展. 应用生态学报，14(5)：823～828

顾继光，周启星，王新. 2003. 土壤重金属污染的治理途径及其研究进展. 应用基础与工程科学学报，11(2)：143～151

胡慧青，周启星. 1998. 天子岭垃圾填埋场渗滤液的治理及其工艺改进. 污染防治技术，11(1)：62～64

王如松，周启星，胡聃. 2000. 城市生态调控方法. 北京：气象出版社

周启星. 1997. 湿地资源保护与合理利用的生态学. 见：生态环境研究与可持续发展，北京：中国环境科学出版社. 15～20

周启星. 1998. 污染土地就地修复技术研究进展及展望. 污染防治技术，11(4)：207～211

周启星，俞觊觎. 1997. 垃圾填埋场植物生长及其对堆体稳定效应的研究. 环境污染与防治，19(增)：2～4

Construction Industry Research and Information Association (CIRIA). 1996. Remedial treatment for contaminated land. London: CIRIA, Special Publication 106

Rumer R R, Ryan M E. 1995. Barrier containment technologies for environmental remediation applications. New York: John Wiley & Sons, INC.

Ryan C R. 1987. Vertical barriers in soil for pollution containment. Geotechnical Practice for Waste Disposal '87. ASCE Geotechnical Publication No. 13:182～204

Suthersan S S. 1996. Remediation engineering: design concepts. Boca Raton: Lewis Publishers, Inc.

Wong J, Nolan G L, Lim C H. 1997. Design of remediation systems. Boca Raton: Lewis Publishers, Inc.

第九章　污染土壤修复标准

污染土壤修复标准是指被技术和法规所确立、确认的土壤清洁水平，是通过土壤修复过程、各种清洁技术手段使土壤环境中污染物的浓度降低到对人体健康和生态系统不构成威胁的技术和法规可接受水平。这些标准是衡量某一点、某些点或一些污染场地经过人为修复后其清洁程度尺度的表征。由于“清洁”的概念是相对的和主观的，对“清洁”进行测度需要考虑实现的可能性、土壤的自身背景水平、人体与生态系统健康影响、经济可承受能力和社会发展水平等多种因素。

第一节　技术清洁水平

从技术清洁水平上讲，应该包括两个方面：一是污染土壤修复技术所能达到的清洁目标；二是现有分析技术发展所能确认的污染物最低限量目标，即仪器可检出水平。

一、修复技术水平

一个国家即使经济实力很强，如果采用的污染土壤修复技术不能达到指定的修复目标，那么这种污染土壤修复标准就等于“空中楼阁”，也是不现实的。这就是说，污染土壤修复标准的建立，首先应该建立在污染土壤清洁技术发展的现有水平的基础之上，需要根据技术水平的发展适时地进行适当的目标调整与目标“提高”。当然，如果通过技术改进，发现现有的修复标准很容易达到，那么说明技术问题就不是污染土壤修复标准制定的一个瓶颈，污染土壤的修复标准更需要考虑其他因素。

当前，污染土壤修复技术的发展和水平，还远远不能满足生态系统和人体健康对污染土壤修复所提出的严峻要求和面临的现实任务，是污染土壤修复标准制定的主要瓶颈之一。污染土壤修复技术的有效性，在很大程度上决定于污染物种类和污染介质的类型（表 9-1）。可见，发展、研制和改进污染土壤的修复技术，对于污染土壤修复标准的确立意义非常重大。

表 9-1　污染土壤修复技术与污染物和环境介质之间的关系

污染物类型	环境介质	修复技术
金属	土壤	固化/稳定化
有机污染物	地下水	碳吸附、氧化
	土壤、地下水	生物修复、化学浸提、焚烧
金属、有机复合污染	土壤	土壤淋洗、玻璃化
	土壤、地下水	物理修复、化学修复
挥发性有机污染物	土壤	土壤蒸气浸提、热解吸
	地下水	汽提

二、仪器可检出水平

制定的污染土壤修复标准是否可行，首先要从分析技术上加以保证。这就是说，如果规定的土壤环境中污染物及其浓度水平甚至没有什么试验仪器能够检出的话，那么任何进一步的工作就无从谈起。因此，为了解决这一根本性的问题，实现对土壤环境中污染物的准确识别和对低污染水平的测定，就需要发展相应的分析技术、研制统一且标准的分析方法。

目前国际上比较典型的土壤和地下水中一些重要金属、无机污染物和有机污染物的仪器可检出水平如表 9-2 和表 9-3 所示。其中的计量单位分别为 mg/kg（土壤）和 mg/L（地下水）。这些数值可以作为污染土壤及地下水修复标准制订时参考。

表 9-2　金属和无机污染物的典型检出极限

污染物	土壤/(mg/kg)	地下水/(mg/L)
汞	0.001	0.0002
铅	0.50	0.002
砷	0.10	0.004
镉	0.3	0.0002
铬	0.5	0.01
铜	0.5	0.01
硒	0.1	0.002

续表

污染物	土壤/(mg/kg)	地下水/(mg/L)
镍	0.5	0.02
锑	0.15	0.000 05
钡	0.5	0.01
铍	0.3	0.0005
硼（水溶性）	0.50	0.01
钠盐	3.3	0.004
氟（可溶性氟化物）	—	0.05
锰	0.5	0.01
钼	10	0.01
银	0.5	0.001
铊	0.5	0.001
钒（烟或尘）	0.50	0.01
锌（烟或尘）	0.025	0.0005
氰化物	0.5	0.01
硝酸盐（以氮计）	—	0.06
亚硝酸盐（以氮计）	—	0.06
硝酸盐/亚硝酸盐（合计）	—	0.06

表 9-3　有机污染物的典型检出极限

污染物	土壤/(mg/kg)	地下水/(mg/L)
苊	0.2	
丙酮	0.1	0.01
丙烯醛	—	0.005
丙烯腈	—	0.005
α-AHC	0.05	0.000 05
艾氏剂	0.005	0.000 05

续表

污染物	土壤/(mg/kg)	地下水/(mg/L)
蒽	0.17	0.005
苯	0.01	0.0002
联苯胺	0.1	0.02
苯并[*a*]蒽	0.17	0.000 01
苯并[*a*]芘	0.17	0.000 01
苯并[*b*]荧蒽	0.17	0.000 01
苯并[*k*]荧蒽	0.17	0.000 01
苯甲醇	0.07	0.002
双(2-乙基己基)乙二酸	1.0	0.01
双(2-氯乙基)醚	0.17	0.005
三溴甲烷	0.01	0.0002
溴代甲烷	0.01	0.0002
二硫化碳	0.05	0.01
四氯化碳	0.01	0.0002
羰基化物	1.0	0.01
氯丹	0.05	0.0005
氯苯	0.01	0.0002
氯仿	0.01	0.0002
氯代甲烷	0.01	0.0002
2-氯酚	0.3	0.005
□	0.17	0.000 02
二(2-乙基己基)邻苯二甲酸酯	0.17	0.01
二并苯[*a*,*h*]蒽	0.2	0.0001
1,2-二溴-3-氯丙烷	0.003	0.000 005
二溴氯甲烷	0.01	0.0002
1,2-二溴甲烷	0.002	0.000 005
邻苯二甲酸二丁酯	0.3	0.005

续表

污染物	土壤/(mg/kg)	地下水/(mg/L)
1,2-二氯苯	0.025	0.0005
1,3-二氯苯	0.02	0.0005
1,4-二氯苯	0.025	0.0005
3,3-二氯联苯胺	0.34	0.02
二氯溴甲烷	0.01	0.002
二氯二氟甲烷	0.01	0.002
1,2-二氯乙烷	0.01	0.002
二氯甲烷	0.05	0.0005
2,4-二氯酚	0.03	0.005
1,2-二氯丙烷	0.01	0.0002
1,3-二氯丙烯	0.01	0.0002
狄氏剂	0.01	0.0001
二乙基邻苯二甲酸酯	0.3	0.01
2,4-二硝基酚	1.67	0.01
2,4-二硝基苯	0.17	0.005
2-(1-甲基-正丙基)-4,9-二硝基苯酚	0.05	0.0002
联苯甲酰胺酸	1.0	0.01
1,2-二苯肼	0.17	0.01
二磺内酯	0.1	0.0005
乙苯	0.025	0.0005
1,2-亚乙基二醇	0.1	0.01
荧蒽	0.17	0.000 03
芴	0.17	0.000 04
七氯	0.005	0.000 05
环氧七氯	0.005	0.000 05
六氯-1,3-丁二烯	0.17	0.01
六氯代苯	0.17	0.005

续表

污染物	土壤/(mg/kg)	地下水/(mg/L)
β-六六六	0.05	0.000 05
六氯代环戊二烯	0.17	0.01
六氯乙烷	0.17	0.01
茚并[2,3-cd]芘	0.17	0.000 03
异佛尔酮	0.17	0.01
高丙体六六六	0.005	0.000 05
马拉硫磷	0.1	0.0005
甲基乙基酮	0.1	0.01
甲基对硫磷	0.003	0.0005
甲基叔丁基醚	0.25	0.0025
2-甲基-4-氯苯氧基乙酸	2.5	0.1
正己烷	0.05	0.005
N-亚硝基二正丙烷	0.17	0.005
N-亚硝基二甲基苯胺	0.17	0.005
N-亚硝基二苯胺	0.17	0.005
N-亚硝基吡咯烷	0.17	0.01
并四苯	0.2	0.0003
硝基苯	0.17	0.005
o-氯甲苯	0.05	0.0005
草胺酰	0.83	0.001
对硫磷	0.03	0.0005
五氯酚	2.0	0.01
酚	0.3	0.005
p,p'-二氯二苯二氯乙烷	0.2	0.0005
p,p'-二氯二苯二氯乙烯	0.01	0.0001
p,p'-二氯二苯三氯乙烷	0.01	0.0001
N-氨基甲酸异丙酯	0.33	—

续表

污染物	土壤/(mg/kg)	地下水/(mg/L)
芘	0.17	0.000 04
西玛三嗪	2.0	0.01
苯乙烯	0.05	0.0005
1,2,4,5-四氯苯	—	0.01
1,1,1,2-四氯乙烷	0.05	0.0005
1,1,2,2-四氯乙烷	0.05	0.0002
四氯乙烯	0.01	0.0002
四乙基铅	1.0	0.05
甲苯	0.01	0.0002
毒杀酚	0.05	0.0005
1,2,4-三氯苯	0.17	0.001
1,1,1-三氯乙烷	0.01	0.0002
1,1,2-三氯乙烷	0.01	0.0002
三氯乙烯	0.01	0.0002
三氯氟甲烷	0.025	0.0005
2,4,5-三氯酚	0.2	0.005
2,4,9-三氯酚	0.17	0.005
2,2,4,5-三氯苯氧基丙酸	0.02	0.0002
2,4,5-三氯苯氧基乙酸	0.02	0.0002
1,2,3-三氯丙烷	0.05	0.0005
三氯三氟乙烷	0.25	0.0005
三卤甲烷(总和)	—	0.004
春霉素	2.0	0.002
氯乙烯	0.05	0.0005
1,1-二氯乙烯	0.01	0.0002
二甲基(混合异构体)	0.01	0.0002

当然，表 9-2 和表 9-3 中所列出的这些检出水平的极限值，并不是一成不变的，它将随着现代分析技术的研制和仪器设备的改进以及研究方法的发展而不断得到改善。这就是说，改善检测能力、降低检测极限值，是现代环境分析化学的主要任务之一；现代环境分析化学的发展和进步，是污染土壤修复标准进一步修订的基础和依据之一。

在中国，试验设备条件还因不同部门、不同实验室和不同地区有很大差异。因此，建立的修复标准应该建立在多数实验室能够从分析技术和手段上能够加以实施，而不是少部分具有尖端试验能力的实验室为准。当然，这些尖端实验室有义务和职责承担整个国家分析技术普及和人员培训的工作，促进分析技术全面向前发展。

为了保证提出的污染土壤修复标准不至于宽到许多污染物能够对人体和生态系统产生明显的危害或不良生态效应，建立的标准还不能以那些试验条件差的实验室为准，这些实验室面临着必须逐渐改善分析试验条件的艰巨任务。否则，污染土壤修复标准就不具备一定的权威性，对生态系统和人体健康就起不到应有的保护作用与防范功能，就会失去应有的现实价值。

第二节　环境背景水平

从广义上讲，环境背景水平主要是指元素在土壤及地下水中固有的地球化学含量水平，一般是在成土过程中所形成的自然浓度状态，基本未受或很少受人类各种生产和生活活动影响。因此，人为合成有机污染物的环境背景水平大体上可以确定为零。在当今全球环境污染的情况下，完全纯自然的状态似乎已经不再存在。因此，环境背景水平只具有相对意义。

一、土壤环境背景

20 世纪 70 年代中期以来，中国开展了土壤环境背景值的研究，特别是被国家列入“七五”和“八五”科技攻关课题后，在全国范围内开展了系统研究，取得了一系列成果。在仪器和试验方法可检出水平基础上，这些成果可以为污染土壤修复标准的制订提供进一步的科学依据和基础资料。这段时间研究所获得的一些可供参考的数据如表 9-4 所示。

表 9-4　中国土壤元素环境背景值（单位：mg/kg）

元素	全距	中值	算术平均	几何平均	95%置信度范围值
银	0.001～0.84	0.10	0.13	0.11	0.027～0.41
铝	0.005～27.3	6.65	6.62	6.41	3.37～9.87
砷	0.01～626	9.6	11.2	9.2	2.5～33.5
硼	1.0～768	41.0	47.8	38.7	9.9～151
钡	5.0～1675	454	469	450	251～809
铍	0.001～10.0	1.90	1.95	1.82	0.85～3.91
溴	0.13～126	3.63	5.40	3.40	0.49～25.3
钙	0.01～47.9	0.93	1.54	0.71	0.01～4.80
镉	0.001～13.4	0.079	0.097	0.074	0.017～0.33
钴	0.01～93.9	11.6	12.7	11.2	4.0～31.2
铬	2.20～1209	57.3	61.0	53.9	19.3～150
铯	0.001～195	7.02	8.24	7.21	2.9～20.0
铜	0.33～272	20.7	22.6	20.0	7.3～55.1
氟	50～3467	453	478	440	191～1011
汞	0.001～45.9	0.038	0.065	0.040	0.009～0.272
碘	0.13～33.1	2.20	3.76	2.38	0.39～14.7
锂	2.0～225	30.6	32.5	29.1	11.1～76.4
镁	0.02～4.0	0.74	0.78	0.63	0.062～1.64
锰	1～5888	540	583	482	130～1786
钼	0.10～75.1	1.1	2.0	1.2	0.14～9.6
镍	0.09～627	24.9	26.9	23.4	7.7～71.0
铅	0.68～1143	23.5	26.0	23.6	10.0～56.1
硒	0.009～9.13	0.207	0.290	0.216	0.047～0.993
锡	0.10～27.6	2.3	2.6	2.3	0.8～6.7
锶	9～5957	147	167	121	21～690
铀	0.42～21.1	2.72	3.03	2.79	1.24～6.24
钒	0.49～1246	76.8	82.4	76.4	34.8～168
锌	2.9～593	68.0	74.2	67.7	28.4～161

注：据王云等，1995。

二、与污染土壤修复基准的关系

就污染土壤修复而言，环境背景水平是指在土壤或地下水污染发生之前土壤或地下水的基本状态和元素的存在水平。一般来说，把土壤中有毒元素或化合物的浓度控制在其背景值范围内，或者通过修复手段把这些所谓的污染物浓度降低到土壤环境背景水平以内，是最安全的，也最符合土壤本身生态系统特点和功能维持的要求。例如，加拿大 Ontario 农业食品部和环境部特设委员会规定的镉、镍和钼的最大允许浓度，分别恰等于 Ontario 非污染土壤中镉、镍和钼的平均含量，在数值上即等于我们通常所说的当地土壤环境背景值。不过，要识别、确定土壤的环境背景水平通常是比较困难的，因为污染的发生往往是潜意识的、非故意的以及具有随机性，并随时间发生不断变化。一般的做法是：土壤的环境背景水平是以周围地区或未污染区土壤环境中元素的含量水平为参照体系，有时采用下层土壤中元素的含量水平为参照体系；地下水的环境背景可以定义为以污染点的上坡向的地下水中的元素浓度水平为准。

值得注意的是，土壤类型不同，由于涉及各种复杂的成土因素（包括母质因素、生物因素、气候因素、地形因素和时间因素等），土壤元素的环境背景值有很大差异。例如，在富铜的山区或铜矿开采区，由于母质因素的影响，土壤元素铜的环境背景水平比一般土壤要高，有时甚至高于人体健康风险评价水平。在这种情况下，如此高的背景水平，对于污染土壤的修复似乎失去参考价值。这就是说，土壤高背景值一般不宜作为通常大多土壤污染修复的参照标准。

在美国、英国和其他国家，也曾经开展过土壤环境背景值的调查和研究。表 9-5 为美国土壤中元素的背景浓度。由于与中国的地域差异和生态环境条件不同，工农业活动强度、类型与历史不一致，显然与中国土壤元素环境背景值有很大不同。在这种意义上，必须承认，不同的国家，必然有不同的污染土壤修复的标准。那种照抄照搬的做法，肯定是不现实的，也肯定会导致巨大的经济损失和不可弥补的生态悲剧。

表 9-5　美国土壤中元素的背景浓度（单位：mg/kg）

组分	平均值	范围
铝（烟或尘）	66 000	700～100 000
锑	0.67	<1～8.8
砷	7.2	<0.1～97

续表

组分	平均值	范围
钡	580	10～5000
铍	0.92	<1～15
硼（水溶性）	34	<20～300
镉	0.06	0.01～0.7
钙	24 000	<150～320 000
铈	86	<150～300
铬	54	1.0～2000
钴	10	<3～70
铜	25	<1～700
镓	19	<5～70
铁	25 000	100～100 000
镧	41	<30～200
铅	19	<10～700
锰	560	<1～7000
汞	0.089	<0.01～4.6
钼		<3～7.0
镍	19	<5～700
磷（黄或白）	420	20～6000
钾	23 000	50～70 000
硒	0.39	<0.1～4.3
钠	12 000	<500～100 000
锶	240	<5～3000
钒（烟或尘）	76	<7～500
锌（烟或尘）	60	<5～2900

第三节　法规可调控清洁水平

污染土壤修复标准必须结合现有的各种环境保护法规，具体体现一个国家的经济实力、政府对环境保护工作的力度和全体公民对环境保护的认识水平与自觉程度。

一、国内现有环境立法

从 1972 年到现在，中国一直对环境立法给予极大的关注和重视。在建立的各种法规体系中，以环境立法进展最快。可以认为，经过近 30 年各方面艰苦努力，一个符合中国基本国情的环境法规体系已经形成。截止到 2001 年 4 月，中国共制定环境保护标准 439 项，其中国家标准 365 项，行业标准 74 项。其中，1998 年修订的《中华人民共和国土地管理法》和《中华人民共和国土地管理法实施条例》为土地资源的保护和土壤污染防治提供了法律基础；2000 年 3 月 20 日颁布的《中华人民共和国水污染防治法实施细则》则为水污染防治提供法规依据，它们也是建立污染土壤修复标准的法律基础。

尤其值得一提的是，中国为贯彻《中华人民共和国环境保护法》，防止土壤污染，保护生态环境，保障农林生产，维护人体健康，还于 1995 年制定了土壤环境质量标准（GB15618-1995）。该标准按土壤应用功能、保护目标和土壤主要性质，把土壤环境质量划分为三类：Ⅰ类主要适用于国家规定的自然保护区（原有背景重金属含量高的除外）、集中式生活饮用水源地、茶园、牧场和其他保护地区的土壤，土壤质量基本保持在自然背景水平；Ⅱ类主要适用于一般农田、蔬菜地、茶园、果园、牧场等土壤，土壤质量基本上对植物和环境不造成危害和污染；Ⅲ类主要适用于林地土壤及污染物容量较大的高背景值土壤和矿产附近等地的农田土壤（蔬菜地除外），土壤质量基本上对植物和环境不造成危害和污染。与此同时，规定了土壤环境中污染物的最高允许浓度指标值（表 9-6）及相应的监测方法（表 9-7）。应该说，该标准在一定程度上可以作为我国农田、蔬菜地、茶园、果园、牧场、林地、自然保护区等地污染土壤的修复标准。或者说，土壤环境中污染物的最高允许浓度指标值可以作为污染土壤修复的参照标准，尽管该土壤环境质量标准存在许多严重不足，特别是有许多重要的土壤污染物并没有被涉及，有些标准值并没有得到相应的验证，还需要进行进一步研究加以确认或校正。

表 9-6 中国土壤环境质量标准值（单位：mg/kg）

项目		一级[1]	二级[1]			三级[1]
土壤 pH		自然背景	<6.5	6.5～7.5	>7.5	>6.5
镉 ≤		0.20	0.30	0.60	1.0	
汞 ≤		0.15	0.30	0.50	1.0	1.5
砷[2]	水田 ≤	15	30	25	20	30
	旱地 ≤	15	40	30	25	40
铜	农田等 ≤	35	50	100	100	400
	果园 ≤	—	150	200	200	400
铅 ≤		35	250	300	350	500
铬[2]	水田 ≤	90	250	300	350	400
	旱地 ≤	90	150	200	250	300
锌 ≤		100	200	250	300	500
镍 ≤		40	40	50	60	200
六六六[3] ≤		0.05		0.50		1.0
滴滴涕[3] ≤		0.05		0.50		1.0

1）一级标准为保护区域自然生态，维持自然背景的土壤环境质量的限制值；二级标准为保障农业生产，维护人体健康的土壤限制值；三级标准为保障农林业生产和植物正常生长的土壤临界值。

2）重金属砷和铬（主要是三价）均按元素量计，适用于阳离子交换量>5cmol(+)/kg 的土壤，若≤5cmol(+)/kg，其标准值为表内数值的半数；水旱轮作地的土壤环境质量标准，砷采用水田值，铬采用旱地值。

3）六六六为四种异构体总量，滴滴涕为四种衍生物总量。

表 9-7 中国土壤环境质量标准选配分析方法

序号	项目	测定方法	检测范围/(mg/kg)	注释	分析方法来源
1	镉	土样经盐酸－硝酸－高氯酸（或盐酸－硝酸－氢氟酸－高氯酸）消解后：①萃取－火焰原子吸收法测定；②石墨炉原子吸收分光光度法测定	①0.025 以上；②0.005 以上	土壤总镉	①、②
2	汞	土样经硝酸－硫酸－五氧化二钒或硫、硝酸锰酸钾消解后，冷原子吸收法测定	0.004 以上	土壤总汞	①、②

续表

序号	项目	测定方法	检测范围/(mg/kg)	注释	分析方法来源
3	砷	①土样经硫酸－硝酸－高氯酸消解后，二乙基二硫代氨基甲酸银分光光度法测定；②土样经硝酸－盐酸－高氯酸消解后，硼氢化钾－硝酸银分光光度法测定	①0.5以上 ②0.1以上	土壤总砷	①、②
4	铜	土样经盐酸－硝酸－高氯酸（或盐酸－硝酸－氢氟酸－高氯酸）消解后，火焰原子吸收分光光度法测定	1.0以上	土壤总铜	①、②
5	铅	土样经盐酸－硝酸－氢氟酸－高氯酸消解后：①萃取－火焰原子吸收法测定；②石墨炉原子吸收分光光度法测定	①0.4以上 ②0.06以上	土壤总铅	②
6	铬	土样经硫酸－硝酸－氢氟酸消解后：①高锰酸钾氧，二苯碳酰二肼光度法测定；②加氯化铵液，火焰原子吸收分光光度法测定	①1.0以上 ②2.5以上	土壤总铬	①
7	锌	土样经盐酸－硝酸－高氯酸（或盐酸－硝酸－氢氟酸－高氯酸）消解后，火焰原子吸收分光光度法测定	0.5以上	土壤总锌	①、②
8	镍	土样经盐酸－硝酸－高氯酸（或盐酸－硝酸－氢氟酸－高氯酸）消解后，火焰原子吸收分光光度法测定	2.5以上	土壤总镍	③
9	六六六和滴滴涕	丙酮－石油醚提取，浓硫酸净化，用带电子捕获检测器的气相色谱仪测定	0.005以上		GB/T 14550-93
10	pH	玻璃电极法[m(土)∶m(水)=1.0∶2.5]	—		②
11	阳离子交换量	乙酸铵法等	—		③

注：分析方法除土壤六六六和滴滴涕有国标外，其他项目待国家方法标准发布后执行，现暂采用下列方法：①《环境监测分析方法》，1983，城乡建设环境保护部环境保护局；②《土壤元素的近代分析方法》，1992，中国环境监测总站编，科学出版社；③《土壤理化分析》，1978，中国科学院南京土壤研究所编，上海科技出版社。

众所周知，当进入到土壤环境中的污染物达到一定数量时，首先会通过各种迁移、淋溶过程污染地下水甚至迁移进入作为饮用水的地表水中。为了防止污染土壤对地下水特别是对饮用水的污染，必须采取必要的修复手段和技术措施对污染土壤进行修复，使污染的土壤至少不至于构成对地下水和饮用水的污染。中国为保护和合理开发地下水资源，防止和控制地下水污染，保障人民身体健康，促进经济建设，已制定了地下水质量标准（GB/T 14848—93）。该标准于 1993 年 12 月 30 日由国家技术监督局批准，1994 年 10 月 1 日正式实施。在该标准中，依据中国地下水水质现状、人体健康基准值及地下水质量保护目标，并参照了生活饮用水、工业、农业用水水质最高要求，将地下水质量划分为五类：Ⅰ类主要反映地下水化学组分的天然低背景含量，适用于各种用途；Ⅱ类主要反映地下水化学组分的天然背景含量，适用于各种用途；Ⅲ类以人体健康基准值为依据，主要适用于集中式生活饮用水水源及工、农业用水；Ⅳ类以农业和工业用水要求为依据，除适用于农业和部分工业用水外，适当处理后可作生活饮用水；Ⅴ类不宜饮用。其他用水可根据使用目的选用。该标准中关于中国地下水质量分类指标的具体数值和限量（表 9-8），可以作为中国污染土壤及地下水修复时参考。

表 9-8　中国地下水质量分类指标(GB/T 14848—93)

序号	项目	类别				
		Ⅰ类	Ⅱ类	Ⅲ类	Ⅳ类	Ⅴ类
1	色(度)	≤5	≤5	≤15	≤25	>25
2	臭和味	无	无	无	无	有
3	浑浊(度)	≤3	≤3	≤3	≤10	>10
4	肉眼可见物	无	无	无	无	有
5	pH	6.5～8.5			5.5～6.5, 8.5～9	<5.5, >9
6	总硬度（以 $CaCO_3$ 计）/(mg/L)	≤150	≤300	≤450	≤550	>550
7	溶解性总固体/(mg/L)	≤300	≤500	≤1000	≤2000	>2000
8	硫酸盐/(mg/L)	≤50	≤150	≤250	≤350	>350
9	氯化物/(mg/L)	≤50	≤150	≤250	≤350	>350
10	铁(Fe)/(mg/L)	≤0.1	≤0.2	≤0.3	≤1.5	>1.5
11	锰(Mn)/(mg/L)	≤0.05	≤0.05	≤0.1	≤1.0	>1.0
12	铜(Cu)/(mg/L)	≤0.01	≤0.05	≤1.0	≤1.5	>1.5
13	锌(Zn)/(mg/L)	≤0.05	≤0.5	≤1.0	≤5.0	>5.0

续表

序号	项目	类别				
		Ⅰ类	Ⅱ类	Ⅲ类	Ⅳ类	Ⅴ类
14	钼(Mo)/(mg/L)	≤0.001	≤0.01	≤0.1	≤0.5	>0.5
15	钴(Co)/(mg/L)	≤0.005	≤0.05	≤0.05	≤1.0	>1.0
16	挥发性酚类(以苯酚计)/(mg/L)	0.001	0.001	0.002	≤0.01	0.01
17	阴离子合成洗涤剂/(mg/L)	不得检出	≤0.1	≤0.3	≤0.3	>0.3
18	高锰酸盐指数/(mg/L)	≤1.0	≤2.0	≤3.0	≤10	>10
19	硝酸盐(以氮计)/(mg/L)	≤2.0	≤5.0	≤20	≤30	>30
20	亚硝酸盐(以氮计)/(mg/L)	≤0.001	≤0.01	≤0.02	≤0.1	0.1
21	氨氮(NH_4)/(mg/L)	≤0.02	≤0.02	≤0.2	≤0.5	>0.5
22	氟化物/(mg/L)	≤1.0	≤1.0	≤1.0	≤2.0	>2.0
23	碘化物/(mg/L)	≤0.1	≤0.1	≤0.2	≤1.0	>1.0
24	氰化物/(mg/L)	≤0.001	≤0.01	≤0.05	≤0.1	>0.1
25	汞(Hg)/(mg/L)	≤0.000 05	≤0.0005	≤0.001	≤0.001	>0.001
26	砷(As)/(mg/L)	≤0.005	≤0.01	≤0.05	≤0.05	>0.05
27	硒(Se)/(mg/L)	≤0.01	≤0.01	≤0.01	≤0.1	>0.1
28	镉(Cd)/(mg/L)	≤0.0001	≤0.001	≤0.01	≤0.01	>0.013
29	铬(Ⅵ)/(mg/L)	≤0.005	≤0.01	≤0.05	≤0.1	>0.1
30	铅(Pb)/(mg/L)	≤0.005	≤0.01	≤0.05	≤0.1	>0.1
31	铍(Be)/(mg/L)	≤0.000 02	≤0.0001	≤0.0002	≤0.001	>0.001
32	钡(Ba)/(mg/L)	≤0.01	≤0.1	≤1.0	≤4.0	>4.0
33	镍(Ni)/(mg/L)	≤0.005	≤0.05	≤0.05	≤0.1	>0.1
34	滴滴涕/(μg/L)	不得检出	≤0.005	≤1.0	≤1.0	>1.0
35	六六六/(μg/L)	≤0.005	≤0.05	≤5.0	≤5.0	>5.0
36	总大肠菌群/(个/L)	≤3.0	≤3.0	≤3.0	≤100	>100
37	细菌总数/(个/mL)	≤100	≤100	≤100	≤1000	>1000
38	总放射性/(Bq/L)	≤0.1	≤0.1	≤0.1	>0.1	>0.1
39	总β放射性/(Bq/L)	≤0.1	≤1.0	≤1.0	>1.0	>1.0

在中国广大乡村地区，尤其是在农村，地下水常常作为生活饮用水使用。一二十年前，甚至在北京，也开采地下水作为生活饮用水。为了保证广大农村地区污染土壤修复后不影响地下水的饮用，生活饮用水卫生标准应该作为地下水是否污染的衡量标准和法规依据。也就是说，当农村地区污染土壤经过修复后地下水水质达到了生活饮用水卫生标准，可以认为，污染土壤修复达到了法规可调控的清洁水平。中国生活饮用水卫生标准中有关生活饮用水水质常规检验项目及限值、非常规检验项目及限值和饮用水源水中有害物质的限值（表 9-9，表 9-10），对于特定条件下污染土壤及地下水修复标准的确立，具有重要现实意义。

表 9-9　中国生活饮用水水质常规检验项目及限值（GB5749—85）

指标	项目	标准
感官性状和一般化学指标	色度	色度不超过 15 度，并不得呈现其他异色
	浑浊度	不超过 1NTU[1)]，特殊情况下不超过 5NTU
	臭和味	不得有异臭、异味
	肉眼可见物	不得含有
	pH	6.5～8.5
	总硬度（以 $CaCO_3$ 计）	450mg/L
	铝	0.2mg/L
	铁	0.3mg/L
	锰	0.1mg/L
	铜	1.0mg/L
	锌	1.0mg/L
	挥发酚类（以苯酚计）	0.002mg/L
	阳离子合成洗涤剂	0.3mg/L
	硫酸盐	250mg/L
	氯化物	250mg/L
	溶解性总固体	1000mg/L
	耗氧量（以 O_2 计）	3mg/L，特殊情况下不超过 5mg/L[2)]

续表

指标	项目	标准
毒理学指标	氟化物	1.0mg/L
	氰化物	0.05mg/L
	砷	0.05mg/L
	硒	0.01mg/L
	汞	0.001mg/L
	镉	0.005mg/L
	铬（Ⅵ）	0.05mg/L
	铅	0.01mg/L
	银	0.05mg/L
	硝酸盐（以氮计）	20mg/L
	氯仿	0.06mg/L
	四氯化碳	0.002mg/L
	苯并［*a*］芘	0.01μg/L
	滴滴涕	1μg/L
	六六六	5μg/L
细菌学指标	细菌总数	100CFU/mL[3)]
	总大肠菌群	每 100mL 水样中不得检出
	粪大肠菌群	每 100mL 水样中不得检出
	游离余氯	在与水接触 30min 后应不低于 0.3mg/L，管网末稍水不应低于 0.05mg/L（适用于加氯消毒）
放射性指标	总 α 放射性	0.5Bq/L[4)]
	总 β 放射性	1Bq/L

1）表中 NTU 为散射浊度单位。

2）特殊情况包括水源限制等情况。

3）CFU 为菌落形成单位。

4）放射性指标规定数值不是限值，而是参考水平，放射性指标超过表 9-9 中所规定的数值时，必须进行核素分析和评价，以决定能否饮用。

表 9-10　中国生活饮用水水质非常规检验项目及限值

指标	项 目	标准/(mg/L)
感官性状和	硫化物	0.02
一般化学指标	钠	200
毒理学指标	锑	0.005
	钡	0.7
	铍	0.002
	硼	0.5
	钼	0.07
	镍	0.02
	银	0.05
	铊	0.001
	二氯甲烷	0.02
	1,2-二氯乙烷	0.03
	1,1,1-三氯乙烷	2
	氯乙烯	0.005
	1,1-二氯乙烯	0.03
	1,2-二氯乙烯	0.05
	三氯乙烯	0.07
	四氯乙烯	0.04
	苯	0.01
	甲苯	0.7
	二甲苯	0.5
	乙苯	0.3
	苯乙烯	0.02
	氯苯	0.3
	1,2-二氯苯	1
	1,4- 二氯苯	0.3
	三氯苯(总量)	0.02

续表

指标	项 目	标准/(mg/L)
	邻苯二甲酸二(2-乙基己基)酯	0.008
	丙烯酰胺	0.0005
	六氯丁二烯	0.0006
	微囊藻毒素-LR	0.001
	甲草胺	0.02
	灭草松	0.3
	叶枯唑	0.5
	百菌清	0.01
	溴氰菊酯	0.02
	内吸磷	0.03(感官限值)
	乐果	0.08(感官限值)
	2,4-D	0.3
	七氯	0.0004
	七氯环氧化物	0.0002
	六氯苯	0.001
	林丹	0.0002
	马拉硫磷	0.25(感官限值)
	对硫磷	0.003(感官限值)
	甲基对硫磷	0.02(感官限值)
	五氯酚	0.009
	亚氯酸盐	0.2(适用于二氧化氯消毒)
	一氯胺	3
	2,4,6-三氯酚	0.2
	甲醛	0.9
	三卤甲烷[1)]	该类化合物中每种化合物的实测浓度与其各自限值的比值之和不得超过1
	溴仿	0.1

续表

指标	项 目	标准/(mg/L)
有害物质指标	二溴一氯甲烷	0.1
	一溴二氯甲烷	0.06
	二氯乙酸	0.05
	三氯乙酸	0.1
	三氯乙醛(水合氯醛)	0.01
	氯化氰(以 CN^- 计)	0.07
	乙腈	5.0
	丙烯腈	2.0
	乙醛	0.05
	三氯乙醛	0.01
	甲醛	0.9
	丙烯醛	0.1
	二氯甲烷	0.02
	1,2-二氯乙烷	0.03
	环氧氯丙烷	0.02
	二硫化碳	2.0
	苯	0.01
	甲苯	0.7
	二甲苯	0.5
	乙苯	0.3
	氯苯	0.3
	1,2-二氯苯	1
	二硝基苯	0.5
	硝基氯苯	0.05
	二硝基氯苯	0.5
	三氯苯	0.02
	三硝基甲苯	0.5

续表

指标	项 目	标准/(mg/L)
	四氯苯	0.02
	六氯苯	0.05
	异丙苯	0.25
	苯乙烯	0.02
	苯胺	0.1
	三乙胺	3.0
	己内酰胺	3.0
	丙烯酰胺	0.0005
	氯乙烯	0.005
	三氯乙烯	0.07
	四氯乙烯	0.04
	邻苯二甲酸二(2-乙基己基)酯	0.008
	氯丁二烯	0.002
	水合肼	0.01
	四乙基铅	0.0001
	石油(包括煤油、汽油)	0.3
	吡啶	0.2
	松节油	0.2
	苦味酸	0.5
	丁基黄原酸	0.005
	活性氯	0.01
	硫化物	0.02
	黄磷	0.003
	钼	0.07
	钴	1.0
	铍	0.002
	硼	0.5

续表

指标	项 目	标准/(mg/L)
	锑	0.005
	镍	0.02
	钡	0.7
	钒	0.05
	钛	0.1
	铊	0.0001
	马拉硫磷(4049)	0.25
	内吸磷(E059)	0.03
	甲基对硫磷(甲基 E605)	0.02
	对硫磷(E605)	0.003
	乐果	0.08
	林丹	0.002
	百菌清	0.01
	甲萘威	0.05
	溴氰菊酯	0.02
	叶枯唑	0.5

1) 三卤甲烷包括氯仿、溴仿、二溴一氯甲烷和一溴二氯甲烷共 4 种化合物。

二、国外和一些国际组织有关环境法规

作为世界上经济实力最为强大的美国，依据国家法规与指导准则确立的清洁水平已经对土壤和地下水中污染物的可接受水平进行了规定。这些国家法规与指导准则包括《安全饮用水法》和《有毒物质控制法》。正如 1986 年美国在修订《安全饮用水法》时，公众要求环境保护局对人体健康有不良影响并在公共供水系统中有可能出现的污染物确立最大污染水平目标（MCLG）。尽管 MCLG 是不可强制执行的目标，但能够表征人们非期望的对人体健康有不良效应的污染水平。其中，对于那些非致癌性污染物质，可根据饮用水等价水平（DWEL）对其 MCLG 值进行确定，而 DWEL，是在假设成人体重 70kg、每日暴露于污染物假设只来自饮用水暴露的基础上，通过乘以参照剂量（RfD）、除以每天耗水量

(21) 计算而得。通常，由于由饮用水暴露占总暴露的 20%，即所谓的污染源相对暴露贡献（RSC）。在这种情况下，MCLG 则应该由 DWEL 乘以 RSC 这个系数计算而得，即

$$MCLG = DWEL \times RSC \tag{9-1}$$

对于那些具有致癌效应的污染物，美国国家环境保护局把它分成 3 大类型，其中把第 I 大类污染物的 MCLG 值设为 0。

在美国，《安全饮用水法》还促使其环境保护局制定了《国家主要饮用水管理规定》。在该管理规定中所包含的各种标准，是根据污染物最大浓度水平（MCL）或特定的处理技术确立的。MCL 值的确定，应该尽量与 MCLG 相一致。为了保证饮用水的供给遵循 MCL，《国家主要饮用水管理规定》包括监测、分析和质量保证等条例。每一污染物 MCL 值的确立，必须建立在去除污染的各种技术性能、实验室以现有的分析方法对污染物能够准确而快速地实施测定的能力以及利用这些技术的耗费进行全面评估的基础之上。对于非致癌污染物的 MCL，通常是根据 MCLG 而确立的；对于具有致癌效应污染物的 MCL，由于通常受到分析检出水平的限制，在数值上则往往大于其相应的 MCLG。总之，MCL 的确立，应该充分体现对人体健康的保护。在表 9-11 和表 9-12 中，美国国家环境保护局制定的饮用水标准，则采用了 MCL 和 MCLG 对地下水中无机污染物和有机污染物进行了规定，其目的是为了防止污染土壤修复后构成对地下水的污染。

表 9-11　美国国家环境保护局(EPA)制订的饮用水无机污染物标准

无机污染物	在地下水中的浓度/(mg/L,特殊说明除外)	
	MCL	MCLG
重金属		
锑	0.06	0.006
砷	0.05	
钡	2	2
铍	0.04	0.04
镉	0.005	0.005
铬	0.1	0.1
铜		1.3

续表

无机污染物	在地下水中的浓度/(mg/L,特殊说明除外)	
	MCL	MCLG
铅	0.05	
汞	0.002	0.002
镍	0.1	0.1
硒	0.05	0.05
铊	0.02	0.0005
其他无机组分		
三氯化铝	0.002	0
石棉(>10 μm)	7百万纤维/L	7百万纤维/L
氰化物(作为游离氰化物)	0.2	0.2
氟化物	4	4
硝酸盐(以氮计)	10	10
亚硝酸盐(以氮计)	1	1
硝酸盐+亚硝酸盐(以氮计)	10	10

表 9-12　美国国家环境保护局(EPA)制订的饮用水有机污染物标准

有机污染物	在地下水中的浓度/(mg/L)	
	MCL	MCLG
丙烯酰铵	0.003	0
碳酰醛	0.004	0.001
亚砜	0.002	0.001
砜	0.005	0.001
苯	0.0002	0
苯并[*a*]芘	0.04	0
苄氧呋喃	0.005	0.04
四氯化碳	0.002	0

续表

有机污染物	在地下水中的浓度/(mg/L)	
	MCL	MCLG
氯丹	0.07	0
2,4-D	0.0002	0.07
二溴氯丙烷	0.6	0
o-二氯苯	0.075	0.6
仲-二氯苯	0.005	0.075
1,2-二氯乙烯	0.007	0
1,1-二氯己烯	0.07	0.007
cis-1,2-二氯乙烯	0.1	0.07
trans-1,2-二氯乙烯	0.005	0.1
二氯甲烷	0.005	0
1,2-二氯丙烷	0.4	0
二(2-乙基己基)己二酸盐	0.006	0.4
二(2-乙基己基)邻苯二甲酸盐	0.007	0
2-(1-甲基-正丙基)-4,9-二硝基苯酚	0.02	0.007
杀草快		0.02
表氯醇	0.7	0
乙基苯	0.000 05	0.7
二溴化乙烯	0.0004	0
七氯	0.0002	0
环氧七氯	0.001	0
六氯代苯		0
六氯代环戊二烯	0.05	0.05
林丹	0.0002	0.0002
甲氧 DDT	0.04	0.04
单氯苯	0.1	0.1
草氨酰	0.2	0.2

续表

有机污染物	在地下水中的浓度/(mg/L)	
	MCL	MCLG
PCBs	0.0005	0
五氯酚	0.001	0
西玛三嗪	0.004	0.004
苯乙烯	0.1	0.1
2,3,7,8-TCDD(二噁英)	3×10^{-8}	0
四氯乙烯	0.005	0
甲苯	1	1
毒杀酚	0.003	0
2,4,5-TP	0.05	0.05
1,2,4-三氯苯	0.07	0.07
1,1,1-三氯乙烷	0.2	0.2
1,1,2-三氯乙烷	0.005	0.003
三氯乙烯	0.005	0
氯乙烯	0.002	0
二甲基化合物(总计)	10	10

世界卫生组织（WHO）制定的《饮用水水质标准》，极为详尽、具体，其内容包括饮用水中的细菌质量（表 9-13）、饮用水中对健康有影响的化学物质（表 9-14）、饮用水中常见的对健康影响不大的化学物质的浓度（表 9-14）、饮用水中放射性组分（表 9-13）和饮用水中含有的能引起用户不满的物质及其参数(表9-15),对其均做了有关规定和严格限制。欧洲共同体理事会关于生活饮用水水质的条例（98/83/EEC）则由微生物学参数、化学物质参数、指示参数和放射性参数等 4 个部分组成（表 9-16）。这些法定的限制值，对于中国污染土壤其地下水修复是否达到了法规可调控的清洁水平，特别是对于防止污染土壤修复后构成对地下水的污染具有指导性意义。

表 9-13　WHO 规定的生活饮用水中细菌和放射性组分限值

项 目		指标值/筛分值	旧标准
所有用于饮用的水	大肠杆菌或耐热大肠菌	在任意 100mL 水样中检测不出[1]	
进入配水管网的处理后水	大肠杆菌或耐热大肠菌	在任意 100mL 水样中检测不出	在任意 100mL 水样中检测不出
	总大肠菌群	在任意 100mL 水样中检测不出	在任意 100mL 水样中检测不出
配水管网中的处理后水	大肠杆菌或耐热大肠菌	在任意 100mL 水样中检测不出	
	总大肠菌群	在任意 100mL 水样中检测不出。对于供水量大的情况，应检测足够多次的水样，在任意 12 个月中 95%水样应合格	
放射性组分	总 α 活性	0.1 Bq/L[2]	0.1Bq/L
	总 β 活性	1Bq/L	1Bq/L

1）如果检测到大肠杆菌或总大肠菌，应立即进行调查；如果发现总大肠菌，应重新取样再测；如果重取的水样中仍检测出大肠菌，则必须进一步调查以确定原因。

2）如果超出了一个筛分值，那么更详细的放射性核元素分析必不可少；较高的值并不一定说明该水质不适于人类饮用。

表 9-14　WHO 规定的饮用水中对健康有影响化学物质的限值

参 数	指标值	旧标准	备 注
无机组分/(mg/L)			
锑	0.005 (p)[1]		
砷	0.01[2] (p)	0.05	含量超过 6×10^{-4}将有致癌的危险
钡	0.7		
铍			NAD[3]
硼	0.3		
镉	0.003	0.005	
铬	0.05(p)	0.05	

续表

参数	指标值	旧标准	备注
铜	2(p)	1.0	ATO[4]
氰	0.07	0.1	
氟	1.5	1.5	当制定国家标准时，应考虑气候条件、用水总量以及其他水源的引入
铅	0.01	0.05	众所周知，并非所有的给水都能立即满足指标值的要求，所有其他用以减少水暴露于铅污染下的推荐措施都应采用
锰	0.5(p)	0.1	ATO
汞(总)	0.001	0.001	
钼	0.07		
镍	0.02		
NO_3^-	50	10	每一项浓度与它相应的指标值的比率的总和不能超过1
NO_2^-	3(p)		
硒	0.01	0.01	
钨			NAD
有机组分/(μg/L)			
氯化烷烃类			
四氯化碳	2	3	
二氯甲烷	20		
1,1-二氯乙烷			NAD
1,1,1-三氯乙烷	2000(p)		
1,2-二氯乙烷	30[2]	10	过量致险值为10^{-5}
氯乙烯类			
氯乙烯	5[2]		过量致险值为10^{-5}
1,1-二氯乙烯	30	0.3	
1,2-二氯乙烯	50		
三氯乙烯	70(p)	10	

续表

参 数	指标值	旧标准	备 注
四氯乙烯	40	10	
芳香烃族			
苯	10[2)]	10	过量致险值为 10^{-5}
甲苯	700		ATO
二甲苯族	500		ATO
苯乙烷	300		ATO
苯乙烯	20		ATO
苯并[*a*]芘	0.7[2)]	0.01	过量致险值为 10^{-5}
氯苯类			
一氯苯	300		ATO
1,2-二氯苯	1000		ATO
1,3-二氯苯			NAD
1,4-二氯苯	300		ATO
三氯苯(总)	20		ATO
其他类			
二(2-乙基己基)己二酸	80		
二(2-乙基己基)邻苯二甲酸酯	8		
丙烯酰胺	0.5[2)]		过量致险值为 10^{-5}
环氧氯丙烷	0.4(p)		
六氯丁二烯	0.6		
乙二胺四乙酸(EDTA)	200(p)		
次氮基三乙酸	200		
二烃基锡			NAD
三丁基氧化锡	2		
农药/(μg/L)			
草不绿	20[2)]		过量致险值为 10^{-5}
涕灭威	10		
艾氏剂/狄氏剂	0.03	0.03	
莠去津	2		

续表

参 数	指标值	旧标准	备 注
噻草平/苯达松	30		
羰呋喃	5		
氯丹	0.2	0.3	
绿麦隆	30		
滴滴涕	2	1	
1,2-二溴-3-氯丙烷	1[2)]		过量致险值为 10^{-5}
2,4-D	30		
1,2-二氯丙烷	20(p)		
1,3-二氯丙烷			NAD
1,3-二氯丙烯	20[2)]		过量致险值为 10^{-5}
二溴乙烯			NAD
七氯和七氯环氧化物	0.03	各 0.1	
六氯苯	1[2)]	0.01	过量致险值为 10^{-5}
异丙隆	9		
林丹	2	3	
2-甲-4-氯苯氧基乙酸(MCPA)	2	100	
甲氧氯	20		
丙草胺	10		
草达灭	6		
二甲戊乐灵	20		
五氯苯酚	9(p)	10	
二氯苯醚菊酯	20		
丙酸缩苯胺	20		
达草止	100		
西玛三嗪	2		
氟乐灵	20		
氯苯氧基除草剂,不包括 2,4-D 和 MCPA			
2,4-DB	90		

续表

参数	指标值	旧标准	备注
二氯丙酸	100		
2,4,5-涕丙酸	9		
2-甲-4-氯丁酸(MCPB)			NAD
2-甲-4-氯丙酸	10		
2,4,5-T	9		
消毒剂/(mg/L)			
一氯胺	3		
二氯胺和三氯胺			NAD
氯	5		ATO,在 pH<8.0 时,为保证消毒效果,接触 30min 后,自由氯应>0.5mg/L
二氧化氯			由于二氧化氯会迅速分解,故该指项标值尚未制定,且亚氯酸盐的指标值足以防止来自于二氧化氯的潜在毒性
碘			NAD
消毒副产物/(μg/L)			
溴酸盐	25[2)](p)		过量致险值为 7×10^{-5}
氯酸盐			NAD
亚氯酸盐	200(p)		
氯酚类			
2-氯酚			NAD
2,4-二氯酚			NAD
2,4,6-三氯酚	200[2)]	10	过量致险值为 10^{-5},ATO
甲醛	900		
3-氯-4-二氯甲基-5-羟基-2(5H)-呋喃酮(MX)			NAD
三卤甲烷类			每一项的浓度与它相对应的指标值的比率不能超过 1

续表

参 数	指标值	旧标准	备 注
三溴甲烷	100		
一氯二溴甲烷	100		
二氯一溴甲烷	60[2]		过量致险值为 10^{-5}
三氯甲烷	200[2]	30	过量致险值为 10^{-5}
氯化乙酸类			
氯乙酸			NAD
二氯乙酸	50(P)		
三氯乙酸	100(P)		
水合三氯乙醛	10(P)		
氯丙酮			NAD
卤乙腈类			
二氯乙腈	90(P)		
二溴乙腈	100(P)		
氯溴乙腈			NAD
三氯乙腈	1(P)		
氯乙腈(以 CN^- 计)	70		
三氯硝基甲烷			NAD
常见的对健康影响不大的化学物质			
石棉	[5]		
银	[5]		
锡	[5]		

1) (p)指临时性指标值,该项目适用于某些组分,对这些组分而言,有一些证据说明这些组分具有潜在的毒害作用,但对健康影响的资料有限;或在确定日容许摄入量(TDI)时不确定因素超过 1000 以上。

2) 对于被认为有致癌性的物质,该指导值为致癌危险率为 10^{-5} 时其在饮用水中的浓度(即每 100 000 人中,连续 70 年饮用含浓度为该指导值的该物质的饮用水,有一人致癌)。

3) NAD 表示没有足够的资料用于确定推荐的健康指导值。

4) ATO 表示该物质的浓度为健康指导值或低于该值时,可能会影响水的感官、嗅或味。

5) 对于这些组分不必要提出一个健康基准指标值,因为它们在饮用水中常见的浓度下对人体健康无毒害作用。

表 9-15　WHO规定的饮用水中含有的能引起用户不满的物质及其参数的限值

项目	可能导致用户不满的值[1]	旧标准	用户不满的原因
物理参数			
色度	15TCU[2]	15TCU	外观
臭和味	—	没有不快感觉	应当可以接受
水温	—		应当可以接受
浊度	5NTU[3]	5NTU	外观;为了最终的消毒效果,平均浊度≤1NTU,单个水样≤5NTU
无机组分			
铝	0.2mg/L	0.2mg/L	沉淀,脱色
氨	1.5mg/L		味和臭
氯化物	250mg/L	250mg/L	味道,腐蚀
铜	1mg/L	1.0mg/L	洗衣房和卫生间器具生锈(健康基准临时指标值为2mg/L)
硬度	—	500mg$CaCO_3$/L	高硬度:水垢沉淀,形成浮渣
硫化氢	0.05mg/L	不得检出	臭和味
铁	0.3mg/L	0.3mg/L	洗衣房和卫生间器具生锈
锰	0.1mg/L	0.1mg/L	洗衣房和卫生间器具生锈(健康基准临时指标值为0.5mg/L)
溶解氧	—		间接影响
pH	—	6.5～8.5	低pH:具腐蚀性 高pH:味道,滑腻感 用氯进行有效消毒时最好pH<8.0
钠	200mg/L	200mg/L	味道
硫酸盐	250mg/L	400mg/L	味道,腐蚀
总溶解固体	1000mg/L	1000mg/L	味道
锌	3mg/L	5.0mg/L	外观,味道

续表

项目	可能导致用户不满的值[1]	旧标准	用户不满的原因
有机组分			
甲苯	24～170 μg/L		臭和味(健康基准指标值为 700 μg/L)
二甲苯	20～1800 μg/L		臭和味(健康基准指标值为 500 μg/L)
乙苯	2～200 μg/L		臭和味(健康基准指标值为 300 μg/L)
苯乙烯	4～2600 μg/L		臭和味(健康基准指标值为 20 μg/L)
一氯苯	10～120 μg/L		臭和味(健康基准指标值为 300 μg/L)
1,2-二氯苯	1～10 μg/L		臭和味(健康基准指标值为 1000 μg/L)
1,4-二氯苯	0.3～30 μg/L		臭和味(健康基准指标值为 300 μg/L)
三氯苯(总)	5～50 μg/L		臭和味(健康基准指标值为 20 μg/L)
合成洗涤剂	—		泡沫,味道,臭味
消毒剂及消毒副产物氯	600 ～ 1000 μg/L		臭和味(健康基准指标值为 5mg/L)
氯酚类			
2-氯酚	0.1～10 μg/L		臭和味
2,4-二氯酚	0.3～40 μg/L		臭和味
2,4,6-三氯酚	2～300 μg/L		臭和味(健康基准指标值为 200 μg/L)

1) 这里所指的水准值不是精确数值,根据当地情况,低于或高于该值都可能出现问题,故对有机物组分列出了味道和气味的上下限范围。

2) TCU,色度单位。

3) NTU,散色浊度单位。

表 9-16　欧洲共同体理事会关于生活饮用水水质的条例(98/83/EEC)

参数类型	指标	指标值	单位	备 注
微生物学参数	埃希氏大肠杆菌	0	个/mL	
		0/250	个/mL	用于瓶装或桶装饮用水指标
	肠道球菌	0	个/mL	
		0/250	个/mL	用于瓶装或桶装饮用水指标

续表

参数类型	指标	指标值	单位	备 注
	铜绿假单胞菌	0/250	个/mL	用于瓶装或桶装饮用水指标
	细菌总数(22℃)	100/	个/mL	用于瓶装或桶装饮用水指标
	细菌总数(37℃)	20/	个/mL	用于瓶装或桶装饮用水指标
化学物质参数	丙烯酰胺	0.10	μg/L	1)
	锑	5.0	μg/L	
	砷	10	μg/L	
	苯	10	μg/L	
	苯并[*a*]芘	0.010	μg/L	
	硼	1.0	μg/L	
	溴化物	10	μg/L	2)
	镉	5.0	μg/L	
	铬	50	μg/L	
	铜	2.0	mg/L	3)
	氰化物	50	μg/L	
	1,2-二氯乙烷	3.0	μg/L	
	环氧氯丙烷	0.10	μg/L	1)
	氟化物	1.5	μg/L	
	铅	10	μg/L	3)、4)
	汞	1.0	μg/L	
	镍	20	μg/L	3)
	硝酸盐	50	μg/L	5)
	亚硝酸盐	0.50	μg/L	5)
	农药	0.10	μg/L	6)、7)
	农药(总)	0.50	μg/L	6)、8)
	多环芳烃	0.10	μg/L	特殊化合物的总浓度9)
	硒	10	μg/L	

续表

参数类型	指标	指标值	单位	备 注
	四氯乙烯和三氯乙烯	10	μg/L	特殊指标的总浓度
	三卤甲烷(总)	100	μg/L	特殊化合物的总浓度[10]
	氯乙烯	0.50	μg/L	[1]
指示参数	色度	用户可以接受且无异味		
	浊度	用户可以接受且无异味		对地表水处理厂,成员国应尽力保证出厂水的浊度不超过 1.0NTU
	臭	用户可以接受且无异味		
	味	用户可以接受且无异味		
	氢离子浓度	6.5～9.5	pH 单位	不应具有腐蚀性;对瓶装或桶装的静水,最小值应降至 4～5pH 单位;对瓶装或桶装的水,最小值应降至更低
	电导率	2500	μS/cm(20℃)	不应具有腐蚀性
	氯化物	250	mg/L	不应具有腐蚀性
	硫酸盐	250	mg/L	不应具有腐蚀性
	钠	200	mg/L	
	溶解氧	5.0	mg/LO_2	
	氨	0.50	mg/L	
	TOC	无异常变化		如果测定 TOC 参数值,则不需要测定该值;对于供水量小于10 000m^3/d的水厂,不需要测定该值
	铁	200	μg/L	

续表

参数类型	指标	指标值	单位	备 注
	锰	50	μg/L	
	铝	200	μg/L	
	细菌总数(22℃)	无异常变化		
	产气荚膜梭菌	0	个/100mL	如果原水没有受地表水影响,不需要测定该参数
	大肠杆菌	0	个/100mL	对瓶装或桶装的水,单位为个/250mL
放射性参数	氚	100	Bq/L	
	总指示用量	0.10	mSv/a	

1) 参数值是指水中的剩余单体浓度,并根据聚合体与水接触后所释放出的最大浓度计。

2) 如果没有更好的消毒方法,在可能的情况下,成员国应尽力降低该值。

3) 该值适用于由用户水龙头处所取水样,且水样应能代表用户一周用水的平均水质。成员国必须考虑到可能会影响人体健康的峰值出现情况。

4) 该指令生效后5年到15年,铅的参数值为25μg/L。在达到指令中规定的参数值前,成员国应确保采用适当的方法,尽可能降低水中铅的浓度。

5) 成员国应确保[NO_3^-]/50+[NO_2^-]/3≤1,方括号中为以mg/L为单位计的NO_3^-和NO_2^-浓度。

6) 农药是指:有机杀虫剂、有机除草剂、有机杀菌剂、有机杀线虫剂、有机除藻剂、有机杀鼠剂、有机杀黏菌剂和相关产品及其代谢副产物、降解和反应产物。

7) 参数值适用于每种农药。对艾氏剂、狄氏剂、七氯和环氧七氯,参数值为0.030μg/L。

8) 农药总量是指所有能检测出和定量的单项农药的总和。

9) 特殊化合物包括:苯并[*b*]呋喃、苯并[*k*]呋喃、苯并[*g*,*h*,*i*]□、茚并[1,2,3-*cd*]芘。

10) 如果没有更好的消毒方法,在可能的情况下,成员国应尽力降低该值。特殊化合物包括:氯仿、溴仿、二溴一氯甲烷和一溴二氯甲烷。该指令生效后5年到15年,总三卤甲烷的参数值为150μg/L。

在美国，对于燃烧炉和工业炉中废弃物燃烧与处理过程产生的非金属残留物污染土壤，要求非金属污染物在土壤中的残留浓度在经过修复后不应超出以健康为基础所确立的水平（表9-17)。为了防止土壤污染，全面禁止未经处理的有害废弃物直接进行土地处置，也是非常必要的安全措施。也就是说，在有害废弃物进行土地处理前，必须采用诸如稳定化等特定的材料或技术对废弃物进行前处理；或者当废弃物中有毒污染物的含量并不高于所允许的浓度，例如镉的土地处置限制标准为0.066mg/L，当以镉为主要污染组分的废弃物中镉浓度水平低于该限制值时，可以考虑土地处理该废弃物。

表 9-17　美国土壤中非金属的残余浓度极限

组分	残留浓度极限/(mg/kg)	组分	残留浓度极限/(mg/kg)
磷化铝	0.01	苯并[a]蒽	0.0001
氰化钡	1.0	甲苯	10
溴仿	0.7	苯	0.005
氰化钙	0.000 001	酚	1.0
二硫化碳	4.0	联苯胺	0.000 001
四氯化碳	0.005	双(2-氯乙基)醚	0.0003
氰化铜	0.2	双(2-氯甲基)醚	0.000 002
氰	1.0	双(2-乙基己基)邻苯二甲酸盐	30
氟	4.0	氯苯	1.0
氰化氢	0.000 07	氯仿	0.06
硫化氢	0.000 001	甲酚(甲苯基酚)	2.0
氰化镍	0.7	二苯[a,h]蒽	0.000 007
氧化一氮	4.0	1,2-二溴-3-氯丙烷	0.000 02
磷化氢	0.01	p-二氯苯	0.075
氰化钾	2.0	二氯二氟甲烷	7.0
氰化银钾	7.0	1,1-二氯乙烯	0.005
氰化银	4.0	2,4-二氯酚	0.1
氰化钠	1.0	1,3-二氯乙烷	0.001
五氧化钒	0.7	二乙基邻苯二甲酸盐	30
狄氏剂	0.000 02	二乙基己烯雌酚	0.000 000 7
毒杀酚	0.005	2,3-二硝基苯	0.0005
氯丹	0.0003	二苯胺	0.9
乙腈	0.2	1,2-二苯肼	0.0005
乙酰苯	4.0	3-氯-1,2-环氧丙烷	0.04
丙烯醛	0.5	二溴乙烯	0.000 000 7
丙烯酰胺	0.0002	氧化乙烯	0.0003
丙烯腈	0.0007	甲酸(俗称蚁酸)	70
艾氏剂	0.0002	六氯丁二烯	0.005
苯胺	0.06	六氯代环戊二烯	0.2
滴滴涕	0.001	六氯二苯-p-二噁英	0.000 000 06
乐果	0.03	六氯乙烷	0.03
硫丹	0.002	肼(联氨)	0.0001
异狄氏剂	0.0002	异丁醇	10
七氯	0.000 08	甲基胆蒽	0.000 04
环氧七氯	0.000 04	甲乙酮(MEK)	2.0
六氯代苯	0.0002	二氯甲烷	0.05
甲氧滴滴涕	0.1	4,4-亚甲基双(2-氯苯胺)	0.002
甲基对硫磷	0.02	甲脘	0.0003
2,4,6-三氯酚	4.0	萘	10
2,4,5-三氯酚	4.0	硝基苯	0.02
士的宁	0.01	N-亚硝基二甲胺	0.000 002
1,2,4,5-四氯苯	0.01	N-亚硝基二-N-丁胺	0.000 06
1,1,2,2-四氯乙烷	0.002	N-亚硝基-N-甲基脲	0.000 000 1

续表

组分	残留浓度极限/(mg/kg)	组分	残留浓度极限/(mg/kg)
四氯乙烯	0.7	N-亚硝基吡咯烷	0.0002
2,3,4,6-四氯酚	0.01	五氯苯	0.03
四乙基铅	0.000 004	五氯硝基苯(PCNB)	0.1
氯乙烯	0.002	五氯酚	1.0
硒脲	0.2	1,1,2-三氯乙烷	0.006
硫脲	0.0002	三氯乙烯	0.005
乙酸苯基汞	0.003	三氯单氟甲烷	10
多氯联苯 NOS	0.000 05	嘧啶	0.04
利血平	0.000 03		

1993 年,美国国家环境保护局引入了“通用处理标准”的概念。它指出,不论有害废弃物的某一组成如何,该概念适用于各个污染组分。对于非污水类型(如污染土壤)和污水类型(如污染地下水),这一标准的适用性是有差别的。表 9-18 列出了美国通用处理标准。

表 9-18　美国通用处理标准(58FR48092)

组分	非污水浓度总组成/(mg/kg)	污水浓度总组成/(mg/L)
重金属		
锑	2.1	1.9
砷	5.0	1.4
钡	7.6	1.2
铍	0.014	0.82
镉	0.19	0.20
铅	0.37	0.28
汞	0.009	0.15
镍	5.0	0.55
硒	0.16	0.82
银	0.30	0.29

续表

组分	非污水浓度总组成/(mg/kg)	污水浓度总组成/(mg/L)
铊	0.078	1.4
锌	5.3	1.0
多环芳烃		
苊	3.4	0.059
蒽	3.4	0.059
苯并[*a*]蒽	3.4	0.059
苯并[*a*]芘	3.4	0.061
二苯并[*a*,*e*]芘		0.061
二苯并[*a*,*h*]蒽	8.2	0.055
荧蒽	3.4	0.068
苯并[*b*]荧蒽	6.8	0.11
苯并[*k*]荧蒽	6.8	0.11
苯并[*g*,*h*,*i*]二萘嵌苯	1.8	0.0055
□	3.4	0.059
芴	3.4	0.059
菲	5.6	0.059
吡咯	8.2	0.067
嘧啶	16	0.014
茚并[1,2,3-*cd*]芘	3.4	0.0055
3-甲基胆蒽	15	0.0055
萘	5.6	0.059
2-萘胺		0.52
N-亚硝基吡咯烷	35	0.013
四氯二苯呋喃	0.001	0.000 063
六氯二苯呋喃	0.001	0.000 063
五氯二苯呋喃	0.001	0.000 035
四氯二苯-*p*-二噁英	0.001	0.000 063

续表

组分	非污水浓度总组成/(mg/kg)	污水浓度总组成/(mg/L)
六氯二苯-*p*-二噁英	0.001	0.000 063
五氯二苯-*p*-二噁英	0.001	0.000 063
2-乙酰氨基芴	140	0.059
总 PCBs	10	0.1
农药		
狄氏剂	0.13	0.017
异狄氏剂	0.13	0.018
乙醛异狄氏剂	0.13	0.025
乙拌磷	6.2	0.017
硫丹Ⅰ	0.066	0.023
硫丹Ⅱ	0.13	0.029
硫酸化硫丹	0.13	0.029
七氯	0.066	0.0012
环氧七氯	0.066	0.016
甲基对硫磷	4.6	0.014
甲拌磷	4.6	0.021
毒杀酚	2.6	0.0095
艾氏剂	0.066	0.021
异艾氏剂	0.066	0.021
氯丹	0.26	0.0033
杀螨酯		0.10
o,*p*′-DDD	0.087	0.023
p,*p*′-DDD	0.087	0.023
o,*p*′-DDE	0.087	0.031
p,*p*′-DDE	0.087	0.031
o,*p*′-DDT	0.087	0.0039
p,*p*′-DDT	0.087	0.0039

续表

组分	非污水浓度总组成/(mg/kg)	污水浓度总组成/(mg/L)
α-BHC	0.066	0.000 14
β-BHC	0.066	0.000 14
γ-BHC	0.066	0.0017
δ-BHC	0.066	0.023
甲氧 DDT	0.18	0.25
N-亚硝基吗啉	2.3	0.40
其他有机化学品		
苯	10	0.14
苯亚甲基氯	6.0	0.055
溴二氯甲烷	15	0.35
溴甲烷	15	0.11
丙酮	160	0.28
乙酰腈		0.17
乙酰苯某酮	9.7	0.010
丙烯醛		0.29
丙烯腈	84	0.24
4-氨基联苯		0.13
苯胺	14	0.81
亚老哥尔 1016[1)]	0.92	0.013
亚老哥尔 1221	0.92	0.014
亚老哥尔 1232	0.92	0.013
亚老哥尔 1242	0.92	0.017
亚老哥尔 1248	0.92	0.013
亚老哥尔 1254	1.8	0.014
亚老哥尔 1260	1.8	0.014
4-溴苯基苯基醚	15	0.055
n-丁醇	2.6	

续表

组分	非污水浓度总组成/(mg/kg)	污水浓度总组成/(mg/L)
n-丁乙醇		5.6
丁基苯甲基酞酸酯	28	0.017
2-仲丁基-4,6-二硝基酚	2.5	0.066
二硫化碳	4.81	0.014
四氯化碳	6.0	0.057
p-氯苯胺	16	0.46
氯苯	6.0	0.057
2-氯-1,3-丁二烯		0.057
氯二溴甲烷	15	0.057
氯乙	6.0	0.27
双对(2-氯乙氧基)甲烷	7.2	0.036
双对(2-氯乙烷)醚	6.0	0.033
双对(2-氯异丙基)甲烷	7.2	0.055
2-氯乙烷基乙烯基醚		0.062
p-氯-*m*-甲酚	14	0.018
氯仿	6.0	0.046
氯代甲烷	30	0.19
2-氯萘	5.6	0.055
2-氯酚	5.7	0.044
3-氯丙烯	30	0.036
甲酚(*m*-和 *p*-)	3.2	0.77
o-甲酚	5.6	0.11
环己酮	0.75	0.36
1,2-二溴-3-氯丙烷	15	0.11
1,2-二溴甲烷	15	0.028
二溴甲烷	15	0.11
三(2,3-二溴丙基)磷酸盐		0.11

续表

组分	非污水浓度总组成/(mg/kg)	污水浓度总组成/(mg/L)
m-二氯苯	6.0	0.036
o-二氯苯	6.0	0.088
p-二氯苯	6.0	0.090
1,1-二氯乙烷	6.0	0.059
1,2-二氯乙烷	6.0	0.21
2,4-二氯酚	14	0.044
2,6-二氯酚	14	0.044
2,4-二氯苯氧乙酸	10	0.72
二氯二氟甲烷	7.2	0.23
1,1-二氯乙烯	6.0	0.025
trans-1,2-二氯乙烯	30	0.054
1,2-二氯丙烷	18	0.85
cis-1,3-二氯丙烯	18	0.036
trans-1,3-二氯丙烯	18	0.036
二乙基酞酸酯	28	0.20
p-二甲胺偶氮苯		0.13
2,4-二甲基酚	14	0.036
二甲基酞酸酯	28	0.047
1,4-二硝基苯	2.3	0.32
4,6-二硝基甲酚	160	0.28
2,4-二硝基酚	160	0.12
2,4-二硝基甲苯	140	0.32
2,6-二硝基甲苯	28	0.55
二正丁基酞酸酯	28	0.057
二正辛基酞酸酯	28	0.017
二正丙基亚硝胺	14	0.40
1,4-二氧杂环乙烷	170	0.12

续表

组分	非污水浓度总组成/(mg/kg)	污水浓度总组成/(mg/L)
联苯胺	13	0.92
1,2-联苯肼		0.087
联苯亚硝胺	13	0.92
乙酸乙酯	33	0.34
苯基乙烷	10	0.057
乙基醚	160	0.12
双对(2-乙基己基)酞酸酯		0.28
乙基异丁烯酸盐	160	0.14
氧化乙烯		0.12
六氯苯	10	0.055
六氯丁二烯	5.6	0.055
六氯代环戊二烯	2.4	
六氯乙烷	30	0.055
六氯丙烯	30	0.035
代甲烷	65	0.19
异丁醇	170	5.6
黄樟油精	22	0.081
异黄樟油精	2.6	0.081
十氯酮	0.13	0.0011
甲基丙烯腈	84	0.24
甲醇	0.75	5.6
噻吡二胺	1.5	0.081
4,4-亚甲基-双对(2-氯苯胺)	30	0.50
亚甲基氯	30	0.089
甲基乙基酮	36	0.28
甲基异戊酰苯酮	33	0.14
甲基甲基磺酸盐		0.018

续表

组分	非污水浓度总组成/(mg/kg)	污水浓度总组成/(mg/L)
o-硝基苯胺	14	
p-硝基苯胺	28	0.028
硝基苯	14	0.068
5-硝基-*o*-甲苯胺	28	0.32
o-硝基酚	13	
p-硝基酚	29	0.12
N-亚硝基二乙基苯胺	28	0.40
N-亚硝基二甲胺		0.40
N-亚硝基二氨基丁烷	17	0.40
N-亚硝基甲基氨基乙烷	2.3	0.40
五氯苯	10	0.055
五氯乙烷	6	
五氯硝基苯	4.8	0.055
五氯酚	7.4	0.089
乙酰对氨基苯乙醚	16	0.081
酚	6.2	0.039
酞酸酐	28	0.055
丙基腈	360	0.24
2,4,5-涕丙酸	7.9	0.72
2,4,5-T	7.9	0.72
1,2,4,5-四氯苯	14	0.055
1,1,1,2-四氯乙烷	6.0	0.057
1,1,2,2-四氯乙烷	6.0	0.057
四氯乙烯	6.0	0.056
2,3,4,6-四氯酚	7.4	0.030
甲苯	10	0.080
三溴甲烷		0.63

续表

组分	非污水浓度总组成/(mg/kg)	污水浓度总组成/(mg/L)
1,2,4-三氯苯	19	0.055
1,1,1-三氯乙烷	6.0	0.054
1,1,2-三氯乙烷	6.0	0.054
三氯乙烯	6.0	0.054
三氯单氟甲烷		0.020
2,4,5-三氯酚	7.4	0.18
2,4,6-三氯酚	7.4	0.035
1,2,3-三氯丙烷	30	0.85
1,1,2-三氯-1,2,2-三氟代乙烷	0.23	0.042
氯乙烯	6.0	0.27
二甲苯	30	0.32

1）一种防火的油压系统液体物质。

原则上，以健康为依据的清洁标准有两类：一般类型健康风险标准和污染点专性健康风险标准。相应地，其评价方法学有暴露评价和毒性评估两种。其中，人体对某一污染物的暴露程度可以采用化学摄入情况进行表示，暴露特定方式对化学摄入产生重要影响。在已知的某一污染点上，生物体常常有若干暴露方式，其中以生活源暴露和工业源暴露最为常见。在同一暴露方式中，有不同的暴露途径，例如，污染源、污染路径和释放机制。环境介质中化学摄取量（P）可以根据生物体整个暴露期间某一介质中污染物的浓度、接触速率、暴露频率、暴露持续时间、体重和平均时间等进行计算。由于污染物的毒性是致癌性和身体组织毒性的函数，致癌性采用癌斜率因子（CSF）的值来表征，身体组织毒性采用 RfD 进行表示。就每一暴露方式，癌人体健康风险（Ψ_c）的计算公式为

$$\Psi_c = P \cdot \mathrm{CSF} \tag{9-2}$$

而非致癌风险（Ψ_n）为

$$\Psi_n = P \cdot \mathrm{RfD} \tag{9-3}$$

在计算癌风险时，对于同一污染物来说，污染土壤某一暴露途径（如吸入）与另一暴露途径（如口入）之间的斜率因子大体上是不相同的。同样，对于同一污染

物来说，污染土壤某一暴露途径（如吸入）与另一暴露途径（如口入）之间的RfD值大体上也是不相同的。有鉴于此，1990年，在美国国家环境保护局建议的修改法案下，在其中一个建议中，引入了称之为“污染土壤与地下水中污染物处置极限”的修改标准。就致癌物质来说，处置极限表示由于持续不变的终身暴露产生百万分之一的超上限终身癌风险的污染物浓度水平，并考虑发生致癌作用生物体的总体重。对于身体组织中污染物的处置极限，则是指在终身暴露期间人群每日暴露不会导致相当可观的健康损害效应的污染物浓度水平，有关各种污染物处置极限的原数据资料如表9-19所示。

表9-19　表征处置极限原数据资料污染组分清单(55FR30798)

污染组分	非致癌效应		致癌效应	
	口入RfD /[mg/(kg·d)]	吸入RfD /[mg/(kg·d)]	口入SCF /{1/[mg/(kg·d)]}	吸入SCF /{1/[mg/(kg·d)]}
锑	0.0004			
砷	0.001			50
汞(无机)	0.0003			
氰化钡	0.07			
钡离子	0.05	0.0001		
铍	0.005		4.3	8.4
镉	0.0005			
铬(VI)	0.005			41
镍	0.02			
含镍精炼厂降尘				0.64
氰化铜	0.005			
氰化钙	0.04			
氰化氯	0.05			
氰化物	0.02			
氰	0.04			
溴化氢	0.09			
氰化氢	0.02			
硫化氢	0.003			
硝酸	0.1			

续表

污染组分	非致癌效应		致癌效应	
	口入 RfD /[mg/(kg・d)]	吸入 RfD /[mg/(kg・d)]	口入 SCF /{1/[mg/(kg・d)]}	吸入 SCF /{1/[mg/(kg・d)]}
二氧化氮	1.0			
四氧化锇	0.000 01			
三氢化磷	0.0003			
氰化钾	0.05			
氰化银钾	0.2			
银	0.003			
氰化银	0.1			
氰化钠	0.04			
三氧化二铊	0.000 07			
碳酸铊	0.000 08			
氯化铊	0.000 08			
硝酸铊	0.000 09			
硫酸铊	0.000 08			
五氧化钒	0.009			
氰化锌	0.05			
磷化锌	0.0003			
石棉				0.23
乙酸铊	0.000 09			
丙酮	0.1			
乙腈	0.006			
乙酰苯	0.1	0.000 05		
丙烯酰胺	0.0002		4.5	4.5
丙烯腈			0.54	0.24
艾氏剂	0.000 03		17	17
丙烯醇	0.005			

续表

污染组分	非致癌效应		致癌效应	
	口入 RfD /[mg/(kg·d)]	吸入 RfD /[mg/(kg·d)]	口入 SCF /{1/[mg/(kg·d)]}	吸入 SCF /{1/[mg/(kg·d)]}
磷化铝	0.0004			
苯胺			0.0057	
对二氨基联苯	0.003		230	230
双对(2-乙基己基)酞酸酯	0.02		0.014	
双对(氯乙基)醚			1.1	1.1
溴二氯甲烷	0.02		1.3	
溴仿	0.02			
溴甲烷	0.0014	0.008		
丁基苯甲基酞酸酯	0.2			
二硫化碳	0.1			
四氯化碳	0.0007		0.13	0.13
三氯乙醛	0.002			
氯丹	0.000 06		1.3	1.3
氯苯	0.02	0.005		
氯仿	0.01		0.0061	0.081
2-氯酚	0.005			
m-甲酚	0.05			
o-甲酚	0.05			
p-甲酚	0.05			
DDD			0.24	
DDE			0.34	
DDT	0.0005		0.34	0.34
二丁基酞酸酯	0.1			
二丁基亚硝胺			5.4	5.4
3,3′-二氯对二氨基联苯			0.45	

续表

污染组分	非致癌效应		致癌效应	
	口入 RfD /[mg/(kg·d)]	吸入 RfD /[mg/(kg·d)]	口入 SCF /{1/[mg/(kg·d)]}	吸入 SCF /{1/[mg/(kg·d)]}
二氯二氟甲烷	0.2	0.05		
1,2-二氯乙烷			0.091	0.091
1,1-二氯乙烯	0.009		0.6	1.2
2,4-二氯酚	0.003			
2,4-二氯苯氧基乙酸	0.01			
1,3-二氯丙烯	0.0003			
狄氏剂	0.000 05		16	16
二乙基酞酸酯	0.8			
二乙基硝胺			150	150
乐果	0.02			
二甲基硝胺			51	51
m-二硝基苯	0.0001			
2,4-二硝基酚	0.002			
2,3-二硝基甲苯(和 2,6-二硝基甲苯混合物)			0.68	
1,4-二氧杂环乙烷			0.011	
二苯胺	0.025			
1,2-二苯肼			0.8	0.8
乙拌磷	0.000 04			
硫丹	0.000 05			
异狄氏剂	0.0003			
表氯醇	0.002		0.0099	0.0042
乙基苯	0.1			
二溴乙烯			85	0.76
甲醛				0.045
甲酸(俗称蚁酸)	2.0			

续表

污染组分	非致癌效应		致癌效应	
	口入 RfD /[mg/(kg·d)]	吸入 RfD /[mg/(kg·d)]	口入 SCF /{1/[mg/(kg·d)]}	吸入 SCF /{1/[mg/(kg·d)]}
缩水甘油乙醛	0.0004			
七氯	0.0005		4.5	4.5
环氧七氯	0.000 013		9.1	9.1
七氯二苯-*p*-二噁英			6200	6200
七氯丁二烯	0.002		0.078	0.078
α-七氯环己胺			6.3	6.3
β-七氯环己胺			1.8	1.8
七氯环戊二烯	0.007	0.000 02		
七氯乙烷	0.001		0.014	0.014
七氯苯	0.0003			
肼			3.0	17
异丁醇	0.3			
异傅乐酮	0.2		0.0041	
林丹	0.0003		1.3	
m-亚苯基二胺	0.006			
cis-丁烯二酐	0.1			
马来酰肼	0.5			
甲基乙酮	0.05	0.09		
甲基异戊酰苯酮	0.05	0.02		
甲基对硫磷	0.000 25			
亚甲基氯	0.06		0.0075	0.014
N-亚硝基二正丁胺			5.4	5.4
N-亚硝基正甲基乙胺			22	
N-亚硝基正丙胺			7.0	
N-亚硝基乙醇胺			2.8	

续表

污染组分	非致癌效应		致癌效应	
	口入 RfD /[mg/(kg·d)]	吸入 RfD /[mg/(kg·d)]	口入 SCF /{1/[mg/(kg·d)]}	吸入 SCF /{1/[mg/(kg·d)]}
N-亚硝基吡咯烷			2.1	2.1
硝基苯	0.0005	0.0006		
对硫磷	0.006			
五氯苯	0.0008			
五氯硝基苯	0.003			0.25
五氯酚	0.03			
酚	0.6			
乙酸苯汞	0.000 06			
酞酸酐	2.0			
PCBs			7.7	
嘧啶	0.001			
亚硒酸	0.003			
士的宁	0.0003			
苯乙烯	0.2			
1,1,1,2-四氯乙烷	0.03		0.026	0.026
1,2,4,5-四氯苯	0.0003			
1,1,2,2-四氯乙烷	0.2			0.2
四氯乙烯	0.01		0.051	0.0033
2,3,4,6-四氯酚	0.03			
四乙基铅	0.000 000 1			
硫代焦磷酸四乙酯	0.0005			
氨基硫脲	0.006			
福美双	0.005			
甲苯	0.3	2.0		
毒杀酚			1.1	1.1

续表

污染组分	非致癌效应		致癌效应	
	口入 RfD /[mg/(kg·d)]	吸入 RfD /[mg/(kg·d)]	口入 SCF /{1/[mg/(kg·d)]}	吸入 SCF /{1/[mg/(kg·d)]}
1,2,4-三氯苯	0.02	0.003		
1,1,1-三氯甲烷	0.09	0.3		
1,1,2-三氯甲烷	0.004		0.057	0.057
三氯乙烯			0.011	
三氯单氟甲烷	0.3	0.2		
2,4,5-三氯酚	0.1			
2,4,6-三氯酚			0.02	0.02
2,4,5-三氯苯氧乙酸	0.02			
1,2,3-三氯丙烷	0.006			
二甲苯	2.0	0.3		

在一般类型人体健康风险标准中，通过采用通常适用于各污染现场的标准化假设，使得风险方程的参数值得以默认。以健康为依据的风险，应该严格按照毒理学研究结果来进行计算。在计算过程中，不应考虑诸如检出极限等其他非毒理学因素。表 9-20 就是美国亚利桑那州污染土壤修复临时准则。这些称为基于人体健康指导水平（HBGL）的标准，是建立在居住与非居住土地利用基础之上的，而且只以土壤中污染物的口入暴露途径数量为依据进行计算。

表 9-20　美国亚利桑那州污染土壤修复临时准则 HBGL

污染物	致癌等级	土壤摄取量/(mg/kg)	
		居住口入 HBGL	非居住口入 HBGL
多环芳烃(PAHs)			
苊	D	7000	24 500
蒽	D	35 000	122 500
苯并[*a*]蒽	B2	1.1	4.6
苯并[*a*]芘	B2	0.19	0.80

续表

污染物	致癌等级	土壤摄取量/(mg/kg)	
		居住口入 HBGL	非居住口入 HBGL
苯并[*b*]荧蒽	B2	1.1	4.6
苯并[*k*]荧蒽	B2	1.1	4.6
β-氯萘	NA	9400	32 900
□	B2	110	462
二苯[*a*,*h*]蒽	B2	0.11	0.46
荧蒽	D	4700	16 450
芴	D	4700	16 450
茚并芘	B2	1.1	4.6
芘	D	3500	12 250
农药			
艾氏剂	B2	0.08	0.34
阿特拉津	C	6.1	21.4
谷硫磷	E	290	1015
苯菌灵	D	5800	20 300
百治灵	NA	12	42
克菌丹	D	390	1365
西维因	D	12 000	42 000
豆科威	D	1800	6300
氯丹	B2	1	4
杀虫脒	B2	1.2	5.0
杀螨酯	B2	5	21
百菌清	B2	120	504
毒死蜱	D	350	1225
甲基毒死蜱	NA	1200	4200
2,4-D	D	1200	4200
茅草枯	D	3500	12 250

续表

污染物	致癌等级	土壤摄取量/(mg/kg)	
		居住口入 HBGL	非居住口入 HBGL
DDD	B2	5.7	23.9
DDE	B2	4	17
DDT	B2	4	17
DDT/DDE/DDD(总)	B2	4	17
内吸磷	NA	4.7	16.5
二嗪农	E	110	385
麦草畏	D	3500	12 250
敌草腈	D	58	203
敌敌畏	B2	4.7	19.7
狄氏剂	B2	0.09	0.38
乐果	D	23	81
二溴敌草快	D	260	910
乙拌磷	E	4.7	16.5
敌草隆	D	230	805
多果定	ND	470	1645
硫丹	D	700	2450
硫丹 I	D	5.8	20.3
异狄氏剂	D	35	123
乙硫磷	ND	58	203
伏草隆	D	1500	5250
地虫磷	D	230	805
草甘膦	D	12 000	42 000
α-六氯化苯(α-HCH)	B2	0.22	0.92
β-六氯化苯(β-HCH)	C	0.76	3.19
工艺型六氯化苯	B2	0.76	3.19
七氯	B2	0.3	1.3

续表

污染物	致癌等级	土壤摄取量/(mg/kg)	
		居住口入 HBGL	非居住口入 HBGL
环氧七氯	B2	0.15	0.63
异佛乐酮	C	1400	4900
异乐灵	ND	1800	6300
林丹	C	1	4
利谷隆	C	23	81
马拉松	D	2300	8050
代森锰	D	580	2030
杀扑磷	C	120	420
灭虫威	E	150	525
甲氧滴滴涕	D	580	2030
甲基对硫磷	D	29	102
对硫磷	C	70	245
草萘胺	ND	12 000	42 000
灭蚁灵	ND	0.76	2.66
灭草隆	ND	82	287
二溴磷	D	230	805
百枯草	C	53	186
苯敌草	NA	29 000	101 500
甲拌磷	E	23	81
磷胺	D	20	70
毒莠定	D	8200	28 700
安定磷	ND	1200	4200
含氧甲基内吸磷	D	58	203
敌稗	ND	580	2030
残杀威	C	47	165
灭虫菊	NA	3500	12 250

续表

污染物	致癌等级	土壤摄取量/(mg/kg)	
		居住口入 HBGL	非居住口入 HBGL
皮蝇磷	NA	5800	20 300
鱼藤酮	NA	470	1645
西玛津	C	11	39
特草定	E	1500	5250
去草净	ND	120	420
甲基托布津	D	9400	32 900
双硫胺甲酰	D	580	2030
毒杀酚	B2	1.2	5.0
敌百虫	C	150	525
灭草猛	ND	120	420
杀鼠灵	NA	35	123
代森锌	D	5800	20 300
草氨酰	E	2900	10 150
有机染料			
直接黑 38	NA	0.16	0.56
直接蓝 6	NA	0.17	0.60
直接棕 95	NA	0.15	0.53
其他有机污染物			
马来酐	NA	12 000	42 000
马来酰胺	D	58 000	203 000
甲基氯代苯氧化物(MCPA)	D	58	203
甲基丙烯腈	NA	12	42
甲醇	ND	58 000	203 000
2-甲氧基乙醇	NA	120	420
乙酸甲酯	NA	120 000	420 000
2-(2-甲基-4-氯代苯氧基)丙酸	NA	120	420

续表

污染物	致癌等级	土壤摄取量/(mg/kg)	
		居住口入 HBGL	非居住口入 HBGL
4-(2-甲基-4-氯代苯氧基)丁酸	NA	1200	4200
甲基乙酮	D	70 000	245 000
甲基异丁酮	NA	9400	32 900
甲基汞	C	12	42
异丁烯酸甲酯	NA	9400	32 900
甲基叔丁基醚(MTBE)	D	580	2030
4,4′-亚甲基二苯胺	NA	5.4	18.9
4,4′-亚甲基-双对(*N*,*N*′-二甲基)苯胺	B2	30	126
2-甲基乳腈	NA	8200	28 700
2-甲基酚(*o*-甲基酚)	C	580	2030
3-甲基酚(*m*-甲基酚)	C	580	2030
4-甲基酚	C	580	2030
氯胺	D	12 000	42 000
甲基肼	NA	1.2	4.2
2-硝基苯胺	NA	7	25
硝基苯	D	58	203
硝基胍	D	12 000	42 000
N-亚硝基-二正丁胺	B2	0.25	1.05
N-亚硝基-二正丙胺	B2	0.19	0.80
N-亚硝基-二乙基胺	B2	0.009	0.038
N-亚硝基二甲胺	B2	0.03	0.13
N-亚硝基二苯胺	B2	280	1176
N-亚硝基-*N*-乙基脲	B2	0.01	0.04
N-亚硝基-*N*-甲基乙胺	B2	0.06	0.25
N-亚硝基二乙胺	B2	0.49	2.06

续表

污染物	致癌等级	土壤摄取量/(mg/kg)	
		居住口入 HBGL	非居住口入 HBGL
N-亚硝基吡咯烷	B2	0.65	2.73
八溴联苯醚	D	350	1225
八甲基焦磷酸	NA	230	805
五溴二苯醚	D	230	805
五氯苯	D	94	329
五氯硝基苯	NA	5.2	18.2
五氯酚	B2	11	46
酚	D	70 000	245 000
m-亚苯基二胺	NA	700	2450
乙酸苯汞	ND	9.4	32.9
邻苯二甲酸酐	NA	230 000	805 000
PCBs	B2	0.18	0.76
PCB-ar	ND	8.2	28.7
炔丙醇	NA	230	805
丙二醇	ND	2 300 000	8 050 000
丙二醇乙醚	ND	82 000	287 000
丙二醇甲醚	NA	82 000	287 000
氧化丙烯	B2	5.7	23.9
嘧啶	NA	120	420
奎纳磷	NA	58	203
喹啉	NA	0.11	0.39
(六氢-1,3,5-三硝基)(RDX)	C	12	42
硒脲	ND	580	2030
叠氮化钠	ND	470	1645
二乙基二硫代氨基甲酸钠	NA	5	18
氟乙酸钠	ND	2.3	8.0

续表

污染物	致癌等级	土壤摄取量/(mg/kg)	
		居住口入 HBGL	非居住口入 HBGL
士的宁	ND	35	123
苯乙烯	C	2300	8050
2,3,7,8-TCDD	B2	0.000 009	0.000 038
1,2,4,5-四氯苯	D	35	123
1,1,1,2-四氯乙烷	C	52	182
1,1,2,2-四氯乙烷	C	6.8	28.6
四氯乙烯(PCE)	B2	27	113
2,3,4,6-四氯酚	ND	3500	12 250
四乙基铅	D	0.01	0.04
四乙基二硫代焦磷酸盐	ND	58	203
苯硫酚	NA	1.2	4.2
甲苯(TOL)	D	23 000	80 500
石油烃(总)	ND	7000	24 500
1,2,4-三溴苯	ND	580	2030
氧化三丁基锡	ND	3.5	12.3
1,2,4-三氯苯	D	1200	4200
1,1,1-三氯乙烷(TCA)	D	11 000	38 500
1,1,2-三氯乙烷(TCA2)	C	24	84
三氯乙烯(TCE)	B2	120	504
三氯氟甲烷(TCFM)	D	35 000	122 500
2,4,5-三氯酚	D	12 000	42 000
2,4,6-三氯酚	B2	120	504
2,4,5-三氯酚丙酸(2,4,5-T)	D	1200	4200
2,4,5-三氯苯氧化合物(2,4,5-TP)	D	940	3290
1,1,2-三氯丙烷	ND	580	2030

续表

污染物	致癌等级	土壤摄取量/(mg/kg)	
		居住口入 HBGL	非居住口入 HBGL
1,2,3-三氯丙烷	D	0.19	0.67
三氯三氟乙烷(F113)	D	3 500 000	12 250 000
1,3,5-三硝基苯	NA	5.8	20.3
2,4,6-三硝基甲苯(TNT)	C	45	158
乙酸乙烯	NA	120 000	420 000
氯乙烯(VC)	A	0.72	3.02
二甲苯(XYL)	D	230 000	805 000
二噻烷	D	1200	4200
氯硝胺	E	2900	10 150
邻苯二甲酸二乙酯	D	94 000	329 000
邻苯二甲酸二甲酯	D	1 200 000	4 200 000
二甲基硫酸	B2	0.04	0.17
对苯二酸二甲酯	NA	12 000	42 000
N,*N*-二甲基苯胺	NA	230	805
1,2-二甲基苯(二甲基苯 *o*)	ND	230 000	805 000
1,3-二甲基苯(二甲基苯 *m*)	ND	230 000	805 000
1,4-二甲基苯(二甲基苯 *p*)	ND	230 000	805 000
3,3-二甲基对二氨基联苯	NA	0.15	0.53
N,*N*-二甲基甲酰胺	ND	12 000	42 000
1,1-二甲基肼	NA	0.52	1.82
2,4-二甲基酚	NA	2300	8050
2,6-二甲基酚	ND	70	245
3,4-二甲基酚	NA	120	420
o-二硝基苯	D	47	165
m-二硝基苯	D	12	42
4,6-二硝基-*o*-环己基酚	NA	230	805

续表

污染物	致癌等级	土壤摄取量/(mg/kg)	
		居住口入 HBGL	非居住口入 HBGL
2,4-二硝基酚	ND	230	805
2,4-二硝基甲苯	B2	2	8
2,6-二硝基甲苯	ND	120	420
2-(1-甲基-正丙基)-4,6-二硝基苯酚	D	120	420
邻苯二甲酸二辛酯	ND	2300	8050
联苯甲酰胺	D	3500	12 250
1,4-二氧杂环乙烷	B2	120	504
二苯胺	NA	2900	10 150
1,2-二苯肼	B2	1.7	7.1
二(2-乙基已基)已二酸	C	1100	3850
二(2-乙基已基)酞酸酯(DEHP)	B2	97	407
甲基膦酸二异丙酯(DIMP)	D	9400	32 900
表氯醇	B2	140	588
乙烯利	D	580	2030
2-乙氧基-乙醇	NA	47 000	164 500
乙酸乙酯	NA	110 000	385 000
丙烯酸乙酯	NA	28	98
乙醚	ND	23 000	80 500
异丁烯酸乙酯	NA	11 000	38 500
乙基苯(ETB)	D	12 000	42 000
乙二胺	D	2300	8050
二溴乙烯(EDB)	B2	0.02	0.08
乙二基乙烯	D	230 000	805 000
亚乙基硫脲	B2	12	50
乙基邻苯二酰羟乙酸乙酯	NA	350 000	1 225 000

续表

污染物	致癌等级	土壤摄取量/(mg/kg)	
		居住口入 HBGL	非居住口入 HBGL
N-乙基甲苯磺胺药物	ND	290	1015
甲醛	B1	23 000	96 600
甲酸(俗称蚁酸)	ND	230 000	805 000
呋喃	NA	120	420
糠醛	NA	350	1225
六溴苯	NA	230	805
六氯苯	B2	0.85	3.57
六氯丁二烯	C	17	60
六氯代环戊二烯(HCCPD)	D	820	2870
1,4-二溴苯	NA	1200	4200
二溴氯甲烷(DBCM)	C	16	56
2,4-二氨基甲苯	MA	0.43	1.51
1,2-二溴-3-氯丙烷(DBCP)	B2	0.97	4.07
邻苯二甲酸二丁酯	D	12 000	42 000
1,2-二氯苯(DCB2)	D	11 000	38 500
1,3-二氯苯(DCB3)	D	10 000	35 000
1,4-二氯苯(DCB4)	C	57	200
3,3′-二氯对二氨基联苯(DCB2)	B2	3	13
二氯二氟甲烷(DCDFM)	D	23 000	80 500
1,1-二氯乙烷(DCA)	C	1200	4200
1,2-二氯乙烷(DCA2)	B2	15	63
1,1-二氯乙烯(DCE)	C	2.3	8.0
1,2-二氯乙烯(DCE2)	D	2300	8050
1,2-二氯乙烯(总)	D	1200	4200
trans-1,2-二氯乙烯	D	2300	8050
cis-1,2-二氯乙烯	D	1200	4200

续表

污染物	致癌等级	土壤摄取量/(mg/kg)	
		居住口入 HBGL	非居住口入 HBGL
二氯甲烷(DCM)	B2	180	756
4-(2,4-二氯苯氧基)丁酸	NA	940	3290
2,4-二氯酚	D	350	1225
1,2-二氯丙烷(DCP2)	B2	20	84
2,3-二氯丙醛	ND	350	1225
1,3-二氯丙烯	B2	7.6	31.9
p-氯苯胺	NA	470	1645
氯苯(一氯苯,MCB)	D	2300	8050
1-氯丁烷	D	47 000	164 500
氯仿(CLFM)	B2	220	924
氯甲烷(CM)	C	100	350
2-氯酚	D	580	2030
o-氯甲苯	D	2300	8050
氯苯胺灵	NA	23 000	80 500
氯硫呋喃	D	5800	20 300
甲酚(总)	D	5800	20 300
巴豆乙醛	C	0.72	2.52
异丙基苯	NA	4700	16 450
环己酮	NA	580 000	2 030 000
环己胺	NA	23 000	80 500
十溴苯基苯醚	C	1200	4200
六氯二苯-*p*-二噁英(混合物)	B2	0.0002	0.0008
六氯乙烷	C	97	340
六氯苯	NA	35	123
正己烷	D	7000	24 500
肼	B2	0.45	1.89

续表

污染物	致癌等级	土壤摄取量/(mg/kg)	
		居住口入 HBGL	非居住口入 HBGL
对苯二酚	NA	4700	16 450
异丁醇	NA	35 000	122 500
异丙基甲基膦酸	D	12 000	42 000
苯	A	47	197
对二氨基联苯	A	0.006	0.025
1,1-联苯	D	5800	20 300
双对(2-氯乙基醚)(BCEE)	B2	1.2	5.0
双对(2-氯异丙基醚)	ND	19	67
双对(氯甲基醚)(CME)	A	0.006	0.025
双酚 A	NA	5800	20 300
偶氮苯	B2	12	50
羰基呋喃	E	580	2030
二硫化碳	D	12 000	42 000
四氯化碳	B2	10	42
羰基硫烷	ND	1200	4200
三氯乙醛	NA	230	805
烯丙醛	NA	580	2030
烯丙基氯	C	5800	20 300
氯乙酸	NA	2300	8050
丙酮	D	12 000	42 000
乙酰腈	ND	700	2450
乙酰苯	D	12 000	42 000
丙烯醛	C	2300	8050
丙烯酰胺	B2	0.3	1.3
丙烯酸	NA	58 000	203 000
丙烯腈	B1	2.5	10.5

续表

污染物	致癌等级	土壤摄取量/(mg/kg)	
		居住口入 HBGL	非居住口入 HBGL
氨基磺酸铵	D	23 000	80 500
苯胺	B2	240	1008
安息香醛	NA	12 000	42 000
安息香酸	D	470 000	1 645 000
三氯甲苯	B2	0.1	0.4
苯甲醇	ND	35 000	122 500
苄基氯	B2	8	34
溴二氯乙烷(BDCM)	B2	22	92
溴仿(BRFM)	B2	170	714
溴甲烷(BMM)	D	160	560
N-丁醇	D	12 000	42 000
邻苯二甲酸丁苄酯	C	2300	8050
丁化物	D	5800	20 300
丁基酞酰羟乙酸丁酯	NA	120 000	420 000
二甲砷酸	D	350	1225
己内酰胺	NA	58 000	203 000
重金属和无机污染物			
锡	ND	70 000	245 000
磷化铝	NA	47	165
阿拉铝硅系合金	NA	18 000	63 000
氨(NH_3)	D	120 000	420 000
锑	D	47	165
砷	A	0.91	3.82
钡	D	8200	28 700
氰化钡	ND	12 000	42 000
铍	B2	0.32	1.34

续表

污染物	致癌等级	土壤摄取量/(mg/kg)	
		居住口入 HBGL	非居住口入 HBGL
硼和硼酸	D	11 000	38 500
镉	B1	58	244
氰化钙	ND	4700	16 450
氰化氢	ND	5800	20 300
铬(Ⅲ)	NA	120 000	420 000
铬(Ⅵ)	A	580	2436
铬(总)	D	1700	5950
铜	D	4300	15 050
氰化铜	ND	580	2030
氰化物	D	2300	8050
氰气	ND	4700	16 450
溴化氢	ND	11 000	38 500
氟化物	D	7000	24 500
氰化氢	ND	2300	8050
硫化氢	NA	350	1225
铅及其化合物	B2	400	1400
汞	D	35	123
钼	D	580	2030
镍,可溶性盐	D	2300	8050
硝酸盐	D	190 000	665 000
硝酸盐/亚硝酸盐(总)	D	190 000	665 000
氧化一氮	NA	12 000	42 000
亚硝酸盐	D	12 000	42 000
二氧化氮	NA	120 000	420 000
三氢化磷	D	35	123
氰化钾	NA	5800	20 300

续表

污染物	致癌等级	土壤摄取量/(mg/kg)	
		居住口入 HBGL	非居住口入 HBGL
氰化银钾	ND	23 000	80 500
亚硒酸	D	580	2030
硒及其化合物	D	580	2030
银	D	580	2030
氰化银	ND	12 000	42 000
氰化钠	NA	4700	16 450
锶	D	70 000	245 000
硫酸盐	D	6 700 000	23 450 000
三氧化铊	D	8.2	28.7
铊	ND	8.2	28.7
乙酸铊	D	11	39
碳酸铊	D	9.4	32.9
氯化铊	D	9.4	32.9
硝酸铊	D	11	39
亚硒酸铊	D	11	39
硫酸铊	D	9.4	32.9
铀	A	350	1225
钒	D	820	2870
五氧化二钒	NA	1100	3850
白磷	D	2.3	8.0
锌及其化合物	D	35 000	122 500
氰化锌	ND	5800	20 300
磷化锌	NA	35	123

第四节　国外一些发达国家的土壤基准与标准

从总体上来看，土壤环境基准的研究和土壤环境标准的建立工作，大大滞后于大气、水环境基准的研究和大气、水环境标准的建立工作。这是因为，土壤历来被认为是生活废弃物及各种毒物堆积和处理的场所，是一个“大垃圾箱”。这种传统的认识和偏见，束缚着人们正确认识土壤环境问题。再说，土壤环境污染对人体健康的影响相对于水和大气环境污染对人体健康的影响是间接的、潜在的，因而也容易使人们从主观上忽视土壤环境问题，影响了土壤环境基准的研究和相应标准制定工作的开展。

从世界范围来看，1968 年前苏联制定的土壤环境质量标准，可能是世界上最早的国家土壤环境标准。以后，随着土壤环境污染问题的逐渐暴露，西欧一些国家也逐渐开展了土壤环境质量基准的研究和标准的制定。相应地，荷兰、英国、丹麦、法国、瑞典等一些国家则先后颁布了自己国家的土壤环境标准。从地区来讲，西欧是全世界至今为止对土壤环境保护最为重视的地区。相比较而言，对于人口密度较大而国土面积较小的国家，一般都十分重视土壤环境的保护，如日本等国家也有自己的土壤环境质量标准。

一、前苏联及俄罗斯的土壤环境标准体系

随着日本骨痛病的发生，土壤污染的控制被提到了议事日程上。前苏联对此问题非常重视，在经过比较全面的研究后，制定了一个由多种有机污染物和重金属在内的土壤污染物控制标准（表 9-21）。

表 9-21　前苏联土壤中污染物控制标准

参数	最大允许浓度/(mg/kg)
砷	15.0
铬(Ⅵ)	0.05
锑	4.5
锰	1500
钒	150
锰＋钒	1000＋100
聚氯蒎烯	0.5
有效态镍	5
有效态硝态氮(NO_3^-)	130
过磷酸石灰(P_2O_5)	200
苯并[a]芘	0.02

与此同时，前苏联还开创性地制定了农业土壤中农药含量的最高允许标准(表9-22)，并设立了土壤中农药的“大体容许浓度”标准。这个大体容许标准，是根据计算值制定的，它是一种临时性的标准。俄罗斯在评价农业土壤的农药污染时，需采用“最高容许浓度”和“大体容许浓度”这两个体系。

表9-22 前苏联土壤中某些农药的卫生标准[1)]

参数	最高允许量/(mg/kg)	参数	最高允许量/(mg/kg)
DDT	1.0	扑草净	0.5
六六六	1.0	敌稗	1.2
丙体六六六	1.0	基洛尔	0.5
西维因	0.05	代森锌	1.8
毒秀定	0.05	杀虫畏	1.4
敌百虫	0.5	毒杀芬	0.5
马拉硫磷	2.0	三氯杀螨醇	1.0
氯丹	0.05		

1) 前苏联保健部批准。

尤其是他们按照土壤流行病学指标、土壤有害化学物质污染指标、土壤放射性物质污染指标和土壤自净指标，把土壤污染程度划分为“清洁土壤”、“轻污染土壤”、“污染土壤”和“重污染土壤”4种类型。以此为依据，相应地把土壤卫生状况划分为“无危险”、“相对无危险”、“危险”和“严重危险”4类。

二、荷兰的土壤质量目标值与调解值

1994年5月9日，荷兰终止使用其“A-B-C”土壤和地下水基准值，而采用了新的土壤标准一调解值，对土壤、污泥和地下水的“严重污染”进行识别，以表明什么时候、什么条件下必须对污染土壤进行修复。

这些新的调解值是基于人体健康风险和生态毒理风险研究结果和有关数据而确立的，比以往的“C值”更具有其防御功能，适用于典型花园区(面积7m×7m，深0.5m)或较小面积区(体积100m^3 地下水)化学污染物的平均浓度限制。当考虑到土壤类型的变化，尤其是当土壤有机质和黏粒含量不同时，则需要采用“土壤校正因子”进行校正。但是，对于毒理学特性变化极为明显的单一污染物例如除草剂，该组污染物质并没有设立调解值。荷兰政府还承认，尽管某些污染物没有高出他们所制定的调解值，但如果这些污染物的迁移能力非常强，也被认为是生态危害的条件，土壤或地下水受到了严重污染。

表9-23列出了荷兰标准土壤(指有机质含量为10%、黏粒含量为25%的土壤)污染物的目标与调解值。其中,目标值主要用于指示土壤与地下水并不受到污染,代表了国家最终的土壤质量目标,而不是污染土壤的清洁标准。以往所用的“B值”,即用于考察土壤和地下水是否发生污染的值,现在由目标值与调解值之和的平均值所取代;如果某污染物没有设立目标值,那么为调解值的1/2。可以说,这一数值是污染土壤修复的标准。

表 9-23 荷兰标准土壤污染物的目标与调解值

物质分类	污染物	土壤/沉积物/(mg/kg 干重)		地下水/(μg/L)	
		目标值(最优值)	调解值(行动值)	目标值(最优值)	调解值(行动值)
金属	砷	29	55	10	60
	钡	200	625	50	625
	镉	0.8	12	0.4	6
	铬	100	380	1	30
	钴	20	240	20	100
	铜	36	190	15	75
	汞	0.3	10	0.05	0.3
	铅	85	530	15	75
	钼	10	200	5	300
	镍	35	210	15	75
	锌	140	720	65	800
无机物质	氰化物(游离)	1	20	5	1500
	氰化物(pH<5)[1]	5	650	10	1500
	氰化物(pH≥5)	5	50	10	1500
	硫氰酸盐(总和)			20	1500
芳香物质	苯	0.05(检出极限)	2	0.2	30
	乙基苯	0.05(检出极限)	50	0.2	150
	酚	0.05(检出极限)	40	0.2	2000
	甲酚		5(检出极限)	—	200

续表

物质分类	污染物	土壤/沉积物/(mg/kg 干重)		地下水/(μg/L)	
		目标值（最优值）	调解值（行动值）	目标值（最优值）	调解值（行动值）
	甲苯	0.05(检出极限)	130	0.2	1000
	二甲苯	0.05(检出极限)	25	0.2	70
	儿茶酚	—	20	—	1250
	间苯二酚	—	10	—	600
	氢醌	—	10	—	800
多环芳烃[11]	PAHs(总和)[2]	1	40	—	—
	萘			0.1	70
	蒽			0.02	5
	菲			0.02	5
	荧蒽			0.005	1
	苯并[a]蒽			0.002	0.5
	□			0.002	0.05
	苯并[a]芘			0.001	0.05
	苯并[g,h,i]□			0.002	0.05
	苯并[k]荧蒽			0.001	0.05
	茚并[1,2,3-cd]芘			0.0004	0.05
含氯烃类[11]	1,2-二氯乙烷		4	0.01(检出极限)	400
	二氯甲烷	(检出极限)	20	0.01(检出极限)	1000
	四氯甲烷	0.001	1	0.01(检出极限)	10
	四氯乙烷	0.01	4	0.01(检出极限)	40
	三氯甲烷	0.001	10	0.01(检出极限)	400
	三氯乙烷	0.001	60	0.01(检出极限)	500
	氯乙烯		0.1		0.7

续表

物质分类	污染物	土壤/沉积物/(mg/kg 干重)		地下水/(μg/L)	
		目标值（最优值）	调解值（行动值）	目标值（最优值）	调解值（行动值）
	氯苯(总和)[3]		30		—
	单氯苯	(检出极限)	—	0.01(检出极限)	180
	二氯苯	0.01	—	0.01(检出极限)	50
	三氯苯(总和)	0.01	—	0.01(检出极限)	10
	四氯苯(总和)	0.01	—	0.01(检出极限)	2.5
	五氯苯	0.0025	—	0.01(检出极限)	1
	六氯苯	0.0025	—	0.01(检出极限)	0.5
	氯酚(总和)[4]		10		—
	单氯酚(总和)	0.0025	—	0.25	100
	二氯酚(总和)	0.003	—	0.08	30
	三氯酚(总和)	0.001	—	0.025	10
	四氯酚(总和)	0.001	—	0.01	10
	五氯酚	0.002	5	0.02	3
	氯萘		10		6
	PCBs[5]	0.02	1	0.01(检出极限)	0.01
农药	DDT/DDE/DDD[6]	0.025	4	(检出极限)	0.01
	艾氏剂(总和)[7]		4		0.1
	艾氏剂	0.025		(检出极限)	
	狄氏剂	0.025		0.000 02	
	异狄氏剂	0.001		(检出极限)	
	HCH(总和)[8]		2		1
	α-HCH	0.0025		(检出极限)	
	β-HCH	0.001		(检出极限)	

续表

物质分类	污染物	土壤/沉积物/(mg/kg 干重)		地下水/(μg/L)	
		目标值（最优值）	调解值（行动值）	目标值（最优值）	调解值（行动值）
其他污染物	γ-HCH	0.000 05			0.0002
	西维因		5	0.01(检出极限)	0.1
	羰基呋喃		2	0.01(检出极限)	0.1
	代森锰		35	(检出极限)	0.1
	阿特拉津	0.000 05	6	0.0075	150
	环已酮	0.1	270	0.5	15 000
	酞酸酯[9)]	0.1	60	0.5	5
	矿物油[10)]	50	5000	50	600
	嘧啶	0.1	1	0.5	3
	苯乙烯	0.1	100	0.5	300
	四氢呋喃	0.1	0.4	0.5	1
	四氢噻吩	0.1	90	0.5	30

1) 酸度：pH(0.01mol/L $CaCl_2$)，90%概率的测定值为小于5。

2) 在数值上等于萘、蒽、菲、荧蒽、苯并[a]蒽、□、苯并[a]芘、苯并[g,h,i]□、苯并[k]荧蒽和茚并[1,2,3-cd]芘的浓度之和。

3) 在数值上等于单氯苯、二氯苯、三氯苯、四氯苯、五氯苯和六氯苯的浓度之和。

4) 在数值上等于单氯酚、二氯酚、三氯酚、四氯酚和五氯酚的浓度之和。

5) 在数值上等于多氯联苯28、52、101、118、138和180的浓度之和，但目标值并不包括多氯联苯118。

6) 等于DDT、DDD和DDE浓度之和。

7) 在数值上等于艾氏剂、狄氏剂和异狄氏剂的浓度之和。

8) 在数值上等于α-HCH、β-HCH、γ-HCH和δ-HCH的浓度之和。

9) 所有酞酸酯浓度之和。

10) 指所有直链和支链烷烃浓度总和，以免汽油和加热油受到污染，芳香烃和多环芳烃也不得不需要进行测定，以减去这部分的浓度。

11) 土壤/沉积物中多环芳烃、氯酚和氯苯的总和参数，也与所有该类化合物的总浓度相等；以免只有一种污染物被涉及，给出的值为该化合物的调解值；对于两种或多种污染物，采用浓度总和的方法；当土壤/沉积物中这些污染物之间存在加和效应，例如1mg物质A的效应等于1mg物质B的效应，这时才可以采用对同一类化合物浓度进行相加的方法代表其总和参数。

对于重金属污染物，目标值与调解值主要取决于土壤黏粒含量或机械组成以

及土壤有机质含量高低，表 9-23 中的标准应该经过式(9-4)和式(9-5)进行校正

$$I_b = I_s \frac{(A + B\% \text{黏粒/粉砂粒} + C\% \text{有机质})}{A + 25B + 10C} \tag{9-4}$$

$$I_b = I_s \frac{(\text{有机质}\%)}{10} \tag{9-5}$$

式中：I_b 为特定土壤的调解值；I_s 为标准土壤的调解值；A、B 和 C 分别为化合物因变常数(表 9-24)。

表 9-24　荷兰土壤标准中重金属的化合物因变常数

重金属	*A*	*B*	*C*
砷	15	0.4	0.4
钡	30	5	0
镉	0.4	0.007	0.021
铬	50	2	0
钴	2	0.28	0
铜	15	0.6	0.6
汞	0.2	0.0034	0.0017
铅	50	1	1
钼	1	0	0
镍	10	1	0
锌	50	3	1.5

三、英国的指导性土壤基准与标准

20 世纪 90 年代以前，英国环境部根据土地利用类型的不同，制定了砷、镉、铬（VI）、铬（总）、铅、汞和硒等对人体健康有害污染物及铜、锌和镍等对植物有毒害但一般对人体健康基本无害元素的基准上限（表 9-25）。关于制定的这个基准上限，英国学者认为，它是土壤污染的“起始浓度”，而不是土壤的最大允许浓度。当通过各种技术手段进行修复后土壤污染物低于该数值，该土壤就被认为达到了清洁水平。

表 9-25　英国土壤污染“起始浓度”(ICRCL 59/83)

污染物	土地利用	起始浓度/(mg/kg 风干土)	
		临界值	行动值
A 组(可能构成对健康的危害)			
砷	庭院、副业生产地	10	—
	公园、运动场和开阔地	40	—
镉	庭院、副业生产地	3	—
	公园、运动场和开阔地	15	—
铬(VI)[1]	庭院、副业生产地	25	—
	公园、运动场和开阔地	不限[2]	不限[2]
铬(总)	庭院、副业生产地	600	—
	公园、运动场和开阔地	1000	—
铅	庭院、副业生产地	500	—
	公园、运动场和开阔地	2000	—
汞	庭院、副业生产地	1	—
	公园、运动场和开阔地	20	—
硒	庭院、副业生产地	3	—
	公园、运动场和开阔地	6	—
B 组(植物毒性,但通常对人体健康不构成威胁)			
硼(水溶性)[3]	有植物生长任何土地利用[4,5]	3	—
铜[6,7]	有植物生长任何土地利用[4,5]	130	—
镍[6,7]	有植物生长任何土地利用[4,5]	70	—
锌[6,7]	有植物生长任何土地利用[4,5]	300	—
C 组(有机污染物)			
多环芳烃[8,9]	庭院、副业生产地和运动场地	50	500
	观光区、建筑区、坚硬覆盖区	1000	10 000
酚类物质	庭院、副业生产地	5	200
	观光区、建筑区、坚硬覆盖区	5	1000

续表

污染物	土地利用	起始浓度/(mg/kg 风干土)	
		临界值	行动值
氰化物(游离)	庭院、副业生产地和观光区	25	500
	建筑区、坚硬覆盖区	100	500
氰化物(复合)	庭院、副业生产地	250	1000
	观光区	250	5000
	建筑区、坚硬覆盖区	250	不限2)
硫氰酸盐	所有建议的土地利用类型	50	不限2)
硫酸盐	庭院、副业生产地和观光区	2000	10 000
	建筑区10)	2000	50 000
	坚硬覆盖区	2000	不限2)
硫化物	所有建议的土地利用类型	250	1000
硫	所有建议的土地利用类型	5000	20 000
酸度	庭院、副业生产地和观光区	pH<5	pH<3
	建筑区、坚硬覆盖区	不限2)	不限2)

1) 可溶性 6 价铬采用 0.1mol/L HCl(37℃)浸提;如果有碱性物质存在,调至溶液 pH 为 1.0。

2) 污染物并不暴露于这种土地利用目的特定危害。

3) 采用 ADAS 标准法(溶解于热水中)测定。

4) 纯雨水呈微酸性,其 pH 为 6.5(由于可溶性 CO_2 作用);假设土壤 pH 为 6.5,且保持在这一数值;如果 pH 下降,这些元素的生物积累和毒性效应将随之增加。

5) 草类植物比其他大多数植物对植物毒性效应有更强的抗性,因此在该条件下其生长不会受到不良影响。

6) 总浓度,采用 $HNO_3/HClO_4$ 消解、浸提。

7) 由于铜、镍和锌的植物毒性效应呈加和效应,因此在此的起始浓度值对最坏的情况,如酸性砂土上发生的植物毒性效应,也是适用的;在中性(pH=7)或碱性土壤上,这些浓度未必产生植物毒性效应。

8) 采用煤焦油作为标志,见 CIRIA(1988)附件 1。

9) 见 CIRIA(1988)有关分析方法详细。

10) 在含有硫酸盐的土壤和地下水中进行混凝。

自从 20 世纪 90 年代以来,英国环境部一直致力于进一步核实、确证、修正现有的临界起始浓度水平基准(污染土地评价与再开发准则,ICRCL 59/83)。由于现有的临界起始浓度水平基准只涉及有限几个污染物,而且缺乏土地质量恢复所必要的“行动”值,因此得到了来自各方面广泛的批评。有人甚至建议,可以参照荷兰政府的做法，列出一系列其目标在于保护生态系统和人体健康的污染物临界浓度的综合性清单，包括确定污染物临界浓度的方法学。英国当局还认为，由于污染土地导致了非常广泛的生态风险，有必要针对不同的生态风险类型和程度，制定相应的污染物清单和临界浓度，以确保生态系统和人体健康。显然，这导致土壤标准的确立与指导准则的制定难度增加。不过，他们不赞同荷兰政府基于对高剂量污染物暴露试验动物的研究所获得的结果，因为至少我们人类由于处于现代环境的复杂体系，所接触的污染物浓度和剂量不会如此高，因此从对大鼠的如此高剂量暴露结果进行推导，容易产生更大的不确定性。在这种情况下，没有对 ICRCL 59/83 进行取代就不足为奇了。

应该指出，污染土壤的摄入和以尘的形式被吸入，是第一位的人体健康风险。这很容易导致在这一土壤质量标准中只涉及若干重要污染物，而且只与表层土壤(深度为 300～500mm)的污染有关。因此，其适用性，尤其对那些没有采用清洁土进行覆盖污染土壤的修复场地，将受到限制。其中的一些起始浓度，是建立在避免因大气污染迁移、污染进攻引起的建筑结构崩溃而导致水质、植物种群和人类家园破坏风险基础之上的。因此，他们认为，对这些基准的确认，需要更长的时间。

四、丹麦的土壤质量“三合一”标准

为了保护土壤环境，丹麦国家环境保护局已制定了一个三位一体化的土壤质量标准，对多个化学污染物进行了浓度限制。这个三位一体标准有两层涵义:其一是指土壤质量基准,包括土壤质量基准、生态毒理学土壤质量基准和背景水平等三方面的内容；其二是指还涉及污染点土壤污染物的消减基准、污染点下层地下水的质量基准和污染点上的大气质量基准等土壤质量标准的三个组成部分。

丹麦国家环境保护局指出，这个土壤质量标准的总体依据是保证这些土壤在土地利用上有可能作为生态敏感目标(例如私人菜园、花园或日常活动中心)的利用，土壤质量基准应该遵循从表层到 1m 深度上土壤污染物的限制。对其中的大多数污染物，表层土壤的质量基准是依每日允许暴露量为依据的。如果污染组分还通过诸如食物和空气形式进行暴露，土壤清洁标准将考虑其保证总暴露量不超出 ADI(可接受每日摄入)/TDI(容许每日摄入)值。他们指出，该土壤质量标准除了对土壤健康要素的充分考虑外，还涉及了美学与卫生学(气味、外观、味觉)等因素作为土壤质量标准制定的依据。对一些挥发性污染物，还特别提出了土壤“蒸发质量基准”的概念，来对这些污染物加以控制。与极为敏感的土地利用类型有关的土壤质量标准如表 9-26 所示，其单位为 mg/kg 干重。

表 9-26 丹麦土壤质量标准(单位:mg/kg 干重)

污染物	土壤质量基准	生态毒理学土壤质量基准	背景水平
丙酮	8		
砷	20[2]	10	2～6
苯[1]	1.5[3]		
BTEX[1](总量)	10[3]		
镉	0.5[3]	0.3	0.03～0.5
氯仿[1]	50[3]		
氯酚[1](总量)	3[3]	0.01	
五氯苯酚[1]	0.15	0.005	
铬(总)	500	50	1.3～23
铬(VI)	20	2	
铜	500[2]	30	13
氰化物(总)	500		
氰化物(酸挥发性)[1]	10[3]		
DDT	1		
洗涤剂(阴离子)	1500[3]	5	
1,2-二溴甲烷	0.02[3]		
1,2-二氯乙烷	1.4[3]		
1,1-二氯乙烯	5[3]		
1,2-二氯乙烯	85[3]		
二氯甲烷	8[3]		
氟化物(无机)	20[2]		
柴油,总烃(C_5～C_{35})[4]	100		
铅	40[3]	50	10～40
汞	1	0.1	0.04～0.12
钼	5	2.0	

续表

污染物	土壤质量基准	生态毒理学土壤质量基准	背景水平
MTBE	500[3]		
镍	30[2]	10	0.1～50
硝基酚	125[3]		
单硝基酚	10[3]		
二硝基酚	30[3]		
三硝基酚			
PAHs(总)[5]	1.5[3]	1.0	
苯并[*a*]芘	0.1[3]	0.1	
二苯并[*a*,*h*]蒽	0.1[3]		
汽油(C_5～C_{10})[1]	25		
汽油(C_9～C_{16})[1]	25		
苯酚[1](总)	70[2]		
酞酸酯(总)	250[3]	1.0	
DEHP	25[3]		
苯乙烯[1]	40[3]		
松节油(矿物)(C_7～C_{12})[1]	25		
四氯乙烯[1]	5[3]		
四氯化碳[1]	5[3]		
1,1,1-三氯乙烷	200[3]		
三氯乙烯[1]	5[3]		
氯乙烯[1]	0.4[3]		
锌	500	100	10～300

1) 考虑蒸发限制标准。

2) 以急性效应为依据。

3) 以慢性效应为依据。

4) 指大于 C_{35} 的烃类;标有 * 的化学污染物,还考虑蒸发限制标准。

5) 指荧蒽、苯甲基[*b*+*j*+*k*]荧蒽、苯甲基[*a*]芘、联苄基[*a*,*h*]蒽、茚并[1,2,3-*cd*]芘等组分之和。

丹麦国家环境保护局还就镉、铅和砷等10个毒性较大的污染物，建立了上表层土壤污染的消减标准(表9-27)。这个土壤消减标准，主要用于污染土壤的修复或用于极为敏感目的的土地利用类型的开发。

当表层土壤的污染并不能被排除时，就会构成对地下水污染的威胁。为了防止污染土壤可能对地下水的污染，丹麦国家环境保护局还专门制定了地下水质量基准(表9-28)，即针对污染土壤点下层的地下水，对其中污染物的含量进行了较为严格的限制。其中，这些基准值是通过地下水作为饮用水被消费者利用进行评价后而获得的。因此，风险评价的一个重要阶段，是建立与该污染点地下水影响有关的残留污染的可接受水平。

表 9-27　土壤必要的污染消减标准

污染物	污染消减所需达到的水平/(mg/kg 干重)
砷	20[1)]
镉	5[2)]
铬	1000
铜	500[1)]
铅	400[2)]
汞	3
镍	30[1)]
锌	1000
PAH	15[2)]
苯并[a]芘	1[2)]
联苯[a,h]蒽	1[2)]

1) 依据急性有害效应。

2) 依据慢性有害效应。

表 9-28　污染点下层地下水的质量基准

污染物	地下水质量基准/(mg/L)	背景水平/(mg/L)
丙酮	10	
砷	8	0.1～>8
苯	1	
硼	300	10～>300
丁基乙酸酯(butylacetate)	10	0.005～>0.5
镉	0.5	
氯化溶剂(不包括氯乙烯)	1	
氯仿	尽可能低	
铬(总)	25	0.04～10
铬(Ⅵ)	1	
铜	100	0.1～>50

续表

污染物	地下水质量基准/(mg/L)	背景水平/(mg/L)
氰化物(总)	50	
DEHP	1	
洗涤剂(阴离子)	100	
1,2-二溴甲烷	0.01	
二乙醚(diethylether)	10	
乙丙醇	10	
PAHs[1]	0.2	
铅	1	0.1～>1
镍	10	0.1～>10
钼	20	0.2～20
萘	1	
甲基异丁基酮	10	
甲基叔丁基醚(MTBE)	30	
矿物油(总)	9	
硝基酚	0.5	
五氯苯酚	不可检出	
杀虫剂(总)	0.5	
杀虫剂	0.1	
持久性氯杀虫剂	0.03	
酚	0.5	
酞酸酯(不包括 DEHP)	10	
苯乙烯	1	
甲苯	5	
氯乙烯	0.2	
二甲苯	5	
锌	100	0.5～>10

1) 指荧蒽、苯并[*b*]荧蒽、苯并[*k*]荧蒽、苯并[*a*]芘、苯并[*g*,*h*,*i*]二萘嵌苯、茚并[1,2,3-*cd*]芘等组分之和。

在一些被高度挥发性污染物污染的土壤中，这些高度挥发性污染物往往要从土壤中挥发出来而污染大气。为了控制土壤中这些污染物对大气环境的污染，丹麦国家环境保护局还专门制定了污染点上蒸发质量标准(表 9-29)。他们指出，蒸发标准(evaporation criteria)与大气限制值(limit values for air)是两个不同的概念，蒸发标准是指蒸发到大气污染物的大气质量标准，是一个在数值上等于大气限制值的贡献值。大气限制值是基于生态毒理学评价所获得的，污染工业的最大允许贡献，用于对污染点上大气质量标准进行设定和控制。

表 9-29　污染点蒸发质量标准

污染物	蒸发进入上层大气的大气质量基准/(mg/m^3)
丙酮	0.4
芳香烃 C_9～C_{10}(总)	0.03
苯	0.000 125
丁基乙酸酯类(butylacetate)	0.1
氯仿	0.02
氰化物(酸挥发性)	0.06
二乙醚	1
乙丙醇	1
烃(总)	0.1
甲基异丁基酮	0.2
MTBE	0.03
萘	0.04
酚类物质	
苯酚	0.02
甲基酚	0.0001
二甲苯酚	0.001
氯酚类(总)	0.000 02
氯酚	
二氯酚	
三氯酚	
四氯酚	
五氯酚(PCP)	0.000 001
硝基酚	0.005
苯乙烯	0.1
四氯化碳	0.005
四氯乙烯	0.000 25
甲苯	0.4
三氯乙烯	0.001
氯乙烯	0.000 05
二甲苯	0.1

丹麦国家环境保护局指出，地下水环境标准独立于土壤环境标准，当土壤环境标准依从土壤环境质量标准，但并不能保证其依从水环境标准。同样，蒸发质量标准也独立于土壤质量标准。这就是说，不同的场合，应该采用不同的标准，才能达到预期目标。

五、法国土壤保护指导值

在法国，有两个系列的指导值在土壤环境的保护或污染土壤的修复中得到了应用，一是污染源/土壤限定值(SSDV)，有助于对土壤引起的污染源进行控制；二是固定影响值(FIV)，有助于根据其规划的土地利用敏感程度评价环境污染对同一土壤环境的影响。

法国固定影响值(FIV)是由法国公共健康工作组开发的，主要用于在国家层面上对污染土壤或地区进行修复与管理。主要基于污染物对人体健康的毒性与不良影响，并考虑与这些修复点的实际土地利用有关的长期、潜在的公共健康风险。他们主要综合了3种污染暴露方式：当地出产水果与蔬菜的摄取；土壤或降尘的摄取；皮肤对土壤或降尘的吸收。把土地利用分为两大类：①敏感利用型(居住并带有花园)；②非敏感利用型(工业或商业用地，带有如施工工程等户外活动或办公活动场所)。

当土壤为污染暴露环境，FIV用于对已知土地利用的土壤环境影响的重要性进行评估。对于已知的污染物，FIV敏感的土地利用方式被认为是存在于FIV敏感的土壤利用与相应分析方法定量限制之间的最大差异。对于已知的污染物，SSDV值等于敏感型土地利用土壤FIV值的一半，并基本上全部高于当地地球化学背景值的若干(设定为x)倍。对于普遍存在的物质，x等于2；其他物质则x等于5。但是，这至少在分析检出限以上。表9-30列出了法国应用于污染土壤修复与管理的SSDV和FIV值。其中，PCBs的测定，以氯化三联苯(1016或1254)为参照，其相应倍数见表9-31。

表9-30　法国应用于污染土壤修复与管理的SSDV和FIV值

污染物	SSDV	土壤FIV		水体FIV	
	/(mg/kg MS)	敏感利用型	非敏感利用型	敏感利用型	非敏感利用型
重金属(单位:水,除专门注明外,均为μg/L；土壤,mg/kg干重)					
铝(总)	6)	6)	6)	200[17)]	1mg/L
锑	50	100[3)]	250[3)]	10[17)]	50

续表

污染物	SSDV /(mg/kg MS)	土壤 FIV 敏感利用型	土壤 FIV 非敏感利用型	水体 FIV 敏感利用型	水体 FIV 非敏感利用型
银	6)	6)	6)	10[17]	50
砷	19[8]	37[1),8)]	120[1),8)]	50[17]	250
钡	312	625[4]	3125	100[21]	1mg/L[22]
铍	250	500[3]	500[3]	6)	6)
镉	10	20[2]	60[2]	5[17]	25
铬(总)	65	130[1]	7000[1]	50[17]	250
钴	120	240[4]	1200	6)	6)
铜	95	190[4]	950	1mg/L[17]	2mg/L
锰	6)	6)	6)	50[17]	250
汞	3.5	7 [1]	600 [1]	1 [17]	5
钼	100	200[4]	1000	70 [18]	350
镍	70	140[2]	900[2]	50[17]	250
铅	200	400[2]	2000[2]	50[17]	250
硒	6)	6)	6)	10[17]	50
铊	5	10[3]	pvl[3]	6)	6)
钒	280	560[3]	pvl[3]	6)	6)
锌	4500	9000[1]	pvl[1]	5mg/L[17]	10mg/L
其他无机物(单位:水,除专门注明外,均为 μg/L; 土壤,mg/kg 干重)					
铵(NH_4^+)	6)	6)	6)	500[17]	4mg/L[22]
氯化物(Cl^-)	6)	6)	6)	200mg/L[17]	400mg/L
氰化物(游离 CN^-)	25	50 [2]	100 [2]	50[17]	250
氟化物(F^-)	6)	6)	6)	1.5mg/L [17]	3mg/L
硝酸盐(NO_3^-)	6)	6)	6)	50mg/L[17]	100mg/L
亚硝酸盐(NO_2^-)	6)	6)	6)	100[17]	500
硫酸盐(SO_4^{2-})	6)	6)	6)	250mg/L[17]	500mg/L

续表

污染物	SSDV	土壤 FIV		水体 FIV	
	/(mg/kg MS)	敏感利用型	非敏感利用型	敏感利用型	非敏感利用型
芳香烃(单位:水，除专门注明外，均为 μg/L；土壤,mg/kg 干重)					
苯	1	2.5[1]	pvl[1]	1[20]	5
乙苯	25	50[4]	250	300[18]	1.5mg/L
苯乙烯	50	100[4]	500	20[18]	100
甲苯	5	10[3]	120[3]	700[18]	3.5mg/L
二甲苯(总)	5	10[3]	100[3]	500[18]	2.5mg/L
多环芳烃(单位:水，除专门注明外，均为 μg/L；土壤,mg/kg 干重)					
PAHs(总)[7]	[9]	[9]	[9]	0.2[17),23]	1[23]
蒽		pvl[1]	pvl[1]	[6]	[6]
苯并[a]蒽	7	13.9[1]	252[1]	[6]	[6]
苯并[k]荧蒽	450	900[1]	2520[1]	[6]	[6]
□	5175	10 350[1]	25 200[1]	[6]	[6]
苯并[a]芘	3.5	7[1]	25[1]	0.01[17]	0.05
荧蒽	3050	6100[1]	pvl[1]	[6]	[6]
茚并[1,2,3-c,d]芘	8	16.1[1]	252[1]	[6]	[6]
萘	23	46[1]	pvl[1]	[6]	[6]
卤化芳烃(单位:水，除专门注明外，均为 μg/L；土壤,mg/kg 干重)					
单氯苯	8	15[3]	170[3]	300[18]	1.5mg/L
1,2-二氯苯	25	50[3]	pvl[3]	1mg/L[18]	5mg/L
1,3-二氯苯	25	50[3]	pvl[3]	[6]	[6]
1,4-二氯苯	25	50[3]	pvl[3]	300[18]	1.5mg/L
1,2,4-三氯苯	12	25[3]	300[3]	20[18),24]	100[24]
六氯苯	4	8[2]	200[2]	1[18]	5
卤化多环芳烃(单位:水，除专门注明外，均为 μg/L；土壤，mg/kg 干重)					
氯萘	5[4]	10[4]	50	[6]	[6]

续表

污染物	SSDV	土壤 FIV		水体 FIV	
	/(mg/kg MS)	敏感利用型	非敏感利用型	敏感利用型	非敏感利用型
PCDD/PCDF	500 ngTE/kg	1000 ngTE/kg[2]	10 000 ngTE/kg[2]	[6]	[6]
PCB	[6],[10]	[6],[10]	[6],[10]	0.1[17],[25]	0.5[25]
氯化三联苯 1016	0.05	0.1[1]	60[1]	[6]	[6]
氯化三联苯 1254	0.05	0.1[1]	17[1]	[6]	[6]
卤化脂肪族烃(单位:水，除专门注明外，均为 μg/L；土壤，mg/kg 干重)					
溴仿	[6]	[6]	[6]	100[20],[29]	500[29]
氯仿	LQ	0.1[3]	0.5[3]	100[20],[29]	500[29]
氯乙烯	LQ[11]	0.02[1]	30[1]	0.5[20]	2.5
1,2-二氯甲烷	2	4[4]	20	3[20]	15
1,1-二氯乙烯	[6]	[6]	[6]	30[18]	150
cis-1, 2-二氯乙烯	3[1]	6[1]	pvl[1]	50[18]	250
二氯甲烷	LQ	0.1[3]	2[3]	20[18]	100
1,2-二氯丙烷	0.5	1[3]	5[3]	40[19]	200
1,3-二氯丙烷	[6]	[6]	[6]	20[18]	100
六氯丁二烯	[6]	[6]	[6]	0.6[18]	3
四氯乙烯	3	6[1]	5300[1]	10[20],[26]	50[26]
四氯化碳	0.5	1[4]	5	2[18]	10
1,1,1-三氯乙烷	7.5	15[3]	180[3]	2mg/L[18]	10mg/L
三氯乙烯	0.1	0.2[1]	3020[1]	10[20],[26]	50[26]
酚/氯酚类(单位:水，除专门注明外，均为 μg/L；土壤，mg/kg 干重)					
儿茶酚	10	20[4]	100	[6]	[6]
氯酚(总)	5[12]	10[4],[12]	50	[6]	[6]

续表

污染物	SSDV	土壤 FIV		水体 FIV	
	/(mg/kg MS)	敏感利用型	非敏感利用型	敏感利用型	非敏感利用型
甲酚(总)	2	5[4]	25	[6]	[6]
对苯二酚	5	10 [4]	50	[6]	[6]
五氯苯酚	50	100[2]	250[2]	9[18]	45
酚	25	50[3]	pvl[3]	[6]	[6]
间苯二酚	5	10[4]	50	[6]	[6]
2,4,6-三氯酚	[6]	[6]	[6]	200[18]	1mg/L
酚指数	[6]	[6]	[6]	0. 5[17]	100[22]
农药(单位:水，除专门注明外，均为 μg/L；土壤，mg/kg 干重)					
艾氏剂	2	4[2]	pvl[2]	0. 03[17]	0. 15
阿特拉津	3	6[4]	30	0. 1[17]	0. 5
西维因	2	5[4]	25	0. 1[17]	0. 5
羰基呋喃(carbofurane)	1	2[4]	10	0. 1[17]	0. 5
DDD,DDE, DDT(总)	2	4[4]	20	0. 1[17]	0. 5
狄氏剂	[6]	[6]	[6]	0. 03 [17]	0. 15
“Drines”(总)	2	4[4]	20	0. 1[17]	0. 5
HCH(总)	5	10[2]、[15]	400[2]、[15]	0. 1[17]	0. 5
七氯＋七氯环 氧化合物	[6]	[6]	[6]	0. 03[17]	0. 15
林丹	[6]	[6]	[6]	0. 1[17]	0. 5
Manebe	17	35[4]	175	0. 1[17]	0. 5
其他农药	[6]	[6]	[6]	0. 1[17]	0. 5
农药(总)	[6]	[6]	[6]	0. 5[17]	2. 5
酞酸酯(单位:水，除专门注明外，均为 μg/L；土壤，mg/kg 干重)					
酞酸酯	30[13]	60[4]、[13]	300	[6]	[6]
二(2-乙基己 基)酞酸盐	[6]	[6]	[6]	8[18]	40

续表

污染物	SSDV	土壤 FIV		水体 FIV	
	/(mg/kg MS)	敏感利用型	非敏感利用型	敏感利用型	非敏感利用型
有机氮化合物(单位:水，除专门注明外，均为 μg/L; 土壤，mg/kg 干重)					
丙烯酰胺	[6]	[6]	[6]	0.1[20]	0.5
凯氏氮	[6]	[6]	[6]	1mg/L[17,27]	2mg/L
其他(单位:水，除专门注明外，均为 μg/L; 土壤，mg/kg 干重)					
烃	2500[14]	5000[4,14]	25 000	10[17,28]	1mg/L[22,28]

1) 法国官方正式确定值。

2) 德国官方正式确定值。

3) 德国计划生效值，见"*Berechnung zur Prüfwerten zur Bewertung von Altlasten*"，Bundesanzeiger Nr. 161a，1999 年 8 月 28 日。

4) 荷兰值(1994)。

5) 荷兰值(1998)。

6) 有待确定该污染物是否存在于土壤或水中的值。

7) 水环境受到关注。

8) pH>7 或 *E*h>－250mV 的值。

9) 对于土壤，依据物质采用该值。

10) 在分析测定时，以氯化三联苯(1016 或 1254)为参照，尽量与确定的组成相近。

11) LQ，受到分析方法测定限制。

12) 如果污染是由氯酚类单个化合物引起，可采用此值。

13) 该值适用于酞酸酯总和。

14) 当污染由石油、柴油等混合物引起，与此同时测定芳烃和多环芳烃含量也是需要的。

15) 适用于异构体之和的德国值；

16) 适用于异构体之和的荷兰值。

17) 1989 年 1 月 3 日颁布。

18) 世界卫生组织指导值。

19) 世界卫生组织指导值。

20) 欧洲共同体指南 98/83(part B，化学参数)。

21) 1989 年 1 月 3 日颁布。

22) 1989 年 1 月 3 日颁布。

23) 该值为苯并[3,4]荧蒽、苯并[11,12]荧蒽、苯并[1,12]二萘嵌苯、苯并[3,4]芘、荧蒽、茚并[1,2,3-*cd*]芘等 6 种化合物之和(1989 年 1 月 3 日颁布)。

24) 依据 18)，为三氯苯之和。

25) 依据 17)，对每种污染物质而言。

26) 依据 20)，为三氯乙烯和四氯乙烯之和。

27) 依据 17)，凯氏氮，以氮表示，除 NO_3^- 和 NO_2^- 以外的氮。

28) 依据 17)，四氯化碳浸提后的可溶性或乳化烃类化合物。

29) 依据 20)，适合于三卤甲烷之和的值。

表 9-31　多氯联苯参照值及其倍数

物质	法国氯化三联苯 1016	法国氯化三联苯 1254
单氯苯	×	
二氯苯	×	
2,4,4′-三氯苯	×	×
2,2′,5,5′-四氯苯	×	×
2,2′,4,5,5′-五氯苯	×	×
2,3′,4,4′,5-五氯苯		×
2,2′,3,4,4′,5′-六氯苯		×
2,2′,3,4,4′,5-六氯苯		×
2,2′,4,4′,5,5′-六氯苯		×
2,2′,3,4,4′,5,5′-七氯苯		×

六、瑞典污染土壤修复综合体系

在瑞典，污染土壤(点)是指垃圾填埋场，土壤、地下水或沉积物受到点源污染导致其浓度显著高于当地或区域背景水平的点(或区域)。污染点的健康与环境风险与污染物的危害性(决定于其物理和化学特性)、污染物的含量水平及其迁移能力(与土壤特征及地下水循环有关)、点的敏感性(污染物的人体暴露风险)和保护价值(例如，周围地区有价值的自然地物的存在)有关。污染土壤(点)环境质量标准评价标准因此包括 4 个相互联系的组成部分:有害性评价、污染水平评价、迁移潜力分析、人体敏感性与保护价值评价。

1. 有害性评价

在某一污染点，往往含有大量化学物质，他们之间的毒性或有害性有很大区别。第一步是确定污染物是否受到法规上的禁止或在应用上受到一定的限制，然后进行有害性分类，见表 9-32。

一些化学物质、产品和混合物的有害性分类如表 9-33 所示。其中，极为有害的化学污染物有:砷、铅、镉、汞、铬(Ⅵ)、钠(金属)、苯、氰化物、杂酚油(老)、煤焦油、PAHs、二噁英、氯苯、氯酚、卤化溶剂、有机氯化合物、PCBs、四氯乙烯、三氯乙烷、三氯乙烯、杀虫剂/除草剂等。

表 9-32 土壤污染物的有害性分类

危害水平	分类	标记/符号
低	对健康适度有害	(V)
中	对健康有害	(Xn)
	刺激	(Xi)
	对环境有害	无标记(—)
高	有毒的	(T)
	腐蚀性的	(C)
	对环境有害的	(N)
极高	极毒的	(T+)
	商业上不允许买卖或逐渐淘汰的物质	

表 9-33 一些化学物质、产品和混合物有害性分类

低	中	高	极高
铁	铝	钴	砷
钙	金属废料	铜	铅
镁	丙酮	铬(当六价铬不存在时)	镉
锰	脂肪烃		汞
纸	木材纤维	镍	铬(VI)
木材	木料	钒	钠(金属)
	锌	氨水	苯
		芳香烃	氰化物
		酚	杂酚油(老)
		甲醛	煤焦油
		乙二醇	PAHs
		浓酸	二噁英
		浓碱	氯苯
		溶剂	氯酚

续表

低	中	高	极高
		苯乙烯	卤化溶剂
		油灰	有机氯化合物
		石油产品	PCBs
		航空燃料	四氯乙烯
		民用燃料油	三氯乙烷
		废弃油	三氯乙烯
		润滑油	杀虫剂/除草剂
		过氧化氢	
		油漆与染料	
		切削油	
		汽油	
		柴油	
		木焦油	

2. 污染水平评价

瑞典国家环境保护局指出，即使中度有害物质如果在土壤中浓度很高，也会引起严重危害。因此，他们规定，污染点风险评价不仅要考虑污染物的基本性质，还要考虑其浓度水平。

(1) 现有条件评价

瑞典政府把污染土壤现有条件按污染严重性分为4类(表9-34)。测出的污染水平超出临界值越多，表示风险越为严重。

表9-34　现有条件评估指南

项目	分类	与指导值或相应值的关系
现有条件	不严重	<指导值
	轻微严重	1～3倍指导值
	严重的	3～10倍指导值
	极为严重的	>10倍指导值

就最为敏感的土地利用类型而言，瑞典政府规定，污染土壤修复采用污染土壤指导值(表 9-35)进行衡量、评价。或者，他们采用其他国家的相应标准值。对污染地下水的修复，他们认为，更适合采用瑞典石油污染点地下水推荐指导值(表 9-36)，国家食品管理部饮用水临界值作为第二选择，还采用了其他国家的相应值。对于地表水来说，他们主要采用加拿大水质标准(表 9-37)，或者湖泊和河流评价标准(处于 3 级和 4 级之间)。如果不能获得上述指定的指导值，则根据毒理学数据进行推导。如果这样，首选的“临界值”为 LOEC(最低可观察效应浓度)。否则，采用 LC_{50} 除以 1000。

表 9-35　瑞典污染土壤指导值

类别	污染物	水平/(mg/kg 干重)
重金属	砷	15
	铅	80
	镉	0.4
	钴	30
	铜	100
	铬(只是当六价铬不存在时)	120
	铬(Ⅵ)	5
	汞	1
	镍	35
	钒	120
	锌	350
其他无机污染物	氰化物(总，只是当有效态氰化物不存在时)	30
	有效态氰化物	1
有机污染物	酚+甲酚	4
	氯酚总和(不包括五氯酚)	2
	五氯酚	0.1
	单氯苯和二氯苯之和	15
	三、四、五氯苯之和	1
	六氯苯	0.05

续表

类别	污染物	水平/(mg/kg 干重)
	PCBs(总)	0.02
	二噁英、呋喃、共面 PCBs(与 PCDD 等价)	10ng/kg 干重
	二溴氯甲烷	2
	溴二氯甲烷	0.5
	四氯化碳	0.1
	三氯甲烷	2
	三氯乙烯	5
	四氯乙烯	3
	1,1,1-三氯乙烷	40
	二氯甲烷	0.1
	2,4-二硝基甲苯	0.5
	苯	0.06
	甲苯	10
	乙苯	12
	二甲苯	15
	致癌性 PAHs(7 个之和)	0.3
	其他 PAHs(9 个之和)	20
脂肪族烃	C_6～C_{16}	100
	C_{17}～C_{35}	100
芳香烃	甲苯、乙苯和二甲苯之和	10
	C_9～C_{10}	40
	C_{11}～C_{35}	20
其他	MTBE	6
	1,2-二氯乙烷	0.05

表 9-36 瑞典污染地下水指导值或等价限制水平

指导值类型	污染物	浓度水平/(mg/L)
石油污染点地下水指导值[1)]	非极性脂肪烃	100
	总可浸提芳香烃	100
	苯	10
	甲苯	60
	乙苯	20
	二甲苯	20
	致癌性 PAHs(7 个之和)	0.2
	其他 PAHs(9 个之和)	10
	MTBE	50
	铅	10
	1,2-二氯乙烷	30
	1,2-二溴甲烷	1
饮用水限制值	锑	10
	砷	50
	铅	10
	有效态氰化物	50
	镉	5
	铜	2000
	铬	50
	汞	1
	镍	50
	硒	10
	银	10

1) 更适用于非饮用水的极限，否则也只作为有保留地可饮用水的极限。

表 9-37　瑞典污染地表水限制水平

污染物	生物效应增益风险	加拿大水质标准
砷	15	50
铅	3	1
镉	0.3	0.01
铜	9	4
铬	15	20[铬(Ⅲ)]
汞		0.1
镍	45	150
锌	60	30
有效态氰化物		5
酚		1
单氯酚		7
二氯酚		0.2
五氯酚		0.5
甲酚		1
单氯苯		15
1,2-二氯苯		2.5
1,4-二氯苯		4
三氯苯		0.5
四氯苯		0.15
五氯苯		0.03
六氯苯		0.0065
PCBs		0.001
四氯化碳		13
三氯甲烷		2
三氯乙烯		20
四氯乙烯		110
苯		300
甲苯		2
乙苯		90
非极性脂肪烃		100
1,2-二氯甲烷		100
MTBE		700

(2) 参考值及其偏离评估

瑞典政府认为，在此采用的参考值，是指当研究区域没有受到当地点源所污染时，或许已经存在的污染水平的评估。也就是说，参考值反映了有关物质的自然水平，加上污染物大规模扩散引起的增加额。

最可靠的参考值来自于不受当地污染影响的研究区域内所采集的样品的研究。他们规定，至少要采 5 个样。如果采了 5～20 个样，则应选择最高或次最高值。如果多于 20 个样，采用第 90 或 95 百分点测定值。如果缺乏相邻地区的资料，参考值可建立在地区或国家调查基础之上。表 9-38～表 9-41 中的各种参考值就是以这种方式产生的。

表 9-38 瑞典污染土壤参考值水平(单位:mg/kg 干重)

种类	污染物	地质勘探局	环境保护局	
		冰碛	冰碛	沉积土壤
金属	砷	10	10	7
	铅	20	25	25
	镉		0.3	0.15
	钴	10	10	15
	铜	25	25	30
	铬		30	45
	汞		0.1	0.2
	镍	20	25	30
	钒		40	60
	锌	60	70	100
有机污染物[1]	总可浸提脂肪物质			80
	总可浸提芳香物质			30
	非极性脂肪烃			13
	甲苯			0.5
	1.1,1-三氯乙烷			0.3
	三氯甲烷			0.9
	氯脂肪烃(总)			1

续表

种类	污染物	地质勘探局	环境保护局	
		冰碛	冰碛	沉积土壤
	菲			0.5
	苯并[a]蒽			0.4
	苯并[a]芘			0.4
	苯并[g,i,h]二萘嵌苯			0.4
	茚并[c,d]芘			0.4
	芘			0.6
	□			0.5
	荧蒽			1
	苯并[k]荧蒽			0.4
	苯并[b]荧蒽			0.7
	PAHs(16 个单体之和)			5
	致癌性 PAHs(7 个单体之和)			2.5
	其他 PAHs(9 个单体之和)			2.7
其他[1)]	EGOM(mg 有机碳/kg 干重)			1
	PAH-筛分物(mg PAH 等价物/kg 干重)			10
	EOX(mg 氯/kg 干重)			0.2
	HEGOM(mg 氯/kg 干重)			0.2
	细胞试验 EROD(ng TEQ/g 干重)			5

1) 已知参考值为瑞典地质调查机构在土壤地球化学调查以及瑞典国家环境保护局的城市环境土壤采样所获结果第 90 百分点的测定值。

表 9-39　瑞典污染地下水参考值(单位:mg/L)

种类	污染物	限制水平
金属	铝	300
	砷	10
	铅	5
	镉	5
	铜	4000
	锌	700
其他	EGOM(org. C/L)	1
	HEGOM(Cl/L)	0.1
	PAH-筛分物(PAH 等价物/L)	10
	EOX(Cl/L)	1

表 9-40 瑞典污染地表水参考值(单位:mg/L)

种类	污染物	大河		小溪		湖泊	
		瑞典北部	瑞典南部	瑞典北部	瑞典南部	瑞典北部	瑞典南部
金属	砷	1.8	3.5	0.5	2.7	1.8	2.7
	铅	3.5	9.5	1.2	7.2	3.3	7
	镉	0.15	0.4	0.1	0.5	0.3	0.5
	钴	1.5	4	0.9	1.8	0.9	1.8
	铜	6	9	2	3.5	2	3.5
	铬	2.2	4.5	1.1	2.2	0.5	2.2
	镍	4	8	2.5	3.2	1.5	3.2
	钒	1.3	5	0.8	2.5	1.3	2.6
	锌	40	55	12	25	12	26
其他	AOX(Cl/L)	30					
	EOX(Cl/L)	1					

表 9-41 瑞典污染沉积物参考值(单位:mg/kg 干重)

种类	污染物	湖泊沉积物		海洋沉积物
		瑞典北部	瑞典南部	
金属	砷	40	40	45
	铅	4000	6400	110
	镉	18	32	3
	铜	100	140	80
	铬	160	160	70
	汞	1.7	2	1
	镍	80	80	100
	锌	1500	2400	360
	锑			4.7
	钡			700
	铍			4.2

续表

种类	污染物	湖泊沉积物		海洋沉积物
		瑞典北部	瑞典南部	
	锗			28
	钴			60
	锂			70
	钼			40
	铊			1.5
	锡			14
	钒			180
	钨			70
有机污染物	PAHs（11个单体之和）			2.5
	六氯苯			0.001
	PCBs(7个单体之和)			0.015
	PCBs(总)			0.08
	HCH(总)			0.003
	氯丹(总)			0.0003
	DDT(总)			0.006
	EOCl			30
	EOBr			3
	EPOCl			3
	EPOBr			0.8
其他	EGOM(mg有机碳/kg干重)			25
	PAH-筛分物(mg PAH等价物/kg干重)			10
	EOX(mg氯/kg干重)			2
	细胞试验EROD(ng TEQ/g干重)			2

瑞典国家环境保护局指出，当测定值偏离参考值，确定研究区域是否受到当地点污染源的影响是可能的。表 9-42 为参考值偏离评估的基本框架。他们还依据污染物数量和污染介质体积的大小，对污染土壤(点)的风险进行了划分(表 9-43)。他们认为，这一分类并不适合毒性极大污染物如二噁英存在的场合。于是，他们规定，这种毒性极大污染物的存在，应该与“大量污染物存在”相等价，而且他们还规定，污染介质(土壤、沉积物)体积的评价不考虑污染物的浓度水平与种类。

表 9-42　参考值偏离评估的基本框架

评估	测定值/参考值
没有或基本没有来自点源的影响	<1
很可能有来自点源的影响	1～5
来自点源较大的影响	5～25
来自点源极大的影响	>25

表 9-43　污染物质数量与体积评价

项目	数量或体积			
	小	中等	大	极大
极为有害污染物的数量			若干千克	几十千克
有害污染物的数量		若干千克	几十千克	几百千克
中度有害污染物的数量	若干千克	几十千克	几百千克	达到几吨
污染材料的体积/m^3	$<10^3$	10^3～10^4	10^4～10^5	$>10^5$

3. 迁移能力分析

土壤污染物对人体健康和环境的风险，在很大程度上取决于污染物向周围扩散的程度、迁移能力以及速率。有必要考虑污染物从地下设施的扩散、在土壤和地下水中的扩散、向地表水的扩散、在地表水中的扩散以及在沉积物中的扩散(表 9-44)。因此，涉及污染物扩散与迁移所需要的信息包括:污染物现有分布情况、污染区域的地质学和水力学特征、土壤化学、地下设施(包括工艺装置)以及污染物的环境行为。一般来说，在难渗透性、黏重土壤中，污染物的迁移能力较低，尤其当地下水平面的倾斜度很小或不存在排水系统时。

表 9-44　污染物迁移风险

迁移类型	轻度	中度	大	极大
自地下设施的扩散	不扩散	年淋失<5%	年淋失 5%～50%	年淋失>50%
在土壤和地下水中	不扩散	<0.1m/a	0.1～10m/a	>10m/a
从土壤和地下水到地表水	周期>1000a	周期 100～1000a	周期 10～100a	周期<10a
在地表水中	无扩散或浓度太稀可以忽略风险	<0.1km/a	0.1～10km/a	>10km/a
在沉积物中	不扩散	< 0.1m/a	0.1～10m/a	>10 m/a

4. 人体敏感性与保护价值评价

瑞典政府认为，土壤污染的人体健康风险取决于对污染暴露的程度以及污染影响人体健康的可能性，他们把人体敏感性分为低、中、高和极高 4 类(表 9-45)。与此同时，他们规定，从环境损害的风险角度来考虑自然保护的价值。表 9-46 为其自然保护价值评价的基本框架。

表 9-45　人体敏感性评价框架

敏感性	区域类型
低	无人体暴露，例如有关区域没有工业或其他人类活动发生
中	工作环境较小暴露；地下水并不用于饮用
高	在工作时间例如办公场所存在污染暴露；对儿童暴露程度较轻；地下水或地表水用于饮用；土地用于种植谷物或饲养动物；经常用于户外娱乐的绿色带或其他区域
极高	永久性人居环境，例如居家、儿童中心和住宅区等；儿童广泛的污染暴露；地下水或地表水用于饮用

表 9-46　自然保护价值评价基本框架

保护价值	区域类型
小	重污染区；已被人类活动破坏的自然生态系统，如土地填埋、道路铺设区域等
中	略有干扰的生态系统；通常一般区域生态系统，例如正常森林与农业土地
高	稀少的一般区域生态系统；被当地政府指定为具有较高保护价值的生物种或生态系统，并受污染影响，例如海岸线、敏感河道、娱乐区和城市公园等
极高	被当地、地区政府或国家指定为具有较高保护价值的生物种或生态系统，例如自然保护区、国家公园、天然保留地、海洋保留地、动物栖息地和其他形式的生境保护地；濒临危险物种以及已经被指定为国家级保护目的的地区

七、新西兰污染土壤修复基准与标准

在大洋洲，近年来也相继出台了各种用于评估污染土壤(点)的修复与管理的标准。为了消除土壤污染，新西兰也开展了各种保护土壤资源的研究，包括土壤质量基准值的确定。由于土地服务功能的不同，他们采用不同的土壤污染物限制值。也就是说，这些限制值，有的是针对保护植物生命而设计的，有的则是为保护蚯蚓的生命而推导的一个安全浓度，还有的是针对木材处理点临时土壤标准值(表 9-47)。

表 9-47 新西兰土壤环境修复标准

污染物	资料来源	基准或指导值 /(mg/kg)	土地利用	置信水平
砷	ORNL 1997	10	针对植物的基准	中等
	CCME 1997	12	调查或修复指导值	完全[6]
	ANZECC 1992	20	EIL[5]植物	
	MfE/MoH 1997	30[1,2] 500[3,4]	新西兰木材处理点临时土壤标准值	主要依据是保护人体健康，并适度考虑了农业植物的生长
	ORNL 1997	60	针对蚯蚓的基准	低
铬(总)	ORNL 1997	0.4	针对蚯蚓的基准	低
	ORNL 1997	1	针对植物的基准	低
	ANZECC 1992	50	EIL 植物	N/A[7]
	CCME 1997	64[1,2] 87[3,4]	调查或修复指导值	完全
铬(Ⅵ)	MfE/MoH 1997	4[1] 9～25 360[3,4]	新西兰木材处理点土壤标准建议值	依据植物生命的保护
	CCME 1997	0.4[1,2] 1.4[3,4]	调查或修复指导值	临时的[8]

续表

污染物	资料来源	基准或指导值/(mg/kg)	土地利用	置信水平
铜	ORNL 1997	60	针对蚯蚓的基准	低
	ANZECC 1992	60	EIL 植物	N/A
	MfE/MoH 1997	130	新西兰木材处理点土壤指导值	依据植物生命的保护
	CCME 1997	63[1),2)] 91[3),4)]	调查或修复指导值	完全
	ORNL 1997	100	针对植物的基准	低
苯	CCME 1997	0.05[1)] 0.5[2)] 5[3),4)]	调查或修复指导值	临时的
	ANZECC 1992	1	EIL 植物	N/A
	MfE 1997	1.1～5.7[1)] 1.1～5.7[2)] 3.0～28[3),4)]	土壤可接受标准，其给定值的范围为＜1m 的不同土壤类型	依据人体健康的保护
乙苯	CCME 1997	0.1[1)] 1.2[2)] 20[3),4)]	调查或修复指导值	临时的
	MfE 1997	48～2200[1)] 48～2200[2)] 170～7200[3),4)]	土壤可接受标准，其给定值的范围为＜1m 的不同土壤类型	依据人体健康的保护
甲苯	CCME 1997	0.1[1)] 0.8[2),3),4)]	调查或修复指导值	临时的
	MfE 1997	68～2500[1)] 68～2500[2)] 94～7500[3),4)]	土壤可接受标准，其给定值的范围为＜1m 的不同土壤类型	依据人体健康的保护
二甲苯	ORNL 1997	200	针对植物的基准	低

续表

污染物	资料来源	基准或指导值/(mg/kg)	土地利用	置信水平
	CCME 1997	0.1[1)] 1[2)] 17[3)] 20[4)]	调查或修复指导值	临时的
	MfE 1997	48～1700[1)] 48～1700[2)] 150～5700[3)、4)]	土壤可接受标准，其给定值的范围为<1m的不同土壤类型	依据人体健康的保护

1）农业土地利用。

2）居住或公用场地（如公园）。

3）指商业用地。

4）指工业用地。

5）EIL 指环境调查水平。

6）“完全”指评价提供数据足以考虑环境健康的土壤质量指南。

7）N/A 指不能做出评估。

8）“临时的”指评价只考虑环境健康的临时土壤质量指南。

八、日本的土壤保护及其标准

在日本，自1968年由慢性镉中毒引起骨痛病以来，农业土地的土壤污染问题就引起各方广泛的重视。1970年，日本政府制定并颁布了农业土地的土壤污染防治法，并实施了污染土壤的修复。1975年，日本东京部分地区发现了大量铬(Ⅵ)污染的土壤，已经导致严重的社会问题。自那以后，许多所谓“城市型”(非农业)土壤污染问题在全日本迅速增加。这种增加一是由于许多工业企业用地被城市发展所加速征用；二是全面实施了水污染控制法所需要的地下水质监测，诊断、发现了这些污染土壤。

鉴于所谓的“城市型”土壤污染事故迅速增加，日本政府加大了土壤环境保护的力度。他们一致认为，土壤环境在物质循环与生态系统正常功能维持方面起着重要作用，它执行着水的净化、食物与木材的生产等功能，应该得到完整的保护。因此，1991年8月日本政府颁布了防治土壤污染的环境质量标准，1994年2月又做了增补，目前日本土壤质量标准已对25种污染物做了限制(表9-48)。在这个土壤环境质量标准中，大多是以土壤试料溶液(sample solution)中污染物的含量为限量的，但对以下两种情况不适用：①天然有毒物质存在的地方，如有毒矿物附近；②指定用于储存有毒物质的地方，如废物处置点。有资料表明，日本目前主要的污染企业是化工和电镀，主要污染物有铅、铬(Ⅵ)和三氯乙烯。显然，这个土壤环境质量标准对这些污染物做了较为严格的限制。

为了顺利实施以环境质量标准为依据的土壤及地下水污染情况的调查与防治对策的落实，1994 年 11 月日本政府还相应建立了土壤及地下水污染调查与防治对策的指导准则。在这些法规下，他们自愿地敦促对污染土壤进行修复与清洁。至 1997 年 10 月 31 日，在农业土地土壤污染政策计划框架下，在识别、修复超出土壤质量标准的点或污染现场(个数/hm^2)方面取得了进展(表 9-49)。尤其是，在总面积为 7140hm^2 的污染土地中，大约有 76%的土地得到了修复。

表 9-48　土壤污染环境质量标准(EQS)

物质	土壤质量目标水平[1)]
镉	试料溶液中 0.01mg/L，土壤(水稻土)中小于 1mg/kg
氰化物	试料溶液中不得检出
有机磷	试料溶液中不得检出
铅	试料溶液中≤0.01mg/L
铬(Ⅵ)	试料溶液中≤0.05mg/L
砷	试料溶液中≤0.01mg/L
	农业土地(只是水稻田)土壤中<15mg/kg
总汞	试料溶液中≤0.0005mg/L
烷基汞	试料溶液中不得检出
PCBs	试料溶液中不得检出
铜	农业土地(只是水稻田)土壤中小于 125mg/kg
二氯甲烷	试料溶液中≤0.02mg/L
四氯化碳	试料溶液中≤0.002mg/L
1，2-二氯乙烷	试料溶液中≤0.004mg/L
1，1-二氯乙烯	试料溶液中≤0.02mg/L
cis-1，2-二氯乙烯	试料溶液中≤0.04mg/L
1,1,1-三氯乙烷	试料溶液中≤1mg/L
1,1,2-三氯乙烷	试料溶液中≤0.006mg/L

续表

物 质	土壤质量目标水平[1]
三氯乙烯	试料溶液中≤0.03mg/L
四氯乙烯	试料溶液中≤0.01mg/L
1，3-二氯丙烯	试料溶液中≤0.002mg/L
福美双	试料溶液中≤0.006mg/L
西玛津	试料溶液中≤0.003mg/L
苯	试料溶液中≤0.01mg/L
硒	试料溶液中≤0.01mg/L
thiobencarb	试料溶液中≤0.02mg/L

1）通过淋溶实验与容量(content)试验检验。

表 9-49 日本污染土壤识别与修复进展

特定有害物质	细目[1]						
	A	B	C	D	E	F	G
镉	92 (6610)[2]	57 (6110)	34 (320)	18 (180)	57 (6030)	57 (4810)	41 (3640)
铜	37 (1430)	13 (1250)	16 (60)	8 (120)	13 (1250)	13 (1200)	12 (1140)
砷	14 (390)	7 (160)	2 (90)	6 (140)	7 (160)	7 (160)	5 (80)
总面积 (大致)/hm^2	129 (7140)	66 (6260)	49 (460)	31 (420)	66 (6180)	66 (4950)	48 (3720)

1）A 超出 EQS 的点；B 指定需要清洁的点；C 不受地方项目约束的已完成修复的点；D 正在调查中的清洁点；E 指定已计划修复的清洁点；F 项目已完成的点；G 从清单中已被划去的已清洁点。

2）括号内数字表示已识别污染土壤面积。

主要参考文献

国家环境保护总局．2003．中华人民共和国环境标准．http://www. zhb. gov. cn/650208295713243136/index. shtml 或 http://www. xyg-hb. com/ biaozhun/

王云，魏复盛．1995．土壤环境元素化学．北京：中国环境科学出版社

吴燕玉，周启星．1991．制定我国土壤环境标准(汞，镉，铅和砷)的探讨．应用生态学报，2(4)：344～349

中国环境监测总站. 1990. 中国土壤元素背景值. 北京：中国环境科学出版社

Agency for Toxic Substances and Disease. 1993. Developing cleanup standards for contaminated soil, sediment and groundwater: how clean is clean? Water Environment Federation

Bullard R D. 2000. Dumping in dixie: race, class, and environmental quality. 3rd edition. New York: Westview Press

Eweis J B, Ergas S J, Chang D P Y et al. 1998. Bioremediation principles. New York: McGraw-Hill Science/Engineering/Math

Gary M, Pierzynski G M, Vance G F et al. 2003. Soils and environmental quality. 2nd Edition. London: CRC Press

Hickey R F, Smith G. 1996. Biotechnology in industrial waste treatment and bioremediation. London: CRC Press

Kostecki P T, Bonazountas M, Calabrese E J. 1995. Contaminated soils: (Vol. 1) remediation, analysis, federal and regulatory considerations, site assessment, bioremediation, risk assessment, radionuclides, environmental fate, cleanup standards. Amherst: Amherst Scientific Publishers

Lal R. 1998. Soil quality and soil erosion. London: CRC Press

U. S. Environmental Protection Agency. 2003. http://www. amazon. com/exec/obidos/tg/detail/-/B00006KD81/qid=1059618859/sr=8-4/ref=sr_8_4/104-4296885-5295110? v=glance&s=magazines&n=507846

Wiebe K. 2003. Land quality and land degradation: implications for agricultural productivity and food security at farm, regional, and global scales. Edward Elgar Publisher

Wu Yanyu, Tian Junliang, Zhou Qixing. 1992. Study on the proposed environmental guidelines for Cd, Hg, Pb, and As in soil of China. Journal of Environmental Sciences, 4(1): 66～73

Wu Yanyu, Zhou Qixing, Adriano D C. 1991. Interim environmental guidelines for cadmium and mercury in soils of China. Water, Air and Soil Pollution, 57～58: 733～743

Zhou Qixing. 1996. Soil-quality guidelines related to combined pollution of chromium and phenol in agricultural environments. Human and Ecological Risk Assessment, 2(3): 591～607

Zhou Qixing, Xiong Xianzhe. 1995. Soil-environmental capacity and its application: A case study. Journal of Zhejiang Agricultural University, 21(5): 539～545

Zhou Qixing, Zhu Yinmei, Chen Yiyi. 1997. Food-security indexes related to combined pollution of chromium and phenol in soil-rice systems. Pedosphere, 7(1): 15～24

第十章　污染土壤修复的技术再造与展望

在世界上许多国家，尤其在中国，污染土地的面积在迅速扩大，迫切需要修复与治理；随着土壤污染组分的日益复杂化，等待着全面与高效的修复技术的研制。对污染土壤修复相关技术现状进行剖析表明，现有的各种污染土壤修复技术由于存在着许多技术上难以克服的问题，需要从技术的现有进展和技术构想进行整体意义上的创新，即如何把现有的技术进行参数优化、改造后进行最佳组合与综合，才能取得该技术领域的重大突破。

第一节　相关领域技术现状

一、概　　述

工业发展迅猛增长导致土壤和地下水污染加剧，仅 1980～1990 年的 10 年中，美国政府就花费数亿元资金用于污染土壤及地下水的修复。尽管如此，对地下水清洁的速度仍远远满足不了公众的需求。一是污染排放没有得到很好的控制，二是化学品的安全排放与处理赶不上时代的需求，由此更加加重了问题的严重性。污染处理的问题日益突出。

传统的地下水处理方法，通常是一种简单地将地下水直接从地下抽到地表的物理处理方法。这种做法并不是真正意义上的去除污染物的方法。由于需要耗费大量的水来清洗污染物，处理速率一般很慢。其不良后果之一是抽出的大量污水在地表某一处再次形成大污水库，其最大隐患是二次污染。

在处理土壤污染时，传统的物理与化学清洁处理技术也存在一些弊端。最大的问题是不能有效地阻止污染的扩散，对污染物的去除不够彻底。例如，污染物往往是通过挥发作用从土壤进入大气的方式被去除，其结果是导致环境二次污染，给污染点附近的居民带来麻烦，甚至带来一定程度的健康风险使他们无法接受。由于传统的物理与化学方法对水清洁及土壤清洁技术的上述限制，污染的处理需要寻求新的更加有效的方法。由此，使研究者将目光转移到化学一生物修复、物理一生物修复和植物一微生物修复等联合修复技术的研究中。

对土壤的清洁处理，传统的方法之一是焚烧和填埋。通常的做法是将污染土壤从污染点挖掘出来后直接焚烧或在异地填埋。挖掘及填埋需要一定的设备和人力，因此费用比较昂贵，同时也存在二次污染问题。此外，对作业工人和附近居民来说，也增加了对他们的污染暴露的健康风险。与此相比，污染土壤的生态修复处理技术不失为一项环境友好技术，处理后的土壤一般能在合理的时间内满足健康标准及安全生产的需求，并能达到污染土壤的清洁要求及满足相关法规所制定的标准，从而取得较大成功。

二、生态化学修复

污染生态化学修复是近年来刚提出来的、其技术概念仍然有待于发展的一个非常年轻的高技术领域，它采用污染生态化学原理对污染环境进行修复使之恢复健康并达到良性发展，是微生物修复、植物修复和化学修复的技术综合，特别在污染土壤修复方面具有重要意义和发展前景。

可以认为，化学修复是污染生态化学修复的技术基础与工艺支撑。相对而言，污染土壤的化学修复发展较早，也比较成熟。其基本原理在于各种污染化学反应、物理化学反应或生物化学反应的应用及污染过程的控制。目前，该领域的主要技术有：①溶剂/蒸气浸提法（solvent/vapour extraction），②化学脱卤法（chemical dehalogenation）；③原位土壤淋洗法（*in-situ* soil flushing）；④化学还原法（chemical reduction）；⑤化学氧化法（chemical oxidation）；⑥水解法（hydrolysis）；⑦聚合法（polymerization）；⑧化学降解法（chemical degradation）。

植物修复是对污染环境的宏观修复，在一定意义上是污水的生物净化以及土地处理工程的技术延伸，反映了生态化学修复的一个重要侧面。目前，污染土壤的植物修复技术主要有：①植物固定法（phytoimmobilization）；②植物挥发法（phytovolatilization）；③植物吸收与富集法（phytoassimilation/enrichment）；④植物分泌物/酶修复法（plant exudate/enzyme remediation）；⑤植物根际修复法（phytorhizospheric remediation）。植物修复为生态化学修复提供了技术再造的“血库”。

微生物修复近年来发展尤为迅猛，在一定程度上给污染土壤的修复带来了技术上的革命，并对生态化学修复起到了关键的推动作用。其中，异位微生物修复包括生物反应器（bioreactor）和处理床技术（treatment bed technology）两大类型。例如，生物泥浆反应器（bioslurry reactor）就是典型的生物反应器，其主要技术环节是把预处理的土壤（去除颗粒大于 4～5mm 的大颗粒）用水调和至泥浆状后放入一带有机械搅动装置的目标反应器，然后对该反应器内的温度和 pH 进行调控并补充必要的营养和氧气，使污染物达到最大程度的降解。处理床技术目前主要有：①生物堆腐技术（biopile 或 biocomposting），它把污染土壤挖出并与起专性降解作用的微生物拌匀后堆成土堆，营养物质通过渗透的方法加入，污染物的降解条件则通过水分和氧气的供给进行优化；②生物农耕技术

(biolandfarming)，它常常把污染土壤铺成一厚约 0.5m 的覆盖层，加入外来专性微生物或利用特异土著微生物，定期翻动以改善供氧条件，并适时补充水分和无机营养物质。

在西方发达国家，为了降低污染土壤修复的成本并提高修复的效率，对原位微生物修复更为重视。目前，主要的技术包括：①生物啜食法（bioslurping），它主要采用土著微生物或实验室培养的具有特异功能的菌株降解污染物，采用把污染的地下水抽出加入营养物质和氧气（通常是过氧化氢或过氧化氢物）后再回灌到污染土壤，或经垂直井的慢速渗漏加入营养物质和氧气到污染土壤以优化降解的生态条件，特别是加入表面活性物质等其他化学或生物物质以降低污染物的毒性来达到提高污染物的生物降解能力；②生物通气法（bioventing），它结合了蒸气浸提技术的优点，采用真空梯度井等方法把空气注入污染土壤以达到氧气的再补给，可溶性营养物质和水则经垂直井或表面渗入的方法予以补充。

生物啜食法和生物通气法由于结合了微生物修复和化学修复的内涵和优点，符合生态化学修复的原理和发展方向。更确切地说，这两种方法更趋向于向生态化学修复领域迈进了一大步。

第二节　存在问题与技术局限性

一、存 在 问 题

1. 化学修复

原位化学淋洗：耗资大，需要大量的冲洗助剂，而且冲洗助剂本身或许对生物有毒、对环境有害。

溶剂浸提：对于含水量较高的土壤，土壤与溶剂不能充分接触，需要烘干土壤，因此增加处理的费用；使用的有机溶剂在处理后的土壤中有一定的残留，因此有必要对使用的溶剂的生态毒性进行事先考察。PCBs 的去除取决于土壤有机质和含水量。高的有机质含量影响 DDT 的溶剂浸提效率，因为有机质对 DDT 有强烈的吸附作用。

聚合化学修复：在实际应用中则比较难以调控，采用这一方法的费用也很昂贵。

化学脱氯：高浓度污染物（>5%）、高的含水量（>15%）、低土壤 pH 以及碱性反应金属的存在是限制乙二醇处理有效性的因子；分散在油中的金属钠与水发生反应，限制了在土壤修复中的应用；在 100～200℃温度范围内对污染物进行热解吸修复能导致土壤有机质的破坏。化学脱氯修复过程在反应速率上受到土壤水溶液极大的不良影响，在实际应用中还涉及极为复杂的操作过程。

利用氧化—还原过程进行的化学修复：随着化学还原剂或氧化剂的加入，在降低土壤污染物毒性或降解土壤污染物的同时，或许形成毒性更大的副产物，并降低土壤有机质的水平。

土壤性能改良：石灰等土壤修复剂，或许起临时的固定作用，需要在一定的时间内重复应用，以保证土壤 pH 在适当的范围内。这些物质的加入，对土壤自然过程产生影响。例如，石灰物质的加入，有固定营养物质的作用，这或许降低土壤的微生物活性。有机质的加入，则增加了硝酸盐向环境的淋失。土壤性能改良过程相应的可逆反应以及掺和化学改良剂的农业耕作，会影响这一方法的有效性并带来土壤侵蚀等副作用。

因此，污染土壤的化学修复今后的工作将主要针对上述问题的解决开展研究。

2. 生物修复

生物泥浆反应器：由于涉及颗粒大小分离等物理预处理，对土壤结构产生不良影响；过氧化氢、过氧化物等修复助剂的使用，例如通过与土壤有机质的反应，导致土壤机体的损伤。

生物堆腐法：与生物泥浆反应器不同的是，该方法尽管对土壤结构和土壤肥力有好处。但是，在处理过程中容易产生气态污染物向大气环境的释放。污染物残余和长的处理时间则是另一问题。

生物农耕法：由于处理床并不厚于 0.5m，需要很大的处理空间；由于涉及的处理空间面积很大，挥发性有机污染物（VOCs）的控制是个问题；由于是露天处理，过程控制也是困难的。就大型处理床而言，点的安全性是个大问题。对土壤重金属污染的修复并不适用，应加以严格监测、控制。

生物通气法：尽管在大多数非饱和土壤中气体传导率高于水力学传导率，但处理原位系统亚表层中的污染物是否有效则是个大问题。生物通气与营养物的加入，对于土壤有效气孔，是相互矛盾的。该修复系统的有效性还受到渗流区水分含量的限制。水饱和土壤在实施该方法之前，需要降低其水位。对土壤结构和肥力也有一定影响。

3. 植物修复

尽管植物修复具有极大的潜在益处，但是该技术并非万能，它只是生物修复技术的一种。也就是说，作为生物修复技术，植物修复本身具有局限性。例如，植物修复只适合对一定污染程度以下的土壤进行修复，因为如果被修复的土壤中污染物的浓度太高，即使找到高富集或超积累植物，它的积累和富集容量也是有限的，而对于有机污染的修复，如果污染的程度过高将限制植物的正常生长，这种情况下，必须有其他的技术与之相配合，方能达到预期的修复效果。其次，植物修复的周期相对较长，因为修复过程与植物生长状况直接相关，因此，不利的气候因素或不良的土壤条件在影响植物的良好生长条件下，将间接影响植物修复的效果。作为一项正在研究开发中的生物修复技术，植物修复仍存在许多不足。最值得考虑的问题有以下几点：①在建立规章条例方面存在障碍；②从小试到中试、到实用型处理系统的放大过程中，存在运行管理问题；③对不同处理点的异质性问题处理方面存在问题；④对达不到处理的法定目标要求方面，存在责任处罚的量化问题；⑤存在开发时间的确定和运行费用的标准问题。

每一个处理点的条件和污染的程度各有不同。在决定选用那一种生物处理技术之前，要做好必要的场地评估和污染现状分析。为了对处理结果进行科学评价，应将污染土壤的可处理性与土壤和地下水的脱毒研究结合起来。一些人用 Ames 试验研究了 PAHs 浓度与致畸性之间的相关性。有人推荐用 Ames 试验来衡量 PAHs 污染土壤的脱毒。将现场调查结果与可处理性试验结果结合起来分析，有助于对特定污染点处理方法和处理技术的科学抉择，进而带来经济和有效的处理与符合预期目标的修复效果。

4. 物理修复

蒸气浸提：一般只适用于挥发性和半挥发性有机污染物的修复。其修复是否成功，取决于土壤的渗透能力和含水量。当土壤渗透性较低（$<10^{-10}$m/s）以及含水量较高时，采用该方法进行污染土壤修复，其处理效率降低，对污染物的处理范围减少；依靠污染物从厌氧区到好氧区的扩散，增加了处理的时间。有机质由于对土壤污染物有较强的吸附作用，也会降低其修复效率。

玻璃化修复：土壤中有机污染物的最大允许浓度为 5%～10%；土壤含水量的增加，大大地促进其费用的增加；污染土壤修复区的坡度应小于 5%；处理深度在 6m 以内；土壤中存在的金属会导致电极的短路。这是这一技术的主要缺点。

水泥/石灰固化修复：土壤有高含量的有机质（>5%～10%）或低水平的极端有害的有机物，影响该技术的实施。高含量的烃类物质干扰水泥的水合作用。在水泥水合作用期间，土壤的温度可上升至 30～40℃，这会导致挥发性有机污染物和金属汞的挥发。基于石灰的固化修复系统，在各种环境因子的作用下，是否具有长期的稳定性，也是值得疑问的，尤其是它的抗酸侵蚀的能力。

二、技术局限性

无论是化学修复，还是植物修复，甚至是微生物修复，都有一定的适用范围的限制，并存在或多或少的其他问题，其中有些甚至是难以克服的技术难点。表10-1对现有污染土壤修复的技术的不适用性和局限性进行了概述，它主要包括这样几个方面的问题：

1）修复剂或微生物/酶制剂带来的次生污染问题，并对土壤结构、土壤肥力和其他自然生态过程产生不可逆转的影响；

表10-1　现有污染土壤修复技术的不适用性和局限性

技术名称	技术不适用性		技术局限性
	土壤	污染物	
溶剂浸提法	黏（质）土和泥炭土	重金属、氰化物和石棉等无机污染物及腐蚀性物质	当非液态溶剂使用于湿度大的污染土壤，容易导致土壤表面不与溶剂充分接触而影响处理效果；土壤有机质含量过高也会影响处理效果；溶剂本身的土壤残留问题
化学脱卤法	泥炭土	PAHs、杀虫剂/除草剂和不含卤有机污染物，重金属、氰化物和石棉等无机污染物，腐蚀性和爆炸性物质	一些去卤剂能与水起化学反应；低的土壤pH（<2）、高的含水量（$>15\%$）和污染物浓度过高（$>5\%$），会影响处理效果
原位土壤淋洗技术	黏（质）土和泥炭土	二噁英/呋喃、PCBs、杀虫剂/除草剂、氰化物、石棉、非金属	土壤必须具有一定的高渗透能力；淋洗剂土壤残留带来的次生污染问题
化学还原法		各种有机污染物、氰化物、石棉及爆炸性物质	影响土壤有机质的组成，抑制正常的土壤生态过程，降低微生物活性
植物修复技术			修复速率太慢，达到调控水平需要相当长的时间；有机污染土壤的土层大于2m时，处理效果难以保证

续表

技术名称	技术不适用性		技术局限性
	土壤	污染物	
生物泥浆反应器	泥炭土	PCBs、重金属、氰化物和石棉等无机污染物及腐蚀性物质不适用	由于预处理要剔除一些较大的颗粒，对土壤结构产生不良影响；过氧化氢等化学修复剂的使用，导致土壤生态系统健康的损害
生物堆腐技术	黏（质）土和泥炭土	只适合挥发性、半挥发和不含卤有机污染物及PAHs等	残留的污染物和过长的处理时间
生物翻耕技术	黏（质）土和泥炭土	二噁英/呋喃和PCBs等有机污染物，重金属、石棉等无机污染物及腐蚀性物质	占地面积大；处理床以下的表土发生次生污染（由于没有垫衬）；挥发性有机污染物的释放不易控制；过程控制相对困难（由于暴露大气）
生物啜食技术	黏（质）土和泥炭土	重金属、石棉，腐蚀及爆炸性物质	土壤异质性带来的许多问题，要求亚土层水力渗透速率大于10^{-2}m/s
生物通气技术	黏（质）土和泥炭土	二噁英/呋喃、杀虫剂/除草剂、PCBs、重金属等无机污染物及腐蚀与爆炸性物质	尽管绝大多数非饱和土壤中气体传导率大于液体传导率，但亚表层土壤中的污染物容易到达表层并成为有效态；生物通气和营养物质的加入，通常是以液态形式进行，与有效的土壤孔隙空间竞争而发生相互拮抗作用

2）加入到修复现场土壤环境中的微生物作用效果往往与试验结果有较大的出入，特别是由于其抗性差、难以很快适应，在土壤环境中的移动性能差，易受污染物毒性效应的抑制，导致作用效果明显下降；

3）土壤异质性不仅对技术本身的稳定性和有效性构成威胁，还对技术性能的有效监测产生显著影响；

4）大多数富集或超富集植物对污染物的吸收和积累过程极为缓慢，修复往往需要好几个生长季节，在气温较低的地区更是受到时间过程的制约，积累大量污染物的超富集植物的再处理也是一个相当棘手的问题；

5）许多原位修复技术在完成对土壤污染物（特别是重金属）进行处理后，还存在着污染物及其降解产物的重新活化问题；

6）基于污染物固定和生物有效性降低的处理方法的性能能否完全保证，在技术上值得疑问。

特别是，我们目前仍然没有基本掌握那些具有特异降解功能的微生物和高富集植物的区域分布及有关适用性的规律，因此常常缺乏具有特异降解功能的微生物的菌种（库）和高（超）富集植物的种子或插条的可靠来源。在生物特异降解基因或富集基因的鉴定、嫁接和利用及基因工程菌的开发上，依然过分依赖于生物技术的发展。此外，如何降低治理的成本也是所有这些技术所面临的关键问题。

第三节　解决办法与发展前景

一、研究与发展、市场定位和技术实施的关系

要解决上述技术问题，推动污染土壤修复技术的进一步发展，特别是污染土壤修复技术得到实际应用，必须处理好研究与发展、市场定位和技术实施三者之间的相互关系（图 10-1）。其中，研究与发展包括基础研究、战略性应用研究和特定应用研究三个阶段[图 10-2(a)]。土壤环境污染问题的现场调查和污染土壤环

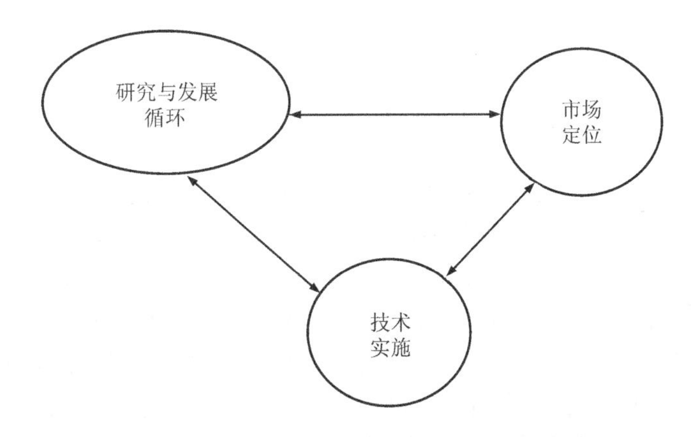

图 10-1　研究与发展、市场定位和技术实施三者之间的相互关系

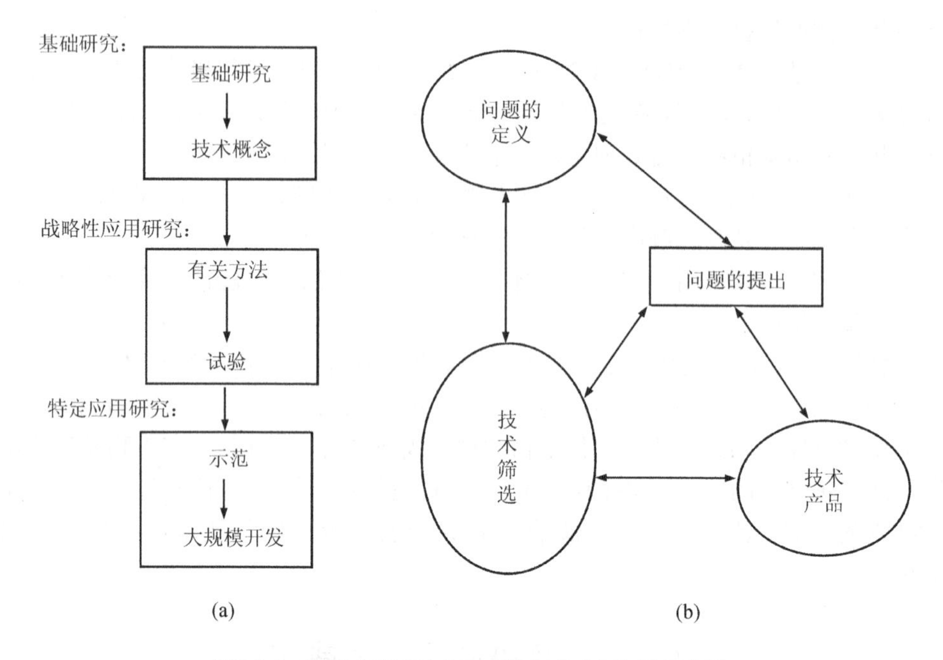

图 10-2　研究与发展(a)和市场定位(b)的基本内涵

境修复问题的定义，属于基础研究的内容；污染土壤修复技术概念的发展以及是否需要进一步完善，决定于战略性应用研究；特定应用研究则要解决该技术是否商业上可行，研究的目标是要开发出特定的产品或生产过程。在市场定位阶段，获得的产品要与其他修复技术进行多方比较，并证实该技术在处理特定污染问题进行实际操作时适用[图 10-2(b)]。技术实施包括技术性能的确认、新的应用、技术性能预测、与其他方法的比较、应用该技术的环境影响和费用一效益分析等几个方面。

二、技术再造

研究与发展、市场定位和技术实施三者之间的辩证关系告诉我们，现有的污染土壤修复技术的缺陷不在其单个技术本身，而在于如何把这些现有的污染土壤修复技术进行参数优化、改造后进行最佳组合，即结合市场定位和污染的风险水平分析（表 10-2），通过优势互补和整体意义上的技术综合，才能在技术上取得重大突破。在这种意义上，生态化学修复技术的关键在于对现有污染土壤修复方法进行技术参数优化、重组与综合。也就是说，技术再造或技术综合构建是 21 世纪污染土壤修复需要解决的重大技术难题。

表 10-2　技术创新网络与生态风险的关系

风险水平	生态风险内容	需要处理的土壤体积	技术创新网络	
			技术组合	技术构成
0 级	清洁水平	基本无	单项	简单
1 级	低费用处理行动水平	大	多项	极为复杂
2 级	高费用处理行动水平	大	单项	较复杂
3 级	最大浓度	小	单项或多项	复杂

国内外多方面的资料表明，生态化学修复技术代表了污染土壤修复技术创新的方向。因为，与其他现有污染土壤修复技术相比，它具有以下 4 个方面的具体优势。

1）生态影响小。生态化学修复注意与土壤的自然生态过程相协调，其最终产物为二氧化碳、水和脂肪酸，不会形成二次污染。

2）费用低、市场风险小。生态化学修复技术吸取了生物修复的优点，因而其费用比生物修复还低，一旦投入市场，就会被普遍接受，基本不存在市场风险。

3）应用范围广。其他技术难以使用的场地，可以采用原位生物修复技术作为原技术进行最佳组合，同时还可处理受污染的地下水，一举两得。

4）容易推广。尽管生态化学修复在技术构成上复杂，但在工艺上并不十分复杂，容易操作，便于推广。

三、研 究 展 望

污染土壤修复的研究已成为国际环境科学与工程研究的热点科学问题和前沿领域之一。目前，在污染土壤的化学修复、生物修复、植物修复和物理修复方面均取得了较大进展，国际国内已有一大批科研人员从事此项工作。大家比较一致的观点是：对有机污染土壤通常采用微生物修复，对重金属污染土壤则以植物修复为主。尽管在污染土壤修复方面已取得了许多成果，但仍有许多问题有待探索。结合当前该领域的研究现状与发展趋势，力求为中国污染土壤的根治和国家层面上的生态安全提供科学依据，今后的研究工作将主要集中在以下几个方面。

1. 复合污染土壤的修复

值得强调的是，土壤污染往往呈复合型，当前的修复技术可能只能解决其中某些污染物的问题，但对复合型污染土壤的修复还存在着困难，尤其是土壤同时受到无机和有机污染物污染时，已有的修复方法更是难以奏效。因此，今后有必要加强复合型污染土壤修复的研究。

2. 复合型重金属与有机污染超富集植物的筛选

虽然国际上已报道的超富集植物有400多种，但这些主要是重金属单因子超富集植物，而具有同时超积累多种重金属的植物尚未见报道，有关超富集有机污染物的植物也很少报道。因此，今后需要通过污染长期驯化等多种手段，开发、获得上述同时具有多功能的修复植物。

3. 污染土壤的联合修复

单一的化学修复、生物修复、植物修复和物理修复均不能解决复杂的土壤污染问题。只有通过现有技术各种形式的联合，才能有效、经济地对污染土壤进行修复。目前，美国、德国、荷兰和英国等国家均在开辟新的污染土壤修复途径，尤其对化学一生物等联合修复已经看好。

4. 土壤污染缓解过程与分子机理

多方面的资料表明，土壤介质中发生的吸附、沉淀、老化、络合/螯合以及生物降解等污染生态化学过程，是土壤污染缓解的重要基础。对这些过程加以研究，有助于推进污染土壤修复的技术创新。

多方面的资料还表明，植物在修复过程中，通过根一土界面不停地向土壤中分泌各种有机、无机物和生长激素，促进了微生物在根一土界面的生长发育，使得土壤中酶在数量和活性上都得以增加。特别是，特定酶在某种污染物作用下的诱导表达会改变生物体对另一类化合物的代谢行为，这是根一土界面污染缓解的重要机理。例如，Willuhn等研究发现，溶液中浓度为0.1mg/L的镉（其LC_{50}为9.0mg/L）会诱导生物体中半胱氨酸（Cys）CRP蛋白（一种非金属硫蛋白）编码基因的表达，从而减轻铜的毒性效应。有关这方面的研究，是污染土壤修复基础研究今后需要加强的重点内容。

5. 陆地土壤污染阻控新方法与新技术

对陆地土壤污染的治理，除利用超积累植物来净化污染的土壤外，今后更为重要的工作，是筛选、利用对污染物低吸收、低积累作物品种来削减污染物通过食物链向人体转移，以及通过无机改良剂（包括有石灰、沸石、磷肥、膨润土、褐藻土、铁锰氧化物、钢渣、粉煤灰和风化煤等）和有机改良剂（如植物秸秆、各种有机肥、泥炭或腐殖酸、活性炭等）强化植物对污染物吸收与积累的阻控作用。为了更为有效地阻控污染物在土壤一作物系统中的传递，必须将根际过程、根系吸收、植物体内迁移转化和各种强化措施4方面结合起来进行研究。只有通过这样系统的研究，才能在整体上探明化学污染物从土壤向食物链传递的基本规律和控制途径。

总之，污染土壤修复的研究重点已从实验室模拟逐步转移到污染现场的原位污染土壤修复，研究新的污染土壤修复方法必须考虑如下问题：①应能有效用于土壤复合污染修复；②在考虑处理对象和研究环境条件时，尽可能模拟污染土壤的实际条件，最好在污染现场进行试验，以保证研究结果有良好的应用前景；③为了不至于使修复费用过高，坚持生物修复为主，化学修复为辅，生物修复与化学修复相结合；④在已有研究基础上，研究污染土壤修复的新原理，为建立新的修复工艺与技术打下基础，从而适应污染土壤修复日益增加的需要。

主要参考文献

程国玲，李培军，王凤友等. 2003. 多环芳烃污染土壤的植物与微生物修复研究进展. 环境污染治理技术与设备，4(6)：30～36

顾继光，周启星. 2002. 镉污染土壤的治理及植物修复. 生态科学，21(4)：352～356

顾继光，周启星，王新. 2003. 土壤重金属污染的治理途径及其研究进展. 应用基础与工程科学学报，11(2)：143～151

刘宛，李培军，周启星. 2001. 植物细胞色素 P450 酶系的研究进展及其与外来物质的关系. 环境污染治理技术与设备，2(5)：1～9

孙铁珩，周启星. 2002. 污染生态学研究的回顾与展望. 应用生态学报，13(2)：221～223

孙铁珩，周启星，李培军. 2001. 污染生态学. 北京:科学出版社

孙铁珩，周思毅. 1997. 城市污水土地处理技术指南. 北京:中国环境科学出版社

周启星. 2002. 污染土壤修复的技术再造与展望. 环境污染治理技术与设备，3(8)：36～40

周启星，林海芳. 2001. 污染土壤及地下水修复的 PRB 技术及展望. 环境污染治理技术与设备，2(5)：48～53

周启星，宋玉芳. 2001. 植物修复的技术内涵及展望. 安全与环境学报，1(3)：48～53

周启星，孙顺江. 2002. 应用生态学的研究与发展趋势. 应用生态学报，13(7):879～884

周启星，孙铁珩. 2000. 污染生态化学：一门新的学科. 世界科技研究与发展，22(3)：28～31

周启星，王如松. 2000. 城镇居室大气污染及其生态调控.世界科技研究与发展，22(5)：38～41

周启星，魏树和，张倩茹等. 2003. SARS 起源于污染对病毒进化的加速诱导. 应用生态学报，14(8)：1374～1378

朱荫湄，周启星. 1999. 土壤污染与我国农业环境保护的现状、理论和展望. 土壤通报，30(3)：132～135

Alexander M. 1999. biodegradation and Bioremediation. London：Academic Press

Beath J M. 2000. Consider phytoremediation for waste site cleanup. Chemical Engineering Progress，96(7)：61～69

DiGregorio S，Serra R，Villani M. 1999. Applying cellular automata to complex environmental problems：the simulation of the bioremediation of contaminated soils. Theoretical Computer Science，217(1)：131～156

Gilbert E S，Crowley D E. 1998. Repeated application of carvone-induced bacteria to enhance biodegradation of polychlorinated biphenyls in soil. Applied Microbiology and Biotechnology，50(4)：489～494

Fiorenza S，Oubre C L，Ward C H. 2000. Phytoremediation of hydrocarbon-contaminated soil. London：Lewis Publishers

Khodadoust A P，Sorial G A，Wilson G J et al. 1999. Integrated system for remediation of contaminated soils. Journal of Environmental Engineering，125(11)：1033～1041

Nocentini M，Pinelli D，Fava F J N. 2000. Bioremediation of a soil contaminated by hydrocarbon mixtures：the residual concentration problem. Chemosphere，41(8)：1115～1123

Raskin I，Ensley B D. 2000. Phytoremediation of toxic metals：using plants to clean up the environment. New York：Wiley-Interscience

Riser-Roberts E. 1998. Remediation of petroleum contaminated soils：biological，physical，and chemical processes. Boca Raton：Lewis Publishers，Inc.

Soesilo J A，Wilson S R. 1997. Site remediation：planning and management. London：Lewis Publishers

Yong R N，Thomas H R. 1999. Ground contamination：pollutant management and remediation. London：Thomas Telford Publishing